原著 5 版

ヘクト
光学

I

基礎と幾何光学

［訳］

尾崎義治
Yoshiharu Ozaki
朝倉利光
Toshimitsu Asakura

OPTICS
FIFTH EDITION

EUGENE HECHT

丸善出版

Optics, 5th edition

by

Eugene Hecht

Authorized translation from the English language edition, entitled OPTICS, 5th Edition, by HECHT, EUGENE, published by Pearson Education, Inc., Copyright ©2016.

All rights reserved. No part of this book may be reproduced or transmitted in any form or by any means, electronic or mechanical, including photocopying, recording or by any information storage retrieval system, without permission from Pearson Education, Inc.

JAPANESE language edition published by MARUZEN PUBLISH-ING CO., LTD., Copyright ©2018.

JAPANESE translation rights arranged with PEARSON EDU-CATION, INC. through JAPAN UNI AGENCY, INC., TOKYO, JAPAN.

本書は Pearson Education Inc. から正式翻訳許可を得たものである.

まえがき

　この第5版は，三つの重要な方針にもとづいて出版された．すなわち，可能な限り，説明方法を改善すること，取扱い方の現代化に引き続き努める（たとえば，光子や位相子やフーリエ解析の記述を少し増す）こと，技術の進展に合わせて内容を更新する（たとえば，本書では原子干渉計を議論し，またメタマテリアルを扱う）ことである．光学は急速に進展する分野である．この版は，主として教育的配慮に焦点を置きながら，光学分野への最新の手引きを提供することに努めている．

　そのためにはいくつかの目標がある．すなわち，(1) 光学のほとんどすべての面で原子による散乱が果たす主要な役割を意識しつづけること，(2) 確かにこの本は伝統的な説明法を基本にしているが，根底にある光の量子力学的性質を明確にすること（実際，光は量子粒子の一つである）である．したがって，読者は電子や中性子の回折像が通常の光子の回折像と一緒に図示されているのがわかるであろう．さらに，(3) フーリエ理論によって問題を見通せることを早期に示すことで，この理論が今日の光学の解析では非常に有効であることがわかるであろう．したがって，第2章の早い段階で，空間周波数と空間周期の概念が，時間周波数と時間周期と一緒に導入され，図解されている．

　読者学生からの要望により，完全解説付きの100を超える例題を本文中に掲載した．これらは各項で説明した原理にもとづくものである．さらに，斬新な問題を宿題用として選択しやすいように，解答付きでない200以上の問題が章末に追加された．「絵は千の言葉に匹敵する」から，新しい図面や写真が本文をよりいっそう充実させている．この本の教育上の長所は，何が議論されているかをしっかり説明していることである．

　第4版の出版から毎年光学を教えて，今日の学生にとってより理解しやすくなる本文中の改良点に気づいた．したがって，この改訂では何ダースものちょっとした要点を示し，説明過程において抜けていた多くの部分を埋めている．本書のすべての部分で正確さを期すために吟味しなおし，読みやすさと教育効果を改善するのに適すると考えられれば修正した．

　いくつかの新しい題材の実質的な増補を行った．すなわち，第2章「波動」での「ツイスト光」に関する節，第3章「電磁波，光子，光」での「スクイーズド光」と「負の屈折」に関する項目，およびベクトルの発散と回転の基本的な計算法と光子についての付加的議論，第4章「光の伝搬」での光学密度についての手短な注釈，電磁波境界条件の一部，エバネッセント波の追加説明，「点光源からの光の屈折」，「負の屈折」，「ホイヘンスの光線構成」および「グース–ヘンヒュン偏移」に関する項目，第5章「幾何光学I」での「虚物体」と「焦平面光線追跡」および「ホーリー/微細構造ファイバー」に関する項目，さらにファイバー光学についての付加的な注釈に加え，レンズと反射

鏡のふるまいを説明するたくさんの新しい図面である．また，第6章「幾何光学 II」では，新たに厚肉レンズの簡単な光線追跡を概観しており，第7章「波動の重ね合せ」では「負の位相速度」に関する新たな項目や，数式を用いずにフーリエ解析が実際にどのように機能するのかを示す多数の図表による大幅に拡充された記述，そして (2005年のノーベル賞で広く知られた) 光周波数コムの議論がある．第8章「偏光」では，偏光を解析するために位相子を用いる有効な考え方が展開され，また，偏光子の透過率の新たな議論や「1軸性結晶中の波面と光線」に関する項目がある．第9章「干渉」は，ヤングの実験に関連させて回折とコヒーレンスの簡単な概念的議論で始まる．「近接場/遠方場」，「位相子を通じた電場振幅」，「回折の発現」，「粒子干渉」，「光の波動理論の確立」，「コヒーレンス長の測定」などのいくつかの新しい項目がある．第10章「回折」には「位相子と電場振幅」という新しい項目がある．また，新たに準備した何ダースもの図と写真が多彩な回折現象を広範囲にわたり説明している．第11章「フーリエ光学」には「2次元像」の項目があり，一連の特徴的な図を用いて空間周波数成分がどのように結合して像が生成されるかが示されている．第12章「コヒーレンス理論の基礎」には，「干渉縞とコヒーレンス」の節や「回折と干渉縞消失」の項目などでいくつかの新しい概説が入れられている．さらに，理解の大きな助けになる多数の図が付加されている．第13章「レーザーとその応用」では，「光電的像再生」を含めたいくつかの新項目があるだけでなく，多数の表や図を用いてレーザーが幅広く現代的に記述されている．

　この第5版は，光学の教師が特別な関心をもつ多くの新しい話題を提供している．たとえば，平面波，球面波および円筒波に加え，いまでは，空間中を進むときに定位相面がらせん形になるヘリカル波を発生させることができる (2.11節)．

　学生は，数学としてではなく，「発散」と「回転」の演算が物理的に何に対応しているのかを理解するのに，しばしば苦しむ．したがって，この改訂では，これらの演算が実際にどのように機能するのかを，かなり簡単な用語を用いて探究する項目を設けている (3.1.5項)．

　「負の屈折」現象は現在の活発な研究領域であり，関連する基礎的な物理への簡単な導入が4章で与えられる．

　ホイヘンスは，屈折光線を構成する方法を考案した．その方法は，それ自体が興味深いが，さらに，異方的な結晶中での屈折を理解する簡便な方法を提供している．

　電磁波と物質的な媒質の相互作用を学ぶ場合 (たとえば，フレネルの公式の導出において)，「境界条件」が利用される．読者学生の一部は電磁気学になじみがないので，第5版ではそれら条件の物理的な成立理由を簡単に議論している (4.6.1項)．

　内部全反射で生じる「グース–ヘンヒュン偏移」について，簡潔に議論している．この偏移は興味深い物理の一つで，よく入門的な解説で概観されている (4.7.1項)．

　「焦平面光線追跡」は，複雑なレンズ系内の光線を追跡するためのわかりやすい方法である．第5版ではじめて取り上げた，この簡単ではあるが強力な技法は，教室では評判がよく，数分の講義時間を費やす価値がある．

　いくつかの新しい図が，虚像の性質およびレンズ系を通じて生じる虚物体の理解しにくい性質を明確にしている．

　ファイバー光学の広範囲な利用に伴い，この分野のある側面の現代的解説が求められ

ている．これら新しい話題の中には，重要な物理を伴っている「微細構造ファイバー」そしてもっと一般的には「フォトニック結晶」の議論がある．

フーリエ級数の取扱いがやや形式的で，そして何より「無味乾燥な」数学的取扱いになっていたが，ここでは級数に含まれる数種の積分が実際に意味することを概念的に示す工夫された図的解析が紹介されている．これは，学部生にとっては非常に有効な道標である (7.3.1 項).

学生が調和波の重ね合せを視覚的に理解するのを助けるために，位相子が広く利用されている．この方法は，種々の偏光状態を構成する場の直交成分の扱いにおいて，たいへん役立つ．しかも，この方法は，波長板の作用を解析するための図式的な手段となる．

一般に，ヤングの実験および二光束干渉は，古典光学と量子光学における中心的課題である．この課題への一般的な序説は，あまりにも簡単化され，回折現象とコヒーレンス現象に起因する限界を見逃している．本書では，これらの問題を早い段階で解析する (9.1.1 項).

従来からの干渉の議論が，電場振幅を図的に表現するために位相子を用いて展開されているが，ここでは何が起こっているかを視覚的に理解する別の方法を学生に与えている (9.3.1 項).

回折は，電場に対応する位相子を通じて容易に理解することができる．その方法はおのずと古典的な「振動曲線」につながり，さらに，量子力学に至るファインマンの確率振幅の考え方を想起させる．少なくともこの方法は，回折を理解する補足的な手段，しかも本質的に計算によらない手段を学生に提供する．

フーリエ光学に興味のある読者は，正弦波状の空間周波数によって，認識できる 2 次元像 (本書では若き日のアインシュタインを取り上げた) がいかにして形成できるのかを示す素晴らしい一連の図を見つけることができる．この素晴らしい一連の図は，第 11 章の内容がコースレベルを超えているかもしれない入門クラスであっても，取り上げられるべきである．それらは現代結像理論の基礎であり，概念的にも美しい．

この版では，第 12 章のコヒーレンスの進んだ取扱いを，より広い読者層に理解しやすくするために，本質的に数学を用いない概論を設けた．それは，従来からの説明法に対する準備編である．

最後に，レーザーに関する記述は，入門的ではあるが，現代に沿うように拡大されている．

世界中の多くの仲間から，第 4 版出版以降の何年にもわたり，この新しい版のために批評，助言，提案，論評そして写真をいただきました．すべての方々に心から感謝致します．オースチンのテキサス大学のクリス・マック (Chris Mack) 教授，そしてアデルフィ大学のアンドレアス・カープフ (Andreas Karpf) 博士には特に感謝します．すべての新しい解説文を網羅的に吟味し，新しい問題を (多くの場合は試験で) 解き，いくつかの新しい写真を撮るのを手伝ってくれた私のたくさんの学生にも謝意を表します．写真撮影に関しては，カメラを手にして何時間も費やしてくれたターニャ・スペルマン (Tanya Spellman)，ジョージ・ハリスン (George Harrison) そしてイリーナ・オストロチュニュク (Irina Ostrozhnyuk) に特に感謝します．

アディソン・ウェズレー社のチーム，特に，この第 5 版の完成を最初から最後まで有能

かつていねいに導いてくださったプログラム管理者ケイティ・コンリー (Katie Conley) 氏の支援に最大限の感謝をささげます. 原稿は, 素晴らしい仕事をされるジョアンナ・ベーム (Joanne Boehme) 氏によって細心にきれいに編集されました. 何百という複雑な図が, アサートン・カスタムズ社のジム・アサートン (Jim Atherton) 氏によってたくみに描かれました. 彼の描く図は並はずれており雄弁でもあります.『光学』のこの版は, かつてのオール・ブック・サービス社のジョン・オール (John Orr) 氏の指針に従って編集されました. 正確で美しい本を生み出す彼の一貫した貢献は, 特別な称賛に値します. 伝統的な出版が急激な変化にさらされている時代に, 彼が妥協せずにまさに最高の水準を維持したことに対し, 心から感謝します. この版の出版は, このような申し分のない職業人との喜びと誇りの作業でした.

最後に, わたしの親愛なる友で非凡な校正者である妻のキャロライン・アイゼン・ヘクト (Carolyn Eisen Hecht) に感謝します. 彼女は, もう一つの本のもう一つの版を出版する労苦に我慢強く対処してくれました. 彼女の適切なユーモア, 寛容さ, 度量そして賢明な助言は必要不可欠でした.

この版に対して意見や提案のある方, あるいは, 将来の版への寄与を望む方はどなたでも, Adelphi University, Physics Department, Garden City, NY, 11530 に連絡をくださるか, さらによい方法として genehecht@aol.com に電子メールをください.

著　　者

訳者まえがき

　本書は，ユージン・ヘクト (Eugene Hecht) 教授が著した *OPTICS* の第5版の翻訳書である．原著の初版は1974年に出版され，1987年に第2版，1998年に第3版，2002年に第4版と版を重ね，第5版は2016年に出版された．訳者らは，第4版の翻訳書を3分冊にして2002年から2003年にかけて丸善から出版していた．そのときに紹介した第4版の特徴は，第5版にもそのまま通じるので，次段に再掲する．

　初版時から名著として注目を集めているが，これにはいくつかの理由があげられる．まず，光がもつ種々の物理現象を，ただ整理し紹介するのではなく，いかに理解させるかに最大の力点が置かれていることである．そのため数式の使用は最小限にとどめ，写真と図が多用されている．しかもその図は非常によく工夫されており，光の物理現象を直観的に理解できるようになっている．次に，文章による説明の仕方もよく考えられているうえに，きわめてていねいな記述である．写真や図の豊富さとあいまって，やはり直観的理解を助けている．さらに，光の基礎物理から種々の分野への応用にわたる広範囲な話題が，その歴史的背景から現在の状況まで，実に詳しく取り上げられている．古今東西を問わず光学の本はあまた出版されているが，これだけ充実した内容をもつものは見られない．

　第5版では，これらの特徴がさらに強化された．具体的には，図や写真が大幅に追加され，多数の例題が新たに加えられている．さらなる内容の充実をはかるために，これまでの版で取り上げられてきた最近の課題の記述量が増えたうえに新しい課題が追加された．たとえば，光学では欠かすことのできないフーリエ解析の説明は，読者が容易に理解できるように大幅に書き足された．また，ツイスト光，スクイーズド光そして光周波数コムといった最新の光学分野の話題も取り上げられている．さらに，光学の物理あるいは応用面での発展は光学材料の発展に負うところが大であり，それゆえにフォトニック結晶やメタマテリアルなどの最先端材料も新たに記述されている．

　以上の特徴から，原著は学生のための光学書であるだけでなく，広い光学分野のどれかの領域を新たに専門にしようとする現役の研究者や技術者のための素晴らしい入門書である．また，光学以外を専門としているものの，光学のどれかの領域についてあらましを知る必要にかられた人たちには，素晴らしい解説書である．さらに付け加えれば，光学の理解には力学，流体力学，電磁気学，物性物理学および量子力学など物理学全般の知識が必要であり，それらも詳しく解説されているので，学生にとっては一般物理学の教科書でもある．

　言葉については，日本人には英語より日本語の方が読みやすいのは事実である．したがって，翻訳書はわが国の科学技術に資するところ大と考え，翻訳を計画した．これは，第4版と第5版の両方に対する変わらない翻訳動機である．さらに付言すると，

原著の文章は洗練された英語というよりも，くだけた母国英語で書かれており，日本人には理解しにくいところが多く見られる．これらを考慮して，原著の内容に忠実であること，すなわち，誤訳のないことを心がけた．次に，できるだけ日本語らしい文章にすることに注意した．目標として，読者に本書を翻訳書であることを意識しないで読んでいただけることに重点を置いた．

訳者らは，札幌や東京の大きな書店で第4版の翻訳書が平積みで販売されているのを見かけたことがある．どうやら第4版の翻訳書は幸いにも好評を博したようである．この第5版の翻訳書も同様であれば，望外の喜びである．

この翻訳書の出版では，丸善出版株式会社の佐久間弘子氏にたいへんお世話になりました．心から感謝申し上げます．

2018年9月

訳者ら記す

目　　次

1　簡 単 な 歴 史 ————————————————————— 1

　1.1　は じ め に ————————————————————— 1

　1.2　初 期 の 時 代 ———————————————————— 1

　1.3　17 世紀以降 ————————————————————— 3

　1.4　19 世　紀 ————————————————————— 6

　1.5　20世紀の光学 ———————————————————— 11

2　波　　　　動 ————————————————————— 15

　2.1　1 次 元 の 波 動 ——————————————————— 16

　2.2　調 和 波 ———————————————————— 23

　2.3　位相と位相速度 ——————————————————— 30

　2.4　重ね合せの原理 ——————————————————— 34

　2.5　複 素 表 示 ———————————————————— 37

　2.6　位相子と波動の加法 ————————————————— 40

　2.7　平 面 波 ———————————————————— 43

　2.8　3次元の微分波動方程式 ———————————————— 50

　2.9　球 面 波 ———————————————————— 51

　2.10　円 筒 波 ———————————————————— 55

　2.11　ツ イ ス ト 光 ——————————————————— 57

　　　　問　　　題 ————————————————————— 59

3　電磁波，光子，光 ——————————————————— 66

　3.1　電磁気学の基本法則 ————————————————— 67

　3.2　電 磁 波 ———————————————————— 83

　3.3　エネルギーと運動量 ————————————————— 89

　3.4　電 磁 放 射 ———————————————————— 112

　3.5　物 質 中 の 光 ——————————————————— 124

　3.6　電磁波・光子のスペクトル ——————————————— 138

　3.7　場 の 量 子 論 ——————————————————— 149

　　　　問　　　題 ————————————————————— 152

4　光 の 伝 搬 ————————————————————— 158

　4.1　は じ め に ————————————————————— 158

　4.2　レ イ リ ー 散 乱 ——————————————————— 158

4.3	反　　　射	173
4.4	屈　　　折	180
4.5	フェルマーの原理	197
4.6	電磁理論的考察	206
4.7	内 部 全 反 射	227
4.8	金属の光学的性質	236
4.9	身近な光と物質の相互作用	242
4.10	反射と屈折のストークスの取り扱い	252
4.11	光子, 波動, 確率	253
	問　　　題	259

5　幾 何 光 学 I　272

5.1	は じ め に	272
5.2	レ　ン　ズ	273
5.3	絞　　　り	315
5.4	鏡	324
5.5	プ リ ズ ム	341
5.6	ファイバー光学	351
5.7	光 学 機 器	370
5.8	波 面 形 成	413
5.9	重力レンズ効果	421
	問　　　題	423

6　幾 何 光 学 II　438

6.1	厚肉レンズとレンズ系	438
6.2	解析的光線追跡	444
6.3	収　　　差	460
6.4	GRIN レンズ	491
6.5	結　　　言	496
	問　　　題	496

精選問題の解答　500

索　　　引　522

1

簡 単 な 歴 史

1.1　は じ め に

　　次章以降では，最新の興味ある課題に重点を置きながら，多くの光科学の種々の分野について議論を展開する．光科学は，ほぼ3000年に及ぶ人類の歴史において集積された膨大な知識を含んでいる．光学的事象の現代的観点からの勉強を始める前に，光学の全容をつかむ意味で，今日に至る歴史を簡単に見直してみる．

1.2　初 期 の 時 代

　　光学技術の起源は，遠い昔にさかのぼる．出エジプト記38：8 (紀元前1200年頃)には，バザリール (Bezaleel) がノアの箱舟と仮の住まいを準備するかたわら，どのようにして "婦人の姿見" を青銅の洗盤 (儀式に用いる水盤) に鋳直していたかが書かれている．古代の鏡は，研磨した銅，青銅，少し後では錫をたくさん含んだ銅合金である鏡金でできていた．古代エジプト時代の標本が現存している，ナイル渓谷のセソストリスII世 (Sesostris II, 紀元前1900年頃) のピラミッド近くの当時の職人居住区から，ほぼ完全な状態の鏡が他のいくつかの道具とともに発掘された．ギリシャの哲学者である，ピタゴラス (Pythagoras)，デモクリトス (Democritus)，エンペドクレス (Empedocles)，プラトン (Plato)，アリストテレス (Aristotle) などの人々が，光の性質についていろいろな考え方を展開した．光の直進性は，ユークリッド (Euclid, 紀元前300年頃) が著書『反射光学』(Catoptrics) で反射の法則を明らかにしたように，よく知られていた．このアレキサンドリアの英雄ユークリッドはこれらの現象を，光は2点間でとりうる経路の中で最短経路をとって進むことを基本に説明しようとした．火付けガラス (点火に用いられた凸レンズ) が，アリストファネス (Aristophanes) の喜劇『雲』(紀元前424年) の中で言及されていた．プラトンは『国家』(Republic) で，物体が水に浸かっている場合，水に浸かった部分が曲がって見えることを述べている．アレキサンドリアのクレオメデス (Cleomedes, 西暦50年) と後のトレミー (Claudius Ptolemy, ラテン語名プトレマイオス Ptolemaios, 西暦130年) が屈折について研究し，いくつかの媒質についてかなり正確な入射角と反射角の測定値を表にした．歴史家プリニウス (Pliny, 西暦23–79年) の書き残したものから，ローマ人も火付けガラスをもっていたのは明らかである．ローマ遺跡からは数個のガラスと結晶の球が発見されており，また，ポンペイからは平凸レンズが掘り出された．ローマの哲学者セネカ (Seneca, 紀元前3–西暦65年) は，水で満たされた球形のガラス器は拡大目的に使

えることを指摘した．そして，きわめて精巧な仕事を容易に行うのに，ローマの職人が拡大鏡を使っていたことが確かに推測される．

西ローマ帝国滅亡 (西暦 475 年) の頃から暗黒時代が始まり，長い間ヨーロッパでは科学の進歩はごくわずか，あるいはまったくなかった．地中海を囲む大陸におけるギリシャ・ローマ・キリスト教文明は，アラーの教義に征服され，その支配は終わった．その時点から学問の中心はアラブ世界に移った．

バグダッドのアバシッド宮殿で研究していたイブン・サール (Abu Sa`d al-`Ala' Ibn Sahl, 940–1000) は屈折を調べ，984 年に著書『燃焼器について』(On the Burning Instruments) を著した．この著書に，屈折に対する最初の正確な図解が示された．イブン・サールは，放物面と楕円面の燃焼鏡を記述し，双曲面の両凸レンズだけでなく平凸レンズも解析した．西洋ではアルハーゼン (Alhazen) として知られている学者イブン・アル-ハイサム (Abu Ali al-Hasan ibn al-Haytham, 965–1039) は，光学に関する 14 の著作を含め，一人で種々の題材を著述する多作の書き手であった．彼は，境界に垂直な平面内に入射角と反射角を測定し，反射の法則をより精巧に仕上げた．さらに，彼は球面や放物面の鏡の研究を行い，また人間の眼について詳細な描写を残した．アルハーゼンはフェルマー (Fermat) よりも先に，光は媒質中を最速経路で進むことを示唆した．

13 世紀の後半になっても，ヨーロッパは知性の眠りから覚め始めただけであった．アルハーゼンの研究成果はラテン語に翻訳された．それは，英国リンカーンの司教グロスティステ (Robert Grosseteste, 1175–1253) の著作やポーランドの数学者ヴィテロ (Vitello または Witelo) に大きな衝撃を与え，光学研究を再燃させるきっかけとなった．現代では多くの人が最初の科学者と考えているフランシスコ会の修道士ロジャー・ベーコン (Roger Bacon, 1215–1294) は，彼らの研究を知っていた．そこから，彼は

ジョバンニ・バチスタ・デラ・ポルタ (1535–1615)．(米国立医学図書館)

ヨーロッパの戸外風景のきわめて古い絵．左側の男が眼鏡を売っている．(INTERFOTO/Alamy)

ヨハネス・ケプラー (1571–1630). (Nickolae/Fotolia)　　フラーンス・ハルスが描いたルネ・デカルト (1596–1650). (Georgios Kollidas/Shutterstock)

レンズで視力を矯正する考えを思いつき，レンズを組み合わせて望遠鏡を構成する可能性にも気づいていた．ベーコンはまた，光線がどのようにレンズを通過するかもある程度は理解していた．彼の死後，光学は再び衰えてしまった．そのような状態にはあったが，1300 年代半ばのヨーロッパの絵画には，眼鏡をかけた修道士が描かれている．そして，錬金術師たちは鏡をつくるためにガラス板の裏に塗る，錫と水銀のアマルガムを発見した．レオナルド・ダ・ヴィンチ (Leonardo da Vinci, 1452–1519) はカメラ暗箱について記述している．それは後に，ポルタ (Giovanni Battista Della Porta, 1535–1615) の著書『自然魔術』(*Magia Naturalis*, 1589) の中で多重鏡や正負両レンズの組合せの議論を通して，一般に広く知られるようになった．

　上記の出来事は全部ではないが，その大部分は光学の第 1 期とでもいうべき時代をなしている．これらは全体としてはわずかであるが，疑いなく光学の始まりを印している．そして，その後 17 世紀になって，多くの成果や興味ある研究が洪水のごとく現れることになった．

1.3　17 世紀以降

　屈折式望遠鏡を誰が発明したかは定かでないが，ハーグの国際司法裁判所の公文書に，オランダの眼鏡士リッペルスハイ (Hans Lippershey, 1587–1619) が 1608 年 10 月 2 日に，その仕掛けの特許を申請したと記録されている．パドゥアのガリレオ・ガリレイ (Galileo Galilei, 1564–1642) はその発明を聞き，手でレンズを磨いて数ヶ月で彼自身の装置をつくり上げた．ほぼ同じ頃，複雑な顕微鏡がおそらくオランダ人のヤンセン (Zacharias Janssen, 1588–1632) によって発明された．ナポリのフォンタナ (Francisco Fontana, 1580–1656) が顕微鏡の接眼凹レンズを凸レンズで置き換え，望遠鏡において同様な改良がケプラー (Johannes Kepler, 1571–1630) によってなされた．1611 年にケプラーは著書『屈折光学』(*Dioptrice*) を出版した．彼は内部全反射を発見し，入射角と屈折角が比例する屈折の法則に対して小角近似の考えに至った．彼は薄肉レンズ系に関する 1 次の光学の議論を展開し，著書の中でケプラー型 (接眼凸レンズ) とガリレオ型 (接眼凹レンズ) 望遠鏡の作用を詳しく記述した．ライデン大学教授のスネル (Willebrord Snel, 1591–1626) は，1621 年に"屈折の法則"を実験的に発見した．(な

アイザック・ニュートン卿 (1642–1727).
(Georgios Kollidas/Fotolia)

クリスチャン・ホイヘンス (1629–1695).　(1680 年頃のアブラハム・ブロテリングによるクリスチャン・ホイヘンスの肖像．版画．アムステルダム国立美術館 [収蔵物番号 RP-P-1896-A-19320])

お，どういうわけか彼の名は通常 Snell とつづられる．) これは光学上の大発見の一つであったが，長い間秘密のベールに包まれていた．スネルは二つの媒質の境界を横切るときの光線の方向変化を注意深く観察し，近代応用光学の扉を一気に開けた．デカルト (René Descartes, 1596–1650) は，いまではおなじみの形式である，正弦関数で記述する屈折の法則を発表した最初の人である．デカルトは，光を弾性媒質中を伝わる圧力とするモデルにもとづいて，屈折の法則を導出した．彼は自著『屈折光学』(*La Dioptrique*, 1637) で次のように述べている．

> 私が光に与えた性質を思い出せば，光とはすべての物体の空間を埋めているきわめて微細な物質中で想定されるある種の運動または活動以外の何物でもないということで・・・．

かつて，宇宙には物質が充満していると考えられていた．フェルマー (Pierre de Fermat, 1601–1665) はデカルトの仮定に異議を唱え，自分の『最小時間原理』(*Principle of Least Time*) から，反射の法則を導き直した (1657 年)．

　回折現象，すなわち光が障害物を越えて進むときに直進せずに伝搬方向からずれるのを，ボローニャのイエズス会修道士大学のグリマルディ (Francesco Maria Grimaldi, 1618–1663) 教授が初めて見つけた．彼は小さな光源で照明されている棒の影の中に，回り込んだ何本かの光の筋を観察した．ロンドン王立協会 (Royal Society) の実験責任者であったフック (Robert Hooke, 1635–1703) も，少し遅れて回折効果を観察した．彼は，薄膜によって生じる着色した縞模様を研究した最初の人で (*Micrographia*, 1665)，それを説明するために，光を高速度で伝搬する媒質中の速い振動運動とする考えを提唱した．さらに，"発光体からのあらゆる脈動や振動は球面を生成する" とし，これが波動理論の始まりであった．ガリレオの死後 1 年も経たないうちに，アイザック・ニュートン (Isaac Newton, 1642–1727) が生まれた．ニュートンの科学におけるすさまじい努力と精進の特徴は，精細な観察を基礎とし，不確かな仮説を排除することにあった．

それゆえに，彼は光の本性に関して相反する意見を長い間もちつづけた．何人かが主張しつづけているように，光は粒子の流れとしての粒子的なものか，あるいは，すべてに浸透している媒質，つまりエーテル中の波なのか，と．23 歳のときに，彼は現在たいへん有名な分散に関する実験を始めた．

> 美しい色の現象を実験するために，ガラスの三角プリズムを調達した．

ニュートンは，白色光はすべての色が混じったものであると結論した．種々の色に対応する光の粒子が，エーテルにおのおのの色に固有の振動を起こさせると考えつづけた．彼の業績は，波動説と粒子説の両方を含んでいるが，年をとるにつれ後者に傾いていった．波動説が成立しているかのようなときに，彼が波動説を排除した主な理由は，あらゆる方向に広がる波を用いて直進的な伝搬を説明しなければならないという，難しい問題を解決するためであった．

ニュートンはいくつか限られた範囲ですべての実験を行ったが，屈折望遠鏡のレンズ系から色収差を除去することに苦しみながら，最終的にその試みをあきらめた．そして，色収差は除去できないものと，誤った結論をくだし，改めて反射系の設計をやり直した．1668 年に完成したアイザック卿の反射望遠鏡は，長さ 6 インチ (1 インチは 2.54 cm) で口径 1 インチでしかなかったが，倍率約 30 倍という性能をもっていた．

ニュートンが英国で粒子説を主張していたときとほぼ同じ頃，ヨーロッパ大陸ではホイヘンス (Christiaan Huygens, 1629–1695) が波動説を大きく発展させた．デカルト，フックそしてニュートンと違い，ホイヘンスは光が密度の高い媒質に入ると実効的にその速度は低下すると正しく結論した．彼は反射と屈折の法則を導き出せたし，自らの波動理論を使って方解石の複屈折さえも説明できた．そして，偏光の現象を発見したのは，方解石を用いて研究を行っているときであった．

> 二つの異なる屈折があれば，それに対して二つの異なる光の波の伝搬があると，私は考えた．

このように，光は粒子の流れかエーテルという物質の速い波動のどちらかであった．いずれにしろ，光の速度がきわめて速いことは一般に認識されていた．実際，多くの人が光は瞬時に伝わると信じていたし，この考えは少なくともアリストテレスの古い時代からあった．しかし，光速が有限であることは，レーマー (Dane Ole Christensen Römer, 1644–1710) によって明らかにされた．木星の衛星の中で最も木星に近いイオが木星のまわりを回る軌道は，ほぼ太陽のまわりを回る木星の公転面内にある．レーマーは，木星の背後の影部分をイオが通過するときに生じる，イオの蝕を注意深く観察した．1676 年に，彼は 1 年間にわたって平均した運動から期待された時刻より，11 月 9 日には約 10 分ほど遅れて蝕を抜け出すことを予想した．予想通り，イオは正確に時間通りに進行した．そして，レーマーは光の速度が有限であることから，この現象を正しく説明した．また彼は，太陽のまわりの地球の公転軌道の直径，約 186×10^6 マイル (1 マイルは約 1.6 km) の距離を進むのに，光は 22 分を要すると決定できた．誰よりもホイヘンスとニュートンは，レーマーの業績の重要性を認識していた．二人は地球軌道の直径を別々に見積もり，光の速度 c の値をそれぞれ 2.3×10^8 m/s と 2.4×10^8 m/s であるとした[1]．

---

[1] A. Wróblewski, *Am. J. Phys.* **53**, 620 (1985).

ニュートンの意見のもつ偉大な重み，すなわち光の粒子性は，雌伏状態の波動説の主張者を別にして，18世紀では波動説に帳(とばり)のように覆いかぶさっていた．それにもかかわらず，卓抜した数学者のオイラー (Leonhard Euler, 1707–1783) は，注目を集めたわけではないが，波動説の信奉者であった．オイラーは異なる媒質が分散を打ち消すから，レンズに見られる不都合な色効果は肉眼 (その構造を誤ってとらえていたが) では認識されないことを主張した．彼は，同じようにすれば色消しレンズを構成できると示唆した．これに励まされて，ウプサラ大学の教授クリンゲンスティルナ (Samuel Klingenstjerna, 1698–1765) は色消しに関するニュートンの実験を再現し，ニュートンは間違っていたと結論した．クリンゲンスティルナはロンドンの眼鏡商のドランド (John Dollond, 1706–1761) と連絡し合っていて，ドランドも同じような結果を観察した．そして，1758年にドランドはクラウンガラスとフリントガラスを組み合わせて，ついに色消しの単レンズをつくった．付言しておけば，公表はされなかったが，英国エセックスのアマチュア科学者のホール (Chester Moor Hall, 1703–1771) の方が，ドランドの発明より先であった．

1.4　19 世 紀

19世紀の真に偉大な知性の持ち主の一人であったヤング博士 (Dr. Thomas Young, 1773–1829) によって，波動説は生まれ変わった．彼は波動論を推進し，波動論に新しい基本概念を与える，いわゆる"干渉の原理"に関する論文を 1801, 1802, および 1803 年に王立協会において明らかにした．

> 異なる源からの二つの波動が同じ方向で完全にか完全に近い状態で一致したとき，連帯効果として波動運動の結合が生じる．

ヤングは薄膜に現れる色づいた縞模様を説明できたし，ニュートンの結果を使って種々の色の波長を決めた．ヤングは，自分の着想はニュートンの研究に起源があると再三言ったにもかかわらず，厳しく攻撃された．特に，ブローハム (Brougham) 卿によっ

トーマス・ヤング (1773–1829).
(スミソニアン協会)

オーギュスタン・ジャン・フレネル (1788–1827). (米国立医学図書館)

ジェームス・クラーク・マクスウェル (1831–1879). (E. H.)

て書かれたと考えられる "エジンバラ研究"(*Edinburgh Review*) の中の一連の論文で，ヤングの論文は価値のかけらもないと酷評された．

　ノルマンジーのブローニュに生まれたフレネル (Augustin Jean Fresnel, 1788–1827) は，約13年ほど先行しているヤングの業績を知らずに，フランスにおいて波動説の輝かしい再生のための研究を始めた．彼は，ホイヘンスが展開した波動の概念と干渉の原理を合体させた．1次波の伝搬の仕方は，一連の2次球面波が発生し，それらが重なり干渉し合って，そのすぐ後で出現するような進行する1次波となると解釈された．フレネルの言葉では，

　　ある時刻における光の波のある1点での振動は，先行するある時刻において遮られなかったすべての部分から来て，そこに到達した基本振動の和である．

これらの波は，空気中の音波との類似から，縦波であると考えられた．フレネルは種々の遮蔽体や開口から生じる回折像を計算できたし，均質で等方的な媒質における光の直進性を納得できるように説明した．こうして，波動説に対するニュートンの主たる反論を払いのけた．最終的に干渉の原理に関してはヤングに優先権があると知らされたとき，フレネルは少々落胆したが，そのように素晴らしい友と一緒になったことに慰められたと，ヤングに書き送った．そして，二人の偉大な男は友になった．

　ホイヘンスは，方解石の結晶で生じる偏光現象を知っていたが，ニュートンも気づいていた．実際，ニュートンは自分の著書『光学』(*Opticks*) の中で，次のように述べている．

　　それゆえにすべての光線は二つの正反対の側面をもっている ⋯．

1808年にマリユス (Étienne Louis Malus, 1775–1812) が初めて，光の二つの側面は反射でも見られること，そしてまた結晶性の媒質に特有の現象でないことを発見した．フレネルとアラゴ (Dominique François Arago, 1786–1853) は，干渉に及ぼす偏光の効果を明らかにするための一連の実験を行ったが，縦波の描像では実験結果をまったく説明できなかった．この頃は，実のところ暗中模索の状態にあった．数年間，ヤン

グ，アラゴ，フレネルはこの問題と格闘したが，最後にヤングがエーテルの振動は弦上の波動のように横波かもしれないという説を唱えた．そして，光のもつ二つの側面とは，光線方向に垂直な面内における二つの直交するエーテルの振動にすぎないとした．またフレネルは，エーテル振動の力学的理論を展開し，反射光と透過光の振幅に関するいまでは有名な彼の公式に到達した．1825 年までには，限られた熱烈な信奉者が光の放出説 (粒子説) を主張するだけとなった．

地上での光速を決定する実験は，1849 年にフィゾー (Armand Hippolyte Louis Fizeau, 1819–1896) が初めて行った．回転歯車と離れた (8633 m) 場所の鏡からなる彼の装置は，パリ郊外のシュレーヌからモンマルトルの間に設置された．歯車の歯の隙間から出た光パルスは，鏡ではね返りもどってきた．歯車の回転速度を調整することで，もどってきたパルスは歯の隙間を通過して観測されるか，歯で遮られるかであった．フィゾーは，光速として 315 300 km/s の値を得た．彼の同僚のフーコー (Jean Bernard Léon Foucault, 1819–1868) も光速の研究に従事した．それより前の 1834 年にホィートストン (Charles Wheatstone, 1802–1875) は電気火花の持続時間を測るために，回転鏡を用いる実験装置を設計していた．アラゴはこの装置を用いて高密度媒質中の光速度測定を提案したが，実験を実行できなかった．そしてフーコーが，この実験を取り上げた．これが後に彼の博士論文の題材になった．1850 年 5 月 6 日，彼は水中の光速は空気中より遅いことを，科学協会に報告した．この結果は，粒子説に対するニュートンの定式化と直接的に矛盾し，わずかに残っていた粒子説の支持者にはたいへんな逆風となった．

以上の事柄はすべて光学の世界で起こっていたが，それとはまったく独立に，電気と磁気の研究も実を結びつつあった．1845 年に，練達の実験家ファラデー (Michael Faraday, 1791–1867) が，媒質に強い磁場を印加することでビームの偏光方向を変化させられるのを発見し，電磁気と光の間にある相互関係を確かなものにした．マクスウェル (James Clerk Maxwell, 1831–1879) は電磁気に関するすべての経験的知識を，一組の数学方程式に見事にまとめ上げてさらに拡張した．彼は著しく簡潔な上に美しいほど対称的な方程式から出発し，電磁場は横波として光を伝えてゆくことができるエーテルの中を伝搬できることを，純理論的に示した．

マクスウェルは媒質の電気的・磁気的特性から波の速さを求める表現を得た ($c = 1/\sqrt{\epsilon_0\mu_0}$)．これらに経験的に求められていた既知の数値を入れることで，彼は実測された光速に等しい数値を得た．その結論——光はエーテル中を伝搬する波の形をした電磁波である——は見逃すことのできない重大な結果となった．マクスウェルは 48 歳で亡くなったが，自分の洞察が実験的に実証されるのを見るには 8 年早すぎた死であり，物理学にとってもあまりにも早い死であった．ヘルツ (Heinrich Rudolf Hertz, 1857–1894) は 1888 年に発表した一連の膨大な実験で，長波長の電磁波を発生・検出し，その存在を実証した．

光の波動説を受け入れるには，すべてのところに充満している基礎物質，つまり光を伝えてゆくことができるエーテルの存在を受け入れる必要があると考えられた．波動があるなら，明らかにそれを支える媒質があるに違いないと考えられた．そして当時，エーテルは何か奇妙な性質を保有しているべきとされ，エーテルの物理的性質を決定するために多大な科学的努力が当然のようになされた．天体がはっきりと抵抗を

受けずに運動するには，エーテルはきわめて希薄でなければならなかった．同時に，1秒間に186 000マイルも進む光のきわめて高い振動周波数 ($\sim 10^{15}$ Hz) を，エーテルは維持しなければならなかった．これは，エーテルという物質の中の，きわめて強い復元力の存在を意味していた．波が媒質中を進む速度は，媒質の特性に依存し，光源の運動には依存しない．これは，光源との関係で速度が重要なパラメータになる粒子流のふるまいとは対照的である．

移動物体の光学を研究するときに，エーテルの性質のある面が問題となるが，エーテル自体についての研究領域が結局は次の重大な折り返し点へ導くことになった．1725年に，当時オックスフォード大学の天文学のサヴィリアン (Savilian) 教授であったブラッドリー (James Bradley, 1693–1762) は，1年のうちの異なる二つの時刻である星の方向を観測して，その星までの距離を測ろうとした．地球の位置は太陽のまわりを公転しながら変わるので，その位置は星の三角測量に関して長い基線を提供することになった．ブラッドリーは，"固定された" 星が，それまで考えられていたように，宇宙における地球の位置に依存するのでなく，地球の公転軌道上の運動方向に関係するような系統だった運動をすることを発見し，驚いた．このいわゆる "天体収差" は，よく知られた落下する雨滴の状況に似ている．地上で静止している観測者には，雨滴は垂直方向に落下するものの，観測者が運動すると落下方向が変わるように見える．したがって，光の粒子モデルは天体収差を楽々と説明できた．一方，地球がエーテルをかき分けるように進んでも，エーテルは全体としては乱されることなく留まるとすれば，天体収差に対して波動説もまた満足できる説明を提供する．

エーテル中における地球の運動が，地球上の光源からの光と地球外にある光源からの光との間に，何か観測にかかる差異をもたらすか否かという問いかけに対し，アラゴは実験的に答を求めた．結果として，両者には観測にかかる差異のないことがわかった．あたかも地球がエーテルに対して静止しているかのように，光はふるまった．これらの結果を説明するためフレネルは，光は運動している透明媒質を横切るときに，部分的に引きずられるという説を唱えた．光ビームが水の流れの中を下向きに進むフィゾーの実験，天体収差をしらべるために水で満たした望遠鏡を用いた1871年のエアリー卿 (Sir George Biddell Airy, 1801–1892) の実験，このいずれもがフレネルの引きずり仮説を確かめたように思われた．エーテルは絶対静止していると仮定して，ローレンツ (Hendrik Antoon Lorentz, 1853–1928) はフレネルの着想を包含する理論を導いた．

マクスウェルは1879年に米国航海暦局のトッド (D. P. Todd) 宛の手紙で，光を伝えてゆくことができるエーテルに対する太陽系の運動速度を測定するための計画を提案した．その当時，海軍の教師であった米国の物理学者のマイケルソン (Albert Abraham Michelson, 1852–1931) が，その計画を取り上げた．マイケルソンは，光速度の非常に正確な決定を行っていたので，26歳という若さですでに高い評価を得ていた．その2–3年後に，彼はエーテル中での地球の運動の効果を測定する実験を始めた．エーテル中での光速度は一定で，一方地球はエーテルとの関係ではたぶん運動していることになるから (軌道速度67 000マイル/時)，地球に対して測った光速度は地球の運動に影響されるはずであった．1881年に彼は結果を公表した．エーテルに対する地球の運動の効果は検出されなかった，すなわち，エーテルは乱れなかったのである．しか

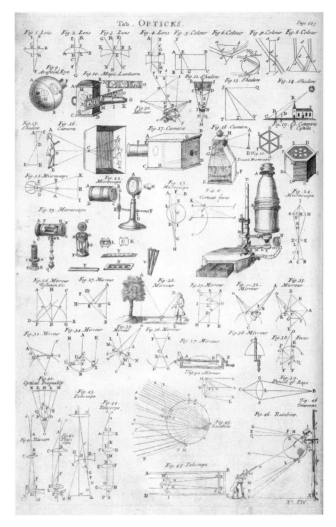

ニュートンの『光学』にある版画図で，1728年にイフレイム・チェインバースが編集しロンドンの James and John Knapton から出版された Cyclopedia の第2巻あるいは An Universal Dictionary of Arts and Sciences に見られる．(ウィスコンシン大学デジタル・コレクション)

し，ローレンツが計算の中の見落しを指摘したとき，この意外な結果の信憑性は弱くなった．数年経って，オハイオ州クリーブランドのケース応用科学大学の物理学教授になっていたマイケルソンは，ウェスタン・リザーブ大学の有名な化学教授のモーレー (Edward Williams Morley, 1838–1923) と一緒に，かなり精度を向上させて再実験を行った．1887年に再び公表された彼らの結果は，たいへん驚いたことに，やはりエーテルの乱れに否定的であった．

> 合理的な確かさで実行したすべてから，仮に地球と光を伝えてゆくことのできるエーテルの間に相対的な運動があるとしても，ごくわずかなものであり，フレネルの収差の説明に異議を唱えるにはあまりにもわずかなものであることがわかった．

波動説による天体収差の説明には，地球とエーテルの間には相対的運動が存在する必要があったが，マイケルソンとモーレーの実験はその可能性を否定した．それでもなお，フィゾーとエアリーの発見を説明するには，媒質の運動に起因して光が部分的に引きずられるとしなければならなかった．

1.5　20世紀の光学

たぶんポアンカレ (Jules Henri Poincaré, 1854–1912) が，エーテルに対する相対的な運動の効果が何も実験的に観察できないという事実の重要な意味を理解した，最初の人であろう．1899 年に彼は自分の見解を発表し始め，1900 年に次のように言った．

> 私たちがエーテルとよんでいるものは，本当に存在するのだろうか．相対的な変位以上の何かが，より精密な実験を行えば明らかにできるとは，私には信じられない．

1905 年にアルバート・アインシュタイン (Albert Einstein, 1879–1955) は特殊相対性理論を導き出し，そこでまったく独立に彼もまたエーテル仮説を排除した．

> ここで展開される考察は "絶対静止空間" を必要とせず，したがって "光を伝えてゆくことができるエーテル" の導入は必要でないことになる．

さらに彼は次のように要請した．

> 光は常に，発光体の運動状態に関係なく，定まった速度 c で真空中を伝搬する．

フィゾー，エアリーそしてマイケルソンとモーレーの実験は，アインシュタインの相対論的運動学[*2]の考え方で，まったく自然に説明された．エーテルという概念を取り払われても，物理学者はただ単に，別の媒質を何も想定することなく，自由空間を電磁波は伝搬できるという考えになじめばよいだけであった．そして，エーテルから場へという概念の変化をもとに，光は波動そのものであると考えられた．電磁波は，それ自体が物理的実体になったのである．

1900 年 10 月 19 日にプランク (Max Karl Ernst Ludwig Planck, 1858–1947) は，科学的思考における別の大変革となる，超微視的な現象を包含する理論である**量子力学**に

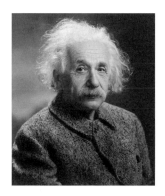

アルバート・アインシュタイン (1879–1955).
(Orren Jack Turner/議会図書館印刷・写真部門 [LC-USZ62-60242])

[*2] たとえば，French, *Special Relativity* の第 5 章を参照．

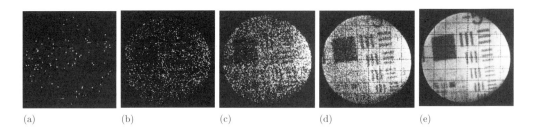

(a)　　　　　(b)　　　　　(c)　　　　　(d)　　　　　(e)

図 1.1 光の粒子的性質の確証となる例．この一連の写真は，位置検出機能のある光電子増倍管で撮影された解像力チャートの像である．(画像全体が受け取る 1 秒間の計測数は 8.5×10^3．) 露光時間はそれぞれ (a) 8ms, (b) 125ms, (c) 1s, (d) 10s, (e) 100s である．一つ一つの斑点は単一光子の到着を示すと考えられる．(ITT 社電気光学製品部門)

関して，最初となると思われる論文をドイツ物理学会誌に発表した．1905 年にアインシュタインはこれらの着想を基礎にして，粒子理論に関する新しい構想を唱えた．その構想では，光はエネルギーの塊あるいは "粒子" からなると仮定された．やがて光子(photon) *3 とよばれるようになる放射エネルギーの量子は，周波数に比例するエネルギーをもち，$\mathcal{E} = h\nu$ で表すことができる．ここで h はプランク定数として知られている (図1.1)．1920 年代の終りには，ボーア (Bohr), ボルン (Born), ハイゼンベルク (Heisenberg), シュレーディンガー (Schrödinger), ド・ブロイ (de Broglie), パウリ (Pauli), ディラック (Dirac) や他の人々の努力があって，量子力学は十分に実証された理論になっていた．巨視的世界では明らかに相容れないと考えられる粒子と波動の概念が，超微視的領域では融合されるべきであることが徐々に明らかになっていた．原子を構成する粒子 (たとえば，電子や中性子) を，局部的に固まった小さな物質とする思考上のイメージでは，もはや十分ではなかった．実際，このような "粒子" は，光とまったく同じように干渉・回折像をつくりうることが発見された．光子，陽子，電子，中性子などすべてが，粒子と波動の両側面をもっている．しかしそれでも，これらの側面での問題が解決されたわけではない．"すべての物理学者は光子が何であるかを知っていると思っている" とアインシュタインは書き，さらに，"私は光子とは何であるかの問題に答を見いだすのに一生を費やしたが，いまだにわからない" と続けている．

相対論は光をエーテルとの関係から解放し，質量とエネルギーの密接な関係 (式 $\mathcal{E}_0 = mc^2$ を介して) を示した．およそ相容れない二つの量が，相互に置き換えが可能になった．量子力学は，運動量 p をもつ粒子が $p = h/\lambda$ で表される関係波長 λ をもつことを，確かなものにし始めていた*4．超微視的な物質の粒子に対する安易なイメージは支持されなくなり，また波動と粒子を二分した考えはなくなり，二重性の概念で考えられるようになった．

---

*3 フォトン (photon) は G. N. Lewis による造語である．*Nature*, December 18 (1926) を参照すること．
*4 そのような粒子をすべて "波動粒子 (wavicle)" とでもよぶ方が適切かもしれない．

量子力学はまた，原子による光の吸収・放射の過程を取り扱っている．ガスを熱する
か電気放電を通して，原子を励起させるとしよう．そこから放射される光は，ガスを
構成する原子の特有な構造に関する特性をもっている．スペクトル解析を扱う光学の
一部分である分光学は，ニュートンの研究から進展してきた．ウォラストン (William
Hyde Wollaston, 1766–1828) が最も早く太陽光のスペクトル中の暗線を観察した (1802
年)．一般に分光器ではスリット状の開口が用いられたので，出力はいわゆる "スペク
トル線" とよばれる色づいた細い光の帯で構成された．フラウンホーファー (Joseph
Fraunhofer, 1787–1826) も独立に研究し，この分野を大きく発展させた．偶然にナト
リウムの二重線を発見したあと，彼は太陽光の研究に進み，そして回折格子を用いて初
めて波長の決定を行った．キルヒホッフ (Gustav Robert Kirchhoff, 1824–1887) とブ
ンゼン (Robert Wilhelm Bunsen, 1811–1899) はハイデルベルクで共同研究を行い，各
種の原子はそれぞれに特有な一群のスペクトル線をもっていることを確認した．続い
て 1913 年にボーア (Niels Henrik David Bohr, 1885–1962) は水素原子に関する前期量
子論を発展させ，それからの放射スペクトルの波長を予測した．原子によって放射さ
れる光は，今日では最外殻の電子によって発生されると理解されている．その過程は，
現代量子論の成果であり，信じられないほどの正確さと美しさで詳細にわたって細部
が記述されている．

20 世紀後半における応用科学としての光学の隆盛は，ルネッサンス自体の繁栄を指
している．1950 年代には，研究者たちは数学的手法と通信理論的な考察を光学の世界
にもち込んだ．運動量の概念が力学を理解しやすくする見方を提供しているように，
空間周波数の概念は広範囲な光学現象を正しく理解するための実りある新たな方法を
与えている．フーリエ解析という数学的手法と一緒になって，この現代的方法からの
発展は限りなく広がってきた．その中で特に興味あることは，像形成と評価の理論の
基礎となる "伝達関数" と "空間フィルター" の着想である．

高速デジタル計算機の出現は，複雑な光学系の設計に大きな進歩をもたらした．非
球面レンズは新たに実用的に重要になったし，かなりの広視野をもつ "回折限界" の光
学系も現実のものとなった．原子を一つずつ取り去ることのできるイオン衝撃による
研磨技術が，光学素子の製作における超高精度への要求に応じうるものとして導入さ
れた．反射や反射防止などのための単層や多層の薄膜形成技術は，当たり前の技術に
なった．ファイバー光学は実用的な通信手段へと発展したし，そして薄膜導波路の研
究が続けられてきた．監視システムやミサイルの誘導などで，多くの関心が赤外線ス
ペクトルへ向けられ，そしてこれが赤外用材料の発展をうながした．プラスチックが
レンズ，回折格子の複製，ファイバー，非球面レンズなどの光学素子の領域で広く使
用され始めた．きわめて熱膨張の少ない，部分的にガラス化された新しい種類のセラ
ミックスガラスが開発された．全スペクトル領域で作動する，地上と地球外の両方に
おける天文台の建設が，1960 年代の終りに復活し，21 世紀に入って活発に行われた．

最初のレーザーが 1960 年につくられ，10 年を経ずして赤外から紫外に至るレーザー
ビームが得られた．高出力でコヒーレントな光源が利用できるようになり，高調波発
生や周波数混合といった数多くの新しい光学効果が発見されるようになった．実用的
な光通信システムを構築するのに必要な技術が急速に発展してきた．第 2 高調波発生
器，電気光変調器，そして音響光変調器などのデバイスにおける結晶の精巧な使い方

が, 結晶光学における多くの最新の研究を増進させた. "ホログラフィー" として知られる波面再生技術は, 素晴らしい3次元像を提供するとともに, 非破壊検査やデータ蓄積などの分野に数多く応用できることがわかった.

1960年代における開発研究の多くに見られた軍事指向は, ますます勢いづいて2000年代へと続いた. 現在, 光学における技術の対象は, スマート爆弾やスパイ衛星から殺人光線や暗闇を見通す赤外線装置にまで広がっている. しかし, 生活の質的改善への要求と経済的な配慮によって, 光学分野の製品がかつてなかったほどに消費市場に出現した. レーザーは, 居間でビデオディスクを読み取るのに, 工場で鉄板を切るのに, スーパーマーケットでラベルを走査するのに, また病院での手術など, いたるところで使われている. 世界中で何百万という光学表示装置が, 時計や電子式卓上計算機やコンピュータの上で光っている. この百年の間に, データの処理・伝送に電気信号だけが使われてきたが, もっと効率のよい光学技術が急速にとって替わりつつある. 情報の処理や通信の方法における広範囲な革新が静かに進行し, それが年々私たちの生活を変化させつづけている.

大きな発見はそうそう得られなくなっている. 進歩は速くなっているけれど, この3000年間に拾い集めて来たものはごくわずかである. そして, "光とは何だろう" という疑問が常にある限り, その答が微妙に変化するのを見つめることは, 本当に何と素晴らしいことであろう[5].

---

[5] 光学の歴史をさらに詳しく知るには, F. Cajori, *A History of Physics* や V. Ronchi, *The Nature of Light* を参照すること. たくさんの原著論文からの抜書きは, W. F. Magie, *A Source Book in Physics* や M. H. Shamos, *Great Experiments in Physics* に見られて便利である.

2
波　　　動

　本章では，光学の中心課題である光の本性について考える．"光は波の現象か，粒子の示す現象か"という問は，以前論争されていた以上に難しい問題である．たとえば，粒子の本質的な特徴はその局在性であり，空間中の明確な小領域に存在する．実際には，ボールや小石のようなものを取り上げ，それらの消え入るほどの小さなものを想像して，それを粒子であるとか，少なくとも粒子の基礎概念として紹介しやすい．しかしボールは，それが置かれている環境と相互作用する．ボールは地球や月や太陽などと相互作用する重力場をもっている．空間に広がっている場は，それがどのようなものであれ，ボールから切り離すことはできない．そして，場は"粒子"の明確な記述に不可欠であるのと同様に，ボールの不即不離の部分である．現実の粒子群はそれぞれの場を通じて互いに相互作用し，ある意味では，場は粒子そのものであり，逆に粒子は場そのものである．このような少し不思議な話は，量子場の理論に属するので，後でさらに議論を展開しよう．ここでは，光がきわめて小さな粒子 (光子) の流れであるとしても，それらの粒子は"通常"の小球子のような古典的な粒子でないことだけは注意する必要がある．

　一方，波動の本質的特徴は，その非局在性にある．**古典的な進行波は，ある媒質自体の振動であり，この振動がエネルギーと運動量を輸送する空間中を動いている**．理想的な波動は，広範囲な領域にわたって存在する連続的実在と考えられやすい．しかし，弦を伝わる波動のように，現実の波動を緻密に見れば，一斉に動いている膨大な数の粒子からなる複合現象を見ることになる．波動を維持する媒質は原子 (すなわち粒子) 的なものでできているから，波動はそれ自体では連続的実体ではありえない．唯一の例外は電磁波かもしれない．概念的には，古典的電磁波は連続的実体と考えられているし，粒子とは異なる波動そのもののモデルになっている．しかし，前世紀において，電磁波のエネルギーは連続的に分布していないことがわかった．光の古典的な電磁理論は，巨視的レベルでは素晴らしいものであるが，微視的レベルではきわめて不十分なものである．アインシュタインは巨視的現象である電磁波が，基本的には粒子状にある微視的現象の，統計的現れであることを初めて唱えた．原子より小さな領域では，物理的な波動に対する古典的概念は幻想にすぎない．しかしながら，私たちがふつうに活動するような大きさの空間では，電磁波は実在すると見なすのに十分であり，また古典論もよく成り立つことになる．

　光の古典的あるいは量子力学的な両者の取扱いにおいて，波動を数学的に記述するので，この章では両方の定式化に必要な基礎事項を述べる．ここで展開する考え方は，一杯のお茶の表面のさざ波から，遠方の銀河からやってくる光パルスに至るまで，す

べての物理的な波動に適用できるものである．

2.1 1次元の波動

　移動する波動の本質的特徴は，それが伝搬してゆく媒質の，それ自体の振動であるということである．最も親しみがあり，そして容易に見ることができる波動は，紐の上の波動，液体表面の波動，空気中の波動，そして固体や液体中の圧縮波のような力学的波動である (図 2.1)．音波は**縦** (longitudinal) **波**であり，媒質は波の動く方向に変位する．紐を伝わる波動 (そして電磁波) は**横** (transverse) **波**であり，媒質は波の動く方向に対して垂直な方向に変位する．すべての波動において，エネルギーを運ぶ波動は媒質中を前進するが，波動に関与する個々の原子は平衡位置の近傍にとどまっている．つまり，媒質である物質が進むのではなく，波動という状態が進むのである．それが粒子の流れとは異なる，波動のいくつかの重要な特徴の一つである．野原に吹く

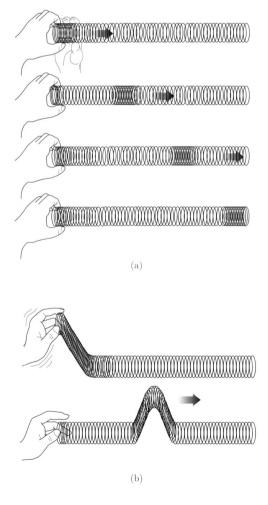

図 **2.1**　(a) ばね中の縦波，(b) ばね中の横波．

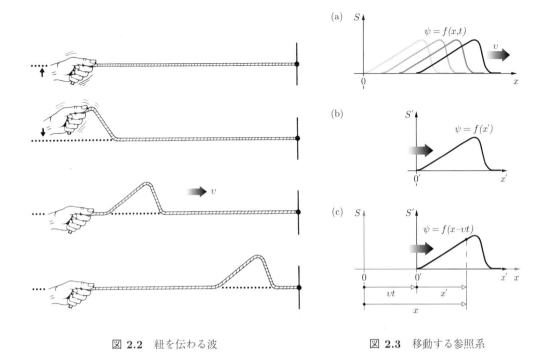

図 2.2 紐を伝わる波　　　　　図 2.3 移動する参照系

風は，1本1本の草はその場でゆらいでいるだけであるが，前進する "草の波" を引き起こす．レオナルド・ダ・ヴィンチが波動は媒質を運ぶのでないと認識した最初の人であろう．また，波動にこの性質があるからこそ，たいへん高速に伝搬できる．

私たちがいまここでしたいことは，波動方程式がとるべき形を見いだすことである．そのために，一定の速度 v で x 軸の正の方向に移動する波動 ψ を考えよう．いまのところ，いろいろな波動がもつ固有の性質は重要でない．とりあえず，図 2.2 に示す紐の縦方向の変位や，電磁場の電場や磁場の振幅の大きさであっても，あるいは物質波の量子力学的確率振幅であってもよい．

波動は移動するから，位置と時間の関数として，

$$\psi(x,t) = f(x,t) \tag{2.1}$$

と表せ，ここで $f(x,t)$ はある特別な関数または波動の形状に対応している．この $f(x,t)$ は図 2.3a に示されており，この図では静止座標系 S 中を v の速度で進むパルスとして示されている．任意の時刻での波動の形は，たとえば時刻 $t = 0$ の場合，時間 t にこの時刻を入れることで得られる．この場合，

$$\psi(x,t)|_{t=0} = f(x,0) = f(x) \tag{2.2}$$

となり，その時刻での波動の**形状** (profile) を表している．たとえば，a を定数として $f(x) = e^{-ax^2}$ なら，形状はベル形となる．すなわち，形状は**ガウス関数** (Gaussian function) である．(x の2乗となっているので，$f(x)$ は $x = 0$ の軸に対称となる．) $t = 0$ と設定することは，パルスが通り過ぎるときに，その瞬間にそのパルスの写真を撮ることに似ている．

しばらくは，空間中を進行する際に形状の変化がない波動に限定して議論を進めよう．時間 t が経過すると，パルスは x 軸に沿って距離 vt だけ移動するものの，それ以外では何も変化しない．ここで，パルスとともに速度 v で移動する座標系 S' を導入する (図 2.3b)．この座標系では，ψ はもはや時間の関数でなく，また系 S' と一緒に移動する限りでは，波動は式 (2.2) で記述される静止した一定の形状をもつ．この場合，座標は x でなく x' とすべきで，

$$\psi = f(x') \tag{2.3}$$

となる．$t=0$ での系 S と系 S' の原点が共通であれば，任意の時刻 t で系 S' から見た波動は，$t=0$ で系 S から見たものと同じである (図 2.3c)．

さて，波動が系 S で静止している人によって記述される場合には，x で式 (2.3) を書き換えることになる．図 2.3c から，

$$x' = x - vt \tag{2.4}$$

であるから，これを式 (2.3) に代入して，

$$\psi(x,t) = f(x - vt) \tag{2.5}$$

が得られる．これが 1 次元の**波動関数** (wavefunction) を表す最も一般的な形である．より端的にいえば，式 (2.2) の形状を選び，$f(x)$ の中で x のかわりに $(x-vt)$ を代入するだけでよい．そうして得られた式は所定の形状をもち，正の x 方向に速度 v で移動する波動を表している．たとえば，$\psi(x,t) = e^{-a(x-vt)^2}$ はベル形の波動である．

いま述べたことがどう役立つかを，もう少し詳しく理解するために，特別なパルス，たとえば $\psi(x) = 3/(10x^2+1) = f(x)$ に対して解析を行ってみよう．その形状は図

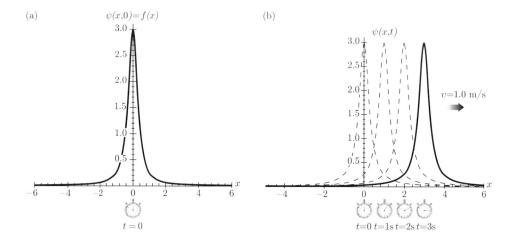

図 **2.4** (a) 関数 $f(x) = 3/(10x^2+1)$ で与えられるパルス形状．(b) (a) の形状が波動 $\psi(x,t) = 3/[10(x-vt)^2+1]$ として右に移動する場合．速度 $1\,\mathrm{m/s}$ で x の正方向に進むとしている．

2.4a に表されている．これを綱の上の波動とすれば，ψ は縦方向の変位となり，ψ を記号 y で置き換えることもできる．いずれにせよ ψ が変位，圧力，電場の何であろうと，波の形状には変りはない．$f(x)$ を $\psi(x,t)$ に変えるために，つまり $f(x)$ を正の x 方向に速度 v で移動する波動の表現に変えるために，$f(x)$ の中の x を $x-vt$ に置き換える．その結果，$\psi(x,t) = 3/[10(x-vt)^2+1]$ が得られる．いま，任意に $v = 1.0\,\mathrm{m/s}$ として，$t = 0,1s,2s,3\,\mathrm{s}$ でこの関数をプロットすると，図 2.4b が得られる．これは，推測された通り 1.0 m/s の速度で右の方に移動するパルスを示している．なお，形状を表す関数の x に $x+vt$ を代入すると，左に進む波動となる．

時間 Δt の経過後，つまり x が $v\Delta t$ だけ増加したときの ψ をしらべることで，式 (2.5) の形を確認すると，

$$f[(x+v\Delta t) - v(t+\Delta t)] = f(x-vt)$$

であり，形状は変化しないのがわかる．

同様に，波動が負の x 方向，すなわち左に移動するなら，式 (2.5) は

$$\psi = f(x+vt) \qquad (v > 0) \tag{2.6}$$

となる．したがって，波動の形状には関係なく，変数 x と t は関数の中ではいつも一緒に，すなわち $(x \mp vt)$ の形の一つの変数として現れることになる．また式 (2.5) は $(t - x/v)$ に関する関数として，しばしば等価的に表現されて，

$$f(x-vt) = F\left(-\frac{x-vt}{v}\right) = F(t-x/v) \tag{2.7}$$

となる．

図 2.2 のパルスや式 (2.5) で記述される波動は，1 本の線上に並んだ点をたどるだけ，つまり，一つの空間変数だけで表現されるので，1 次元の波動といわれる．図 2.2 の紐上の波動の例において，紐が第 2 の次元にもち上がっているということに惑わされてはいけない．これに比べ 2 次元の波動は，池のさざ波のように表面を伝搬し，二つの空間変数で表現される．

2.1.1　微分波動方程式

1747 年にダランベール (Jean Le Rond d'Alembert) が，物理学の数学的取り扱いに偏微分方程式を導入した．その年に，彼は振動する弦の運動に関する論文を書き，その中にいわゆる微分波動方程式が初めて出てきた．通常この 2 階線形同次偏微分方程式は，損失のない媒質中の物理的な波動を表現するのによく用いられる．多くの異なる種類の波動があり，それらはそれぞれ独自の波動関数 $\psi(x)$ で記述される．ある波動は圧力に関して，ある波動は変位に関して書かれ，その他では電磁場に関する波動があるが，これら波動を表す波動関数はすべて同じ微分波動方程式の解である．それが偏微分方程式である理由は，波動がいくつかの独立な変数，すなわち空間と時間の関数でなければならないからである．一方，線形微分方程式は一般に二つ以上の項からなり，一つ一つの項は関数 $\psi(x)$ やその微分に定数を掛けたものである．さらに各項

は 1 乗に限られるし, ψ とその微分の積や, 微分どうしの積は存在しない. 微分方程式の "階数" は, 方程式中の最高次の微分の次数に等しい. さらに, 微分方程式が N 階なら, 解は N 個の任意定数をもつ.

さて, 一定速度で移動している波動の基本となっている, それを特徴づけるものとして二つの定数 (振幅と周波数または波長) を必要とするという後述する知識を用い, 1 次元の波動方程式を求めてみよう. このことは 2 次微分の存在を暗示している. 二つの独立な変数 (ここでは x と t) があるから, x または t のいずれについても $\psi(x,t)$ の微分をとることができる. この場合, 一方の変数をあたかも定数であるかのように扱って, 他方について微分すればよい. 通常の微分の規則に従うが, 偏微分であることを明らかにするために, $\partial/\partial x$ と書く.

$\psi(x,t)$ の空間依存性と時間依存性を関係づけるために, t を定数として, $\psi(x,t) = f(x')$ の x についての偏微分をとる. 関係 $x' = x \mp vt$ を用い, かつ

$$\frac{\partial \psi}{\partial x} = \frac{\partial f}{\partial x}$$

であるから,

$$\frac{\partial \psi}{\partial x} = \frac{\partial f}{\partial x'}\frac{\partial x'}{\partial x} = \frac{\partial f}{\partial x'} \tag{2.8}$$

となる. なお, ここで

$$\frac{\partial x'}{\partial x} = \frac{\partial(x \mp vt)}{\partial x} = 1$$

を用いた. 次に, x を一定に保ったままの, 時間に関する偏微分は,

$$\frac{\partial \psi}{\partial t} = \frac{\partial f}{\partial x'}\frac{\partial x'}{\partial t} = \frac{\partial f}{\partial x'}(\mp v) = \mp v\frac{\partial f}{\partial x'} \tag{2.9}$$

となる. 式 (2.8), (2.9) の組合せによって,

$$\frac{\partial \psi}{\partial t} = \mp v\frac{\partial \psi}{\partial x}$$

を得る. これは, 図 2.5 に示すように掛け合わされた定数の大きさの範囲内で, ψ の t に関する変化率と x に関する変化率が等しいことを示している. 式 (2.8), (2.9) の 2 階偏微分は,

$$\frac{\partial^2 \psi}{\partial x^2} = \frac{\partial^2 f}{\partial x'^2} \tag{2.10}$$

と

$$\frac{\partial^2 \psi}{\partial t^2} = \frac{\partial}{\partial t}\left(\mp v\frac{\partial f}{\partial x'}\right) = \mp v\frac{\partial}{\partial x'}\left(\frac{\partial f}{\partial t}\right)$$

となる. そして, 関係

$$\frac{\partial \psi}{\partial t} = \frac{\partial f}{\partial t}$$

から,

$$\frac{\partial^2 \psi}{\partial t^2} = \mp v\frac{\partial}{\partial x'}\left(\frac{\partial \psi}{\partial t}\right)$$

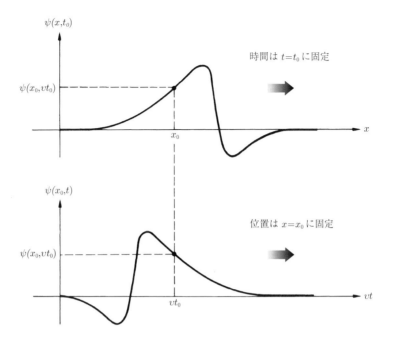

図 2.5 x および t に対する ψ の振動

となる．この式は，式 (2.9) を用いて，

$$\frac{\partial^2 \psi}{\partial t^2} = v^2 \frac{\partial^2 f}{\partial x'^2}$$

となる．この式に式 (2.10) の関係を用いると，最終的に

$$\frac{\partial^2 \psi}{\partial x^2} = \frac{1}{v^2}\frac{\partial^2 \psi}{\partial t^2} \tag{2.11}$$

が得られ，これが求めていた 1 次元の**微分波動方程式** (differential wave equation) である．

例題 2.1 図 2.4 に示されている波動は，

$$\psi(x,t) = \frac{3}{[10(x-vt)^2+1]}$$

で与えられる．この式が 1 次元の微分波動方程式の解であることを，大ざっぱに示せ．

解

$$\frac{\partial^2 \psi}{\partial x^2} = \frac{1}{v^2}\frac{\partial^2 \psi}{\partial t^2}$$

波動の式を x について微分すると，

$$\frac{\partial \psi}{\partial x} = \frac{\partial}{\partial x}\left[\frac{3}{10(x-vt)^2+1}\right]$$

$$\frac{\partial \psi}{\partial x} = (-1)3[10(x-vt)^2+1]^{-2}20(x-vt)$$

$$\frac{\partial \psi}{\partial x} = (-1)60[10(x-vt)^2+1]^{-2}(x-vt)$$

$$\frac{\partial^2 \psi}{\partial x^2} = \frac{-60(-2)20(x-vt)(x-vt)}{[10(x-vt)^2+1]^3} - \frac{60}{[10(x-vt)^2+1]^2}$$

$$\frac{\partial^2 \psi}{\partial x^2} = \frac{2400(x-vt)^2}{[10(x-vt)^2+1]^3} - \frac{60}{[10(x-vt)^2+1]^2}$$

波動の式を t について微分すると

$$\frac{\partial \psi}{\partial t} = \frac{\partial}{\partial t}\left[\frac{3}{10(x-vt)^2+1}\right]$$

$$\frac{\partial \psi}{\partial t} = (-1)3[10(x-vt)^2+1]^{-2}20(-v)(x-vt)$$

$$\frac{\partial \psi}{\partial t} = 60v(x-vt)[10(x-vt)^2+1]^{-2}$$

$$\frac{\partial^2 \psi}{\partial t^2} = \frac{60v(x-vt)(-2)20(x-vt)(-v)}{[10(x-vt)^2+1]^3} + \frac{-60v^2}{[10(x-vt)^2+1]^2}$$

$$\frac{\partial^2 \psi}{\partial t^2} = \frac{2400v^2(x-vt)^2}{[10(x-vt)^2+1]^3} - \frac{60v^2}{[10(x-vt)^2+1]^2}$$

したがって,

$$\frac{\partial^2 \psi}{\partial x^2} = \frac{1}{v^2}\frac{\partial^2 \psi}{\partial t^2}$$

となる.

　式 (2.11) はいわゆる同次微分方程式であり,この方程式は独立変数からなる項 (力や発生源のような) を含んでいない.換言すると,ψ が方程式の各項に入っており,これが,ψ が解なら ψ に任意定数を掛けたものも解であることを示している.式 (2.11) は,考えている領域に発生源をもたない**非減衰系の波動方程式** (wave equation for undamped systems) である.減衰の効果は $\partial \psi/\partial t$ の項を追加することによって記述でき,より一般的な波動方程式になるが,これについては後でふれる.

　一般に,記述される系が連続であるときに,偏微分方程式が成立する.そして,時間変数 t が独立変数の一つであることは,解析下の過程における時間的変化が連続であることを指している.通常,場の理論は時空間における物理量の連続的な分布を対象にしており,したがって偏微分方程式の形態をとる.場の理論の一つであるマクスウェルによる電磁現象の定式化は,式 (2.11) を変形したものであり,その式からは電磁波の概念がまったく自然に導き出される.

　波動は一般には一定形状をもたないが,伝搬時に形が変化しないという特別な場合について議論を進めてきた.ここでは,この単純な仮定を設けるだけで,一般的に定式化された微分波動方程式に至った.もし,波動を表すある関数がその方程式の解なら,同時にそれは $(x \mp vt)$ の関数となり,特にそれは x と t の両方について簡単ではないが 2 階微分可能な関数となる.

例題 2.2 定数 a と b を含む関数

$$\psi(x,t) = \exp[(-4ax^2 - bt^2 + 4\sqrt{ab}xt)]$$

は，波動を記述しているか．記述しているのなら，速度と伝搬方向を示せ．

解 括弧の中の項を因数分解すると，

$$\psi(x,t) = \exp[-a(4x^2 + bt^2/a - 4\sqrt{b/a}xt)]$$
$$\psi(x,t) = \exp[-4a(x - \sqrt{b/4a}t)^2]$$

である．これは 2 階微分可能な $(x - vt)$ の関数であるので式 (2.11) の解であり，したがって波動を記述している．ここで，速度 $v = \frac{1}{2}\sqrt{b/a}$ で，波動は x の正方向に伝搬する．

2.2 調　和　波

　　形状が正弦曲線か余弦曲線である最も簡単な波動をしらべてみよう．これらは正弦波，単純調和，さらに簡単には**調和波** (harmonic wave) として知られている．どんな波動の形も，調和波の重ね合せで合成できることを第 7 章で述べる．したがって，調和波は特別に重要となる．

　　形状として，簡単な関数

$$\psi(x,t)|_{t=0} = \psi(x) = A\sin kx = f(x) \tag{2.12}$$

を選ぶ．ここで k は**伝搬定数** (propagation number) として知られている正の定数である．定数 k の導入が必要なのは，単に物理的単位をもつ量の正弦 (sine) はとれないからである．kx の単位は，実際の物理量の単位ではないラジアンである．また，正弦は二つの長さの比であり，単位はなく，1 から -1 の間で変化するので，$\psi(x)$ の最大値は A である．この最大値は，波動の**振幅** (amplitude) として知られている (図 2.6)．

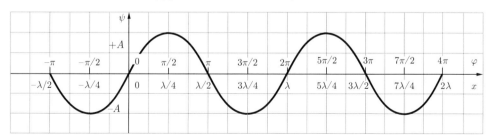

図 2.6 調和波の形状を表現する調和関数．1 波長は 2π ラジアンの位相 (φ) 変化に対応している．

式 (2.12) を，速度 v で正の x 方向に移動する前進波に適用するには，単に x を $x-vt$ で置き換えればよく，

$$\psi(x,t) = A \sin k(x-vt) = f(x-vt) \tag{2.13}$$

となる．これは明らかに微分波動方程式の解である (問題 2.24 参照)．x か t のいずれを固定しても，正弦波状の波動となり，時間と空間の両方で周期的である．**空間での周期 (spatial period) は波長(wavelength)** として知られ，λ で表される．波長は**一つの波動の長さを表す数値**である．λ の単位としてはミクロン ($1\mu\mathrm{m} = 10^{-6}\,\mathrm{m}$) もしばしば用いられ，かつてのオングストローム ($1\mathrm{\AA} = 10^{-10}\,\mathrm{m}$) も書物に見られるが，通常はナノメートル ($1\mathrm{nm} = 10^{-9}\,\mathrm{m}$) である．$x$ が λ だけ増減しても ψ に変化はなく，すなわち，

$$\psi(x,t) = \psi(x \pm \lambda, t) \tag{2.14}$$

である．調和波の場合，この増減は正弦関数の偏角を $\pm 2\pi$ だけ変えることと同じである．したがって，

$$\sin k(x-vt) = \sin k[(x \pm \lambda) - vt] = \sin[k(x-vt) \pm 2\pi]$$

となり，関係

$$|k\lambda| = 2\pi$$

が得られる．あるいは，k も λ も正の数値であるから，次式

$$\boxed{k = 2\pi/\lambda} \tag{2.15}$$

が成り立つ．

図 2.6 は，式 (2.12) で与えられる形状を，λ の関数として示している．図中の φ は正弦関数の偏角で，**位相 (phase)** とよばれる．換言すると，$\psi(x) = A\sin\varphi$ である．$\varphi = 0, \pi, 2\pi, 3\pi, \cdots$ のとき，$\sin\varphi = 0$ であり，$\psi(x) = 0$ となる．これは $x = 0, \lambda/2, \lambda, 3\lambda/2, \cdots$ のときに相当する．

以上の λ に関する議論と同様な方法で，**時間的周期 (temporal period)** τ について考えよう．これは，静止している観測者の前を，1 周期分の波動が通過するのに要する時間である．この場合，興味あるのは波動の時間軸上での繰り返し

$$\psi(x,t) = \psi(x, t \pm \tau) \tag{2.16}$$

であり，したがって

$$\sin k(x-vt) = \sin k[x - v(t \pm \tau)]$$
$$\sin k(x-vt) = \sin[k(x-vt) \pm 2\pi]$$

であるから，関係

$$|kv\tau| = 2\pi$$

が得られる．しかし，この関係の中の量はすべて正であるから，

$$kv\tau = 2\pi \tag{2.17}$$

または，

$$\frac{2\pi}{\lambda}v\tau = 2\pi$$

であり，関係

$$\tau = \lambda/v \tag{2.18}$$

が得られる．周期は**1 波長分を波動が進む時間を示す数値**で (図 2.7)，その逆数は**時間周波数** (temporal frequency) ν，あるいは**単位時間 (つまり 1 秒間) に通過する波動の数，すなわち振動数**である．したがって，

$$\boxed{\nu \equiv 1/\tau}$$

で，単位はサイクル/秒またはヘルツ (Hz) である．上式と式 (2.18) から次式

$$\boxed{v = \nu\lambda} \tag{2.19}$$

が得られる．ここで，静止した人の横に張られた紐を，調和波が進行するとしよう．1 秒間に通過する波動の数が ν であり，一つ一つの波動の長さが λ である．静止した人の前を 1.0 秒間に通過した波動の全長が積 $\nu\lambda$ である．たとえば，波長 2.0 m の波が毎秒あたり 5 波長分が通過するなら，1.0 秒間に全長 10 m にわたる波動が流れ去る．これがいわゆる波動の速度 (v) であり，単位 m/s で波動は進行する．あるいは，時間 τ の間に長さ λ の波動が通過するので，速度は $\lambda/\tau = \nu\lambda$ に等しい．なお，ニュートンが『プリンキピア』(*Principia*, 1687) の "波の速度を知る" の節で，この関係を導いた．

波動に関する書物では，他の二つの量もよく用いられる．一つが**時間角周波数** (angular temporal frequency)

$$\boxed{\omega \equiv 2\pi/\tau = 2\pi\nu} \tag{2.20}$$

で，単位はラジアン/秒である．もう一つは，分光学で重要な**波数** (wave number) または**空間周波数** (spatial frequency)，

$$\boxed{\kappa \equiv 1/\lambda} \tag{2.21}$$

で，m^{-1} の単位で測られる．換言すると，κ は**単位長さ (つまり 1 m) の中にある波の数**である．すべてのこれらの量は，規則正しく繰り返されるある形状 (図 2.8) の波動であれば，調和波でなくても適用できる．

例題 2.3 Nd:YAG レーザーは波長が 1.06μm の電磁放射ビームを真空中に放出する．このビームの (a) 時間周波数，(b) 時間周期そして (c) 空間周波数を求めよ．

26 2 波　動

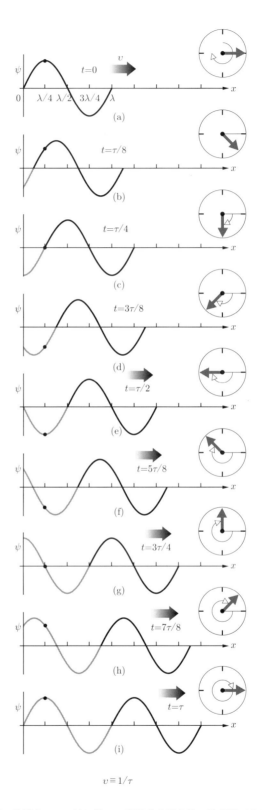

$v \equiv 1/\tau$

図 2.7 1周期の時間内に，x 軸に沿って移動する調和波．波が紐であるとすれば，紐上のどの点も垂直方向にしか動かないことに注意しよう．回転している矢印の意味については 2.6 節で取り上げる．とりあえず，この矢印の縦軸への投影は $x=0$ での ψ の値に等しいことに注意しよう．

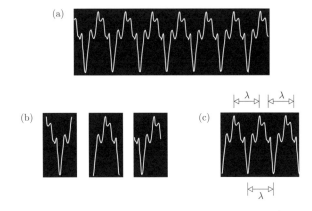

図 2.8 (a) はサキソフォーンの音の波形．(b) に示す波形要素が任意の数だけ繰り返すと，波形 (c) を形成する．波の繰り返し間隔を波長 λ とよぶ．

解 (a) $v = \nu\lambda$ であるから，

$$\nu = \frac{v}{\lambda} = \frac{2.99 \times 10^8 \text{ m/s}}{1.06 \times 10^{-6} \text{ m}} = 2.82 \times 10^{14} \text{ Hz}$$

あるいは $\nu = 282\,\text{THz}$. (b) 時間周期は $\tau = 1/\nu = 1/2.82 \times 10^{14}\,\text{Hz} = 3.55 \times 10^{-15}\,\text{s}$, あるいは $\tau = 3.55\,\text{fs}$. (c) 空間周波数は $\kappa = 1/\lambda = 1/1.06 \times 10^{-6}\,\text{m} = 943 \times 10^3\,\text{m}^{-1}$, すなわち 1 m に 943 000 の波形がある．

以上の各量に関する定義を用いて，移動する調和波に対するいくつかの等価表現が得られる．

$$\psi = A \sin k(x \mp vt) \qquad [2.13]$$

$$\psi = A \sin 2\pi \left(\frac{x}{\lambda} \mp \frac{t}{\tau} \right) \qquad (2.22)$$

$$\psi = A \sin 2\pi (\kappa x \mp \nu t) \qquad (2.23)$$

$$\psi = A \sin(kx \mp \omega t) \qquad (2.24)$$

$$\psi = A \sin 2\pi\nu \left(\frac{x}{v} \mp t \right) \qquad (2.25)$$

これらの中で，式 (2.13) と式 (2.24) が最もよく用いられる．ここで，これらすべての理想化された波動は無限の広がりをもつことに注意しなければならない．すなわち，時間を固定して考えれば，x には数学的な制限はなく，$-\infty$ から $+\infty$ まで変化する．これらの波動は単一の周波数をもち，**単色** (monochromatic) であり，あるいはもっと的確には**単一エネルギー** (monoenergetic) である．しかし，現実の波動は決して単色ではない．完全な正弦波発生器といえども，永遠に動作しつづけては来なかった．つまり，発生器からの出力としての波動は，$t = -\infty$ にもどっては考えられないので，狭いながらも必ずある限られた範囲の周波数をもっている．このように，すべての波動には周波数の帯域があり，その帯域が狭いとき，その波動は**準単色** (quasimonochromatic) といわれる．

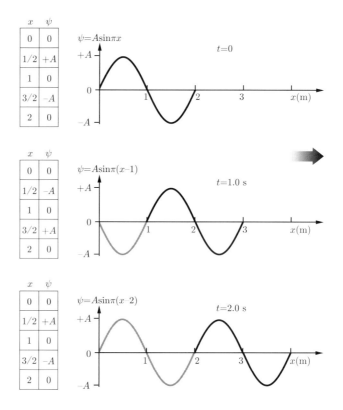

図 **2.9** $\psi(x,y) = A\sin k(x - vt)$ の形状をもつ前進波．$1.0\,\mathrm{m/s}$ の速度で右に進む．

次に進む前に，式 (2.13) に数値を代入し，それぞれの項をどのように扱うかを見てみよう．そのために，$v = 1.0\,\mathrm{m/s},\ \lambda = 2.0\,\mathrm{m}$ とする．SI 単位での波動関数

$$\psi = A\sin\frac{2\pi}{\lambda}(x - vt)$$

は，

$$\psi = A\sin\pi(x - t)$$

となる．図 2.9 は，$t = 0$ [つまり $\psi = A\sin\pi x$] から $t = 1.0\,\mathrm{s}$ [$\psi = A\sin\pi(x - 1.0)$]，$t = 2.0\,\mathrm{s}$ [$A\sin\pi(x - 2.0)$] と時間が経過するにつれ，波動がどのように右方向に $1.0\,\mathrm{m/s}$ で進むかを示している．

例題 2.4 関数

$$\psi(y, t) = (0.040)\sin 2\pi\left(\frac{y}{6.0 \times 10^{-7}} + \frac{t}{2.0 \times 10^{-15}}\right)$$

を考え，すべての物理量は適切な SI 単位系であるとする．(a) この式は波動の形式であるか否かを説明せよ．そうであるなら，(b) 周波数，(c) 波長，(d) 振幅，(e) 伝搬方向そして (f) 速度を求めよ．

解 (a) 括弧の中の項から $1/6.0 \times 10^{-7}$ をくくり出せば, $\psi(y,t)$ が 2 階微分可能な $(y \pm vt)$ の関数であることが明らかになる. したがって, 調和波を表している. (b) 単純に式 (2.22)

$$\psi = A \sin 2\pi \left(\frac{x}{\lambda} + \frac{t}{\tau} \right)$$

を用いれば, 周期 $\tau = 2.0 \times 10^{-15}$ s となる. したがって, $\nu = 1/\tau = 5.0 \times 10^{14}$ Hz. (c) 波長は $\lambda = 6.0 \times 10^{-7}$ m. (d) 振幅は $A = 0.040$. (e) 波動は y の負の方向に伝搬する. (f) 速度 $v = \nu\lambda = (5.0 \times 10^{14} \text{ Hz})(6.0 \times 10^{-7} \text{ m}) = 3.0 \times 10^8$ m/s. 別解としては, 括弧から $1/6.0 \times 10^{-7}$ をくくり出すと, 速度は $6.0 \times 10^{-7}/2.0 \times 10^{-15} = 3.0 \times 10^8$ m/s となる.

空 間 周 波 数

周期的な波動は, 波長, 時間周期そして時間周波数を保持しながら時間と空間の中を移動する物理構造で時間の中で波打っている. 現代光学においては, 概念的には波動のスナップ写真によく似た情報の定常的周期分布にも関心がある. 実際に, あとの第 7 章と 11 章で, 空間における周期関数を用いてフーリエ解析の過程を利用することで, 建物や人物そして杭垣根の通常の像はすべて合成されうることを知るであろう.

ここで覚えておくべきことは, 波動の形状によく似た周期的な姿で, 光学的情報が空間内に広がっていることである. そのために, 図 2.6 の正弦波をゆるやかに変化する明暗図, すなわち図 2.10 に変換しよう. この正弦波状の明暗変化は, (たとえば, 明るさのピークからピークで測った) 数ミリメートルの**空間周期**をもっている. ここでは, 一対の白と黒の帯は一つの**波長**に対応し, すなわち, 一対の白黒で何ミリメートル (あるいは何センチメートル) かである. その逆数 (=1/空間周期) が**空間周波数**で, 1 ミリメートル (あるいは 1 センチメートル) あたりの白黒の対の数である. 図 2.11 は, より短い空間周期つまりより高い空間周波数をもつ同じようなパターンである. これらは, 時間領域における単色波の形状に類似した, 単一空間周波数での分布である. あ

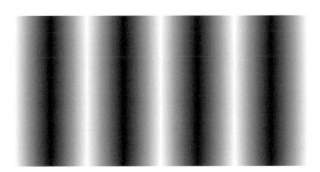

図 **2.10** 比較的低い空間周波数で正弦波状に変化する明るさ分布

図 **2.11** 比較的高い空間周波数で正弦波状に変化する明るさ分布

30   2 波　　動

との章で，ちょうど図 2.10 と 2.11 のような個別の空間周波数の寄与の重ね合せから，像がどのように形成されうるかを学ぶことになる．

2.3　位相と位相速度

まず，次式で表されるような調和波動関数をしらべよう．

$$\psi(x,t) = A\sin(kx - \omega t) \tag{2.26}$$

正弦の全偏角が波動の位相 φ で，

$$\varphi = kx - \omega t \tag{2.27}$$

である．$t = x = 0$ のときは，

$$\psi(x,t)|_{x=0,t=0} = \psi(0,0) = 0$$

で，これは特別な場合である．もっと一般的には，

$$\psi(x,t) = A\sin(kx - \omega t + \varepsilon) \tag{2.28}$$

と書かれ，ε は **初期位相** (initial phase) とよばれる．ε を物理的な意味から理解するために，図 2.12 に示してあるような，引き伸ばした紐を進行する調和波を想像しよう．調和波を発生させるには，紐の端をもつ手を，上下に動かす (このとき紐の縦方向の変位 y は紐の加速度に逆比例する)，すなわち，単純な調和運動をさせる必要がある (問題 2.27 参照)．ここで，図 2.12 で示されているように，$t = 0$, $x = 0$ において，手は必ずしも x 軸から下がり始める必要はない．もちろん，図 2.13 に示されている $\varepsilon = \pi$ の場合のように，手は上方に振り始めることもできる．したがって，後者の場合は，

$$\psi(x,t) = y(x,t) = A\sin(kx - \omega t + \pi)$$

となり，これは

$$\psi(x,t) = A\sin(\omega t - kx) \tag{2.29}$$

あるいは，

$$\psi(x,t) = A\cos\left(\omega t - kx - \frac{\pi}{2}\right)$$

と同じである．初期位相角は，振動源から発生するときの位相に定数として加わるだけで，波動が空間的，時間的にどこまで伝搬するかということには関係ない．

式 (2.26) での位相は $(kx - \omega t)$ であるが，式 (2.29) では $(\omega t - kx)$ である．しかし，これら二つの式は，相対的な位相差 π を別にすれば，正の x 方向に進む同一の波動を表している．ほとんどの場合は初期位相は特に重要でなく，波動の記述には式 (2.26) と式 (2.29) のどちらを用いてもよい．そして，もし望むなら余弦関数を用いてもよい．場合によっては，どちらか一方で位相を記述する方が数学的に便利なこともあるが，両方を使っている書物が多く，この本でも両方を用いる．

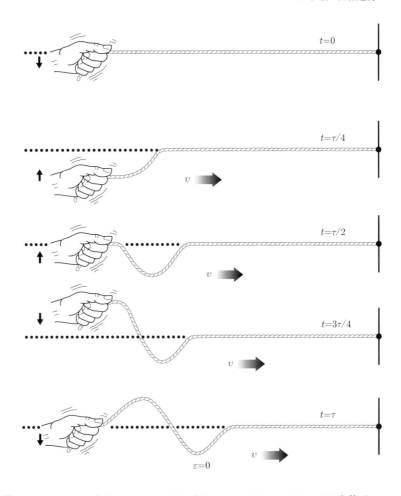

図 2.12 $\varepsilon = 0$ なら，$x = 0$ における $t = \tau/4 = \pi/2\omega$ での変位は，$y = A\sin(-\pi/2) = -A$ である．

式 (2.28) で与えられる $\psi(x,t)$ のような波動の位相は，

$$\varphi(x,t) = (kx - \omega t + \varepsilon)$$

であり，明らかに x と t の関数である．実際，x を一定とした t に関する φ の偏微分は位相の時間変化率で，

$$\left|\left(\frac{\partial \varphi}{\partial t}\right)_x\right| = \omega \tag{2.30}$$

である．ある任意の位置での位相の変化率は波動の角周波数であり，図 2.12 の紐の上の一点が上下に振動する速さである．その点は，1 秒あたりに波と同じ回数の上下動を繰り返すことになる．そして，1 回の繰り返しの間に，φ は 2π だけ変化する．量 ω は，位相が 1 秒間で何ラジアンだけ変化するかを表す．量 k は，位相が 1 m あたりで何ラジアンだけ変化するかを表す．

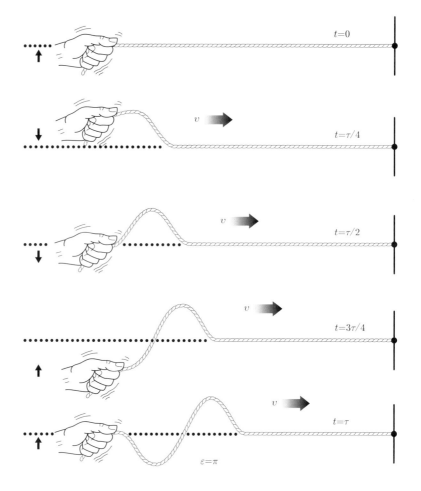

図 2.13 $\varepsilon = \pi$ なら, $x = 0$ における $t = \tau/4$ での変位は, $y = A\sin(\pi/2) = A$ である.

同様に, t を一定に保ったとき, 位置に関する位相の変化率は次式

$$\left|\left(\frac{\partial \varphi}{\partial x}\right)_t\right| = k \tag{2.31}$$

となる.

これら二つの式は, 熱力学でよく用いられる偏微分の理論から,

$$\left(\frac{\partial x}{\partial t}\right)_\varphi = \frac{-(\partial \varphi/\partial t)_x}{(\partial \varphi/\partial x)_t} \tag{2.32}$$

という式を思い出させる. 左辺は一定位相状態の伝搬速度を表している. 調和波を考え, たとえば波動の頂上部のようなある 1 点を選んでみる. 波動が空間中を移動するとき, 頂上部の y 方向の変位は変化しない. 調和波の波動関数の唯一の変数は位相であるから, いま選んだ点の位相も変化しないはずである. すなわち, 位相は選んだ点に対応した一定の変位 y を与えるような値に固定される. その点も波動の形状に沿って速度 v で移動し, 一定位相の状態もまた速度 v で移動する.

例として，式 (2.29) で与えられる φ の偏微分をとり，式 (2.32) に代入すると，

$$\left(\frac{\partial x}{\partial t}\right)_\varphi = \pm\frac{\omega}{k} = \pm v \tag{2.33}$$

が得られる．ω の単位は rad/s で，k の単位は rad/m である．ω/k の単位は当然 m/s である．これは，波動の形状が移動する速度で，一般に波動の**位相速度** (phase velocity) として知られている．位相速度の符号は，x の増加する方向に波動が移動するときが正，減少する方向に移動するときが負である．これは，波動の速度の大きさとして話を進めてきた $v\,(>0)$ と一致している．

一定位相の伝搬という概念と，それが調和波動の式とどのように関係しているかを見てみよう．たとえば，

$$\psi = A\sin k(x \mp vt)$$

において，

$$\varphi = k(x - vt) = \text{一定}$$

の場合を考える．t が増加すると x も増加する．仮に $x<0$ でその結果 $\varphi<0$ であったとしても，x は増加する．(すなわち絶対値は小さくなり，0 に近づくはずである.) したがって，一定位相の状態は，x が増加する方向に移動する．位相の式中の二つの項が引算の形である限り，波動は x の正方向に進む．一方，

$$\varphi = k(x + vt) = \text{一定}$$

の場合，t が増加すると x は正で減少するか，負でなおかつその絶対値が大きくなるかのいずれかである．どちらであっても，一定位相の状態は x の減少する方向に進む．

例題 2.5 伝搬するある波動は，SI 単位系を用いて時刻 $t = 0$ で $\psi(y,0) = (0.030\,\text{m})\cos(\pi y/2.0)$ と表すことができる．この波動は y の負の方向へ $2.0\,\text{m/s}$ の位相速度で移動する．時刻 $6.0\,\text{s}$ でのこの波動の式を書け．

解 波動を

$$\psi(y,t) = A\cos 2\pi\left(\frac{y}{\lambda} \pm \frac{t}{\tau}\right)$$

の形式で書く．ここで，$A = 0.0030$ であり

$$\psi(y,0) = (0.030\,\text{m})\cos 2\pi\left(\frac{y}{4.0}\right)$$

となる．周期が必要であるが，$\lambda = 4.0\,\text{m}$ で $v = \nu\lambda = \lambda/\tau$ から，$\tau = \lambda/v = (4.0\,\text{m})/(2.0\,\text{m/s}) = 2.0\,\text{s}$ である．したがって，

$$\psi(y,t) = (0.030\,\text{m})\cos 2\pi\left(\frac{y}{4.0} + \frac{t}{2.0}\right)$$

となる．位相の中の正の符号は，y の負の方向への動きを示している．$t = 6.0\,\text{s}$ では，

$$\psi(y,6.0) = (0.030\,\text{m})\cos 2\pi\left(\frac{y}{4.0} + 3.0\right)$$

である．

ある変位にある調和波動上の点は，時間経過に対し $\varphi(x,t)$ が一定値の条件，換言すると，$d\varphi(x,t)/dt = 0$ あるいは $d\psi(x,t)/dt = 0$ の条件下で移動する．これは周期的であろうとなかろうと，すべての波動について成立し，次式の関係

$$\pm v = \frac{-(\partial \psi/\partial t)_x}{(\partial \psi/\partial x)_t} \tag{2.34}$$

が導かれ (問題 2.34)，これは $\psi(x,t)$ が既知の場合に v を都合よく求めるのに使うことができる．v は常に正であるから，右辺の比が負になれば，移動は x の負方向になる．

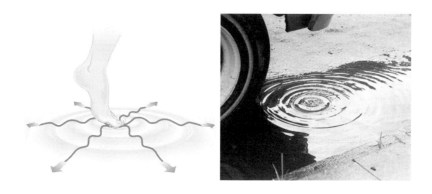

図 **2.14** 円形波 (E. H.)

図 2.14 には，液体表面の仮想的な 2 次元波動の振動源が描かれている．この図から，媒質が上下動するとき，波動は基本的に正弦波状になることが明らかである．しかし，この現象のもっと有益な見方がある．それは，所定の位相をもつすべての点を結ぶ曲線群は，一連の同心円を形成すると見られることである．さらに，A が振動源からある距離にあって一定のとき，φ が円上で一定なら，ψ もその円上で一定である．換言すると，対応するすべての山や谷は円の上にあり，**円形波** (circular wave) とよばれる．そして，山や谷の円は速度 v で外に広がる．

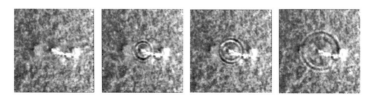

太陽上の太陽フレアが，表面を移動してゆく円形の地震のような表面波を引き起こした．(NASA)

2.4 重ね合せの原理

微分波動方程式 [式 (2.11)] の形は，古典的な粒子の流れの形態とはまったく異なる，波動がもっている興味深い性質を明らかにしている．波動関数 ψ_1, ψ_2 が波動方程式の互いに独立な解であれば，$\psi_1 + \psi_2$ も解である．これは**重ね合せの原理** (superposition principle) として知られ,

$$\frac{\partial^2 \psi_1}{\partial x^2} = \frac{1}{v^2}\frac{\partial^2 \psi_1}{\partial t^2}, \qquad \frac{\partial^2 \psi_2}{\partial x^2} = \frac{1}{v^2}\frac{\partial^2 \psi_2}{\partial t^2}$$

であることから,容易に証明できる.2式を足し合わせると,

$$\frac{\partial^2 \psi_1}{\partial x^2} + \frac{\partial^2 \psi_2}{\partial x^2} = \frac{1}{v^2}\frac{\partial^2 \psi_1}{\partial t^2} + \frac{1}{v^2}\frac{\partial^2 \psi_2}{\partial t^2}$$

となり,

$$\frac{\partial^2}{\partial x^2}(\psi_1 + \psi_2) = \frac{1}{v^2}\frac{\partial^2}{\partial t^2}(\psi_1 + \psi_2)$$

である.これは,$\psi_1 + \psi_2$ が解であることを示している.すなわち,べつべつの二つの波動が空間中の同一箇所に来たときには,そこで重なり,永遠に消滅や崩壊を伴わずに互いに加算 (または減算) されるだけであることを意味している.**重なり合っている領域の各点における結果としての波動は,個々の波動のその点での代数和で与えられる** (図 2.15).二つの波動は,共存する領域を通り過ぎれば,重なっていたことによる影響を受けることなく,離れ去ってゆく.

ここで留意することは,広く明らかとなっており,かつよく遭遇する現象としての波動の線形的な重ね合せについて論じていることである.しかしまた,波動の振幅が非常に大きい場合は,非線形的に媒質を作動させることもありうる.しかし当面は,線形的な重ね合せの原理につながる,線形微分波動方程式だけを議論する.

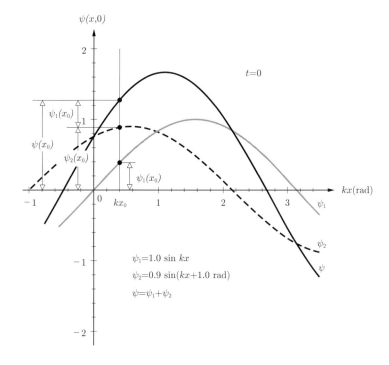

図 **2.15** 波長が等しく振幅がそれぞれ A_1 と A_2 の二つの正弦波 ψ_1 と ψ_2 の重ね合せ.結果としての波動 ψ は同じ波長をもつ正弦波で,すべての点において寄与した正弦波の代数和に等しい.したがって,$x = x_0$ では $\psi(x_0) = \psi_1(x_0) + \psi_2(x_0)$ と,大きさの和になる.ψ の振幅 A の決定法はいくつかあり,図 2.19 を参照のこと.

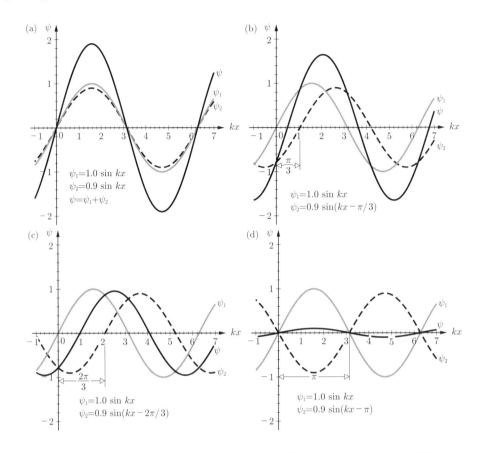

図 2.16 振幅が $A_1 = 1.0$ と $A_2 = 0.9$ の二つの正弦波の重ね合せ. (a) は同位相, (b) では ψ_1 が ψ_2 より $\pi/3$ 進み, (c) では ψ_1 が ψ_2 より $2\pi/3$ 進んでいる. そして, (d) では ψ_1 と ψ_2 は π の位相ずれで, おおむね打ち消し合う. 振幅の決定ついては, 図 2.20 を参照のこと.

光学の多くの分野では, いろいろな面で波動の重ね合せが存在する. 反射や屈折という基本的な過程でさえ, 膨大な数の原子からの光の散乱の結果であり, それらの現象は波動の重ね合せによって満足に取り扱うことができる. したがって, できるだけ早期に重ね合せの原理を, 少なくとも定性的に理解しておくことは非常に重要である. そこで, 図 2.15 に示されている二つの共存する波動を注意深くしらべよう. すべての点, すなわち kx のすべての値において, 正負どちらにもなりうる ψ_1 と ψ_2 を足し合わせる. ところで, 一方の波動が 0 (たとえば $\psi_1 = 0$) のところでは, 足算の結果としての波動は, もう一方の 0 でない波動に等しくなり ($\psi = \psi_2$), これら二つの曲線はそこで ($kx = 0$ と $3.14\,\mathrm{rad}$) で交差することになる. また, 重なる二つの要素波の大きさが等しく, 符号が反対のところ (たとえば $kx = +2.67\,\mathrm{rad}$) では, $\psi = 0$ である. 付け加えれば, 二つの曲線の間の相対的な $+1.0\,\mathrm{rad}$ の位相差が, いかに ψ_2 を ψ_1 に対して左の方に $1.0\,\mathrm{rad}$ だけ移動させるかを知るべきである.

この図をもう少し詳しくした図 2.16 は, 振幅がほぼ等しい二つの要素波の重ね合せによる結果が, いかに二つの要素波の位相角差に依存するかを示している. 図 2.16a

では，二つの要素波は同じ位相をもっており，つまり位相角差は 0 で**同位相** (in-phase) とよばれる．この場合，二つは歩調を合わせて増減し，互いに強め合ったり弱め合ったりしている．合成波は大きな振幅をもち，要素波と同じ周波数および波長の正弦波となる．図 2.16 の一連の図をたどってゆくと，合成波の振幅は位相角差の増加につれて減少し，図 2.16d に示すように位相角差が π でほとんど 0 になるのがわかる．そして，このときの二つの要素波は 180° の**位相ずれ** (out-of-phase) にあるといわれる．位相ずれにある二つの要素波が互いに打ち消し合う傾向にあることから，すべての重ね合せ現象に対して**干渉** (interference) という名称が与えられた．

水の波動が重なり干渉している．(E.H.)

2.5 複 素 表 示

波動現象の解析を進めると，調和波動を記述する正弦関数や余弦関数は，私たちの目的にはやや不適当であることが明らかになるであろう．展開される式が複雑になることもあるし，種々の変形を要する三角法の計算はよりいっそう不便になるだろう．複素数による表現は，別の記述法を提供し，数学的に処理が簡単になる．実際に，複素指数関数は光学ばかりでなく古典力学や量子力学において広く用いられている．

複素数 $\tilde{z}$ は，

$$\tilde{z} = x + iy \tag{2.35}$$

で表され，ここで $i = \sqrt{-1}$ である．$\tilde{z}$ の実部および虚部は x と y であり，x や y それ自身は実数である．図 2.17a の複素平面図表に，この複素数が示されている．極座標 (r, θ) を用いると，x と y は

$$x = r\cos\theta, \qquad y = r\sin\theta$$

で，複素数

$$\tilde{z} = x + iy = r(\cos\theta + i\sin\theta)$$

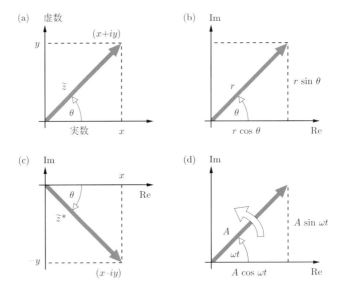

図 2.17 複素平面図形は，複素数をその実数および虚数成分で表現したものである．(a) x と y か，(b) r と θ で表現される．さらに (d) θ が時間に対して一定に変化する関数の場合，矢印は ω の速さで回転する．

である．そして，オイラーの公式[*1]

$$\boxed{e^{i\theta} = \cos\theta + i\sin\theta}$$

を用い，$e^{-i\theta} = \cos\theta - i\sin\theta$ であるから，二つの式の加算と減算で，

$$\cos\theta = \frac{e^{i\theta} + e^{-i\theta}}{2}$$

と

$$\sin\theta = \frac{e^{i\theta} - e^{-i\theta}}{2i}$$

が得られる．さらに，オイラーの公式を用いて，

$$\tilde{z} = re^{i\theta} = r\cos\theta + ir\sin\theta$$

と書ける．ここで，r は $\tilde{z}$ の大きさ，θ は $\tilde{z}$ の位相角でラジアンで表される (図 2.17b)．大きさはしばしば $|\tilde{z}|$ と表記され，複素数の絶対値とよばれる．星印*で示される複素共役 (図 2.17c) は，すべての i を $-i$ に置き換えれば得られ，

$$\tilde{z}^* = (x + iy)^* = (x - iy)$$

$$\tilde{z}^* = r(\cos\theta - i\sin\theta)$$

[*1] この公式を疑うのなら，まず $r = 1$ とした場合の $\tilde{z} = \cos\theta + i\sin\theta$ の微分を求める．その結果 $d\tilde{z} = i\tilde{z}\,d\theta$ となり，積分すれば $\tilde{z} = \exp(i\theta)$ が得られる．

であり，

$$\tilde{z}^* = re^{-i\theta}$$

である．加減算はまったく簡単で，

$$\tilde{z}_1 \pm \tilde{z}_2 = (x_1 + iy_1) \pm (x_2 + iy_2)$$

であり，したがって，

$$\tilde{z}_1 \pm \tilde{z}_2 = (x_1 \pm x_2) + i(y_1 \pm y_2)$$

である．この計算過程はベクトルの成分ごとに和をとることと，たいへんよく似ているのに注意しよう．

　乗除算は極座標形式できわめて簡単に表現でき，

$$\tilde{z}_1 \tilde{z}_2 = r_1 r_2 e^{i(\theta_1 + \theta_2)}$$

および，

$$\frac{\tilde{z}_1}{\tilde{z}_2} = \frac{r_1}{r_2} e^{i(\theta_1 - \theta_2)}$$

となる．先々の計算で役立ついくつかの式を，ここで述べておく．三角法の加法定理から，

$$e^{\tilde{z}_1 + \tilde{z}_2} = e^{\tilde{z}_1} e^{\tilde{z}_2}$$

が得られ，そして $\tilde{z}_1 = x$ で $\tilde{z}_2 = iy$ なら，

$$e^{\tilde{z}} = e^{x+iy} = e^x e^{iy}$$

である (問題 2.44)．複素量の絶対値は，

$$r = |\tilde{z}| \equiv (\tilde{z}\tilde{z}^*)^{1/2}$$

で与えられ，また，

$$|e^{\tilde{z}}| = e^x$$

である．そして，$\cos 2\pi = 1, \sin 2\pi = 0$ であるから，

$$e^{i2\pi} = 1$$

である．同様に，

$$e^{i\pi} = e^{-i\pi} = -1, \qquad e^{\pm i\pi/2} = \pm i$$

である．関数 $e^{\tilde{z}}$ は周期的，すなわち $i2\pi$ ごとにもとにもどり，

$$e^{\tilde{z}+i2\pi} = e^{\tilde{z}} e^{i2\pi} = e^{\tilde{z}}$$

40　　2 波　　動

である.

　どんな複素数も実部 $\mathrm{Re}(\tilde{z})$ と虚部 $\mathrm{Im}(\tilde{z})$ の和として表せ,

$$\tilde{z} = \mathrm{Re}(\tilde{z}) + i\,\mathrm{Im}(\tilde{z})$$

であり, したがって,

$$\mathrm{Re}(\tilde{z}) = \frac{1}{2}(\tilde{z} + \tilde{z}^*), \qquad \mathrm{Im}(\tilde{z}) = \frac{1}{2i}(\tilde{z} - \tilde{z}^*)$$

である. 図 2.17a および図 2.17c の複素平面図表から, この二つの式はただちに理解できる. この図の例では, 虚部が打ち消し合うことから $\tilde{z} + \tilde{z}^* = 2x$ であり, 上式より $\mathrm{Re}(\tilde{z}) = x$ となる.

　極座標表示では,

$$\mathrm{Re}(\tilde{z}) = r\cos\theta, \qquad \mathrm{Im}(\tilde{z}) = r\sin\theta$$

であるから, どちらの部分も調和波の記述に用いることができる. しかし, 慣習的に実部が用いられ, 調和波は,

$$\psi(x,t) = \mathrm{Re}[Ae^{i(\omega t - kx + \varepsilon)}] \tag{2.36}$$

と書かれる. もちろんこの式は,

$$\psi(x,t) = A\cos(\omega t - kx + \varepsilon)$$

と等価である. また, 以降では便宜のために波動関数を,

$$\psi(x,t) = Ae^{i(\omega t - kx + \varepsilon)} = Ae^{i\varphi} \tag{2.37}$$

と書き, この複素表示を種々の計算に用いる. これは複素指数関数による扱いが容易であることを利用している. 最終的な結果を得た後で実際の波動を表現したい場合は, 実部をとることになる. このように, 実際の波動は実部であるとの理解のもとに, $\psi(x,t)$ は式 (2.37) のようによく表記される.

　複素表現は現代の物理学ではよく見られるが, 次の注意とともに用いられるべきである. **波動を複素関数で表現し, その関数を用いて (に関して) 演算を実行したあとで, 実部が回復されるのは, これら演算が加減算および実数量による乗算および/または除算, そして実の変数に関する微分および/または積分の場合だけである.** 乗算 (ベクトルの内積と外積を含む) は実数量だけを用いて実行されなければならない. 複素量を掛け合わせてから実部をとると, 誤った結果が生じる (問題 2.47 参照).

2.6　位相子と波動の加法

　複素平面図表 (図 2.17d) の矢印は, 角度を ωt に等しくすることによって周波数 ω で回転する. この矢印は, ここでは定性的に, 後で定量的に紹介する波動の表現法 (結局は加法) に対する一つの考え方を示している. 図 2.18 は, 左に移動する振幅 A の調和波を表している. 図中の矢印は長さが A, x 軸となす変化する角度は ωt で, 一定

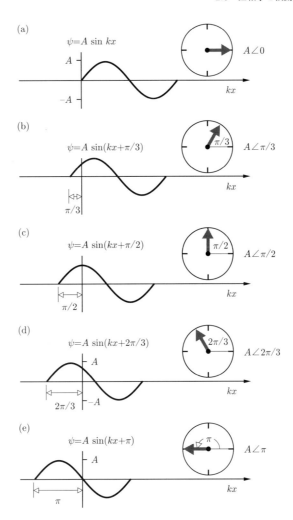

図 2.18 関数 $\psi = A\sin(kx+\omega t)$ のプロットと，対応する位相子の図．(a), (b), (c), (d), (e) の ωt の値は，それぞれ $0, \pi/3, \pi/2, 2\pi/3, \pi$ である．やはり，回転する矢印の縦軸への投影は，$kx = 0$ の軸上での ψ の値に等しい．

速度で回転している．この回転する矢印とそれと関連した位相角が一緒になって**位相子** (phasor) を構成し，この位相子が対応する調和波に関する知っておくべきすべてを与えてくれる．通常位相子は，振幅 A と位相 φ を用いて $A\angle\varphi$ と書かれる．

位相子の機能を理解するために，まず図 2.18 中の各図を吟味してみよう．図 2.18a 中の位相子の位相角は 0，つまり基準軸の x 軸上にあり，このときの正弦関数が基準になる．図 2.18b では位相子は $+\pi/3\,\mathrm{rad}$ の位相角をもち，正弦曲線は左に $\pi/3\,\mathrm{rad}$ だけ移動している．図 2.18a の基準曲線に比べ，この曲線では小さな kx 値で最初の山が現れ，$\pi/3\,\mathrm{rad}$ だけ基準曲線より進んでいる．図 2.18 の (c), (d), (e) の位相角は，それぞれ $+\pi/2, +2\pi/3, +\pi$ である．そして一連の曲線は，左に進む波動 $\psi = A\sin(kx+\omega t)$ と考えられる．この波動は，ある瞬間での位相角が ωt で反時計方向に回転する位相子によって等価的に表現できる．図 2.7 でも状況はほとんど同じであるが，波動は右

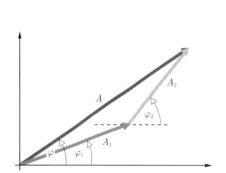

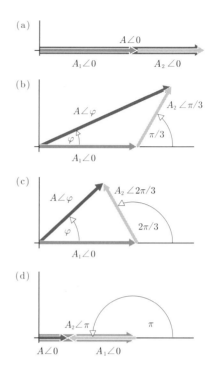

図 2.19 二つの位相子 $A_1 \angle \varphi_1$, $A_2 \angle \varphi_2$ の和は $A \angle \varphi$ に等しい．振幅が $A_1 = 1.0$ と $A_2 = 0.9$ で，位相が $\varphi_1 = 0$ と $\varphi_2 = 1.0$ ラジアンの二つの正弦波の重ね合せを描いた図 2.15 を，もう一度見ること．

図 2.20 図 2.16 に示した，振幅が $A_1 = 1.0$ と $A_2 = 0.9$ で四つの異なる相対位相をもつ，二つの波を表す位相子の加算

に進んでおり，位相子は時計方向に回転している．

　複数の波動関数が合成されるとき，一般に結果としての合成波の振幅と位相に興味がある．このことを念頭に置き，図 2.16 において，波動がともに足し合わされる過程をもう一度考えてみよう．要素波が同位相の場合 (図 2.16a)，合成波の振幅 A は明らかに要素波の振幅の和として，$A = A_1 + A_2 = 1.0 + 0.9 = 1.9$ である．これは，同じ向きの平行な二つのベクトルを足し合わせるのと同じである．同様に，要素波が 180° の位相ずれの場合は (図 2.16d)，向きが反対で平行な二つのベクトルを足し合わせるのと同じように，振幅は $A = A_1 - A_2 = 1.0 - 0.9 = 0.1$ となる．位相子はベクトルではないが，同じ方法で足し合わされる．任意の二つの位相子 $A_1 \angle \varphi_1$ と $A_2 \angle \varphi_2$ が，ベクトルの加法 (図 2.19) のように先端部と尾部を接続することで，合成波 $A \angle \varphi$ が形成されることを後で示そう．二つの位相子はともに速度 ω で回転しているため，二つの位相子を $t = 0$ で固定し，それらの時間依存性について考慮することなく，非常に簡単に二つの位相子を描くことができる．

　図 2.20 の中の四つの図は，図 2.16 に順次示されている 4 種類の波動の組み合せに対応している．波動が図 2.16a のように同位相のときは，波動 1 と波動 2 の位相をともに 0 とし (図 2.20a)，$\varphi = 0$ の基準軸上で，対応する位相子の先端部と尾部を接続し

て配置すればよい. 図 2.16b のように位相に π/3 の差がある場合は, 二つの位相子は相対的に π/3 の位相をもつ (図 2.20b). 結果としての位相子は, 図 2.16b や図 2.20b に見られるように, 適当に縮小された振幅と 0 から π/3 の間の位相をもっている. 図 2.16c のように二つの波動の位相が 2π/3 違う場合は, 実際は $A_1 > A_2$ であるが, 図 2.20c に示すように対応する二つの位相子はほぼ正三角形を形づくり, A は A_1 と A_2 の中間の大きさとなる. そして, 二つの波動あるいは位相子の位相角差が π rad (つまり 180°) の場合は, 二つの位相子はほとんど打ち消し合い, 結果としての和の振幅は最小になる. なお, 図 2.20d に示すように, 和としての位相子は基準軸上にあり, $A_1 \angle \varphi_1$ と同じ位相 (すなわち 0) である. 結局, 和の位相子は位相子 $A_2 \angle \varphi_2$ に対して 180° の位相ずれにある. 同じことは, 図 2.16d に示されている波動においても見られる.

これはまさしく, 位相子および位相子の加算に対する最も簡単な導入である. 7.1 節では, この方法に立ち返り, 大々的に応用する.

2.7　平　面　波

光波は, 所定の時間と空間のある点において, その周波数, 振幅, 伝搬方向などによって記述することができるが, その記述は, 広い空間領域に存在する光波に関してあまり教えてくれない. この波動を理解するために, 空間的な**波面** (wavefront) の概念を導入する. 光は振動しており, ある種の調和振動に対応し, その現象を想像する際には, まず 1 次元の正弦波が重要な要素となる. 図 2.14 は, 放射状に進んで 2 次元に広がってゆく正弦波が, 一体化して拡大する波動, すなわち**円形波**を形成することを, いかに理解しうるかを示している. 外側に進む 1 次元のそれぞれの成分波動にある一つ一つの山は円上にあり, 同じことは谷についても成り立つ. 実際, これはどんな特定の波動振幅についても変わらない. 任意のある位相 (たとえば 5π/2) に対し, 要素である正弦波は特定の大きさ (たとえば 1.0) をもち, そして, その大きさをもつすべての点は (大きさが 1.0 の) 円上にある. 換言すると, 1 次元のそれぞれの成分波動の位相が等しいすべての点の位置は, 一連の同心円を形成し, 各円は特定の位相 (山に対しては π/2, 5π/2, 9π/2 など) をもっている.

まったく一般論として, **3 次元での波面**はどの瞬間においても**等位相の面**であり, **位相面** (phase front) とよばれることもある. 実際には, 波面は一般にきわめて複雑な形状をしている. 樹木や顔から反射してきた光波は, 広がった不規則で凹凸だらけの曲がった面で, どんどん変化しながら移動する. この章ではこれ以降, きわめて有効ないくつかの理想化された波面, すなわち, 簡単な式で十分に書き表せる単純な波面の数学的表現を調べる.

3 次元波動の最も単純な例は, 平面波であろう. ある時刻において, 一定の位相をもつすべての面が, 伝搬方向に垂直な面を構成するとき, 平面波は存在する. この種の波動を検討するのには, たいへん実用的な理由がある. その一つは, 光学素子を用いて簡単に平面波に似た光を生成できることである.

ある所定のベクトル $\vec{k}$ に垂直で, かつ点 (x_0, y_0, z_0) を含む面を数学的に記述することはそんなに難しくない (図 2.21). まず初めに, 直交座標系での位置ベクトルを単

位基本ベクトル $(\hat{\mathbf{i}}, \hat{\mathbf{j}}, \hat{\mathbf{k}})$ を用いて書くと (図 2.21a)

$$\vec{r} = x\hat{\mathbf{i}} + y\hat{\mathbf{j}} + z\hat{\mathbf{k}}$$

となる．これは任意にとった原点 O から始まって点 (x, y, z) で終わるので，空間中のどこにでも設定することができる．同様にして，

$$(\vec{r} - \vec{r}_0) = (x - x_0)\hat{\mathbf{i}} + (y - y_0)\hat{\mathbf{j}} + (z - z_0)\hat{\mathbf{k}}$$

である．そして，

$$(\vec{r} - \vec{r}_0) \cdot \vec{k} = 0 \tag{2.38}$$

と置くことは，ベクトル $(\vec{r} - \vec{r}_0)$ で $\vec{k}$ に垂直な平面を走査し，このベクトルの終点 (x, y, z) が面内ですべての値をとることになる．これは二つのベクトル $(\vec{r} - \vec{r}_0)$ と $\vec{k}$ のつくる面が直交していることを意味している．関係

$$\vec{k} = k_x\hat{\mathbf{i}} + k_y\hat{\mathbf{j}} + k_z\hat{\mathbf{k}} \tag{2.39}$$

を用いて，式 (2.38) は

$$k_x(x - x_0) + k_y(y - y_0) + k_z(z - z_0) = 0 \tag{2.40}$$

あるいは

$$k_x x + k_y y + k_z z = a \tag{2.41}$$

の形に書ける．ここで，

$$a = k_x x_0 + k_y y_0 + k_z z_0 = 一定 \tag{2.42}$$

である．したがって，$\vec{k}$ に垂直な平面の最も簡潔な形の式は

$$\vec{k} \cdot \vec{r} = 一定 = a \tag{2.43}$$

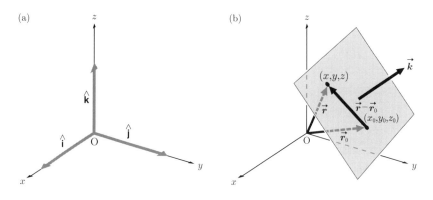

図 **2.21** (a) 直交座標系の単位基本ベクトル．(b) $\vec{k}$ の方向に移動する平面波．

となる．この平面は，$\vec{k}$ 方向への正射影が等しくなる位置ベクトルをもつ点の集合である．

これで，$\psi(\vec{r})$ が空間上で正弦波的に変化する一連の平面を構成できるようになり，次の式

$$\psi(\vec{r}) = A\sin(\vec{k}\cdot\vec{r}) \tag{2.44}$$

$$\psi(\vec{r}) = A\cos(\vec{k}\cdot\vec{r}) \tag{2.45}$$

あるいは，

$$\psi(\vec{r}) = Ae^{i\vec{k}\cdot\vec{r}} \tag{2.46}$$

が得られる．これらのどの書き方でも，$\vec{k}\cdot\vec{r} = $ 一定 で規定される面，それは等位相の面 (すなわち，波面) であり，その上では，$\psi(\vec{r})$ は一定である．ここでは調和関数を対象にしているので，$\psi(\vec{r})$ は空間中で $\vec{k}$ 方向に λ だけ移動するたびに同じことを繰り返す．図 2.22 は，この種の表現を簡単に示している．この図には，異なる $\psi(\vec{r})$ をもつ無限にある平面のうちの，ごく一部が描かれている．また，$\vec{r}$ には何の制限もないので，各平面は無限の広がりをもつように描かれるべきである．つまり，波動は全空間を占めているのである．

図 2.23 に調和的な平面波を視覚化する別の方法が示されており，この図は理想的な円筒ビームを横切る二つの断面を描いている．光は，平行な経路に沿いながら密集して前進する，すべて同じ周波数の無数の正弦波の成分波動で構成されると想定できる．二つの断面はちょうど 1 波長で隔たり，すべての正弦波が山となる位置で描かれている．等位相の二つの面は平板で，ビームは "平面波" からなるといわれる．どちらかの断面がビームの長さ方向に沿って少し移動すれば，その新しい面上での波動の大きさは異なるが，やはりその面は平面である．事実，ビームが通過するときに断面の位置が静止したままであれば，そこでの波動の大きさは正弦的に増減する．注意すべきことは，この図の各成分波動が同じ振幅 (すなわち，最大の大きさ) をもつことである．換言すると，構成要素としての平面波は，その面のあらゆる位置で同じ "強さ" をもっている．したがって，このような波動は均一 (homogeneous) な波動という．

これら調和関数の空間的な周期性は，

$$\psi(\vec{r}) = \psi\left(\vec{r} + \frac{\lambda\vec{k}}{k}\right) \tag{2.47}$$

で表現できる．ここで，k は $\vec{k}$ の大きさであり，$\vec{k}/k$ は $\vec{k}$ に平行な単位ベクトルである (図 2.24)．この式を指数関数で書けば，

$$Ae^{i\vec{k}\cdot\vec{r}} = Ae^{i\vec{k}\cdot(\vec{r}+\lambda\vec{k}/k)} = Ae^{i\vec{k}\cdot\vec{r}}e^{i\lambda k}$$

である．この等式が成り立つためには，

$$e^{i\lambda k} = 1 = e^{i2\pi}$$

でなければならない．したがって，

$$\lambda k = 2\pi$$

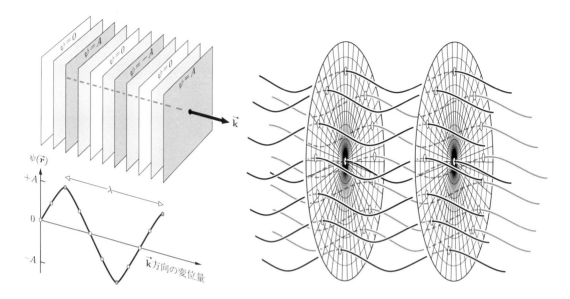

図 2.22 調和平面波の波面

図 2.23 同じ周波数と波長をもつ調和的な成分波動からなるビーム．すべての成分波動は同期して変化しているので，二つの平らな横断面の上では同じ位相をもっている．したがって，ビームは平面波でできている．

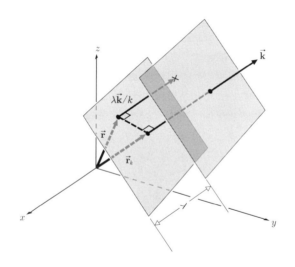

図 2.24 平面波

そして，

$$k = 2\pi/\lambda$$

である．ベクトル $\vec{k}$ の大きさはすでに述べた伝搬定数 k であり，$\vec{k}$ は**伝搬ベクトル**(propagation vector) とよばれる．

$\vec{r}$ が一定である空間において固定された点を考えれば，その点で $\psi(\vec{r})$ も位相も一定である．要するに，平面は静止していることになる．動いていることを考慮すると，

$\psi(\vec{r})$ を時間変化するように構成するべきで，これは 1 次元の波動の場合と似た方法で，時間依存項を導入することになる．したがって，

$$\psi(\vec{r}, t) = Ae^{i(\vec{k}\cdot\vec{r}\mp\omega t)} \tag{2.48}$$

となり，ここで A, ω, k は定数である．この波動は $\vec{k}$ 方向に移動するので，時空間中での各点における波動に対応して位相を決めることができる．ある時刻で**位相が等しいすべての点を結んで構成される面が波面** (wavefront) である．なお，波動関数が波面上で一定の値になるのは，波面上のどの点においても振幅 A が一定値しかとらない場合のみである．一般に，A は $\vec{r}$ の関数であり，空間全域においてあるいは波面上においてさえも一定でない．波面上で A が一定でない場合，波動は**不均一** (inhomogeneous) であると称される．しかし，この種の波動は，後にレーザービームや内部全反射について考察するまでは取り扱わない．

式 (2.48) で与えられる平面波の位相速度は，波面の伝搬速度に等しい．図 2.24 において，ベクトル $\vec{r}$ の $\vec{k}$ 方向のスカラー成分は r_k である．波面上の波動の大きさは一定であるから，時間 dt の後に波面が $\vec{k}$ 方向に dr_k 移動すると，波動は

$$\psi(\vec{r}, t) = \psi(r_k + dr_k, t + dt) = \psi(r_k, t) \tag{2.49}$$

となる．この式を指数関数で書くと，

$$Ae^{i(\vec{k}\cdot\vec{r}\mp\omega t)} = Ae^{i(kr_k + k\,dr_k \mp \omega t \mp \omega\,dt)} = Ae^{i(kr_k \mp \omega t)}$$

となり，ここで $k\,dr_k = \pm\omega\,dt$ でなければならない．したがって，波動の速度の大きさは，

$$\frac{dr_k}{dt} = \pm\frac{\omega}{k} = \pm v \tag{2.50}$$

である．この結果は，図 2.24 において座標系を $\vec{k}$ と x 軸が平行になるように回転すれば，予想できたことである．回転した座標系では $\vec{k}\cdot\vec{r} = kr_k = kx$ であるから，

$$\psi(\vec{r}, t) = Ae^{i(kx \mp \omega t)}$$

となり，すでに議論した 1 次元の波動に実際に変換される．

次に，図 2.25 で二つの波動について考えてみよう．両者とも波長は等しく λ であり，したがって $k_1 = k_2 = k = 2\pi/\lambda$ である．z 軸に沿って伝搬する波動 1 は，$\vec{k}_1$ と $\vec{r}$ が平行で $\vec{k}_1\cdot\vec{r} = kz = (2\pi/\lambda)z$ であるから，

$$\psi_1 = A_1 \cos\left(\frac{2\pi}{\lambda}z - \omega t\right)$$

と表記できる．同様に波動 2 については，$\vec{k}_2\cdot\vec{r} = k_z z + k_y y = (k\cos\theta)z + (k\sin\theta)y$ であり，この波動は

$$\psi_2 = A_2 \cos\left[\frac{2\pi}{\lambda}(z\cos\theta + y\sin\theta) - \omega t\right]$$

である．干渉について詳細に考察するときには，これら 2 式にもどり，重なり合う領域で何が生じているかを考えよう．

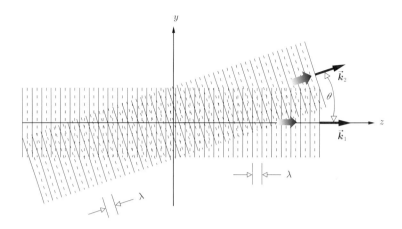

図 2.25 波長が等しく異なる方向に進む二つの波動の重なり

調和平面波は，直交座標で

$$\psi(x,y,z,t) = Ae^{i(k_x x + k_y y + k_z z \mp \omega t)} \tag{2.51}$$

または，

$$\psi(x,y,z,t) = Ae^{i[k(\alpha x + \beta y + \gamma z) \mp \omega t]} \tag{2.52}$$

とよく書かれる．ここで，α, β, γ は $\vec{k}$ の方向余弦である (問題 2.48 参照)．伝搬ベクトルの大きさをこれらの成分で書けば，

$$|\vec{k}| = k = (k_x{}^2 + k_y{}^2 + k_z{}^2)^{1/2} \tag{2.53}$$

であり，もちろん，

$$\alpha^2 + \beta^2 + \gamma^2 = 1 \tag{2.54}$$

である．

例題 2.6 次の章で学ぶように，ある電磁平面波の電場 $\vec{E}$ が，次の式で与えられる．

$$\vec{E} = (100\,\text{V/m})\hat{\mathbf{j}}e^{i(kz+\omega t)}$$

(a) この波動の電場の振幅はいくらか．(b) この波動はどの方向に伝搬するか．(c) $\vec{E}$ はどの方向を向いているか．(d) この波動の速度が $2.998 \times 10^8\,\text{m/s}$ で波長が $500\,\text{nm}$ であれば，周波数はいくらか．

解 (a) 振幅は単純に $100\,\text{V/m}$ である．(b) この例では $\vec{k} \cdot \vec{r} = kz$ であるので，平面状の波面は z 軸に垂直である．換言すると，k_x と k_y はゼロで，$k = k_z$ である．位相 $(kz + \omega t)$ は + 符号を含むので，波動は z の負の方向に伝搬することを意味する．(c) ベクトル $\vec{E}$ は $\hat{\mathbf{j}}$ の方向に沿っているが，波動は調和的であるから $\vec{E}$ の方向は時間に依存して振動するので，より適切な解答は $\pm \hat{\mathbf{j}}$ である．(d) は次の通り．

$$v = \nu \lambda$$

$$\nu = \frac{v}{\lambda} = \frac{2.998 \times 10^8 \,\text{m/s}}{500 \times 10^{-9}\,\text{m}}$$

$$\nu = 6.00 \times 10^{14}\,\text{Hz}$$

ここまで，調和関数に特別な重点を置きながら平面波についてしらべてきた．このような波動を取り扱うことには，特に二つの重要な点がある．一つは，物理的に正弦波は調和振動子の形態を用いて比較的容易につくり出すことができる．二つ目は，特定の振幅と伝搬方向をもつ**平面波の結合で，どんな 3 次元の波動も表現できる**ことである．

確かに，波動が調和的変動から少々はずれた変化をする図 2.22 にあるような，一連の平面の波面を想像することができる (写真参照)．次節において，調和的な平面波がより一般的な平面波の特別な場合であることを確かめよう．

平面波は，数学的にはすべての方向において無限に広がっているが，もちろん物理的にはそのようなことはありえない．現実の "平面波" は有限なもので，たとえどんなに大きくても，数学的な平面に似ているだけである．レンズも反射鏡もレーザービームもすべて有限であるから，数学的類似は，通常はそれで十分である．

一つの平行なレーザー光パルスが定規の表面に沿って進むときに撮った写真．光のごく短いバーストは平面波の一部である．バーストの時間的広がりは 300×10^{-15} s で，幅は 1mm の何分の 1 かである．(J. Valdmanis 氏と N. H. Abramson 氏)

例題 2.7 電磁平面波は電場 E で記述される．この波動は振幅 E_0, 角周波数 ω および波長 λ をもち，単位伝搬ベクトル

$$\hat{\mathbf{k}} = (4\hat{\mathbf{i}} + 2\hat{\mathbf{j}})/\sqrt{20}$$

の方向に速度 c で進んでいる．(単位基底ベクトル $\hat{\mathbf{k}}$ と混同しないこと．) 電場のスカラー値 E に対する式を書け．

解 次式

$$E(x,y,z,t) = E_0 e^{i(\hat{\mathbf{k}}\cdot\vec{r} - \omega t)}$$

の形の式を求める．ここで，

$$\vec{k}\cdot\vec{r} = \frac{2\pi}{\lambda}\hat{\mathbf{k}}\cdot\vec{r}$$

で，また，

$$\vec{k} \cdot \vec{r} = \frac{2\pi}{\lambda\sqrt{20}}(4\hat{\mathbf{i}} + 2\hat{\mathbf{j}})\cdot(x\hat{\mathbf{i}} + y\hat{\mathbf{j}} + z\hat{\mathbf{k}})$$

$$\vec{k} \cdot \vec{r} = \frac{\pi}{\lambda\sqrt{5}}(4x + 2y)$$

である．したがって，

$$E = E_0 \exp i\left[\frac{\pi}{\lambda\sqrt{5}}(4x + 2y) - \omega t\right]$$

となる．

2.8　3次元の微分波動方程式

すべての3次元の波動の中で，形状を変えずに空間中を移動できるのは，調和的であるか否かに関係なく，平面波だけである．しかし，形状不変な波動だけを考えるのは，明らかに十分でない．一方，波動は微分波動方程式の任意の解として定義できる．ここで必要なのは3次元の波動方程式である．これを得るのは，1次元での式 (2.11) の拡張によって3次元波動の形状を推定できるので，それほど難しいことではない．直交座標において，位置変数 x, y, z は3次元方程式では対称的であることに留意すべきである[*2]．式 (2.52) で与えられる波動関数 $\psi(x, y, z, t)$ は，求めようとしている微分方程式の一つの解である．式 (2.11) の導出とのアナロジーから，式 (2.52) について次の偏微分を計算してみる．

$$\frac{\partial^2 \psi}{\partial x^2} = -\alpha^2 k^2 \psi \tag{2.55}$$

$$\frac{\partial^2 \psi}{\partial y^2} = -\beta^2 k^2 \psi \tag{2.56}$$

$$\frac{\partial^2 \psi}{\partial z^2} = -\gamma^2 k^2 \psi \tag{2.57}$$

そして，

$$\frac{\partial^2 \psi}{\partial t^2} = -\omega^2 \psi \tag{2.58}$$

上記の空間に関する三つの偏微分を足し合わせると，$\alpha^2 + \beta^2 + \gamma^2 = 1$ であるから，

$$\frac{\partial^2 \psi}{\partial x^2} + \frac{\partial^2 \psi}{\partial y^2} + \frac{\partial^2 \psi}{\partial z^2} = -k^2 \psi \tag{2.59}$$

を得る．これと時間に関する偏微分導関数を組み合わせると，$v = \omega/k$ から，

$$\boxed{\frac{\partial^2 \psi}{\partial x^2} + \frac{\partial^2 \psi}{\partial y^2} + \frac{\partial^2 \psi}{\partial z^2} = \frac{1}{v^2}\frac{\partial^2 \psi}{\partial t^2}} \tag{2.60}$$

[*2] 直交座標系のどの軸にも，他の軸と異なる性質はない．したがって，微分波動方程式に何ら変更を加えることなく，軸の名称を変えられるはずで，たとえば右手系であることは維持して，x を z に，y を x に，z を y に変えることができる．

となり，**3次元微分波動方程式**が得られる．確かに，x, y, z は対称となっており，形も式 (2.11) の拡張そのものである．

ここで**ラプラス演算子** (Laplacian)

$$\nabla^2 \equiv \frac{\partial^2}{\partial x^2} + \frac{\partial^2}{\partial y^2} + \frac{\partial^2}{\partial z^2} \tag{2.61}$$

を導入することで，式 (2.60) は一般にもっと簡明な形

$$\nabla^2 \psi = \frac{1}{v^2} \frac{\partial^2 \psi}{\partial t^2} \tag{2.62}$$

となる．さて，非常に重要なこの方程式が，いかに波動の取扱いに適しているかを平面波にもどって考えてみよう．次の形の関数

$$\psi(x, y, z, t) = A e^{ik(\alpha x + \beta y + \gamma z \mp vt)} \tag{2.63}$$

は式 (2.52) と等価であり，したがって式 (2.62) の解である．そして，

$$\psi(x, y, z, t) = f(\alpha x + \beta y + \gamma z - vt) \tag{2.64}$$

と

$$\psi(x, y, z, t) = g(\alpha x + \beta y + \gamma z + vt) \tag{2.65}$$

の両方とも，微分波動方程式の平面波解であることが証明できる (問題 2.49)．関数 f と g は 2 階微分可能でなければならないが，他の点では任意であり，また調和関数である必要もない．そして，このような解の線形結合もやはり解であり，それを少し違った方法で

$$\psi(\vec{r}, t) = C_1 f(\vec{r} \cdot \vec{k}/k - vt) + C_2 g(\vec{r} \cdot \vec{k}/k + vt) \tag{2.66}$$

と書くこともできる．ここで，C_1, C_2 は定数である．

平面波を記述するのに，特に直交座標系は適している．しかし，さまざまな物理的状況下では，他の座標系表示を使って存在する対称性をうまく利用すべきである．

2.9 球　　面　　波

水槽に石を放り込んでみよう．そのとき，着水点から出る表面のさざ波は，2次元の円形波として広がってゆく．この例を3次元に拡張し，液体中で脈打っている小球を考えよう．これが伸縮するとき，球面波として外側に広がってゆく圧力変動が生じる．

さて，理想的な点光源を考えよう．ここから出てくる光は，放射状に均一にあらゆる方向に広がる．この場合，光源は**等方的** (isotropic) であるといわれ，形成される波面は周囲の空間に広がってゆくにつれ直径が大きくなる同心球である．波面のもつ明白な対称性から，球面座標系で波面を記述することが便利であると考えられる (図 2.26)．この座標系でのラプラス演算子は，

$$\nabla^2 \equiv \frac{1}{r^2} \frac{\partial}{\partial r} \left(r^2 \frac{\partial}{\partial r} \right) + \frac{1}{r^2 \sin\theta} \frac{\partial}{\partial \theta} \left(\sin\theta \frac{\partial}{\partial \theta} \right)$$

$$+ \frac{1}{r^2 \sin^2\theta} \frac{\partial^2}{\partial \phi^2} \tag{2.67}$$

であり，r, θ, ϕ は

$$x = r\sin\theta\cos\phi, \qquad y = r\sin\theta\sin\phi, \qquad z = r\cos\theta$$

と定義される．ここで，球面波の記述を求めることにする．球対称な波動は θ と ϕ に依存しないので，

$$\psi(\vec{r}) = \psi(r, \theta, \phi) = \psi(r)$$

とおける．$\psi(r)$ にラプラス演算子を作用させると，

$$\nabla^2 \psi(r) = \frac{1}{r^2} \frac{\partial}{\partial r}\left(r^2 \frac{\partial \psi}{\partial r}\right) \tag{2.68}$$

と簡単な形になる．この結果は，式 (2.67) に通じてなくとも得られる．直交座標系でのラプラス演算子である式 (2.61) から出発し，これを球対称な波動関数 $\psi(r)$ に作用させ，そして各項を極座標に変換する．まず，x 座標に依存する項だけをしらべると，

$$\frac{\partial \psi}{\partial x} = \frac{\partial \psi}{\partial r} \frac{\partial r}{\partial x}$$

であり，関係

$$\psi(\vec{r}) = \psi(r)$$

を考慮して，

$$\frac{\partial^2 \psi}{\partial x^2} = \frac{\partial^2 \psi}{\partial r^2}\left(\frac{\partial r}{\partial x}\right)^2 + \frac{\partial \psi}{\partial r}\frac{\partial^2 r}{\partial x^2}$$

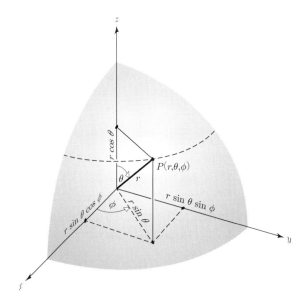

図 **2.26** 球面座標系の構成

が得られる．次に，関係

$$x^2 + y^2 + z^2 = r^2$$

を用いると，

$$\frac{\partial r}{\partial x} = \frac{x}{r}$$

$$\frac{\partial^2 r}{\partial x^2} = \frac{1}{r}\frac{\partial}{\partial x}x + x\frac{\partial}{\partial x}\left(\frac{1}{r}\right) = \frac{1}{r}\left(1 - \frac{x^2}{r^2}\right)$$

を得ることができる．これらの式を用いて，最後に

$$\frac{\partial^2 \psi}{\partial x^2} = \frac{x^2}{r^2}\frac{\partial^2 \psi}{\partial r^2} + \frac{1}{r}\left(1 - \frac{x^2}{r^2}\right)\frac{\partial \psi}{\partial r}$$

が得られる．$\partial^2 \psi/\partial x^2$ と同様に，$\partial^2 \psi/\partial y^2$ と $\partial^2 \psi/\partial z^2$ を求め，足し合わせることで，

$$\nabla^2 \psi(r) = \frac{\partial^2 \psi}{\partial r^2} + \frac{2}{r}\frac{\partial \psi}{\partial r}$$

が得られる．これは，式 (2.68) と等価である．この式は少し異なる形に書き換えられ，

$$\nabla^2 \psi = \frac{1}{r}\frac{\partial^2}{\partial r^2}(r\psi) \tag{2.69}$$

となる．そして，微分波動方程式は

$$\frac{1}{r}\frac{\partial^2}{\partial r^2}(r\psi) = \frac{1}{v^2}\frac{\partial \psi}{\partial t^2} \tag{2.70}$$

と書ける．ここで，両辺に r を掛けると，

$$\frac{\partial^2}{\partial r^2}(r\psi) = \frac{1}{v^2}\frac{\partial^2}{\partial t^2}(r\psi) \tag{2.71}$$

が得られる．この表現は，式 (2.11) の 1 次元微分波動方程式そのものである．ただし，ここでは空間変数は r で波動関数は積 $(r\psi)$ である．したがって，式 (2.71) の解は簡単に，

$$r\psi(r,t) = f(r - vt)$$

または，

$$\psi(r,t) = \frac{f(r - vt)}{r} \tag{2.72}$$

である．これは，一定速度 v で光源から放射状にあらゆる方向に広がる，任意関数形 f の球面波を表している．他の解は

$$\psi(r,t) = \frac{g(r + vt)}{r}$$

であり，この場合は一点に収束する波動を表している[*3]．この式が $r = 0$ で発散するという事実は，実際にはあまり重要でない．

[*3] 波動が球対称でなければ，別のもっと複雑な解が存在する．C. A. Coulson, *Waves* の第 1 章を参照．

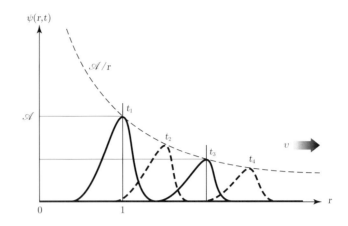

図 2.27 球面波パルスの "4 重露光"

一般解

$$\psi(r,t) = C_1 \frac{f(r-vt)}{r} + C_2 \frac{g(r+vt)}{r} \tag{2.73}$$

の特別な場合として，**調和球面波** (harmonic spherical wave)

$$\psi(r,t) = \left(\frac{\mathcal{A}}{r}\right) \cos k(r \mp vt) \tag{2.74}$$

あるいは

$$\psi(r,t) = \left(\frac{\mathcal{A}}{r}\right) e^{ik(r \mp vt)} \tag{2.75}$$

があり，ここで定数 $\mathcal{A}$ は**光源強度** (source strength) とよばれる．任意に時間を固定すると，この式は全空間を満たす同心の球面群を表している．それぞれの波面あるいは等位相面は，

$$kr = \text{一定}$$

で与えられる．どのような球面波でも振幅は r の関数であり，そして項 r^{-1} は減衰要素として働くことになる．平面波とは異なり，球面波は光源から離れるように広がってゆくとき振幅が減衰するので，形状は変化する[*4]．この様子を，広がる球面パルス光の四つの異なる時刻での多重露光として図示したのが図 2.27 である．ここでパルスは，任意の半径方向の距離 r の点で，空間的に等しい広がりをもっている，すなわち，r 軸に沿ってパルス幅は一定である．図 2.28 は，図 2.27 における $\psi(r,t)$ の図的表現と球面波としての実際の形状を関連づけるために描かれたものである．この図は，異なる二つの時刻での外側に広がる球面パルスの半分を示している．球対称であるから，

[*4] 減衰要素はエネルギー保存則からの直接的な帰結である．この考え方が特に電磁放射にどのように適用されるかは，第 3 章で議論する．

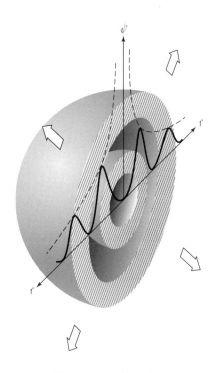

図 2.28 球面状の波面

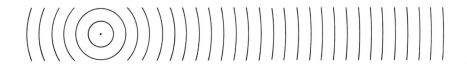

図 2.29 球面波が距離とともに平らになる様子

これらの結果は r の方向には無関係に成立している．また，図 2.27 や図 2.28 では，パルス光でなく調和波動についても描ける．この場合，正弦波は二つの曲線，

$$\psi = \mathcal{A}/r, \qquad \psi = -\mathcal{A}/r$$

で挟まれる．

　点光源から出て外側に広がる球面波や，一点に収束するようにやってくる波動は，理想化されたものである．実際上，光は平面波で近似されることがあるように，球面波でも近似される．

　球状の波面が外側に伝搬するとき，その半径は増加する．そして，光源から十分離れると，波面上の小領域は平面波の一部とほとんど同じようになる (図 2.29)．

2.10　円　筒　波

　ここでは，他の理想化された波面として，無限円筒状の波面を簡単に考察しよう．しかし，ここで厳密な数学的取扱いを展開するにはあまりにも複雑すぎるので，大まか

な手順だけを示そう．円筒座標系 (図 2.30) において，ψ にラプラス演算子を作用させると

$$\nabla^2 \psi = \frac{1}{r}\frac{\partial}{\partial r}\left(r\frac{\partial \psi}{\partial r}\right) + \frac{1}{r^2}\frac{\partial^2 \psi}{\partial \theta^2} + \frac{\partial^2 \psi}{\partial z^2} \tag{2.76}$$

となり，ここで

$$x = r\cos\theta, \qquad y = r\sin\theta, \qquad z = z$$

である．円筒対称という単純な状況が成立するには，

$$\psi(\vec{r}) = \psi(r,\theta,z) = \psi(r)$$

でなければならない．θ に依存しないことは，z 軸に垂直な平面は異なる z 値で一つの円形として波面と交差し，その波面は r だけの関数となっていることから明らかである．さらに，z に依存しないことから，波面は z 軸を中心とし無限の長さをもつまっすぐな円筒に限定される．この場合，微分波動方程式は

$$\frac{1}{r}\frac{\partial}{\partial r}\left(r\frac{\partial \psi}{\partial r}\right) = \frac{1}{v^2}\frac{\partial^2 \psi}{\partial t^2} \tag{2.77}$$

となる．時間依存項を分離する操作を行うと，式 (2.77) はベッセルの方程式とよばれるものになる．ベッセル方程式の解は，r が大きくなると簡単な三角関数形で表現できるようになる．すなわち，r が十分大きいと，

$$\psi(r,t) \approx \frac{\mathcal{A}}{\sqrt{r}}e^{ik(r \mp vt)}$$

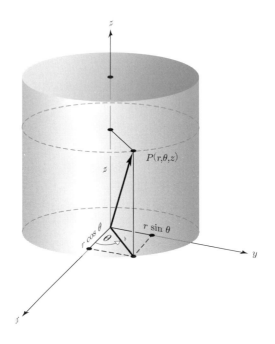

図 **2.30** 円筒座標系の構成

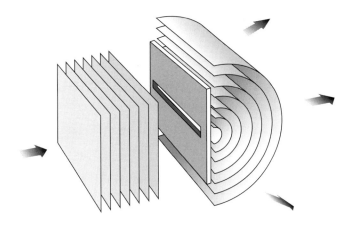

図 2.31 狭くて長いスリットから出てくる円筒波

$$\psi(r,t) \approx \frac{\mathcal{A}}{\sqrt{r}} \cos k(r \mp vt) \tag{2.78}$$

である．これは，無限長の線光源へ収束する，またはそこから発散する同軸の円筒面群を表し，全空間はこれらで満たされる．球面波 [式 (2.73)] や平面波 [式 (2.66)] に存在したような，任意関数で表現できる式 (2.77) の解は，いまだ見つかっていない．

長くて細いスリットを有する不透明平板の背面へ入射する平面波によって，スリットからは円筒波によく似た波動が出てくる (図 2.31 参照)．このような方法は，円筒状の光波を発生させる手段として広く用いられている．

2.11 ツイスト光

1990 年代のはじめ頃から，それまでにはなかった光のらせんビームを生成することが可能になった．そのような波動に対する数学的表現は，ここで取り上げるのにはあまりにも複雑である．しかし，式 (2.52) のような複素形式で書いた場合，それら表現に位相項 $\exp(-i\ell\phi)$ が付加される．量 ℓ は整数で，その値を大きくすれば，どんどん複雑な波動となる．再度，円筒ビームを図 2.23 にあるような正弦波の成分波動の流れとして考えよう．しかし，ここでは等位相の面は平面を構成するのではなく，コルク抜きのようにぐるりとねじれている．その最も簡単な出現状態 ($\phi = \pm 1$) では，波面は中央の伝搬軸を中心に右まわりか左まわりの一つの連続らせんをたどる．

このようなビームは，**方位角 (ϕ) 位相依存性** (azimuthal phase dependence) とよばれる特性をもつ．中央の軸を光源に向かってさかのぼると，時計の文字盤の時刻が縦の 12–6 時線と長針の間の角度 ϕ で変わるように，位相は角度とともに変わる．図 2.32 のように，成分波動のピークが 12 時の位置にある場合，谷は中央軸の真下の 6 時の位置に生じる．この図を，時刻が 12 時から 1 時，2 時，3 時と進むように成分波動が進行することに注意しながら，詳細に調べよう．それら成分波動の位相は，断面の上ではすべて異なっている．図にあるそれぞれの位相は，逐次 $\pi/6$ ずつ変化している．円板形状の断面はビームを横断するように切っているが，等位相面ではなく，全体とし

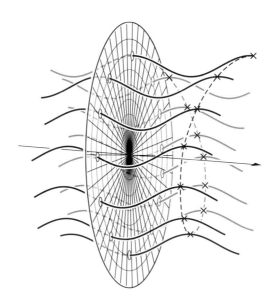

図 **2.32** 一群の調和的な成分波動のすべては，それらの位相がビームの中心軸のまわりでらせんを描くように正確に配列されている．等位相条件はらせんの集団に見いだすことができ，それらの一つが破線のらせんで示されている．

ての波動は平面波ではない．

それでも，成分の正弦波 (すべて波長は λ) には相関があり，それらのすべてのピークは一つのらせんの上にある．いま，成分波動に一つの円上にある板を横切らせるのでなく，成分波動がその板を満たすように何倍かされていると考えよう．等位相であるらせん状の線は，引き伸ばされた平面スプリング (たとえば，アルキメデスのらせんや伸ばしたスリンキー) のように見える，ねじれた面をなぞる．等位相のその面が波面である．

現実のビームは進むときに広がるという事実には目をつぶり，図 2.32 を拡張してビームを形成してみる．図 2.33 は，空間中で少しずつ位置ずれしている多数の成分波動を示し，それらは波面上で最大値になっている．この波面は，光速度で伝搬するときに，λ(これはらせんのピッチである) あたりに 1 回だけ巻きつくらせん面である．ここで示すらせん状波面は，最大値 (すなわち成分波動のピーク) に対応するように描かれているが，任意の値をとることができる．ビームは単色であるので，ビームの中で直接からみあっているねじれたいくつもの波面が入れ子になって前進している．それら波面の一つ一つは，隣とは正弦波的にわずかに異なる位相と大きさで変わっている．

図 2.32 に立ちもどり，すべての成分波動が中心部に向かって半径方向に移動し，それ以外は何も変化がないと想定する．その場合，中心軸に沿って，すべての位相の波動が重なった混合体となり，合成された波動の位相は定められないという効果が生じる．したがって，中心軸は**位相特異点** (phase singularity) に対応する．軸上の任意の点において，どの成分波動も正の寄与を与えるので，等量の負の寄与を与える波動が生じるだろう．いずれにしても，中心軸に沿った光波場はゼロになり，このことは中

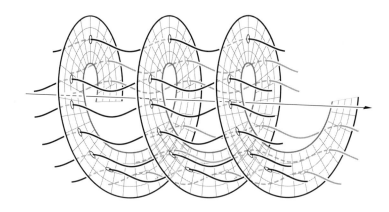

図 2.33 ツイスト光．らせん面の中央の空白領域は，車軸の形をした光のない領域である．それは位相特異点に該当し，そのまわりに回転運動がある．この構造は光渦として知られている．

心軸とそのごく近傍はゼロ強度の (すなわち，光のない) 領域に相当することを意味する．らせん面の中央を貫いているのは暗い芯，あるいは**光渦** (optical vortex) で，そのまわりはいわゆる**ツイスト光** (twisted light) とよばれる竜巻にたいへんよく似た渦巻である．このビームでスクリーンを照明すれば，暗い円形の渦をとりまく明るいリングが生じる．

第 8 章では円偏光について学び，それがツイスト光に似ているように見えるけれど，二つはまったく異なる．一例をあげると，偏光はスピン角運動量と関連し，ツイスト光は軌道角運動量を保持している．しかも，ツイスト光は偏光している必要さえない．あとで光子のスピンについて議論するときに，これらの話題すべてに立ちもどるであろう．

問題[*5]

*2.1 関数
$$\psi(z,t) = (z+vt)^2$$
が，微分波動方程式の重要な解であることを示せ．これはどの方向に伝搬するか．

*2.2 関数
$$\psi(y,t) = (y-4t)^2$$
が，微分波動方程式の解であることを示せ．これはどの方向に伝搬するか．

*2.3 A を定数とする関数
$$\psi(z,t) = \frac{A}{(z-vt)^2+1}$$
を考える．これが微分波動方程式の解であることを示せ．この波動の速度と伝搬方向を求めよ．

[*5] *を付した問題以外は，解答を最後に示している．

*2.4 アルゴンイオンレーザーは，典型的には可視スペクトルの緑や青の領域で高ワットのビームを発生する．514.5 nm のビームの周波数を求めよ．

*2.5 関数

$$\psi(y, t) = Ae^{-a(by-ct)^2}$$

が微分波動方程式の解であることを立証せよ．ここで，A，a，b および c はすべて定数である．これは，ガウス関数あるいはベル形関数である．速度と伝搬方向を求めよ．

2.6 紙の厚さ (0.003 インチ) に等しい空間距離は，"黄色い" 光 ($\lambda = 580$ nm) の何波長分に相当するか．また，それと等しい波長数のマイクロ波 ($\nu = 10^{10}$ Hz すなわち 10 GHz，$v = 3 \times 10^8$ m/s) はどれくらいの長さになるか．

*2.7 真空中の光速は約 3×10^8 m/s である．5×10^{14} Hz の周波数をもつ赤い光の波長を求めよ．それを 60 Hz の電磁波の波長と比べよ．

*2.8 結晶中に光と同程度の波長 (5×10^{-5} cm) の超音波は発生させられるが，周波数は低くなる (6×10^8 Hz)．この超音波の速度を求めよ．

*2.9 湖上のボートに乗った若者が波を眺めていると，波の峰が 0.5 秒ごとに継続的に通り過ぎている．もし波が全長 4.5m のボートに沿って 1.5 秒かかって通ったとすれば，この波の周波数，周期，波長はいくらか．

*2.10 ハンマーで長い金属棒の端部を周期的にたたき，速度 3.5 km/s で進む波長 4.3 m の周期的圧縮波を起こしている．ハンマーがたたく周期はいくらか．

2.11 二人のスキューバダイバーの結婚式で，プールにバイオリンが浸かっているとする．純水中の圧縮波の速度を 1498 m/s として，このときバイオリンの出す 440Hz のラの音の波長はいくらか．

*2.12 パルス波が糸の長さに沿って 2.0 秒で 10 m 進み，そして波長 0.50 m の調和波が生じている．この調和波の周波数はいくらか．

*2.13 周期的波動は関係 $\omega = (2\pi/\lambda)v$ をもつことを示せ．

*2.14 θ が $-\pi/2$ から 2π の範囲で $\pi/4$ 間隔ごとの値の段組をもつ表をつくれ．各段組に，対応する $\sin\theta$, $\cos\theta$, $\sin(\theta - \pi/4)$ の値を記入し，同様に $\sin(\theta - \pi/2)$, $\sin(\theta - 3\pi/4)$, $\sin(\theta + \pi/2)$ の値を記入せよ．これらの値を使って，それぞれの関数を位相ずれに注意しながら図としてプロットせよ．その結果，$\sin\theta$ は $\sin(\theta - \pi/2)$ より進んでいるか遅れているか．言い換えれば，これらの関数のどれが他のものより小さい θ で特定の大きさになり，そして進んでいるか ($\cos\theta$ が $\sin\theta$ より進むように) をしらべよ．

*2.15 x が $-\lambda/2$ から $+\lambda$ の範囲で $\lambda/4$ 間隔ごとの kx の値に対する段組をもつ表をつくれ．もちろん，ここで $k = 2\pi/\lambda$ である．各段組に，対応する $\cos(kx - \pi/4)$, $\cos(kx + 3\pi/4)$ の値を記入せよ．そしてこの表をもとに関数 $15\cos(kx - \pi/4)$ と $25\cos(kx + 3\pi/4)$ を図としてプロットせよ．

*2.16 t が $-\tau/2$ から $+\tau$ の範囲で $\tau/4$ 間隔ごとの ωt の値に対する段組をもつ表をつくれ．もちろん，ここでは $\omega = 2\pi/\tau$ である．各段組に，対応する $\sin(\omega t + \pi/4)$, $\sin(\pi/4 - \omega t)$ の値を記入せよ．そして，これら二つの関数を図としてプロットせよ．

*2.17 糸を 1.2 m/s で伝わる調和的な横波の形状が，

$$y = (0.02\text{m}) \sin(157\text{m}^{-1})x$$

で与えられている．この場合の横波の振幅，波長，周波数，周期を求めよ．

*2.18 図 P.2.18 は，紐上を正の x 方向に 20.0 m/s の速度で伝わる横波の，時刻 $t = 0$ での形状を表している．(a) この横波の波長を求めよ．(b) 波動の周波数はいくら

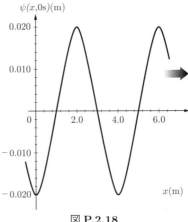

図 P.2.18

か．(c) この波動の波動関数を書け．(d) x 軸のある定まった点を波動が通過するとき，その場所の紐は時間的に振動することに注意して，$x=0$ で紐はどのように振動しているかを示す，時間 t に対する波動関数 ψ のグラフを描け．

*2.19 図 P.2.19 は，紐上を正の z 方向に 100 cm/s の速度で伝わる横波の，時刻 $t=0$ での形状を表している．(a) この横波の波長を求めよ．(b) z 軸のある定まった点を波動が通過するとき，その場所の紐は時間的に振動することに注意して，$z=0$ で紐はどのように振動しているかを示す，時間 t に対する波動関数 ψ のグラフを描け．(c) 横波の周波数はいくらか．

*2.20 紐上を負の y 方向に 40.0 cm/s の速度で横波が伝わっている．図 P.2.20 は，紐の $y=0$ の点がどのように振動しているかを示す，時間 t に対する波動関数 ψ のグラフを描いたものである．この横波の (a) 周期，(b) 周波数，(c) 波長を求めよ．また，(d) 形状を表す y に対する波動関数 ψ を描け．

2.21 二つの波動関数
$$\psi_1 = 4\sin 2\pi(0.2x - 3t)$$
と
$$\psi_2 = \frac{\sin(7x+3.5t)}{2.5}$$

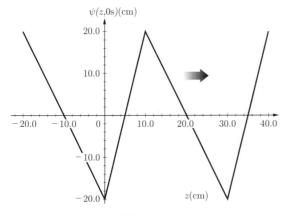

図 P.2.19

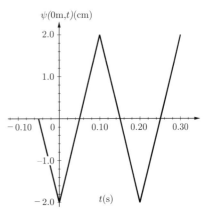

図 P.2.20

が与えられたとき，それぞれの (a) 周波数，(b) 波長，(c) 周期，(d) 振幅，(e) 位相速度，そして (f) 進行方向を求めよ．時間の単位は秒，x の単位は m とする．

*2.22 紐を伝わる横波の波動関数を，

$$\psi(x,t) = (30.0\text{cm})\cos[(6.28\text{rad/m})x - (20.0\text{rad/s})t]$$

とする．この横波の (a) 周波数，(b) 波長，(c) 周期，(d) 振幅，(e) 位相速度を計算し，さらに (f) 進行方向を求めよ．

*2.23 ある伝搬する波動が SI 単位系において，式

$$\psi(y,t) = 10\sin 2\pi(5.0 \times 10^{14})\left(\frac{y}{3.0 \times 10^8} + t\right)$$

によって与えられている．(a) 振幅，(b) 周波数，(c) 波長，(d) 速度，(e) 周期，そして (f) 伝搬方向を求めよ．

*2.24 次式

$$\psi(x,t) = A\sin k(x - vt) \qquad\qquad [2.13]$$

が微分波動方程式の解であることを示せ．

*2.25 次式

$$\psi(x,t) = A\cos(kx - \omega t)$$

が微分波動方程式の解であることを示せ．

*2.26 次の 2 式は等価であることを証明せよ．

$$\psi(x,t) = A\cos(kx - \omega t - \pi/2)$$

$$\psi(x,t) = A\sin(kx - \omega t)$$

2.27 図 2.12 の紐の変位が，

$$y(x,t) = A\sin[kx - \omega t + \varepsilon]$$

で与えられるなら，波を起こす手は縦方向に単純調和運動として動いていることを示せ．

2.28 振幅 $10^3\,\text{V/m}$，周期 $2.2 \times 10^{-15}\,\text{s}$，そして速度 $3 \times 10^8\,\text{m/s}$ である調和波の波動関数を書け．ただし，この調和関数は負の x 方向に伝搬し，$t = 0$，$x = 0$ で振幅 $10^3\,\text{V/m}$ の値をとる．

2.29 C を定数として，$t = 0$ での変位が

$$y(x,t)|_{t=0} = \frac{C}{2 + x^2}$$

と記述されるパルスを考える．この場合の波形を描け．このパルスが速度 v で負の x 方向に進むとき，t の関数としてこの波を表せ．$v = 1\,\text{m/s}$ として，$t = 2\,\text{s}$ での形状をスケッチせよ．

*2.30 波動関数 $\psi(z,t) = A\cos[k(z + vt) + \pi]$ の $t = \tau/2$ と $3\tau/4$ のときの，点 $z = 0$ での大きさを求めよ．

2.31 A を定数として，次の関数

$$\psi(y,t) = (y - vt)A$$

は波動を表しているか．また，その理由を述べよ．

***2.32** SI 単位系で

$$\psi(y, t) = A \cos \pi (3 \times 10^6 y + 9 \times 10^{14} t)$$

と表される波動の速度を，式 (2.33) を用いて計算せよ．

***2.33** 紐を伝わる変位の波が，

$$\psi(z, t) = (0.020 \, \text{m}) \sin 2\pi \left(\frac{z}{\lambda} + \frac{t}{\tau} \right)$$

で与えられている．ここで，波は 2.00 m/s で進み，1/4 s の周期をもっている．時刻 t=2.2 s における始点から 1.50 m での紐の変位を求めよ．

2.34 $z = f(x, y)$ で，$x = g(t)$, $y = h(t)$ として，次の定理

$$\frac{dz}{dt} = \frac{\partial z}{\partial x} \frac{dx}{dt} + \frac{\partial z}{\partial y} \frac{dy}{dt}$$

を用いて，式 (2.34) を導け．

2.35 前問の結果を用い，位相 $\varphi(x, t) = k(x - vt)$ をもつ調和波では，$d\varphi/dt = 0$ から速度が求まることを示せ．これを問題 2.32 に適用して，その波動の速度を求めよ．

***2.36** ガウス波は，$\psi(x, t) = A \exp[-a(bx + ct)^2]$ の形をとる．その速度を求めるために，$\psi(x, t) = f(x \mp vt)$ の形に書いて v を求め，式 (2.34) を使ってその答が正しいことを確かめよ．

2.37 z 方向に伝搬し，大きさが $z = -\lambda/12$ で 0.866，$z = +\lambda/6$ で 1/2，$z = \lambda/4$ で 0 である調和波の形状を表す式をつくれ．

2.38 次の三つの式で，伝搬する波動を表しているのはどれか．また，それらの波動の速度はいくらか．a, b, c は正の定数とする．
 (a) $\psi(z, t) = (az - bt)^2$
 (b) $\psi(x, t) = (ax + bt + c)^2$
 (c) $\psi(x, t) = 1/(ax^2 + b)$

***2.39** 次の式のどれが伝搬する波動を示しているか答えよ．また，定数を適当に決めて形状を描き，速度と伝搬方向を求めよ．
 (a) $\psi(y, t) = e^{-(a^2 y^2 + b^2 t^2 - 2abty)}$
 (b) $\psi(z, t) = A \sin(az^2 - bt^2)$
 (c) $\psi(x, t) = A \sin 2\pi \left(\frac{x}{a} + \frac{t}{b} \right)^2$
 (d) $\psi(x, t) = A \cos^2 2\pi (t - x)$

2.40 伝搬している波動を $\psi(x, t) = 5.0 \exp(-ax^2 - bt^2 - 2\sqrt{ab}xt)$ で与えたとき，その波動の伝搬方向を求めよ．次に，$a = 25 \, \text{m}^{-2}, b = 9.0 \, \text{s}^{-2}$ として，ψ をいくつか計算し，$t = 0$ での波動をスケッチせよ．また，波動の速度はいくらか．

***2.41** 330 m/s の速度で伝搬する周波数 1.10 kHz の音波を考える．10.0 cm 離れた波上の任意の 2 点における位相差を，ラジアン単位で求めよ．

2.42 位相速度 3×10^8 m/s で周波数 6×10^{14} Hz の光波を考える．30° の位相差をもつ波動上の 2 点間の最短距離はいくらか．ある点で 10^{-6} s の間に起こる位相変化はいくらか．また，この時間に何波長通過するか．

2.43 図 P.2.43 に示した波動の式を書け．また，この波動の波長，速度，周波数，周期を求めよ．

***2.44** 指数関数の直接計算で，$\psi = Ae^{i\omega t}$ の大きさが A であることを示せ．また，オイラーの公式を使って同じことを示せ．$e^{i\alpha} e^{i\beta} = e^{i(\alpha + \beta)}$ を証明せよ．

***2.45** 複素数 $\tilde{z}$ の虚部が $(\tilde{z} - \tilde{z}^*)/2i$ で与えられることを示せ．

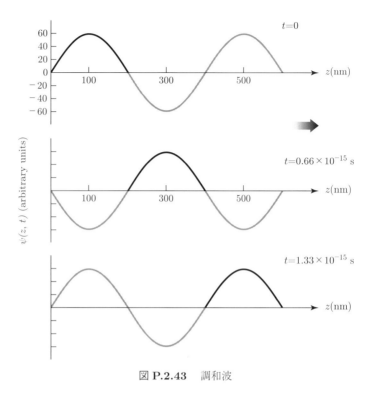

図 **P.2.43** 調和波

***2.46** 複素量 $\tilde{z}_1 = (x_1 + iy_1)$ と $\tilde{z}_2 = (x_2 + iy_2)$ を考え,

$$\mathrm{Re}(\tilde{z}_1 + \tilde{z}_2) = \mathrm{Re}(\tilde{z}_1) + \mathrm{Re}(\tilde{z}_2)$$

であることを示せ.

***2.47** 複素量 $\tilde{z}_1 = (x_1 + iy_1)$ と $\tilde{z}_2 = (x_2 + iy_2)$ を考え,

$$\mathrm{Re}(\tilde{z}_1) \times \mathrm{Re}(\tilde{z}_2) \neq \mathrm{Re}(\tilde{z}_1 \times \tilde{z}_2)$$

であることを示せ.

2.48 式 (2.51) から, 次の関係式

$$\psi(x, y, z, t) = A e^{i[k(\alpha x + \beta y + \gamma z) \mp \omega t]}$$

および

$$\alpha^2 + \beta^2 + \gamma^2 = 1$$

を確かめよ. 上式で関係している量すべてを示すスケッチを描け.

***2.49** 平面波を表す任意形の式 (2.64) と式 (2.65) が, 3 次元の微分波動方程式を満たすことを示せ.

***2.50** 電磁平面波の電場が SI 単位系において

$$\vec{E} = \vec{E}_0 \exp[i(3x - \sqrt{2}y - 9.9 \times 10^8 t)]$$

で与えられている. (a) この波動の角周波数はいくらか. (b) $\vec{k}$ の式を示せ. (c) k の値はいくらか. (d) この波動の速度を求めよ.

*2.51 関数

$$\psi(z,t) = A\exp[-(a^2z^2 + b^2t^2 + 2abzt)]$$

を考える．ここで，A，a および b はすべて定数で，適当な SI 単位をもっている．この関数は波動を表しているか．そうであるなら，速度と伝搬方向を求めよ．

2.52 ド・ブロイの仮説では，すべての粒子はプランク定数 ($h = 6.6 \times 10^{-34}\,\mathrm{J\cdot s}$) を運動量で割って得られる波長をもつ物質波を伴っている．速度 $1.0\,\mathrm{m/s}$ で動く重さ $6.0\,\mathrm{kg}$ の石の波長と光の波長を比べよ．

2.53 直交座標において，振幅 A，周波数 ω，原点から $(4, 2, 1)$ に引いた線上にある伝搬ベクトル $\vec{k}$ をもつ調和平面波の式を書け．[ヒント：はじめに $\vec{k}$ を決め，次に $\vec{r}$ との内積をとる．]

*2.54 直交座標において，振幅 A，周波数 ω で x 軸の正方向に伝搬する調和平面波の式を書け．

2.55 $\psi(\vec{k}\cdot\vec{r}, t)$ が平面波を表すことを示せ．ただし，$\vec{k}$ は波面に垂直である．[ヒント：$\vec{r}_1$ と $\vec{r}_2$ を平面の任意の 2 点に引いた位置ベクトルとし，$\psi(\vec{r}_1, t) = \psi(\vec{r}_2, t)$ であることを示す．]

*2.56 関数

$$\psi(\vec{r}, t) = A\exp[i(\vec{k}\cdot\vec{r} + \omega t + \varepsilon)]$$

は，$v = \omega/k$ であれば波動を記述していることを明確に示せ．

*2.57 θ が $-\pi/2$ から 2π の範囲で $\pi/4$ 間隔ごとの段組をもつ表をつくる．各段組に，対応する $\sin\theta$ と $2\sin\theta$ の値を記入する．段組と段組を足し合わせて，関数 $\sin\theta + 2\sin\theta$ の値を得る．相対的な振幅と位相に注意して，上記三つの関数を図にプロットせよ．

*2.58 θ が $-\pi/2$ から 2π の範囲で $\pi/4$ 間隔ごとの値の段組をもつ表をつくる．各段組に，対応する $\sin\theta$ と $\sin(\theta - \pi/2)$ の値を記入する．段組と段組を足し合わせて，関数 $\sin\theta + \sin(\theta - \pi/2)$ の値を得る．相対的な振幅と位相に注意して，上記三つの関数を図にプロットせよ．

*2.59 上記 2 問を考慮し，三つの関数 (a) $\sin\theta$, (b) $\sin(\theta - 3\pi/4)$, (c) $\sin\theta + \sin(\theta - 3\pi/4)$ のプロットを描け．次に，本問の結合関数 (c) と前問の結合関数の振幅を比較せよ．

*2.60 x が $-\lambda/2$ から $+\lambda$ の範囲で $\lambda/4$ 間隔ごとの kx の値に対する段組をもつ表をつくる．各段組に，対応する $\cos kx$ と $\cos(kx + \pi)$ の値を記入する．次に，三つの関数 $\cos kx$, $\cos(kx + \pi)$, $\cos kx + \cos(kx + \pi)$ を図にプロットせよ．

3

電磁波，光子，光

　1800 年代の終り頃からの，マクスウェルの研究とその後の発展が，光はほとんど間違いなく電磁的な性質をもつことを明らかにした．後でわかるように，エネルギーは電磁波として連続的に移動するという考え方が，古典電磁気学から不変的に導かれる．これとは対照的に，量子電磁力学によるもっと現代的な見方では，電磁的相互作用やエネルギーの移動が，**光子** (フォトン，または光量子ともいう) として知られる質量をもたない素 "粒子" の概念を用いて記述される．しかし，放射エネルギーの量子的性質は，必ずしも明らかではないし，実際問題として光学において常に関心のあることでもない．また現状ではどのような検出器も，期待されながら個々の量子を識別できない状態にある．

　もし，光の波長が用いる装置 (レンズ，鏡など) の大きさに比べて小さければ，第 1 次近似として，**幾何光学** (geometrical optics) の手法を用いてもよい．装置が小さい場合に適用できるもう少し精密な手法は**物理光学** (physical optics) である．物理光学が問題とする光の顕著な特性は，波動としての性質である．物理光学では，波動の種類を必ずしも特定することなく，それを扱う多くの手法を展開することができる．物理光学の古典的研究が関心事である限り，光を電磁波として取り扱ってまったく問題ない．

　一方，光を物質の最も希薄な状態と考えることもできる．実際，量子力学の最も基本的な考え方によると，光も物質粒子も同じような波動と粒子の二重性を示す．量子論の創始者の一人であるシュレーディンガー (Erwin C. Schrödinger, 1887–1961) は，次のようなことを言っている．

> 新しい思想背景のもとでは，すべての粒子は波動としての性質ももち，逆もまた同様であるのが発見されたので，粒子と波動は区別できなくなった．この二つの概念を捨て去るのでなく，融合すべきである．どちらの側面が強く出るかは，物理的現象に関係するのではなく，検証するための実験装置に依存している[*1]．

　量子力学では，光子，電子，陽子，その他どんなものであれ，波動方程式を粒子と結びつけて取り扱う．物質粒子の場合，波動的な側面はシュレーディンガー方程式として知られる場の方程式によって取り扱われる．一方，光に対しては，古典的なマクスウェルの電磁場方程式の形で，波動としての性質を表現している．これら二つを出発点として，光子そして光子と電荷の相互作用に関する，量子力学的な理論を構築できる．光は波動的に空間を伝搬し，また，放出と吸収の過程では粒子のようなふるまい

[*1] 出典：Erwin C. Schrödinger, *Science Theory and Man*, Dover Publications, New York, 1957. 参照.

を示すという事実から，光が両側面をもつことは明らかである．電磁場の放射エネルギーの生成消滅は，量子あるいは光子として生じ，古典的な波動のように連続的に生じるものではない．それにもかかわらず，一つのレンズ，一つの開口や一対のスリットを通過する光のふるまいは，波動的な特性で決定される．巨視的な世界で物質粒子の二重性になじみがないとすれば，それは，物質粒子のもつ波長がその運動量に反比例しているからであり，ほとんど静止している砂粒といえども運動量が大きく，波長は非常に短くて，どんな仮想的な実験でも検出できない．

　光子は質量がゼロであるから，光ビームの中にはきわめて多数の低エネルギーの光子が存在すると考えられる．この考え方では，高密度な光子の流れは平均的に行動し，よく知られた古典的な場を生成する．このことについて，ラッシュ時の駅の通勤客の流れとの大ざっぱなアナロジーを指摘することができる．個々の通勤客は人間量子として個人的にふるまっているのだろうが，すべての通勤客は同じ意思をもち，そしてほとんど同じ経路をたどっている．遠く離れたところにいる近視の観測者には，この通勤客の流れは滑らかで連続した流れに見える．毎日の集団的な流れの挙動は予測でき，この場合少なくともこの観測者には，個々の通勤客の正確な動きは重要ではない．多数の光子で運ばれるエネルギーは，平均的には古典的電磁波によって運ばれるエネルギーに等しい．これらの理由から，電磁気現象を古典的な場によって表現するのはたいへん有効であったし，これからもそうであろう．しかしながら，通常の物質の連続的な性質は見掛けだけであるのとまったく同様，電磁波の連続的な外見的性質は，巨視的世界での虚構であると理解しておくべきである．しかし，事はそんなに簡単ではない．

　まったく実用的な観点からは，光を古典的な電磁波と考えてよい．ただし，それがまったく不適切な場合もあることを心にとめておく必要がある．

3.1 電磁気学の基本法則

　この節の目標は，電磁波の概念を正しく理解するのに必要ないくつかの考え方を概観し，それを発展させることである．

　まずはじめに，たとえ真空中に離れて存在する電荷であっても，電荷間には相互作用のあることが実験的に知られている．次に，重い球体が帯電した棒の存在を，それに接触することなくどういうわけか感じとる，よく知られた静電気の実演実験を思い出そう．これに対する可能な説明として，各電荷が検出されない粒子 (仮想光子) の流れを放出または吸収していると推定できるだろう．電荷間におけるこのような粒子の交換が，相互作用のあり方であると考えられる．そしてこれとは別に，古典的な考え方で，すべての電荷は電場と称されるもので囲まれているとも想定できる．この場合は，個々の電荷が直接相互作用するのはその電場であると思えばよい．点電荷 q が力 $\vec{F}_E$ を受けているなら，電荷の位置での電場 $\vec{E}$ は $\vec{F}_E = q\vec{E}$ で定義される．さらに，移動する電荷はその速度 $\vec{v}$ に比例した別の力 $\vec{F}_M$ を受けることも観測されている．この別の力に対応する別の場，すなわち**磁気誘導** (magnetic induction) あるいはもっと直接に**磁場** (magnetic field) $\vec{B}$ を考えることができ，これは $\vec{F}_M$ との関係で $\vec{F}_M = q\vec{v} \times \vec{B}$

が定義される．もし力 $\vec{F}_E$ と $\vec{F}_M$ が同時に生じていたら，電荷は電場と磁場の両方が広がっている領域を通過しているのであり，この場合 $\vec{F} = q\vec{E} + q\vec{v} \times \vec{B}$ となる．$\vec{E}$ の単位はボルト/メートル (V/m) またはニュートン/クーロン (N/C) で，$\vec{B}$ の単位はテスラ (T) である．

後でわかるように，電場は電荷と "時間変化する磁場" の両者で生成される．同様にして，磁場は電流と "時間変化する電場" によって生成される．この $\vec{E}$ と $\vec{B}$ の間の相互依存性は，光を記述するうえにおいて重要である．

3.1.1 ファラデーの誘導法則

"磁気を電気に変えろ" は，ファラデーが1822年に自分のノートに手短に書きとめたメモであり，必ず実現できると安易に自信をもって取り組んだ挑戦であった．他の研究を数年行った後，1831年にファラデーは電磁誘導の問題にもどった．彼の最初の装置は木製の糸巻きに巻いた二つのコイルを利用していた (図 3.1a)．一方は1次コイルとよばれ，電池とスイッチにつながれ，もう一方は2次コイルとよばれ，検流計につながれていた．彼は，スイッチを閉じた瞬間だけ検流計が一方向にふれ，すぐにゼロにもどるが，1次コイルには一定電流が流れつづけていることを発見した．スイッチを開いて1次電流を切るときはいつでも，2次の回路中の検流計は反対方向に一瞬だけふれ，すぐさまゼロにもどった．

ファラデーは "磁力" を強めるために，強磁性体の軟鉄を使うことにし，軟鉄の輪の対向する場所に二つのコイルを巻きつけた (図 3.1b)．そこでの効果は，**変化する磁場が電流を発生させる**ことに間違いなかった．実際，彼のその後の発見の通り，"変化" が電磁誘導に不可欠な要素であった．

コイルに磁石を差し込むことで，ファラデーはコイルの端子間に電圧の生じることを示した．この電圧が，**誘導起電力** (induced electromotive force) あるいは **emf** ともよばれる．(起電力という言葉は不適切で時代遅れでもあり，またそれは力でなく電圧である．そこで emf を使うことにする．) さらに，emf の大きさはどれだけ素早く磁石を動かすかに依存している．誘起される emf はコイルを貫く B の時間変化率に依存

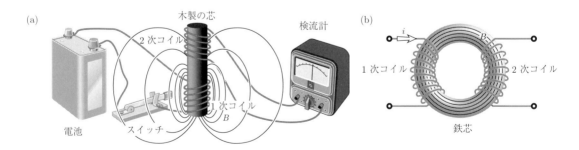

図 **3.1** (a) 一方のコイルに電流を流し始めると，時間変化する磁場が形成され，この磁場が他方のコイルに電流を誘導する．(b) 鉄心が1次コイルを2次コイルに結合させている．

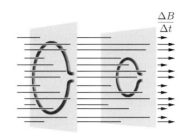

図 3.2 時間変化する磁束は，大きい方のループをより多く通過し，そしてより強い起電力を端子間に誘起する．

するが，B 自体には依存しない．素早く動く弱い磁石の方が，ゆっくり動く強い磁石より，大きな emf を誘起することができる．

図 3.2 に示すように，時間変化する同じ場 B が異なる二つの針金の輪を通過するとき，誘起される emf は大きい輪の端子間の方が大きい．換言すると，場 B が時間変化するとき，**誘起される emf は場が垂直に貫く輪の面積に比例する**．もし輪が図 3.3 に示すように連続的に傾いていると，場に垂直な面積 ($A_\perp$) は $A\cos\theta$ で変わり，$\theta = 90°$ では輪を貫く場 B がないから，誘起される emf はゼロである．また $\Delta B/\Delta t \neq 0$ な

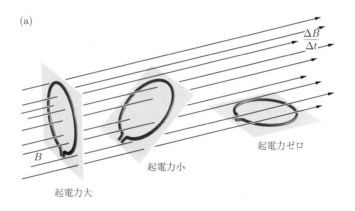

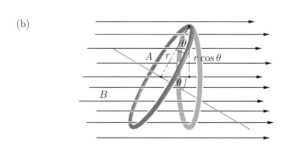

図 3.3 (a) 誘導起電力は磁場が貫く面積，すなわち磁束に垂直な面積に比例する．(b) 垂直な面積は $\cos\theta$ で変わる．

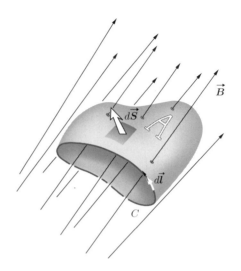

図 3.4 閉曲線 C を境界とする開いた面 A を通過する磁場 $\vec{B}$

ら emf $\propto A_\perp$ となる．逆も成り立ち，**場が一定のとき，誘起される emf は垂直に貫かれる面積の時間変化率に比例している**．一定の場 B の中で，コイルが傾くか，回転するか，またつぶされるかすると，最初に貫かれていた垂直な面積が変わり，$\Delta A_\perp/\Delta t$ と B に比例した emf が誘起される．まとめると，$A_\perp$ が一定なら emf $\propto A_\perp \Delta B/\Delta t$，$B$ が一定なら emf $\propto B\Delta A_\perp/\Delta t$ である．

以上から，emf は $A_\perp$ と B の両方に，つまり両者の積の時間変化率に依存している．このことから，場と場に垂直な面積の積であるフラックス (束) の概念が生まれる．したがって，針金の輪を貫く**磁束** (flux of magnetic field) は，

$$\Phi_M = B_\perp A = BA_\perp = BA\cos\theta$$

である．さらに一般的に，よくあるように B が空間的に変化している場合，導体の輪を一端とする開いた領域 A (図 3.4) を貫く磁束は

$$\Phi_M = \iint_A \vec{B}\cdot d\vec{S} \tag{3.1}$$

で与えられ，$d\vec{S}$ は表面に垂直で外向きである．輪のまわりに誘起される emf は，

$$\text{emf} = -\frac{d\Phi_M}{dt} \tag{3.2}$$

である．負の符号は，誘起 emf が誘導電流を駆動し，この誘導電流がそもそも emf を生じさせた磁束変化に対抗する誘導磁場を生成することを示す．これが**レンツの法則** (Lenz's Law) で，誘導磁場の向きを見いだすのに役立つ．誘導磁場が磁束変化に対抗しないのなら，磁束変化は果てしなく増大する．ここでは線路，そこを流れる電流，そして誘起される emf の概念に深くかかわる必要はなく，むしろ関心があるのは電場と磁場そのものである．

用語の一般的な意味として，emf はポテンシャルの差，つまり単位電荷あたりのポテンシャルエネルギーの差である．これは，単位電荷あたりのなされた仕事，つまり

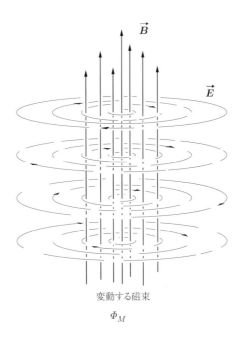

変動する磁束
Φ_M

図 3.5 時間変化する磁場 $\vec{B}$. Φ_M の変わる各点を囲むように，電場 $\vec{E}$ は閉じたループを形成する．電場 $\vec{E}$ によって流れる電流を想像すること．この電流は，それのもとになる上向きの増加磁場 $\vec{B}$ に対抗する磁場 $\vec{B}$ を下向きに誘導する．

単位電荷あたりの力と距離の積，ひいては電場と距離の積に対応する．emf は電場があるからこそ存在でき，針金の輪に相当する閉じた積分路 C での emf は，

$$\text{emf} = \oint_C \vec{E} \cdot d\vec{l} \tag{3.3}$$

で与えられる．式 (3.2) と式 (3.3) は等しいから，式 (3.1) を用いて

$$\oint_C \vec{E} \cdot d\vec{l} = -\frac{d}{dt} \iint_A \vec{B} \cdot d\vec{S} \tag{3.4}$$

が得られる．ここで，内積は経路 C に平行な $\vec{E}$ の大きさと面 A に垂直な $\vec{B}$ の大きさを与える．

ここまでの議論は，導体の輪の考察から始め，そして式 (3.4) にたどり着いた．この式には，積分路を C としている以外，物理的な輪に関係するものは含まれていない．事実，積分路は任意に選べるし，また，それは導体の内部や近くにある必要はない．式 (3.4) 中の電場は，電荷の存在によるものではなく，時間変化する磁場によって生じている．電場を表す線は，発生源や流入点となる電荷がないと，それ自身が閉じており，すなわち閉路を形成している (図 3.5)．誘導された電場 E の方向は，増加する磁束が垂直に侵入するような針金の輪が空間中にあると想像することで確認できる．この輪の領域の電場 E は誘導電流を駆動するものでなければならない．この電流 (上から見下ろせば時計方向に流れる) は，レンツの法則により上向きの増加磁束に抗する下向きの誘導磁場をつくり出す．

ヨハン・カール・フリードリッヒ・ガウス
(Pearson Education, Inc.)

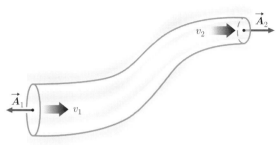

図 3.6 流体の流れている管．両端面の面積ベクトルがどのように外に向かっているかに注意．

　針金の輪のない，そして $\vec{B}$ の変化によって磁束変化している空間を移動する電磁波を考える．この場合の誘導法則 [式 (3.4)] は，

$$\oint_C \vec{E} \cdot d\vec{l} = -\iint_A \frac{\partial \vec{B}}{\partial t} \cdot d\vec{S} \tag{3.5}$$

のように書き換えられる．ここでは，通常 $\vec{B}$ は空間変数の関数でもあることから，t についての偏微分がとられている．この式は，**時間変化する磁場はそれに付随する電場をもつこと**を示しており，式自体にたいへん興味深いものがある．

　どのような場についても，閉曲線に沿った線積分はその場の **循環** (circulation) とよばれる．ここで，この線積分は経路 C に沿って単位電荷を 1 周させるときになされる仕事に等しい．

3.1.2 電気に関するガウスの法則

　ドイツの数学者ガウス (Karl Friedrich Gauss, 1777–1855) の名をとってつけられた，電磁気学における基本的な法則がある．それはガウスの法則であり，**電束** (flux of the electric field) と電束の発生源である電荷との間の関係に関するものである．考え方の基本は，場と束 (フラックス) の概念を導入していた流体力学に由来している．流体の流れは，速度場によって表され，図としては流線を介して描かれる．これと同様に，電場は電気力線で描かれる．図 3.6 は流れている流体の一部を示していて，そこには仮想的な閉曲面で囲まれた領域がある．放出束あるいは **体積流束** (volume flux) Av は，単位時間に管内の 1 点を流れ去った流体の体積である．体積流束の大きさは，両端面で等しく，1 秒間に流入した量は，1 秒間で流出する．閉じた領域に入り，また出てゆく正味の流束を全表面で合計すると，ゼロになる．もし，細いパイプがこの領域に差し込まれ，流体を吸い込む (吸い込み) か放出する (わき出し) なら，正味の流束はゼロでなくなる．

この考え方を電場に応用するため，図 3.7 に描いたように，ある任意の電場中に仮想的な閉領域 A を考える．A を貫く電束は，

$$\Phi_E = \oiint_A \vec{E} \cdot d\vec{S} \tag{3.6}$$

である．曲面が閉じていることを強調するために，二重積分に丸印を付した．ベクトル $d\vec{S}$ の方向は外向き法線方向である．閉曲面で囲まれた領域内に電場の吸い込みもわき出しもなければ，曲面を貫く正味の電束はゼロである．これは，このような電場に対する一般的な法則である．

内部にわき出しや吸い込みがあるとどうなるかを知るために，真空中の正の点電荷 (q) を中心とし，それを取り囲む半径 r の球面を考える．電場はどこでも外向き放射状になっており，任意の距離 r で必ず表面に垂直である．すなわち $E = E_\perp$ であり，したがって

$$\Phi_E = \oiint_A E_\perp dS = \oiint_A E\, dS$$

である．しかも，E は球の全表面で一定であるから積分の外に出せ，

$$\Phi_E = E \oiint_A dS = E 4\pi r^2$$

となる．また，クーロンの法則から点電荷による電場は，

$$E = \frac{1}{4\pi\epsilon_0} \frac{q}{r^2}$$

で与えられるので，

$$\Phi_E = \frac{q}{\epsilon_0}$$

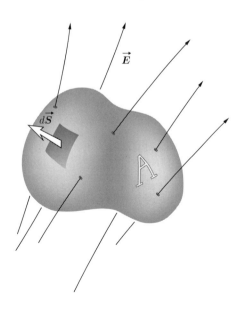

図 **3.7** 閉じた面 A を貫く電場 $\vec{E}$

である．これが，閉曲面の中の一つの点電荷 q による電束である．電荷の分布は点電荷の集まりであるから，**閉領域に含まれる多数の電荷による正味の電束**は，

$$\Phi_E = \frac{1}{\epsilon_0} \sum q$$

とするのが妥当である．Φ_E についての二つの方程式，式 (3.6) と上式を結びつけて，**ガウスの法則** (Gauss's law)

$$\oiint_A \vec{E} \cdot d\vec{S} = \frac{1}{\epsilon_0} \sum q$$

を得る．この式は，空間のある体積領域から出てくる電束がそこに入ってゆく電束より多ければ，この体積領域は正味で正の電荷を包含し，より少ない電束しか出てゆかなければ，その領域は正味で負の電荷を包含していることを示す．

上式を計算するために，電荷分布を連続と近似すると便利である．そこで，A で囲まれた体積を V とし，電荷分布の密度を ρ とすると，ガウスの法則は，

$$\boxed{\oiint_A \vec{E} \cdot d\vec{S} = \frac{1}{\epsilon_0} \iiint_V \rho \, dV} \tag{3.7}$$

となる．電場は電荷によって生成され，任意の閉じた面を貫く正味の電束は，取り囲まれている合計の電荷に比例する．

誘　電　率

特別な真空の場合，自由空間の誘電率は $\epsilon_0 = 8.8542 \times 10^{-12} \mathrm{C}^2/\mathrm{N} \cdot \mathrm{m}^2$ である．ϵ_0 の値は定義で決まり，それがとる変な数値は単位の選び方で決まるもので，真空の性質の指標ではない．電荷が物質的な媒質中に置かれていたら，その媒質の誘電率 (ϵ) が ϵ_0 にかわって式 (3.7) に出てくる．式 (3.7) 中の誘電率の役目の一つは，もちろん両辺の単位をそろえることであるが，その概念は平行平板型のコンデンサーを表現するうえでの基礎になる (3.1.4 項)．そこでの誘電率は，素子の容量値と幾何学的形状の間の媒質に依存した比例定数である．実際，しらべようとする物質をコンデンサーの中に置くことで，その ϵ が測られている．概念としては，誘電率は媒質の電気的な性質を表している．ある意味では，誘電率は電場中の物質に電場がどれくらい侵入するか，あるいは媒質がどれくらい電場を受け入れるかを示す尺度と考えられる．

誘電率が関係する研究の発展の初期段階では，いろいろな分野の人が異なる単位系で研究を行っており，そのことが，いくつかの面倒な問題を生じさせた．このため各単位系での ϵ の数値を表にしておく必要が生じ，そのために少なくとも時間の浪費があった．密度に関しても同じような問題があったが，比重 (すなわち密度比) を用いてうまく回避された．このように，ϵ の値ではなく，用いる単位系に依存しない何か別の関連する量を表にする方が便利である．そこで，比 ϵ/ϵ_0 としての K_E を定義する．この K_E が**誘電率** (dielectric constant) の比，すなわち**比誘電率** (relative permittivity) であり，この場合にはうまい具合に単位をもたない．ある物質の誘電率は真空中の場合の ϵ_0 を用いて，

$$\epsilon = K_E \epsilon_0 \tag{3.8}$$

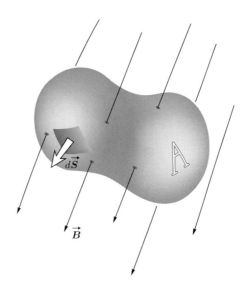

図 3.8 閉じた面 A を貫く磁場 $\vec{B}$

と表現でき，もちろん真空に対する K_E は 1.0 である．

K_E への関心は，誘電率がガラス・空気・水晶といった誘電体の中での光の速度に関係すると考えられることから生じる．

3.1.3 磁気に関するガウスの法則

電荷に対応する磁気的なものはいまだ知られていない．すなわち，単独で存在する磁気単極子は，広範囲な探索にもかかわらず，月の土壌試料にさえいまだ発見されていない．電場と異なり，磁場 $\vec{B}$ はある種の磁荷から発散したり，そこへ向かって収束したりはしない．(単一極性のわき出しや吸い込みがない．) 磁場は流れの分布のように表現される．実際，基本となる磁石を，$\vec{B}$ を表す線が連続で閉じている小さな流れの輪として考えられる．したがって，磁場中の任意の閉曲面に流入する $\vec{B}$ を表す線の数と，そこから流れ出す線の数は等しい (図 3.8)．この状況は，閉曲面が囲む体積中に磁気単極子が存在しないことに起因している．閉曲面を貫く磁束 Φ_M はゼロであり，磁気に関するガウスの法則として，

$$\Phi_M = \oiint_A \vec{B} \cdot d\vec{S} = 0 \tag{3.9}$$

を得る．

3.1.4 アンペールの回路定理

他のたいへん興味深い方程式の発見者はアンペール (André Marie Ampère, 1775–1836) である．それは**回路定理** (circuital law) として知られているが，物理的な根拠は少しわかりにくく，また証明もかなり難しい．しかし，その根拠を明らかにする価値

図 3.9 電流の流れている線を取り囲む磁場 $\vec{B}$

はある．そこで，真空中にある電流の流れているまっすぐな針金と，それを取り巻く円形状の場 B を考える (図 3.9)．ここで実験から，電流 i を運ぶ直線状針金の磁場は $B = \mu_0 i / 2\pi r$ であることがわかっている．さて，ここで 19 世紀まで時間をもどしてみると，その頃は一般に磁荷 (q_m) が考えられていた．電荷 q_e が力 $q_e E$ を受けるように，単一磁荷を定義すると，この磁荷は磁場 B の中では B の方向に $q_m B$ の力を受けることになる．北を向いている単一磁荷を，電流が流れている針金を中心とし，かつ針金に垂直な閉じた円形経路のまわりで動かすとして，その間になされる仕事を求めよう．$\vec{B}$ の向きが変わるので力の向きも変わるため，円形経路を小部分 (Δl) に分割し，各小部分でなされた仕事を足し合わせる．仕事は変位に平行な力の成分と，その変位を掛けたもので，$\Delta W = q_m B_{\parallel} \Delta l$ であり，場が行う全仕事は $\sum q_m B_{\parallel} \Delta l$ である．いまの場合，$\vec{B}$ はどこででも経路の接線方向であるから，$B_{\parallel} = B = \mu_0 i / 2\pi r$ であり，円形経路上では一定である．q_m と B の両者が一定であるから総和は，

$$q_m \sum B_{\parallel} \Delta l = q_m B \sum \Delta l = q_m B 2\pi r$$

となる．ここで，$\sum \Delta l = 2\pi r$ は円形経路の周囲長である．

上式で，B に r の逆数に比例した電流による表現 $B = \mu_0 i / 2\pi r$ を代入すれば，r が相殺され，仕事は円形の経路に依存しなくなる．たとえば，磁荷を 1 周させるときに，$\vec{B}$ に垂直な移動では仕事はなされないから，半径に沿って磁荷を針金に近づけるか離すように動かして，一つの円形経路の小部分から他の円形経路の小部分に移しても仕事は変わらない．実際，仕事 W は経路には依存せず，電流を取り囲むどんな閉路に対しても等しくなる．B に電流による表現 ($B = \mu_0 i / 2\pi r$) を代入すれば，

$$q_m \sum B_{\parallel} \Delta l = q_m (\mu_0 i / 2\pi r) 2\pi r$$

となる．両辺から "磁荷" q_m をとれば，注目すべき式

$$\sum B_{\parallel} \Delta l = \mu_0 i$$

が得られる．この式は，**電流 i を囲む任意の閉じた経路で和をとればよいこと**を意味している．この式から磁荷は消えてしまっており，磁気単極子を用いたこの子供じみた思考実験を実行できるかどうかを，素晴らしいことにもはや考える必要がなくなった．物理学は矛盾なくできており，磁気単極子があろうがなかろうが，関係する式は成立すべきである．さらに，閉じた経路内に数本の電流の流れている針金があれば，それ

ぞれからの場は重なり，足し合わさって全体としての場が形成される．先の式は個々の場について成り立っており，同様に全体の場にも成り立つべきで，式

$$\sum B_{\parallel} \Delta l = \mu_0 \sum i$$

が得られる．$\Delta l \to 0$ では，和は閉じた経路上での積分になり，

$$\oint_C \vec{B} \cdot d\vec{l} = \mu_0 \sum i$$

となる．この式はかつて "**仕事の原理**"(work rule) とよくよばれたが，今日では**アンペールの法則** (Ampère's law) として知られている．この法則は，閉曲線 C に対する $\vec{B}$ の接線成分の線積分と，C が囲む領域を通過する全電流 i を関係づけている．

電流路断面内で電流が一様でないなら，アンペールの法則は電流密度あるいは単位面積あたりの電流 J を使って面積積分で記述され，

$$\oint_C \vec{B} \cdot d\vec{l} = \mu_0 \iint_A \vec{J} \cdot d\vec{S} \tag{3.10}$$

となる．開いた曲面 A の一端の境界が C である (図 3.10)．μ_0 は**自由空間**の**透磁率** (permeability of free space) とよばれ，$4\pi \times 10^{-7} \mathrm{N \cdot s^2/C^2}$ と定義されている．電流が物質の中にあれば，物質の透磁率 (μ) が μ_0 のかわりに式 (3.10) に入る．式 (3.8) のように書くと，透磁率は

$$\mu = K_M \mu_0 \tag{3.11}$$

と表すことができ，ここで K_M は次元をもたない**比透磁率** (relative permeability) である．

式 (3.10) は多くの場合妥当であるが，完全に正しいのではない．アンペールの定理では，積分領域が曲線 C を境界にしてさえいたら，積分領域に特別な制限はない．しかし，図 3.11a に示すように，コンデンサーを充電させた場合には，明らかな問題が生じる．もし，平らな領域 A_1 を取り上げれば，正味 i の電流がそこを流れ，そして曲線 C に沿って場 $\vec{B}$ が形成される．この場合，式 (3.10) の右辺は 0 でないから，左辺も 0 でない．しかし，A_1 のかわりに C を取り囲む領域として A_2 を取り上げれば，物理的に実際には何ら変更されてないのに，そこを流れる正味の電流はなく，そして場はゼロでなければならない．ここでは，明らかに何かが間違っている．

移動する電荷だけが磁場をもたらすのではない．コンデンサーを充電または放電するとき，実際には電流がコンデンサーを流れないけれど，両平板の間で場 $\vec{B}$ が測定でき (図 3.11b)，この場は導線を取り囲む場と区別できない．しかし，各平板の面積が A でその上の電荷が Q であれば，関係式

$$E = \frac{Q}{\epsilon A}$$

が存在する．この式からわかるように，電荷 (Q) が変化するときは電場 (E) も変化する．さらに，この式の両辺を微分すると，

$$\epsilon \frac{\partial E}{\partial t} = \frac{i}{A}$$

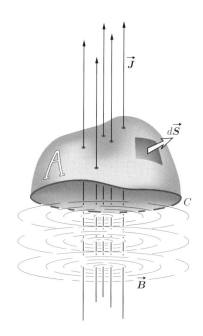

図 3.10 開いた面 A を貫く電流密度

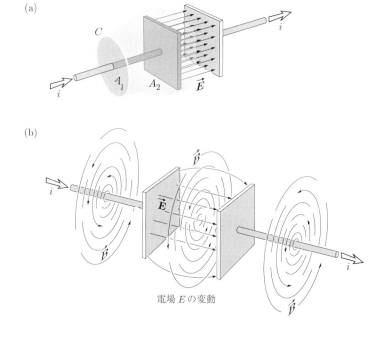

図 3.11 (a) アンペールの法則は，経路 C で囲まれた面が A_1 であるか A_2 であるかには無関係である．また，電流が A_1 は貫くのに，A_2 を貫かなければ，何か間違っていることになる．(b) コンデンサーの間隙にある時間変化する電場 $\vec{E}$ には，磁場 $\vec{B}$ が伴う．

となり，$\epsilon(\partial E/\partial t)$ は実効的に電流密度である．マクスウェル (James Clerk Maxwell) はこのような機構の存在を仮定し，**変位電流密度**[*2](displacement current density) とよび，

$$\vec{J}_D \equiv \epsilon \frac{\partial \vec{E}}{\partial t} \tag{3.12}$$

と定義した．アンペールの定理を

$$\oint_C \vec{B} \cdot d\vec{l} = \mu \int\int_A \left(\vec{J} + \epsilon \frac{\partial \vec{E}}{\partial t} \right) \cdot d\vec{S} \tag{3.13}$$

と書き換えたのは，マクスウェルの偉大な業績の一つである．この式は，$\vec{J}=0$ のときでさえ**時間変化する場 $\vec{E}$ は場 $\vec{B}$ を伴う**ことを示している (図 3.12)．

3.1.5　マクスウェルの方程式

　式 (3.5), (3.7), (3.9), (3.13) で与えられる一そろいの積分表現は，マクスウェルの方程式として知られるようになった．これらの式の導出からわかるように，これらは実験結果の一般化である．マクスウェルの方程式の最も簡単な表現は，$\epsilon = \epsilon_0$, $\mu = \mu_0$ とおける自由空間の電場と磁場の挙動に関する場合である．おそらく電流もただよう電荷もないので ρ と $\vec{J}$ もゼロとできる．この場合，

$$\oint_C \vec{E} \cdot d\vec{l} = - \int\int_A \frac{\partial \vec{B}}{\partial t} \cdot d\vec{S} \tag{3.14}$$

$$\oint_C \vec{B} \cdot d\vec{l} = \mu_0 \epsilon_0 \int\int_A \frac{\partial \vec{E}}{\partial t} \cdot d\vec{S} \tag{3.15}$$

$$\oiint_A \vec{B} \cdot d\vec{S} = 0 \tag{3.16}$$

$$\oiint_A \vec{E} \cdot d\vec{S} = 0 \tag{3.17}$$

である．

　前にかかるスカラー量を別にすれば，方程式の中で電場と磁場は明らかに対称的である．そして，$\vec{E}$ は $\vec{B}$ に影響し，かわって $\vec{B}$ も $\vec{E}$ に影響する．数学的対称性は多くの物理的な対称性を表している．

　ベクトルが空間領域のすべての点に結びついている場合，その領域は**ベクトル場** (vector field) とよばれる．電場と磁場はベクトル場である．上に示したマクスウェルの方程式は，これらの場を広い空間領域において曲線のまわりや曲面上での積分計算を用いて記述している．これとは対照的に，マクスウェルの方程式のそれぞれは，空間中のある点での微分によって書き直すことができ，まったく新しい見通しを提供する．そこで，概略だけであるが (より厳密な取扱いは付録 1 を参照)，"デル" として知られ，デルタの大文字を逆転した ∇ で表される微分ベクトル演算子を考える．これ

[*2] この機構についてマクスウェル自身が付けた名称と考え方は，A. M. Bork, *Am. J. Phys.* **31**, 854(1963) で検証されている．なお，Clerk はクラーク (clark) と発音される．

は，直交座標では

$$\vec{\nabla} = \hat{\mathbf{i}}\frac{\partial}{\partial x} + \hat{\mathbf{j}}\frac{\partial}{\partial y} + \hat{\mathbf{k}}\frac{\partial}{\partial z}$$

と書くことができる．"デル"はベクトル場に内積として作用するとスカラーを生成し，外積として作用するとベクトルを生成する．したがって，$\vec{E} = E_x\hat{\mathbf{i}} + E_y\hat{\mathbf{j}} + E_z\hat{\mathbf{k}}$ を用いれば，

$$\vec{\nabla} \cdot \vec{E} = \left(\hat{\mathbf{i}}\frac{\partial}{\partial x} + \hat{\mathbf{j}}\frac{\partial}{\partial y} + \hat{\mathbf{k}}\frac{\partial}{\partial z}\right) \cdot (E_x\hat{\mathbf{i}} + E_y\hat{\mathbf{j}} + E_z\hat{\mathbf{k}})$$

である．これはベクトル場 $\vec{E}$ の発散 (divergence) とよばれ，

$$\mathrm{div}\,\vec{E} = \vec{\nabla} \cdot \vec{E} = \frac{\partial E_x}{\partial x} + \frac{\partial E_y}{\partial y} + \frac{\partial E_z}{\partial z}$$

となる．発散の名称は，英国の偉大な電気工学者，物理学者であったオリバー・ヘビサイド (Oliver Heaviside，1850–1925) によって与えられた．ベクトル場 $\vec{E}$ の発散は，x 軸に沿った E_x の変化と y 軸に沿った E_y の変化と z 軸に沿った E_z の変化の和である．そして，この値は正か負かあるいはゼロである．この式は，発散をどのように計算するのかを示すが，それが物理的に意味することを理解する助けにはならない．

　イメージが混乱しやすい静電場よりも運動する流体を思い浮かべて議論する方が容易である．発散のすべてを考察する最良の方法は，"定常状態にある流れる流体場を想像し，心眼でその写真をとることである．ある電荷分布による電場は，流体の静的なイメージに類似している"．大ざっぱにいえば，正の発散は消散であり，特定の位置から場が去ってゆく．場の中の任意の点において，"流れ"がその点に向かうよりも流れ出す方が強ければそこに発散があり，それは正である．ガウスの法則で知ったように，何かの源泉は，それを取り囲む"閉曲面を通過する"正味のフラックス (束) をもたらし，同様に，空間のある点の (正の電荷) 源は，その点で正の発散をもたらす．

　場の発散は，その場の強さと，関心のある点に対する傾向 (すなわち，そこに向かって収束するのかそこから広がるのか) の両者に依存するので，単純には明らかにならない．たとえば，点 P_1 にある正電荷を考えよう．電場は外向きに"流れ"(言葉"流れる"を非常に漠然と用いている)，P_1 では正の発散がある．しかし，点 P_1 の周囲の空間において，P_1 から離れたどこかのある点 P_2 では，電場は確かに $1/r^2$ で広がる (正の発散として寄与) が，それはまた $1/r^2$ で弱まる (負の発散として寄与)．その結果，点電荷から離れた任意の場所で $\mathrm{div}\,\vec{E}$ はゼロである．電場は，周囲の空間において，通過する任意の点から発散することにはならない．この結論は，"電場のゼロでない発散は，電荷のある位置においてのみ生じる"と一般化できる．

　再び大ざっぱな言い方をすると，電束は面を貫く正味の"流れ"に関係し，発散はある点からの正味の"流れ"に関係する．この二つの考えは，素晴らしい別の数学的なベクトル場の発散の定義，すなわち，

$$\lim_{\Delta V \to 0} \frac{1}{\Delta V} \iint_A \vec{E} \cdot d\vec{S} = \mathrm{div}\,\vec{E} = \vec{\nabla} \cdot \vec{E}$$

によって互いを結びつけることができる．別の言葉で説明するために，ベクトル場の中の任意の点をとり，それを面積が A で小さな体積 ΔV をもつ小さな閉曲面で取り囲

もう．A を貫く電場の正味の電束に対する式を書いたのが上の二重積分である．次に，単位体積あたりの電束を求めるために，A 内の体積で正味の電束を割る．そして，その体積を点にまで縮小する．結果として得られるのが，その点での電場の発散である．縮小過程は，曲面が非常に小さくなり，正味の電束が正，負あるいはゼロであることがわかれば，止めることができる．さらに縮小をつづければ，極限では発散が上に対応して正，負またはゼロとなる．このように，電束と発散は実際に緊密に関係した概念である．

式 (3.7) に示した積分形式のガウスの法則から，全電束は含まれている全電荷に等しいことがわかる．体積で割ると，その点での電荷密度 ρ になる．したがって，"電場に関する微分形式のガウスの法則" は，

$$\vec{\nabla} \cdot \vec{E} = \frac{\rho}{\epsilon_0} \qquad [A1.9]$$

である．空間中の点から点に対して電場 E がどのように異なるのかがわかれば，任意の点での電荷密度を決定できるし，その逆も可能である．

ほぼ同じようにして，式 (3.9) に示した磁気に関する積分形式のガウスの法則と，磁荷は存在しないという事実から，"磁場に関する微分形式のガウスの法則" は，

$$\vec{\nabla} \cdot \vec{B} = 0 \qquad [A1.10]$$

となる．空間のどの点においても，磁場の発散はゼロである．

ここで，ファラデーの法則の微分形式をつくるために，式 (3.14) をもう一度見てみよう．この法則が，時間変化する磁場 B は電場 E を伴い，電気力線は閉じていることを表していることを思い出そう．式 (3.14) の左辺は，電場の "循環" である．再定式化を実行するために，マクスウェルがベクトル場の**回転** (curl) とよんだ微分演算子を用いなければならない．その理由は，この演算子が空間のある点のまわりでのベクトル場の循環傾向を明らかにするからである．回転演算子はベクトル $\vec{\nabla} \times$ の記号で表され，これは "デル・クロス" と読まれる．直交座標では，

$$\vec{\nabla} \times \vec{E} = \left(\hat{\mathbf{i}} \frac{\partial}{\partial x} + \hat{\mathbf{j}} \frac{\partial}{\partial y} + \hat{\mathbf{k}} \frac{\partial}{\partial z} \right) \times (E_x \hat{\mathbf{i}} + E_y \hat{\mathbf{j}} + E_z \hat{\mathbf{k}})$$

である．この掛算は結果として，

$$\vec{\nabla} \times \vec{E} = \left(\frac{\partial E_z}{\partial y} - \frac{\partial E_y}{\partial z} \right) \hat{\mathbf{i}} + \left(\frac{\partial E_x}{\partial z} - \frac{\partial E_z}{\partial x} \right) \hat{\mathbf{j}} + \left(\frac{\partial E_y}{\partial x} - \frac{\partial E_x}{\partial y} \right) \hat{\mathbf{k}}$$

となる．括弧のついた各項は，電場 E がそれぞれの単位ベクトルのまわりで循環していることを示している．したがって，第 1 項は，空間の特定の点を通過する単位ベクトル $\hat{\mathbf{i}}$ についての yz 面での電場の循環を扱っている．結果としての回転は，個々の寄与のベクトル和である．

電場の循環とその回転の間の数学的な関係は，ファラデーの法則に立ちもどれば理解できる．そこで，電場中において閉曲線 C で囲まれた微小面積 ΔA にある点 P を考える．電場の循環は式 (3.14) の左辺で与えられるのに対して，右辺は面積積分である．したがって，まず線積分を面積 ΔA で割って単位面積あたりの循環を求める．私たちは，特定の点のまわりでの電場の循環傾向を知りたいので，C を縮めることで ΔA を

点 P にまでする．すなわち，C を無限小にすることで，単位面積あたりの循環は回転になり，

$$\lim_{\Delta A \to 0} \frac{1}{\Delta A} \oint_C \vec{E} \cdot d\vec{\ell} = \mathrm{curl}\,\vec{E} = \vec{\nabla} \times \vec{E}$$

である．実際にはこのことを証明していないけれど (付録1で証明する)，式 (3.14) から "微分形式のファラデーの法則" は，

$$\vec{\nabla} \times \vec{E} = -\frac{\partial \vec{B}}{\partial t} \qquad [\text{A1.5}]$$

であると期待できる．静電場は電荷に始まり電荷で終り，それ自体で閉じることはなく，循環はない．したがって，どのような静電場の回転もゼロである．回転をもつのは，時間変化する磁場 B によって生成される電場だけである．

本質的に同じ議論はアンペールの法則にも適用でき，簡単のためにこの定理を真空中でのみ考えてみる [式 (3.15)]．この式は，時間変化する電場 E から生じる磁場の循環を扱っている．上の議論のアナロジーから "微分形式のアンペールの法則" は，

$$\vec{\nabla} \times \vec{B} = \mu_0 \epsilon_0 \frac{\partial \vec{E}}{\partial t}$$

である．これらのベクトル式は美しく簡潔で，覚えやすい．直交座標では，これらは実際には次の八つの微分方程式に対応する．

ファラデーの法則：

$$
\begin{aligned}
\frac{\partial E_z}{\partial y} - \frac{\partial E_y}{\partial z} &= -\frac{\partial B_x}{\partial t} \quad \text{(i)}\\[4pt]
\frac{\partial E_x}{\partial z} - \frac{\partial E_z}{\partial x} &= -\frac{\partial B_y}{\partial t} \quad \text{(ii)}\\[4pt]
\frac{\partial E_y}{\partial x} - \frac{\partial E_x}{\partial y} &= -\frac{\partial B_z}{\partial t} \quad \text{(iii)}
\end{aligned}
\tag{3.18}
$$

アンペールの法則：

$$
\begin{aligned}
\frac{\partial B_z}{\partial y} - \frac{\partial B_y}{\partial z} &= \mu_0 \epsilon_0 \frac{\partial E_x}{\partial t} \quad \text{(i)}\\[4pt]
\frac{\partial B_x}{\partial z} - \frac{\partial B_z}{\partial x} &= \mu_0 \epsilon_0 \frac{\partial E_y}{\partial t} \quad \text{(ii)}\\[4pt]
\frac{\partial B_y}{\partial x} - \frac{\partial B_x}{\partial y} &= \mu_0 \epsilon_0 \frac{\partial E_z}{\partial t} \quad \text{(iii)}
\end{aligned}
\tag{3.19}
$$

磁場に関するガウスの法則

$$\frac{\partial B_x}{\partial x} + \frac{\partial B_y}{\partial y} + \frac{\partial B_z}{\partial z} = 0 \tag{3.20}$$

電場に関するガウスの法則：

$$\frac{\partial E_x}{\partial x} + \frac{\partial E_y}{\partial y} + \frac{\partial E_z}{\partial z} = 0 \tag{3.21}$$

これで，物質やエーテルなくして，電荷や電流でない独立した実在としての電場や磁場が，互いに密接に結びつきかつ維持し合いながら空間中を伝搬してゆく，精妙な過程を理解するのに必要なすべての知識が得られたことになる．

3.2 電磁波

電磁波動方程式の完全で数学的にも素晴らしい導出は,付録1に載せてある.ここでは,その導出に含まれる物理的な過程をより直感的に理解するための,非常に重要な議論に重点を置く.三つの観察結果,すなわち場の直交性,マクスウェル方程式の対称性,その方程式中での $\vec{E}$ と $\vec{B}$ の相互依存性についてはすでに述べており,かつそれらの定性的な描像を得ている.

電気と磁気の学習において,ベクトル積 (あるいは右手則といってもよい) で,それらの多くの関係が記述されることをすぐに認識するであろう.換言すると,ある種のベクトルの存在には,それに応答するように直交する方向のベクトルが伴う.これに関連した興味ある事実として,時間変化する場 $\vec{E}$ は,その変化方向に必ず直交する場 $\vec{B}$ を発生させるということがある (図 3.12).同様に,時間変化する場 $\vec{B}$ は,その変化方向に必ず直交する場 $\vec{E}$ を発生させる (図 3.5).したがって,電磁的な波動においては場 $\vec{E}$ と場 $\vec{B}$ は一般的に横向きの性質をもつことが予想できる.

何らかの方法で静止状態から加速される電荷を考えよう.静止している電荷は,あらゆる方向にかつおそらく無限遠 (それがどんな意味であろうと) にまで広がる,時間変化しない放射状の場 $\vec{E}$ を伴う.電荷が動き出したとたん,電荷近傍で場 $\vec{E}$ は変化を受け,そしてこの変化がある有限な速さで空間中に伝搬してゆく.時間的に変化する電場は,式 (3.15) または (3.19) に従って磁場を誘起する.電荷の速度が一定であれば場 $\vec{E}$ の変化速度も一定であり,結果として誘起される場 $\vec{B}$ は一定である.しかし,ここでは電荷は加速されている.この場合 $\partial\vec{E}/\partial t$ はそれ自体一定でなく,したがって誘起される場 $\vec{B}$ は時間に依存する.そして,時間的に変化する場 $\vec{B}$ は式 (3.14) また

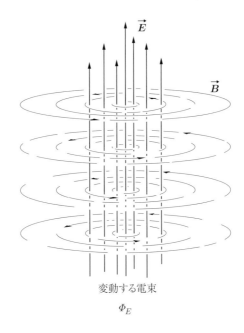

図 **3.12** 時間変化する電場 $\vec{E}$. Φ_E の変わる各点を囲むように,磁場 $\vec{B}$ は閉じたループを形成する.式 (3.12) から考えると,増加する上向きの電場は上向きの変位電流と等価である.右手則により,上から見て誘導磁場 B は反時計方向に回る.

84   3 電磁波，光子，光

は (3.18) に従って場 $\vec{E}$ を発生させる．パルスのような形で $\vec{E}$ と $\vec{B}$ が結合しながら，この過程が継続する．換言すると，一つの場が変化すると新しい場を生み，それが少しだけ遠くまで広がる．そして，パルスは空間中の一点から次の点に移動する．

紐が放射状に密に分布しているように電気力線を想定すれば，力学的すぎるきらいはあるが，絵画的なアナロジーにより電場を描くことができる．何らかの方法で紐が引っ張られると，個々の紐は変形してよじれをつくり，このよじれはわき出しから離れるように外側へ移動する．どの瞬間においても，これらのよじれは一つになって，連続体としての電場の中で3次元的に広がるパルスを形成する．

場 $\vec{E}$ と場 $\vec{B}$ は，動く電荷を発生源とする電磁場という一つの物理現象のもつ二つの側面として，より適切に考えることができる．波がいったん電磁場の中に発生すると，それは解き放たれた波となって，発生源とは無関係に離れてゆく．時間変化する電場と磁場は結びついて一つの実体となり，繰り返しながら互いに再生成し合う．比較的近くにあるアンドロメダ星雲 (肉眼で見ることができる) から私たちに届く電磁波は，2 200 000 年の旅を経験している．

波動を形成する場との関係からは，その波動の伝搬方向についてまだ考察していない．しかし，自由空間におけるマクスウェル方程式の高度な対称性から，$\vec{E}$ と $\vec{B}$ の双方に対称的な方向に波動が伝搬することが連想される．これは，$\vec{E}$ と $\vec{B}$ が平行でない限り，電磁波はまったく縦波でありえないことを意味している．この推論をちょっとした計算で示してみよう．

付録1は，自由空間におけるマクスウェル方程式が，きわめて簡潔な二つのベクトル表現に直されることを示している．すなわち，

$$\nabla^2 \vec{E} = \epsilon_0 \mu_0 \frac{\partial^2 \vec{E}}{\partial t^2} \qquad [\text{A1.26}]$$

$$\nabla^2 \vec{B} = \epsilon_0 \mu_0 \frac{\partial^2 \vec{B}}{\partial t^2} \qquad [\text{A1.27}]$$

である．ラプラス演算子[*3] ∇^2 は $\vec{E}$ と $\vec{B}$ の各成分に作用するので，二つのベクトル方程式は実際には全部で六つのスカラー方程式を表している．これを直交座標系で示すと，

$$\begin{aligned}
\frac{\partial^2 E_x}{\partial x^2} + \frac{\partial^2 E_x}{\partial y^2} + \frac{\partial^2 E_x}{\partial z^2} &= \epsilon_0 \mu_0 \frac{\partial^2 E_x}{\partial t^2} \\
\frac{\partial^2 E_y}{\partial x^2} + \frac{\partial^2 E_y}{\partial y^2} + \frac{\partial^2 E_y}{\partial z^2} &= \epsilon_0 \mu_0 \frac{\partial^2 E_y}{\partial t^2} \\
\frac{\partial^2 E_z}{\partial x^2} + \frac{\partial^2 E_z}{\partial y^2} + \frac{\partial^2 E_z}{\partial z^2} &= \epsilon_0 \mu_0 \frac{\partial^2 E_z}{\partial t^2}
\end{aligned} \qquad (3.22)$$

[*3] 直交座標系では，

$$\nabla^2 \vec{E} = \hat{\mathbf{i}} \nabla^2 E_x + \hat{\mathbf{j}} \nabla^2 E_y + \hat{\mathbf{k}} \nabla^2 E_z$$

$$\frac{\partial^2 B_x}{\partial x^2} + \frac{\partial^2 B_x}{\partial y^2} + \frac{\partial^2 B_x}{\partial z^2} = \epsilon_0 \mu_0 \frac{\partial^2 B_x}{\partial t^2}$$

$$\frac{\partial^2 B_y}{\partial x^2} + \frac{\partial^2 B_y}{\partial y^2} + \frac{\partial^2 B_y}{\partial z^2} = \epsilon_0 \mu_0 \frac{\partial^2 B_y}{\partial t^2} \qquad (3.23)$$

$$\frac{\partial^2 B_z}{\partial x^2} + \frac{\partial^2 B_z}{\partial y^2} + \frac{\partial^2 B_z}{\partial z^2} = \epsilon_0 \mu_0 \frac{\partial^2 B_z}{\partial t^2}$$

である．ある物理量の空間的・時間的変化を関係づけるこの種の表現は，マクスウェル以前に長く研究されてきており，そして波動現象を表すことが知られていた．電磁場のすべての成分 $(E_x, E_y, E_z, B_x, B_y, B_z)$ は，スカラー量の微分波動方程式，

$$\frac{\partial^2 \psi}{\partial x^2} + \frac{\partial^2 \psi}{\partial y^2} + \frac{\partial^2 \psi}{\partial z^2} = \frac{1}{v^2} \frac{\partial^2 \psi}{\partial t^2} \qquad [2.60]$$

に従う．ここで，

$$v = 1/\sqrt{\epsilon_0 \mu_0} \qquad (3.24)$$

である．マクスウェルは，1856 年にライプチヒのウェーバー (Wilhelm Weber, 1804–1891) とコールラウシュ(Rudolph Kohlrausch, 1809–1858) によって行われた電気の実験結果を用いて，v の値を求めた．同じように，今日では μ_0 は SI 単位で $4\pi \times 10^{-7}$ m・kg/C^2 とされ，また最近まで，簡単なコンデンサーの測定から ϵ_0 を直接決定していた．いずれにしても，現代の単位では，

$$\epsilon_0 \mu_0 \approx (8.85 \times 10^{-12} \mathrm{s}^2 \cdot \mathrm{C}^2/\mathrm{m}^3 \cdot \mathrm{kg})(4\pi \times 10^{-7} \mathrm{m} \cdot \mathrm{kg/C}^2)$$

あるいは，

$$\epsilon_0 \mu_0 \approx 11.12 \times 10^{-18} \mathrm{s}^2/\mathrm{m}^2$$

である．

次に，問題なのは自由空間でのすべての電磁波の速度であり，

$$v = \frac{1}{\sqrt{\epsilon_0 \mu_0}} \approx 3 \times 10^8 \mathrm{m/s}$$

と予言された．この理論値は，先にフィゾーによって測られた光速 (315 300km/s) ときわめてよく一致していた．回転歯車を用いて 1849 年に行われたフィゾーの実験の結果をマクスウェルは知って，次のコメントを出した．

> この速度 (つまり彼の理論的な予想値) は光速にきわめて近いので，光 (放射熱や，もし他に存在するならその放射も含め) 自体は，電磁法則に従って電磁場中を伝搬する波動の形態をとる電磁波であると結論するのに十分な根拠をもったと思われる (1852 年).

この素晴らしい解釈は，時代を超えた偉大な知の勝利の一つであった．真空中の光速は，ラテン語の速いことを意味する *celer* にちなみ，記号 c で表すのが習慣になっている．1983 年にパリで開かれた第 17 回度量衡会議において，新しいメートルの定義が採用され，そこで真空中の正確な光速は

$$c = 2.997\,924\,58 \times 10^8 \mathrm{m/s}$$

とされた．式 (3.24) で与えられているように光速は，光源と観測者のどちらの運動にも依存しない．これは意外な結論であり，アインシュタインが特殊相対性理論を 1905 年に定式化するまでは誰もその意味することを理解しなかったようであることは，驚くべきことである．

3.2.1 横　　波

　実験的に確認された光の横波としての性質は，今日では電磁気の理論で説明されている．そこで，真空中を正の x 方向に伝搬する平面波という，比較的簡単な場合について考えてみよう．電場強度は式 (A1.26) の解であり，x 軸に垂直な無限にある平面のどの平面においても，その平面上で $\vec{E}$ は一定である．したがって，電場強度は x と t だけの関数であり，$\vec{E} = \vec{E}(x, t)$ と書ける．いま，マクスウェル方程式，特に，一般に $\vec{E}$ の発散は 0 であると解釈される式 (3.21) に立ちもどってみる．$\vec{E}$ は y や z の関数でないから，方程式は，

$$\frac{\partial E_x}{\partial x} = 0 \tag{3.25}$$

と簡単になる．もし E_x が 0 でない，すなわち伝搬方向に電場成分があれば，この式は E_x が x に依存しないことを示している．しかし当然のことながら，任意の時刻において E_x が x のすべての値に対して一定値であることは，正の x 方向に進んでゆく波ではありえない．したがって，式 (3.25) から伝搬する波に対しては $E_x = 0$ となり，つまり電磁波は伝搬方向に電場成分をもたないことになる．このように，平面波に伴う場 $\vec{E}$ は完全に "横波" である．

　場 $\vec{E}$ が横波であることは，波を完全に規定するには瞬時瞬時の $\vec{E}$ の方向を規定しなければならないことを意味している．このことを扱うのは，光の偏りつまり偏光 (polarization) について述べることになり，それは第 8 章で扱う．一般性を失わずに，振動する $\vec{E}$ ベクトルの方向を 1 方向に限定した，平面偏光または直線偏光を取り上げて扱うことができる．そして，電場が y 軸に平行になるように座標軸を設定すると，

$$\vec{E} = \hat{\mathbf{j}} E_y(x, t) \tag{3.26}$$

である．ここで，式 (3.18) と電場の回転を再び考える．$E_x = E_z = 0$ で，E_y が y や z の関数でなく x だけの関数であるから，

$$\frac{\partial E_y}{\partial x} = -\frac{\partial B_z}{\partial t} \tag{3.27}$$

となる．また，式 (3.18i) と (3.18ii) において，左辺が 0 であるから，B_x と B_y は時間に対して一定であり，ここでは興味がない．時間に依存する場 $\vec{B}$ は z 方向の成分だけをもっている．したがって明らかに，**自由空間において平面電磁波は横波である**(図 3.13)．しかし，垂直入射の場合を除いて，実際の物質的な媒質中を伝搬する電磁波は場合によっては横波でない．この場合は，媒質が散逸的であるか自由電荷を含んでいることから，複雑になる．しばらくは均一，等方的，線形で定常な誘電 (すなわち非導電性) 媒質だけを取り上げる．この場合，平面電磁波は横波である．

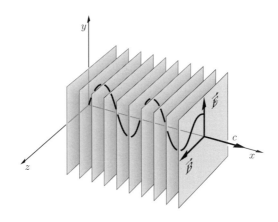

図 **3.13** 平面調和電磁波における場の様子

　ここまでの議論で波動の形態は，平面波であるという以外には，何も規定していなかった．したがって，上述の結論はまったく一般的であり，これらの結論はパルスと連続波の両方にも等しく適用される．フーリエの方法により，任意の波形は複数の正弦波を用いて表現できるから，調和関数は特別に重要であることをすでに指摘した．そこで，議論を調和波に限定し，$E_y(x,t)$ を，

$$E_y(x,t) = E_{0y}\cos[\omega(t-x/c)+\varepsilon] \tag{3.28}$$

と書き，ここで c は伝搬速度である．付随する磁束密度は，式 (3.27) をそのまま積分すると求められ，

$$B_z = -\int \frac{\partial E_y}{\partial x}dt$$

である．式 (3.28) を上式に代入して，

$$B_z = -\frac{E_{0y}\omega}{c}\int \sin[\omega(t-x/c)+\varepsilon]dt$$

あるいは

$$B_z(x,t) = \frac{1}{c}E_{0y}\cos[\omega(t-x/c)+\varepsilon] \tag{3.29}$$

を得る．上記の積分において，時間に依存しない場を表す積分定数は無視している．この式を式 (3.28) と比較すると，真空中では明らかに

$$\boxed{E_y = cB_z} \tag{3.30}$$

である．E_y は B_z にスカラー定数が掛かっているだけであり，時間依存性は同じなので，$\vec{E}$ と $\vec{B}$ は空間中のすべての点で "位相が一致している"．さらに，$\vec{E} = \hat{\mathbf{j}}E_y(x,t)$ と $\vec{B} = \hat{\mathbf{k}}B_z(x,t)$ は "互いに直交している" ので，それらのベクトル積 $\vec{E}\times\vec{B}$ は伝搬方向 $\hat{\mathbf{i}}$ に向いている (図 3.14)．

　本質的に非導電性で非磁性である通常の誘電物質では，式 (3.30) を

$$E = vB$$

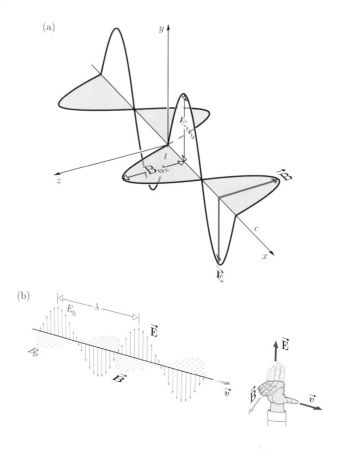

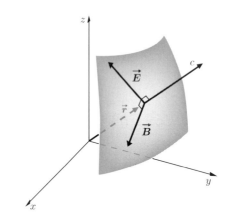

図 3.14 (a) 平面に偏光した波の，直交する調和的な電場 $\vec{E}$ と磁場 $\vec{B}$．(b) 波は $\vec{E} \times \vec{B}$ の方向に伝搬する．

図 3.15 光源から遠く離れたところでの球面状の波面の一部

と一般化することができ，ここで v はこの (物質) 媒質中での波動の速度で $v = 1/\sqrt{\epsilon\mu}$ である．

平面波は重要であるが，マクスウェル方程式の唯一の解ではない．前章で述べたように，微分波動方程式は円筒波や球面波を含む多くの解をもっている (図 3.15)．しか

しながら，球面電磁波はときどき採用される有用な概念ではあるが，実際には存在しないことを強調しておく．事実，マクスウェルの方程式はそのような波動の存在を禁じている．いくつかの光源をどのように配置しても，それぞれの放射場を結合して真の球面波を生成することはできない．さらに量子力学から，放出される放射場は基本的に異方的であることがわかる．平面波と同様に，球面波は現実の近似である．

例題 3.1 振幅 $1.0\,\mathrm{V/m}$ と波長 $2.0\,\mathrm{m}$ をもつ正弦的な電磁平面波が，真空中を正の z 方向に伝搬している．(a) 電場 E が x 方向である場合の $\vec{E}(z,t)$ の式を $\vec{E}(0,0)=0$ の条件下で求めよ．(b) $\vec{B}(z,t)$ の式を求めよ．(c) $\vec{E}\times\vec{B}$ が伝搬方向にあることを確かめよ．

解 (a) $\vec{E}(z,t)=\hat{\mathbf{i}}(1.0\,\mathrm{V/m})\sin k(z-ct)$ において，$k=2\pi/2=\pi$ であるので，

$$\vec{E}(z,t)=\hat{\mathbf{i}}(1.0\,\mathrm{V/m})\sin\pi(z-ct)$$

となる．ここで，電場 E が x 方向で，$\vec{E}(0,0)=0$ であることに注意しよう．

(b) 式 (3.30) から $E=cB$ であるので，

$$\vec{B}(z,t)=\hat{\mathbf{j}}\frac{(1.0\,\mathrm{V/m})}{c}\sin\pi(z-ct)$$

である．

(c) $\vec{E}\times\vec{B}$ は $\hat{\mathbf{i}}\times\hat{\mathbf{j}}$ の方向にあり，これは基底ベクトル $\hat{\mathbf{k}}$ の方向あるいは z 方向にある．

3.3 エネルギーと運動量

電磁波の最も重要な性質の一つは，エネルギーと運動量を運ぶことである．太陽の向こうにあって地球に最も近い恒星からの光でも，25 マイルの 100 万倍の 100 万倍の旅をして地球に到達しているが，その光は人間の眼の中の電子に作用するのに十分なエネルギーを運んできている．

3.3.1 ポインティング・ベクトル

どんな電磁波も空間中のある領域の中で存在しており，したがって当然なこととして，電磁波の "単位体積あたりの放射エネルギー" あるいは**エネルギー密度** u が考えられる．いま，電場自体がエネルギーを蓄えられると仮定しよう．これは，場に物理的実在としての属性を与えること，つまり，もし場がエネルギーをもてば場自体が物であることになり，今後の論理展開への重要な一段階である．さらに，古典的な場は連続であるから，そのエネルギーも連続となる．このような仮定のもとに，どのような結論が得られるかを見てみよう．

(静電容量が C の) 平行平板コンデンサーが帯電して電圧が V である場合，両極の電荷の相互作用を通じて蓄積されているエネルギー $(\frac{1}{2}CV^2)$ は，間隙に形成された電場 E に存在すると考えられる．平板の面積が A で間隔が d であれば $C=\epsilon_0 A/d$ であ

る. 間隙中の単位体積あたりのエネルギーは,

$$u_E = \frac{\frac{1}{2}CV^2}{Ad} = \frac{\frac{1}{2}(\epsilon_0 A/d)(Ed)^2}{Ad}$$

である. したがって, 何もない空間における電場 E のエネルギー密度は,

$$u_E = \frac{\epsilon_0}{2}E^2 \tag{3.31}$$

と結論できる. 同様に, 磁場 B だけのエネルギー密度は, 電流 I を通す (インダクタンスは L の) 芯が中空のコイルまたはインダクターを考察することで求められる. 断面積が A で長さが l の単純な空気芯ソレノイド (単位長さあたりの巻数は n) のインダクタンスは $L = \mu_0 n^2 lA$ である. コイル内部の磁場 B は $B = \mu_0 nI$ である. したがって, この領域のエネルギー密度は,

$$u_B = \frac{\frac{1}{2}LI^2}{Al} = \frac{\frac{1}{2}(\mu_0 n^2 lA)(B/\mu_0 n)^2}{Al}$$

となる. 計算を一歩進めると, 何もない空間における磁場のエネルギー密度は,

$$u_B = \frac{1}{2\mu_0}B^2 \tag{3.32}$$

となる.

関係式 $E = cB$ は特に平面波に対して導かれたが, 種々の波動にも適用できる. この関係式と $c = 1/\sqrt{\epsilon_0 \mu_0}$ であるという事実を用いて,

$$u_E = u_B \tag{3.33}$$

が得られる. つまり, **電磁波の形態で空間を伝わるエネルギーは, それを構成する電場と磁場が等量ずつ受けもっている.** そして,

$$u = u_E + u_B \tag{3.34}$$

であるから,

$$u = \epsilon_0 E^2 \tag{3.35}$$

または

$$u = \frac{1}{\mu_0}B^2 \tag{3.36}$$

である.

場が入れ替わっていることと u が時間の関数であることを覚えておこう. 伝搬する波動に伴う電磁エネルギーの流れを, 単位面積を横切って単位時間あたりに運ばれるエネルギー (つまりパワー) で表し, 記号 S で示す. 国際単位系では, エネルギーの単位は $\mathrm{W/m^2}$ である. 図 3.16 は, 領域 A を速度 c で伝搬する電磁波を示している. ごく短い時間間隔 Δt では, 円柱状の体積内に含まれる $u(c\Delta tA)$ のエネルギーだけが, 断面積 A の部分を通過する. したがって,

$$S = \frac{uc\Delta tA}{\Delta tA} = uc \tag{3.37}$$

あるいは, 式 (3.35) を用いて,

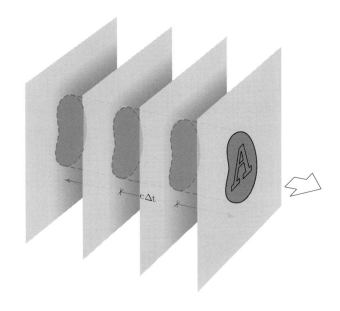

図 **3.16** 電磁エネルギーの流れ

$$S = \frac{1}{\mu_0} EB \tag{3.38}$$

である．ここで，エネルギーは波動の伝搬方向に流れるという，(等方性媒質では) 妥当な仮定を設けよう．この場合，エネルギーの流れに相当するベクトル $\vec{S}$ は，

$$\vec{S} = \frac{1}{\mu_0} \vec{E} \times \vec{B} \tag{3.39}$$

または，

$$\boxed{\vec{S} = c^2 \epsilon_0 \vec{E} \times \vec{B}} \tag{3.40}$$

と表現できる．$\vec{S}$ の大きさは，$\vec{S}$ と平行な法線をもつ面を横切る単位面積あたりのパワーである．$\vec{S}$ はポインティング (John Henry Poynting, 1852–1914) にちなんで名が付けられ，**ポインティング・ベクトル** (Poynting vector) とよばれる．

次に進む前に強調すべきことは，量子力学が指摘するように，電磁波のエネルギーは実際には量子化されていること，すなわち連続でないことである．それでも，通常の状況下では古典理論が完全にうまく機能しているので，ここでは光波が空間領域を満たすことができる何か連続的な "存在" であるかのように扱いつづける．

いままでの議論を，場 $\vec{E}$ と場 $\vec{B}$ の方向が 1 方向に固定されているような直線に偏光した，自由空間を $\vec{k}$ の方向に進む調和平面波の場合に当てはめてみる．

$$\vec{E} = \vec{E}_0 \cos(\vec{k} \cdot \vec{r} - \omega t) \tag{3.41}$$

$$\vec{B} = \vec{B}_0 \cos(\vec{k} \cdot \vec{r} - \omega t) \tag{3.42}$$

であるから，式 (3.40) を用いて，

$$\vec{S} = c^2 \epsilon_0 \vec{E}_0 \times \vec{B}_0 \cos^2(\vec{k} \cdot \vec{r} - \omega t) \tag{3.43}$$

が得られる．これは，単位時間に単位面積を流れるエネルギーである．

調和関数の平均

$\vec{E} \times \vec{B}$ の大きさが，その最大値と最小値の間で繰り返すことは明らかである．光の周波数 ($\approx 10^{15}$ Hz) では，$\vec{S}$ はきわめて高速に時間変化する関数である．(実際には，余弦の2乗は余弦の2倍の周波数であるから，場の変化より2倍高速である．) したがって，$\vec{S}$ の瞬時値を直接に測るのは非常に難しく (写真参照)，このことが実際上平均化操作の必要な所以である．実際，フォトセルや写真乾板や人間の眼の網膜などは，ある程度の時間間隔で放射エネルギーを吸収している．

式 (3.43) の特殊な形と調和関数の重要な役割を考慮すると，このような調和関数の平均値をちょっと時間をとってしらべる必要のあることがわかる．ある関数 $f(t)$ の時間間隔 T での平均値は $\langle f(t) \rangle_T$ と書かれ，次式

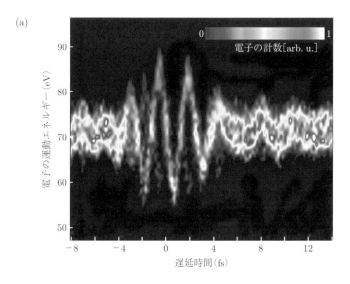

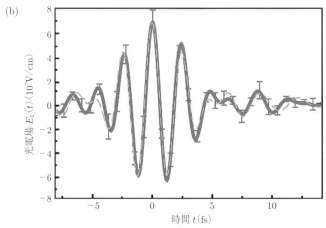

(a) わずか数サイクルからなる赤い光 (約 750 nm) の強力パルスの電場振動を明示する電子プローブ出力．時間の単位はフェムト秒である．(b) これは，たぶん初めて直接測定された光波の振動電場である．(マックス・プランク量子光学研究所)

$$\langle f(t)\rangle_T = \frac{1}{T}\int_{t-T/2}^{t+T/2} f(t)\,dt$$

で与えられる．こうして求めた $\langle f(t)\rangle_T$ の値は，T に強く依存する．調和関数の平均値を知るために，次の計算をしてみる．

$$\langle e^{i\omega t}\rangle_T = \frac{1}{T}\int_{t-T/2}^{t+T/2} e^{i\omega t}\,dt = \frac{1}{i\omega T}e^{i\omega t}\bigg|_{t-T/2}^{t+T/2}$$

$$\langle e^{i\omega t}\rangle_T = \frac{1}{i\omega t}(e^{i\omega(t+T/2)} - e^{i\omega(t-T/2)})$$

そして，

$$\langle e^{i\omega t}\rangle_T = \frac{1}{i\omega T}e^{i\omega t}(e^{i\omega T/2} - e^{-i\omega T/2})$$

となる．ここで括弧の項から，これが $\sin\omega T/2$ で書き換えできることが思い出され，上式は

$$\langle e^{i\omega t}\rangle_T = \left(\frac{\sin\omega T/2}{\omega T/2}\right)e^{i\omega t}$$

となる．右辺の括弧内の比は，光学でよく現れ，またたいへん重要なので，特別に名前が付けられている．すなわち，$\sin u/u$ は $\text{sinc}\,u$ とよばれ，上式の実部と虚部は

$$\langle \cos\omega t\rangle_T = (\text{sinc}\,u)\cos\omega t$$

と

$$\langle \sin\omega t\rangle_T = (\text{sinc}\,u)\sin\omega t$$

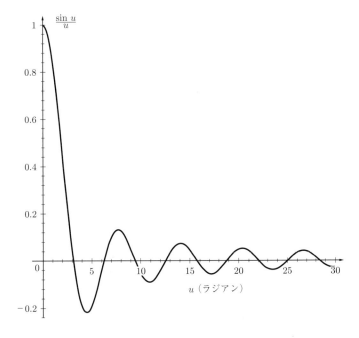

図 **3.17** sinc u. sinc 関数が $u = \pi, 2\pi, 3\pi, \cdots$ で 0 になることに注意．

である．余弦の平均値はそれ自体余弦で，同じ周波数で振動するが，振幅は sinc 関数で与えられ，それは初期値 1.0 から急速に減少する（図 3.17 と付録の表 1 参照）．ここで，$T = \tau$ のときは $u = \omega T/2 = \pi$ で sinc $u = 0$ であるから，1 周期 T にわたって平均化された $\cos \omega t$ は 0 である．同様に，$\cos \omega t$ を周期の整数倍で時間平均化しても 0 である．$\sin \omega t$ も同様である．これは，二つの関数のいずれも，軸上の正の領域と軸下の負の領域を等しく取り囲んでおり，それらに対応する間隔の積分からの当然の帰結である．数周期を越えると sinc 項は非常に小さくなり，0 をはさんだ振幅ゆらぎは無視できて 0 と置くことができ，$\langle \cos \omega t \rangle_T$ と $\langle \sin \omega t \rangle_T$ は実質的に 0 となる．

$\langle \cos^2 \omega t \rangle_T = \frac{1}{2}(1 + \mathrm{sinc}\, \omega T \cos 2\omega t)$ であるのを示すのは問題 3.16 にゆずるとして，これは 1/2 をはさんで周波数 2ω で振動し，T が 20–30 周期を超えると急速に 1/2 に近づく．光の場合，$\tau \approx 10^{-15}$ 秒 であり，マイクロ秒のような短時間での平均でも $T \approx 10^9 \tau$ に相当し，この値は sinc 関数を無視するのには十分である．その結果，$\langle \cos^2 \omega T \rangle_T = 1/2$ である．図 3.18 は同じ結果を図示している．ここでは，1/2 の線の上のふくらみ部分を，1/2 以下の領域の欠けている部分を埋めるのに使っている．十分な周期を経ると，T で割った $f(t)$ 曲線下の面積，つまり $\langle f(t) \rangle_T$ は 1/2 に近づく．

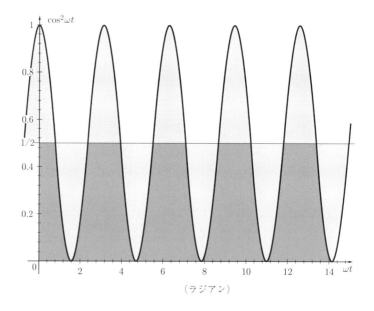

図 3.18 1/2 の線より上にある山部分を，その線の下のくぼみを埋めるのに使えば，平均値が 1/2 であるのがわかる．

3.3.2 強　　度

ある面を照らす光の量を話題にするとき，**強度**[*4](irradiance) とよばれる量を用いる．それは I と記され，"単位面積・単位時間あたりの平均エネルギー" である．どんな種類の光強度検出器も，定まった面積 A の光エネルギーを受け入れる窓をもってい

[*4] 過去に物理学者は，単位時間に単位面積を流れるエネルギーを意味するのに，通常 intensity の語を用いていた．しかし光学では，万国共通ではないが国際的な意見の一致で，irradiance の語に徐々に置き換えられつつある．

る．受け取った全エネルギーを A で割ることで，窓面積の大きさの影響は除かれる．さらに，到達するパワーは瞬時には測れないので，検出器は流入エネルギーをある有限時間 T で積分しなければならない．もし，測るべき量が単位面積の受け取る正味のエネルギーであれば，それは T に依存し，実用上問題がある．他の誰かが同じ条件下で同じような測定をした場合，異なる T を採用して異なる結果を得ることもできる．ただし，T で割ることによって T の影響を除けば，実用性の高い量が得られ，これが単位時間・単位面積あたりの平均エネルギー，すなわち I に相当する．

ポインティング・ベクトルの大きさの時間平均 $(T \gg \tau)$ は $\langle S \rangle_T$ と表記され，I と等価な量である．調和場という特別な場合は式 (3.43) から，

$$\langle S \rangle_T = c^2 \epsilon_0 |\vec{E}_0 \times \vec{B}_0| \langle \cos^2(\vec{k} \cdot \vec{r} - \omega t) \rangle_T$$

である．$T \gg \tau$ では $\langle \cos^2(\vec{k} \cdot \vec{r} - \omega t) \rangle_T = 1/2$ であるから (問題 3.15 参照)，

$$\langle S \rangle_T = \frac{c^2 \epsilon_0}{2} |\vec{E}_0 \times \vec{B}_0|$$

あるいは

$$\boxed{I \equiv \langle S \rangle_T = \frac{c \epsilon_0}{2} E_0{}^2} \tag{3.44}$$

である．**強度は電場の振幅の 2 乗に比例する**．同じことを表現する別の 2 式は，単に

$$I = \frac{c}{\mu_0} \langle B^2 \rangle_T \tag{3.45}$$

と

$$\boxed{I = \epsilon_0 c \langle E^2 \rangle_T} \tag{3.46}$$

である．線形で均質な等方性の誘電体中では，強度を表す式は

$$I = \epsilon v \langle E^2 \rangle_T \tag{3.47}$$

となる．すでに学んだように，$\vec{B}$ より $\vec{E}$ の方が作用力においてかなり効果的であり，そして電荷に強く作用するので，**光波場** (optical field) としては $\vec{E}$ を考え，そしてほとんどもっぱら式 (3.46) と式 (3.47) を用いる．

例題 3.2 均一で等方的な誘電体中を z 方向に伝搬する調和的な平面電磁波を考える．この波動の振幅は E_0 で，$t = 0$ と $z = 0$ での大きさがゼロであれば，(a) エネルギー密度が

$$u(t) = \epsilon E_0^2 \sin^2 k(z - vt)$$

で与えられることを示せ．(b) この波動の強度の式を求めよ．

解 (a) 誘電体に適用した式 (3.34) から

$$u = \frac{\epsilon}{2} E^2 + \frac{1}{2\mu} B^2$$

である．ここで，

$$E = E_0 \sin k(z - vt)$$

96   3 電磁波，光子，光

である．$E = vB$ を用いて，

$$u = \frac{\epsilon}{2}E^2 + \frac{1}{2\mu}\frac{E^2}{v^2} = \epsilon E^2$$

$$u = \epsilon E_0^2 \sin^2 k(z - vt)$$

(b) 式 (3.37) から $S = uv$ であり，

$$S = \epsilon v E_0^2 \sin^2 k(z - vt)$$

となる．したがって，

$$I = \langle S \rangle_T = \frac{1}{2}\epsilon v E_0^2$$

放射エネルギーの流れの時間率が**光パワー** (optical power) P あるいは**放射束** (radiant flux) であり，通常ワットで表される．ある面に入射したりある面から出射する放射束を，その面の面積で割ったものが，**放射束密度** (radiant flux density)(W/m²) である．入射の場合を**強度** (irradiance)，出射の場合を**発散度** (exitance) というが，いずれも**光束密度** (flux density) である．強度はパワー "濃度" の尺度である．夜空に人の肉眼で見ることができる最も暗い星は，わずか $0.6 \times 10^{-9}\,\mathrm{W/m^2}$ 程度の強度しかもっていない．

例題 3.3 電磁平面波の電場は

$$\vec{E} = (-2.99\,\mathrm{V/m})\hat{\mathbf{j}}\, e^{i(kz - \omega t)}$$

と表せる．$\omega = 2.99 \times 10^{15}\,\mathrm{rad/s}$ および $k = 1.00 \times 10^7\,\mathrm{rad/m}$ として，(a) ともなう磁場ベクトルと (b) この波動の強度を求めよ．

解 (a) この波動は $+z$ 方向に伝搬する．$\vec{E}_0$ は $-\hat{\mathbf{j}}$ あるいは $-y$ 方向である．$\vec{E} \times \vec{B}$ は $\hat{\mathbf{k}}$ あるいは $+z$ 方向であるので，$\vec{B}_0$ は $\hat{\mathbf{i}}$ あるいは $+x$ 方向でなければならない．$E_0 = vB_0$ で $v = \omega/k = 2.99 \times 10^{15}/1.00 \times 10^7 = 2.99 \times 10^8\,\mathrm{m/s}$ であるので，

$$\vec{B} = \left(\frac{2.99\,\mathrm{V/m}}{2.99 \times 10^8\,\mathrm{m/s}}\right)\hat{\mathbf{i}}\, e^{i(kz - \omega t)}$$

$$\vec{B} = (10^{-8}\,\mathrm{T})\hat{\mathbf{i}}\, e^{i(kz - \omega t)}$$

(b) 真空中で考えているので速度は $2.99 \times 10^8\,\mathrm{m/s}$ であり，

$$I = \frac{c\epsilon_0}{2}E_0^2$$

$$I = \frac{(2.99 \times 10^8\,\mathrm{m/s})(8.854 \times 10^{-12}\,\mathrm{C^2/N \cdot m^2})}{2}(2.99\,\mathrm{V/m})^2$$

$$I = 0.0118\,\mathrm{W/m^2}$$

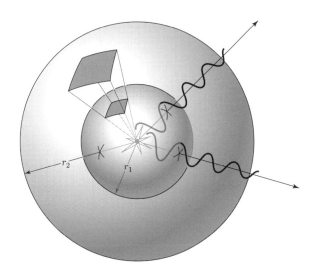

図 3.19 逆 2 乗則を説明する図

逆 2 乗 則

　　微分波動方程式の球面波解の振幅は r に逆比例することを，先に述べた．では，エネルギー保存則の観点から，これをしらべてみよう．すべての方向に等しくエネルギーを放出する (すなわち，球面波を放出する)，自由空間中にある等方的点光源を考える．そして，図 3.19 に示すように，光源の外側に半径 r_1 と r_2 の二つの球面を仮定する．$E_0(r_1)$ と $E_0(r_2)$ で第 1 および第 2 の球面上での波動の振幅を表す．他のわき出しや吸い込みがないから，エネルギーが保存される場合，それぞれの球面を 1 秒間に流れる全エネルギーは等しいはずである．I に球面積を掛けて平方根をとると，

$$r_1 E_0(r_1) = r_2 E_0(r_2)$$

が得られる．r_1 や r_2 は任意であるから，結局

$$rE_0(r) = 一定$$

であり，振幅は $1/r$ に比例して減少することになる．したがって，点光源からの強度は $1/r^2$ に比例している．これは**逆 2 乗則** (inverse square law) としてよく知られ，点光源と写真用の露出計を用いて簡単に確かめられる．

3.3.3　光子 (フォトン)

　　光子として知られている電磁気的 "もの" である "粒子" の形で，光は小さな不連続的バースト状に吸収されたり，放出されたりする．この考え方はかなりよく確認され確立されたものである[*5]．通常，光ビームは多くの微小なエネルギー量子を運んでい

[*5] 簡単のために "光子のビーム" といった表現がされるときは，光は粒子的であるとするモデルは広く受け入れられ (特に高エネルギー物理で)，物理の他のほとんどすべての議論と同様に，現代の考え方の重要な部分を占めているが，そのモデルは疑問なくして確立されているのではないことを知る必要がある．たとえば，R. Kidd, J. Ardini, and A. Anton, "Evolution of the modern photon," *Am. J. Phys.* **57**(1), 27 (1989) を参照すること．

るので，本来の粒子的な性質はすっかり隠されてしまい，連続的な現象のみが巨視的に観察される．この種のことは自然界にはよくある．たとえば，風の中の個々の気体分子がもたらす力は，一緒になって連続的な圧力のようなものになるが，事実は決して連続的ではない．気体と光子の流れの間のアナロジーは，少し後でまた議論する課題である．

　フランスの偉大な物理学者であるド・ブロイ (Louis de Broglie) が言ったように，"要するに，光は物質の最も微細な形態であり"，光も含めてすべての物質は量子化される．そして，基本的にはクォーク，レプトン，W ボソンと Z ボソン，光子といった小さな要素粒子となる．このように，すべてを決定づける単一素子の考え方が，光子を粒子ととらえる，最も説得力のある理由の一つである．なお，これらはすべて，日常感覚における通常の "粒子" とは大きく異なる**量子粒子** (quantum particle) である．

古典論の破綻

　1900 年にマックス・プランクは，**黒体輻射** (blackbody radiation) として知られる過程に対して，仮説的なそして少々間違いを含んだ解析を行った．それにもかかわらず，彼の発見した式はすべての既知の実験データと，それまでの式では望むべくもなかったほど見事に一致した．基本的には，彼は等温の槽あるいは空洞内で平衡状態にある電磁波を考察した．空洞内のすべての電磁波は，取り囲む内壁で放出・吸収され，外部からは何も入ってこない．このような状況下では，電磁波のスペクトル成分が理想的な黒体表面からのそれと一致する．彼の最終目的は，空洞の小孔から出てくる放射のスペクトルを予言することにあった．プランクは困難な問題にぶつかり，最後の頼みの綱として，気体の動力学理論の基礎として発展してきたマクスウェルとボルツマン (Boltzmann) の古典的統計力学に救いを求めた．この古典的統計力学は，少なくとも原理的には系内を動き回るすべての原子を追跡できると仮定する，自然科学における完全に決定論的な考え方にもとづいている．その結果，個々の原子は独立していて可付番の実在であるとされる．プランクはまったく計算上の都合だけで，空洞の内壁上の振動子の一つ一つは，その振動周波数 ν に比例した離散的な値のエネルギーしか吸収・放出できないと仮定した．これらとびとびのエネルギー値は，$h\nu$ の整数倍に等しい．ここで，現在 h は**プランク定数** (Planck's constant) とよばれ，$6.626 \times 10^{-34} \mathrm{J \cdot s}$ とされている．プランクは伝統的な考え方をした人で，すべての点で光の古典的波動像を堅持しながら，振動子だけが量子化されることを強調した．

　電子の発見者であるトムソン (J. J. Thomson) は，予言的に考えを展開し，電磁波は他の波動とは大きく異なり，たぶん放射エネルギーの局所的集中が真に存在することを暗示した (1903 年)．周波数の高い電磁放射 (つまり X 線) ビームがガスを照射したとき，その中である原子集団だけがあちこちでイオン化されることをトムソンは観察していた．それはあたかも，ビームは波面上で連続的に分布したエネルギーを有するのでなく，スポット状に散らばったエネルギーの固まりの分布のようであった (p. 99 の写真参照)．

　現代的な具体像としての光子の概念は，光電効果に対するアインシュタインの先見的な理論研究によって，1905 年に確立された．金属は電磁放射中に置かれると，電子

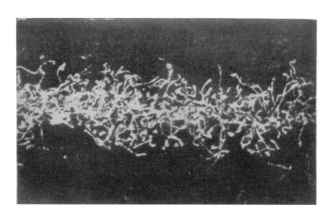

X線のビームが霧箱に左から入射している．光電効果かコンプトン効果のどちらかで放出された電子で，X線の通過跡がわかる．前者はビームに対して大きい角度でかつ長い通過跡を残しやすく，後者はビーム進行方向に近くかつ短い通過跡を残す．古典的には，X線ビームは波面内で均一なエネルギー分布をもつが，散乱は離散的でランダムな様相を呈する．(1915年のスミソニアン報告から)

を放出する．その過程の詳細は何十年も実験的に研究されていたが，古典電磁気論による解析では解明されなかった．そして，アインシュタインの斬新な研究によって，**電磁場それ自体が量子化される**ことが明確になった．量子化された場を構成する，一つ一つの光子のエネルギーは，プランク定数と放射場の周波数の積で与えられ，

$$\mathcal{E} = h\nu \tag{3.48}$$

である．**光子は速度 c をもつ状態でのみ存在する，安定で，電荷も質量もない基本粒子**である．現在までの数々の実験は，光子が電荷をもつのなら電子電荷の 5×10^{-30} 倍以下であること，少しでも質量をもつのなら 10^{-52} kg 以下であることを確証している．光子を電磁エネルギーの小さな凝集体と想像するとすれば，その大きさは 10^{-20} m 以下になる．換言すると，電子と同様に，いままで光子の大きさを立証した実験は一つもない．光子は，(どんな意味であれ) 大きさがゼロであるので内部要素をもたず，そして，"基本" あるいは "素" 粒子ととらえられるべきである．

1924年にボース (Satyendra N. Bose) は，光量子に適用された統計的方法を用いて，プランクの黒体輻射に関する方程式の新しい厳密な証明を行った．空洞は光子のガスで満たされ，そこでの**個々の光子は他の光子とまったく区別できないもの**と見なされた．それは，放射場に対する量子力学的な方法のたいへん重要な特徴であった．それは，微粒子は完全に交換可能であることを意味し，光子を扱う統計的定式化にとっての重大な基礎となった．数学的意味においては，この量子ガスの個々の粒子は，他のすべての粒子と関係し，どの粒子も全体の系から統計的に独立していると見なすことはできない．これは，古典的粒子が通常のガス中でふるまっている独立性とは，ずいぶん異なっている．熱光源からの光の統計的な性質を記述する量子力学的な確率関数は，今日ではボース–アインシュタイン分布として知られている．こうして，光子はその実体が何であれ，理論物理に欠かせないものになった．

1932年にソ連の二人の科学者ブルームバーグ (Evgenii M. Brumberg) とヴァヴィロフ (Sergei I. Vavilov) は，光の基本的な量子的性質を確認する一連の単純で簡単な実

験を行った．彼らは，電子的検出器 (たとえば光電子増倍管) の出現前に，人間の眼を用いた測光技術を考案し，光の統計的性質を研究した．その秘訣は，視覚の閾値にきわめて近いレベルにまで強度を低下させることであった．彼らは，暗室できわめて弱い緑 (505 nm) の光のビーム (約 200×10^{-18} W) を短い時間間隔 (0.1 s) で開放できるシャッターの上に照射することで，これを実行した．シャッターは，開閉するたびに，平均で約 50 個の光子を通過させることができた．理論上，眼は理想的には数個の光子を "見る" ことができ，50 はほぼ信頼できる検出閾値であった．そして，ブルームバーグとヴァヴィロフは，単純にシャッターを眺めて観察結果を記録した．光が波面上に一様に分布したエネルギーをもつ古典的な波動であれば，研究者はシャッターが開くたびにほのかな輝きを見たであろう．光が不規則な突風のように到来する光子の流れであれば，様子はたいへん異なっていたであろう．彼らが観測したものは間違いないもので，シャッターが開いた回数の半分では輝きが見え，もう半分では何も見えず，しかも見えるか見えないかは完全に不規則であった．ブルームバーグとヴァヴィロフは，ビームは本来的に量子力学的にゆらいでおり，パルスが知覚の閾値を超える十分な光子を含んでおれば，観測者にそれは見え，そうでない場合は見えないと，正しく結論した．期待通り，強度を強めると見えない場合の数は急減した．

　通常の物体と異なり，光子を直接見ることはできず，普通は生成または消滅の結果を観察することで，初めて光子を認識できる．光は，空間中を進んでゆく様をつぶさに決して "見られる" ことはない．光子は，周囲に与える影響を検出することで観察され，しかも生成か消滅するときにのみ観察可能となる．光子は荷電粒子から始まり荷電粒子で終わり，ほとんどの場合，電子から放出されまた電子によって吸収される．そして，これらの電子は通常，原子核のまわりを雲状になって巡回している電子である．いくつかの実験が，光子放出過程における量子的特性を直接に確認している．たとえば，きわめて弱い光源を取り上げ，その光源のまわりに微弱光を測定できるまったく同じ光検出器を等距離に配置することを考えよう．光放出がどんなに弱くても，それが古典論で考えられるように連続的な波であれば，全検出器は放出された各パルスを同時に検出するはずである．しかし，そのようなことは起こらず，ある瞬間には一つの検出器がパルスを計数するように，すべての検出器はそれぞれ独立にパルスを検出・計数している．このことは原子は勝手な方向に局所的光量子を放出するという考え方に見事に一致している．

　さらに，原子が光つまり光子を放出するとき，ちょうどピストルが弾丸を発射するときに反動を受けるように，原子も反動を受けることが確認されている．図 3.20 では，過剰なエネルギーを与えられて励起された原子が，細いビームになっている．原子はたちまち無秩序な方向に光子を自然放出し，そして反対方向に反動を受け，ビームからしばしば横方向に離脱する．このようにして，結果としてビームが広がるのは，量子力学的な効果であり，連続で対称的な波動の放出に対する古典的描像とは矛盾している．

　個々の光子は，光ビームの中のどこに存在しているのだろうか．これは答えようのない疑問である．飛んでいる砲弾を追跡するようには光子を追跡することはできない．飛行している光子を局在化することは，その伝搬方向を横切る断面上より伝搬方向に沿った縦方向のほうが容易であるものの，いずれの場合でもどのような精度であろう

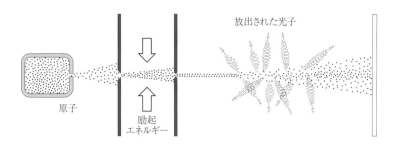

図 3.20 細いビームになっているいわゆる励起された原子は，光子を放出するとき横方向に反跳を受ける．その結果，ビームは広がる．一方，励起されていない原子 (つまり基底状態にある) のビームは，スクリーンに至る全行程において細いままである．

と不可能である．局在化の縦方向での不確定の度合は，おおむね光の波長程度であることは推論できる．したがって，光子を (図 3.20 に示すように) 短い電磁波の波連として表現することは有用なこともあるが，実際にはそのようなものと考えるべきでない．"粒子的な" 光子やきわめて小さい弾丸のようなものを主張するときは，光子は電磁波の波連領域のどこに存在するかを素朴に考えてしまうが，それもまた問題が多い．それでも，空間を速度 c で移動する光子は (光子は速度 c でのみ存在できる)，小さく安定で電荷も質量もない実在であるということができる．光子はエネルギー，運動量，角運動量を運び，電磁的で振動性の性質を示し，局在することなく，従来からの概念の"粒子" より "ふわっとふくれたもの" である．光子は，まさに他の基本粒子が量子粒子であるように，"量子粒子" である．根本的な違いは，他の基本粒子が質量をもち，静止状態で存在できるのに，光子は質量をもたず静止もできないことである．端的にいえば，"光子" とよばれるもの (と称される概念) は，無数の実験で明らかにされた特性の総和であり，確かにいまのところ，それ以上には巨視的な用語で光子を記述する満足な方法はない．

光子の集中現象

膨大な数の構成要素の活動が基礎となっている現象を解析するには，統計的手法がほぼ唯一の現実的方法である．識別可能な粒子に対する古典的マクスウェル–ボルツマン統計に加え，識別不可能な粒子に対する二つの量子力学的統計があり，それらはボース–アインシュタイン統計とフェルミ–ディラック統計である．前者は，パウリの排他律に従わない，つまり 0 か整数のスピンをもつ粒子を扱う．後者のフェルミ–ディラック統計はパウリの排他律に従う，つまり 1/2 の奇数倍のスピンをもつ粒子を扱う．光子は**ボース粒子** (boson) とよばれ，スピンが 1 の粒子で，粒子が集団化する仕方はボース–アインシュタイン統計に従っている．同様に，電子は**フェルミ粒子** (fermion) とよばれ，フェルミ–ディラック統計に従うスピンが 1/2 の粒子である．

微視的な粒子は電荷，そしてスピンという明確で不変の物理的特性をもっている．考察している粒子のこれらの特性が与えられれば，その種類を完全に特定できる．これとは別に，エネルギー，運動量，スピンの方向といった，ある瞬間において微視的粒子

を規定する，時間変化する特性もある．この変化しうる特性の値が与えられれば，粒子が瞬間にとるべき特定の**状態** (state) を規定できる．

フェルミ粒子は単独行動するのが知られている，つまり，ただ一つのフェルミ粒子だけが，ある任意の状態を占有できる．これに比べ，ボース粒子は群をなす，つまり，任意の数のボース粒子は一つの状態を共有でき，しかも現実には互いに接近して集団を形成しやすい．膨大な数の光子が同じ状態を占めると，光が本来もっている粒状的な性質は必然的に消え，電磁波という連続的な形態で電磁場が出現する．その結果，単色 (単一エネルギー) の平面波を，同じ状態 (同じエネルギー・周波数・運動量・方向) で一斉に前進する，高い粒子密度の光子の流れに対応させることができる．異なる単色平面波は，異なる光子状態を表している．

電子は光子と違いフェルミ粒子であるから，多数の電子は同じ状態の緻密な集団を形成できず，単一エネルギーの電子のビームは巨視的スケールでも古典的な連続波とはならない．この点において，電磁波は特殊である．

周波数 ν の一様な単色の光ビームにおいては，$I/h\nu$ という量は単位時間にビームに垂直な単位面積に流入する光子の平均数，すなわち**光子束密度** (photon flux density) である．より現実的にいえば，ビームが平均周波数 ν_0 の準単色光であれば，その**平均光子束密度** (mean photon flux density) は $I/h\nu_0$ である．入射する準単色光のビームの断面積が A であれば，その**平均光子束** (mean photon flux) は

$$\Phi = AI/h\nu_0 = P/h\nu_0 \tag{3.49}$$

である．ここで，P はワットで表したビームの光パワー (optical power) である．平均光子束は単位時間に到達する光子の数の平均である (表 3.1)．たとえば，平均波長 632.8nm の 1.0mW といった低出力 He–Ne レーザービームは，1 秒間に $P/h\nu_0 = (1.0 \times 10^{-3}\mathrm{W})/[(6.626 \times 10^{-34}\mathrm{J \cdot s})(2.998 \times 10^8\mathrm{m/s})/(632.8 \times 10^{-9}\mathrm{m})] = 3.2 \times 10^{15}$ 個の光子を運んでいる．

一定の強度 (したがって一定の平均光子束) をもつ一様なビームが，スクリーンに入射するとしよう．ビームのエネルギーは，スクリーン上のランダムな位置に小さなバーストとなって降りそそぐ．そして，当然のことであるが，十分に注意深く観察すれば，どのような光ビームも強度においてゆらいでいることがわかる．個々のバースト状の

表 3.1　通常光源の平均光子束密度

光　　　源	平均光子束密度 Φ/A (光子·/s·m^2)
レーザービーム (10mW, He–Ne, 20μm に集光)	10^{26}
レーザービーム (1mW, He–Ne)	10^{21}
晴天時の太陽光	10^{18}
室内光	10^{16}
夕暮の光	10^{14}
月の光	10^{12}
星の光	10^{10}

光子は，スクリーン上のまったく予想できない位置に，また，時間的にはまったく予想できない瞬間に到達する．それはあたかも，ビームは光子のランダムな流れで構成されているようで興味深いが，残念ながら観察することはできない．しかし，ここで断言できることはビーム内において光のエネルギーは，時間的にも空間的にもランダムで断続的な塊のような状態で運ばれていることである．

ここで，スクリーン上に光のパターン，たとえば1組の干渉縞あるいは女性の顔を投影するとしよう．像を形成する光子の集中現象は，統計的に扱うべき激しい変動で，ある特定の位置にいつ光子が来るかは予想できない．しかし，実効ある時間間隔では，任意の特定箇所に一つまたは複数の光子が当たる確率を決定できる．**スクリーン上の任意の場所で測った(あるいは古典的に計算された)強度の値は，その場所で1個の光子を検出する確率に比例している．**

個々の光子の到着を絵のように表した図1.1は，特殊な光電子増倍管を用いて得たものである．放射エネルギーがもつ本来の光子的な性質を強調するため，入射光を記録するのにまったく異なる直接的な写真法を使ってみよう．写真乳剤には，約 10^{10} 個の銀原子からなるハロゲン化銀の微結晶 ($\approx 10^{-6}$m) が分布している．一つの光子は一つの微結晶と反応し，銀－ハロゲンの結合を切って銀を遊離させる．こうしてできた一つまたは複数の銀原子は，光照射された微結晶上で現像中心の役目を担う．フィルム

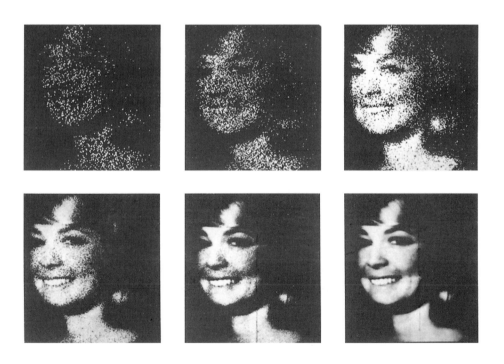

図 3.21 これらの写真(電子的に増強してある)は，光が物質との相互作用を通じて光の粒子性の存在を示す，素晴らしい図解である．極微弱光照明では，パターン(各点は1個の光子に対応)はおおむねランダムであるが，照明が強くなるにつれ，感光過程での量子的性質はだんだん不明瞭になる．(*Advances in Biological and Medical Physics* V (1957), pp.211–242 参照．)(米国 Radio 社)

は還元剤によって現像される．この薬品は，照射された微結晶を溶解し，微結晶があった場所に銀の原子を一つの金属の塊として残す．

図 3.21 は，照明の強さを増しながら撮った一連の写真である．数千個程度の光子にしか相当しない極端に暗い光を用いて撮った最初の写真は，光子数と同数の銀の塊からなり，粗くて全体像を想像できる程度である．写真形成に寄与する光子数が増えると (ここでは写真ごとに約 10 倍)，像はだんだん滑らかになり，かつ何が写っているかわかるようになる．光子数が数千万個になると，像形成過程における統計的な性質は消失し，写真は普通の連続的な様相を呈する．

光 子 計 数

光のビームとして集中的に飛来する光子の統計的性質について，いったい何がいえるのだろう．この質問に答えるために，多くの研究者が光子をまさに一つ一つ数える実験を行ってきた．そして，光子の到来の仕方は光源の種類に依存することを発見した[*6]．ここでは，理論的詳細には立ち入らないが，少なくとも**コヒーレント光** (coherent light) と**カオス的光** (chaotic light) とよくよばれる，二つの極端な場合の結果は見ておく価値がある．

理想的に連続発振している一定強度のレーザービームをとり上げる．この場合，強度は式 (3.46) で定義される時間平均された量である．ビームは同じように時間平均された量である一定の光パワーをもち，それに対応する式 (3.49) で示される平均光子束 Φ をもっている．図 3.22 は，強度が平均化されるより短い時間スケールで，光子のラ

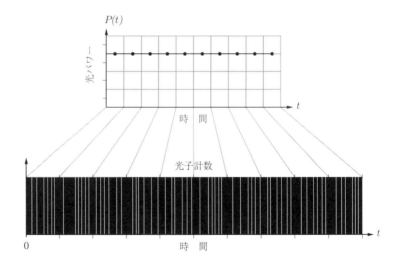

図 3.22 レーザーを光源に用いて得た一定の光パワーと，白線で示すそれに対応するランダムな光子計数．各光子の到着は独立事象で，"バンチング (集群)" ともよばれるような集団化する傾向はない．

[*6] P. Koczyk, P. Wiewior, and C. Radzewicz, "Photon counting statistics-Undergraduate experiment," *Am. J. Phys.* **64** (3), 240 (1996) と A. C. Funk and M. Beck, "Sub-Poissonian photocurrent statistics: Theory and undergraduate experiment," *Am. J. Phys.* **65** (6), 492 (1997) を参照すること．

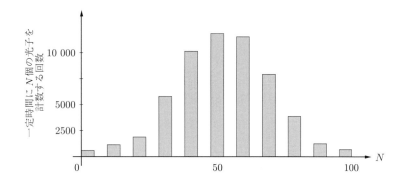

図 3.23 一定強度のビームに対する確率分布あるいは光子計数分布を示す代表的分布図

ンダムな到着を表している．このように，根本においては不連続なエネルギーの伝達があるにもかかわらず，巨視的量である P は一定と測定されうるのである．

さて，$10\mu s$ から $10ms$ 程度の短いサンプリング時間 T の間だけシャッターを開けてビームを通し，その間に光検出器に到達する光子数を計数してみよう．わずかな休止をはさみながら，何万回も計数を繰り返した結果を，分布図で示す (図 3.23)．ここでは，N 個の光子を計数した場合の数を，N に対してプロットしている．図からわかるように，ごくわずかな光子数かきわめて多い光子数が記録される場合は少ない．平均すると，1 回の計数あたりの光子数は，$N_{av} = \Phi T = PT/h\nu_0$ である．プロットしたデータの形は，確率論から導き出すことができ，よく知られた**ポアソン分布**(Poisson distribution) にきわめて近い．この分布は，検出器が計数時間 T 内に 0 光子，1 光子，2 光子と計数する確率のグラフである．

ポアソン分布とは，長寿命の放射性試料からランダムに放出される粒子数や，定常状態の雨降りにおける，ある領域にランダムに降ってくる雨滴の数を計数したときに得られるのと同じ，対称的な曲線である．また，およそ 20 回以上コインを放り上げたときに表の出る確率を，表が出た回数 (N) に対してプロットした曲線でもある．$N_{max} = 20$ なら，最大確率は平均値 N_{av} の近傍，すなわち $N_{max}/2$ または 10 の近辺で起こり，最小確率は $N = 0$ と $N = 20$ で起こる．20 回の試行で 10 回表が出る場合が最も起こりやすく，全部が裏か表になる確率はきわめて小さい．理想的なレーザーであっても，個々にはランダムにそして統計的に独立して到達する光子の流れを，発生させると考えられる．後で説明する理由から，理想的な単一エネルギーのビームつまり単色平面波は，**コヒーレント光** (coherent light) として知られているものの具体例である．

別に驚くことではないが，**検出器に到達する光子数の統計的分布は，光源の性質に依存している**．一方の極限としての理想的コヒーレント光源に対する統計的分布は，もう一方の極限にある同じように理想化された完全インコヒーレントなあるいはカオス的光源の場合と比較して，根本的に異なっている．安定化レーザーはコヒーレント光源に近く，電球・星・ガス放電ランプといった通常の熱的光源は，カオス的光源により近い．普通の光の場合，強度そして光パワーに固有のゆらぎが存在する．このゆらぎ

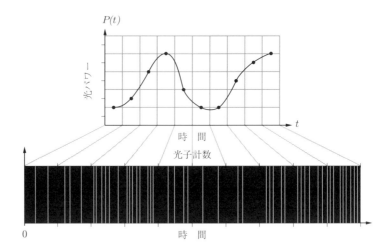

図 3.24 熱的光源を用いて得た時間変化する光パワーと，白線で示すそれに対応する光子計数．相関のあるゆらぎがあり，もはや光子の到着は独立でない．集団化の存在事実は，"光子バンチング (集群)" として知られている．

には相関があり，それに対応して時間的にランダム状態で放出される，関連の光子数にも相関がある (図 3.24)．光パワーが強くなると，光子数の密度も高くなる．検出器への光子の到来は連続的な独立事象でないので，"ボース–アインシュタイン統計" が適用される (図 3.25)．この統計では，最も生じやすい 1 サンプリング時間での計数は 0 である．一方，理想的にはレーザー光の場合，1 サンプリング時間での最も生じやすい検出される光子数は，測定される平均数に等しい．このように，レーザー光のビームと普通の光のビームは，等しい平均強度と周波数スペクトルをもっていても，その本質はまったく異なっている．これは，古典論では解釈できない結果となっている．

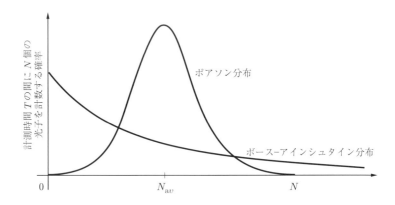

図 3.25 光子計数におけるポアソン分布とボース–アインシュタイン分布

スクイーズド光

光波場は，強さ(すなわち振幅あるいはエネルギー)と位相によって特徴づけられる．したがって，位相子もまた振幅と位相をもつので，位相子で表現された光波場を考えることは有用である．しかし，量子論により，これらの量の両方には付随する固有の不確定性が存在する．これらの量の各々を，それら以外のすべてを一定に保ちながら連続的に測定すると，いつもあいまいで一般にわずかに異なる値が生じる．光波場を表す位相子の長さと方向の両方に常にわずかなぼけがある．しかも，二つの概念は，ハイゼンベルクの不確定性原理を彷彿させる特別なあり方で結びついている．すなわち，エネルギーのあいまいさ，あるいは測定値の広がりは，位相のあいまいさに反比例している．二つのあいまいさの積は，プランク定数によって規定される最小の達成可能値 ($h/4\pi$) より大きいか，せいぜい等しいだけである．値 ($h/4\pi$) は，積の変化に下限値を課すので，**作用量子** (quantum of action) と最もふさわしくよばれる．したがって，この種の関係は，密接に関連した一対の事象に関しては，驚くべきことではない．

白熱灯からの光の場合，二つのあいまいさの積は $h/4\pi$ よりはるかに大きい．これとは対照的に，レーザー光に伴う二つのあいまいさは，小さくかつ互いに同程度になる傾向がある．実際，よく安定化されたレーザービームに対しては，これらあいまいさの積は $h/4\pi$ に近づく．振幅測定における変動幅を減少させる(すなわち，ぼけを減らす)試みは，一方で位相測定における広がりを増加させることになり，また逆も同じである．

図 3.22 は，連続発振レーザーからの光における光子の到着を示す．入射エネルギーを十分に長い時間間隔で平均すれば，強度はほぼ一定になる．しかし，持続時間の短いゆらぎ，すなわち，相関のないランダムな光子変動，あるいは**ショット雑音** (shot noise) としても知られる**量子雑音** (quantum noise) があることは明らかである．事実，ビームの種類にかかわらず，光ビームには常にゆらぎがある．レーザー光は，コヒーレント状態あるいはグラウバー状態 (2005 年にノーベル物理学賞を受賞した Roy Glauber にちなむ) にあるといわれる．光子はあまり集団にならず，したがって，大量の**光子バンチング (集群)**(photon bunching) とよばれるものはない．しかし，このことは，カオス的(あるいは熱的)な光源からの熱的光に対する図 3.24 には当てはまらない．この場合，いっそう明白な強度変化が，光量子の根底にあるバンチングを表している．

ショット雑音は光が示すことができる最小量の雑音であり，よく安定化されたレーザーはそのレベルに近づけると予想される．しかし現在は，通常よりももっとレーザービーム中の光子の進行を一様にすることが可能である．このように高度に整った光は，研究分野では**振幅スクイーズド光** (amplitude squeezed light) として知られ，ほとんどすべての同じ幅のサンプリング間隔においてほとんど同数の光子が計数されるので，きわめて狭い光子分布曲線をもっている (図 3.25)．その曲線は**サブポアソン分布** (sub-Poissonian distribution) である．光子は，時間上でほぼ等しい間隔で次から次へと連続して到着する．この形態は，**アンチバンチング** (anti-bunching) を示しているといわれる．"サブポアソン光の観察事実は，光子の存在の直接的な証拠と一般に考えられている．"

振幅をスクイーズして得られるのは，ほぼ一定の強度と大幅に低減された光子雑音

をもつ "非古典的光" ビームである. 事実, 雑音レベルは, 独立した光子の存在にともなうショット雑音より小さい. したがって, スクイーズド光の注目すべき特徴は, 構成する光子が量子相関をもち, 光子は全体として互いに独立ではないことである. もちろん, 振幅におけるあいまいさをスクイーズすることで, 位相におけるあいまいさは広がるが, それは今日のほとんどの応用では問題ではない. "スクイーズド光" あるいは "非古典的光" を, 二つのあいまいさが著しく異なる光として定義することができる. スクイーズド光の研究は 1980 年代に始まったばかりであるが, 十分に平滑化されたビームを必要とする研究グループは, すでに光子雑音を 90% 近くまで減少させている (2008 年).

3.3.4 放射圧と運動量

遠い昔, 1619 年にケプラーは, 彗星の尾を吹きとばすのは太陽光の圧力であり, したがってそれはいつも太陽から遠ざかる方向に向いていることを提唱した. この考えは光の粒子説の支持者たちに, 特に魅力的なものであった. つまるところ彼らは, 光のビームは粒子の流れであり, この流れは物質にぶつかると明らかに力を及ぼすと想像していた. しばらくの間, この効果が最後には光の波動説に対する粒子説の優位性を, 確かなものにしそうに思われた. しかし, 粒子説を確かめるためのすべての実験は, 放射のもつ力の検出に失敗し, そして粒子説への興味は徐々に失われていった.

皮肉なことに, 1873 年にマクスウェルは, 波動がまぎれもなく圧力を及ぼすことを理論的に示し, この問題を復活させた. 彼は次のように記した. "波動が伝搬している媒質中では, 波動に垂直な方向に圧力があり, 数値的には単位体積あたりのエネルギーに等しい".

電磁波が物質の表面に入るとき, それは物質全体の構成要素である電荷と相互作用する. 部分的に吸収されたり反射されることに関係なく, 波動はこれらの電荷に力を及ぼし, 結果として表面自体に力を及ぼす. たとえば良導体の場合, 波動のもつ電場は電流を発生させ, そして波動のもつ磁場はこの電流に力を及ぼす.

もたらされる力は電磁気学で計算でき, 力は運動量の時間的変化率に等しいとするニュートンの第 2 法則から, **波動自身が運動量を運ぶ**と予想できる. 実際, エネルギーの流れがあれば, 付随する運動量があると期待するのは, まったく合理的である. なぜなら, 運動量とエネルギーは互いに関連する, 運動の時間的な側面と空間的な側面である.

マクスウェルが示したように, **放射圧** (radiation pressure) $\mathcal{P}$ は電磁波のエネルギー密度に等しい. 真空に対しては式 (3.31) と式 (3.32) から,

$$u_E = \frac{\epsilon_0}{2} E^2, \qquad u_B = \frac{1}{2\mu_0} B^2$$

である. $\mathcal{P} = u = u_E + u_M$ より,

$$\mathcal{P} = \frac{\epsilon_0}{2} E^2 + \frac{1}{2\mu_0} B^2$$

となる. あるいは式 (3.37) を用いて, 圧力をポインティング・ベクトルの大きさで表

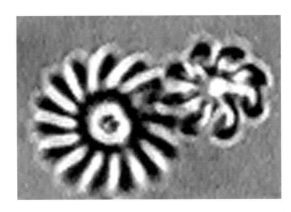

直径が約 $5\mu\mathrm{m}$ (おおむね毛髪の太さのたった 1/15 である) の二つの小さなピン歯車．このような微小歯車は，非常に小さいので光ビームの圧力で回転できる．

現でき，
$$\mathcal{P}(t) = \frac{S(t)}{c} \tag{3.50}$$

である．この方程式の両辺の単位は，パワーを面積と速度で割ったものであり，あるいは等価的には力に速度を掛けて面積と速度で割ったもの，あるいは正に力を面積で割ったものである．これは，**完全な吸収表面に働く，垂直入射ビームによる瞬時圧力**である．

電場 $\vec{E}$ も磁場 $\vec{B}$ も激しく振動するから $S(t)$ も激しく振動し，実際には N/m^2 (N は力の単位ニュートン) で表した平均放射圧，すなわち

$$\boxed{\langle \mathcal{P}(t)\rangle_T = \frac{\langle S(t)\rangle_T}{c} = \frac{I}{c}} \tag{3.51}$$

を扱うべきである．これと同じ圧力がエネルギーを放射している光源にも働いている．

図 3.16 にもどってみよう．運動量を p とするなら，ある光吸収面にビームが与える力は，
$$A\mathcal{P} = \frac{\Delta p}{\Delta t} \tag{3.52}$$

である．単位体積あたりの放射の運動量が p_v なら，各時間間隔 Δt において $\Delta p = p_\mathrm{v}(c\Delta t\, A)$ の運動量が面積 A 中を通過し，
$$A\mathcal{P} = \frac{p_\mathrm{v}(c\Delta t\, A)}{\Delta t} = A\frac{S}{c}$$

である．したがって，電磁的運動量の体積密度は，
$$p_\mathrm{v} = \frac{S}{c^2} \tag{3.53}$$

である．

例題 3.4 均一で等方的な線形媒質中では，ポインティング・ベクトルは平面波によって運ばれる線形運動量の方向にある．運動量の体積密度は，一般にベクトル

$$\vec{p}_\mathrm{V} = \epsilon \vec{E}\times\vec{B}$$

として書けることを示せ. 次に, 例題 3.1 の平面波に対しては,

$$\vec{p}_{\mathrm{V}} = \frac{\epsilon}{v} E_0^2 \sin^2 k(z - vt) \hat{\mathbf{k}}$$

であることを証明せよ.

解 式 (3.39) から

$$\vec{S} = \frac{1}{\mu} \vec{E} \times \vec{B}$$

である. 波動の速度が v である誘電体中では, 式 (3.53) から

$$\vec{p}_{\mathrm{V}} = \frac{\vec{S}}{v^2}$$

である. 一方,

$$\vec{S} = \frac{1}{\mu} \vec{E} \times \vec{B}$$

であるから,

$$\vec{p}_{\mathrm{V}} = \frac{\epsilon \mu}{\mu} \vec{E} \times \vec{B} = \epsilon \vec{E} \times \vec{B}$$

となる. z 方向に伝搬する平面波では

$$E = E_0 \sin k(z - vt)$$

である. 例題 3.1 の結果を用いて

$$\vec{p}_{\mathrm{V}} = \frac{\vec{S}}{v^2} = \frac{\epsilon}{v} E_0^2 \sin k(z - vt) \hat{\mathbf{k}}$$

となる.

照明されている表面が "完全反射" の場合, $+c$ の速度で入射するビームは $-c$ の速度で出てゆく. この場合の運動量変化は, 吸収時の 2 倍に相当するから,

$$\langle \mathcal{P}(t) \rangle_T = 2 \frac{\langle S(t) \rangle_T}{c}$$

となる.

式 (3.50) と (3.52) から, 単位時間に $1\mathrm{m}^2$ を通過するエネルギー量を $\mathcal{E}$ とすれば, これに対応する単位時間に $1\mathrm{m}^2$ を通過する運動量は $\mathcal{E}/c$ であることがわかる.

光子の観点に立つと, それぞれの量子はエネルギー $\mathcal{E} = h\nu$ をもっている. そして, 一つの光子は値が

$$p = \frac{\mathcal{E}}{c} = \frac{h}{\lambda} \tag{3.54}$$

の運動量を運ぶと考えられる. ベクトル運動量は,

$$\vec{p} = \hbar \vec{k}$$

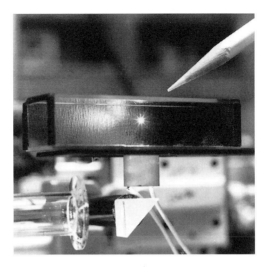

小さな星状斑点の輝きは，250 mW 以上のレーザービームで空中に保持された透明なガラス小球である．(ベル研究所)

であり，ここで $\vec{k}$ は伝搬ベクトル，$\hbar \equiv h/2\pi$ である．以上述べたことは，特殊相対性理論とたいへんよく一致し，この理論は粒子の質量 m，エネルギー，運動量を次式

$$\mathcal{E} = [(cp)^2 + (mc^2)^2]^{1/2}$$

で関係づけている．光子の場合は，$m = 0$ であり，$\mathcal{E} = cp$ となる．

これらの量子力学的な考え方は，X 線の粒子と電子の相互作用で発見されたコンプトン効果を利用した実験で確かめられた (p.99 の写真参照)．この実験では，電子が X 線の粒子と相互作用する際に受け取るエネルギーと運動量の検出が基礎となっている．

地球の大気圏に垂直に入射するときの，太陽からの平均電磁エネルギー束密度は約 $1400 \mathrm{W/m^2}$ である．これが全部吸収されるとしても，たとえば約 $10^5 \mathrm{N/m^2}$ の大気圧に比べ，放射圧は $4.7 \times 10^{-6} \mathrm{N/m^2}$ あるいは 1.8×10^{-9} オンス/cm^2 にすぎない．このように地球における太陽の放射圧はわずかであるが，それでも実質的に地球全体にわたって 10 トン程度の力は与えている．太陽の表面においてさえも，放射圧は比較的に小さなものである (問題 3.40 参照)．しかし大きな輝く恒星のような燃焼体の内部では，予想されるように放射圧はかなり大きな値になり，重力に抗して恒星を維持するのに重要な役目を果たしている．そして，太陽からのエネルギー束密度は小さくても，長い間には放射圧は相当な効果をもたらす．たとえば，宇宙船"バイキング号"の火星までの航行中に，太陽の放射圧が無視されていたならば，宇宙船は火星から $15\,000\,\mathrm{km}$ 離れたところに行ってしまっただろう．計算上では，太陽光の放射圧を使って太陽系内で宇宙船を推進させることが可能である[*7]．太陽の放射圧で駆動される大きな反射用の帆をもった宇宙船が，いつの日か限られた宇宙の暗い海を定期的に航海しているかもしれない．

光による圧力は，1901 年もの昔にロシアの実験家レベデフ (Pyotr Nikolaievich Lebedev, 1866–1912) によって，またそれとは独立に米国のニコルス (Ernest Fox Nichols,

---

[*7] 太陽風とよばれる荷電粒子束は，推進力の点では太陽光の $1/1\,000$ から $1/100\,000$ である．

1869–1924) とハル (Gordon Ferrie Hull, 1870–1956) によって実際に測定された．当時手に入る光源を考えると，彼らの放射圧に関する業績は感嘆すべきである．今日ではレーザーの出現によって，光を半径約 1 波長の理論限界に近い小スポットにまで絞ることができるようになった．数ワット程度のレーザーを用いても，得られる強度，そして圧力はかなりなものである．そして，多くの応用分野，たとえば同位体分離，粒子加速，原子冷却とトラッピング，さらに小物体の光学的移動操作などに，放射圧を使うことは現実のものとなった．

また，光は角運動量も運ぶことができるが，このことが後で述べるいくつかの問題を引き起こしている．

3.4 電 磁 放 射

電磁放射は広範囲な波長と周波数で生じるが，真空中ではすべて同じ速度で進む．スペクトルの各領域を，電波，マイクロ波，赤外線などの名で区別するが，それらの領域に存在するのはただ一つの実体，つまり本質的には電磁波である．マクスウェルの方程式は波長には関係なく，名は違っても基本的な違いのないことを示している．したがって，すべての電磁波に対する共通な放射源の機構を探索することにする．ここでわかっていることは，いろいろな種類の放射エネルギーは，共通の放射源から放出されていること，そして放射エネルギーは放射源内を "非一様に動く" 電荷と関係していることである．ここでは電磁場における波動を扱っており，かつ電荷が電磁場を発生させているので，上記のことはそんなに不思議なことではない．

静止している電荷は一定の電場 $\vec{E}$ をもっているが，磁場 $\vec{B}$ をもっていないので，電磁放射はない．仮に静止電荷が電磁波を放射するとしたら，いったいエネルギーはどこから供給されるのであろうか．一様に動く電荷は電場 $\vec{E}$ と磁場 $\vec{B}$ の両方をもつが，電磁放射はない．これは観測者が電荷と一緒に動けば電流は消え，その結果磁場 $\vec{B}$ も消えるからであり，一様な動きは相対的であって，静止電荷の場合と同じになる．このように考えるのは理にかなっている．なぜなら，一様に動いている電荷に沿って観測者が歩き始めたから，その電荷は放射を停止したと考えるのはまったく意味がないからである．さて以上の他に，非一様に動く電荷の場合が残っていて，この場合は確かに放射する．光子描像では，実在の物質と放射エネルギーの基本的な相互作用は，電荷と光子の相互作用であると考えるべきである．

一つの原子内に束縛されていない自由電子は，加速されるときに電磁放射を放出することは，一般に知られている．これらのことは，線形加速器内の直線コース上で速度を変える電子，サイクロトロン内を円状に巡回している電子，あるいは単純に無線アンテナ内を前後に振動している電子などで見られる．つまり，**電荷は非一様に動くとき，電磁放射する**．自由荷電粒子は自然に光子の吸収・放出を行っており，自由電子レーザーからシンクロトロン放射光源に至るどんどん新たに出現する重要な装置が，実用レベルでこの機構を利用している．

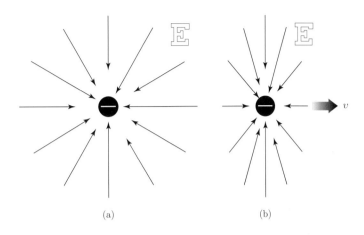

図 3.26 (a) 静止している電子の電場. (b) 運動している電子の電場.

3.4.1 線形に加速される電荷

一定速度で動く電荷を考えよう．この電荷には変化しない放射状に広がる電場があり，またその電荷は円形状の磁場で取り囲まれている．空間中の任意の点での電場 $\vec{E}$ は時々刻々変わるが，ある瞬間におけるその値は，電場は電荷に固定されたまま電荷とともに移動すると考えることで決定できる．このように，電場は電荷から離れることはなく，放射もない．

静止している電荷の電場は図 3.26 に示すように，一様に放射状に分布している直線の電気力線で表せる．一定速度 $\vec{v}$ で移動している電荷の場合，電気力線はやはり放射状にまっすぐであるが，もはや一様に分布していない．この電気力線の非一様性は電荷速度が高速になるとはっきりするが，$v \ll c$ の場合にはふつう無視できる．

以上と比較して，図 3.27 は右方向に一定の加速度を受けている電子に伴う電気力線を示す．点 O_1, O_2, O_3, O_4 は，等しい時間間隔での電子の位置である．電気力線は湾曲していて，これが先例との大きな違いである．この違いを強調するため，ある任意の時刻 t_2 での電子の電場を図 3.28 に示す．電荷は $t = 0$ 以前では点 O に静止していて，$t = 0$ から t_1 まで一定に加速されて速度 v に達した後，その速度が保たれている．電気力線は，電子が加速されたという情報を示しているはずである．この "情報" が速度 c で伝わると仮定するのには十分な理由がある．たとえば $t_2 = 10^{-8}$s の場合，O から 3m 以上離れた点では，電荷がかつて動いていたことはわからないだろう．その領域では，あたかも電荷が O にとどまっていたかのように，電気力線は一様でまっすぐで，そして O に向いている．時刻 t_2 においては，電子は一定速度 v で移動して点 O_2 にいる．点 O_2 の近傍では，電気力線は図 3.26b に似ているはずである．半径 ct_2 の球の外側の電気力線と半径 $c(t_2 - t_1)$ の球の内側の電気力線は，両球の間には電荷がないから，ガウスの法則によりつながっている必要がある．こうして，電荷が加速されている間に，電気力線は変形して折れ曲がりの生じることがわかる．折れ曲がりのある領域での電気力線の正確な形状は，大した問題でない．重要なことは，電場に横方向成分 $\vec{E}_T$ があり，それが外側にパルスのように伝搬することである．空間中

114   3 電磁波, 光子, 光

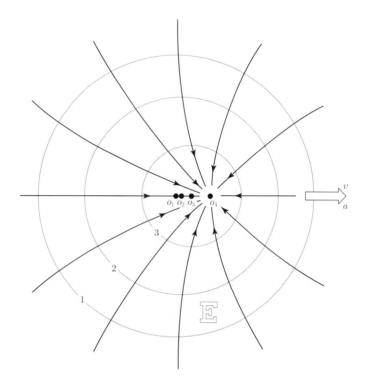

図 3.27　一定の加速度運動をしている電子の電場

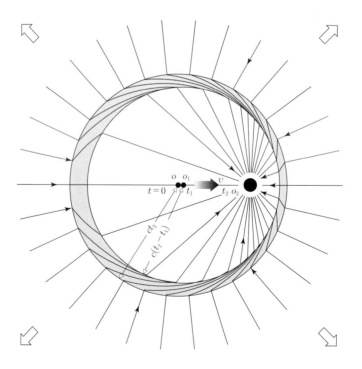

図 3.28　電場 $\vec{E}$ を表す線の折れ曲がり

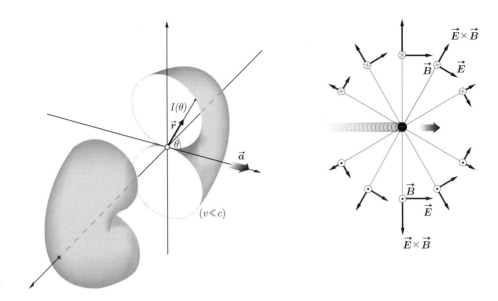

図 3.29　一方向に加速されている電荷のドーナツ状放射パターン (断面を見せるために切ってある)

のある一点において，横方向の電場はたぶん時間の関数であり，そして磁場を伴うであろう．

電場の半径方向成分は $1/r^2$ で減衰するが，横方向成分は $1/r$ で減衰する．電荷から十分に離れたところでは，パルス状の $\vec{E}_T$ 成分だけが重要となり，これが**放射場** (radiation field) として知られている[*8]．ゆっくり動いている $(v \ll c)$ 正の電荷の場合，放射電場と放射磁場は，$\vec{a}$ を加速度としてそれぞれ $\vec{r} \times (\vec{r} \times \vec{a})$ と $\vec{a} \times \vec{r}$ に比例するのを示すことができる．負電荷の場合は，図 3.29 のように方向が反対になる．この図から，強度は θ の関数で，$I(0) = I(180°) = 0$ であり，一方 $I(90°) = I(270°)$ が最大である．**エネルギーは，それを生じさせるもとである加速度に垂直な方向にいちばん強く放射される．**

周囲の空間に放射されるエネルギーは，外部の何らかの作用で電荷に供給されている．その作用は加速をもたらすものであり，電荷に仕事をしている．

3.4.2　シンクロトロン放射

任意の形状の曲線経路を進行する自由荷電粒子は，加速されているから放射する．自然界においても実験室においても，これは放射エネルギーをつくり出すのに有効な機構である．1970 年代に開発された研究用施設シンクロトロン放射光源は，まさにこの機構を採用している．この光源では，通常は電子か陽電子である電荷粒子の一団が，印加磁場と相互作用しながら，精密に制御された速度で基本的には円形の大きな軌道を，周回するようになっている．周回の周波数が放出光 (高周波も含む) の基本周波数

[*8] 折れ曲がりを解析するための J. J. Thomson の方法を用いた，この計算の詳細については，J. R. Tessman and J. T. Finnell, Jr., "Electric Field of an Accelerating Charge," *Am. J. Phys.* **35**, 523 (1967) で明らかにされている．放射に関する一般的な解説としては，たとえば，Marion and Heald, *Classical Electromagnetic Radiation* の第 7 章を参照すること．

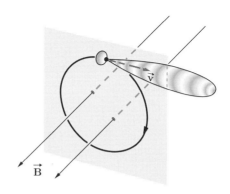

図 3.30 周回する電荷の放射パターン

を決め，これは望みに応じて高くも低くも連続的に変えられる．なお，一団となった電荷を使う必要があり，"一様に流れる電流のループでは放射光は得られない"．

円形軌道をゆっくり周回する荷電粒子は，図 3.29 に示した形状とよく似た，ドーナツ状に放射する．やはり放射分布は加速度 $\vec{a}$ に関して対称となり，この場合の $\vec{a}$ は円形軌道の中心から電荷に引いた半径上の内向き方向の加速度である．もう一度強調するが，**エネルギーはそれを生じさせる加速度に垂直な方向にいちばん強く放射される**．実験室で静止している観測者は，周回速度が速くなるほど，放射パターンの後方突出部が縮み，前方突出部が伸びるのを，観察するだろう．速度が c に近づくと，荷電粒子ビーム (一般にその直径はピンの直径に匹敵するほど小さい) は，その瞬時の $\vec{v}$ と同じ向きの軌道の接線方向に，細い円錐形状の光を放射する (図 3.30)．さらに $v \approx c$ では，放射は荷電粒子の運動面内に強く偏光している．

この "サーチライト" は，多くの場合直径 2–3 mm 以下で，装置を周回する粒子群と

米国の国立機関シンクロトロン光源の紫外線領域に合わせた電子蓄積リングから出た最初の "光" ビーム (1982)．(ブルックヘブン国立研究所，国立シンクロトロン光源施設)

3.4 電磁放射

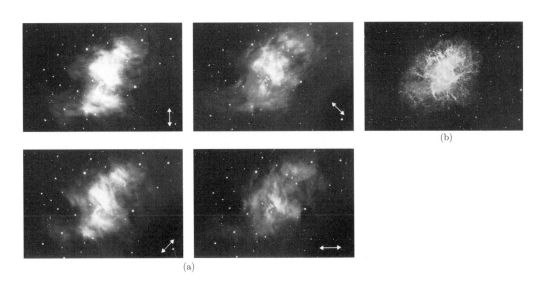

図 3.31 (a) かに星雲からのシンクロトロン放射光. これらの写真では, 図中に示した方向の電場 $\vec{E}$ の光だけが記録されている. (ウィルソン山研究所/ウィルソン山天文台) (b) 偏光していない光によるかに星雲.

一緒に周囲を走行し, まるで旋回走行中の列車のヘッドライトのようである. 装置に設置された多数の窓の一つからは, 粒子群の周回ごとに瞬間的 ($< \frac{1}{2}$ ns) にビームが飛び出る. 後で学習するように, 信号の持続時間が短いと, その周波数の範囲は広くなる. したがって, これは大出力の短パルス放射光源であり, 赤外線から可視光・X線に至る広い周波数領域で可変となる. 円軌道を周回している電子群に, 磁石で円軌道の内向き外向きに揺動を交互にかけると, きわめて強い強度をもつ高周波数のX線のバースト状ビームを取り出すことができる. これらのビームは, 何分の1ワットかの歯科用X線源の何十万倍も強力で, 3mm厚の鉛の板を焼き切って, 指の太さの穴をあけることができる.

この技術は1947年もの昔に, 電子シンクロトロンから光を取り出すのに初めて使われたが, 加速器研究者にとってはやっかいなこのエネルギーを消費する光源を, きわめて有力な研究手段になりうると認識するのに, 数十年を要した (p.116 の写真参照).

宇宙には, 磁場で満たされた領域があると予想できる. この磁場に捕獲された荷電粒子は, 円形からせん状の軌道を運動するだろうし, 速さが十分高ければシンクロトロン放射光を放出するだろう. 図 3.31 に, 銀河系外のかに星雲の写真を5枚示す[*9]. 星雲から出てくる放射は電波から極端紫外光の広い周波数域にわたっている. 捕獲さ

[*9] かに星雲は, 星の死である大爆発によって飛び散っている残骸と信じられている. 天文学者は, その膨張速度から爆発は西暦1050年に起こったと計算した. これはその後, 中国の古い記録 (北京天文台の編年史) の調査で, 西暦1054年に空の同じ領域に極端に明るい星の現れていたのがわかったときに補正された.

　　至和元年, 第五の月, 己丑の日 (西暦では 1054 年 7 月 4 日) に, 巨大な星が出現し, …
　　1 年以上を経過して, その星はだんだん見えなくなった.

かに星雲が超新星の残骸であることは, ほとんど疑われていない.

れて円運動している電荷が放射源とすると，強い偏光効果があると期待できる．偏光フィルターを通して撮影されたはじめの 4 枚の写真から，これは明らかである．電場ベクトルの方向はそれぞれの写真に示されている．シンクロトロン放射では，放射電場 $\vec{E}$ は軌道面内に偏光しているので，各写真は軌道と $\vec{E}$ の双方に垂直な一様磁場の方向と一致していることになる．

宇宙から地球に到達する低周波の電波のほとんどは，シンクロトロン放射によるものと信じられている．1960 年に電波天文学者は，これら長波長の放出光を利用して，クェーサーとして知られる天体の正体を明らかにした．1955 年に，木星からやってきた偏向電波のバーストが発見された．現在この電波の発生源は，木星を取り囲む放射帯に捕獲されらせん運動する電子に帰するとされている．

3.4.3　電気双極子放射

視覚的に理解しやすい最も単純な電磁波発生機構は，おそらく振動双極子，つまり一直線上で振動する一対の正負の電荷だろう．そして，このような簡単な配置のものが，最も重要なのである．

可視光も紫外線も，主として原子や分子の最外殻または束縛の弱い電子の再配列から発生する．量子力学的解析によると，原子の電気双極子モーメントがこの放射の主な発生源である．物質系からのエネルギー放出は，量子力学的な過程であるが，古典的な振動電気双極子で考察できる．したがってこの機構が，どのように原子や分子さらに原子核が電磁波を放出・吸収するかを理解する際の中心になる．図 3.32 は，電気双極子付近での電場分布を示している．この図では，負電荷が等電荷量の静止している正電荷に対して，直線上を単振動している．ここで振動の角周波数を ω とすると，時間に依存する双極子モーメント $\mathsf{p}(t)$ はスカラーの形で，

$$\mathsf{p} = \mathsf{p}_0 \cos \omega t \tag{3.55}$$

と表せる．

ここで注意することは，$\mathsf{p}(t)$ は原子スケールで振動する電荷分布の総モーメント，あるいは場合によっては棒状テレビジョンアンテナ中での振動電流を表していることである．

二つの電荷の中心間距離が $t = 0$ で最大値 d とすれば，$t = 0$ で $\mathsf{p} = \mathsf{p}_0 = qd$ である (図 3.32a)．電気双極子モーメントは，実際には $-q$ から $+q$ の向きのベクトルである．図は，二つの電荷間の変位によって双極子モーメントが減少し，0 になり，そして最後は方向を反転する場合の電気力線の一連のパターンを示している．二つの電荷が実効的に重なるときは $\mathsf{p} = 0$ であり，電気力線はそれ自身で閉じていなければならない．

原子にごく近いところでの電場 $\vec{E}$ の形状は，静的電気双極子の形態をとる．閉じたループが形成される少し離れた領域では，明確な波長というものは定まらない．詳細に検討すると，電場は異なる五つの項からなり，事はかなり複雑である．**波動領域** (wave zone) あるいは**放射領域** (radiation zone) とよばれる，双極子から離れたところでは，場の形状はずっと単純である．この領域では一つの波長が定まり，$\vec{E}$ と $\vec{B}$ は互いに

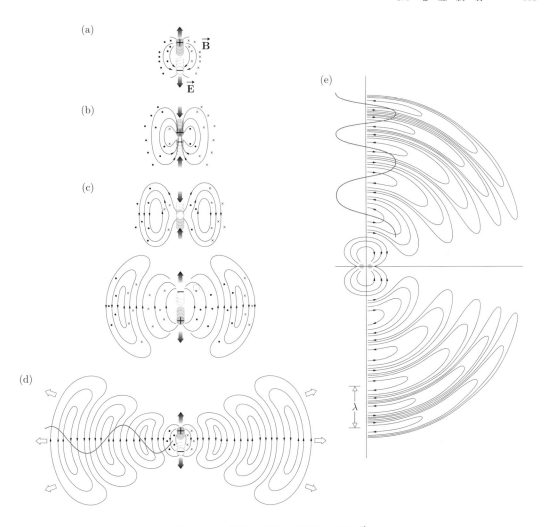

図 3.32 振動する電気双極子の電場 $\vec{E}$

垂直で横向き，かつ同位相である．明らかに，

$$E = \frac{\mathsf{p}_0 k^2 \sin\theta}{4\pi\epsilon_0} \frac{\cos(kr - \omega t)}{r} \tag{3.56}$$

で，$B = E/c$ であり，それぞれの場は図 3.33 に示すような向きである．波動領域においては，ポインティング・ベクトル $\vec{S} = \vec{E} \times \vec{B}/\mu_0$ はいつも放射状に外を向いている．この領域での磁場 $\vec{B}$ を表す線は，双極子の軸上に中心があり，かつその軸に垂直な同心円である．$\vec{B}$ は時間的に振動する電流によって発生すると考えられることから，このことが理解できる．

発生源から外向き放射状に放出される放射の強度は，式 (3.44) から

$$I(\theta) = \frac{\mathsf{p}_0^2 \omega^4}{32\pi^2 c^3 \epsilon_0} \frac{\sin^2\theta}{r^2} \tag{3.57}$$

と与えられ，やはり距離に対して逆2乗則の依存性を示す．光束密度の角度分布は，図 3.29 のようにトロイダル (円錐曲線回転体) である．加速度に一致している軸は，放射

パターンの対称軸である．式 (3.57) で強度が ω^4 に依存することに注目しよう．すなわち，**放射は周波数が高いほど強い**．この特徴は散乱を考えるときに重要になる．

2 本の導体棒の間に AC 電源を取りつけ，上下に振動する自由電子の電流を供給し，"伝送アンテナ" とすることができる．図 3.34a は，最も標準的な AM 電波塔であり，論理的な配置となっている．この種のアンテナは，その長さが伝送する波長 λ に等しいときか，もっと好都合なのは $\frac{1}{2}\lambda$ のときに，最も効率よく機能する．そして，放射

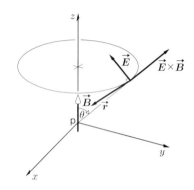

図 3.33 振動する電気双極子からの場の向き

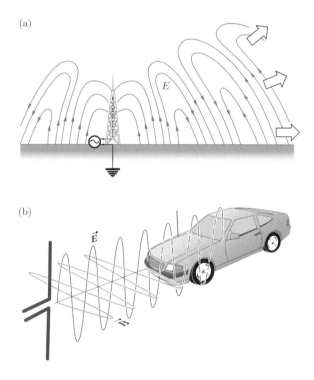

図 3.34 (a) 送信塔から出ている電磁波．(b) ほとんどの自動車には，約 1m 長の直立するラジオアンテナがある．アンテナを通過する電波中の鉛直方向の振動電場は，アンテナの長さ方向に電圧を誘起し，それが受信器の入力信号となる．

される波は，振動電流に同期している双極子によって形成される．AM 電波の波長は，残念ながら数百メートルの長さである．したがって，図に示したアンテナは $\frac{1}{2}\lambda$ の双極子をもち，それはほとんど大地に埋められている．とにかく大地のおかげでアンテナの高さを低くでき，わずか $\frac{1}{4}\lambda$ の高さにできる．また，大地をこのように使うと，ラジオをもった人々のほとんどが位置している大地表面をすっぽり覆う，いわゆる**地表波** (ground wave) が発生する．商業放送局は通常 25–100 マイルの放送領域をもっている．

3.4.4　原子による光放射

　　放射エネルギー，特に光の自然な放出や吸収の最も重要な機構は，**束縛された電荷** (bound charge)，すなわち原子内に閉じ込められた電子にあることは確かである．個々の原子において，負電荷をもつこれら小さな粒子は，正電荷をもつ重い核を取り囲み，核から少し離れてもやもやした一種の荷電雲を形成している．通常の物質の化学的・光学的性質の多くは，外側の電子あるいは価電子で決められている．荷電雲の残りは，核のまわりに強く束縛された閉殻を形成し，基本的には化学的・光学的性質には関与していない．これら閉殻あるいは充満した殻は，特定の数の電子対で構成されている．原子が電磁波を放射するとき，内部で何が起こっているかは完全にはわかっていないが，電子雲の外表部の電荷分布が再調整されるときに光が放出されるのは，ある程度確かなことである．結局のところ，この機構がこの世の光の最も主要な発生源である．

　　一般に，原子は最も低いエネルギー分布あるいは**レベル** (level) に相当する安定な配置状態にある電子をつかみながら存在している．そして，各電子はそれ自身がとりうる最低のエネルギー状態にあり，全体としての原子はいわゆる**基底状態** (ground state) とよばれる配置にある．原子は外部から影響を受けなければ，いつまでもそのままである．原子にエネルギーを注入する作用は，すべて基底状態に変化をもたらす．たとえば，別の原子，電子，あるいは光子との衝突は，その原子のエネルギー状態に大きく影響する．原子は，あるエネルギー値に対応する特定配置しかとれない電子雲と一緒に存在している．しかし，原子には基底状態以外にも，もっと高いエネルギーレベル，いわゆる**励起状態** (excited state) があり，各励起状態は特定の電子雲配置と明確な特定エネルギー値をもっている．一つまたは複数の電子が，基底状態のレベルより高いレベルを占めるとき，原子は "励起されている" といわれ，この状態は本来不安定で一時的なものである．

　　原子の集団を考えた場合，低温では多くの原子は基底状態にあるが，徐々に温度が高くなると，原子間の衝突によって徐々により多くの原子が励起状態になってゆく．このような機構は，比較的穏やかな励起と分類され，グロー放電，炎，火花などで生じ，最も外側にある対になっていない価電子のみにエネルギーを与える．可視光とその近くの赤外線や紫外線の光の放出をもたらす，このような外側の電子の遷移に，まずは注目してゆこう．

　　原因が何であろうと，十分なエネルギーが原子に与えられる (それは主として価電子にである) とき，原子はたちまち低エネルギーレベルから高エネルギーレベルに上がる

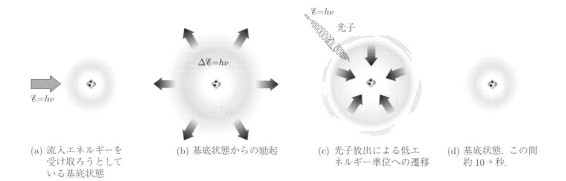

図 3.35 原子の励起. (a) 原子に $h\nu$ のエネルギーが与えられる. (b) $h\nu$ は励起状態にもち上げるのに必要なエネルギーと一致しているので, 原子はそれを吸収し, 高いエネルギー準位になる. (c) 光子を放出し, 原子はもとのエネルギー準位に落ちる. (d) 約 10^{-8} 秒で原子は基底状態にもどる.

(図 3.35). 電子は基底状態の軌道から, 量子化されて梯子のようにとびとびになっているエネルギー値の一つの, 明確に規定された励起状態に, **量子飛躍** (quantum jump) とよばれるきわめて迅速な遷移を行う. 概して, この過程で得るエネルギー量は初めと終りの状態間のエネルギー差に等しく, そしてこの量は明確な特定量であるから, **原子によって吸収されるエネルギー量は量子化されている**. (つまり, 特定の量に限定される.) このような原子励起は短寿命の共鳴現象である. 一般に 10^{-8} 秒か 10^{-9} 秒後に, 励起された原子は励起エネルギーを失いながら, 低いエネルギー状態に, 多くの場合は基底状態に自然にもどる. この過程でのエネルギー再調整は, 光放出か, (高密度物質でよく起こる) 物質内での原子衝突による熱エネルギーへの転換として行われる. すぐ後で述べるが, エネルギーの熱への転換は, 共鳴周波数での光吸収および他の周波数での光透過または光反射をもたらす. この機構が身のまわりの世界での着色現象に関係している.

原子遷移が光放出を伴うとき (希薄なガス中で生じる), **光子のエネルギーは原子の量子化されたエネルギーレベル間における減少分と, 正確に一致する**. エネルギー減少分は $\Delta\mathcal{E} = h\nu$ により, 光子ならびに原子の 2 状態間での遷移に関係した特定の周波数に対応する. そして, この周波数は**共鳴周波数** (resonance frequency) と称され, 原子がきわめて効率よくエネルギーを吸収・放出する場合のいくつかの周波数 (それぞれ固有の生起確率をもっている) の一つである. おそらく電子の軌道変更によって, 自然にかつ即座に生成されるエネルギー量子を原子は放射している.

原子の遷移時間である 10^{-8} 秒の間に起こっていることはよくわかっていないが, 特定周波数での振動運動を徐々に減衰させながら, ともかくエネルギーを低下させている軌道電子を想像するのは, 光放出過程を考えるうえで有効である. 放射される光は, ほぼ 10^{-8} 秒以下の短い振動持続時間の, 方向性をもったパルス, あるいは**波連** (wave train) として放出されていると, 半古典的に考えられる. これは, ある実験的な観察結果 (7.4.2 項と図 7.45 を参照) と一致する考え方である. この電磁的パルスを光子と

切り離さずに考えることは，有益である．ある意味でパルスという言い方は，光子が明らかにもっている波動的性質の半古典的な表現である．しかし，パルスと光子はあらゆる面で等価というわけではない．電磁的な波連は，光の伝搬と空間的な分布を実に適切に記述する古典的な概念であるが，エネルギーは量子化されていない．しかし，量子化されたエネルギーこそ光子の本質的特徴である．したがって，光子を波連のように考えるときは，古典的に振動する電磁波のパルスという考え方を超越したものがあることを忘れてはならない．もちろん，波連の放出という概念を導入する理由は，光の周波数についての議論の基礎を得ることである．しかし，どんな素朴な光子·模型においても，おそらく周波数の概念がいちばんやっかいな問題であろう．ではいったい何が，周波数というものを明らかにしてくれるのだろうか．

一つの原子，あるいは原子間にほとんど相互作用のない低圧ガスからの放出光スペクトルは，何本かの鋭い線，すなわち原子に固有の周波数特性でできている．最も，原子の運動や衝突などからの放射による，ある程度の周波数広がりは常にあり，各線は厳密には単色ではない．しかし一般に，一つのレベルから他のレベルへの原子の遷移は，明確な狭い周波数範囲の光放出で特徴づけられる．一方，原子どうしが互いに相互作用している固体や液体からの放射光スペクトルは，広い周波数帯になっている．二つの原子が近接すると，互いに影響し合って，それぞれがもっている離散的なエネルギーレベルが少しずつ変化する．固体中では，互いに相互作用している多数の原子は，膨大な数の変化したレベルを生み出し，実効的にもとの各レベルを広げて連続的な帯構造を生成する．このような性質をもつ物質は，広い周波数範囲で放出·吸収を行う．

光 冷 却

光子が運んでいる運動量は，運動している原子やイオンに移ることができ，それらの運動を大きく変える．吸収とそれに続く放出を 1 万回ほど繰り返すと，700 m/s 程度の速度で運動していた原子は，ほぼゼロの速度にまで減速されうる．一般に温度とは，系を構成する粒子の平均運動エネルギー (KE) に比例するから，以上の過程は**光冷却** (optical cooling) または**レーザー冷却** (laser cooling) とよばれる．この方法によって，運動エネルギーで決まる温度はマイクロケルビン程度にまで下げられる．レーザー冷却は，原子時計，原子干渉計，原子線の集束を含む，いろいろな応用技術の基礎になっている．またこれは，魅力的でかつ実際的な 3.3.4 項と 3.4.4 項の考え方を与えてくれる．

図 3.36 は，質量が m で速度が $\vec{v}$ の原子からなるビームが，伝搬ベクトル $\vec{k}_L$ の光子からなるレーザービームと正面衝突するのを示している．この場合のレーザーの周波数 ν_L は，原子の共鳴周波数 (ν_0) よりわずかに低く選ばれている．どの原子も運動しているから，光子の周波数が $|\vec{k}_L \cdot \vec{v}|/2\pi = \nu_L v/c$ だけ高い方にドップラー偏移[*10]しているように "感じる"．レーザーの周波数が $\nu_0 = \nu_L(1 + v/c)$ となるように調節さ

[*10] 速度 v で周波数 ν_s の光を放出している光源に向かって，観測者が v_o で動いているとする．ドップラー効果の結果，観測者が受ける周波数は $\nu_o = \nu_s(v + v_o)/v$ である．ほとんどの物理入門書 (たとえば，E. Hecht, *Physics:Calculus* の 11.11 節) に，もっと詳しく書かれている．

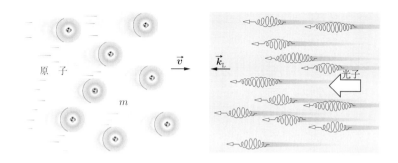

図 3.36 レーザー冷却とよばれる過程において，レーザービームと衝突する原子の流れ

れていると，原子は光子との衝突で共鳴する．この過程で，光子の運動量 $\hbar\vec{k}_L$ は原子に吸収され，原子の速度は Δv だけ減少する．ここで $m\Delta v = \hbar k_L$ である．

原子の電子雲はそんなに濃密でなく，励起された個々の原子はエネルギー $h\nu_0$ の光子を自然放出して，基底状態にもどる．放出で原子は反跳を受けるものの，放出の方向はランダムであり，何千回もの反跳で原子が得る運動量の平均はゼロになる．したがって，1個の原子の光子吸収・放出1サイクルあたりの運動量変化は実効的に $\hbar\vec{k}_L$ であり，原子はその分だけ減速する．実験室内の静止している観測者から見ると，吸収・放出の1サイクルで，原子はエネルギー $h\nu_L$ の光子を吸収し，$h\nu_0$ の光子を放出して，ドップラー偏移に比例した $h\nu_L v/c$ の運動エネルギーを失う．

以上に比べ，光源から遠ざかるように反対方向に運動している原子は，光子の周波数を ν_0 からは十分離れた $\nu_L(1-v/c)$ と感じ，吸収はほとんど生じないかあるいはまったく生じない．したがって，運動量を得ることもない．

放射圧は周波数に依存するので，ドップラー効果を通じて原子はその速度に依存した力を受けることに注意しよう．これは，v が減少しても，ν_0 と ν_L が適切な関係に保たれていなければならないことを意味している．そのための巧妙な方法はいくつかある．

3.5 物質中の光

光学では，電磁場と誘電体あるいは不導体の相互作用に関して，特別な研究がなされてきた．もちろん，ここで扱うのはレンズ，プリズム，平板，そして薄膜などの形をした透明な誘電体で，それらを取り囲む空気は別にしておく．

自由空間に一様で等方的な誘電体を導入すると，マクスウェル方程式中の ϵ_0 が ϵ に μ_0 が μ に変わる．この場合，媒質中の位相速度は，

$$v = 1/\sqrt{\epsilon\mu} \tag{3.58}$$

になる．電磁波の真空中での速度の物質中での速度に対する比は，**絶対屈折率** (absolute

表 3.2　マクスウェルの関係

物　質	$\sqrt{K_E}$ (0°C, 1 気圧でのガス)	n
空気	1.000294	1.000293
ヘリウム	1.000034	1.000036
水素	1.000131	1.000132
二酸化炭素	1.00049	1.00045
物　質	$\sqrt{K_E}$ (20°C の液体)	n
ベンゼン	1.51	1.501
水	8.96	1.333
エタノール	5.08	1.361
四塩化炭素	4.63	1.461
二硫化硫黄	5.04	1.628
物　質	$\sqrt{K_E}$ (室温での固体)	n
ダイヤモンド	4.06	2.419
琥珀 (こはく)	1.6	1.55
溶融石英	1.94	1.458
塩化ナトリウム	2.37	1.50

K_E の値は可能な限り低周波で測定し，何種類かの物質では 60 Hz もの低さであるが，n はほぼ 0.5×10^{15} Hz で測定した．ナトリウムの D 線 $(\lambda = 589.29\,\text{nm})$ を用いた．

index of refraction) n として知られ，

$$n \equiv \frac{c}{v} = \sqrt{\frac{\epsilon\mu}{\epsilon_0\mu_0}} \tag{3.59}$$

である．比誘電率 K_E と比透磁率 K_M を用いると，n は次式となり，通常は正である．

$$n = \sqrt{K_E K_M} \tag{3.60}$$

スペクトルの赤外からマイクロ波領域において，透明な磁気的物質は存在する．しかし，可視域で透明な物質に主として興味があるが，それらは本質的に非磁性体である．実際，比透磁率 K_M は一般に 1.0 から 2–3×10^{-4} 以上も違うことはない．(たとえば，ダイヤモンドでは $K_M = 1.0 - 2.2 \times 10^{-5}$.) n を表す式で $K_M = 1.0$ とすると，**マクスウェルの関係** (Maxwell's relation) として知られる，

$$n \approx \sqrt{K_E} \tag{3.61}$$

が得られる．ここで，K_E は**静的誘電率** (static dielectric constant) であると考えられる．表3.2 に示すように，この関係はいくつかの単純なガスに対してのみよく成り立つ．他の媒質で成り立たないのは，K_E つまりは "n が周波数に依存する" からである．光の波長 (あるいは色) に対する n の依存性は，**分散** (dispersion) としてよく知られている効果である．分散が生じる理由は微視的なレベルにあり，マクスウェルの方程式では明らかにできない．ところで，300 年以上も前にアイザック・ニュートン卿は，白色光をその構成色に分散させるのにプリズムを用いていた．この現象はすでにその頃から，十分に理解はされていなかったが，よく知られていた．

例題 3.5 ある電磁波が，均一な誘電媒質中を $\omega = 2.10 \times 10^{15}\,\mathrm{rad/s}$ の角周波数と $k = 1.10 \times 10^7\,\mathrm{rad/m}$ で伝搬している．この波動の電場 $\vec{E}$ は，

$$\vec{E} = (180\,\mathrm{V/m})\hat{\mathbf{j}}\,e^{i(kx-\omega t)}$$

である．(a) $\vec{B}$ の方向，(b) 波動の速度，(c) 付随する磁場 $\vec{B}$，(d) 屈折率，(e) 誘電率，(f) 波動の強度を求めよ．

解 (a) 波動は $\vec{E} \times \vec{B}$ の方向に進み，その方向は $\hat{\mathbf{i}}$ あるいは $+x$ 方向であるので，$\vec{B}$ は $\hat{\mathbf{k}}$ の方向にある．

(b) 速度は $v = \omega/k$ であるから，

$$v = \frac{2.10 \times 10^{15}\,\mathrm{rad/s}}{1.10 \times 10^7\,\mathrm{rad/m}}$$

$$v = 1.909 \times 10^8\,\mathrm{m/s}\ \text{または}\ 1.91 \times 10^8\,\mathrm{m/s}$$

(c) $E_0 = vB_0 = (1.909 \times 10^8\,\mathrm{m/s})B_0$ より

$$B_0 = \frac{180\,\mathrm{V/m}}{1.909 \times 10^8\,\mathrm{m/s}} = 9.43 \times 10^{-7}\,\mathrm{T}$$

$$\vec{B} = (9.43 \times 10^{-7}\,\mathrm{T})\hat{\mathbf{k}}\,e^{i(kx-\omega t)}$$

(d) $n = c/v = (2.99 \times 10^8\,\mathrm{m/s})/(1.909 \times 10^8\,\mathrm{m/s})$ より

$$n = 1.5663\ \text{または}\ 1.57$$

(e) $n = \sqrt{K_E}$ より

$$n^2 = K_E$$

$$K_E = 2.453$$

$$\epsilon = \epsilon_0 K_E$$

$$\epsilon = (8.8542 \times 10^{-12}) \times 2.453$$

$$\epsilon = 2.172 \times 10^{-11}\,\mathrm{C^2/N \cdot m^2}$$

(f) $I = (\epsilon v/2)E_0^2$ より

$$I = \frac{(2.172 \times 10^{-11}\,\mathrm{C^2/N \cdot m^2})(1.909 \times 10^8\,\mathrm{m/s})(180\,\mathrm{V/m})^2}{2}$$

$$I = 67.2\,\mathrm{W/m^2}$$

散 乱 と 吸 収

n の周波数依存性の物理的な原因は何であろう．この疑問に対する答は，入射電磁波と誘電体を構成している原子の配列との相互作用をしらべれば見つかる．一つの原

子は入射してくる光と，周波数あるいは等価的に光子のエネルギー ($\mathcal{E} = h\nu$) に依存して，二つの異なる応答を示す．一般に，原子は光を“散乱”する，つまり，原子は光の他の特性は変えずに方向だけを変える．一方，光子のエネルギーが励起状態のどれかのエネルギーと等しければ，原子は光を吸収し，より高いエネルギーレベルに量子飛躍する．(約 10^2 Pa 以上の圧力の) 普通のガス，固体，そして液体といった高密度な原子集団では，この励起エネルギーは光子として放出される前に，衝突を通じて原子のランダムな運動，つまり熱エネルギーにたちまち転化される．この平凡な過程 (光子の取込みと熱エネルギーへの転化) が，かつては“吸収”として知られていたが，いまではこの言葉は，エネルギーがどのように変化するかにかかわらず，“取り込まれる”ということに重きを置いてよく用いられる．したがって，今日では**散逸的吸収** (dissipative absorption) とよぶ方が適切である．すべての物質はいずれかの周波数で，多かれ少なかれ散逸的吸収をする．

以上の励起を伴う過程に比べ，“基底状態での散乱”あるいは**非共鳴散乱** (nonresonant scattering) は，共鳴周波数より低い周波数の入射エネルギーのときに生じる．最も低い状態にある原子を考え，どのような高い励起状態への遷移も引き起こせないほど小さいエネルギーの光子との相互作用を想定しよう．このような状況下であっても，光の電磁場は電子雲を振動させると考えられる．しかし原子遷移は生じず，電子雲は入射光の周波数でわずかに振動しているが，原子は基底状態にとどまっている．正電荷の核に対して電子雲が振動し始めると，原子は振動双極子となり，即座に同じ周波数で放射を始めるだろう．その結果としての散乱光は，入射光子が運んできたのと同じ量のエネルギーをもち，どこかの方向に飛び出してゆく光子でできている．この散乱は弾性的であり，**弾性散乱** (elastic scattering) とよばれる．この場合の原子は実効的に，マクスウェルの理論を古典的方法で原子領域に拡張するために，1878 年にローレンツが採用した小さな双極子の振動源というモデルに近い．入射光が偏光していなければ，原子という振動源はランダムな方向に散乱する．

原子が光で照射されると，励起と自然放射の過程が敏速に繰り返される．実際，放射寿命は約 10^{-8} 秒であり，原子の繰り返し励起に十分なエネルギーがあれば，原子は毎秒 10^8 個以上の光子を放出できる．原子は共鳴周波数の光ときわめて相互作用しやすい．(つまり，原子は大きな“吸収断面積”をもっている．) これは，適当な照射強度 ($\approx 10^2$ W/m^2) のもとで，低圧ガス中の原子は一定の放射と再励起が行われる飽和状態になることを意味している．したがって，原子に毎秒 1 億個の割合で光子を発射させるのはそれほど難しくない．

一般に，通常の光ビームで照射された物質中の個々の原子は，弾性散乱か共鳴的散乱であらゆる方向に飛び去ってゆく膨大な数の光子源であるかのようにふるまうと考えられる．このようなエネルギーの流れは，古典的な球面波に似ている．“球面波の形で外側に出てゆく放射は存在しない”というアインシュタインの警句を忘れなければ，**きわめて単純化した考え方であるものの，原子を球面電磁波を放射する点光源と想定してよい．**

可視光域で共鳴しない物質が光照射下にあると非共鳴散乱 (弾性散乱) が起こるので，物質中の個々の原子は球面状の波の小さな発生源と見なしうる．通常，入射ビームの周波数が原子の共鳴周波数に近ければ近いほど，相互作用は強く生じるし，密度

128   3 電磁波，光子，光

の高い物質中ではより多くのエネルギーが散逸的に吸収される．物が見えるという視的感覚を生み出しているのは，まさにこの**選択的吸収** (selective absorption) の機構による (4.9 節参照)．また，人の髪や皮膚，衣類，葉，りんご，そして塗料の色も，基本的には選択的吸収による．

3.5.1 分　　散

　　分散とは，媒質の屈折率が周波数に依存している現象である．あらゆる物質的な媒質は分散性をもっていて，ただ真空のみが非分散性である．

　　マクスウェルの理論は実在物質を連続体として扱い，印加された場 $\vec{E}$ と $\vec{B}$ に対する物質の電気的・磁気的応答を，ϵ と μ という定数で表現している．したがって，K_E も K_M も定数であり，結果として n も非現実的に周波数に依存しないことになる．分散を用いて理論的に取り扱うには，物質の原子レベルでの性質を考慮し，そしてその性質が周波数に依存することを利用する必要がある．ローレンツにならい，多数の原子の寄与を平均化することで，等方的な誘電性物質の挙動を表せる．

　　誘電体に電場が印加されると，内部の電荷分布は変化する．これによって電気双極子モーメントが生成され，全体としての内部電場が変化する．もっと簡単にいえば，外部電場は媒質内の正負の電荷を分離し (各正負電荷の対が双極子となる)，分離した電荷が付加的な電場を形成する．単位体積あたりのこの双極子のモーメントが，**電気分極** (electric polarization) $\vec{P}$ とよばれる．多くの物質では，$\vec{P}$ と $\vec{E}$ は比例し，次式でうまく関係づけられる．

$$(\epsilon - \epsilon_0)\vec{E} = \vec{P} \tag{3.62}$$

電気分極は，同じ場所での媒質の有無による電場間の差の尺度である．$\epsilon = \epsilon_0$ なら $\vec{P} = 0$ である．$\vec{P}$ の単位は Cm/m^3 で，結局 C/m^2 である．

　　電荷の再分布とその結果としての分極は，以下の機構で生じる．価電子が等配分されてないために，永久双極子モーメントをもつ分子がある．これらは**極性分子** (polar molecule) として知られ，直線状でない水の分子が典型的な例である (図 3.37)．それぞれの水素–酸素結合は，酸素側に対して水素側が正の極性をもつ共有結合である．熱運動により多数の分子の双極子はランダムな方向のままになっている．電場の印加で双極子は整列し，誘電体は**配向分極** (orientational polarization) をする．**等極性分子** (nonpolar molecule) や原子の場合，印加電場は電子雲を核に対して移動した状態にひずませ，その結果として双極子モーメントが生成される．この**電子分極** (electronic polarization) に加え，たとえばイオン性結晶である NaCl の分子のような特定分子に見られる別の過程もある．電場の存在で正負両イオンは互いの相対的な位置を変え，双極子モーメントが生じ，**イオン分極** (ionic polarization) または**原子分極** (atomic polarization) と称される分極がもたらされる．

　　誘電体に調和電磁波が入射すると，内部の電荷構造に時間変化する力かトルク，あるいは両者が働く．これらは入射波の電場成分に比例している[*11]．極性誘電体の液体

[*11] 場の電場成分からの力 $\vec{F}_E = q\vec{E}$ に比較して，磁場成分からの力は $\vec{F}_M = q\vec{v} \times \vec{B}$ である．しかし $v \ll c$ であるから，式 (3.30) により $\vec{F}_M$ は一般に無視できる．

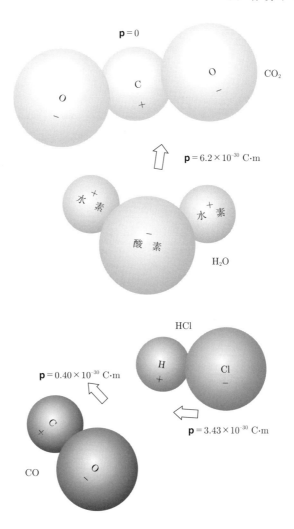

図 3.37　多原子分子とその双極子モーメント (p). 対象物の双極子モーメントは，両端の電荷とこれら電荷間の間隔の積である．

の場合，構成分子は急激に回転して，電場 $\vec{E}(t)$ の方向にそろう．しかしこれらの分子は比較的大きく，かなりの慣性モーメントをもっているので，駆動電場の周波数 ω が高いと，極性分子は電場の変動に追随できない．電気分極 $\vec{P}$ に対するその寄与は減少し，比誘電率 K_E も著しく低下する．水の比誘電率は約 $10^{10}\,\mathrm{Hz}$ を越えるあたりまでは，80 程度の一定値であるが，それ以上では急速に低下する．

　以上に比べ電子は慣性が小さいので，約 $5\times10^{14}\,\mathrm{Hz}$ もある光の周波数においてさえ，電場に追随しつづけられ，比誘電率 $K_E(\omega)$ に寄与する．屈折率 n の周波数 ω に対する依存性は，特定周波数で寄与するいろいろな電気的分極機構の相互作用で決定されている．このことを覚えておけば，原子レベルで物質中に生じている現象をもとに，$n(\omega)$ の解析的な表式を導くことができる．

　原子の電子雲は，ある種の平衡配置に保つ電気的引力で，正の核に束縛されている．

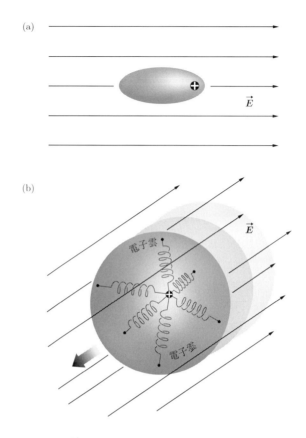

図 3.38 (a) 印加電場 $\vec{E}$ に応答している電子雲に生じるひずみ. (b) 等方性媒体に対する力学的な振動子モデル. すべてのばねは同一で, 振動子はあらゆる方向に同じように振動できる.

原子内のすべての相互作用を詳細に知らなくても, わずかな摂動で完全に崩れたりしない安定な力学系のように, 原子を平衡状態に復元する真の力 F があると予想できる. さらに, 平衡状態 ($F = 0$) からのわずかな変位 x に対して, その力は x に比例して働くと合理的に期待できる. 換言すると, x に対して $F(x)$ を描けば, 平衡点 ($x = 0$) で x 軸を横切る, 平衡点を中心にしたきわめて短い直線となる. このように変位が小さい場合, 復元力は $F = -k_E x$ で表現されると考えられる. ここで, k_E はばね定数のような一種の弾性定数である. 瞬間的に平衡状態が何らかの作用で破られると, このように拘束された電子は $\omega_0 = \sqrt{k_E/m_e}$ で与えられる**自然周波数** (natural frequency) あるいは**共鳴周波数** (resonant frequency) で平衡点を中心に振動する. ここで m_e は電子の質量であり, ω_0 は "駆動力を受けていない" 系の振動周波数で, $F = -\omega_0^2 m_e x$ の関係がある. 観測可能な ω_0 を用いれば, ばねモデルでの仮定量である K_E を除くことができる.

物質的な媒質は, 真空中にあるきわめて多数の分極しうる原子の集団であると考えられる. この集団の個々の原子は波長に比べ小さく, また, 隣り合う原子どうしはごく接近している. 光波がこのような媒質に当たるとき, 各原子は x 方向に印加された波動

的に時間変化する電場 $E(t)$ で駆動されている，古典的な**強制振動子** (forced oscillator) であると考えることができる．図 3.38b は**等方性媒質** (isotropic medium) 中のまさにそのような振動子の力学的表現で，負に帯電した殻が同一ばねで静止している正の核に結びつけられている．明るい太陽光で照明されている場合でも，振動の振幅は 10^{-17} m を超えることはない．周波数 ω の調和波の電場 $E(t)$ が，電荷 q_e の電子に与える力 (F_E) は，

$$F_E = q_e E(t) = q_e E_0 \cos \omega t \tag{3.63}$$

で与えられる．この駆動力に対して，復元力は反対向きであり，それゆえに負号が付けられ，$F = -k_E x = -m_e \omega_0^2 x$ である．そして，力の和は質量に加速度を掛けたものに等しいというニュートンの第 2 法則から，電子の運動方程式は，

$$q_e E_0 \cos \omega t - m_e \omega_0{}^2 x = m_e \frac{d^2 x}{dt^2} \tag{3.64}$$

となる．上式において左辺の第 1 項は駆動力，第 2 項は反対方向の復元力である．この式を満たすためには，x の関数形はその 2 階微分と x 自身があまり違わないものでなければならない．さらに，電子は $E(t)$ と同じ周波数で振動すると期待できるので，解を

$$x(t) = x_0 \cos \omega t$$

と想定し，振幅 x_0 を求めるためにこの式を方程式に代入する．その結果，変位 $x(t)$ は

$$x(t) = \frac{q_e/m_e}{(\omega_0{}^2 - \omega^2)} E_0 \cos \omega t \tag{3.65}$$

または，

$$x(t) = \frac{q_e/m_e}{(\omega_0{}^2 - \omega^2)} E(t) \tag{3.66}$$

であるのがわかる．この変位は，負の電子雲と正の核の相対変位である．慣習的に，q_e を正と扱って振動変位を議論する．入射波がなく，そして駆動力がない場合には，振動子はそれの共鳴周波数 ω_0 で振動する．ω_0 より低い周波数の電場では，$E(t)$ と $x(t)$ は同符号であり，振動子は加わる力に追随できることを示している (すなわち，電場と同位相)．しかし $\omega > \omega_0$ では，いつでも変位 $x(t)$ は瞬時力 $q_e E(t)$ の方向と反対であり，電場と $180°$ の位相ずれになる．ここで $\omega_0 > \omega$ の振動双極子を議論している場合は，正の電荷の相対運動は電場の方向の振動である．しかし，共鳴周波数を超えると正電荷は電場と $180°$ の位相ずれを起こし，双極子は π ラジアン遅れているとよばれる (図 4.9 参照)．

　双極子モーメントは電荷 q_e とその変位の積に等しく，関与する電子が単位体積中に N 個あれば，電気分極あるいは双極子モーメント密度は，

$$P = q_e x N \tag{3.67}$$

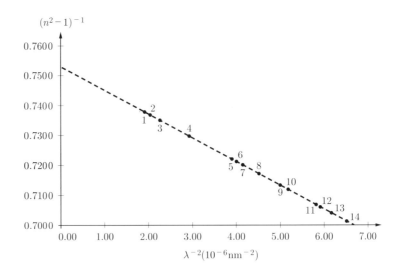

図 3.39 表 3.3 に示したデータをもとに，λ^{-2} に対してプロットした $(n^2-1)^{-1}$ のグラフ．N. Gauthier, *Phys. Teach.*, **25**, 502 (1987) を参照．

である．したがって式 (3.66) から，

$$P = \frac{q_e^2 NE/m_e}{(\omega_0^2 - \omega^2)} \tag{3.68}$$

であり，また式 (3.62) から，

$$\epsilon = \epsilon_0 + \frac{P(t)}{E(t)} = \epsilon_0 + \frac{q_e^2 N/m_e}{(\omega_0^2 - \omega^2)} \tag{3.69}$$

である．ここで $n^2 = K_E = \epsilon/\epsilon_0$ を用いると，**分散方程式** (dispersion equation) として知られる，ω の関数としての屈折率 n の式

$$n^2(\omega) = 1 + \frac{Nq_e^2}{\epsilon_0 m_e}\left(\frac{1}{\omega_0^2 - \omega^2}\right) \tag{3.70}$$

になる．周波数がだんだん高くなり共鳴周波数を超えると $(\omega_0^2 - \omega^2) < 0$ で，振動子は駆動力に対してほぼ 180° 位相ずれした変位をとる．したがって，結果としての電気分極も印加電場に対して同様に位相ずれとなる．そして，誘電率と屈折率もともに 1 以下になる．周波数がだんだん低下して共鳴周波数以下になると $(\omega_0^2 - \omega^2) > 0$ で，電気分極は印加電場に対しほぼ同位相となる．そして，誘電率とそれに対応する屈折率は，ともに 1 以上となる．このような特性は，現象の一部分しか表していないが，それにもかかわらずすべての物質で一般的に観察される．

しらべたい材質でできた分散プリズムを用いて，以上の解析の有用性を検証できるが，まず最初に，問題 3.62 で行われるように式 (3.70) を書き換える．

$$(n^2 - 1)^{-1} = -C\lambda^{-2} + C\lambda_0^{-2}$$

ここで $\omega = 2\pi c/\lambda$ であるから，係数は $C = 4\pi^2 c^2 \epsilon_0 m_e/Nq_e^2$ で与えられる．図 3.39 は学生実験で得たデータをもとに，λ^{-2} に対して $(n^2-1)^{-1}$ をプロットしたものであ

表 3.3 クラウンガラスの分散 *

	波　　長 λ (nm)	屈　折　率 n		波　　長 λ (nm)	屈　折　率 n
1.	728.135	1.5346	7.	492.193	1.54528
2.	706.519	1.5352	8.	471.314	1.54624
	706.570		9.	447.148	1.54943
3.	667.815	1.53629	10.	438.793	1.55026
4.	587.562	1.53954	11.	414.376	1.55374
	587.587		12.	412.086	1.55402
5.	504.774	1.54417	13.	402.619	1.55530
6.	501.567	1.54473	14.	388.865	1.55767

* 波長はヘリウム放電管からの光のもの. 各波長に対して屈折率を測定.

る. この実験では He 放電管からの種々の波長の光でクラウンガラス製プリズムを照明し, 各波長での屈性率を測った (表 3.3). 得られた結果は真に直線となり, その勾配は ($y = mx + b$ から) $-C$ に等しく, y 軸と交差する値は $C\lambda_0{}^{-2}$ に対応している. この直線の結果から, 共鳴周波数は 2.95×10^{15} Hz であり, まさに紫外線領域であるのがわかる.

　一般に, どんな物質も実際には, 照射光の周波数を変えて増加させると, $n > 1$ から $n < 1$ に変化する間にいくつかの遷移を示す. これは, 系が共鳴する周波数は単一の ω_0 でなく, 明らかにいくつかの共鳴周波数の存在することを意味している. したがって, 単位体積に N 個の分子があり, 各分子は自然周波数 ω_{0j} をもつ f_j 個の振動子 ($j = 1, 2, 3, \cdots$) からなるとして, 物質を一般化するのが妥当である. この場合, 分散方程式は

$$n^2(\omega) = 1 + \frac{Nq_e{}^2}{\epsilon_0 m_e} \sum_j \left(\frac{f_j}{\omega_{0j}{}^2 - \omega^2} \right) \tag{3.71}$$

となる. この式は, 式中の項のいくつかを解釈し直せば, 基本的には量子力学的取扱いで得られる結果と同じである. つまり, ω_{0j} という量は, 原子が照射エネルギーを吸収あるいは放出する特性周波数である. f_j の項は $\sum_j f_j = 1$ という要請を満たし, **振動子の強さ** (oscillator strength) として知られる重み因子で, 振動モードの一つ一つの寄与の度合を示している. また, f_j 項は原子遷移の生じやすさの目安であるから, **遷移確率** (transition probability) としても知られている.

　実験データとの一致を得るには, f_j 項は 1 以下であることが要請されるので, これらの項の再解釈は古典論においても求められる. しかし, 明らかにこれは式 (3.71) を導くための f_j の定義に矛盾する. そこで, 一つの分子はいくつかの振動モードをもっているが, それらの個々のモードは特有の自然振動数と強さをもっていると考えることにする.

　ω が特性周波数の内のどれかと等しいとき, n は実際の観察結果に反して, 不連続にならなければならない. これは, 単に減衰項を無視している結果で, 考慮していたら和の分母に出てきたはずである. 付言すると, 減衰の一部分は強制振動子が再放射するときのエネルギー損失に起因している. 固体, 液体, そして高圧 ($\approx 10^3$ 気圧) ガス中の原子間距離は, 標準温度・圧力のガス中のほぼ 1/10 である. このように比較的

密に近接している原子や分子は，強い相互作用とそれがもたらす "摩擦" 力を受ける．これは振動子の減衰をもたらし，"熱" つまりランダムな分子運動の形で，振動子のエネルギーを物質内に散逸させる．

運動方程式の中に，$m_e \gamma dx/dt$ の形の速度に比例する減衰力を含めれば，分散方程式 (3.71) は，

$$n^2(\omega) = 1 + \frac{Nq_e{}^2}{\epsilon_0 m_e} \sum_j \frac{f_j}{\omega_{0j}{}^2 - \omega^2 + i\gamma_j \omega} \tag{3.72}$$

となるだろう．この表現はガスのような希薄な媒質には適しているが，高密度な物質に適用するには解決すべき複雑な問題がある．個々の原子は周囲の局所的な電場と相互作用する．いままで考えていた孤立した原子と違い，高密度物質中の原子は他の原子によって設定・誘導された場の影響を受ける．つまり，1 個の原子は印加電場 $E(t)$ に加え，別の場すなわち $P(t)/3\epsilon_0$ からも影響を受けることになる[*12]．ここでは詳しくふれないが，結局，

$$\frac{n^2 - 1}{n^2 + 2} = \frac{Nq_e{}^2}{3\epsilon_0 m_e} \sum_j \frac{f_j}{\omega_{0j}{}^2 - \omega^2 + i\gamma_j \omega} \tag{3.73}$$

と示すことができる．以上，ほぼ電子の振動子だけを考えてきたが，定まった原子位置に束縛されているイオンにも同じ結果を適用できる．この場合，m_e ははるかに重いイオン質量で置き換えられる．したがって，電子分極は全光スペクトル領域で重要であるが，イオン分極が n に大きく影響するのは共鳴領域 ($\omega_{0j} = \omega$) だけである．

複素屈折率については，後ほど 4.8 節で考察する．当面の議論は，物質による吸収は無視でき (すなわち，$\omega_{0j}{}^2 - \omega^2 \gg \gamma_j \omega$)，かつ n が実数という状況にほぼ限定する．したがって，式 (3.73) は

$$\frac{n^2 - 1}{n^2 + 2} = \frac{Nq_e{}^2}{3\epsilon_0 m_e} \sum_j \frac{f_j}{\omega_{0j}{}^2 - \omega^2} \tag{3.74}$$

となる．

無色透明の物質は，スペクトルの可視域外に特性周波数をもち，またこれが現実に無色透明である理由でもある．特に，ガラスは可視域より上の紫外線領域に実効的な自然周波数をもち，そこでは不透明である．$\omega_{0j}{}^2 \gg \omega^2$ の場合は，式 (3.74) の ω^2 は無視でき，このような周波数域では屈折率は基本的に一定である．たとえば，ガラスの重要な特性周波数は約 100 nm の波長にある．可視光領域の中間の波長はほぼこの値の 5 倍であり，したがって $\omega_{0j}{}^2 \gg \omega^2$ である．図 3.40 で明らかなように，ω が ω_{0j} に近づくと ($\omega_{0j}{}^2 - \omega^2$) は減少するので，"$n$ は周波数とともに徐々に大きくなる"．この現象は**正常分散** (normal dispersion) とよばれる．紫外線領域において ω が自然周波数に近づくと，振動子は共鳴を始める．その振幅は著しく大きくなるので，減衰と入射波のエネルギーの強い吸収を伴う．式 (3.73) で $\omega_{0j} = \omega$ なら，明らかに減衰項が支配的になる．図 3.41 でいろいろな各 ω_{0j} の近くを取り囲む領域は**吸収帯** (absorption band) とよばれる．ここでの $dn/d\omega$ は負であり，その過程は**異常分散** (anomalous dispersion) とよばれる．白色光がガラスのプリズムを通過するとき，青い成分は赤より大きい屈

[*12] 等方的な媒質に適用されるこの結果は，ほとんどの電磁気学の教科書で導出されている．

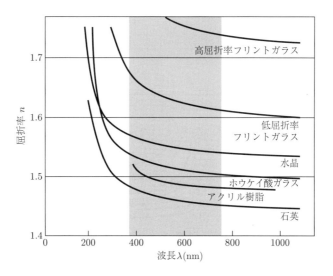

図 3.40 種々の物質における屈折率の波長依存性. λ は右に向かって大きくなり, ν は左に向かって大きくなることに注意.

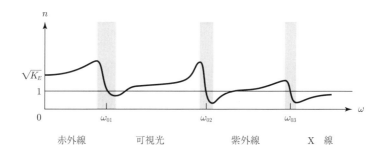

図 3.41 周波数に対する屈折率

折率をもっているから, 大きな角度で偏向する (5.5.1 項参照). これに比べ, 可視域に吸収帯をもつ色素溶液を入れたプリズム状の液体セルを用いると, スペクトルは大きく変わる (問題 3.59 参照). すべての物質は電磁波のスペクトルのどこかに吸収帯をもつから, 1880 年代の終りから使われている異常分散という用語は, 確かに間違いである.

これまで見てきたように, 分子中の原子は, その平衡位置のまわりで振動している. しかし, 核は重いから自然振動周波数は低く赤外線領域にある. H_2O や CO_2 のような分子は赤外線と紫外線の両域で共鳴する. 製造過程で水分がガラス中に閉じ込められると, 分子振動子となり, 赤外線領域に吸収帯をつくる. 酸化物の存在も赤外線領域に吸収をもたらす. 重要な各種光学結晶の紫外線から赤外線に至る領域での屈折率 $n(\omega)$ 曲線を, 図 3.42 に示す. これらの曲線が紫外線領域ではどのように立ち上がり, また, 赤外線領域ではどのように落ちるか, 注意深く見ておく方がよい. 電波のような低周波数では, ガラスは再び透明になる. 一方, ステンドグラスは明らかに可視域

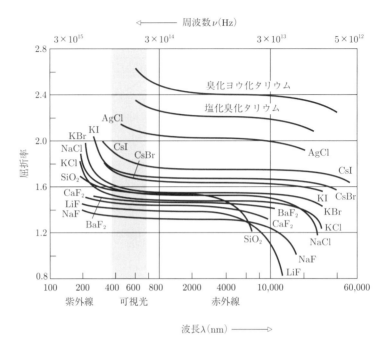

図 3.42 波長と周波数に対するいくつかの重要な光学結晶の屈折率 (Harshaw Chemical 会社が出版しているデータから作成)

で共鳴し，特有の周波数領域で吸収帯をつくり，補色を透過させる．

最後に，いくつかある ω_{0j} のどれよりも駆動周波数が高い場合，$n^2 < 1$ で $n < 1$ である．この状況は，たとえばガラス板に X 線を入射させると生じる．これは，特殊相対論に一見矛盾する状況 $v > c$ を導くので，興味をそそる結果である．この結果については，後で群速度を議論するときにもう一度考察する (7.2.2 項)．

ここまでを部分的にまとめると，スペクトルの可視域では，電子分極が屈折率 $n(\omega)$ を実効的に決定する機構となっている．古典的には，入射波の周波数で振動する電子の振動子を考えればよい．入射波の周波数が特性周波数あるいは自然周波数と大きく違うと，振動は小さく散逸的吸収はほとんど生じない．しかし共鳴すると，振動子の振幅は大きくなり，電荷に対する電場の作用も増加する．そして，電磁エネルギーは入射波から移され，力学的エネルギーに転換され，物質内で熱的に散逸する．このようにして起きる現象が吸収ピークや吸収帯とよばれる．物質は特性周波数以外では基本的に透明であるが，特性周波数では入射波に対してほとんど不透明となる (p.138 のレンズの写真参照)．

負 の 屈 折 率

物質の屈折率は，電気的な誘電率と磁気的な透磁率の両方に，式 (3.59) の $n = \pm\sqrt{\epsilon\mu/\epsilon_0\mu_0}$ によって関係している．たぶん，平方根は正か負のどちらかになれるが，これまで誰も負の可能性には関心がなかった．その後 1968 年に，ロシアの物理学者ヴェ

セラゴ (Victor G. Veselago) が，物質の誘電率と透磁率の両方が負であれば，その物質は負の屈折率をもち，種々の奇妙な特性を発揮することを示した．当時，適切な状況のもとの限られた周波数範囲で $\epsilon<0$ か $\mu<0$ のいずれかを示す物質が入手可能であったが，二つの条件が同時に満たされる透明か少なくとも半透明な物質はなかった．この理論が何十年か後まで大した関心をよばなかったことは，驚くことではない．

光波は，その波長が1個の原子の大きさのだいたい 5000 倍で，誘電体中を伝搬するときは個々の多くの原子によって散乱されるが，それらを"見る"ことはない．いずれにしても，電磁波はおおむね連続的な媒質を"見ている"かのようにふるまい，そして伝搬するときには全体的な特性を保持する．(波長が) 数センチメートルのマイクロ波のようにはるかに長波長の波動が，密に配列された小さなアンテナ (これらは波動を散乱する) で満たされた領域を伝搬する場合でも，同じことが成り立つ．20 世紀が終わりかけた頃，研究者は，そのような散乱体の3次元配列をつくり始めた．その中に

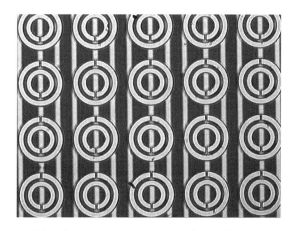

メタマテリアルを作製するのに用いられた小さな導電性散乱体 (間隙のあるリング共振器) の配列．スペクトルのマイクロ波領域で作動させると，この配列は $\epsilon<0$, $\mu<0$ で，$n<0$ である．(米国エネルギー省エイムズ研究所)

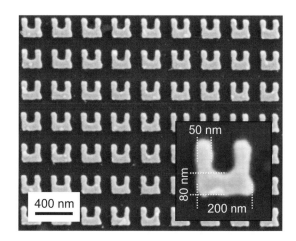

メタマテリアル中の散乱体が小さくなるほど，作動できる波長は短くなる．これら小さな共振器はおおむね光波のサイズであり，約 200 THz で機能するように設計されている．(米国エネルギー省エイムズ研究所)

は，振動磁場が侵入したときに容量とインダクタンスをもち，そしてちょうど誘電体中の原子のように共振周波数をもつ小さな開いたリングから構成されたものがあった．電場を散乱するように，細い導線の格子がこの構造に含まれていた．これら精巧な合成媒質は**メタマテリアル** (metamaterial) とよばれるようになり，共振周波数の少し上で実際に負の屈折率を示す．

負の屈折率の物質は多くの特徴的な特性をもち，それらのいくつかは後述される (p.192)．最も奇妙な挙動の一つは，ポインティング・ベクトルと関連がある．ガラスのような通常の均一で等方的な物質中では，電磁波の速度とそのポインティング・ベクトル (エネルギーの流れの方向) は同じ方向である．しかし，**負屈折物質** (negative-index material) ではそうではない．やはり，$\vec{E} \times \vec{B}$ はきわめて重要なエネルギーの流れの方向であるが，位相速度は反対方向で，負である．波動は，それを構成する成分波が後方に進むときに，前方に伝搬する．位相速度が，右手則で決まるベクトル積に対して反対方向であるので，負屈折媒質は**左手系物質** (left-handed material) として広く知られている．

この分野はいまでは非常に盛んで，研究者たちはいろいろな構造を用いて負屈折媒質をつくり出すのに成功している．その中に，**フォトニック結晶** (phtonic crystal) として知られる，誘電体で作製されたものがある．スペクトルの可視光領域で機能するメタマテリアルを創生することは理論的に可能なので，潜在的な応用は，スーパーレンズから外套のような装置にまで及び，たいへん興味深い．

3.6 電磁波・光子のスペクトル

1867 年にマクスウェルが電磁論に関する膨大な第一報を出版したときは，電磁波の周波数帯は赤外線から可視光，そして紫外線までしか知られていなかった．この領域は光学の重要な課題となっているが，広い電磁波スペクトルのほんの一部分でしかな

ZnSe, CdTe, GaAs, Ge でつくられた半導体レンズ．これらの物質はスペクトルの可視光領域ではまったく不透明であるが，赤外線領域 (2–30μm) では透明度が高く，たいへん有用である．(Two-Six Incorporated/II-VI Inc.)

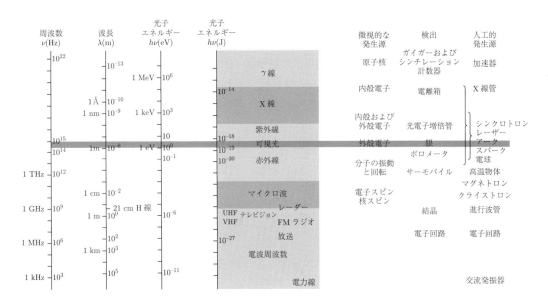

図 3.43 電磁波・光子のスペクトル

い (図 3.43 参照). 本節では, 実際はいくらかの重なりがあるけれど, 通常分けられているスペクトルの主要な区分を列挙する.

3.6.1 電　波

　　マクスウェルの死後 8 年たった 1887 年に, ドイツのカールスルーエにある工業大学にいた物理学教授ヘルツが, 電磁波の発生と検出に成功した[*13]. 彼の発信器の基本は, 火花間隙での交流放電, つまり振動する電気双極子であった. 受信アンテナには, 開いた電線の輪を用い, その一端は黄銅の球で他端は純銅の球頭であった. 二つの端部の間で見られる小さな放電火花が, 入射電磁波の検出を示した. ヘルツは電磁波を集束したり, 反射・屈折させたり, その偏光方向を決定したり, 定在波の状況にして干渉させたり, そのうえ波長の測定までも行った (1m の桁まで). 彼は次のように言った.

> 私は電気の力の特殊な流れをつくり出し, それを用いて光や輻射熱でよくやられる基本的な実験を実施するのに成功した. … さらに, われわれはそれをきわめて長い波長の光の流れと表現してもたぶんよいだろう. いずれにしろ私には, 記述した数々の実験で, 光と輻射熱と電磁波の挙動の同一性に関するあらゆる疑問を解消できると, 思われる. (Heinrich Hertz, *Journal of Science*, 1889)

　　ヘルツが用いた電磁波は, 今日では数 Hz から約 10^9 Hz (何万 km もの波長から 0.3 m 程度の波長まで) に及ぶ**電波周波数** (radio frequency) **帯**に分類されている. このような電磁波は各種の電気回路から放出される. たとえば, 電力線を行き来する 60 Hz の交流電流は, 5×10^6 m あるいは 3×10^3 マイルの波長の電磁波を放出する. 理論的波長に上限はない. よく知られた帯電したボールをゆっくりゆらせば, 強くはないけれど長波長の電磁波を発生させられる. 実際, 宇宙から地球にやってきた 1800 万マイル

[*13] 実際にこの偉業を成し遂げた最初の人は, ほぼ確実にヒューズ (David Hughes) であるが, 1879 年の彼の実験は公表されなかったし, 何年間も注目されなかった.

を超える波長の電磁波が検出されたことがある．なお，電波周波数帯の上限付近の周波数は，テレビジョンやラジオ放送で使われている．

1 MHz (10^6 Hz) の電波周波数の量子は，6.62×10^{-28} J あるいは 4×10^{-9} eV のエネルギーをもっているが，どんな尺度で考えてもきわめて小さい値である．電波の粒子的な性質は一般に弱く，電波周波数のエネルギーが滑らかに伝達されるのだけが目立っている．

3.6.2 マイクロ波

マイクロ波の領域は約 10^9 Hz から 3×10^{11} Hz あたりまでで，対応する波長はほぼ 30 cm から 1.0 mm である．地球の大気に侵入できる放射は，1 cm 弱から約 30 m までである．したがって，マイクロ波は電波天文学はもちろんのこと，宇宙船との通信でも興味がある．特に，宇宙に広く分布している中性の水素原子は，波長21cm (1420 MHz) のマイクロ波を放出している．この特別な波長の電磁放射から，私たちの銀河や他の銀河の構造に関する多くの情報が収集されてきた．

振動および回転している分子は，それを構成している原子の運動状態を変えることで，エネルギーの吸収・放出ができる．振動や回転に伴うエネルギーもまた量子化されていて，分子は電子によるエネルギーレベルに付加される形で，振動・回転のエネルギーレベルをもっている．極性分子だけが入射電磁波の電場 $\vec{E}$ から力を受けて回転し，向きがそろうようになる．このことは，極性分子だけが量子を吸収し，回転遷移を通して励起状態になることを意味している．重い分子は容易には回転できないから，回転共鳴の周波数は低くなるであろう．(波長では遠赤外線の 0.1mm からマイクロ波の 1cm まで．) たとえば，水分子は極性で (図 3.37 参照)，電磁波を照射されると揺動し，交流電場 $\vec{E}$ の方向に並ぼうとする．この現象は，複数ある回転共鳴周波数のいずれにおいても，たいへん顕著に起こる．その結果，水分子はそのような周波数およびその近傍でマイクロ波放射を効率よく吸収し，熱に変える．電子レンジ (12.2 cm, 2.45 GHz) は明らかにこの応用である．一方，CO_2, H_2, N_2, O_2, CH_4 のような等極性

パリのエッフェル塔の先端にあるマイクロ波アンテナ (E. H.)

分子は，量子を吸収して回転遷移することはできない．

今日マイクロ波は，電話による会話や中継局間のテレビジョン信号の伝送からハンバーガーの調理まで，飛行機の誘導やレーダーを用いたスピード違反の取締りから，宇宙の起源の研究や車庫の扉の開閉，そして惑星表面の観察 [このページの写真 (上) 参照] まで，いろいろと用いられている．またマイクロ波は，扱うのに便利な大きさに拡大した実験装置が使えるという理由で，物理光学の研究においてもたいへん有用である．

マイクロ波帯の下限周波数における量子のエネルギーはきわめて小さく，その発生源として専用の電気回路があると期待するかもしれない．しかし，この種の量子の放出は，関与するエネルギーレベルが互いにごく近い状態にある原子遷移で生じる．セシウム原子の見かけ上の基底状態がよい例である．実際には接近した一対のエネルギーレベルであり，その間の遷移エネルギーはわずか 4.14×10^{-5} eV である．ここから放射されるマイクロ波の周波数は 9.19263177×10^{9} Hz である．これが周波数と時間の標準となるよく知られたセシウム原子時計の基本である．

マイクロ波と赤外にまたがる領域の放射 (ほぼ 50 GHz から 10 THz) は，よくテラヘルツ放射または T 光線とよばれる．このような放射は，プラスチック，紙，脂肪といった高い乾性の非極性物質には吸収されない．水は T 光線を吸収し，また金属は自由電子をもっているので T 光線を反射する．そこで，一般に外から見ることのできない内部構造の像を撮るのに，T 光線を利用することができる [このページの写真 (下) 参照]．

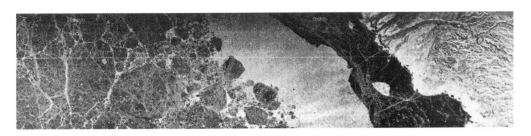

アラスカ北東部の 18×75 マイルの領域の写真．地上 800 km (500 マイル) のシーサット衛星で撮った．電磁波またはマイクロ波で撮った写真なので，全体の眺めはいくぶん奇異に感じる．右側のしわの寄った灰色部分はカナダ．小さな明るい貝の形の部分はバンクス島で，年初に接岸した黒い帯状に写っている海氷に囲まれている．その隣は結氷していない海水で，滑らかな灰色になっている．左側の暗灰色のしみのような部分は，北極の氷の塊である．レーダーは雲を通して完璧に "見る" ので，雲は写っていない．(NASA)

T 光線を用いて撮ったチョコレートバー棒の写真．チョコレートの下に隠されているナッツが屈折の結果として見えている．(Picometrix 社 V. Rudd 氏)

3.6.3 赤　外　線

ほぼ 3×10^{11} Hz から 4×10^{14} Hz にわたる赤外領域は，高名な天文学者のハーシェル卿 (Sir William Herschel, 1738–1822) によって，1800 年に初めて検出された．名前が示すように，この電磁放射帯は赤い光のまさに下に広がっている．赤外線あるいは IR はしばしば，さらに四つの領域に分けられる．可視域に近い近赤外線 (780–3 000 nm)，中間赤外線 (3 000–6 000 nm)，遠赤外線 (6 000–15 000 nm)，極端赤外線 (15 000–1.0 mm) である．また，これは大まかな分け方で，用語としての普遍性はない．長波長側の放射エネルギーは，マイクロ波発振器か白熱光源 (すなわち分子発振器) で発生させる．実際，どんな物質も構成分子の熱擾乱を通じて，赤外を放射・吸収する．

絶対ゼロ度 (−273°C) 以上の温度の物体の分子は，弱いけれども赤外線を放射する (13.1.1 項参照)．一方，電熱器，燃えている石炭，そして一般的な家庭用ラジエーターのような熱い物体からの連続スペクトルには，豊富に赤外線が含まれている．太陽からの電磁エネルギーの約半分は赤外線であり，普通の電球は実際には光よりはるかにたくさんの赤外線を放射している．温かい血の通った動物と同じく，私たちもまた赤外放射器である．人間の体は非常に弱く赤外線を放射しており，その赤外線は 3 000 nm あたりから立ち上がり 10 000 nm 付近で最大に，そして極端赤外線でほぼ終わり，それ以下では無視できる．この放射は，夜行性の気味悪い "熱" に敏感な蛇 (ガラガラヘビ，マムシ，アミメニシキヘビ，大蛇) によって利用されているばかりでなく，赤外線応用暗視照準器にうまく利用されている．

分子は回転以外に，各構成原子の相対的運動があり，全体として異なる数モードの振動をしている．分子は極性である必要はなく，また，CO_2 のような線形分子でも，三つの基本振動モードと光子によって容易に励起されるいくつかのエネルギーレベルをもっている．振動に伴う放出と吸収のスペクトルは，一般に 1 000 nm から 0.1 mm の赤外線領域にある．多くの分子は赤外線領域に振動と回転の共鳴状態の両方をもち，

赤外線写真．可視光ではシャツは濃い茶色で，肌着はボールと同じ黒であった．
(E. H.)

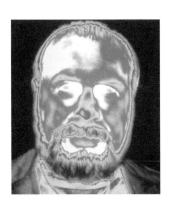
著者のサーモグラフ．この写真はカラーであればもっと見ばえがよい．あごひげが冷たいことと，毛のはえ際が本書の初版より後退していることに注目．(E. H.)．

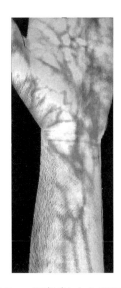
468.5 nm (可視光) から 827.3 nm (近赤外線) に広がる広帯域の放射エネルギーで見た腕．この技術には，皮膚がんの早期発見を含む多くの生体医学への応用がある．

優れた吸収体である．このことが，よく赤外線が"熱波"とまぎらわしくよばれる理由の一つである．確かに，顔に太陽光を当てていると，熱エネルギーの蓄積によって最後には熱く感じる．

　赤外線放射エネルギーは，黒い面の赤外線吸収によって生じる熱に反応する素子を用いて，一般に測定される．たとえば，素子として熱電対，気体膨張検出器 (たとえば，ゴーレイ・セル)，焦電効果検出器，そしてボロメーター検出器がある．これらはそれぞれ，温度に依存して変化する誘起電圧，ガス体積，永久電気分極や抵抗を利用している．走査機構を介して検出器を CRT に接続することで，テレビジョンのようなある瞬間の赤外線像を得ることができる (写真参照)．これはサーモグラフとして知られ，故障した変圧器から病人に至るまで，あらゆる種類の問題の診断にきわめて有効である．また，近赤外線 (< 1300 nm) に感度を有する写真フィルムがある．ロケットの発射を監視する赤外線スパイ衛星，作物の病気を監視する赤外線資源衛星，宇宙空間を観察する赤外線天文衛星があるし，赤外線で誘導される熱追跡ミサイル，そして赤外線レーザーや天空を観察する赤外線望遠鏡がある．

　物体およびその周辺のわずかな温度差 (温度分布) は，特有の赤外線照射をもたらすので，脳腫瘍や乳がんの検出から隠れている夜盗の探索まで，多様に使われる．CO_2 レーザーは簡単にかなり高い 100 W 以上のレベルの連続出力が得られるので，産業で広く用いられ，特に精密切断や熱処理に使われる．このレーザーの極端赤外線 ($18.3〜23.0\,\mu m$) は人の生体組織に容易に吸収されるため，レーザービームを有益な無血メスとして使うことができ，それによって組織をあたかも切っているかのように焼き切ることができる．

表 3.4 各種の色に対する周波数と真空中での波長

色	λ_0 (nm)	ν (THz)[*]
赤	780–622	384–482
橙	622-597	482–503
黄	597–577	503–520
緑	577–492	520–610
青	492–455	610–659
紫	455–390	659–769

[*] $1\mathrm{THz}$(テラヘルツ)$= 10^{12}\,\mathrm{Hz}$, $1\mathrm{nm}$(ナノメートル)$= 10^{-9}\,\mathrm{m}$

3.6.4　光

光は，約 $3.84 \times 10^{14}\,\mathrm{Hz}$ から $7.69 \times 10^{14}\,\mathrm{Hz}$ あたりまでの狭い周波数帯の電磁波に対応していて (表 3.4 参照)，通常，原子や分子の外殻電子の再配列で発生する．(ただし，違う機構のシンクロトロン放射を忘れてはならない.) [*14]

白熱している物質，灼熱した金属フィラメント，あるいは太陽の火の玉の中では，電子は無秩序に加速され，そして頻繁に衝突している．いずれも重要な光源であり，得られる幅の広い放射スペクトルは，**熱的光** (thermal radiation) とよばれる．これらに対し，管に何かのガスを詰め，その中で電気放電を起こさせれば，その中の原子は励起されて放射する．放射される光は，それら原子のエネルギーレベルに固有のもので，一連の明瞭な周波数帯あるいは線からなっている．このような装置はガス放電管として知られている．ガスがクリプトンの同位体 ^{86}Kr のとき，一連の線の幅は特に狭い．(核スピンが 0 であり，超微細構造がない.) ^{86}Kr のオレンジがかった赤の線は，真空中での波長が $605.780\,210\,5\,\mathrm{nm}$ で，半値幅 (ピーク値の 1/2 での線幅) がわずか $0.000\,47\,\mathrm{nm}$ あるいは約 $400\mathrm{MHz}$ である．それゆえに 1983 年までこの線が長さの国際標準であった．(波長の $1\,650\,763.73$ 倍が $1\mathrm{m}$ に等しい.)

白色光 (white light) は，可視スペクトルのすべての色が混合したものと認識したのは，ニュートンが初めてであった．また，何世紀もの間プリズムは白色光を異なる度合で変化させて色を生み出せないと考えられていたが，ニュートンはプリズムを使って光を単に散開させ，それを分けて構成色を出した．驚くことではないが，"白さの概念" は地球上での日光スペクトルに対する私たちの感覚に依存していると思われる．この日光スペクトルは広い周波数範囲に分布しているが，一般に赤側より紫側でより急峻に低下する (図 3.44)．人間の眼と脳からなる検出器は，広範囲な周波数の混合，しかも通常は各周波数のエネルギーが等しい場合を，白と知覚する．そして，これが私たちのいう白色光の意味で，スペクトル中に均等に分布したたくさんの色のことである．しかしながら，"おおよそ白" と感じさせる，多くの異なるスペクトル分布がある．室内の白熱電球の光と戸外の日光の下では，一片の紙の "白さ" がまったく違っていても，白と認識する．事実，白の知覚を与える色のついた光ビームの対はたくさんあり

[*14] 人間の生理機能の点から光を定義する必要はない．それどころか，そのような定義はあまりよい考え方でないことを示す，多くの証拠がある．たとえば，T. J. Wang, "Visual Response of the Human Eye to X Radiation," *Am. J. Phys.* **35**, 779 (1967) を参照すること．

(たとえば 656 nm の赤と 492 nm のシアン)，ある白と他の白を眼はいつも区別できるとは限らない．耳が音を周波数分解するようには，眼は光を調和成分に周波数分解できない (7.3 節参照).

理想的な放射源，いわゆる**黒体** (black-body) からの熱的放射は，黒体の温度に依存している (図 13.2)．ほとんどの熱い灼熱物体は，多かれ少なかれ黒体に似ており，広い周波数範囲を放射している．ここで，物体が冷たいほど，より多くのエネルギーがスペクトルの低周波数端に集まる．また，物体は熱いほど，物体はより明るい．絶対ゼロ度以上のものはすべて電磁放射を放出するが，可視光領域で強く放射する前には，それらのものはかなり熱くなければならず，したがって，人々が放射するのは主として赤外線で，光はほとんど検出できないことを知るべきである．これとは対照的に，比較的低い 1700 K のマッチの炎は赤橙色に輝き，それより少し熱い約 1850 K のローソクの炎はもっと黄色の強い色になる．さらに，約 2800 K から 3300 K の白熱電球は，少しだけ豊富な青を含んで黄白色に見えるスペクトルを出す．もっと高温の 6500 K では，一般に昼白色とよばれるスペクトルを得る．デジタルカメラ，DVD，ウェブ・グラフィクスをはじめとするほとんどの用途は，6500 K の色温度で作動するように設計されている.

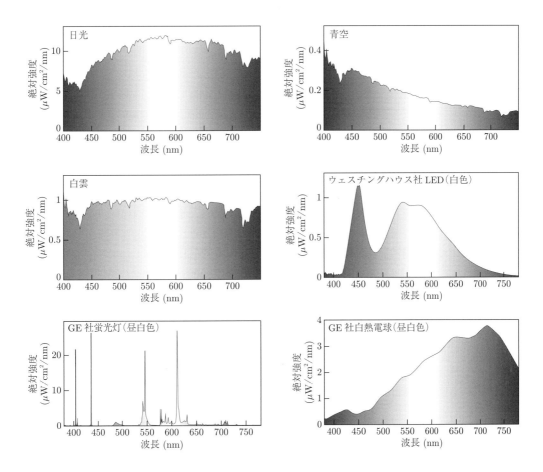

図 **3.44** 光の種々のスペクトル分布 (アデルフィ大学 Gottipaty N. Rao 博士)

色は基本的には，約384 THzの赤から，オレンジ，黄，緑，青色を経て約769 THzの紫までの (表3.4) 種々の周波数領域に対する，主観的な人間の生理と心理の応答である．色は光自体の特性でなく，眼と神経と脳からなる電気化学的な知覚系の反応表示である．より正確には，私たちは"黄色い光"というべきでなく，"黄色に見える光"というべきである．確かに，種々の異なる周波数混合が，眼と脳の検出器から同じ色という応答を引き出せる．信じる信じないにかかわらず，赤い光のビーム (たとえばピークが430 THz) と緑の光のビーム (たとえばピークが540 THz) の重なりは，実際はいわゆる黄色帯に周波数がないのに，黄色い光という知覚をもたらす．明らかに，眼と脳は入力を平均化し，黄色を"見る"のである (4.9節参照)．これが，赤と緑と青の3種の蛍光体だけで，カラーテレビの画面が機能できる理由である．

降りそそぐ太陽光の中では，光子束密度は10^{21} 光子/m^2 ぐらいであり，エネルギー伝送における量子的な性質は十分覆い隠されると一般に期待できる．しかし，可視域 ($h\nu \approx 1.6\,eV$ から 3.2eV) の光子は，個々の網膜の官能基に十分作用できるエネルギーをもっているので，微弱なビーム中では粒子性がはっきりしてくる．人間の視覚に関する研究によると，眼は10個程度の少ない光子，たぶん1個の光子でも検出できるとされている．

3.6.5 紫　外　線

スペクトルにおいて，光に隣り合っているのが紫外線領域 (約 8×10^{14} Hz から 3.4×10^{16} Hz あたり) で，リッター (Johann Wilhelm Ritter, 1776–1810) によって発見された．この範囲の光子のエネルギーは，ほぼ3.2eV から 100eV である．したがって，太陽からの紫外線あるいは UV 光線は，大気上空の原子をイオン化するのに十分すぎるエネルギーをもっていて，イオン化により電離層を生み出している．また，これら光子のエネルギーは，多くの化学反応のエネルギーにも相当し，紫外線は化学反応を起こさせる重要なきっかけとなっている．幸運なことに，死をもたらす太陽からの紫外線の流れを，大気中のオゾン (O_3) が吸収する．およそ290 nm 以下の波長では，紫外線は殺菌力がある．(つまり，微生物を殺す.) そして，放射エネルギーの粒子的な側面は，周波数が高くなるにつれますます明瞭になる．

人間は紫外線をよく見ることはできない．それは，角膜が吸収するからで，特に波長が短くなると著しい．一方，眼のレンズは300 nm 以上で強い吸収を示す．白内障のために眼のレンズを取った人は，紫外線 ($\lambda > 300$ nm) を見ることができる．蜜蜂のような昆虫の他に，多くの生物の視覚は紫外線に応答できる．たとえば，鳩は紫外線で照明された模様を認識でき，曇りの日でも太陽を頼りに飛行するのに，たぶんこの能力を使っているのだろう．

原子は，電子が高い励起状態からずっと下の状態に跳び移るときに，紫外線を放出する．たとえば，ナトリウム原子の最外殻電子はどんどん高いエネルギーレベルにもち上げられ，ついには5.1eV で最終的に原子から自由になり，原子はイオン化する．その後，イオンが自由電子と再結合すると，自由電子は光子放出しながら，多くの場合はいくつかの遷移を繰り返して，急速に基底状態に落ちる．しかし，この電子が一気に基底状態に落ち，5.1eV の一つの光子を放出することもある．原子に強く束縛さ

マリーナ10号で撮った金星の紫外線写真 (DVIDS/NASA)

れた内殻の電子が励起される場合は，もっとエネルギーの高い紫外線も発生する．

孤立原子の不対価電子は，可視光の重要な光源になる．しかし，同じような孤立原子が結合して分子や固体を形成するときは，価電子はこの化学結合の過程で，一般に対になる．その結果，多くの場合これら電子はより強く束縛され，分子の励起状態はより高く上がり紫外線領域になる．大気中の N_2, O_2, CO_2, H_2O のような分子は，まさにこの種の紫外線領域で電子共鳴をもっている．

今日では，紫外線用の写真フィルムや顕微鏡，地球を周回する紫外線天体望遠鏡，シンクロトロン光源，紫外線レーザーがある．

3.6.6 X 線

X線は1895年にレントゲン (Wilhelm Conrad Röntgen, 1845–1923) によって，偶然発見された．X線の周波数の広がりはほぼ 2.4×10^{16} Hz から 5×10^{19} Hz で，波長は極端に短く，ほとんどは原子より小さい．X線の量子エネルギーは十分大きく (100eVから0.2MeV)，あたかもエネルギーの弾丸のように明らかに粒子的にふるまい，1個で物質と瞬時に相互作用できる．X線を発生させる最も現実的な方法の一つは，高速の荷電粒子に対して急減速操作を行うことである．エネルギーの高い電子ビームが銅板のような標的物質に激突するとき，周波数範囲の広い**制動放射** (bremsstrahlung) が生じる．電子ビームと Cu 原子核との衝突によってビーム中の電子を偏向し，その際にX線量子が放出される．

さらに，衝突の間に，標的の原子はイオン化されるであろう．核に強く束縛された内殻電子の移動が起これば，電子雲が基底状態にもどるときに原子がX線を放射する．得られる量子化された放射は，標的原子に特有なもので，標的原子のエネルギーレベル構造を明らかにする．したがって，このような放射は**特性放射** (characteristic radiation) とよばれる．

昔からのフィルムを用いる医療用X線写真術は，普通の意味の写真画像というより，むしろ単なる陰の写し込みである．これは，有効なX線レンズをいまだつくれないか

148   3 電磁波, 光子, 光

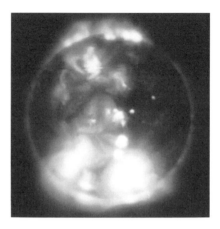

1970 年 3 月に撮られた太陽の早期 X 線写真. 月の周縁が南東の隅に見える. (G. Vaiana 博士および NASA)

らである. しかし, 反射鏡を用いた最近の集光技術 (5.4 節参照) によって X 線像形成の時代が拓かれ始め, 核融合燃料の爆縮から, 太陽 (上の写真参照) や遠くのクェーサー, そしてブラックホールといった天体光源, いわゆる主に X 線領域の電磁波を放出している何百万度という温度の物体など, あらゆる物体の詳細な像が明らかにされつつある. 地球周回軌道上の X 線望遠鏡は, 宇宙に対する素晴らしい眼を新たに与えてくれている (p.149 の写真参照). X 線顕微鏡, ピコ秒で動作する X 線ストリークカメラ, X 線回折格子や干渉計があり, X 線ホログラフィーの研究も継続されている. 1984 年

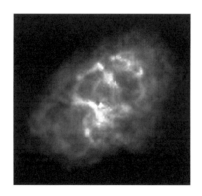

(地球から 6000 光年の距離にある) かに星雲は, 西暦 1054 年に地球上で見られた星の爆発, つまり超新星の残骸である. この星雲は, 長波長のラジオ波の明るい光源である. この場合, 個々の光子エネルギーは比較的低い. この写真では, 遠く離れた星々の背景が見られないことに注意しよう. (DVIDS/NASA)

(おうし座に位置する) かに星雲の中心は, 高速回転する中性子星あるいはパルサーで, 1 秒間に 30 回の閃光放射を放出する. この星雲の写真は, 近赤外放射エネルギーを利用して撮られた. 比較的高温の領域は, 写真の中で明るい領域として写っている. 背景にあるいくつかの星は, 近赤外光より可視光での方がより明るく見える. (DVIDS/NASA)

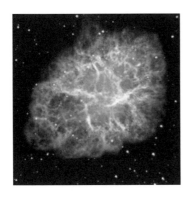 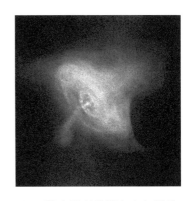

かに星雲の光学写真．この像を形成する光は，中程度のエネルギーの粒子から出ている．糸状の部分は何万度もの高温ガスである．(DVIDS/NASA)

この驚くほど鮮明なかに星雲 (p.117 の写真参照) の X 線像は，周回している X 線望遠鏡チャンドラによって最近撮影されたもの．写真から，パルサー中の最もエネルギーの高い粒子の位置が明らかである．(DVIDS/NASA)

に，ローレンス・リバモア国立研究所のグループが，20.6 nm の波長でレーザー放射を得るのに成功した．より正確にいえば，この波長は極端紫外線 (VUV) 領域であるが，X 線領域に十分近く，最初の軟 X 線レーザーといえる．

3.6.7 ガンマ線

ガンマ線は最もエネルギーが高く (10^4 eV から約 10^{19} eV)，最も短波長な電磁波である．これは原子核内で遷移を行う粒子によって放射される．1 個のガンマ線光子は非常に多くのエネルギーを運ぶので，困難なく検出できる．同時に，ガンマ線の波長は非常に短いので，波動としての性質を観察するのは現状ではきわめて難しい．

電波周波数の波動的な応答からガンマ線の粒子的な挙動まで，全領域を見てきた．光は (対数で表示した) スペクトルの中央近くに位置している．すべての電磁波に関して，そのエネルギーは量子化されるが，私たちの"解釈"はどのように"見る"かに依存している．

3.7 場の量子論

一つの荷電粒子は他のいくつもの荷電粒子に力を及ぼす．1 個の荷電粒子はそのまわりの空間に，電磁的な相互作用をするクモの巣状のものを形成している．このイメージは電場の概念を導き，巨視的レベルでの電磁相互作用の実態を示している．静電場は，実際には電荷間の相互作用を要約する空間的な概念である．ファラデーの考え方を通じて，場の概念は拡張され，1 個の電荷は電場 $\vec{E}$ を空間に形成し，その電場の中にある他の電荷はその電場と直接相互作用すること，あるいはこれら二つの電荷の立場を逆にした場合を想定できるようになった．原因はともあれ，力の分布の図表示として始めたことが，場という実体あるものになり，場自体が力を及ぼすことができ

図 3.45 ネオジウム添加ガラスレーザーからの緑の極短光パルス．側面に mm 単位で印を付けた水の容器中をパルスが右から左に進んでいる．10 ps の露光時間で，パルスは約 2.2 mm 移動している．(ベル研究所)

ると考えられるようになった．この考え方には多くの疑問があるものの，図表示は非常にわかりやすい．それでは静電場 $\vec{E}$ は内外に対して矛盾のない物理的実在だろうか．そうだとして，静電場はエネルギーで空間を満たしているのだろうか．それはどのようにして起こるのだろうか．何かが本当に流れているのだろうか．どのようにして静電場は電荷に力を与えるのだろうか．影響を与えるのに時間を要するのだろうか．

電磁場が実在するものになったとたん，物理学者たちは何もない空間に都合よく広がる希薄な媒質の波動を想像できた．つまり，**光は電磁場における電磁的な波動である**と考えた．しかし，実在する場を伝わる波動を想像するのはたいへん簡単であるが，図 3.45 に示したような，空間に発射された局在パルスが，どのように概念化されるかはあまり明白でない．パルスの前に広がって空間を満たしている静電磁場はない．もしパルスが電磁場という媒質中を進むものなら，進行するに際してパルスはまずはじめに媒質自体をつくり出さなければならない．この状況をある程度想像するのは不可能ではないが，いわゆる古典的な波動をもち出すことはできない．すべての古典的波動に対して，平衡状態にある媒質の存在が，基本的な出発点である．すなわち波動の通過前後においてあらゆる場所に存在しなければならない．したがって，電磁波という考え方は数学的にはたいへん美しいが，概念的にそんなに明白でない．

1905 年という早い時期に，アインシュタインは電磁理論の古典的方程式は対象としている物理量の平均値を記述していると，すでに考えていた．彼はプランクに書き送っている．"エーテルを仮定しないで空間に連続的に分布するエネルギーを考えることは，私には矛盾と思える．… ファラデーの表現は電気力学の発展には有益であったが，その考え方はあらゆる面で厳密に維持されるべきとは，私には考えられない"．古典論は測定されたすべての結果をうまく説明したが，現象のきわめて微細な粒子的構

造には無力であった．アインシュタインは熱力学的考察から，電場および磁場は量子化され，また，連続的であるより粒子的であると唱えた．つまるところ，古典論が発展したのは，電子が発見される何十年も前のことであった．電磁現象の根源である電荷が量子化されるのなら，理論はこれを何か基本的に反映するべきではないだろうか．

今日私たちは，莫大な計算能力と予測能力をもつ，しかし驚くほど抽象的で高度な数学的理論としての量子力学の恩恵に浴している．その中でも，微小粒子とその相互作用を扱う**場の量子論** (quantum field theory, QFT) は，いろいろな表現形式があるが，すべての物理理論の中で最も基礎となるものであり，かつたぶん最も成功したものである．光の量子は，電磁場を量子化することによって，まったく自然にこの理論から導き出される．この理論が明確に意味するところは，あらゆる微粒子は自分自身がもっているそれぞれの場に，同じように由来していることであり，いわゆる，**場こそが実体である**ということである．したがって，電子は電子場の量子であり，陽子は陽子場の量子であるといった具合である．20 世紀のなかばから，場の理論の研究者の仕事は，詳細な研究を通してこの理論を完成させることであった．

現在の場の理論には，二つの異なる考え方，すなわち場を中心とする考え方と，粒子を中心とする考え方である．場を中心とする考え方では，**場が基本となる実在で，粒子はその場の量子にすぎない**．粒子を中心とする考え方では，**粒子が基本となる実在で，場は粒子の巨視的なコヒーレント状態にすぎない**．場を中心とする考えの伝統は，ド・ブロイ (1923 年)，シュレーディンガー，ヨルダン (P. Jordan)，パウリにさかのぼり，彼らの研究はしばしば波動力学ともよばれる量子力学の変形版の基礎となった．粒子中心の考え方はハイゼンベルク (1925 年) の早期の研究に始まった．ただし，彼の精神的指導者は，電子–陽電子対理論でその後の粒子研究の進路を決めたディラックである．場の量子論の特別な支流によって電磁相互作用の相対論的量子力学での取り扱い方が研究され，それが**量子電磁力学** (Quantum Electrodynamics, QED) とよばれるようになった．これにもまた，粒子中心主義と場中心主義がある．量子電磁力学のいくつかの基本的な考え方は，ファインマン (R. P. Feynman) によって今日の利用できる水準に至った．この本のもう少し後の部分で，光学に関係する範囲でこれらの考え方を探ってみよう．

場の量子論の考え方をもとにした現代物理学では，すべての場は量子化され，四つの基本的な力 (重力，電磁力，強い相互作用，弱い相互作用) のいずれもが，特別な場の粒子で媒介されるとしている．このような**媒介ボース粒子** (messenger boson) は，相互作用している物質粒子 (電子，陽子など) によって，連続的に吸収・放出される．この継続する交換こそが相互作用である．電場を媒介する粒子は**仮想光子** (virtual photon) である．仮想光子は質量がなく，光速で移動し，運動量とエネルギーを運ぶ．二つの電子が反発したり，電子と陽子が引き合ったりするときには，仮想光子を放出・吸収することで，一方から他方に運動量を移動させている．この移動が力の作用の尺度である．電磁力の媒介粒子が"仮想的な"光子とよばれるのは，相互作用で結びついているからである．仮想光子は何らかの計測器で直接検出されることが期待されるが，その概念は定まっておらず，またその存在を証明するのはきわめて困難である．事実，仮想光子は実在光子と異なり，相互作用の手段としてのみ存在する．仮想光子は，きわ

152   3 電磁波，光子，光

めて抽象的な状態にとどまり，いまだ確かになっていない理論の産物である[*15].

　媒介粒子が膨大な数の集団を構成した場合には，巨視的レベルで媒介粒子は連続的な場として顕在化する．基本粒子は固有の角運動量あるいはスピンをもち，これらが集団構成の仕方を決めている．量子論によれば，$h/2\pi$ の整数倍に等しい角運動量 (すなわち，$0,\ 1h/2\pi, 2h/2\pi, 3h/2\pi, \cdots$) をもつ媒介粒子で力が媒介される場合にのみ，望む場が出現する．仮想光子は角運動量が $1(h/2\pi)$ で，スピンが 1 の粒子である．スピンが 1 の媒介粒子をもつきわめて重要な相互作用は，**ゲージ力** (gauge force) として知られている．そして，電磁力がすべてのゲージ力の原型である．今日，遠隔作用の不思議さは，仮想粒子の実に神秘的な交換で解釈されているが，少なくとも現在は，高度に予測的な数学理論がその現象の記述に使われている．

問　　　題[*16]

3.1 $E_x = 0,\ E_y = 2\cos[2\pi \times 10^{14}(t - x/c) + \pi/2],\ E_z = 0$ で表される真空中の平面電磁波を考える (SI 単位)．
(a) 周波数，波長，伝搬方向，振幅，初期位相，波動の偏光について述べよ．
(b) 磁束密度の式を書け．

3.2 $+z$ 方向に進む調和平面波を構成する場 $\vec{E}$ と $\vec{B}$ の式を書け．ただし，波動は yz 面に $45°$ の振動面をもつ直線偏光とする．

***3.3** 式 (3.30) を考慮し，

$$\vec{k} \times \vec{E} = \omega \vec{B}$$

は，電場の方向が一定である平面波で成り立つことを示せ．

***3.4** y 方向に電場 $\vec{E}$ をもつ電磁波を考える．式 (3.27)

$$\frac{\partial E}{\partial x} = -\frac{\partial B}{\partial t}$$

を調和波

$$\vec{E} = \vec{E}_0 \cos(kx - \omega t), \qquad \vec{B} = \vec{B}_0 \cos(kx - \omega t)$$

に適用すると，式 (3.30) に一致する

$$E_0 = cB_0$$

になることを示せ．

***3.5** ある電磁波が次の関数で表されている (SI 単位)．

$$\vec{E} = (-6\hat{\mathbf{i}} + 3\sqrt{5}\hat{\mathbf{j}})(10^4 \mathrm{V/m})e^{i[\frac{1}{3}(\sqrt{5}x + 2y)\pi \times 10^7 - 9.42 \times 10^{15}t]}$$

$\vec{E}$ と $\vec{k}$ は互いに垂直であることを思い起こそう．この電磁波の，(a) 電場が振動する方向，(b) 電場の振幅のスカラー値，(c) 波動の伝搬方向，(d) 波数と波長，(e) 周波数と角周波数，(f) 速度，を求めよ．

[*15] この話題に関しては，H. R. Brown and R. Harré, *Philosophical Foundations of Quantum Field Theory* で議論されているので，参照すること．
[*16] *を付した問題以外は，解答を最後に示している．

3.6 x の正の向きに進む電磁波の電場が，

$$\vec{E} = E_0\hat{\mathbf{j}}\sin\frac{\pi z}{z_0}\cos(kx - \omega t)$$

で与えられている．(a) 電場を言葉で述べてみよ．(b) k の式を求めよ．(c) 波動の位相速度を求めよ．

*__3.7__ 真空中の電磁波の電場 $\vec{E}(z,t)$ が，ある位置と時間において $\vec{E} = (10\,\mathrm{V/m})(\cos 0.5\pi)\hat{\mathbf{i}}$ で与えられる場合，それに伴う磁場 $\vec{B}$ の式を書け．

*__3.8__ z 方向に電場をもつ $550\,\mathrm{nm}$ の電磁波が，真空中で y 方向に進んでいる．(a) 波動の周波数はいくらか．(b) この波動の ω と k を求めよ．(c) 電場の振幅が $600\,\mathrm{V/m}$ なら，磁場の振幅はいくらか．(d) $x = 0, t = 0$ で 0 である $E(t)$ と $B(t)$ の式を書け．なお，すべてに適切な単位を付けること．

*__3.9__ 電磁波の電場が

$$\vec{E} = (\hat{\mathbf{i}} + \hat{\mathbf{j}})E_0\sin(kz - \omega t + \pi/6)$$

で記述される．磁場の式を書け．また，$\vec{B}(0,0)$ を求めよ．

*__3.10__ 前問で与えられた波動を用いて $\vec{E}(-\lambda/2, 0)$ を求め，その瞬間においてそれを表すベクトルの略図を描け．

*__3.11__ 真空中を y 方向に進む平面電磁波が，

$$\vec{E}(x, y, z, t) = E_0\hat{\mathbf{i}}e^{i(ky - \omega t)}$$

で与えられている．この電磁波の電場に対応する磁場の式を求めよ．$\vec{E}_0$，$\vec{B}_0$ および伝搬ベクトル $\vec{k}$ を示す図を描け．

*__3.12__ 真空中の電磁波の磁場 $\vec{B}$ が，

$$\vec{B}(x, y, z, t) = B_0\hat{\mathbf{j}}e^{i(kz + \omega t)}$$

であるとして，これに伴う電場 $\vec{E}$ の式を書け．伝搬方向はどれか．

*__3.13__ 一つの平板電極から他の平板電極へ電荷を移すことによって，平行平板のコンデンサーを充電するのに必要な入力エネルギーを計算せよ．エネルギーは平板電極間の場に蓄積されるとして，その場の単位体積あたりのエネルギー u_E，すなわち式 (3.31) を計算せよ．[ヒント：充電過程で電場は強くなるから，積分するかその平均値 $E/2$ を使う．]

*__3.14__ 式 (3.32) から出発して，電磁波では電場と磁場のエネルギー密度は等しい ($u_E = u_B$) ことを証明せよ．

3.15 時間間隔 T での関数 $f(t)$ の時間平均は，

$$\langle f(t)\rangle_T = \frac{1}{T}\int_t^{t+T} f(t')\,dt'$$

で与えられる．ここで t' は単なるダミー変数である．$\tau = 2\pi/\omega$ が調和関数の周期なら，$T = \tau$ と $T \gg \tau$ で，

$$\langle\sin^2(\vec{k}\cdot\vec{r} - \omega t)\rangle = \frac{1}{2}$$

$$\langle\cos^2(\vec{k}\cdot\vec{r} - \omega t)\rangle = \frac{1}{2}$$

$$\langle\sin(\vec{k}\cdot\vec{r} - \omega t)\cos(\vec{k}\cdot\vec{r} - \omega t)\rangle = 0$$

であることを示せ．

154   3 電磁波，光子，光

*3.16 任意の時間間隔 T に対して，前問の一般的な式は，

$$\langle \cos^2 \omega t \rangle_T = \frac{1}{2}(1 + \mathrm{sinc}\,\omega T \cos 2\omega t)$$

であることを示せ．

*3.17 前問を念頭において，任意の時間間隔 T に対して，

$$\langle \sin^2 \omega t \rangle_T = \frac{1}{2}(1 - \mathrm{sinc}\,\omega T \cos 2\omega t)$$

であることを証明せよ．

*3.18 真空中の調和電磁波の強度が，

$$I = \frac{1}{2c\mu_0}{E_0}^2$$

で与えられることを証明せよ．次に，振幅 $15.0\,\mathrm{V/m}$ の平面波によって単位時間に運ばれる単位面積あたりのエネルギーの平均値を求めよ．

*3.19 出力 $1.0\,\mathrm{mW}$ のレーザーが，波長 $650\,\mathrm{nm}$ において断面積が $1.0\,\mathrm{cm}^2$ のほぼ平行なビームを生成している．波面は均一で光は真空中を伝搬すると仮定して，ビーム中の電場の振幅を求めよ．

*3.20 ほぼ円筒状のレーザービームが，完全吸収性の表面に垂直に入射する．このビーム (断面内では一様であると仮定する) の強度は $40\,\mathrm{W/cm}^2$ である．ビームの直径が $2.0/\sqrt{\pi}\,\mathrm{cm}$ の場合，1 分間あたりにどれくらいのエネルギーが吸収されるか．

*3.21 以下は，均一な誘電体中を伝搬する電磁波の電場 $\vec{\boldsymbol{E}}$ に対する式である．

$$\vec{\boldsymbol{E}} = (-100\,\mathrm{V/m})\hat{\mathbf{i}}e^{i(kz-\omega t)}$$

ここで，$\omega = 1.80 \times 10^{15}\,\mathrm{rad/s}$ で $k = 1.20 \times 10^7\,\mathrm{rad/m}$ である．
(a) 付随する磁場 $\vec{\boldsymbol{B}}$ を求めよ．(b) 屈折率を求めよ．(c) 誘電率を計算せよ．(d) 強度を求めよ．(e) $\vec{\boldsymbol{E}}_0$，$\vec{\boldsymbol{B}}_0$ および伝搬ベクトルである $\vec{\boldsymbol{k}}$ を示す図を描け．

*3.22 $20\,\mathrm{W}$ の放射エネルギー (ほとんど IR) を出すタングステン電球がある．それが点光源であるとして，$1.00\,\mathrm{m}$ 離れたところでの強度を求めよ．

*3.23 振動面が xy 平面で $+x$ 方向に進む直線偏光の電磁波を考える．周波数が $10\,\mathrm{MHz}$ で振幅が $E_0 = 0.08\,\mathrm{V/m}$ として，
(a) 波動の周期と波長を求めよ．
(b) $E(t)$ と $B(t)$ の式を書け．
(c) 波動の放射束密度 $\langle S \rangle$ を求めよ．

*3.24 太陽が放射する電磁波のパワーを平均したもの，いわゆる**光度** (luminosity)(L) は $3.9 \times 10^{26}\,\mathrm{W}$ である．地球の大気層上面 (太陽から $1.5 \times 10^{11}\,\mathrm{m}$) に到達する全放射エネルギーによる平均電場振幅を求めよ．

3.25 スカラー振幅が $10\,\mathrm{V/m}$ の直線偏光した調和平面波が，xy 面を振動面として xy 面内で x 軸から $45°$ の方向の直線に沿って進んでいる．k_x および k_y を正として，波動をベクトルで表現する式を書け．波動は真空中にあるとして放射束密度を計算せよ．

3.26 レーザーから時間幅 $2.00\,\mathrm{ns}$ の紫外線パルスが，ビーム径 $2.5\,\mathrm{mm}$ で放射されている．1 パルスのエネルギーは $6.0\,\mathrm{J}$ として，(a) 各パルス波連の空間長，(b) 1 パルスの単位体積あたりの平均エネルギーを求めよ．

*3.27 レーザーが真空中に時間幅 $10^{-12}\,\mathrm{s}$ の電磁波パルスを出している．放射束密度を $10^{20}\,\mathrm{W/m}^2$ として，ビームの電場振幅を求めよ．

3.28 ビーム径 2 mm で出力 1.0 mW のレーザーがある. ビームの発散は無視できるとして, レーザー光近傍のエネルギー密度を計算せよ.

*3.29 1 m³ あたり 100 匹の密度のイナゴの集団が 6 m/min で北に飛んでいる. イナゴの流動密度はいくらか. つまり, 飛行経路に垂直な 1 m² の面積を単位時間に何匹通過するか.

3.30 アンテナから出てくる周波数 100 MHz で放射束密度 19.88×10^{-2} W/m² の平面波の中にいるとする. 光子束密度, すなわち単位面積を単位時間に通過する光子数を計算せよ. また, その場所では 1 m³ 中に平均何個の光子があるか.

*3.31 100 W の黄色い電球があり, 熱損失は無視でき, 波長 550 nm の準単色光が出ているとすると, 1 秒間に何個の光子が放出されていることになるか. 実際には, 普通の 100 W の白熱電球では全消費電力のわずか 2.5% が可視光として放射されるだけである.

3.32 3.0 V の白熱フラッシュ電球に 0.25 A が流れていて, 消費電力の 1.0% が光 ($\lambda \approx 550$ nm) になっているとする. ビームは断面積 10 cm² のほぼ円筒状であるとして,
(a) 1 秒間に何個の光子が放出されるか.
(b) 1 m のビームには何個の光子があるか.
(c) 電球を出たときのビームの放射束密度はいくらか.

*3.33 点光源が 100 W の等方的な準単色放射をしている. 1 m 離れたところでの放射束密度はいくらか. その点での電場 $\vec{E}$ と磁場 $\vec{B}$ の振幅はいくらか.

3.34 エネルギーの観点から, 円筒波の振幅は $\sqrt{r}$ (r は距離) に逆比例していることを示せ. また, その変化を図示せよ.

*3.35 10^{19} Hz の X 線量子の運動量を求めよ.

3.36 電子に当たる電磁波を考える. 電子の運動量 $\vec{p}$ の時間変化率の平均が, 電磁波が電子にした仕事の時間変化率の平均に比例することを運動力学的に示すのは容易である. 特に,

$$\left\langle \frac{d\vec{p}}{dt} \right\rangle = \frac{1}{c} \left\langle \frac{dW}{dt} \right\rangle \hat{\mathbf{i}}$$

である. この運動量変化が完全な吸収媒質に伝わるとして, そのときの圧力が式 (3.51) で与えられることを示せ.

*3.37 波長が 0.12 m の調和電磁平面波が, 真空中を正の z 方向に伝搬している. これは x 軸に沿って振動し, 電場 E は $t = 0$ および $z = 0$ で最大値 $E(0, 0) = +6.0$ V/m をもつ. (a) $\vec{E}(z, t)$ の式を書け. (b) 磁場の式を書け. (c) この波動のベクトル運動量の密度の式を書け.

*3.38 垂直入射の光ビームが全部反射されるときの放射圧の式を導け. その結果を, 法線に対して θ の角度で斜め入射する場合に一般化せよ.

3.39 完全な吸収性スクリーンが, 100 秒にわたって 300 W の光で照射されている. スクリーンに移される全運動量を計算せよ.

3.40 地球の大気層上面 (太陽から 1.5×10^{11} m) に到達する太陽光のポインティング・ベクトルの平均的大きさは 1.4 kW/m² である.
(a) 太陽に面している金属反射鏡の受ける平均放射圧を計算せよ.
(b) 直径が 1.4×10^9 m である太陽の円形表面での平均放射圧の概略値を求めよ.

*3.41 一定強度 (I) の光ビームに垂直に置かれた面がある. その面に吸収される強度の割合を α すれば, その面の受ける圧力が

$$\mathcal{P} = (2 - \alpha)I/c$$

で与えられることを示せ.

*3.42 強度 $2.00 \times 10^6\,\mathrm{W/m^2}$ の光ビームが，反射率 70.0% で吸収率 30.0% の面を垂直に照射している．その面の放射圧を計算せよ．

3.43 宇宙基地の $40\,\mathrm{m} \times 50\,\mathrm{m}$ で平坦な高反射率の側壁が，地球周回軌道にあって太陽に面しているとき，平均どれぐらいの力を受けるか．

3.44 直径 $2\,\mathrm{m}$ の放物面マイクロ波アンテナが，パルス状に $200\,\mathrm{kW}$ のエネルギーを出している．パルス幅が $2\,\mu s$ で 1 秒間に 500 パルス出ているとして，アンテナが反作用で受ける力の平均を求めよ．

3.45 $10\,\mathrm{W}$ のランプ (無尽蔵に電力供給を受けている) をもって自由空間を宇宙遊泳している状態を考える．放射圧を推進力として使うと，$10\,\mathrm{m/s}$ の速度に達するのにどれぐらいの時間がかかるか．ここで宇宙飛行士の全質量は $100\,\mathrm{kg}$ とする．

3.46 図 3.26b に示されている一様運動する電荷を考える．電荷を囲む球を描き，そしてポインティング・ベクトルを用いて，その電荷は放射しないことを示せ．

*3.47 次式で与えられる電場強度をもつ，直線偏光した平面調和波が，1 枚のガラスの中を進んでいる．

$$E_z = E_0 \cos \pi 10^{15} \left(t - \frac{x}{0.65c} \right)$$

(a) 光波の周波数はいくらか．
(b) 波長はいくらか．
(c) ガラスの屈折率はいくらか．

*3.48 ダイヤモンドの屈折率が 2.42 なら，その中の光の速度はいくらか．

*3.49 ある光波の真空中での波長を $540\,\mathrm{nm}$ とする．屈折率 $n = 1.33$ の水の中では波長はいくらか．

*3.50 光の速度を真空中に比べて 10% 低下させる媒質の屈折率はいくらか．

3.51 チタン酸ストロンチウム $(\mathrm{SrTiO_3})$(fabulite) 中での光の速度 (位相速度) が $1.245 \times 10^8\,\mathrm{m/s}$ であれば，屈折率はいくらか．

*3.52 黄色い光が 1 秒間に水 $(n = 1.33)$ の中を進む距離はいくらか．

*3.53 真空中で $500\,\mathrm{nm}$ の光が屈折率 1.60 のガラス板に入り，板に垂直に伝搬してゆく．板厚が $1.00\,\mathrm{cm}$ なら，その厚さは光の何波長分に相当しているか．

*3.54 ナトリウムランプからの黄色い光 $(\lambda_0 = 589\,\mathrm{nm})$ が，屈折率 1.47 のグリセリンで満たされた全長 $20.0\,\mathrm{m}$ のタンクを，時間 t_1 で通過するとする．同じタンクを 2 硫化炭素 $(n = 1.63)$ で満たしたら，通過時間は t_2 になる．$t_2 - t_1$ を求めよ．

*3.55 光波が真空中を点 A から点 B に進んでいる．光路中に厚さ $L = 1.00\,\mathrm{mm}$ のガラス $(n_g = 1.50)$ の平板を置いたとする．光波の真空中での波長が $500\,\mathrm{nm}$ なら，点 A と点 B の間は，ガラス板のない場合とある場合で，それぞれ何波長分に相当するか．ガラス板を置いたことによる位相変化はいくらか．

3.56 低周波数での水の比誘電率は 0°C での 88.00 から 100°C の 55.33 へと変化する．このような変化がなぜ起こるか説明せよ．同じような温度範囲で，屈折率 $(\lambda = 589.3\,\mathrm{nm})$ はほぼ 1.33 から 1.32 に変化する．屈折率 n の変化が対応する誘電率 K_E の変化に比べて小さい理由を説明せよ．

3.57 ただ一つの共鳴周波数 ω_0 をもつ，ガスのような低密度の物質では，屈折率が次式で与えられることを示せ．

$$n \approx 1 + \frac{Nq_e{}^2}{2\epsilon_0 m_e(\omega_0{}^2 - \omega^2)}$$

*3.58 次章の式 (4.47) から，ある物質の屈折率が周囲のそれと大きく異なるときは，その物質は放射エネルギーをかなりよく反射することがわかる．

(a) マイクロ波の周波数での氷の誘電率はおおむね 1 であるが，水では約 80 倍大きい．なぜか．

(b) マイクロ波ビームは容易に氷を通過するが，激しい雨に出会うと相当反射されるのはどうしてか．

3.59 フクシンは強力なアニリン系染料で，アルコールに溶かすと深紅色である．これはスペクトルの緑成分を吸収するからである．(予想する通り，フクシンの結晶表面は緑の光を相当強く反射する．) 薄い側壁の中空のプリズムにフクシンの溶液が満たされているとする．白色光が入射するとそのスペクトルはどうなるか答えよ．ところで，異常分散は 1840 年にタルボット (Fox Talbot) によって初めて発見され，1862 年にルロー (Le Roux) によってその名が付けられた．この発見はすぐに忘れられ，8 年後にクリスチャンセン (C. Christiansen) によって再発見された．

*__3.60__ 式 (3.71) について，両辺が一致するのを確認するために，単位をしらべよ．

3.61 鉛ガラスの共鳴周波数は可視光領域に近い紫外線領域にあるが，溶融石英では可視光領域から十分離れた紫外線領域にある．分散公式を使って，周波数 ω に対する屈折率 n のおおよそを，スペクトルの可視光領域でスケッチせよ．

*__3.62__ 式 (3.70) が，

$$(n^2 - 1)^{-1} = -C\lambda^{-2} + C\lambda_0^{-2}$$

と書き直せることを示せ．ただし，$C = 4\pi^2 c^2 \epsilon_0 m_e / N q_e^2$ である．

3.63 コーシー (Augustin Louis Cauchy, 1789–1857) は，可視光領域で透明な物質の屈折率 $n(\lambda)$ の経験式を求めた．彼の式はべき級数の形で

$$n = C_1 + C_2/\lambda^2 + C_3/\lambda^4 + \cdots$$

と書け，C_i はすべて定数である．図 3.41 を参照して，C_1 の物理的な意味は何か．

3.64 前問に関連し，一対の吸収帯に挟まれた各部分には，コーシーの式がよく成り立つ領域があることに注意しよう．(領域ごとに定数の組は別になる．) 図 3.41 を見て，スペクトル上で ω が減少すると C_1 の値はどうなるか述べよ．コーシーの式のはじめの 2 項だけを残して 3 項以降を無視し，図 3.40 から可視光領域でのホウケイ酸クラウンガラスの C_1 と C_2 の値を見積もれ．

*__3.65__ 水晶の屈折率は波長 410.0 nm と 550.0 nm でそれぞれ 1.557 と 1.547 である．コーシーの式の最初の 2 項だけを使って C_1 と C_2 を計算し，610.0 nm での水晶の屈折率を求めよ．

*__3.66__ 1871 年にセルメイヤー (Sellmeier) は次の式を導いた．

$$n^2 = 1 + \sum_j \frac{A_j \lambda^2}{\lambda^2 - \lambda_{0_j}{}^2}$$

ここで A_j は定数で，λ_{0_j} は固有周波数 ν_{0_j} に応じた真空中での波長で，$\lambda_{0_j}\nu_{0_j} = c$ である．この式はコーシーの式に比べ，現実に合うよう相当改良されている．$\lambda \gg \lambda_{0_j}$ ではコーシーの式がセルメイヤーの式の近似になることを示せ．[ヒント：上式の総和の第 1 項だけをとり，2 項定理で展開し，n^2 の平方根をとって再度展開する．]

*__3.67__ 紫外線光子が一酸化炭素分子を酸素原子と炭素原子に分解するには，11 eV のエネルギーを与えなければならない．分解に適した放射の最低周波数はいくらか．

4

光 の 伝 搬

4.1 は じ め に

この章では，透過，反射，屈折という基礎現象について述べる．これらを古典的な二つの記述法で，すなわちはじめに波動や光線の一般的概念を用い，次に電磁理論のより特別な観点から順次説明する．その後に，光学現象の現代的な解釈のために，きわめて簡単化した量子電磁力学 (QED) による取扱いについて述べる．

ほとんどの読者は，これらの基本的な光の伝搬現象について，初歩的な方法ですでに学び，反射や屈折の法則といった考え方が簡単で単純なものであると思っているだろう．しかし，そのような取扱いは巨視的な考え方であり，表面的で誤解を与えやすい．たとえば，反射は光が "表面ではね返る" だけの簡単なことのように見えるが，一般には無数の原子の統御されたふるまいを含む，驚くほど不思議な現象である．これらの過程は詳しくしらべればしらべるほど，関心をよび興味深いものになる．これらの関心事の他に，たくさんの魅惑的な疑問が問いかけられている．物質媒体を光はどのように通過するのか，そのとき光に何が起こるのか，光子は c の速度でしか存在しないのに，なぜ光は c でない速度で進むように見えるのか．

物質と光の出会い方の一つ一つは，電磁場の働きで空間に維持されている原子の配列中を光子の流れが進み，そして相互作用する際に生じる協同現象であると考えられる．原子配列中における光子の流れ方の微妙な違いで，なぜ，空は青くて血液は赤いのか，角膜は透明で手は不透明なのか，雪は白くて雨はそうでないのかが説明される．この章では散乱 (scattering) を中心課題にしている．特に，原子や分子に付随した電子による電磁放射の吸収と，それに即応する再放出を取り上げる．**透過・反射・屈折という過程は，半微視的レベルで生じている散乱が巨視的に顕在化したものである．**

解析を始めるにあたり，種々の一様媒質中での放射エネルギーの伝搬についてまず考えよう．

4.2 レイリー散乱

広い周波数の太陽光の細いビームが，何もない空間中を進んでいるとしよう．進行につれて，ビームはごくわずかに広がるが，そのような状況にありながら，全エネルギーは c の速度で前進しつづけている．そして散乱もなく，横からビームを見ることはできない．また，光はどんなことがあっても，減速することも消えることもない．1.7×10^5 光年離れた近くの銀河にある星が，1987 年に爆発するのが観察されたとき，地球に

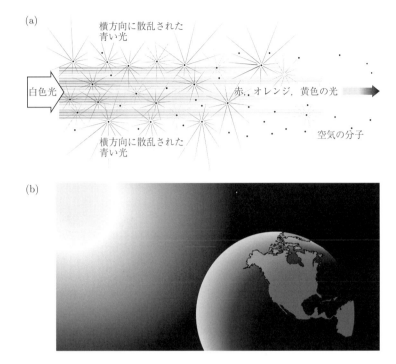

図 4.1 (a) 空気分子が広い間隔で分布している領域を進む太陽光.横方向に散乱される光はほとんど青であり,これが空の青く見える理由である.赤が強い散乱しない透過光は,日の出か日の入りの太陽高度の低いときにのみ見られる.(b) 大気による散乱で,太陽が昼夜の境界線より 18°だけ夜側に沈んでも太陽光線は届く.このたそがれ領域を過ぎると,空の明るさはなくなり,完全な夜の暗さになる.

到達した閃光は 170 000 年もの間,空間を進んできたのである.**光子は永久のものである.**

　次に,窒素や酸素などの分子からなる少量の空気を空間に混ぜたとしてみよう.これらの分子は可視光領域では共鳴しないから,光子を吸収して励起状態に上がることはなく,したがってガスは透明である.しかし各分子は,流入する光子によって電子雲が基底状態で駆動されている,小さな振動子としてふるまう.振動し始めるとただちに,分子は光を再放出する.光子は吸収され,遅れることなく,吸収された光子がもっていた周波数と同じ周波数(そして波長)の光子が放出される.つまり,光は"弾性的に散乱される".分子の方向はランダムであり,光子はあらゆる方向に散乱される(図 4.1).光が微弱の場合でも光子の数は莫大であり,分子は小さな古典的球面波を散乱させるようになり(図 4.2),エネルギーはあらゆる方向に流れ去っているように見える.しかし,散乱過程はきわめて弱く,そしてガスは希薄であるから,ビームは巨大体積の空気中を通過しない限り,ほとんど減衰しない.

　すべての分子は紫外線領域で電子的に共鳴するから,基底状態での振動の振幅,したがって散乱光の振幅は周波数とともに増加する.駆動周波数が共鳴周波数に近いほど,振動子はより強く応答する.したがって,ビームから外れて横方向に,紫が強く散乱され,青はやや弱く,緑はかなり弱く,黄色はさらにより弱く,というように散乱される.こうして,ガスを横切るビームではスペクトルの端である赤が優勢になり,

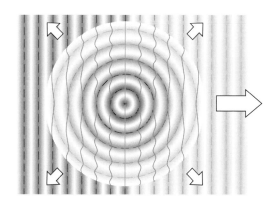

図 4.2 左から入射する平面波が，1個の原子を横切り，球面状の波が散乱されている．この過程は連続し，そして1秒間に何億もの光子が，散乱原子からあらゆる方向に流れ出してゆく．

散乱光では青が優勢になる．(太陽光はそもそも青に比べて紫はそんなに強くない.) ヒトの眼は，広範囲で雑然とした散乱周波数 (しかし，紫，青，緑が優勢である) を平均化して，白に 476 nm の鮮明な青が足された背景をもたらし，私たちになじみ深い薄青色の空を出現させる[*1]．

量子力学が出現するずっと前に，レイリー (Rayleigh) 卿が分子振動子の観点から太陽光の散乱を研究した (1871 年)．彼は次元解析にもとづいた簡単な議論で，散乱光強度は $1/\lambda^4$ に比例し，したがって ν^4 で増加するとする正しい結論を得た (問題 4.1 参照)．この研究の以前は，微細な塵埃粒子による散乱で空が青く見えると，広く信じられていた．レイリー卿の研究以降，波長より小さい粒子 (およそ $\lambda/10$ 以下) が関与する散乱は，**レイリー散乱** (Rayleigh scattering) と称されるようになった．光は 500 nm 前後の波長であるのに比べ，原子や一般的な分子はその直径が 10 分の数 nm であるから，この要請を満たしている．さらに，一様でない小さなものは，光を散乱する．細かい繊維，泡，粒子，水滴，これらはすべて光を散乱する．レイリー散乱では，散乱体の正確な形状はあまり重要でない．散乱量は，入射光の波長で割った散乱体の直径に比例する．したがって，スペクトルの青い方の光が強く散乱される．人間の青い眼，アオカケスの羽，青く見えるトカゲのしっぽ，ヒヒの青い尻，これらはすべてレイリー散乱によって色づいている．実際，動物の世界では散乱によって，ほとんどの場合は青く，そしてしばしば緑に，ある場合は深紅に着色している．カケスの羽の羽毛にある小さな細胞による散乱が羽を青くし，オウムの緑は，選択的吸収に起因する黄と散乱による青の混合の結果である．静脈が青く見えるのは，一部は散乱による．

後述するように，大気圏の低いところのような，高密度の一様媒質はそんなには横方向に散乱しない．つまり，仮に海水面あたりの低い高度で青い光が強く散乱されるのなら，遠くの山は赤い鉢のように見えるはずであるが，何十 km も離れていてもそんなことは起こらない．大気圏の中程度の領域においても，密度はレイリー散乱を抑制す

[*1] G. S. Smith, "Human color vision and the unsaturated blue color of the daytime sky", *Am. J. Phys.* **73**, 590(2005).

太陽光を散乱する大気がないので，月の空は不気味な暗さである．(DVIDS/NASA)

るのに十分すぎるほど高く，他の何かが空の青く見えることに寄与しているはずである．中高度の大気圏では，空気の熱運動が迅速に変化する局部的な**密度ゆらぎ** (density fluctuation) をもたらしている．このような時々刻々とかなりランダムに変化する微視的なゆらぎは，分子密度の高い領域を形成し，一方向により強く散乱させる原因となる．スモルコフスキー (M. Smoluchowski, 1908) とアインシュタイン (1910 年) は，レイリー散乱にさらに追加する結果となるゆらぎによる散乱の理論について，基礎となる考えを別々に提唱した．通信網のガラスファイバーのように，光が長距離にわたって媒質中を進行する場合，密度の不均質性による散乱が重要になる．

一方向から大気圏に入ってくる太陽光は，あらゆる方向に散乱される．(レイリー散乱は前方と後方の両方向で同様である.) 大気がなければ，日中の空は何もない空間のように，また，月の空のように真っ黒であろう．太陽が地平線近くに低くなると，太陽光は正午のときよりはるかに分厚い空気層を通過する．そして，青側が大きく減衰し，太陽からは視線に沿って赤と黄色が伝搬してきて，あの燃えるような夕焼け空になるのである．

4.2.1 散乱と干渉

高密度媒質中では，互いに接近した莫大な数の原子または分子が，同じように莫大な数の散乱電磁波をつくる．これら散乱電磁波は，希薄な媒質中では生じない過程で，重なり干渉する．一般に，**光が進んでいる媒質が高密度であればあるほど，横方向への散乱は少なくなる**．そして，なぜそうなるかを理解するには，生じている干渉についてしらべなければならない．

干渉についてはすでに議論したし，第 7 章と 9 章でもっと詳細に扱う．ここでは基本事項だけで十分である．干渉とは，"二つ以上の波動の重ね合せであり，最終的にもたらされる一つの波動はこれら要素波の和である" ことを思い出そう．図 2.16 は，同一方向に進む同じ周波数の二つの調和波を示している．二つの要素波の位相が正確に一致していたら (図 2.16a)，すべての点での重ね合せの結果は，要素波の波高値の和である．この極端な場合は，全体として**強め合う干渉** (constructive interference) とよばれる．もう一方の極端な場合として，位相差が 180° になると要素波は打ち消し合うよ

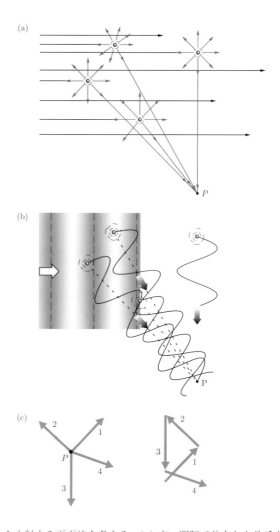

図 4.3 左から入射する平面波を考える．(a) 広い間隔で分布した分子からの光散乱．(b) 横方向の点 P に到達する 2 次波には異なる位相が混在し，一定の強め合う干渉にはなりにくい．(c) その過程は，位相子を用いることで最も容易に理解できる．各 2 次波が P に到達したとき，位相子は互いに大きな角度差をもっている．矢印の先端部と尾部をつないで加算すると，らせん状になる傾向があり，結果としては小さな位相子になる．実際には，長く明瞭な 4 本の位相子でなく，何百万もの小さい位相子を扱うことになる．

うになり，全体として**弱め合う干渉** (destructive interference) とよばれる (図 2.16d)．

　レイリー散乱の理論は，空間にランダムに配置された独立な分子を前提にしているから，横に散乱された 2 次波の位相には互いに特別な関係がなく，干渉パターンも発生しない．この状況は，希薄ガスのように，分子散乱体の間隔がおおよそ 1 波長かそれ以上のときに生じる．図 4.3a では，平行な光ビームが左から入射している．このいわゆる 1 次光波場 (この場合平面波で構成されている) が広い間隔の一群の分子を照射する．1 次の波面が継続的に前進し，個々の分子を通過するとともに，エネルギーの

付与を繰り返す．そして，個々の分子は順に光を全方向に散乱する．もちろんある横の点 P へも散乱する．個々の散乱分子から P への距離は波長 λ に比べて大きく異なるから，P に到達するある散乱波は互いに進んだり遅れたりしており，その差は波長の数倍となる (図 4.3b)．換言すれば，P における散乱波の位相は大きく異なる．(分子は動き回っているし，この運動も位相を変えることに注意すること．) どの瞬間においても，いくつかの散乱波は強め合う干渉を行い，いくつかは弱め合う干渉を行う．そしてランダムな位相差での散乱波の重なり合いがあり，干渉は実効的に平均化される．広い間隔でランダムに配置された散乱体は，入射する 1 次波で駆動されると，前方方向以外のあらゆる方向に，互いに独立な散乱波を放射する．横方向に散乱された光は，干渉の邪魔を受けずにビームから出てゆく．地上約 100 マイルの高い高度での希薄な大気中が，このような状況にあり，かなりの量の青い光の散乱が生じている．

散乱光の放射強度が $1/\lambda^4$ に依存することは，双極子放射の考え方にもどれば，容易に理解できる (3.4.3 項)．つまり各分子は，入射光の電場で駆動されて振動している電子振動子と考えられ，また，互いに遠く離れているので個々の分子は独立であると仮定でき，式 (3.56) に従って放射する．散乱光の電場は本質的に独立で，横方向における干渉はない．したがって，点 P での正味の強度は，個々の分子からの散乱光の強度の代数和である．そして，個々の散乱体に対する強度は式 (3.57) で与えられ，それは ω^4 で変化している．

レーザーの出現で，低圧ガス中におけるレイリー散乱の直接的な観察が比較的容易になり，その観察結果から理論の正しさが確認されている．

前方伝搬

なぜ前方方向への伝搬が特別なのか，また，なぜ波動はどんな媒質中でも前進するのかを理解するために，図 4.4 を考えよう．前方の点 P に対し，(最も左にある原子によって) 最初に散乱された光は最も長い経路を進み，(右にある原子から) 最後に散乱されてきた光は最も短い経路を進む．もっと詳しい説明を図 4.5 に示す．この図は，入射する 1 次の平面波と相互作用する，二つの分子 A, B を時系列で示している．実線の円弧は 2 次波の山 (正の最大値) を表し，破線の円弧は谷 (負の最大値) に対応している．(a) では，1 次波の波面が分子 A に当たり，A が球面の 2 次波を散乱し始めて

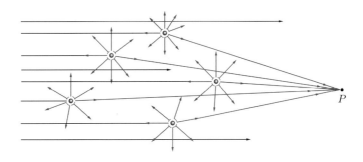

図 **4.4** 左から入射する平面波を考える．光はいくらか前方に散乱される．

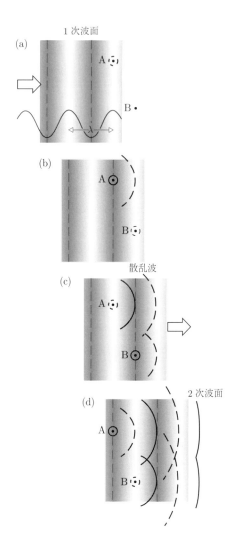

図 4.5 前方方向では，散乱された 2 次波は入射平面波の波面に同位相でやってくる．つまり散乱波の谷と山は平面波の谷と山にそれぞれ一致する．

いる．当面，2 次波は入射波と 180° 位相がずれていると考えておこう．(通常，駆動されている振動子は駆動源と位相がずれる．) このように，分子 A は山 (正の場 E) で駆動されて谷 (負の場 E) を放出する．(b) は球面の 2 次波と平面波が重なり，歩調は合っていないがともに進むのを示している．入射波面が分子 B に当たり，そして，B はやはり位相が 180° ずれている 2 次波を放出し始める．(c) と (d) で，二つの 2 次波は互いに同位相で前方に移動するのがわかる．以上の状況は，分子の数や分布に関係なく，このような 2 次波すべてに対して成り立つであろう．ビーム自体がもたらす散乱方向に関する非対称性のため，**すべての散乱 2 次波は前方方向では互いに強め合って足される**．

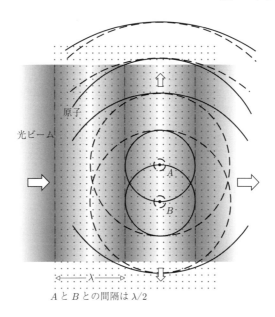

図 4.6 左から入射する平面波．媒質は多くの密に並んだ原子でできている．無数の原子の中の，半波長だけ離れて近接する二つの原子 A と B を，波面が励起する．その 2 原子が放射する 2 次波は弱め合う干渉をする．谷が山に重なり，これら 2 次波はビームに直交する方向では完全に打ち消し合う．以上の過程が何回も繰り返され，横方向に散乱される光はわずかか，あるいはまったくない．

4.2.2 高密度媒質中の光伝搬

さて，考えている領域の空気量が増加したとしよう．実際，1 辺が 1 波長の空気の立方体を考えれば，莫大な数の分子が含まれていて，この立方体はかなりの**光学的密度** (optical density) をもつといわれる．(この語法は，密度の増加に比例して屈折率も増加することを示したガスに関する初期の実験に由来しているのだろう.) 光の波長においては，標準状態の地上の大気は λ^3 の立方体の中に，約 300 万個の分子をもっている．きわめて近接している ($\approx 3\,\mathrm{nm}$) 散乱体からの 2 次波 ($\lambda \approx 500\,\mathrm{nm}$) は，ある点 P にランダムな位相で到達するとは仮定できず，したがって干渉が重要になる．これは，空気に比べ原子が 10 倍以上近接し，しかもはるかに規則的に並んでいる液体や固体でも同様である．このような場合，実効的に光は，対称性を壊すような不連続性のない均一な媒質に入射することになる．この場合，散乱波は前方方向では強め合う干渉をするが (そして多くの場合，分子の配列に関係しない)，それ以外のすべての方向では弱め合う干渉が優勢になる．**高密度で均質な媒質中では，横方向や後方に散乱される光はほとんどないかまったくない**．

この現象を説明するために，図 4.6 に規則正しく近接して配列された散乱体中を進むビームを示す．ビーム内の波面に沿った平面の上の全分子は，同じ位相でエネルギーが励起され，光を放射し，そして再びエネルギーが励起されるという過程を，光が通り過ぎる際に何回も繰り返す．こうして，ある分子 A はビームの外に球面状に放射するが，規則正しい近接した配列であるから，約 $\lambda/2$ 離れた分子 B があるはずで，ビー

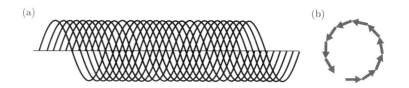

図 4.7 (a) 空間中のある点に，位相が少しずつずれた多数の小さな波が来ると，一般に負の電場と同じだけの正の電場があり，最終的な波はほとんどゼロである．(b) これらの波を表す小さい位相子は，小さな円をつくり，最終的な波は決して大きくない．(波の数に応じて長さは伸縮する．)

ムに直交する方向では両者からの 2 次波は打ち消し合う．ここで，λ は散乱体の大きさやその間隔より何千倍も大きく，任意の横方向において互いに 2 次波を打ち消し合うような，一対の分子がおそらくいつもあるだろう．完全な規則性がなくても，進行方向に垂直な方向にある点の正味の電場は，きわめて多くの "弱い" 散乱場の和のはずで，そして，隣り合う散乱体からの散乱場は多少の位相ずれがあるから，和 (考えている点が変われば値は変わる) はいつも小さいはずである (図 4.7)．これは，エネルギー保存の点から納得でき，どんな方向でも強め合う干渉は起こりえない．**干渉は，弱め合う領域から強め合う領域にエネルギーの再配分を行うのである．**

媒質がさらに高密度・均一・規則的であれば (つまり，さらに均質であれば)，横方向での弱め合う干渉はより完全になり，前方方向外の散乱はより少なくなるだろう．こうして，エネルギーのほとんどは前方方向に進み，ビームは本質的に消失することなく進行すると考えられる (図 4.8)．

分子一つからの散乱光は微弱である．エネルギーの半分が散乱されるには，緑の光なら大気中を約 150 km 横切らなければならないだろう．液体中には 1 気圧の同体積の蒸気に比べ，約 1000 倍の分子があるから，散乱が大きいと期待できる．しかし，液体ははるかに規則正しいし，密度ゆらぎはずっと小さいから，非前方散乱は相当抑制されるはずである．したがって，単位体積あたりの液体では気体より強い散乱が観察されるが，1000 倍ではなく 5 から 50 倍程度である．一つの分子に関していえば，液体は気体より基本的に散乱は少ない．それでも，水槽に数滴のミルクをたらし，明るいビーム状の閃光で照射してみると，ほの暗いが確かに青い光が横に散乱され，入射ビームは明らかに赤みがかって出てくる．

ガラスやプラスチックのように透明な非晶質固体も光を横方向に散乱するけれど，非常に弱い．水晶や雲母といった良質の結晶では，ほぼ完全な規則的構造のために，散乱はもっと弱い．もちろんあらゆる欠陥 (液体中の塵や泡，固体中のひびや不純物) は散乱体として作用し，これら散乱体が小さい場合は，宝石の月長石のように，出てくる光は青みがかっている．

1869 年に，チンダル (John Tyndall) は微粒子による散乱を実験的に研究した．彼は，粒子の大きさが波長の何分の 1 から大きくなるのに比例して，より長波長側の散乱量が増加することを発見した．空の普通の雲の存在は，比較的大きな水滴が白色光を色づかせずに散乱するという事実を証明している．脂肪の小球やミルク中のタン

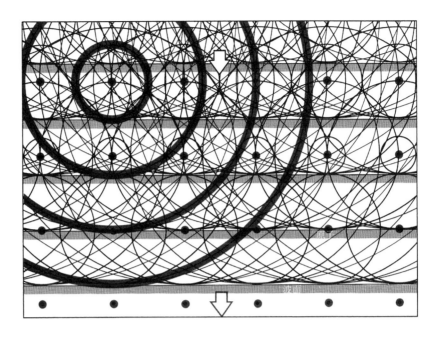

図 4.8 下向きに進んで，規則正しく並んだ原子に入射する平面波．あらゆる方向に出る散乱波は重なり合って，下方に進む 2 次の平面波を形成する．(E. H.)

パク質も同様である．

　粒子中の分子数が少ないとき，各分子は接近していて歩調を合わせて活動するので，各 2 次波は強め合う干渉を行い，散乱は強い．粒子の大きさが波長に近づくと，極論すれば各原子は位相の一致した 2 次波をもはや放射せず，散乱は消失し始める．これは最初短波長 (青) で生じ，そして粒子サイズが大きくなるのに比例して，スペクトルのより赤い方に移動する．こうして前方方向への散乱が強くなる．

　波長程度の大きさの球形粒子からの散乱の理論的解析は，1908 年にミー (Gustav Mie) によって初めて発表された．ミー散乱 (Mie scattering) は波長にごく弱くしか依存せず，粒子サイズが λ を超えるとその依存性はなくなる．(白色光が入射すると白色光のまま出てゆく．) ミー散乱では，理論は散乱体がほぼ球形であることを仮定している．散乱量は，散乱を生じさせる透明な気泡，結晶，繊維などの直径とともに増加する．ミー散乱は，レイリー散乱とは異なり，後方より前方の方向で強く生じる．レイリー散乱は，ミー散乱における粒子サイズが極限にまで小さくなった場合と考えられる．

　雲で覆われた日には，大きさが光波の波長に匹敵する雲の中の水滴によって空はにぶい灰色に見える．同じようにして，ある種の安物のプラスチック製食品箱や，白いプラスチック製ゴミ袋は，散乱光では薄い青に見え，透過光では独特のオレンジ色に見える．不透明にするために，ゴミ袋には直径約 200 nm の TiO_2 ($n = 2.76$) が 2 から 2.5% 含まれていて，これらによるミー散乱で青みがかった白色に見える[*2]．

[*2] ミルクや白い塗料のような不均一な不透明媒質が，光の実効的な速度をこの媒質に対して予想される値の 10 分の 1 にも小さくできることは，ごく最近，しかも偶然に発見された．S. John, "Localization of

168   4 光 の 伝 搬

透明な粒子の直径が波長の約 10 倍を超えると，幾何光学の通常の法則がうまく適用できるので，そのような過程は**幾何学的散乱** (geometrical scattering) とよばれる．

4.2.3 透過と屈折率

均質な媒質中の光の透過は，散乱と再散乱の過程の継続的繰り返しである．散乱のたびに，光波場の位相は変化し，結局透過するビームの見かけの位相速度は，公称値 c でなくなる．これは 1 でない媒質の屈折率 ($n = c/v$) に対応している．しかし，**光子は速度 c でのみ存在**することに変りはない．

このようなことがどうして起こるのかを，図 4.5 にもどって考えよう．そして，散乱波はすべて前方方向に同位相で重なり合い，いわゆる 2 次波を形成することになる．この 2 次波は散乱されなかった 1 次波と重なり合い，媒質内に観察される唯一の光波場，すなわち**透過波** (transmitted wave) が生じると，経験的根拠をもとに考えられる．"1 次と 2 次の両電磁波は原子間の空間を速度 c で伝搬する"．しかしながら，媒質は確かに 1 以外の屈折率を保有している．屈折波は c より小さいか，等しいか，あるいは場合によっては大きい位相速度を，もつように見えるかもしれない．この一見すると矛盾に見える疑問を解く鍵は，1 次波と 2 次波の位相関係にある．

古典的モデルでは，電子振動子は比較的低い周波数でのみ，駆動力 (つまり 1 次波) とほぼ完全に同じ位相で振動できると予想される．電磁場の周波数が増加すると振動子は遅れ，増加に比例して大きな位相遅れが出るだろう．詳しい解析からわかることは，位相遅れは共鳴時で 90° になり，その後周波数が特定の特性値を十分超えると，ほぼ 180°つまり半波長まで大きくなる．問題 4.4 を解けば，強制減衰振動の場合について，この位相遅れは明らかになる．また，図 4.9 に結果をまとめている．

これらの遅れ以外に，考慮すべき別の効果がある．散乱波が重ね合わさった際，その結果としての 2 次波自体が，振動子から 90°遅れる[*3]．

以上の両機構の効果を一緒にすると，共鳴周波数より低い周波数では 2 次波は 1 次波よりほぼ 90°と 180°の間の遅れを示し，共鳴周波数より高い周波数での遅れはほぼ 180°と 270°の間にある (図 4.10)．しかし，$\delta \geq 180°$の位相遅れは $360° - \delta$ の位相進みに等価である [たとえば，$\cos(\theta - 270°) = \cos(\theta + 90°)$]．これは，図 4.9b の右端のスケールを見ればよくわかる．

透明媒質の中では，1 次波と 2 次波は重なり，そして，それぞれの振幅と相対位相に依存して，最終的な透過波が生成される．透過波は散乱で弱められること以外は，1 次波が，あたかも自由空間中を横切っていたかのように，媒質中を進む．上で述べた過程を引き起こすこの自由空間中の波動伝搬に比べ，1 次波と 2 次波の重なりの結果としての透過波は位相が変化することになり，この位相差が重要となる．

1 次波に比べて 2 次波が遅れている (あるいは進んでいる) 場合，重なりの結果の透過波もある程度遅れて (進んで) いる (図 4.11)．この透過波の定性的な位相関係は，1 次波と 2 次波の振幅にも依存するが，とりあえず今の私たちの疑問に答えてくれるで

Light," *Phys. Today* **44**, 32 (1991) を参照のこと．

[*3] 回折に関する章で，ホイヘンス–フレネルの原理が予言することについて考察すれば，これはもっとはっきりする．ほとんどの電気と磁気の教科書は，シート状に並んだ振動電荷からの放射の問題を取り上げていて，90°の位相遅れは自然な結果である (問題 4.5 参照)．

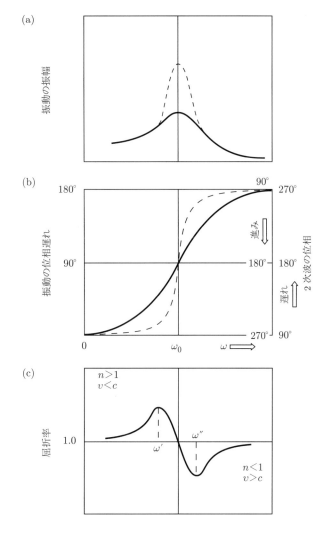

図 4.9 減衰振動子の駆動周波数に対する，(a) 振幅，(b) 位相遅れの概略図．破線は減衰の弱い場合に対応している．(c) は屈折率を示す．

あろう [式 (7.10) 参照]．ω_0 以下の周波数では，透過波は自由空間の波動より遅れ，ω_0 以上の周波数では進む．$\omega = \omega_0$ の特殊な場合は，2次波と1次波は 180° の位相ずれであり，2次波は1次波を弱めるように作用し，屈折波は位相に関して影響を受けないものの，振幅は大きく減少する．

透過波が媒質中を進むとき，散乱が何回も繰り返し生じる．媒質を通過する光は累進的に位相が遅れる (あるいは進む)．明らかに，波動の速度は位相一定条件の進行速度であるから，位相の変化は速度の変化に相当する．

さて，位相の変化が本当に位相速度の差に等しいことを示してみよう．自由空間では，ある点 P で重なって生じる波動は，

$$E_R(t) = E_0 \cos \omega t \tag{4.1}$$

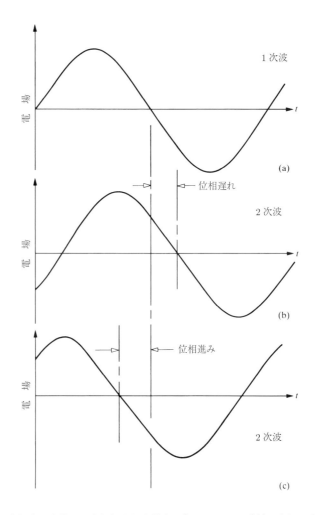

図 4.10 (a) は 1 次波で, (b) と (c) は想定できる二つの 2 次波. (b) では 1 次波より 2 次波が遅れていて, ある定められた値になるのに時間を要す. (c) では, ある定められた値に 2 次波の方が 1 次波より先になる, つまり進んでいる.

と書ける. もし, P が誘電体で囲まれていたら, 波動が媒質中を点 P まで移動する間に累積した位相変化量 ε_P がある. 通常の強度では媒質は線形的に作動し, 誘電体中において波長と速度は変化するが, 周波数は真空中と同じである. さて, いまは P が媒質中にあるので, 点 P での波動は,

$$E_R(t) = E_0 \cos(\omega t - \varepsilon_P) \tag{4.2}$$

である. ここで, ε_P の引算は位相遅れを示している. 点 P にいる観測者は, 真空中より媒質中にいる場合の方が, 波動の所定の山が到着するまで, 長い時間待たなければならない. すなわち, 同じ周波数の二つの並進する波動を考え, 一方は真空中を他方は媒質中を進むとするなら, 真空中の波動は媒質中の波動より時間 ε_P/ω だけ先に P を通過する. もちろん, "ε_P の位相遅れは速度の減少に対応し", $v < c$ で $n > 1$ である. 同様に "位相進みは速度の増加をもたらし", $v > c$ で $n < 1$ である. 繰り返

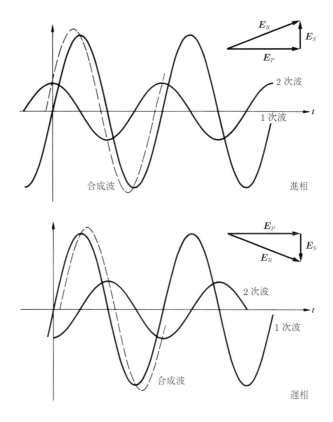

図 4.11 2 次波が 1 次波より進んでいると，重なってできる波も進んでいる．このことが位相子図によって強調されている．

表 4.1 種々の媒質の屈折率 *

媒　　　質	屈　折　率	媒　　　質	屈　折　率
空気	1.00029	クラウンガラス	1.52
氷	1.31	塩化ナトリウム	1.544
水	1.333	低屈折率フリントガラス	1.58
エタノール	1.36	ポリカーボネイト	1.586
灯油	1.448	ポリスチレン	1.59
溶融石英	1.4584	二硫化炭素	1.628
砂糖水	1.46	高屈折率フリントガラス	1.66
四塩化炭素	1.46	サファイア	1.77
オリーブオイル	1.47	ランタン含有フリントガラス	1.80
テレピン油	1.472	重フリントガラス	1.89
古い製法のパイレックス	1.48	ジルコン	1.923
ベンゼン (41%)+四塩化炭素 (59%)	1.48	チタン酸ストロンチウム	2.409
メチルメタクリレート	1.492	ダイヤモンド	2.417
ベンゼン	1.501	ルチル	2.907
プレキシガラス	1.51	リン化ガリウム	3.50
シダーウッドオイル	1.51		

* 値は純度や圧力などの物理的条件で変化する．また，これらは波長 589 nm での値．

すと，散乱過程は連続的に生じるので，光が媒質中を進むのに応じて，位相ずれは累積される．つまり，v が一定であれば，ε_P は通過する誘電体の長さの関数である（問題 4.5 参照）．光学ではほとんどの場合，表 4.1 に示すように，$v < c$ で $n > 1$ である．重要な例外は X 線の伝搬の場合で，$\omega > \omega_0$ では $v > c, n < 1$ である．

ここまでの議論から，図 4.9c に示されている $n(\omega)$ の全体の形は，十分解釈できる．ω_0 より非常に小さい周波数では，振動子の振幅ひいては 2 次波の振幅はきわめて小さく，そして位相角は約 $90°$ である．したがって，屈折波はわずかしか遅れず，n も 1 よりわずかに大きいだけである．ω が増加すると，2 次波はより大きい振幅をもち，より大きい位相遅れとなる．そして，透過波の速度はだんだん小さく，$n(>1)$ は大きくなる．ω が ω_0 に近づくにつれ，2 次波の振幅は増加しつづけるが，相対的な位相は $180°$ に近づく．したがって，透過波の位相遅れをさらに増加させる 2 次波の強さは弱くなる．この間，屈折波の位相遅れが減少し始め速度が増加し始めるところで（$dn/d\omega < 0$），折り返し点（$\omega = \omega'$）に至る．この位相遅れの減少と速度の増加は，$\omega = \omega_0$ まで続き，この周波数では透過波の振幅は相当減少する．しかし，位相と速度は変わらず，$n = 1$ で $v = c$ であり，吸収帯の真中あたりである．

周波数が ω_0 をごくわずか超えたところでは，比較的大きな振幅の 2 次波が 1 次波を引っ張る．そして，透過波の位相は進み，速度は c を超える（$n < 1$）．ω が増加すると，上の筋書き全部が逆の形で成り立つ．ただし，振動子の振幅と散乱のもつ周波数依存性の非対称性にもとづく非対称性はある．周波数が非常に高くなっても，2 次波は振幅が小さくなるものの，位相は約 $90°$ 進んでいる．しかし，透過波の位相の進みはわずかであり，n は徐々に 1 に近づく．

個々の媒質固有の $n(\omega)$ 曲線の正確な形状は，振動子のもつ媒質特有の減衰に依存し，また，吸収の程度，つまり関与する振動子の数にも依存している．

伝搬問題に関する厳密な解は，**エヴァルト–オセーンの消衰理論**（Ewald–Oseen extinction theorem）として知られている．数学的形式は微積分方程式を含み，ここで扱うにはあまりにも複雑であるが，結果は確かに興味深い．電子振動子は，本質的に二つの項からなる電磁波を発生することがわかっている．その内の 1 項は媒質内部で 1 次波を完全に打ち消す．他の項は唯一残る波動となり，透過波として誘電体中を速度 $v = c/n$ で移動する[*4]．**今後は簡単に，あらゆる物質媒質中を伝搬する光は $v \neq c$ の速度で移動すると仮定する**．また，屈折率は温度とともに変化することに注意すべきである（表 4.2 参照）．ただし，その過程は十分には理解されていない．

明らかに，どんな量子力学的モデルでも，光子に波長をどうにかして関連づけなければならない．現時点では何が光子に波動的ふるまいをさせるのか明白でないが，$p = h/\lambda$ の式を用いると，数学的には容易に関連づけられる．さらに，光の波動性は認識せざるをえず，何らかの方法で理論に含めるべきだろう．そして，光子の波長という概念を得たら，相対位相を考えるのは当然である．こうして，**吸収と放出の過程が散乱光子の位相をより進ませるか遅れさせるときに，散乱光子は速度 c で移動しても屈折率が生じる**．

[*4] エヴァルト–オセーンの定理に関しては，読むのがたいへんであるが，Born and Wolf, *Principles of Optics*, Section 2.4.2 参照のこと．また，Reali, "Reflection from dielectric materials," *Am. J. Phys.* **50**, 1133(1982) も見ること．

表 4.2　水の屈折率の温度依存性

温度 (°C)	屈折率
0	1.3338
20	1.3330
40	1.3307
60	1.3272
80	1.3230

4.3　反　射

　光ビームがガラス板のような透明物質の表面に当たるとき，光は莫大な数の原子の密接した配列と遭遇する．そして，原子は何はともあれ光を散乱するであろう．光の波長は約 500 nm であり，一方原子の大きさとその間隔 ($\approx 0.2\,\text{nm}$) はそれより何千分の 1 も小さい．高密度媒質を透過する場合，散乱波は前方の方向を例外にあらゆる方向で互いに打ち消し合い，それゆえに前進するビームとなる．しかし，これは不連続部分がない場合のみのことである．空気とガラスといった異なる二つの透明媒質の境界は，急激に変化する不連続面であり，話は別である．光のビームがこのような境界に入射するとき，いくらかの光は常に後方に散乱される．そしてこの現象を，**反射** (reflection) という．

　二つの媒質間の変化がゆるやかであれば，すなわち，誘電率 (あるいは屈折率) が一方の媒質の値から他方のその値に，1 波長かそれ以上の長さで変化していたら，ほとんど反射がなく，実効的には境界はなくなる．一方，一つの媒質から他方の媒質への誘電率変化が 1/4 波長かそれ以下であれば，全体として不連続な変化となる．

内部反射と外部反射

　大きく均質なガラスのブロックを，光が進んでいるとする (図 4.12)．そして，ビームに垂直な面でブロックを二つに切断したとしよう．そうすると図 4.12b のように，二つの領域が分離され，滑らかな平面が表に出る．切断前には，ガラス内部を左に進む光波はなく，ビームは前進するのみである．しかし切断後では，右側のブロックの表面で反射され，左に移動する光波 (ビーム I) が生じる．これは，右側ブロックの露出

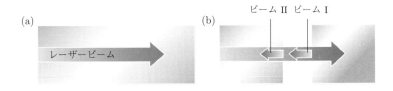

図 4.12　(a) ガラスのような均質で密度の高い媒質を伝搬する光ビーム．(b) ガラスのブロックが分割されると，光は二つの新しい境界で後方に反射される．ビーム I では外部反射，ビーム II では内部反射である．二つのガラス片が圧接されると，理想的には二つのビームは打ち消し合う．

面上とその真下にある散乱体の領域は，"対" になる領域を失い，散乱体が放出する後方への放射が打ち消されないことを意味している．切断前に，いま述べた領域と隣り合っていた散乱体の領域は，切断後では左側のガラスの方に切り離されている．この散乱体は切断前には，ビーム I と位相が 180°ずれ，かつビーム I を打ち消す散乱波を，後方に放射していたであろう．切断後では，これら散乱波はビーム II となっている．分子一つ一つは後方に光を散乱し，**原理的に個々のすべての分子は反射波に寄与している**．しかしながら現実には，実効的に反射に関与するのは，表面近傍の薄い (深さ $\approx \lambda/2$) 層内の対になっていない原子振動子である．空気とガラスの境界を考えると，空気からガラスに垂直に入射するビームのエネルギーの約 4% が，対をなさない散乱体の層によって正反対の方向に反射される．この現象は，ガラスが 1.0 mm の厚さであろうと 1.00 m の厚さであろうと生じる．

ビーム I は右側のブロックではね返される．このビームは光学的密度の低い媒質から高い媒質に進んでこのことが生じているので，これは**外部反射** (external reflection) と称される．換言すると，入射側の屈折率 (n_i) は透過側の屈折率 (n_t) より小さい．左側に移動させたガラスブロック面上の対をなさない層においても，同じことが起こるので，この層によりやはり反対方向に反射される．ビームがガラス中から垂直に空気に出射するとき，ビーム II としてやはり 4% が反射される．この過程は $n_i > n_t$ であるから，**内部反射** (internal reflection) と称される．もし，間隙が薄膜層 (いまの例では空気層) と見なせるほど，二つのガラス面を徐々に近づければ，反射光は小さくなるだろう．そして，ついに二つの表面がくっついて，ガラスブロックが再び連続な一体になると，反射光は消える．換言すれば，ビーム I がビーム II を打ち消すので，それらは位相が 180°ずれていなければならない．すなわち，**内部反射と外部反射には 180°の相対的位相差がある**ことに注意する必要がある (もっと厳密な扱いは 4.10 節参照)．

普通の鏡での経験から，白色光の反射光は白色で青でないのは明らかである．その理由を理解するために，まず反射に関与する散乱体の層の厚さは，実効的に $\lambda/2$ であることを知るべきである (図 4.6 に示す通り)．したがって，波長が長いと深い領域まで反射に寄与し (典型的には 1 000 原子層以上)，そこにあるより多くの散乱体が作用する．この作用は，個々の散乱体は λ が大きいほど散乱に寄与しなくなることを ($1/\lambda^4$ である)，埋め合わせる形となっている．結局，**透明媒質の表面はすべての波長を等しく反射し，どのようにしても色づくことはない**．これが白色光の照明下で本のページが白く見える理由である．

4.3.1 反射の法則

図 4.13 は，光学的に高密度の媒質 (ガラスとする) の滑らかで平らな表面に，ある角度で入射する平面波状のビームを示している．周囲は真空であるとしよう．表面の分子を掃引してゆく一つの波面を追跡してみる (図 4.14)．簡単化のために，図 4.15 では境界面の数分子層以外は，すべて省略している．波面は下がってゆくときに，一つ一つの分子のエネルギーを高め，再び高め，という作用を順々に行い，それぞれの分子は半球状の波動と見なされる光子の流れを，入射側の媒質中に放射する．波長は分子間距離よりずっと大きいので，入射媒質の方に放射された半球状の波動はともに進み，かつ一

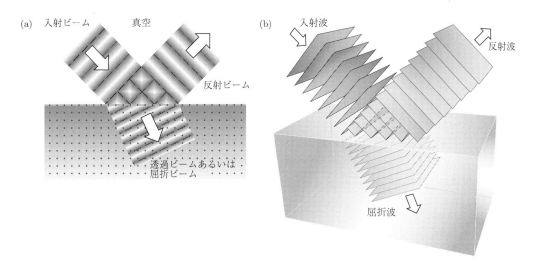

図 4.13 透明なガラス片またはプラスチック片を構成する分子の分布に入射する，平面波のビーム．入射光の一部は反射され，残りが屈折してゆく．

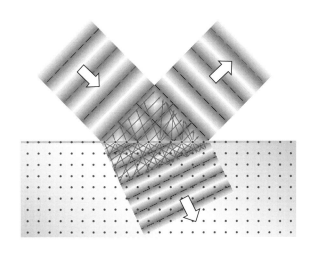

図 4.14 平面波が境界上の原子を掃引し，励起する．原子は放射を繰り返し，反射波と透過波をもたらす．実際には，光の波長は原子の大きさや原子間隔の数千倍である．

方向でのみ強め合って足し合わされる．そして，明瞭な反射されたビームが生じる．このことは，入射する放射波が波長の短い X 線のときは成り立たず，この場合には数本の反射ビームが生じる．また，回折格子のように，散乱体が波長に比べて遠く離れている場合も成り立たない．この場合も数本の反射ビームがある．反射ビームの方向は，原子散乱体間にある一定の位相差で決まる．この位相差は，**入射角** (angle-of-incidence) とよばれる入射波と表面のなす角で決まる．

図 4.16 において，線分 $\overline{AB}$ は入射する波面に平行で，一方 $\overline{CD}$ は出てゆく波面に平行である．そして実際には，反射で $\overline{AB}$ が $\overline{CD}$ に変換されている．図 4.15 をも合

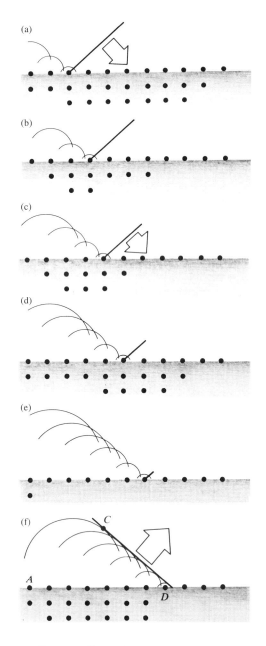

図 4.15 散乱の結果としての波動の反射

わせて参照すると，距離 $\overline{AC}$ と $\overline{BD}$ が等しい限り，A から放射された波動は，B の位置の波動で励起されて D から放射されたばかりの波動と等しい位相で，C に到達しているのがわかる．換言すれば，表面の全散乱体から放射されたすべての波動が同位相で重なり，一つの反射平面波を形成するなら，$\overline{AC} = \overline{BD}$ に違いない．そして，二つの直角三角形は共通の斜辺をもっているので，関係

$$\frac{\sin \theta_i}{\overline{BD}} = \frac{\sin \theta_r}{\overline{AC}}$$

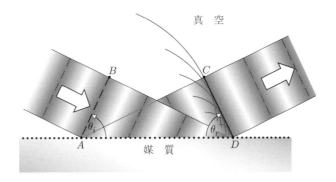

図 4.16 平面波が左から入り，右に反射されている．反射波面 CD は，A から D にある表面原子によって散乱された波動で構成されている．A からの波動が C に到達したちょうどそのとき，D の原子が放射し，波面 CD が完成される．

が得られる．すべての波面は入射媒質中を同じ速度 v_i で進む．したがって，波面上の点 B が表面上の点 D に到達するのに要する時間 Δt の間に，A から放射された波面は C に到達する．換言すると，$\overline{BD} = v_i \Delta t = \overline{AC}$ であり，上式から $\sin \theta_i = \sin \theta_r$ となり，

$$\theta_i = \theta_r \tag{4.3}$$

が得られる．すなわち，"入射角は反射角に等しい"．この式は**反射の法則** (law of reflection) の第一の部分である．これはユークリッドが書いたといわれている『反射光学』(*Catoptrics*) という本に初めて出てきた．$\theta_i = 0°$ のとき，ビームは**垂直入射** (normal incidence) であるといい，この場合 θ_r も $0°$ であるから，鏡ならビームは自分自身の上にそっくりそのまま反射する．同じく，**水平入射** (glancing incidence) とは $\theta_i \approx 90°$ の場合で，必然的に $\theta_r \approx 90°$ となる．

現代の位相整合レーダーシステム．個々の小アンテナ領域は，滑らかな表面の原子によく似た挙動をする．隣り合う列と列の間に適当な位相差を与えると，アンテナはどんな方向でも"見られる"．入射波が原子の配列を掃引する角度 θ_i で決まる位相差に類似した位相差が，反射面にある (Raytheon 社).

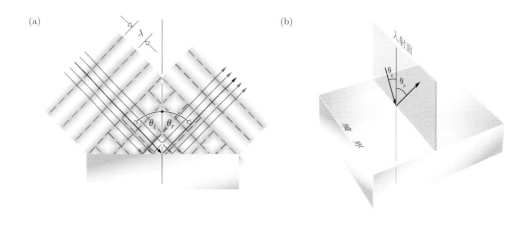

図 4.17 (a) 平面波のビームを表す 1 本の光線を選ぶ. 入射角 θ_i と反射角 θ_r はともに反射面に下ろした垂線から測る. (b) 入射光線と反射光線が, 反射面に垂直な入射面を決める.

光　　線

　　波面を描くと少しややこしくなる場合があるので, 光の伝搬を視覚にうったえるための, 別の便利な図法を導入する. 古くから, 光の流れは直線としてとらえられていた. ラテン語で "radii" とよばれていたこの概念は, 英語では "ray" になった. **光線** (ray) **とは放射エネルギーの流れの方向に対応して空間に引かれた線である**. これは数学的な作図であって, 物理的実体のあるものではない. 均一 (あるいは一様) な媒質中では, 光線はまっすぐである. 媒質がすべての方向で性質が同じであれば (等方的), **光線は波面に垂直である**. 球面波を放射している点光源であれば, 光線は球面波に垂直であり, 光源から放射状に外向きである. 同様に, 平面波に対する光線は, すべて平行である. しかし, 光線の束でなく, 簡単に 1 本の入射光線と 1 本の反射光線として描けばよい (図 4.17a). "現在は, 角度は表面に垂直な方向 (法線方向) に対して測られ", 前述のように θ_i と θ_r は等しい数値をもつ (図 4.16).

　　古代ギリシャ人は反射の法則を知っていた. この法則は, 平面鏡の性質を観察することから推論できる. そして, 現代ではそのような観察は閃光を用いて簡単に行えるし, 低出力レーザーを用いればより上手に行える. 反射の法則の第 2 の部分は, **入射光線, 反射面の法線および反射光線は一つの平面上にある**というもので, この平面は**入射面** (plane-of-incidence) とよばれる (図 4.17b). そして, 反射は 3 次元の現象である. 室内の何らかの標的を, 静止した鏡で反射させた閃光ビームで射てみれば, 反射の法則の第 2 の部分の重要性が明らかになる！

　　図 4.18a は, 反射作用のある滑らかな面 (どんな不規則な変動も波長に比べれば小さい面) に入射した光ビームを示している. 莫大な数の原子から再放射された光は結合して, 1 本の明瞭なビームを構成している. この過程は**鏡面反射** (specular reflection) とよばれ, 古代に普通の鏡に用いられていた合金の speculum に由来している. 凹凸が

波長 λ より低ければ，$\theta_i = \theta_r$ で散乱された波動はほぼ等しい位相でやってくる．これは，図 4.13, 4.15, 4.16, 4.17 で仮定していたことである．一方，表面が波長 λ に比べて粗い場合には，1 本 1 本の光線に関しては入射角と反射角は等しいが，全体としてはいろいろな方向に出てゆき，**拡散反射** (diffuse reflection) と称される反射になる (写真参照)．以上の二つの条件はいずれも極端な場合であり，多くの表面での反射のふるまいは，両者の間にある．このページの紙はかなりの拡散散乱をするように，意識的に製造されているが，本の表紙は拡散と鏡面の中間の反射をする．

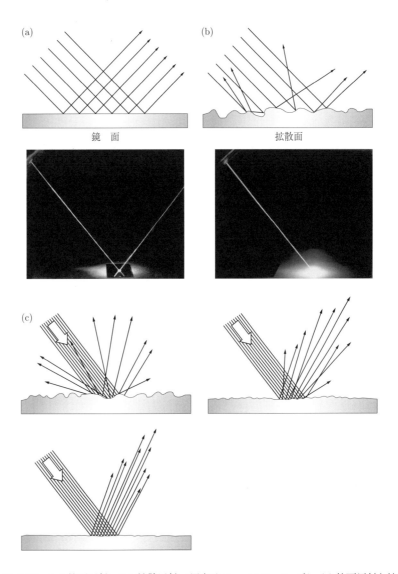

図 4.18 (a) 鏡面反射．(b) 拡散反射．(写真は Donald Dunitz 氏) (c) 鏡面反射と拡散反射は反射の両極限である．この模式図は，遭遇しうる二つの極限の間での種々の反射を表している．

サンクトペテルブルグに係留されている，共産革命 (1917 年) で重要な役を果たした客船オーロラ号．静かな水面では反射は鏡面的である．水面が乱れ反射がより拡散的なところでは，像はぼやけている．(E. H.)

ステルス戦闘機 F–117A のレーダー画像はきわめて小さい．つまり，この戦闘機は入射するマイクロ波を，その送出源にほとんどもどさない．これは主として，機体を傾きをもつ平面で構成することで達成されていて，レーダー波を送出源以外に散乱させるように反射の法則を使っている．したがって，$\theta_i = \theta_r \approx 0$ となるのを避ける必要がある．(US Dept of Defense)

4.4 屈 折

図 4.13 は，ある角度 ($\theta_i \neq 0$) で境界に当たるビームを示している．境界は大部分不均一状態にあり，ここを構成する原子が光を反射ビームとして後方に，また，透過ビームとして前方に散乱する．入射光線が曲がる，あるいはニュートンが表現したように "その方向からそれる" 現象を**屈折** (refraction) という．

透過あるいは屈折したビームをしらべよう．古典的にいえば，エネルギーを高められた境界上の各分子は，速度 c で広がる小さな波動をガラス中に放射する．これらが 2 次波をつくるように重なり合い，この 2 次波が 1 次波のうち散乱されなかった分と再び重なり合って，最終的な透過波を形成する．透過媒質中を波動が進む間中，この過程が何度も継続する．

しかし私たちは，ビームが透過媒質に入るとただ一つの場，ただ一つの波動しか存

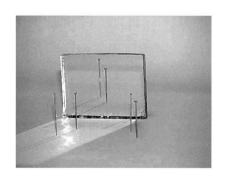
平面鏡の前に一対のピンを置き，その像が別の対のピンに一致するように調整すれば，$\theta_i = \theta_r$ を簡単に確認できる．(E. H.)

在しない状態を心に描く．すでに知っているように，この透過波は通常 $v_t\,(<c)$ の実効的速度で伝搬する．境界上の原子は低速の小波をガラス中に散乱し，これらが重なり合って低速の透過波を形成すると考えられる．後にホイヘンスの原理について述べるときに，この描像に立ち返る．とにかく，透過電磁波として知られる媒質中に生じるこの協力現象は入射電磁波より低速であるため，透過波面は屈折・偏向し（入射波面に対して傾き），そしてビームは曲がるのである．

4.4.1 屈折の法則

図 4.19 は，図 4.13 と 4.16 で説明しなかった部分を取り上げていて，ある瞬間におけるいくつかの波面を描いている．ここで各波面は位相一定の面であり，そして各波面は実際の場の位相が透過媒質によって遅らされる程度に，もとの波面より後ろに引き止められる．入射ビームが境界を横切るときに，速度が変化するので波面は"折れ曲がる"．一方，図 4.19 は移動する一つの波面を等時間間隔で多重露光した写真と見ることもできる．そうすると，速度 v_i で進む波面の上の点 B が，点 D に到達するまでの時間 Δt に，同じ波面の透過した部分は速度 v_t で進んで点 E に到達していることになる．ガラス ($n_t = 1.5$) が真空 ($n_i = 1.0$) や空気 ($n_i = 1.0003$) 中にあるか，あるいは $n_i < n_t$ である何らかの入射媒質中にあれば，$v_t < v_i$ で $\overline{AE} < \overline{BD}$ であるから，波面は折れ曲がる．屈折した波面は，境界と θ_t の角をなして，E から D まで広がっている．前節と同じように取り扱うと，図 4.19 において，直角三角形 ABD と AED は共通の斜辺 ($\overline{AD}$) をもっているので，

$$\frac{\sin\theta_i}{\overline{BD}} = \frac{\sin\theta_t}{\overline{AE}}$$

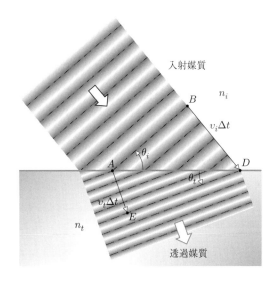

図 4.19 波動の屈折．通過媒質の表面部分の原子が2次波を放射し，それらが強め合うように重なって屈折ビームを構成する．簡単にするため，反射波は省かれている．

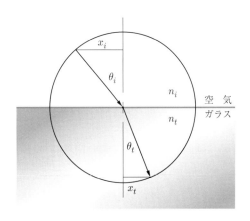

図 4.20 屈折の法則を導くデカルトの配置．円は半径を 1.0 として描かれている．

である．ここで $\overline{BD} = v_i \Delta t$, $\overline{AE} = v_t \Delta t$ であるから，

$$\frac{\sin \theta_i}{v_i} = \frac{\sin \theta_t}{v_t}$$

となる．両辺に c を掛けると，$n_i = c/v_i$, $n_t = c/v_t$ であるから，

$$n_i \sin \theta_i = n_t \sin \theta_t \tag{4.4}$$

が得られる．分散 (3.5.1 項) のために n_i, n_t, θ_i そして θ_t は，一般に周波数に依存することに注意しよう．この式はすべての周波数に対して成り立つが，それぞれは周波数ごとに異なったものになる．

この式が**屈折の法則** (law of refraction) の第 1 の部分であり，この式は 1621 年にスネル (Willebrord Snel van Royen, 1591–1626) が提唱したので，**スネルの法則** (Snell's law) としても知られている．スネル自身の手による解析記録は失われているが，当時の記録から図 4.20 に示すように扱っていたことがわかる．光線の曲がり方は x_t に対する x_i の比で定量化でき，この比はどんな θ_i についても一定であることを，観察から見いだしていた．この定数は当然のこととして**屈折率** (index of refraction) とよばれた．換言すると，

$$\frac{x_i}{x_t} \equiv n_t$$

で，空気中では $x_i = \sin \theta_i$ および $x_t = \sin \theta_t$ であるから式 (4.4) と同じである．私たちはスネルの発見より早い 1601 年以前に，英国人ハリオット (Thomas Harriot) が同じ結論を得ていたのを知っているが，彼はそれを発表せず，自分の内にとどめておいた．

はじめは，屈折率は単に実験的に決定された物質媒質の定数であった．後に，ニュートンは自分の粒子説を用いて，スネルの法則を実際に導き出すことができた．それまでは，光速度の測定にかかわるものとして，n の重要性は明らかであった．さらに後，スネルの法則はマクスウェルの電磁理論の自然な帰結であることが示された．

光がある媒質から別の媒質に進むと，通常一部分は境界で反射される．垂直入射におけるその割合は式 (4.47) で与えられる．この写真の場合，透明なプラスチックフィルムと粘着層は同じ屈折率をともにもっているので，光に関する限り，数百もある境界の一つ一つは単純に消え去っている．プラスチックと粘着層のどの境界においても，光はまったく反射せず，多層構造の全ロールは透明となっている．(E. H.)

4.4 屈　　折　　183

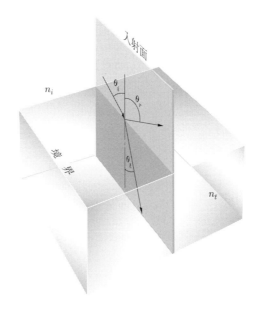

図 4.21　入射，反射，透過ビームは入射面内にある．

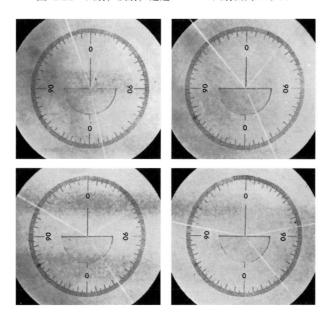

図 4.22　種々の入射角での屈折．下面が円形に切り出されているので，ガラス中の透過ビームはいつも半径方向にあり，そしていずれの場合も下面に垂直である．(*PSSC College Physics*, D. C. Heath & Co., 1968)

　いままでの図を，図 4.21 のように光線表示にすると，やはり便利である．ここではすべての角度は法線から測る．式 (4.4) と図から，**入射・反射・屈折光線はすべて入射面内にある**ことがわかる．換言すれば，それぞれの単位伝搬ベクトル $\hat{\mathbf{k}}_i, \hat{\mathbf{k}}_r, \hat{\mathbf{k}}_t$ は同一平面にある (図 4.22)．

例題 4.1 特定の周波数をもつ空気中の光線がガラスの薄板に入射する．このガラスの屈折率は，その周波数で 1.52 である．透過光線が法線に対して 19.2° の角度にあれば，光が境界に入射する角度はいくらか．

解 スネルの法則から

$$\sin\theta_i = \frac{n_t}{n_i}\sin\theta_t$$

$$\sin\theta_i = \frac{1.52}{1.00}\sin 19.2° = 0.499\,9$$

したがって

$$\theta_i = 30°$$

$n_i < n_t$，すなわち，光が初め低屈折率の媒質中を進んでいたら，スネルの法則から $\sin\theta_i > \sin\theta_t$ であり，また正弦関数は 0° から 90° の範囲で正であるから $\theta_i > \theta_t$ である．直進することなく，高屈折率の媒質に入った光線は法線の方に曲がる (図 4.23a)．逆進に対しても同じことが成り立つ (図 4.23b)．つまり，低屈折率の媒質に入ると，光線は直進することなく，法線から離れるように曲がる (ペンの写真参照)．これは，どっちの媒質から入っても，またどっちから出ても，光線は同じ経路をたどることを意味している．矢印は反転させることができ，反転させた図もまた正しい．

よく透明媒質の"光学濃度 (または光学密度)"について語られる．その概念は，多少の誤解はあるが，種々の媒質の屈折率はそれら媒質の質量密度に常に比例するという，広く支持されている知見に由来している．ランダムに選んだ高比重の透明物質に対するデータを示す図 4.25 からわかるように，相関はあるが矛盾もある．たとえば，アクリル樹脂は 1.19 の比重と 1.491 の屈折率をもつのに対し，スチレンはより低い比重 (1.06) とより高い屈折率 (1.590) をもっている．それでもなお，質量密度でなく屈折率に関連する光学密度という術語は，媒質の比較には有用である．

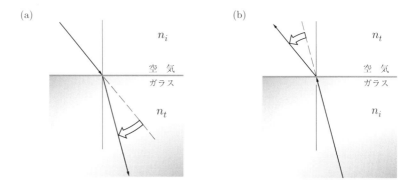

図 4.23 境界面での光線の曲がり．(a) 大きな屈折率をもつ ($n_i < n_t$)，光学的に密度の高い媒質に光ビームが入射すると，垂直な線の方に曲がる．(b) 密度の高い媒質から低い媒質に光ビームが進むと ($n_i > n_t$)，垂直な線から離れるように曲がる．

透明プラスチックの分厚いブロックを通して見たペンの像．像の位置ずれは，空気–プラスチックの境界面の法線方向への屈折で生じる．細い物体 (たとえば光の当たっているスリット) を用い，そして注意深く角度を測れば，スネルの法則を直接確認できる．(E. H.)

スネルの法則は

$$\frac{\sin\theta_i}{\sin\theta_t} = n_{ti} \tag{4.5}$$

と書き直せ，$n_{ti} \equiv n_t/n_i$ は二つの媒質の**相対屈折率** (relative index of refraction) である．ここで，$n_{ti} = v_i/v_t$ で，さらに $n_{ti} = 1/n_{it}$ であることに注意しよう．空気から水の場合であれば $n_{wa} \approx 4/3$ で，空気からガラスの場合なら $n_{ga} \approx 3/2$ である．まさに光は "空気からガラスに" 進むので，$n_{ga} = n_g/n_a$ は "空気でガラス" の割り算として記憶すること．

例題 4.2 屈折率が 1.33 の水の中を伝搬する細いレーザービームが，水–ガラス境界に法線から 40.0° の角度で入射する．ガラスの屈折率を 1.65 として，(a) 相対屈折率を求めよ．(b) ガラス中でのビームの透過角度はいくらか．

解 (a) 定義式

$$n_{ti} = \frac{n_t}{n_i}$$

から，

$$n_{GW} = \frac{n_G}{n_W} = \frac{1.65}{1.33} = 1.24$$

(b) スネルの法則から

$$\sin\theta_t = (\sin\theta_i)/n_{ti}$$
$$\sin\theta_t = (\sin 40.0°)/1.24 = 0.518\,4$$

したがって

$$\theta_t = 31.2°$$

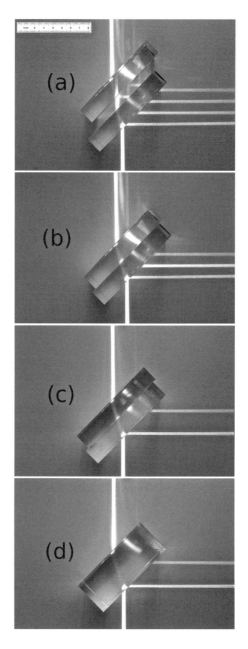

図 4.24 光ビームは下から入射し上方に進む．(a) この図では，空気中において大きく離れた二つのプレキシガラスのブロックがある．(b) 空気間隙を薄くすることで二つの反射ビームが重なり，右に進む中央の明るいビームを形成する．(c) 空気層をひまし油で置換することでブロック間の境界は，反射ビームがなくなるように，実質的に消失する．(d) そして，それはまるで単一の固形ブロックかのように機能する．(G. Calzà, T. López-Arias, L. M. Gratton, and S. Oss, reprinted with permission from *The Physics Teacher* **48**, 270(2010). Copyright 2010, American Association of Physics Teachers)

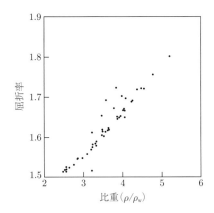

図 4.25 ランダムに選んだ高比重の透明物質の比重に対する屈折率

$\hat{\mathbf{u}}_n$ を，境界面に垂直で入射媒質から透過媒質に向かう単位ベクトルとしよう（図 4.26）．問題 4.33 で証明する機会があるが，反射の法則の完全な記述は，ベクトルを用いて

$$n_i(\hat{\mathbf{k}}_i \times \hat{\mathbf{u}}_n) = n_t(\hat{\mathbf{k}}_t \times \hat{\mathbf{u}}_n) \tag{4.6}$$

となり，あるいは書き換えて，

$$n_t \hat{\mathbf{k}}_t - n_i \hat{\mathbf{k}}_i = (n_t \cos\theta_t - n_i \cos\theta_i)\hat{\mathbf{u}}_n \tag{4.7}$$

となる．

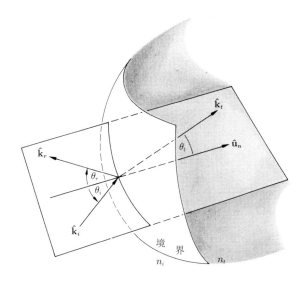

図 4.26 光線の幾何学

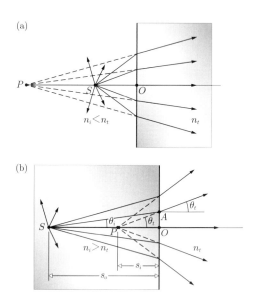

図 4.27 平面境界を横切って異なる二つの透明物質を光が出入りするときの屈曲．いま，図 (b) を反時計方向に 90°回転し，点 S が水中にあると考えよう．空気側にいる観察者は点 S を点 P にあるかのように見るだろう．

点光源からの光の屈折

　通常のすべての光源は，実際には多重点光源であり，したがって，ここで一点からの発散する光線束の屈折をしらべることは適切である．図 4.27 に示されているような，平坦な境界で分離された二つの均質な誘電媒質を考える．左側の発光点 S は光を送り出し，そのうちのいくらかは境界に到達してそこで屈折し，図 4.27a では軸に向かって少しだけ収束し，図 4.27b では軸からいくらか発散している．角度の異なる光線は異なる曲がり方をし，それら光線は同じ軸上の点 S から出てきているけれど，どちらの図においても，一般に軸上の同一点に逆投影されない．しかし，光を頂角の小さい円錐形に限定すれば，光線はごくわずかしか屈折せず，境界にほぼ垂直であり，この場合は図 4.27a と b に示すように，一つの点 P から来たように見える．(これらの図では文字を書き込むために円錐の頂角は誇張されている．) したがって，図 4.27b の点 S を魚の上にある斑点として，そこから空の光を (ここでは水中から右に) はね返している場合，観察者の眼の小さな瞳に入る光線の円錐頂角は非常に狭いので，点 S のかなり鮮明な像が網膜上に形成される．しかし，眼と脳のシステムは，光はあたかも直線状に流れるかのように知覚して光を処理するので，斑点，つまり魚のその部分は点 P に現れる．

　点 S と点 P の位置は**共役点** (conjugate points) といわれる．点 S にある物体は，s_o と記号表示される境界からの**物体距離** (object distance) にあり，点 P にある像は点 O からの距離が s_i である**像距離** (image distance) にある．図 4.27b の三角形 SAO と PAO から，

$$s_o \tan\theta_i = s_i \tan\theta_t$$

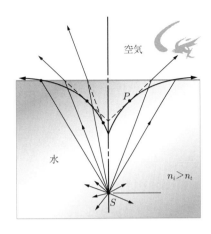

図 4.28 光学的に密度の大きい物質中に置かれた点光源 (あるいはプールの中の魚). 観察者は点 S を, 眺める光線に依存する曲線に沿ってそのどこかの位置に見ることになる. この図に示すように, 観察者の眼に入っている光線は点 P から来たように見える.

である. 光線の円錐の頂角は狭いので θ_i と θ_t も小さく, 正接を正弦で置き換えることができ, スネルの法則を適用すると,

$$s_i/s_o = n_t/n_i$$

となる. まっすぐに見下ろして (すなわち, 図 4.27b において左の方に) 魚を観察すると (ここで $n_t = 1$, $n_i = 4/3$ で $n_t/n_i = 3/4$), 魚は表面から 4.0 m 下にいるけれど, わずか 3.0 m のところに現れる. 一方, 人が表面から 3.0 m 上にいる場合, 魚がまっすぐ見上げると境界から 4.0 m 上に人を見る.

点 S からの光線の円錐の頂角が広い場合, 図 4.28 に示す表面に垂直な断面図に描かれたように, 状況はもっと複雑になる. 法線からかなり大きな角度で眺めると, 透過してくる各光線は, やはり多数の異なる点から出てくるように見える. これら光線のおのおのは, 逆延長されると**火線** (caustic) とよばれる曲線に接する. 換言すると, 異なる光線は異なる点 (P) を通過しているように見え, そして, これらの点はすべて火線の上にある. 点 S からの光線の初期角が大きいほど屈折角は大きくなり, 点 P は火線のより高い位置に来る.

点 S からの光線の円錐は, 眼に入るように頂角が十分狭ければ, 点 P から来ているように見える (図 4.29). 点 P は点 S より高くなり, かつ観察者に向かって水平方向に移動している. (すなわち, 火線に沿って偏移している.) これら二つの変化は, 鉛筆の像を曲げる効果をもち (p.191 の写真参照), また, 銛による漁法を難しくする. 図 4.29 は, ちょっとした実演を暗示している. コインを不透明なマグカップに入れ, それをのぞき込みながら, マグカップの縁がコインを直接見るのを妨害するまで水平方向にマグカップを移動させる. 次に, 視線を動かすことなくマグカップにゆっくりと水を注ぐと, コインの像が上昇してコインが視界に入ってくる.

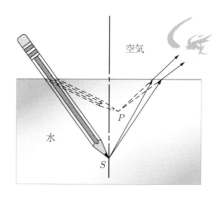

図 4.29 多量の水の表面下にある物体の観察

例題 4.3 下図に示すように，屈折率が 1.55 のガラスのブロックに光線が入射する．角度 θ_1, θ_2, θ_3, θ_4, θ_5, θ_6, θ_7, θ_8 を求めよ．

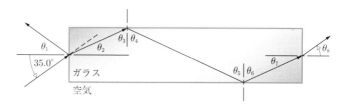

解 反射の法則から $\theta_1 = 35.0°$．スネルの法則から

$$1 \sin 35.0° = 1.55 \sin \theta_2$$

$$\sin \theta_2 = \frac{\sin 35.0°}{1.55} = 0.3700$$

であり $\theta_2 = 21.719°$ あるいは $21.7°$．$\theta_2 + \theta_3 = 90°$ であるから，$\theta_3 = 68.281°$ あるいは $68.3°$．反射の法則から $\theta_3 = \theta_4 = 68.3° = \theta_5 = \theta_6$．したがって，$\theta_6 + \theta_7 = 90°$ より $\theta_7 = 90° - \theta_6 = 21.7°$．いちばん右の境界におけるスネルの法則から

$$1.55 \sin 21.719° = 1.00 \sin \theta_8$$

$$0.5736 = \sin \theta_8$$

となり $\theta_8 = 35.0°$．光線は入射したときの角度と同じ角度で出射する．

図 4.19 はビームが境界を横切る際に生じる，三つの重要な変化を示している．(1) ビームは方向を変える．波面のうち先にガラスに入った部分は速度が落ちるので，空気中に残っている部分は (相対的に) 早く進み，そして境界面を順次掃引して，波動は法線の方に曲がる．(2) ガラス中のビームは空気中のビームより広い断面積をもつ．したがって，透過エネルギーは薄く分布している．(3) 速度は減じるが周波数は不変なので，波長は短くなる．つまり，$\lambda = v/\nu = c/n\nu$ であるから，

$$\boxed{\lambda = \frac{\lambda_0}{n}} \tag{4.8}$$

である．最後の (3) によれば，通過する媒質によって波長は変化するので，光を特徴づけるものとしては，周波数 (あるいはエネルギー，$\mathcal{E} = h\nu$) に関係している色の方が，波長より優れていることになる．色はきわめて生理的かつ心理的な現象であるから，慎重に扱われるべきである．しかし，少し簡単化しすぎるけれど，青い光子は赤い光子よりエネルギーが高いことを知っていることは有用である．波長と色について語るときは，常に**真空中での波長** (vacuum wavelength) を取り上げるべきである．(以降は λ_0 と書く.)

鉛筆の水に浸かった部分からの光線は，水を出るときに曲がり，その部分が観測者の方にもち上げられているように見える．(E. H.)

屈折したカメ (Anya Levinson and Tom Woosnam)

ここまでの議論では，反射ビームおよび屈折ビームは，入射ビームといつでも同じ周波数であると仮定してきており，通常これは合理的な仮定である．周波数 ν の光は媒質に当たり，そして分子に単純調和運動を起こさせる．分子を駆動する電場が弱くて，振動の振幅が相当小さい場合は，確かにそうである．明るい太陽光の電場 E でも約 $1000\,\mathrm{V/m}$ にすぎない．(磁場 B は地球表面の磁場の10分の1以下と，さらに弱い.) これは，結晶形態を維持するための $10^{11}\,\mathrm{V/m}$ 台の電場に比べれば，決して強くない．なお，$10^{11}\,\mathrm{V/m}$ は，電子を原子に拘束している電場の強度とほぼ等しい．振動子は単純調和振動をすると普通は期待でき，したがって周波数は一定値を保ち，そして媒質は一般に線形に応答するだろう．しかし，高出力レーザーのように，入射ビームがきわめて大きい振幅の電場をもつ場合には，そうではない．ある周波数 ν でそのような駆動を受ける媒質は非線形にふるまい，ν 以外に 2ν，3ν などの高調波成分をもつ反射・屈折光を発生する．今日では，第2高調波発振器が市販されている．赤い光 (694.3 nm) を，適切な方向に設置した透明非線形結晶 [たとえば，リン酸二水素カリウム (KDP) やリン酸二水素アンモニウム (ADP)] に当てると，紫外線 (347.15 nm) のビームが出てくる．

上記の議論を発展させて，さらに深い議論につなげることができる．図 4.13a の境界上の各点は，入射・反射・透過波のどれに関しても特別な点として合理的に扱われてきた．換言すると，境界上のすべての点で，各波動の間には不変の位相関係がある

192　　4　光 の 伝 搬

ことである．入射波面が境界を掃引するとき，境界と波面の交わっている線上のすべ
ての点は，そこから出ている反射と透過の両波面上の点でもある．この状況は**波面の
連続性** (wavefront continuity) として知られ，4.6.1 項の数学的にもっと厳密な議論で
証明される．興味深いことに，反射と屈折の法則が波動の種類に関係なく，波面の連
続性という要請から直接導き出せることを，ゾンマーフェルトが示している[*5]．そし
て，問題 4.30 の解答にそれが示されている．

負 の 屈 折

まだ初期の段階であるが，開花しつつある新物質にかかわる技術は，いくつかの興
味深い現象を提示しており，その中でもより魅力的なものは負の屈折の概念である．こ
こではカタログを見て板状の左手系物質を取り寄せることはできないので，その概念
の実用性には関心をもたない．そのかわりに，まったく奇妙なその概念の物理に焦点
を合わせる．一般に，エネルギーはポインティング・ベクトルの方向，すなわち光線
の方向に流れる．波動は波面に垂直な伝搬ベクトルの方向に進む．ガラスのような均
質で等方的な誘電体の中では，これらの方向はすべて同じである．しかし，これは左
手系物質に対しては成り立たない．

図 4.30 に示すシミュレーションでは，空気，ガラスあるいは水のようなありふれた
媒質に囲まれた，負の屈折率をもつ物質の水平な板を考える．かなり平坦な波面をも
つビームが，上部の左部分から通常の正の屈折率の物質中を伝搬して上段の境界に近
づき，進行につれてわずかに広がる．ビームは負の屈折率の板に入射し，第 4 象限に
おいて法線の方に曲がるのでなく，第 3 象限において，しかもスネルの法則に一致し
た角度で伝搬する．ここで，波面は発散するかわりに収束していることがわかる．定
常状態では，要素波は実際に後方に，すなわち，上向き右方向に進み，第 1 の境界に
進んでいる．それらは負の位相速度をもっている．

負の屈折率の物質の中では，伝搬ベクトルは右上の方に向いているのに対し，光線
は左下の方に向いている．ポインティング・ベクトル (光線の方向) は左下であっても，
要素波の位相速度は右上である．エネルギーは，左下ではあるが，通常のように進行
するビームの方向に流れる．

波動は，下側の境界で通常の物質に入りなおし，法線のまわりで第 4 象限の方へ方
向を変え，まるでガラスの板を横切ってきたかのように，もとの入射ビームと平行な
方向に伝搬する．すべては正常にもどり，透過したビームは右下に伝搬するときに通
常どおり発散する．

4.4.2　ホイヘンスの原理

図 4.31 に示すように，光が不均一なガラス板を通過するとすれば，波面 Σ は変形
する．どうすれば通過後の波面 Σ' を決定できるだろうか．あるいはその後，遮られ
ずに進みつづけたら，ある時間の経過後では，波面 Σ' はどのような形になるだろうか．

[*5] A. Sommerfeld, *Optics*, p. 151 参照のこと．また，J. J. Sein, *Am. J. Phys.* **50**, 180 (1982) も参
照すること．

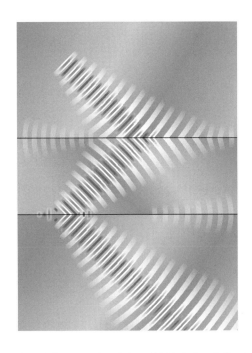

図 4.30　上段と下段の空気層で囲まれた負の屈折率をもつ物質の板に上から入射する光ビーム

この問に対する答の予備知識は，"Traité de la Lumière" と題され 1690 年に出版された研究に出ている．これはオランダの物理学者ホイヘンスが，その 12 年前に書いたもので，その内容は発表以来，**ホイヘンスの原理** (Huygens's principle) として知られている．そこには，伝搬している波面の上のすべての点は 2 次の小球面波を出し，その後の波面はこれら 2 次小球面波の合成としての包絡面であるとある．

さらに重要な内容として，伝搬する波動が周波数 ν をもち，媒質中を v_t の速度で

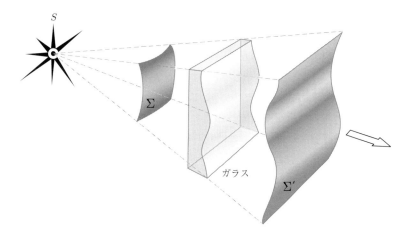

図 4.31　厚さが均一でない媒質を通過した波面の変形

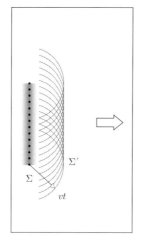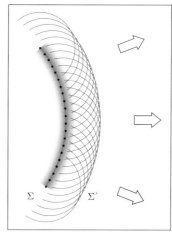

図 4.32 ホイヘンスの原理により，波面があたかも点光源の列で構成され，各点源が球面波を放射しているかのように，波動は伝搬する．

伝わっているなら，2次小球面波も等しい周波数と速度をもっている[*6]．ホイヘンスは聡明な科学者であった．そして，この内容はまったく単純であるが，たいへん示唆に富んだ散乱理論の基礎である．しかし，彼の研究はたいへん早期のものであり，当然いくつかの欠点はある．その一つは，干渉の概念を明確に取り入れていないし，必然的に横方向散乱を論じられない．しかも，2次小球面波が媒質で決まる速度で伝搬するという考え方は，楽観的な推量である．（速度は非等方的でさえある．）それにもかかわらず，式(4.4)を導いたのと同じような論じ方で，ホイヘンスの原理を使ってスネルの法則が得られる．あとで学ぶように，ホイヘンスの原理は，フーリエ解析として知られるもっと数学的に洗練された解析方法と密接に関連している．

　たぶん，どうすれば真空中の伝搬を合理的に解釈できるかといった，物理的な詳細にこだわらず，道具としてあるいはきわめて有用に機能する仮説として，この原理を用いればよいのだろう．つまるところ，アインシュタインが正しいのなら，散乱された光子が存在することになり，2次小球面波は思考上の概念となる．

　媒質が均質ならば2次小球面波は有限な半径をもち，不均質ならば無限小の半径をもつ．図4.32は，これをかなり明瞭に示しているはずである．波面 Σ といくつかの2次球面波を示していて，2次球面波は時間 t 経過後では半径 vt に広がっている．これらの2次小球面波の合成としての包絡面が，伝搬後の波面 Σ' に対応している．この過程を，弾性媒体の機械的な振動で容易に可視化することができる．実際，ホイヘンス自身による次の注釈から明らかなように，彼は空間にエーテルが充満しているとしたうえで，機械的振動を思い浮かべてその原理を考えついた．

> これらの波動が外に広がることを考察するには，波動が進んでいる媒質中にある個々の粒子は，光源から自分に引いた直線上にある隣の粒子に，自分の運動を伝達するだけでなく，接していてかつ自分の運動を阻害しているすべての粒子に運動を起こさせると，やはり考えるべきである．その結果，各粒子のまわりにはその粒子

[*6] 出典：Christiaan Huygens, 1690, *Traite de la Lumiere* (*Treatise on Light*).

を中心とする波動が発生する．[Christiaan Huygens, 1690, *Traite de la Lumiere* (*Treatise on Light*)]

1800年代に，フレネルは干渉の概念を数学的に付加して，うまくホイヘンスの原理を修正した．そのしばらく後で，キルヒホッフは**ホイヘンス–フレネルの原理** (Huygens–Fresnel principle) が微分波動方程式 [式 (2.60)] の直接的な結果であることを示し，堅固な数学的基礎とした．ホイヘンスの原理を再定式化する必要のあったことは，図 4.32 から明らかである．この図では，説明もせずに小球面波の半分だけしか描いていなかった[*7]．もし，球面として描けば，いまだ発見されていない光源に向かう後進波が存在することになる．しかし，この難問はフレネルとキルヒホッフによって理論的に取り扱われたので，ここで問題にする必要はない．

ホイヘンスの光線作図

ホイヘンスは，その時代の偉大な科学者の一人で，光の波動理論を推進しただけでなく，屈折光線を作図する方法を考案した．彼の 2 次小球面波の構成法とともに，この光線の作図法は，第 8 章で取り上げるような異方性結晶媒質の中で光がどのように伝搬するのかを決めるのに，きわめて有効である．このことを記憶にとどめて，屈折率 n_i と n_t をもつ二つの透明で均質な等方性誘電媒質の境界に点 O で入射する光線を示す図 4.33 を考えよう．点 O を中心に，入射円として半径 $1/n_i$ の円と屈折円として半径 $1/n_t$ の円を描く．これらの半径は二つの媒質中での光の速さを c で割ったものに対応する．さて，入射光線の線を，大きい方の入射円を横切るまで延長する．横切った点で入射円に対する接線を作図し，それを点 Q で境界を横切るまで逆延長する．その線が平坦な入射波面に相当する．次に，点 Q から屈折 (あるいは透過) 円に接線を引く．その接点から点 O の方に線を引けば，それが屈折光線である．なお，ホイヘンスの方法は主として教育的に価値があるので，それがスネルの法則に対応することを証明するのは問題 4.10 の課題とする．

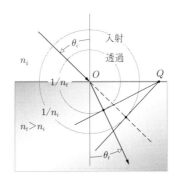

図 **4.33** 屈折光線を作図するホイヘンスの方法

[*7] E. Hecht, *Phys. Teach.* **18**, 149 (1980) を参照のこと．

4.4.3 光線と光線束

現実に非常に細いビームあるいは光束をつくることができるし (たとえばレーザービーム), 光線をそのようなビームが極限まで細くなったものと想像することもできる. "等方性媒質" (すべての方向で特性が等しい媒質) では, **光線は波面に直交する軌跡である**. あるいは, 光線は波面との交差点すべてで波面に垂直な線である. そして, 明らかに, そのような媒質中では, 光線は伝搬ベクトル $\vec{k}$ と平行である. なお, 予想するように, "非等方性媒質" では以上のことは成立せず, この場合については後で考えよう (8.4.1 項参照). そして, 均質で等方的な媒質内では, その対称性から光線は何らかの方向に曲がることはなく, つまり特別な方向はないので, 光線は直線である. しかも, 伝搬速度は媒質中のすべての方向で等しいから, 光線に沿って測った二つの波面間の距離は, どこででも同じになる[*8]. 1本の光線が一連の波面と交差する点は, **対応点** (corresponding point) とよばれ, 図 4.34 の A, A', A'' がその例である. 明らかに, "任意の二つの波面上にある任意の二つの対応点の時間差は, すべて等しい". 波面 Σ が時間 t'' 後に Σ'' に変化していたなら, どの光線上の対応点も, 同じ時間 t'' かかって進んでいる. このことは, 波面が一つの均質・等方的な媒質から別の均質・等方的な媒質に進んでも成立する. またこれは, Σ 上の各点は光線の上をたどり, 時間 t'' の間に Σ'' に到達する, と考えられる.

ある光線群に対し, 全光線が垂直に交わる波面を共有すれば, その光線群は**光線束** (normal congruence) を形成するとよばれる. たとえば, 点光源から出ている光線は, 光源を中心とする球面に垂直であるから, 光線束を形成している.

上の考え方にもとづき, 種々の等方的媒質における光の進行を追跡する方法を簡単に考えられる. この方法の基本が**マリュスとデュピンの定理**であり, 1808 年にマリュス (E. Malus) によって提案され, 1816 年にデュピン (C. Dupin) によって改良されたものである. この理論によれば, 図 4.34 に示すように, **光線群は反射や屈折を何回繰り返しても, 光線束を保存する**. これは, 波動論に関する現在の優位的立場からは, 光線は等方性媒質におけるあらゆる伝搬過程で波面に垂直でありつづける, というのと等価である. 問題 4.32 で取り上げるように, この定理を使って, スネルの法則だけで

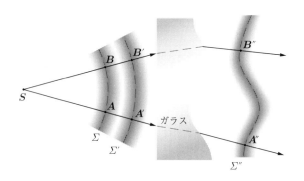

図 4.34 波面と光線

[*8] 媒質が不均一の場合か, 二つ以上の媒質の場合には, 二つの波面間の光路長 (4.5 節参照) が等しい.

なく反射の法則も導ける．光学系の光線追跡を行い，次に，対応点間の移行時間は等しいことと光線と波面の直交性を使って，波面を再構成するのは，たいへん便利な場合が多い．

4.5 フェルマーの原理

反射や屈折の法則，さらには光の伝搬の仕方一般は，**フェルマーの原理** (Fermat's principle) というまったく異なる興味深い考え方から，考察することができる．本節で説明するこの考え方は，古典光学の研究だけでなくもっと広い分野で，物理的思考の発展に多大な影響を及ぼしてきた．

生涯が紀元前 150 年から西暦 250 年の間とされている，アレキサンドリアの英雄ユークリッドは，現在**変分原理** (variational principle) として知られている概念を最初に唱えた人である．彼は反射の議論で，"反射面を経由してある点 S からある点 P に進む光は，とりうる経路のうち最も短い経路をたどる" ことを主張した．このことは，図 4.35 から比較的容易に理解できる．この図では，反射されて P に至る何本かの光線を出す点光源 S を示している．たぶん，これらの経路のうちのただ一つが，何か物理的な意味をもっている．光線を S の像の S' から発しているように書いても，P に至る距離は変わらない (すなわち $SAP = S'AP$, $SBP = S'BP$ など)．しかし，$\theta_i = \theta_r$ に対応するまっすぐな経路 $S'BP$ が，最も短いのは明らかである．同じような理由から，先に入射面と定義した面上に点 S, B, P があるのも明らかである (問題 4.35)．

1657 年にフェルマーが，賞賛を集めた彼の反射と屈折の両者を扱える**最小時間原理** (principle of least time) を提唱するまでの 15 世紀以上もの間，この英雄の興味深い観察は他に利用されることはなかった．境界を横切るビームは，入射側媒質のある

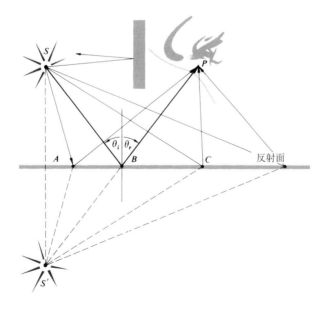

図 **4.35** 光源 S から P にある観測者の目に至る最短経路

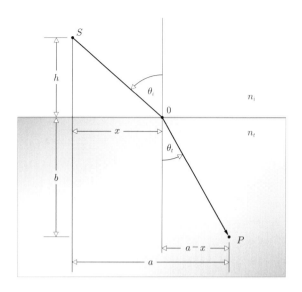

図 4.36 フェルマーの原理の屈折への応用

点から透過側媒質のある点に至る直線,つまり空間的な最短経路を通らない.そこでフェルマーは英雄の提唱内容を,"光が実際にたどる 2 点間の経路は,最小時間で通過できる経路である" と言い換えた.後でわかるように,この言い方でも不完全で,少し間違っている.しかし当面は,このことを熱心にではないが受け入れておこう.

最小時間原理の屈折への応用例として,図 4.36 を参照しよう.この図では,S から P まで移動する時間 t を,変数 x に関して最小にすることを考える.換言すると,x を変えることによって点 O を移動させ,S から P に至る光線を変化させる.最小時間は実際の経路に一致するはずだから,

$$t = \frac{\overline{SO}}{v_i} + \frac{\overline{OP}}{v_t}$$

あるいは,

$$t = \frac{(h^2 + x^2)^{1/2}}{v_i} + \frac{[b^2 + (a-x)^2]^{1/2}}{v_t}$$

である.変数 x に関して $t(x)$ を最小にするには,$dt/dx = 0$ とすればよい.すなわち,

$$\frac{dt}{dx} = \frac{x}{v_i(h^2 + x^2)^{1/2}} + \frac{-(a-x)}{v_t[b^2 + (a-x)^2]^{1/2}} = 0$$

である.図を見ながらこの式を書き換えると,

$$\frac{\sin\theta_i}{v_i} = \frac{\sin\theta_t}{v_t}$$

であり,これは式 (4.4) のスネルの法則にほかならない.光ビームが可能な最小時間で S から P に進むことは,屈折の法則に従うことである.

図 4.37 のように,m 層からなる層状物質を考え,各層は異なる屈折率をもつとすれば,S から P への移動時間は,

$$t = \frac{s_1}{v_1} + \frac{s_2}{v_2} + \cdots + \frac{s_m}{v_m}$$

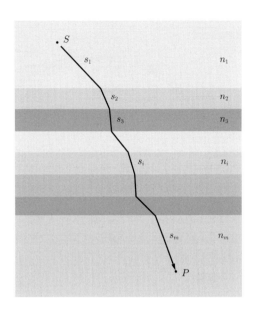

図 **4.37** 層構造をなす媒質中を伝搬する光線

または，

$$t = \sum_{i=1}^{m} s_i/v_i$$

である．ここで，s_i と v_i は i 層中での経路長と速度で，i 層の寄与に関係している．したがって，

$$t = \frac{1}{c}\sum_{i=1}^{m} n_i s_i \tag{4.9}$$

と書ける．総和は光線がたどる**光路長** (optical path length)(あるいは光学経路長，光学距離) OPL として知られている．これに対し，空間的経路長は $\sum_{i=1}^{m} s_i$ である．n が位置の関数で与えられる不均質な媒質では，総和は積分に変わり，

$$OPL = \int_S^P n(s)ds \tag{4.10}$$

である．光路長は，屈折率 n の媒質中の移動距離 (s) に等価な真空中の距離に対応する．すなわち，両距離を波長の倍数で表せば等しい，つまり $(OPL)/\lambda_0 = s/\lambda$ であり，光が進む際の位相変化は等しい．

$t = (OPL)/c$ であるから，フェルマーの原理を次のように言い換えられる．"光は S から P に進むときに，光路長が最小である経路を通る"．

フェルマーと蜃気楼

図 4.38 に示すように，太陽からの光線が地球の不均質な大気を通るときは，高密度の低空領域をできるだけ速やかに通過するように曲がり，光路長を最小にする．したがって，太陽が実際は水平線の下に沈んだ後でも，それを見ることができる．

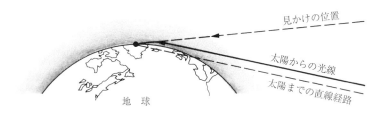

図 4.38 不均一な媒質を通る光線の曲がり．光線は大気を通過するときに曲がるので，太陽は実際より空の高いところにあるように見える．

同じく図 4.39 に示すように，水平に近い角度で眺めた道路は，あたかも水の膜で覆われていて，周囲の風景を反射しているように見える．路面近くの空気は，上部の空気に比べ暖かくて密度が低い．グラドストーン (Gladstone) とデール (Dale) によって，密度 ρ の気体では，

$$(n-1) \propto \rho$$

の関係があることが実験的に確かめられている．理想気体の法則から，一定圧力では $\rho \propto P/T$ であり，$(n-1) \propto 1/T$ となる．つまり，道路が熱いほど路面上の空気の屈折率は低くなる．

図 4.39a の枝からいくぶんか下向きに出てくる光線は，フェルマーの原理により光

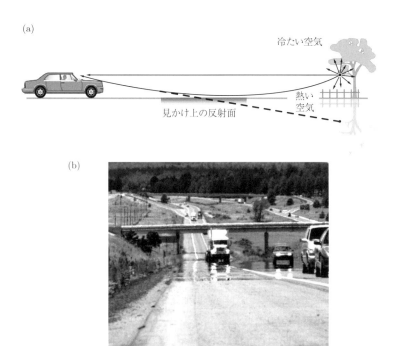

図 4.39 (a) 非常に低い角度では，光線はあたかも水たまりで反射したかのようになり，道路の下から出てくるように感じられる．(b) この水たまり現象の写真．(Matt Malloy and Dan Maclsaac, Northern Arizona University, Physics & Astronomy)

路長を最小にする経路をたどる．このような光線は密度の低い空気中を進むにつれ，まっすぐではなく，上方に曲がる．どうしてそうなるかを理解するために，空気を無限小の薄さの水平な層が無限に積み重なったものと考え，各層では屈折率 n は一定であるとする．スネルの法則によって，層から層を通過する光線は，各境界面でわずかに上に曲がる．（図 4.36 を逆さまにし，そして光線の方向を逆にしたのと同じ．）もちろん，鉛直に近く下向きに出た光線なら，各層間の境界における入射角は小さく，曲がりはきわめて少ないので直に地面に当たり，誰も"見る"ことはできない．

一方，はじめに十分浅い角度で出た光線は，境界に水平に近い角度で入射し，完全に反射され，密度の高い空気のある上方に向かい始める．（図 4.36 を，光線の方向はそのままにして，逆さまにした状況．）

図 4.39 の左側にいて，このように曲がった光線を受けとる人は，当然光線が鏡のような表面から反射してきたかのように，反対方向にまっすぐ延長した線上にものを見る．そして，立っている位置によって異なる蜃気楼を路面上に見る．それはいつも遠くにあり，近づこうとしたら必ず消える．この現象は，近代的な長い幹線道路上でなら，実に容易に見られる．光線はきわめてゆっくり曲がるので，道路を水平に近い角

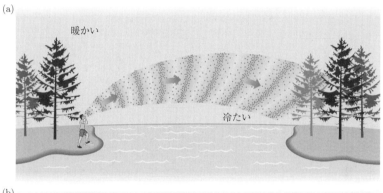

図 4.40 水たまりのように見える幻視は，波動の観点から理解できる．速度，そして波長は密度の低い媒質中では増加する．その結果，波面および光線が曲がる．同じ効果は音波にも見られる．(a) 表面の空気が冷たいとき，音は通常より遠くまで届く．(b) 表面の空気が暖かくなると，音は空中に消えるように思われる．

度で見ることが，唯一の条件である[*9]．

同じ現象は音でも知られている．図 4.40 は波動の考え方による別の解釈を示している．波面は，温度がもたらす速度ひいては波長の変化によって，曲がる．(音の速度は温度の平方根に比例している．) 暑い海岸での人々のざわめきは，上に昇り去ってゆき，その場所が不思議なほど静かに感じられる．砂地が上層の空気より先に冷える夕方では，反対の状況になり，遠くの音がはっきりと聞こえる．

フェルマーの原理の現代的定式化

フェルマーの最小時間原理の原型には重大な欠点があり，修正する必要がある．そのために，たとえば関数 $f(x)$ があるとして，$df/dx = 0$ と置き x について解くことで，$f(x)$ を停留値にする x を決定できることを，思い出そう．停留値という言葉は，x に対する $f(x)$ の勾配が 0 のときの $f(x)$ の値，または同じことであるが $f(x)$ の最大値か最小値，あるいは接線が水平である変曲点での $f(x)$ の値を意味する．

フェルマーの原理の現代的記述は，S から P に進む光線は，経路の変化に対して光路長が停留値となる経路をたどるとなる．この意味の本質は，x に対する光路長の曲

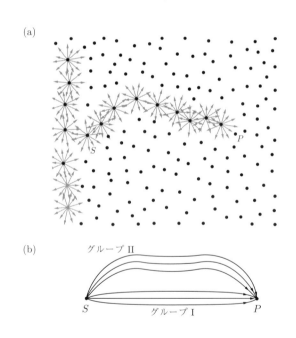

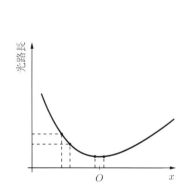

図 4.41　図 4.36 に示した状況において，点 O の実際の位置は，最短光路長の経路に対応している．

図 4.42　(a) 光はたぶん，S から P に至るどんな経路もとれるが，見かけ上は光路長の停留値に対応するただ一つの経路しかとらない．他のすべての経路は実効的に打ち消し合う．(b) たとえば，ある光が図中上側の三つの経路をとれば，大きく異なる三つの位相で P に到達し，おおむね弱め合うように干渉する．

[*9] たとえば，T. Kosa and P. Palffy-Muhoray, "Mirage mirror on the wall," *Am. J. Phys.* **68** (12), 1120 (2000) を参照のこと．

線は，勾配が 0 の近傍では少々平らな領域があるだろうということである．勾配 0 の点が実際に光がとる経路に対応する．換言すると，第 1 近似として，実際の光路の光路長はすぐ隣の光路の光路長と等しい[*10]．たとえば，図 4.36 に示されている屈折に関して光路長が最小であれば，光路長曲線は図 4.41 のようなものであろう．O の近傍で x がわずかに変化しても，光路長はほとんど変化しないが，O から十分離れたところでの x の同様な変化は，光路長の大きな変化をもたらす．このように，実際の光路の近くには，光の進行に要する時間がほとんど同じである多くの経路が存在する．このことから，光は曲がりくねりながら進む際に，いかに賢明にふるまうかを解釈できる．

均質で等方的な媒質を光ビームが進んで，S から P に至るとしよう (図 4.42)．媒質内の原子は，入射波で駆動されて，あらゆる方向に再放射する (散乱する)．停留値である直線経路に隣接した経路に沿って進むいくつかの散乱波は，図 4.42b のグループ I のように，光路長がほんのわずかに違う光路で P に到達することになるだろう．したがって，これらの波動はほぼ同じ位相で到達し，互いに強め合うはずである．個々の散乱波を，波動が任意の光線上を 1 波長進むと，1 回転する小さい位相子であると考えよう．すべての光路長はほとんど等しいので，P での位相子もほとんど同じ向きであり，一つ一つは小さいけれど，重なり合って強められ大きな寄与をする．

図 4.42b のグループ II のように，停留値の経路から遠く離れた経路をとる散乱波は，互いに相当異なる位相で P に到達し，重なり打ち消し合う．換言すると，小さい位相子間には大きな角度差があり，先端部と尾部をつなぐと渦巻き状になり，最終的にはわずかな寄与しかしない．図 4.42 には，各グループ対して 3 本の光線しか描いていないが，各グループに何百万本もの光線があれば，議論はもっと正確になる．

フェルマーの原理を満たす S から P への光線に沿って，エネルギーは効率よく伝搬する．この過程を，干渉する電磁波か光子の確率振幅のどちらで考えても，これは

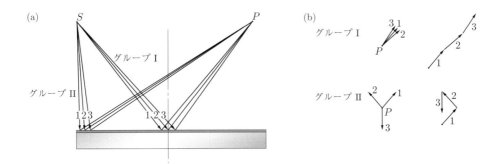

図 4.43 平面鏡で反射される光線．光路長が停留値になっているグループ I の光線だけが，点 P におおむね同位相で到達する波動に対応している．この場合の位相子を足すとほぼ直線になり，(1 の尾部から 3 の先端部に伸びる) 合成波の振幅は大きい．グループ II の位相子には大きな位相角の差があり，足し合わせると基本的にらせん状になり，(1 の尾部から 3 の先端部に伸びる) 合成波の振幅は小さい．もちろん，現実にはどちらのグループについても，比較的大きな三つの位相子ではなく，何百万もの小さい位相子を描かなければならない．

[*10] 経路は停留であるから，光路長をテイラー展開した級数中の第 1 次微分はゼロになる．

正しいことがわかる.

以上と同じ論法が, たとえば平面鏡からの反射 (図 4.35) も含め, すべての伝搬過程に使えると考えられる[*11]. したがって, S を出た球面波は鏡全体に当たるが, P にいる観測者は, 鏡全面を覆う光の広がりでなく, 鮮明な点光源を見ることになる. $\theta_i \approx \theta_r$ の光線 (図 4.43 のグループ I) だけが光路長の停留値をもち, 各光線に付随する散乱波はほとんど同位相で P に到達し, そして互いに強め合う. 他のすべての光線 (図 4.43 のグループ II) は, 互いに弱め合って P に届くエネルギーにはほとんど寄与しない.

停 留 値 経 路

光線の光路長が必ずしも最小値である必要のないことを理解するために, 中が空洞の 3 次元楕円体の鏡の一部を描いた図 4.44 をしらべよう. 光源 S と観測者 P が楕円体の各焦点上であれば, Q が内表面のどこにあろうと, 定義から SQP は一定である. また, Q がどこにあっても楕円の幾何学的性質から $\theta_i \approx \theta_r$ である. したがって, S から反射を経て P に至るすべての光路は, まったく等しい. つまりどれも最小値でないが, 光路長は光路変化に対して明らかに停留値である. S から出た全光線は鏡で反射され, そして焦点 P に到達する. また他の観点から, S で放射されたエネルギーは鏡面上の電子によって, 散乱波が P でのみ互いに強め合うあうように散乱されるともいえる. もちろん, 散乱波は同じ距離を進んで P に達し, 位相は等しい. もし, 平面鏡が Q で楕円に接していたのなら, この場合は経路 SQP が相対的な最小値である. これは, 図 4.35 との関連で示されることである.

別の極端な場合として, 図 4.44c に破線で示した楕円内の曲線のように, もとの楕円内面が変形していたのなら, SQP の光線は相対的な最大値である光路長を通ることになる. このことを理解するために図 4.44c をしらべてみる. この図において, 点 B がどこにあっても, それに対応する点 C がある. 点 Q と B はともに楕円上にあるので,

$$\overline{SQ} + \overline{PQ} = \overline{SB} + \overline{PB}$$

であることがわかる. しかし, $\overline{SB} > \overline{SC}$ および $\overline{PB} > \overline{PC}$ であるから,

$$\overline{SQ} + \overline{PQ} > \overline{SC} + \overline{PC}$$

であり, これは点 C が点 Q 以外のどこにあっても成り立つ. したがって, 楕円内の曲線に対して $\overline{SQ} + \overline{PQ}$ が最大である. $\theta_i \neq \theta_r$ となる短い経路があったしても, 光はたどらない. このように, どんな場合でも, 言い換えられたフェルマーの原理の通り, 停留値となる光路長を光は進む. ここで, フェルマーの原理は経路だけに関係し, 方向には関係していないので, P から S に進む光線は S から P に進む光線と同じ経路を通ることになる. これがたいへん有用な, **逆進の原理** (principle of reversibility) である.

フェルマーの研究が刺激になって, ニュートンの運動方程式を同じような変分形式に置き換えるために, 多大な努力が払われた. 多くの人々, 特にモーペルテュイ (Pierre de

---

[*11] この章で量子電磁気学, また 10 章でフレネル輪帯板を考察するとき, これらの考え方に再びもどる.

4.5 フェルマーの原理　205

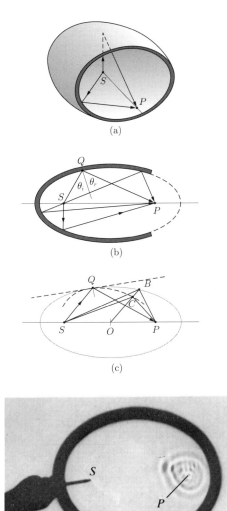

図 4.44 楕円面での反射．水を満たしたフライパンを使って，波動の反射を観察しよう．ふつうフライパンは円形であるが，試す価値はある．(*PSSC College Physics*, D. C. Heath & Co., 1968)

Maupertuis, 1698–1759) とオイラーの研究が，最終的にはラグランジュ(Joseph Louis Lagrange, 1736–1813) の力学と，さらにハミルトン (William Rowan Hamilton, 1805–1865) が定式化した**最小作用の原理** (principle of least action) として実った．フェルマーとハミルトンの原理の著しい類似性は，シュレーディンガーが量子力学を構築する際に，重要な役を果たした．1942 年にはファインマン (Richard Phillips Feynman, 1918–1988) が，量子力学は変分法を用いる別な方法で構成できることを示した．変分原理の継続的な進展は，量子光学の現代的定式化を発展させ，光学自体が見直されている．

206 4 光 の 伝 搬

フェルマーの原理は，光の伝搬を考える際の簡潔な方法ではあるが，便利な計算道具ではない．関係する種々の機構にとらわれずに物事を考えるための，大局的な考え方であり，だからこそ考慮すべき状況が無数にあっても見通しを得ることができるのである．

4.6 電磁理論的考察

ここまでは反射と屈折を，散乱理論やマリュスとデュピンの定理，そしてフェルマーの原理からしらべてきた．しかし，別のもっと強力な考え方を電磁理論が提供してくれる．入射・反射・透過光の放射束密度 (すなわち，I_i, I_r, I_t) については何もふれない前節の考え方とは違い，電磁理論ははるかに完成度の高い考え方であり，それらも議論できる．

4.6.1 境界における波動

入射する単色光が平面波であれば，

$$\vec{E}_i = \vec{E}_{0i} \exp[i(\vec{k}_i \cdot \vec{r} - \omega_i t)] \tag{4.11}$$

あるいはもっと簡単に，

$$\vec{E}_i = \vec{E}_{0i} \cos(\vec{k}_i \cdot \vec{r} - \omega_i t) \tag{4.12}$$

と書け，位相が一定の面とは $\vec{k} \cdot \vec{r} = $ 一定の面である．ここで，$\vec{E}_{0i}$ は時間に対して不変，つまり波動が直線偏光あるいは平面偏光であると仮定する．第8章で述べるように，どんな光も二つの直交する直線偏光で表現できるから，この仮定は実際には何の制約にもならない．さて，時間の原点 $t = 0$ がまったく任意であるように，空間の原点 O も任意であり，原点では $\vec{r} = 0$ である．したがって，方向・周波数・波長・位相・あるいは振幅に関して何も仮定することなく，反射波ならびに透過波を，

$$\vec{E}_r = \vec{E}_{0r} \cos(\vec{k}_r \cdot \vec{r} - \omega_r t + \varepsilon_r) \tag{4.13}$$

$$\vec{E}_t = \vec{E}_{0t} \cos(\vec{k}_t \cdot \vec{r} - \omega_t t + \varepsilon_t) \tag{4.14}$$

と書ける．ここで，ε_r と ε_t は $\vec{E}_i$ に対する**位相定数** (phase constant) で，原点の位置が一意でないから導入されている．図 4.45 は，屈折率が n_i と n_t の無損失で均質な誘電体である二つの媒質の境界付近での波動を描いている．

電磁理論の法則 (3.1節) から，電場 (または磁場) が満たすべきいくつかの条件が出てき，それらは**境界条件** (boundary condition) とよばれる．特にその一つとして，境界に平行な電場 $\vec{E}$ の成分は，境界を越えても連続でなければならないという条件がある．この条件がどのようにして要求されるのかを知るために，二つの異なる誘電体の境界を描いた図 4.46 を考える．電磁波は上から境界に入射しており，矢印は入射および透過する電場 $\vec{E}$，あるいはそれに対応する磁場 $\vec{B}$ を表している．当面は電場 $\vec{E}$ と考える．図には，両方の媒質の中で境界に平行な狭い閉路 C(破線) が描かれている．

4.6 電磁理論的考察　　207

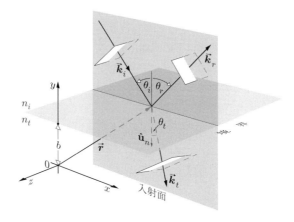

図 4.45　2 種類の均質かつ等方的で無損失な誘電媒質の境界に入射する平面波

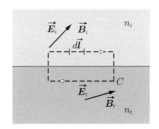

図 4.46　二つの誘電体間の境界における境界条件

ファラデーの誘導法則 [式 (3.5)] が示していることは，線要素 $\vec{dl}$ に平行な $\vec{E}$ の成分に $\vec{dl}$ を掛けたものを (線積分を通じて) 全閉路 C で足し合わせたもの (すなわち電圧差) は，閉路 C で囲まれた領域を貫く磁束の時間変化率に等しいということである．しかし，破線のループをきわめて薄くすれば，閉路 C を貫く磁束はなくなり，また，ループの上辺に沿った (右方向に移動する) 線積分の寄与は，下辺に沿った (左方向に移動する) 寄与を打ち消すことになる．こうして，閉路 C のまわりでの正味の電圧降下はゼロである．境界のごく近傍における $\vec{E}_i$ と $\vec{E}_t$ の接線成分が (たとえば，ともに右向きで) 等しければ，境界の上と下での閉路の方向が反対であることから，閉路 C のまわりでの積分は実際にゼロになる．つまり，一方の側における電場 $\vec{E}$ の全平行成分と，他方の側におけるそれは等しくなければならない．

ここで，$\hat{\mathbf{u}}_n$ が波面内の電場の方向とは無関係な，境界に垂直な単位ベクトルとすれば，電場と $\hat{\mathbf{u}}_n$ のベクトル積は $\hat{\mathbf{u}}_n$ に垂直であり，したがって境界に平行である．よっていまの条件は，

$$\hat{\mathbf{u}}_n \times \vec{E}_i + \hat{\mathbf{u}}_n \times \vec{E}_r = \hat{\mathbf{u}}_n \times \vec{E}_t \tag{4.15}$$

あるいは，

$$\hat{\mathbf{u}}_n \times \vec{E}_{0i} \cos(\vec{k}_i \cdot \vec{r} - \omega_i t)$$
$$+ \hat{\mathbf{u}}_n \times \vec{E}_{0r} \cos(\vec{k}_r \cdot \vec{r} - \omega_r t + \varepsilon_r)$$

$$= \hat{\mathbf{u}}_n \times \vec{\boldsymbol{E}}_{0t} \cos(\vec{\boldsymbol{k}}_t \cdot \vec{\boldsymbol{r}} - \omega_t t + \varepsilon_t) \tag{4.16}$$

となる．この関係はどの瞬間においても，また境界 $(y = b)$ 上のどの点においても，成り立たなければならない．その結果，$\vec{\boldsymbol{E}}_i$, $\vec{\boldsymbol{E}}_r$, $\vec{\boldsymbol{E}}_t$ の関数形は変数 t と r にまったく同一の依存性をもつことになり，これは

$$\begin{aligned}
(\vec{\boldsymbol{k}}_i \cdot \vec{\boldsymbol{r}} - \omega_i t)|_{y=b} &= (\vec{\boldsymbol{k}}_r \cdot \vec{\boldsymbol{r}} - \omega_r t + \varepsilon_r)|_{y=b} \\
&= (\vec{\boldsymbol{k}}_t \cdot \vec{\boldsymbol{r}} - \omega_t t + \varepsilon_t)|_{y=b}
\end{aligned} \tag{4.17}$$

であることを意味する．この場合，式 (4.16) からは余弦項が相殺され，期待された通り t と r に依存しない表式となる．そして，式 (4.17) はどの時刻においても成り立つべきであるから，t の係数は等しく，すなわち

$$\omega_i = \omega_r = \omega_t \tag{4.18}$$

でなければならない．媒質中の電子は入射波の周波数で，線形な強制振動をさせられる．したがって，散乱された光はすべて同じ周波数をもっている．結局，式 (4.17) は，

$$(\vec{\boldsymbol{k}}_i \cdot \vec{\boldsymbol{r}})|_{y=b} = (\vec{\boldsymbol{k}}_r \cdot \vec{\boldsymbol{r}} + \varepsilon_r)|_{y=b} = (\vec{\boldsymbol{k}}_t \cdot \vec{\boldsymbol{r}} + \varepsilon_t)|_{y=b} \tag{4.19}$$

となり，ここで $\vec{\boldsymbol{r}}$ は境界面上に終点をもつ．また，ε_r と ε_t の値は原点 O の位置だけで決まるので，この関係式は原点をどこにとっても成り立つ．（たとえば，$\vec{\boldsymbol{r}}$ が $\vec{\boldsymbol{k}}_r$ や $\vec{\boldsymbol{k}}_t$ には垂直でないが，$\vec{\boldsymbol{k}}_i$ には垂直になるように原点を選んでもよい．）そして，最初の 2 項から，

$$[(\vec{\boldsymbol{k}}_i - \vec{\boldsymbol{k}}_r) \cdot \vec{\boldsymbol{r}}]_{y=b} = \varepsilon_r \tag{4.20}$$

が得られる．この式を式 (2.43) と合わせて考えると，$\vec{\boldsymbol{r}}$ の終点はベクトル $(\vec{\boldsymbol{k}}_i - \vec{\boldsymbol{k}}_r)$ に垂直な平面 (当然境界面のこと) を掃引するのを単に表しているだけである．少し表現を変えると，$(\vec{\boldsymbol{k}}_i - \vec{\boldsymbol{k}}_r)$ は $\hat{\mathbf{u}}_n$ に平行である．ここで，入射波も反射波も同じ媒質中にあるから，$k_i = k_r$ であることに注意する必要がある．$(\vec{\boldsymbol{k}}_i - \vec{\boldsymbol{k}}_r)$ は境界面上に成分がないことから，$\hat{\mathbf{u}}_n \times (\vec{\boldsymbol{k}}_i - \vec{\boldsymbol{k}}_r) = 0$ であり，

$$k_i \sin \theta_i = k_r \sin \theta_r$$

と結論でき，そして反射の法則

$$\theta_i = \theta_r$$

が得られる．さらに $(\vec{\boldsymbol{k}}_i - \vec{\boldsymbol{k}}_r)$ は $\hat{\mathbf{u}}_n$ に平行であるから，三つのベクトル $\vec{\boldsymbol{k}}_i$, $\vec{\boldsymbol{k}}_r$, $\hat{\mathbf{u}}_n$ はすべて同一平面上，すなわち入射面上にある．ここで再び式 (4.19) にもどれば，

$$[(\vec{\boldsymbol{k}}_i - \vec{\boldsymbol{k}}_t) \cdot \vec{\boldsymbol{r}}]_{y=b} = \varepsilon_t \tag{4.21}$$

であるから，$(\vec{\boldsymbol{k}}_i - \vec{\boldsymbol{k}}_t)$ も境界に垂直である．したがって，$\vec{\boldsymbol{k}}_i$, $\vec{\boldsymbol{k}}_r$, $\vec{\boldsymbol{k}}_t$, $\hat{\mathbf{u}}_n$ はすべて同一平面上にある．先と同じく，境界に平行な $\vec{\boldsymbol{k}}_i$ と $\vec{\boldsymbol{k}}_t$ の成分は等しいはずだから，

$$k_i \sin \theta_i = k_t \sin \theta_t \tag{4.22}$$

となる．そして，$\omega_i = \omega_t$ であるから両辺に c/ω_i を掛けると，

$$n_i \sin \theta_i = n_t \sin \theta_t$$

となり，すなわちスネルの法則が得られる．最後に，原点 O を境界面上に選べば，式 (4.20) と (4.21) から ε_r と ε_t はともに 0 になることが明らかである．この配置は教育的でないが，確かに簡単であるから，今後はこの配置を使う．

4.6.2 フレネルの公式

境界における $\vec{E}_i(\vec{r},t)$, $\vec{E}_r(\vec{r},t)$, $\vec{E}_t(\vec{r},t)$ の位相の間に存在する関係が，いままでの考察から明らかとなった．振幅 $\vec{E}_{0i}$, $\vec{E}_{0r}$, $\vec{E}_{0t}$ 間にも関係はあり，ここでしらべてみる．そのために，二つの等方的媒質を分離している平面に，単色平面波が入射するとしよう．どのように偏光した波動であろうと，電場 $\vec{E}$ および磁場 $\vec{H}$ を，入射面に平行な成分と垂直な成分に分離し，それら成分を別々に扱うことにする．

ケース 1 : 電場 $\vec{E}$ が入射面に垂直な場合　入射面に対して電場 $\vec{E}$ は垂直，したがって磁場 $\vec{B}$ は平行とする (図 4.47)．$E = vB$ であったから，

$$\hat{\mathbf{k}} \times \vec{E} = v\vec{B} \tag{4.23}$$

であり，また，

$$\hat{\mathbf{k}} \cdot \vec{E} = 0 \tag{4.24}$$

である．(すなわち，$\vec{E}$, $\vec{B}$ および単位伝搬ベクトル $\hat{\mathbf{k}}$ は右手系を構成している．) 再び，境界に平行な電場 $\vec{E}$ の成分の連続性を利用すると，どの瞬間どの境界上の位置においても，

$$\vec{E}_{0i} + \vec{E}_{0r} = \vec{E}_{0t} \tag{4.25}$$

である．ただし，ここでは余弦項は相殺してある．図に示されている電場ベクトルは，実際には $y = 0$ (すなわち境界) にあると考えるべきであるが，明確にするために移動させてある．また，対称性から $\vec{E}_r$ と $\vec{E}_t$ は入射面に垂直であるが，さらに境界において，$\vec{E}_i$ が紙面の表向きであれば $\vec{E}_r$ と $\vec{E}_t$ もそうであると考えていることにする．磁場 $\vec{B}$ の方向は式 (4.23) で決まる．

もう一つの方程式を得るために，別の境界条件を用いる必要がある．光波によって電気的に分極する物質媒質があれば，場の配置は明らかに影響を受ける．このため，境界に平行な電場 $\vec{E}$ の成分は，境界の両側で連続であるが，垂直な成分は連続にならない．そのかわり，積 $\epsilon \vec{E}$ の垂直成分は境界の両側で等しい．同様に，磁場 $\vec{B}$ の垂直成分は連続で，$\mu^{-1}\vec{B}$ の平行成分も連続である．これを説明するために，図 4.46 とアンペールの定理 [式 (3.13)] に立ちもどる．この図の矢印は，ここでは磁場 $\vec{B}$ を表している．透磁率は二つの媒質で異なるので，式 (3.13) の両辺を μ で割っておく．破線のループが消え去るほど薄いとすれば，閉路 C で囲まれる面積 A はなくなり，式 (3.13) の右辺は消える．これは，線要素 $\overrightarrow{d\ell}$ に平行な $\vec{B}/\mu$ の成分に $\overrightarrow{d\ell}$ を掛けたものを (線積分を通じて) 全閉路 C で足し合わせれば，その結果がゼロであることを意味

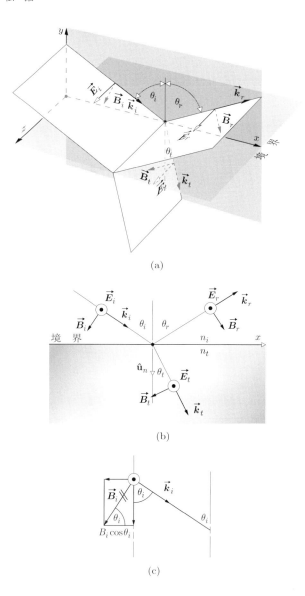

図 4.47 電場 $\vec{E}$ が入射面に垂直な入射波．描かれている電場や磁場は境界でのもので，ベクトルを混乱なく描くために移動させてある．

する．したがって，$\vec{B}/\mu$ の境界のすぐ上での正味の値は，境界のすぐ下での正味の値と等しいので，$\vec{B}/\mu$ の平行成分の連続性が理解できる．ここで，二つの媒質の磁気的効果は，その透磁率 μ_i および μ_t として現れる．この境界条件が使うのに最も簡単であり，特に導体表面からの反射に使いやすい[*12]．$\vec{B}/\mu$ の平行成分の連続性は，

$$-\frac{B_i}{\mu_i}\cos\theta_i + \frac{B_r}{\mu_i}\cos\theta_r = -\frac{B_t}{\mu_t}\cos\theta_t \tag{4.26}$$

[*12] 場としては $\vec{E}$ と $\vec{B}$ しか用いないことにしているので，少なくともここの説明のはじめの方では，$\vec{H}$ を使った通常の表現

$$\vec{H} = \mu^{-1}\vec{B} \qquad [\text{A1.14}]$$

は出していない．

であることを要求する.

入射波のように磁場 B の平行成分が負の x 方向を向いている場合,それは負号を付けて式に書き入れられる.上式の左辺および右辺は,それぞれ $\vec{B}/\mu$ の入射側と反射側における境界に平行な全成分である.x の増加する方向を正にとっているので,$\vec{B}_i$ と $\vec{B}_t$ のスカラー成分には負号が付く.一方,式 (4.23) から,

$$B_i = E_i/v_i \tag{4.27}$$

$$B_r = E_r/v_r \tag{4.28}$$

$$B_t = E_t/v_t \tag{4.29}$$

である.ここで $v_i = v_r, \theta_i = \theta_r$ であるから,式 (4.26) は

$$\frac{1}{\mu_i v_i}(E_i - E_r)\cos\theta_i = \frac{1}{\mu_t v_t}E_t\cos\theta_t \tag{4.30}$$

と書ける.次に,式 (4.12),(4.13) および (4.14) を,$y = 0$ では余弦項が等しいこととともに利用すると,

$$\frac{n_i}{\mu_i}(E_{0i} - E_{0r})\cos\theta_i = \frac{n_t}{\mu_t}E_{0t}\cos\theta_t \tag{4.31}$$

となる.次に,この式と式 (4.25) を組み合わせると,

$$\left(\frac{E_{0r}}{E_{0i}}\right)_\perp = \frac{\dfrac{n_i}{\mu_i}\cos\theta_i - \dfrac{n_t}{\mu_t}\cos\theta_t}{\dfrac{n_i}{\mu_i}\cos\theta_i + \dfrac{n_t}{\mu_t}\cos\theta_t} \tag{4.32}$$

$$\left(\frac{E_{0t}}{E_{0i}}\right)_\perp = \frac{2\dfrac{n_i}{\mu_i}\cos\theta_i}{\dfrac{n_i}{\mu_i}\cos\theta_i + \dfrac{n_t}{\mu_t}\cos\theta_t} \tag{4.33}$$

が得られる.記号 $\perp$ は,電場 $\vec{E}$ が入射面に垂直な場合について議論していることを明確にするために使っている.これら 2 式は,"線形で等方的な均質媒質すべてに適用できるまったく一般的な表現" で,**フレネルの公式** (Fresnel equations) とよばれる.多くの誘電体では $\mu_i \approx \mu_t \approx \mu_0$ であるから,これら 2 式は通常よく用いられる簡単な式

$$\boxed{r_\perp \equiv \left(\frac{E_{0r}}{E_{0i}}\right)_\perp = \frac{n_i\cos\theta_i - n_t\cos\theta_t}{n_i\cos\theta_i + n_t\cos\theta_t}} \tag{4.34}$$

$$\boxed{t_\perp \equiv \left(\frac{E_{0t}}{E_{0i}}\right)_\perp = \frac{2n_i\cos\theta_i}{n_i\cos\theta_i + n_t\cos\theta_t}} \tag{4.35}$$

となる.ここで $r_\perp$ は**振幅反射係数** (amplitude reflection coefficient) を,$t_\perp$ は**振幅透過係数** (amplitude transmission coefficient) を表している.

ケース 2:電場 $\vec{E}$ が入射面に平行な場合　図 4.48 に示すように,入射してくる電場 $\vec{E}$ が入射面上にある場合も,同様な 1 対の式を導き出せる.境界に平行な電場 $\vec{E}$ の成分が境界の両側で連続であることから,

$$E_{0i}\cos\theta_i - E_{0r}\cos\theta_r = E_{0t}\cos\theta_t \tag{4.36}$$

である．先の場合とほとんど同じ方法で，境界に平行な $\vec{B}/\mu$ の成分の連続性から，

$$\frac{1}{\mu_i v_i}E_{0i} + \frac{1}{\mu_r v_r}E_{0r} = \frac{1}{\mu_t v_t}E_{0t} \tag{4.37}$$

が得られる．これら2式と $\mu_i = \mu_r, \theta_i = \theta_r$ であることから，さらにもう二つのフレネルの公式

$$r_\parallel \equiv \left(\frac{E_{0r}}{E_{0i}}\right)_\parallel = \frac{\dfrac{n_t}{\mu_t}\cos\theta_i - \dfrac{n_i}{\mu_i}\cos\theta_t}{\dfrac{n_i}{\mu_i}\cos\theta_t + \dfrac{n_t}{\mu_t}\cos\theta_i} \tag{4.38}$$

$$t_\parallel \equiv \left(\frac{E_{0t}}{E_{0i}}\right)_\parallel = \frac{2\dfrac{n_i}{\mu_i}\cos\theta_i}{\dfrac{n_i}{\mu_i}\cos\theta_t + \dfrac{n_t}{\mu_t}\cos\theta_i} \tag{4.39}$$

が得られる．境界を形成する両媒質が"非磁性"の誘電体である場合，振幅に関する係数は，

$$\boxed{r_\parallel = \frac{n_t\cos\theta_i - n_i\cos\theta_t}{n_i\cos\theta_t + n_t\cos\theta_i}} \tag{4.40}$$

$$\boxed{t_\parallel = \frac{2n_i\cos\theta_i}{n_i\cos\theta_t + n_t\cos\theta_i}} \tag{4.41}$$

である．スネルの法則を用いれば表記はもっと簡単になり，誘電体に対するフレネルの公式は，

$$r_\perp = -\frac{\sin(\theta_i - \theta_t)}{\sin(\theta_i + \theta_t)} \tag{4.42}$$

$$r_\parallel = +\frac{\tan(\theta_i - \theta_t)}{\tan(\theta_i + \theta_t)} \tag{4.43}$$

$$t_\perp = +\frac{2\sin\theta_t\cos\theta_i}{\sin(\theta_i + \theta_t)} \tag{4.44}$$

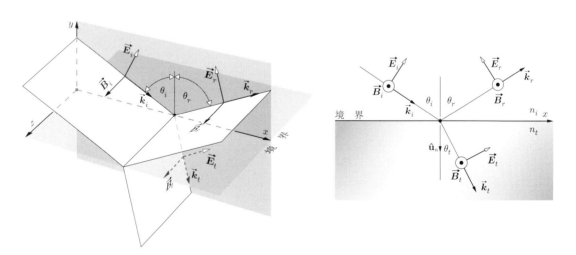

図 4.48 電場 $\vec{E}$ が入射面内にある入射波

$$t_{\parallel} = +\frac{2\sin\theta_t\cos\theta_i}{\sin(\theta_i+\theta_t)\cos(\theta_i-\theta_t)} \tag{4.45}$$

となる (問題 4.43).

　ここで注意すべきことがある. 図 4.47 と 4.48 では, 場の方向 (もっと正確にいうと位相) は適当にとってある. たとえば, 図 4.47 において $\vec{E}_r$ を紙面裏向きとすることもでき, その場合は $\vec{B}_r$ は反対向きになる. そうすれば, 他の係数は変わらないが $r_{\perp}$ の符号は + になる. 式 (4.42) から (4.45) に書いてある符号は, 1 番目の式を除いて + となっているが, 実際は場の方向の選び方に依存している. 式 (4.42) の負号は, あとでわかるように, 図 4.47 で $\vec{E}_r$ を正しく設定しなかったことを意味している. このような事情があるにもかかわらず, 統一された書き方はなく, いまだにフレネルの公式にはいろいろな組合せの符号が付けられている. 混乱を避けるために, "フレネルの公式の符号は, それを導くのに用いた場の方向に関係している" と明記しておく.

例題 4.4 振幅が 1.0 V/m の電磁波が, 屈折率が 1.60 のガラス板に空気中の法線に対して 30.0° の角度でやってくる. この波動の電場は入射面に対して完全に垂直である. 反射波の振幅を求めよ.

解 $(E_{0r})_{\perp} = r_{\perp}(E_{0i})_{\perp} = r_{\perp}(1\,\mathrm{V/m})$ であるから,

$$r_{\perp} = -\frac{\sin(\theta_i-\theta_t)}{\sin(\theta_i+\theta_t)} \tag{4.42}$$

を用いなければならない. はじめに θ_t の値が必要なので, スネルの法則から

$$n_i\sin\theta_i = n_t\sin\theta_t$$

$$\sin\theta_t = \frac{n_i}{n_t}\sin\theta_i$$

$$\sin\theta_t = \frac{1}{1.60}\sin 30.0° = 0.312\,5$$

$$\theta_t = 18.21°$$

と求められる. これより,

$$r_{\perp} = -\frac{\sin(30.0°-18.2°)}{\sin(30.0°+18.2°)} = -\frac{\sin 11.8°}{\sin 48.2°}$$

$$r_{\perp} = -\frac{0.204\,5}{0.745\,5} = -0.274$$

となり,

$$(E_{0r})_{\perp} = r_{\perp}(E_{0i})_{\perp} = r_{\perp}(1.0\,\mathrm{V/m})$$

$$(E_{0r})_{\perp} = -0.27\,\mathrm{V/m}$$

である.

4.6.3　フレネルの公式の解釈

　この項では, フレネルの公式の物理的な意味について述べる. 特に, 振幅および放射束密度が反射あるいは屈折される割合の決定に重点を置く. さらに, それらの過程

214　　4 光 の 伝 搬

で位相が受ける変化についても考える.

振 幅 係 数

θ_i 値の全範囲にわたって，振幅係数の形を簡単にしらべてみる．垂直入射に近い ($\theta_i \approx 0$) とき，式 (4.43) の正接 (tan) は実質的に正弦 (sin) に等しく，

$$[r_\parallel]_{\theta_i=0} = [-r_\perp]_{\theta_i=0} = \left[\frac{\sin(\theta_i - \theta_t)}{\sin(\theta_i + \theta_t)}\right]_{\theta_i=0}$$

である．符号の物理的重要性については，すぐ後でふれる．正弦関数を展開しスネルの法則を用いると，この式は

$$[r_\parallel]_{\theta_i=0} = [-r_\perp]_{\theta_i=0} = \left[\frac{n_t \cos\theta_i - n_i \cos\theta_t}{n_t \cos\theta_i + n_i \cos\theta_t}\right]_{\theta_i=0} \tag{4.46}$$

となり，これは式 (4.34) および (4.40) からも得られる．θ_i が極限の 0 に近づけば，$\cos\theta_i$ と $\cos\theta_t$ は 1 に近づき，結局

$$[r_\parallel]_{\theta_i=0} = [-r_\perp]_{\theta_i=0} = \frac{n_t - n_i}{n_t + n_i} \tag{4.47}$$

となる．なお，$\theta_t = 0$ ではもはや入射面を特定できないから，二つの反射係数は等しくなっている．この結果を用いて，例として空気 ($n_i = 1$) とガラス ($n_t = 1.5$) の境界でのほぼ垂直な入射では，振幅反射係数は ± 0.2 である (問題 4.58 参照).

$n_t > n_i$ なら，スネルの法則から $\theta_i > \theta_t$ であり，$r_\perp$ は θ_i のすべての値に対し負である (図 4.49)．これに比べ式 (4.43) から，$r_\parallel$ は $\theta_i = 0$ での正の値から徐々に減少し，$\tan\pi/2 = \infty$ であるから，$\theta_i + \theta_t = 90°$ で 0 になる．このようになる特別な入射角を θ_p で表し，偏光角 (polarization angle) とよぶ (8.6.1 項参照)．ここで，位相が 180° 変化するときが θ_p であり，そして $r_\parallel \to 0$ となる．これは，θ_i がどちらからであろうと θ_p に近づいている間は，電場 $\vec{E}$ の符号は変わらないことを意味している．θ_i が増加して θ_p を越えると，$r_\parallel$ は負でその絶対値が大きくなり，90° で -1.0 になる．

顕微鏡のスライドガラスのような板ガラス 1 枚をこのページに置き，ページをまっすぐに見下ろすと ($\theta_i = 0$)，ガラスの下の部分は他の部分より，明らかに灰色がかって見えるだろう．これは，スライドガラスが両面で光を反射し，紙面に到達してはね返ってくる光がかなり減るからである．次に，目のそばにスライドガラスを保持し，傾けながら，つまり θ_i を増しながらそれを通してページを見てみよう．反射される光の量が増え，ガラスを通してページを見るのはどんどん難しくなるだろう．$\theta_i \approx 90°$ では反射係数が -1.0 になるから (図 4.49)，スライドガラスは完全な鏡のようになる．この本の表紙のように，多少でこぼこの面でも，水平に近い角度で光が入ると，鏡のようになる (写真参照)．本を目の高さで水平にもったまま，顔を明るい光に向けてみる．表紙の上にかなりうまく反射された光源が見えるだろう．以上の観察結果は，X 線であっても水平に近い入射なら，鏡面反射されることを示している．そして，現代の X 線望遠鏡はまさにこの現象を基礎にしている．

垂直入射では，式 (4.35) と (4.41) から簡単に

$$[t_\parallel]_{\theta_i=0} = [t_\perp]_{\theta_i=0} = \frac{2n_i}{n_i + n_t} \tag{4.48}$$

4.6 電磁理論的考察 215

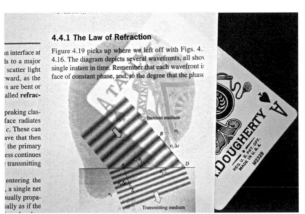

染色していない紙は，周囲の空気とは大きく異なる (約 1.56 の) 屈折率をもつ細くて透明な繊維のシートである．したがって，式 (4.46) からわかるように，紙はかなりの量の白色光を散乱し，明るく不透明な白色に見える．いま，屈折率が空気と繊維の間 (1.46) にある何か (たとえば，ベビーオイルとしても知られるミネラルオイル) で紙を"濡らして"各繊維をコーティングすると，紙は後方散乱光のほとんどを遮断してしまい，処理した領域は本質的に透明になる．(E. H.)

ベンゼンに浸かったガラス棒と木の棒．ベンゼンの屈折率はガラスのそれにきわめて近いので，左側のガラス棒は液体の中では消えてしまったように見える．(E. H.)

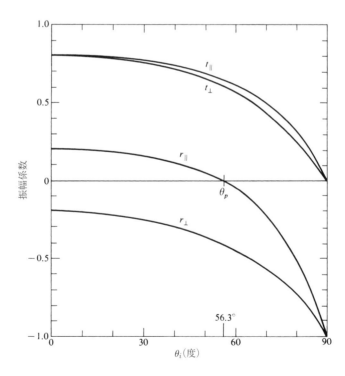

図 **4.49** 入射角の関数としての振幅反射係数と振幅透過係数．示した曲線は空気–ガラスの境界面 ($n_{ti} = 1.5$) における外部反射のものである ($n_t > n_i$)

壁も床も $\theta_i = 0$ ではよい反射面でないにもかかわらず，水平に近い入射角では鏡のようになる．(E. H.)

が得られる．また問題 4.63 で，

$$t_\perp + (-r_\perp) = 1 \tag{4.49}$$

がすべての θ_i で成り立つことが示されているが，

$$t_\parallel + r_\parallel = 1 \tag{4.50}$$

は垂直入射でのみ成り立つ．

ここまでの議論は，ほとんど**外部反射** (external reflection)(すなわち，$n_t > n_i$) に限定された．入射側媒質の方が濃い ($n_i > n_t$) 場合に生じる**内部反射** (internal reflection) という反対の状況も，同じように興味がある．この場合 $\theta_t > \theta_i$ であり，式 (4.42) から $r_\perp$ はいつも正である．図 4.50 は，$r_\perp$ が $\theta_i = 0$ での初期値 [式 (4.47)] から増加し，**臨界角** (critical angle) とよばれる角度 θ_c で $+1$ に達するのを示している．はっきりいえば，θ_c は $\theta_t = \pi/2$ となる特別な入射角である．フレネルの公式 (4.40) から明らかなように，$r_\parallel$ も $\theta_i = 0$ での負の値 [式 (4.47)] から増加し始め，$\theta_i = \theta_c$ で $+1$ に達する．そして，$r_\parallel$ は偏光角 θ'_p で 0 を通る．同じ媒質間の境界における内部および外部反射における偏光角 θ'_p と θ_p は，互いに $90°$ に対する補数であることは，問題 4.68 の解として明らかになる．内部反射については 4.7 節でもう一度取り上げ，$r_\perp$ も $r_\parallel$ も $\theta_i > \theta_c$ では複素量であることを示す．

位相変化

式 (4.42) から，$n_t > n_i$ なら θ_i に無関係に $r_\perp$ が負であるのは明らかである．しかし，図 4.47 で $[\vec{E}_r]_\perp$ を反対方向に選べば，フレネルの公式の第 1 式 (4.42) は符号が変わり，$r_\perp$ が正の量になることを，すでに示してある．$r_\perp$ の符号は $[\vec{E}_{0i}]_\perp$ と $[\vec{E}_{0r}]_\perp$ の相対的な方向に関係している．$[\vec{E}_{0r}]_\perp$ を反転させることは，$[\vec{E}_r]_\perp$ に π ラジアンの位相変化 $\Delta\varphi_\perp$ を与えるのと同じである．したがって，$r_\perp$ が負値であることは，境

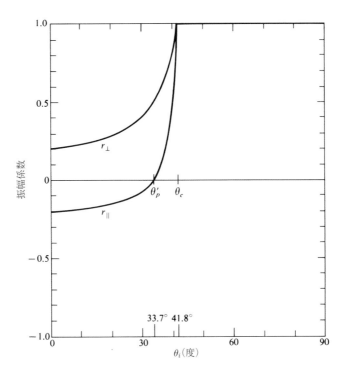

図 4.50 入射角の関数としての振幅反射係数．示した曲線は空気–ガラス境界面 ($n_{ti} = 1/1.5$) における内部反射のものである ($n_t < n_i$).

界において $[\vec{E}_i]_\perp$ と $[\vec{E}_r]_\perp$ が反平行，つまり互いには π の位相差のあることを表している．入射面に垂直な成分について考えるとき，二つの電場が同位相か π ラジアンの位相ずれかで，混乱することはない．平行であれば同位相であり，反平行であれば π の位相ずれである．まとめると，**入射側媒質の屈折率が透過側より低ければ，入射面に垂直な電場成分は反射によって，位相が π ラジアン変化する**．そして，$t_\perp$ と $t_\parallel$ はいつも正であり，$\Delta\varphi = 0$ である．さらに $n_i > n_t$ の場合，$\theta_i < \theta_c$ である限り，反射による垂直成分の位相変化はなく，つまり $\Delta\varphi_\perp = 0$ である．

$[\vec{E}_i]_\parallel$, $[\vec{E}_r]_\parallel$, $[\vec{E}_t]_\parallel$ については状況が少しはっきりしていない部分がある．それら電場ベクトルは同一平面上にあるが向きは同じか反対のどちらかとは限らないから，同位相の意味をもっと明確にする必要がある．図 4.47 と 4.48 では，光がやってくる方向に向かって伝搬ベクトルを見たとき，入射・反射・透過のいずれの光線であっても $\vec{E}$, $\vec{B}$, $\vec{k}$ の向きの相対的な関係が等しくなるように，場の方向は選択されていた．二つの電場が同位相であるための条件として，これが使える．そして，同じことであるがもっと簡単には，**入射面内の二つの場の y 成分が平行であれば，二つの場は同位相であり，反平行であれば位相ずれである**．また，電場 $\vec{E}$ に位相ずれがあれば，付随する磁場 $\vec{B}$ にも位相ずれがあり，そしてその逆も成り立つ．このように考えれば，電場 $\vec{E}$ であろうと磁場 $\vec{B}$ であろうと，場の入射面内での相対的位相を決めるには，入射面に垂直な方向からベクトルを見るだけでよい．こうして，図 4.51a の $\vec{E}_i$ と $\vec{E}_t$ は

同位相であり，$\vec{B}_i$ と $\vec{B}_t$ も同位相であるが，$\vec{E}_i$ と $\vec{E}_r$ および $\vec{B}_i$ と $\vec{B}_r$ には位相ずれがある．同様に図4.51bでは，$\vec{E}_i, \vec{E}_r$ そして $\vec{E}_t$ は同位相であり，$\vec{B}_i, \vec{B}_r$ および $\vec{B}_t$ も同位相である．

さて，平行成分の振幅反射係数は，

$$r_\| = \frac{n_t \cos\theta_i - n_i \cos\theta_t}{n_t \cos\theta_i + n_i \cos\theta_t}$$

で与えられる．これは以下の条件のもとで正である（$\Delta\varphi_\| = 0$）．その条件とは，

$$n_t \cos\theta_i - n_i \cos\theta_t > 0$$

であり，スネルの法則で書き換えると，

$$\sin\theta_i \cos\theta_i - \cos\theta_t \sin\theta_t > 0$$

または等価的に

$$\sin(\theta_i - \theta_t)\cos(\theta_i + \theta_t) > 0 \tag{4.51}$$

である．これは，

$$(\theta_i + \theta_t) < \pi/2 \tag{4.52}$$

の場合は $n_i < n_t$ を意味し，逆に

$$(\theta_i + \theta_t) > \pi/2 \tag{4.53}$$

の場合は $n_i > n_t$ を意味する．つまり $n_i < n_t$ ならば，$\theta_i = \theta_p$ になるまでは $[\vec{E}_{0r}]_\|$ と $[\vec{E}_{0i}]_\|$ は同位相であり（$\Delta\varphi_\| = 0$），それ以降は π ラジアンの位相差が生じる．この遷移は，θ_p では $[\vec{E}_{0r}]_\|$ が 0 になるから，現実には不連続に生じるのではない．以上に比べ，内部反射の $r_\|$ は θ'_p までは負であり，$\Delta\varphi_\| = \pi$ を意味している．θ'_p から θ_c までは，$r_\|$ は正で $\Delta\varphi_\| = 0$ である．θ_c を越えると $r_\|$ は複素数になり，そして $\Delta\varphi_\|$ は徐々に増加して $\theta_i = 90°$ で π になる．

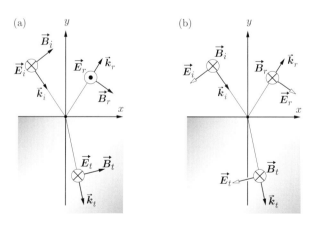

図 4.51　場の向きと位相の変化

以上の結論をまとめた図 4.52 は，今後も役に立つだろう．内部反射の場合の $\theta_i > \theta_c$ の領域での，$\Delta\varphi_\parallel$ と $\Delta\varphi_\perp$ の実際の関数形は文献にある[*13]が，私たちの目的にはここに描いた曲線で十分である．図 4.52e は，平行成分と垂直成分の位相差，つまり $\Delta\varphi_\parallel - \Delta\varphi_\perp$ のプロットである．これは，偏光の効果を考えるときなどで今後も有益なので，図 4.52 に入れてある．最後に，ここでの議論の重要な点を，図 4.53 と図 4.54 に示してある．反射波のベクトルの大きさは，空気とガラスの境界での反射波の振幅を示す図 4.49 と図 4.50 に一致し，位相変化は図 4.52 と一致している．

これらの結論の多くは，実に簡単な実験装置，すなわち二つの直線偏光子と 1 片のガラスと，フラッシュか強度の強いランプのような小さな光源を用いて確認できる．一つの偏光子を光源の前に，入射面に 45°の方向で置くと，図 4.53 の状況を容易に再現できる．たとえば，もし二つ目の偏光子の透過軸が入射面に平行ならば，$\theta_i = \theta_p$ (図 4.53b) では二つ目の偏光子を光は通過しない．水平に近い入射角では，二つの偏光子の軸がおおむね直交していたら，反射光はなくなる．

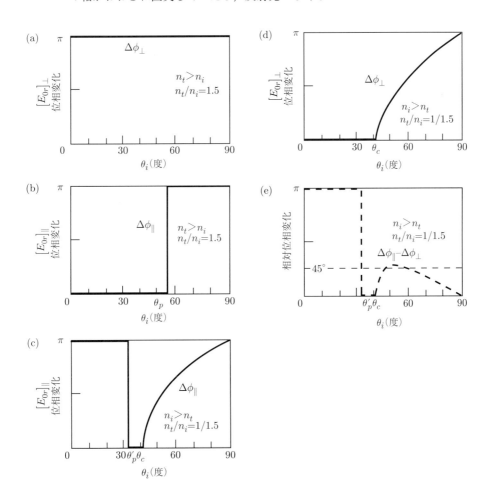

図 4.52 内部および外部反射に対応する電場 $\vec{E}$ の平行成分と垂直成分の位相変化

[*13] Born and Wolf, *Principles of Optics*, p. 49 を参照のこと．

反射率と透過率

図 4.55 のように，円形断面の光ビームが表面に入射するとする．照明されている領域の面積は A である．法線がポインティング・ベクトル $\vec{S}$ に平行な真空中の面を通過する，単位面積あたりのパワーは，

$$\vec{S} = c^2 \epsilon_0 \vec{E} \times \vec{B} \qquad [3.40]$$

で与えられる．さらに，放射束密度 (W/cm^2) あるいは強度は，

$$I = \langle S \rangle_T = \frac{c\epsilon_0}{2} E_0{}^2 \qquad [3.44]$$

である．これは $\vec{S}$ (等方的媒質では $\vec{S}$ は $\vec{k}$ に平行) に垂直な単位面積を通過するエネルギーの単位時間での平均である．いまの場合において (図 4.55)，I_i, I_r そして I_t

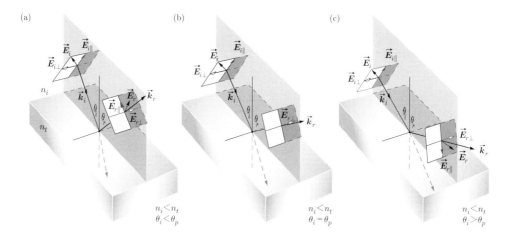

図 4.53 外部反射において種々の角度で反射された電場 $\vec{E}$．すべての電場は境界で生じている．それらは，ベクトルを混乱なく描くために少し移動させてある．

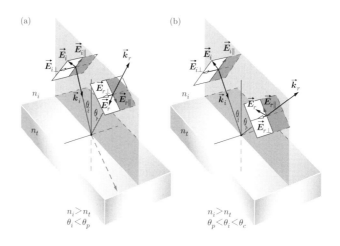

図 4.54 内部反射において種々の角度で反射された電場 $\vec{E}$

をそれぞれ入射，反射，透過放射束密度とする．入射，反射，透過ビームの断面積は，$A\cos\theta_i, A\cos\theta_r, A\cos\theta_t$ である．したがって，入射パワーは $I_i A\cos\theta_i$ である．これは入射ビーム中を単位時間に流れているエネルギーであり，表面の A という領域にやってくるエネルギーでもある．同様に，$I_r A\cos\theta_r$ は反射ビーム中のパワー，$I_t A\cos\theta_t$ は A を通過しているパワーである．**反射率** (reflectance) R を入射パワー (あるいは放射光束) に対する反射パワーの比と定義する．

$$R \equiv \frac{I_r A\cos\theta_r}{I_i A\cos\theta_i} = \frac{I_r}{I_i} \tag{4.54}$$

同じように，**透過率** (transmittance) T を入射光束に対する透過光束の比と定義し，

$$T \equiv \frac{I_t \cos\theta_t}{I_i \cos\theta_i} \tag{4.55}$$

で与える．割算値 (商) I_r/I_i は $(v_r \epsilon_r E_{0r}^2/2)/(v_i \epsilon_i E_{0i}^2/2)$ に等しく，そして入射・反射波は同じ媒質中にあり，$v_r = v_i, \epsilon_r = \epsilon_i$ であるから，

$$R = \left(\frac{E_{0r}}{E_{0i}}\right)^2 = r^2 \tag{4.56}$$

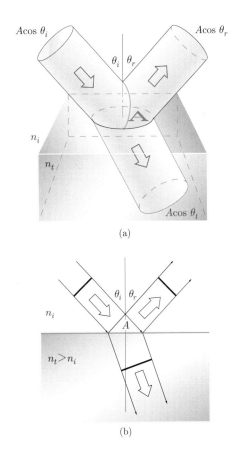

図 **4.55** 入射ビームの反射と透過

である．同様に $\mu_i = \mu_t = \mu_0$ と仮定すると，

$$T = \frac{n_t \cos\theta_t}{n_i \cos\theta_i}\left(\frac{E_{0t}}{E_{0i}}\right)^2 = \left(\frac{n_t \cos\theta_t}{n_i \cos\theta_i}\right)t^2 \tag{4.57}$$

である．ここでは，$\mu_0\epsilon_t = 1/v_t^2$ と $\mu_0 v_t \epsilon_t = n_t/c$ の関係を用いた．実用的に興味深い状況である垂直入射では，$\theta_t = \theta_i = 0$ であり，反射率 [式 (4.54)] と同様に，透過率 [式 (4.55)] も簡単にそれぞれの強度の比である．$R = r^2$ であるから，どのような場合の定式化であっても r の符号に戸惑う必要はなく，それゆえに反射率は便利な量である．式 (4.57) において，二つの理由から T は t^2 に単純に等しくならないことを見てみよう．一つには，式 (3.47) からエネルギーが境界に運ばれそこから出てゆく速度が異なる，つまり $I \propto v$ であるので，屈折率の比が必然的に入ってくる．二つには，入射ビームと屈折ビームの断面積が異なる．したがって，単位面積あたりのエネルギーの流れに影響し，余弦項の比として現れる．

図 4.55 の配置に対して，エネルギーの保存を表す式を書いてみよう．単位時間に面積 A に流れ込む全エネルギーは，単位時間にそこから流出するエネルギーに等しいことから，

$$I_i A \cos\theta_i = I_r A \cos\theta_r + I_t A \cos\theta_t \tag{4.58}$$

と書ける．両辺に c を掛けると，この式は

$$n_i {E_{0i}}^2 \cos\theta_i = n_i {E_{0r}}^2 \cos\theta_i + n_i {E_{0t}}^2 \cos\theta_t$$

または，

$$1 = \left(\frac{E_{0r}}{E_{0i}}\right)^2 + \left(\frac{n_t \cos\theta_t}{n_i \cos\theta_i}\right)\left(\frac{E_{0t}}{E_{0i}}\right)^2 \tag{4.59}$$

になる．これは単に

$$R + T = 1 \tag{4.60}$$

のことであり，ここでは吸収はないとしている．

電場はベクトル場であり，フレネルの公式を解析したときのように，ここでも光は，電場 E が入射面に平行か垂直である二つの直交成分で構成されると考えることができる．事実，通常の "偏光していない" 光では，入射面に対して半分は平行に，もう半分は垂直に振動している．したがって，入射してくる全強度が，たとえば $500\,\mathrm{W/m^2}$ であれば，入射面に垂直に振動している光の量は $250\,\mathrm{W/m^2}$ である．式 (4.56) と (4.57) から

$$R_\perp = {r_\perp}^2 \tag{4.61}$$

$$R_\parallel = {r_\parallel}^2 \tag{4.62}$$

$$T_\perp = \left(\frac{n_t \cos\theta_t}{n_i \cos\theta_i}\right){t_\perp}^2 \tag{4.63}$$

$$T_\parallel = \left(\frac{n_t \cos\theta_t}{n_i \cos\theta_i}\right){t_\parallel}^2 \tag{4.64}$$

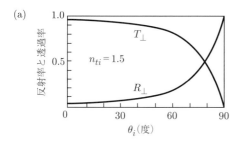
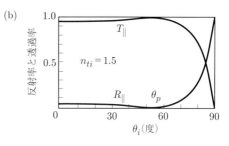

図 4.56　入射角に対する反射率と透過率

であり，これらは図 4.56 に示されている．そして，

$$R_\parallel + T_\parallel = 1 \tag{4.65a}$$
$$R_\perp + T_\perp = 1 \tag{4.65b}$$

と書ける (問題 4.73)．ここで，$R_\perp$ は $I_{i\perp}$ のうちの反射された割合で，I_i のうちの反射された割合でない．したがって，$R_\parallel$ と $R_\perp$ はどちらも 1 に等しくできるので，自然光に対する全反射率は，

$$R = \frac{1}{2}(R_\parallel + R_\perp) \tag{4.66}$$

で与えられる．この式の厳密な証明は 8.6.1 項にある．

例題 4.5 光が空気中のガラス平板に偏光角 θ_p で入射する．全透過率は 0.86 とわかっており，また，入射する光は非偏光であると仮定する．(a) 入射パワーのうち反射される割合を求めよ．(b) 1000 W が入射すれば，どれくらいのパワーが入射面に垂直な電場 E の状態で透過するか．

解 (a) $T = 0.86$ と与えられている．また，ビームは非偏光とされているので，入射面に対して半分の光は垂直でもう半分は平行である．したがって，$T_\parallel$ と $T_\perp$ はどちらも 1.0 にすることができ，非偏光に対しては

$$T = \frac{1}{2}(T_\parallel + T_\perp)$$

である．ここで，$\theta_i = \theta_p$ であるから，図 4.56 より $T_\parallel = 1.0$ であり，電場が入射面に平行な光はすべて透過する．したがって，

$$T = \frac{1}{2}(1 + T_\perp) = 0.86$$

となり，垂直な光については

$$T_\perp = 1.72 - 1 = 0.72$$

である．

$$R_\perp + T_\perp = 1$$

であるから,

$$R_\perp = 1 - T_\perp = 0.28$$

となり,全体の反射の割合は

$$R = \frac{1}{2}(R_\parallel + R_\perp) = \frac{1}{2}R_\perp$$
$$R = 0.14 = 14\%$$

(b) 1000 W が入射するので,その半分,すなわち 500 W は入射面に垂直である.$T_\perp = 0.72$ であるから,この 500 W の 72% が透過する.したがって,入射面に垂直な電場 E の状態で透過するパワーは,

$$0.72 \times 500\,\text{W} = 360\,\text{W}$$

水たまりを見下ろすと,付近の木の反射が見える.(右側に見えるのは溶けかけた雪.) 垂直入射では 2% の光が水で反射される.見る角度を大きくすると光量も増加する.この写真は約 40°で見ている.(E. H.)

ほぼ垂直入射では,ガラス前面と後面の空気–ガラス境界面で約 4% の光がはね返される.建物の中より戸外の方がはるかに明るいので,戸外からのぞき込んで写真を撮っている人を容易に見ることができる.(E. H.)

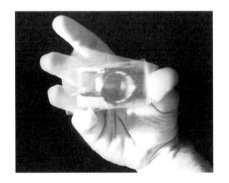

重ねた顕微鏡スライドガラスからのほぼ垂直での反射.この写真を撮ったカメラの像を見ることができる.(E. H.)

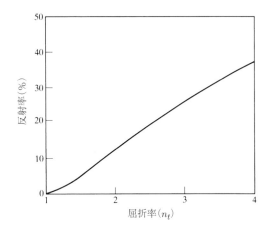

図 4.57 空気中 ($n_i = 1.0$) にある一つの境界面からの垂直入射における反射率

$\theta_i = 0$ の場合は入射面を定義できず，R と T の平行・垂直成分の区別はなくなる．この場合，式 (4.61) から (4.64) は，式 (4.47) と (4.48) と一緒にして，

$$R = R_\parallel = R_\perp = \left(\frac{n_t - n_i}{n_t + n_i}\right)^2 \tag{4.67}$$

$$T = T_\parallel = T_\perp = \frac{4n_t n_i}{(n_t + n_i)^2} \tag{4.68}$$

となる．こうして，空気とガラス ($n_g = 1.5$) の境界に垂直に入射する光は，内部から ($n_i > n_t$) であろうと外部から ($n_i < n_t$) であろうと，4% がはね返される (問題 4.70)．10 や 20 という空気–ガラスの多数の境界をもつ複雑なレンズ系を扱う人には，これは重大な関心事である．実際，顕微鏡用の板ガラス (カバーガラスの方が薄くてたくさん扱うのが容易) を 50 枚重ねたものを垂直に眺めれば，ほとんどの光は反射されるであろう．このように積み重ねたものは鏡にたいへんよく似ている (p.224 の写真参照)．透明なプラスチックの薄いシートを何重にも筒状に巻くと，やはり光沢のある金属のように見える．多数の境界は，数多くの近接した場所での鏡面反射を生じさせ，光はあたかも周波数には無関係である反射を 1 回だけ経験したかのように，その多くは入射媒質にもどる．灰色金属の滑らかな表面—周波数に依存しない大きな鏡面反射率を有している—は同じようにふるまい，光沢がある．("光沢" があるとはこういうことである．) 反射が拡散的であれば，反射率が十分大きくとも，表面は灰色または白色に見える．

図 4.57 は，垂直入射を仮定して，空気中のいろいろな透過媒質に対する一つの境界面での反射率をプロットしたものである．図 4.58 は，境界面の数と媒質の屈折率に対する垂直入射での透過率の依存性を示している．透明で表面の滑らかなプラスチックテープを巻いたものを通してものを見ることができない理由，また潜望鏡の多数の光学素子が反射防止膜 (9.7.2 項参照) を施されなければならない理由を，この図は示している．

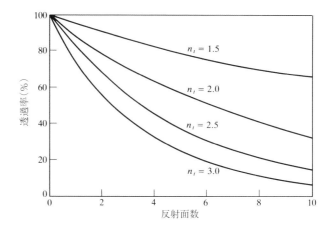

図 4.58　空気中 ($n_i = 1.0$) にある何枚かの面を垂直に通過するときの透過率

例題 4.6　空気中において偏光角 θ_p でガラスシート ($n = 1.50$) の平坦な表面に入射する非偏光のビームを考える．図 4.49 と入射面に平行に振動する電場 E を考え，$R_\parallel$ を求めるとともに，直接的な計算によって $T_\parallel = 1.0$ であることを示せ．$r_\parallel = 0$ であるが，$t_\parallel \neq 1$ であるのはなぜか．

解　式 (4.62) から

$$R_\parallel = r_\parallel^2$$

であり，$r_\parallel = 0$ であるから

$$R_\parallel = 0$$

となり，光は反射しない．一方，式 (4.64) から

$$T_\parallel = \left(\frac{n_t \cos \theta_t}{n_i \cos \theta_i}\right) t_\parallel^2$$

である．図 4.49 と式 (4.41) を用いると，$\theta_i = \theta_p = 56.3°$ では $t_\parallel = 0.667$ であり，また，$\theta_i + \theta_t = 90.0°$ より $\theta_t = 33.7°$ である．結局，

$$T_\parallel = \frac{1.5 \cos 33.7°}{1.0 \cos 56.3°}(0.667)^2$$
$$T_\parallel = 1.00$$

となる．つまり，すべての光は透過する．損失のない媒質中でのエネルギー保存則は，$R_\parallel + T_\parallel = 1$ であることを示すが，$r_\parallel + t_\parallel = 1$ ではない．

4.7 内 部 全 反 射

前節で，入射角 θ_i がいわゆる**臨界角** (critical angle) θ_c に等しいか大きい場合の内部反射 ($n_i > n_t$) が興味をひいた．その状況を正確に見てみよう．図 4.59 のように，光学的に密度の高い媒質中に埋め込まれた光源があり，θ_i を徐々に大きくできるとする．前節から，θ_i の増加とともに $r_\parallel$ と $r_\perp$ は増加 (図 4.50)，$t_\parallel$ と $t_\perp$ は減少するのがわかっている．しかも，

$$\sin \theta_i = \frac{n_t}{n_i} \sin \theta_t$$

と $n_i > n_t$ (この場合 $n_{ti} < 1$) の関係から，$\theta_t > \theta_i$ である．こうして，θ_i が大きくなると，透過光線はだんだん境界に接するようになり，また，有効なエネルギーは反射ビームの方により強く現れる．最終的に $\theta_t = 90°$ になると，$\sin \theta_t = 1$ で，

$$\boxed{\sin \theta_c = n_{ti}} \tag{4.69}$$

である．すでに述べたように，"臨界角は $\theta_t = 90°$ となる θ_i の特別な値である"．n_i が大きいと n_{ti} は小さく，θ_c も小さい．入射角が θ_c より大きいか等しい場合，**内部全反射** (total internal reflection) として知られる過程により，やってくるすべてのエネルギーは入射媒質中にはね返される (p.228 の写真参照)．

図 4.59a の状態から 4.59d の状態への遷移は，何らの不連続性もなく生じていることを強調したい．θ_i が大きくなると，反射ビームはどんどん強く，一方，透過ビームは弱くなり，$\theta_r = \theta_c$ になると，後者はなくなり前者が全エネルギーを運んでゆく．θ_i を大きくして透過ビームの減衰を観察するのは容易である．何か印刷されたページの上に顕微鏡用の板ガラスを置き，鏡のように反射される光を防止しておく．(表面が光らないように照明を工夫しておく.) $\theta_i \approx 0$ では θ_t はおおむね 0 であり，ガラスを通して見たページはかなり明るく鮮明である．しかし頭を動かし，θ_t (これは境界を見る角度である) を大きくすると，印刷ページのガラスで覆われた部分はどんどん暗くなり，現実に T が著しく減少することを示している．

空気–ガラス境界の臨界角はほぼ 42° である (表 4.3 参照)．したがって，図 4.60 のプリズムのいずれでも，左側の面に垂直に入射する光線は $\theta_i > 42°$ であり，内部反射される．これは，金属表面で発生することがある劣化を気にせずに，ほぼ 100% の反射を得る便利な方法である (図 4.59 の写真参照)．

原子振動子による散乱を簡単に描いた図 4.61 によって，現象を別の観点から考察できる．均質で等方的な媒質の実質的な効果には，光速を c から v_i と v_t に変えることがあるのがわかっている．反射または屈折波は，媒質に特有の速度で伝搬する散乱波の重ね合せである．図 4.61a では，入射波が散乱中心 A と B から，連続的な散乱波を放射させている．これらが重なり合って透過波となる．$\theta_i = \theta_r$ で入射側媒質の方にもどる通常の反射波は，図には書かれていない．時間 t の間に，入射波面は $v_i t = \overline{CB}$ 進み，透過波面は $v_t t = \overline{AD} > \overline{CB}$ の距離を移動する．一方の波が A から E に移動する時間と他方の波動が C から B に移動する時間は等しく，また，両者は同じ周波数と周期をもっているから，この過程における位相変化は等しい．したがって，点 E での波動は点 B でのそれと位相は一致していて，2 点は同じ透過波面上にある (4.4.2 項参照).

水平方向の明るい帯領域にあるはずの手前の二つの炎は，水を通して見ることができない．これは内部全反射のためである．飲み物用のガラスコップの底を，側壁を通して見てみよう．そして水をつぎ足して高さを 2–3 インチ高くすれば，どうなるだろうか．(E. H.)

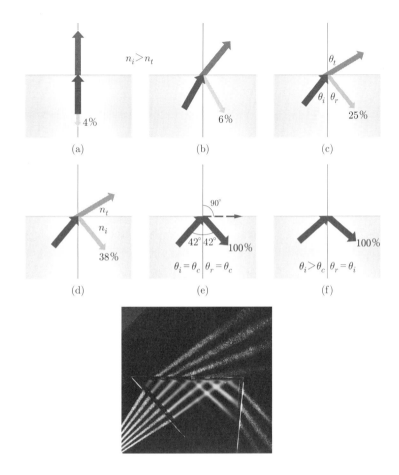

図 4.59　内部反射と臨界角 (Educational Service, Inc.)

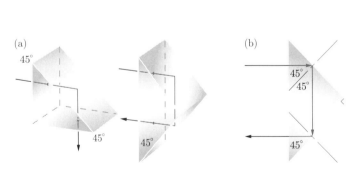

図 4.60　内 部 全 反 射

プリズムが鏡のように作用し，鉛筆の一部を (その上の文字が反転するように) 反射している．この現象は内部全反射で生じている．(E. H.)

v_i に比べて v_t が大きければ大きいほど，透過波面はより大きく傾き，すなわち θ_t はより大きくなる．このことが図 4.61b に描かれていて，そこでは n_t が小さいとして n_{ti} も小さくしてある．その結果，速度 v_t が大きくなって $\overline{AD}$ も長くなり，透過角はより大きくなっている．図 4.61c は特別な場合に至った図で，$\overline{AD} = \overline{AB} = v_t t$ であり，散乱波は "境界線の上でのみ" 同位相で重なり，$\theta_t = 90°$ である．三角形 ABC から，$\sin\theta_i = v_i t / v_t t = n_t / n_i$ となり，これは式 (4.69) である．ある二つの媒質，つまり n_{ti} の特定の値に対しては，散乱波が透過媒質中で強め合うように重なる方向は，境界に沿っている．その結果得られる波動 ($\theta_t = 90°$) は，**表面波** (surface wave) として知られている．

表 4.3 臨 界 角

n_{it}	θ_c		n_{it}	θ_c	
	(度)	(ラジアン)		(度)	(ラジアン)
1.30	50.2849	0.8776	1.50	41.8103	0.7297
1.31	49.7612	0.8685	1.51	41.4718	0.7238
1.32	49.2509	0.8596	1.52	41.1395	0.7180
1.33	48.7535	0.8509	1.53	40.8132	0.7123
1.34	48.2682	0.8424	1.54	40.4927	0.7067
1.35	47.7946	0.8342	1.55	40.1778	0.7012
1.36	47.3321	0.8261	1.56	39.8683	0.6958
1.37	46.8803	0.8182	1.57	39.5642	0.6905
1.38	46.4387	0.8105	1.58	39.2652	0.6853
1.39	46.0070	0.8030	1.59	38.9713	0.6802
1.40	45.5847	0.7956	1.60	38.6822	0.6751
1.41	45.1715	0.7884	1.61	38.3978	0.6702
1.42	44.7670	0.7813	1.62	38.1181	0.6653
1.43	44.3709	0.7744	1.63	37.8428	0.6605
1.44	43.9830	0.7676	1.64	37.5719	0.6558
1.45	43.6028	0.7610	1.65	37.3052	0.6511
1.46	43.2302	0.7545	1.66	37.0427	0.6465
1.47	42.8649	0.7481	1.67	36.7842	0.6420
1.48	42.5066	0.7419	1.68	36.5296	0.6376
1.49	42.1552	0.7357	1.69	36.2789	0.6332

4.7.1 エバネッセント波

X 線の周波数は媒質の原子の共鳴周波数より高いから，式 (3.70) が示すように，また実験でも確かめられているが，X 線の屈折率は 1.0 より小さい．したがって，物質中における X 線の波動としての速度 (つまり位相速度) は，真空中での値 (c) を超える．ただし，最も密度の高い固体中でも超過分は 10 000 分の 1 以下である．空気中を進んできた X 線がガラスのように密度の高い物質に入射するとき，ビームはごくわずかであるが，法線から離れるように進行方向を曲げる．先の内部全反射の議論から，たとえば $n_i = n_{\mathrm{air}}$, $n_t = n_{\mathrm{glass}}$ の場合，X 線は "外部" 全反射すると期待される．文献でもしばしばこのように語られているが，それは誤っている．ガラスは物質として空気より密度が高いが，X 線にとっては $n_{\mathrm{air}} > n_{\mathrm{glass}}$ であり，$n_i > n_t$ であるから，現象は事実上やはり "内部" 反射である．いずれにしても，n_t は 1 より小さいものの，限

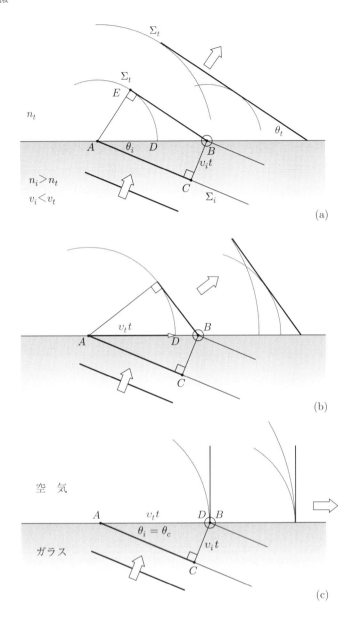

図 4.61 内部全反射過程における透過波の散乱の観点からの考察．一連の図では，θ_i と n_i は一定に保ち，n_t を低下させて v_t を大きくしている．反射波 $(\theta_r = \theta_i)$ は書いていない．

りなく 1 に近いので，屈折率比 $n_{ti} \approx 1$ で $\theta c \approx 90°$ である．

1923 年にコンプトン (A. H. Compton) は，試料に通常の角度で入射する X 線は鏡面反射はされないものの，水平に近い角度で入射すれば "外部" 全反射されるに違いないと論じた．彼は 0.128 nm の X 線をガラス板に当て，表面から測って約 10 分 (0.167°) の臨界角を得た．これから求めたガラスの屈折率は，1 より -4.2×10^{-6} だけ小さかった．

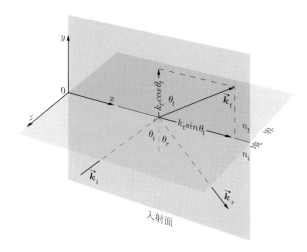

図 4.62　内部反射に対する伝搬ベクトル

いくつかの内部および"外部"全反射の重要な応用については，後で述べる．

内部全反射では透過波はないと仮定すれば，境界条件を入射波と反射波だけで満たすのは不可能になる．つまり，事実はそれほどには単純でない．ところで，式 (4.34) と (4.40) は次のように書き換えられる (問題 4.77).

$$r_\perp = \frac{\cos\theta_i - (n_{ti}{}^2 - \sin^2\theta_i)^{1/2}}{\cos\theta_i + (n_{ti}{}^2 - \sin^2\theta_i)^{1/2}} \tag{4.70}$$

$$r_\| = \frac{n_{ti}{}^2\cos\theta_i - (n_{ti}{}^2 - \sin^2\theta_i)^{1/2}}{n_{ti}{}^2\cos\theta_i + (n_{ti}{}^2 - \sin^2\theta_i)^{1/2}} \tag{4.71}$$

$\sin\theta_c = n_{ti}$ であるから，$\theta_i > \theta_c$ では $\sin\theta_i > n_{ti}$ となり，$r_\perp$ も $r_\|$ も複素量になる．しかし複素量であっても (問題 4.78)，$r_\perp r_\perp^* = r_\| r_\|^* = 1$ つまり $R = 1$ であり，これは $I_r = I_i$ で $I_t = 0$ を意味する．したがって，透過波はあるはずだが，平均すればこれは境界を越えてエネルギーを運ぶことはできない．反射と透過の場のすべてを表現する式の導出に必要な，完全で長々しい計算はしないが，次のようにして何が起こっているかを知ることはできる．透過波の電場に対する波動関数は，

$$\vec{E}_t = \vec{E}_{0t}\exp i(\vec{k}_t\cdot\vec{r} - \omega t)$$

である．ここで，

$$\vec{k}_t\cdot\vec{r} = k_{tx}x + k_{ty}y$$

であり，$\vec{k}$ の z 成分はない．また，図 4.62 からわかるように，

$$k_{tx} = k_t\sin\theta_t$$

と

$$k_{ty} = k_t\cos\theta_t$$

である．ここで再びスネルの法則を適用すると，

$$k_t \cos \theta_t = \pm k_t \left(1 - \frac{\sin^2 \theta_i}{n_{ti}^2} \right)^{1/2} \tag{4.72}$$

である．あるいは，$\sin \theta_i > n_{ti}$ の場合に注目しているから，

$$k_{ty} = \pm i k_t \left(\frac{\sin^2 \theta_i}{n_{ti}^2} - 1 \right)^{1/2} \equiv \pm i\beta$$

となる．また，

$$k_{tx} = \frac{k_t}{n_{ti}} \sin \theta_i$$

である．したがって，

$$\vec{E}_t = \vec{E}_{0t} e^{\mp \beta y} e^{i(k_t x \sin \theta_i / n_{ti} - \omega t)} \tag{4.73}$$

となる．ここで，物理的に考えられない正の指数を無視すると，密度の低い媒質に侵入したときに，振幅が指数関数的に減衰する波動を得る．この波動は表面波あるいは**エバネッセント波** (evanescent wave) として x 方向に進む．ここで，yz 面に平行な波面あるいは位相一定の面は，xz 面に平行な振幅一定面に垂直であり，この場合は**不均一な波動** (inhomogeneous wave) となることに注意しよう．第 2 の媒質に入ってたかだか 2–3 波長の距離で無視できるほどに，波動の振幅は y 方向で急速に減衰する．

式 (4.73) の量 β は，

$$\beta = \frac{2\pi n_t}{\lambda_0} \left[\left(\frac{n_i}{n_t} \right)^2 \sin^2 \theta_i - 1 \right]^{1/2}$$

で与えられる "減衰係数" である．エバネッセント波の電場 E の大きさは指数関数的に減衰し，境界 ($y = 0$) での最大値から，光学的に密度の低い媒質に $y = 1/\beta = \delta$ の距離だけ入ったところで最大値の $1/e$ になり，この距離は**侵透深度** (penetration depth) とよばれる．図 4.63a は入射波と反射波を示し，両者は同じ速度 (これはエバネッセント波の速度である) で右に移動するが，入射波には上向き成分が，全反射波には等しい大きさの下向き成分のあることが容易にわかる．これらが重なるところでは，光学的により密度の高い入射媒質中で生じるいわゆる "定在波"(7.1.4 項で詳述する) がある．数学的な解析を行う 7.1 節では，反対方向に伝搬する同じ周波数の二つの波動が同じ領域にあるときは，定常的なエネルギー分布が出現することがわかり，これが (公式には波動でないが) 定在波とよばれる．図中の黒丸は最大値に，白丸は最小値に対応し，それらはすべて，波動は高速に移動するものの空間中に固定されてとどまる．これらの腹と節の位置は，図 4.63b に描かれている入射媒質中で余弦的に振動する定在波の電場 (E_i) のグラフの中で反復している．この状況は，一方が開放端であるオルガンパイプの中に生じる音響定在波のパターンを想起させる．黒丸あるいは最大値の最初の横並びは，境界のいくらか下に生じ，そこは図 4.63b の余弦波が最大になるところである．そうなるのは，入射波と反射波に位相差があるからである (図 4.52e)．"境界 ($y = 0$) での定在波の大きさはエバネッセント波の大きさに一致し，"そこから指数関数的に減衰する．

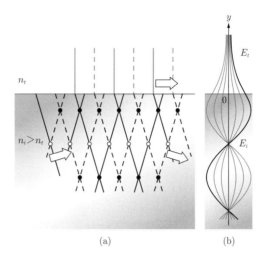

図 4.63 内部全反射．(a) 入射波と反射波．(b) 二つの媒質における定在波の電場 E.

　入射角を θ_c より大きくすると，重なる平面波面の間の角度は減少し，定在波のパターンにおいてつぎつぎと続く節の間の距離は増加し，定在波の境界での大きさは減少し，密度の低い方の媒質中での電場 E の大きさは減少し，侵透深度は減少する．

　仮にエネルギー保存則との関係で問題があるとしても，もっと広く考察すれば，エネルギーは実際には境界の前後を行き来するだけで，平均すれば境界を通して第 2 の媒質には流れないことがわかる．換言すると，エネルギーは入射波からエバネッセント波に流れ，そして反射波にもどる．それでも，わずかであるが説明を要するエネルギー，すなわち入射面内で境界に沿って移動するエバネッセント波に伴うエネルギーが存在するので，釈然としない点は依然として残る．考えている状況，つまり $\theta_i \geq \theta_c$ である限り，このエネルギーは密度の低い媒質中には入ってゆけないので，エネルギーの源泉を他に求めなければならない．現実の実験条件下では，入射ビームは有限の断面積をもっているので，明らかに正真正銘の平面波でない．理想平面波からのずれが回折を通して境界を横切る透過エネルギーをもたらし，それがエバネッセント波として現れるのである．

　付け加えておけば，図 4.52(c) と (d) から，入射波と反射波は $\theta_i = 90°$ の場合を除いて，位相は π もずれておらず，互いに打ち消せないことは明らかである．境界に平行な電場 $\vec{E}$ の成分の連続性から，密度の小さい方の媒質中にも，境界に平行な成分をもち周波数が ω の振動場があることになる．それがエバネッセント波である．

　表面波あるいは**境界波** (boundary wave) ともよばれる波動の指数関数的減衰は，光の周波数においても実験的に確認されている[*14]．

[*14] 興味深い記事 K. H. Drexhage, "Monomolecular layers and light," *Sci. Am.* **222**, 108 (1970) を見ること．

グース–ヘンヒュン偏移

1947年にグース (Fritz Goos) とヘンヒュン (Hilda Lindberg-Hänchen) は，内部全反射された光ビームは，境界に入射した位置から少しだけ横方向に偏移することを実験的に示した．私たちは通常，表面から反射する光線を描くが，一般に光の反射が正確に境界で生じるのでないことを知っている．その過程は，ボールが表面からはね返るのと同じでない．それとは異なり，多くの原子層が反射波に関与する．内部全反射の場合，入射ビームは，あたかも密度の低い媒質に入り，境界から侵透深度である距離 δ に配置された仮想面で反射するかのようにふるまう (図 4.64)．エバネッセント波の伝搬方向に結果として生じる横移動 Δx は，グース–ヘンヒュン偏移 (Goos–Hänchen shift) とよばれ，偏移量はフレネルの公式を通じ光の偏光状態によって少し異なる．この図から，移動量は近似的に $\Delta x \approx 2\delta \tan\theta_i$ であり，また，入射光の波長程度であることがわかる．このように，この偏移は，光線図の描画においてはあまり関心をもたれないが，多くの研究者にはかなり興味深い問題になっている．

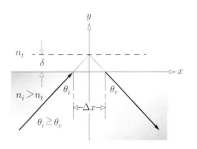

図 **4.64** 内部全反射の条件下では，光ビームは横方向への偏移 Δx を経験する．

余分な内部全反射

ガラスブロック内を進む光ビームが，境界で内部全反射しているとする．もう一つのガラス片を押しつけると，たぶん空気–ガラスの境界面はなくなり，ビームは何ら妨害を受けることなく上方に伝搬してゆくだろう．しかも，全反射から無反射への移行は，空気層が薄くなるのにつれて，徐々に起こると期待できる．ほとんど同じ過程で，飲み物用のガラスコップやプリズムを手にもつと，内部全反射によって，鏡のようになった部分に指紋の筋を見ることができる．もっと一般的にいえば，エバネッセント波が希薄な媒質を横切り，より高い屈折率の媒質で満たされた近くの領域に，わずかな振幅で広がっているとき，エネルギーは**余分な内部全反射**—FTIR (frustrated total internal reflection) として知られる形でギャップに沿って流れてゆく．ギャップ中を進むエバネッセント波は，内部全反射を消滅させる媒質中に存在する電子を駆動するのに，十分な強度がある．その結果，電子は散乱波を放射し，場を大きく変え，エネルギーが流れるようになる．図 4.65 は FTIR を図的に説明している．波面を表す矩形の縦の長さは，ギャップを進みながら減少し，場の振幅も同じようになっていることを示している．これらの過程は全体として，**障壁侵入** (barrier penetration) や**トンネリング** (tunneling) という量子力学的現象にたいへんよく似ていて，現代物理学では数多

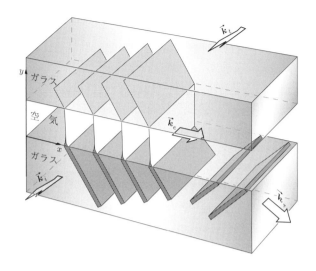

図 4.65 余分な内部全反射

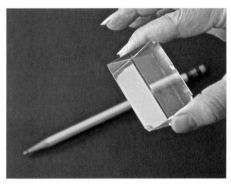

ガラスプリズムの一つの面での内部全反射 (E. H.)

プリズムの一つの面での余分な内部全反射 (E. H.)

くの応用がある．

図 4.66 のようなプリズム配置で，ほとんど説明せずに FTIR を明らかにできる．そして，二つのプリズムの斜面が平面で平行であれば，入射する放射束密度を望む比率で透過および反射させるように，両プリズムを配置できる．この機能を有する素子はビームスプリッター (beamsplitter) として知られている．立方体型のビームスプリッターは，屈折率の低い透明薄膜を精密なスペーサーとして用いることで，かなり容易に製作できる．FTIR で透過率を制御した低損失反射鏡は，実用的にたいへん重要である．FTIR は電磁波の他のスペクトル領域でも観察できる．特に 3 cm のマイクロ波では，エバネッセント波が光の周波数の場合より 10^5 倍も遠くにまで広がるので，扱うのが容易である．このマイクロ波に対しては，パラフィンでできたプリズムや，側壁がアクリル系のプラスチックで内部がケロシンやモーターオイルで満たされたプリズムを用いて，光での実験を再現できる．これらの材料の屈折率は 3 cm の波に対して約 1.5 である．こうすれば，場の振幅の y 依存性のみを測定するのは容易になる．

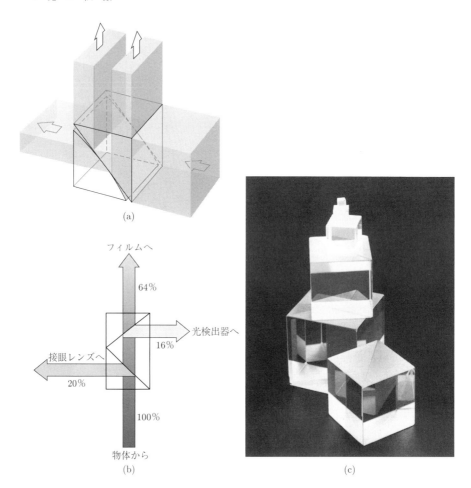

図 4.66 (a) FTIR を利用したビームスプリッター．(b) FTIR の現代的応用の代表例で，顕微鏡写真を撮るときに用いる一般的なビームスプリッターの配列．(c) 立方体形状のビームスプリッター．(Melles Griot)

4.8 金属の光学的性質

　　導電性媒質の特徴は，たくさんの自由 (束縛されていない，すなわち物質中を動き回ることができる) 電荷が存在することである．金属ではもちろんこれらの電荷は電子であり，その動きが電流である．電場 $\vec{E}$ の印加で生じる単位面積あたりの電流は，式 (A1.15) によって媒質の導電率 σ に結びつけられる．誘電体では自由電子あるいは伝導電子はなく，$\sigma = 0$ であるが，金属では σ は 0 でなくある有限な値である．一方，理想的な"完全"導体は無限大の導電率をもっている．これは，調和波によって振動させられる電子が，場の交流的変化に単純に追随することと等価である．復元力も固有振動数も吸収もなく，ただ再放射するだけである．実際の金属では，伝導電子は欠陥や熱的擾乱のある格子と衝突し，電磁エネルギーを不可逆的にジュール熱に転化する．媒質による放射エネルギーの吸収は，導電率の関数である．

金属中の波動

媒質を連続体と考えれば，マクスウェルの方程式から

$$\frac{\partial^2 \vec{E}}{\partial x^2} + \frac{\partial^2 \vec{E}}{\partial y^2} + \frac{\partial^2 \vec{E}}{\partial z^2} = \mu\epsilon\frac{\partial^2 \vec{E}}{\partial t^2} + \mu\sigma\frac{\partial \vec{E}}{\partial t} \tag{4.74}$$

が得られる．これは式 (A1.21) の直交座標系での表現である．最後の項 $\mu\sigma\partial\vec{E}/\partial t$ は，振動子モデルにおける減衰力と同じようなもので，時間に対して 1 次微分である．電場 $\vec{E}$ の時間変化率が電圧を発生させ，そして交流電流が流れ，しかも媒質は抵抗性であるから光は熱エネルギーに転化されて吸収される．もし誘電率を複素量として再定義すれば，この式を減衰を受けない場合の波動方程式に書き換えられる．この考えは**複素屈折率** (complex index of refraction) につながり，先に見たように，それは吸収のあることと等価である．したがって，複素屈折率

$$\tilde{n} = n_R - in_I \tag{4.75}$$

を，非導電性媒質の場合の解に代入するだけでよい．なお，実部と虚部の屈折率 n_R と n_I はともに実数である．別の方法として，波動方程式と適当な境界条件から，金属に適用できる解を得ることもできる．いずれにしても，導体中で使える正弦波的に変化する簡単な平面波解を見つけるのは可能である．y 方向に伝搬するそのような解は，通常

$$\vec{E} = \vec{E}_0 \cos(\omega t - ky)$$

あるいは n の関数として

$$\vec{E} = \vec{E}_0 \cos\omega(t - \tilde{n}y/c)$$

と書ける．ただし，屈折率は複素数にしなければならない．波動を指数関数で書き，式 (4.75) を用いれば，

$$\vec{E} = \vec{E}_0 e^{-(\omega n_I y/c)} e^{i\omega(t - n_R y/c)} \tag{4.76}$$

あるいは，

$$\vec{E} = \vec{E}_0 e^{-\omega n_I y/c} \cos\omega(t - n_R y/c) \tag{4.77}$$

となる．n_R の方が通常の屈折率であるかのように，波動は y 方向に速度 c/n_R で進んでゆく．波動が導体中に入ると，その振幅 $\vec{E}_0 \exp(-\omega n_I y/c)$ は指数関数的に減衰する．強度は振幅の 2 乗に比例するから，

$$I(y) = I_0 e^{-\alpha y} \tag{4.78}$$

であり，ここで $I_0 = I(0)$，すなわち I_0 は $y = 0$ (境界面) での強度である．そして，$\alpha \equiv 2\omega n_I/c$ は**吸収係数** (absorption coefficient) あるいはもっと適切に**減衰係数** (attenuation coefficient) とよばれる．**表層深度** (skin depth) または**侵透深度** (penetration depth) として知られる距離 $y = 1/\alpha$ を波動が伝搬すると，放射束密度は

$e^{-1} = 1/2.7 \approx 1/3$ に低下する. 透明な媒質では, 厚みに比べて侵透深度は大きい. しかし, 金属に対する侵透深度はきわめて小さい. たとえば, 紫外線の波長 ($\lambda_0 \approx 100\,\mathrm{nm}$) での銅の侵透深度は約 $0.6\,\mathrm{nm}$ ときわめて小さく, 赤外線 ($\lambda_0 \approx 10\,000\,\mathrm{nm}$) でも約 $6\,\mathrm{nm}$ しかない. これが普通に見られる金属の不透明さを説明するが, 金属といえども十分薄くなれば, ある程度は透明になれる (たとえば, 薄く銀を着けた双方向鏡). 導体のもつおなじみの金属光沢は高い反射率によっていて, 反射率が高いのは入射波が実効的に物質中に侵入できないからである. つまり, 金属中のわずかな電子のみが侵入してきた波動と遭遇し, 各電子は強く吸収するけれど, 全体としてエネルギーは散逸されない. そのかわり, 入ってくるエネルギーの大部分は反射波として再放射される. あまり一般的でない金属 (たとえば, ナトリウム, カリウム, セシウム, バナジウム, ニオブ, ガドリニウム, ホロミウム, イットリウム, スカンジウム, オスミウム) を含め, ほとんどの金属はアルミニウムや錫や鉄のような銀灰色をしている. これらは波長に関係なくほとんどすべての入射光を反射し (ほぼ 85–95%), それゆえに本質的に色がない.

式 (4.77) は, 確かに式 (4.73) および FTIR と同じようなものである. どちらの場合も, 振幅は指数関数的に減衰する. しかも, 完全に解析すると, 透過波は厳密には横波でなく, どちらの場合も伝搬方向に場の成分がある.

金属の連続体としての表現は, 周波数が低く波長が長い赤外線領域ではかなりよく成り立つ. そして, 入射ビームの波長が短くなると, 媒質が実際にもつ粒子的性質が考慮されなければならない. 事実, 連続体モデルは光の周波数では実験結果と大きく異なる. そこで, ローレンツ, ドルーデ (Paul Karl Ludwig Drude, 1863–1906) や他の人々が初期の頃に定式化した, 古典的な原子描像に立ち返ろう. この簡単な考え方は実験データと定性的には一致するが, 究極的な取扱いは量子論を必要とする.

分 散 方 程 式

導体を強制減衰振動子の集合と見なそう. その内の一部は自由電子に対応し, 復元力をもたない. それ以外は 3.5.1 項の誘電媒質中の電子のように, 原子に拘束されている. そして, 主として伝導電子が金属の光学的性質に寄与している. 振動している電子の変位は,

$$x(t) = \frac{q_e/m_e}{(\omega_0{}^2 - \omega^2)} E(t) \qquad [3.66]$$

で与えられる. 復元力がない場合は $\omega_0 = 0$ であり, 変位は駆動力 $q_e E(t)$ と符号が反対で, $180°$ 位相がずれている. これは, 共鳴周波数が可視光の周波数より高くて, 電子が駆動力と同位相で振動する (図 4.67) 透明誘電体の状況とは, 異なる. 入射光と位相がずれて振動する自由電子は, 入射波を打ち消す傾向にある散乱波を放射する. すでに見たように, この効果は急速に減衰する屈折波として現れる.

導体内を運動する 1 個の電子が受ける平均的な場は, 印加している電場 $\vec{E}(t)$ その

4.8 金属の光学的性質　239

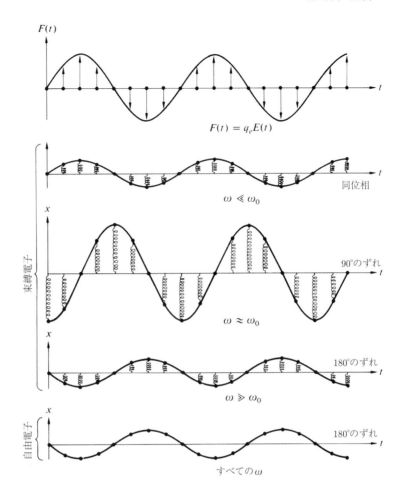

図 4.67　束縛電子および自由電子の振動

ものであると仮定すれば，希薄な媒質に対する分散方程式 [式 (3.72)] を

$$n^2(\omega) = 1 + \frac{Nq_e^2}{\epsilon_0 m_e}\left(\frac{f_e}{-\omega^2 + i\gamma_e\omega} + \sum_j \frac{f_j}{\omega_{0j}^2 - \omega^2 + i\gamma_j\omega}\right) \quad (4.79)$$

と拡張できる．括弧内の最初の項は自由電子の寄与で，N は単位体積中の原子数である．各原子は自然周波数のない f_e 個の伝導電子をもっている．二つ目の項は束縛電子からのもので，式 (3.72) と同じである．もし金属が固有の色をもっているなら，自由電子による通常の吸収特性以外に，原子には束縛電子による選択的吸収があることになる．また，ある周波数で強い吸収を示す媒質は，実際にはその周波数で入射光の多くを吸収するわけでなく，むしろ"選択的に反射する"．金や銅は，波長とともに屈折率 n_I が大きくなり，波長 λ の大きい光はより強く反射されるから，赤みがかった黄色をしている．したがって，たとえば金は可視光の長波長領域ではかなり不透明になる．結局，10^{-6} m 程度以下の厚さの金箔は，白色光のもとでは，主として緑がかった青の光を透過させている．

240   4 光 の 伝 搬

表 4.4　いくつかのアルカリ金属のプラズマ周波数および対応する波長

金　　　属	λ_p (nm)		$\nu_p = c/\lambda_p$ (Hz)
	(観測値)	(計算値)	(観測値)
リチウム	155	155	1.94×10^{15}
ナトリウム	210	209	1.43×10^{15}
カリウム	315	287	0.95×10^{15}
ルビジウム	340	322	0.88×10^{15}

　簡単な仮定を少し設けると，光に対する金属の応答について，おおよそ知ることができる．そこで，束縛電子の寄与を無視し，また ω が大きいときには γ_e も無視できるとすると，

$$n^2(\omega) = 1 - \frac{Nq_e{}^2}{\epsilon_0 m_e \omega^2} \tag{4.80}$$

である．後の方の仮定は，高い周波数において，電子は格子や不純物との衝突の間に，何回もの振動を行うという事実にもとづいている．金属中の自由電子と正イオンはプラズマであると考えられ，その密度は**プラズマ周波数** (plasma frequency) ω_p という固有の周波数で振動している．これは $(Nq_e{}^2/\epsilon_0 m_e)^{1/2}$ に等しく，したがって

$$n^2(\omega) = 1 - (\omega_p/\omega)^2 \tag{4.81}$$

となる．プラズマ周波数は臨界値の役をし，それ以下の周波数では屈折率は複素数になり，侵入した波動は境界面から指数関数的に減衰する [式 (4.77)]．ω_p 以上の周波数では n は実数で，吸収は小さく，導体は透明である．この場合，きわめて高い周波数における誘電体のように，n は 1 以下である．(v は c より大きい．) したがって，一般に金属は X 線に対してかなり透明であると考えられる．表 4.4 に，紫外線においても透明な，いくつかのアルカリ金属のプラズマ周波数を示す．

　通常，金属の屈折率は複素数で，入射する光は周波数に依存した吸収を受ける．たとえば，アポロ宇宙船乗組員の宇宙服に取りつけられた日よけには，金のきわめて薄い膜がかぶせられていた (写真参照)．この被覆膜は入射光の約 70% を反射し，低く太陽の方に向いた角度の眩しい状況で用いられた．これは，可視光は適当に透過させるが赤外線の放射エネルギーを強烈に反射することで，冷却装置の熱負荷を軽減するように設計されていた．まったく同じ原理にもとづく，決して高価でない金属被覆サングラスも市販されていて，実験のときに着ければたいへん便利である．

　地球大気上層部の電離層には自由電子が分布していて，金属内に閉じ込められた自由電子にたいへんよく似たふるまいをしている．そのような媒質の屈折率は，ω_p より高い周波数では実数で 1 より小さい．1965 年 7 月に，マリーナ IV 号は地球から 216 000 000 km 離れた火星の電離層をしらべるのに，この効果を利用した[15]．

　地上の離れた 2 点間で通信するとき，低周波電波は地球の電離層ではね返される．しかし，月の上の誰かと話すには，電離層が透明となる高周波信号を使うべきである．

---

[15] R. von Eshelman, *Sci. Am.* **220**, 78 (1969) を参照のこと．

4.8 金属の光学的性質　241

月面 "静の海" の基地に立つエドウィン・オルドリン・ジュニア．写真を撮っているニール・アームストロング船長が，金を被着した防護マスクに反射している．(NASA)

金属からの反射

最初空気中にあった平面波が，導体の表面にぶつかるとする．法線に対してある角度の方向に進む透過波は，不均一であろう．しかし，媒質の導電率が増加すると，波面は振幅一定の面と一致するようになり，$\vec{k}_t$ と $\hat{\mathbf{u}}_n$ が平行に近づく．換言すると，良導体では透過波は入射角 θ_i に関係なく，境界面に垂直な方向に伝搬する．

金属に垂直に入射するという最も単純な場合について，反射率 $R = I_r/I_i$ を計算しよう．$n_i = 1, n_t = \tilde{n}$ (つまり複素屈折率) とすると，式 (4.67) から

$$R = \left(\frac{\tilde{n}-1}{\tilde{n}+1}\right)\left(\frac{\tilde{n}-1}{\tilde{n}+1}\right)^* \tag{4.82}$$

が得られ，$\tilde{n} = n_R - in_I$ であるから，

$$R = \frac{(n_R-1)^2 + n_I{}^2}{(n_R+1)^2 + n_I{}^2} \tag{4.83}$$

となる．

仮に媒質の導電率がゼロになれば，誘電体の場合と同じであり，原理的に屈折率は実数 ($n_I = 0$) で，減衰係数 α は 0 である．これらの状況では，透過する媒質の屈折率 n_t は n_R であり，反射率 [式 (4.83)] は式 (4.67) と同じになる．n_R が比較的小さいのに n_I が大きければ，反射率 R は大きくなる (問題 4.95)．現実には到達できない $\tilde{n}$ が純虚数という極限では，入射する放射束密度の 100% が反射される ($R = 1$)．ある金属と他の金属を比べ，n_I は小さいのに反射率は大きいことはありうる．たとえば $\lambda_0 = 589.3\,\text{nm}$ で，固体ナトリウムの定数はほぼ $n_R = 0.04, n_I = 2.4$ で，$R = 0.9$ であり，錫の塊では $n_R = 1.5, n_I = 5.3$ で，$R = 0.8$ である．さらに，ガリウムの単結晶では $n_R = 3.7, n_I = 5.4$ で，$R = 0.7$ である．

図 4.68 に示した斜入射における $R_\parallel$ と $R_\perp$ の曲線は，吸収性媒質に対するおおむね典型的といえる例である．白色光に対して $\theta_i = 0$ で銀の R は約 0.9 であるのに比べ，金は 0.5 であるけれど，この 2 種の金属は $\theta_i = 90°$ で 1.0 に近づく，まったくよく似

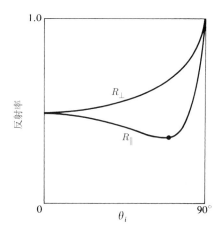

図 **4.68** 吸収性媒質に入射する直線偏光した白色ビームの典型的反射率

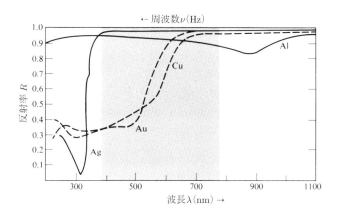

図 **4.69** 波長に対する銀，金，銅，アルミニウムの反射率

た形状の反射率を有している．誘電体とまさに同じように (図 4.56)，現在では**主入射角** (principal angle -of -incidence) とよばれる角度で $R_\parallel$ は最小になっているが，最小値はゼロでない．図 4.69 は数種の蒸着金属膜の，理想的条件下における垂直入射での分光反射率である．金は緑か少し短い波長域でかなりよく光を透過させ，銀は可視光領域全般で高反射率をもち，紫外線領域の約 316 nm で透明になるのがわかる．

金属による反射で生じる位相変化は，場の両成分 (すなわち入射面に平行と垂直) で起こる．それらは一般に 0 でも π でもないが，$\theta_i = 90°$ は特別な例外で，この場合は誘電体とまったく同様に反射で両成分の位相は 180° 変化する．

4.9 身近な光と物質の相互作用

無数の色で，日々この世を驚くほど美しく色づかせている現象のいくつかを，しらべてみる．

先に見たように，スペクトルの可視光領域において，どの周波数もほぼ同じ強さの光は，白色と知覚される．自然のものでも人工的なものでも，白色光を出す種々の光源では，光源面のすべての点が可視光領域の全周波数の光の流れを送り出していると考えられる．地球上で光を出したとして，その放射スペクトルが太陽のそれに似ている場合，光源が白色に見えることは，別に驚くことではない．同様に，本質的に太陽に似たスペクトルを反射する面も白く見える．つまり，周波数に無関係に高い反射率をもつ拡散散乱物体は，白色光の照明下では白色と知覚される．

水は本質的に透明であるが，水蒸気はすりガラスと同じように白く見える．その理由はたいへん簡単である．粒子の大きさが小さくても関係する波長より大きい場合，光は透明な各粒子に入射し，反射や屈折を受けて出てくる．この現象は周波数によって異なることは何もないので，観察者に届く反射光は白色である．砂糖，塩，紙，布，雲，天花粉，雪，塗料など，これらを構成する粒子や遷移は実際は透明であるが白く見え，この白さを説明するのが上記の機構である．

同じように，透明なプラスチック包装紙をもみ丸めたものは，通常は透明でも小さな空気の泡がたくさん入ったもの (髭そり用クリームや泡立てた卵白) と同様に，白く見える．紙や天花粉や砂糖は，ある種の不透明で白い物質から構成されると普通は考えてしまうが，そんな誤解を解くのは簡単である．印刷されているページをいくつかのこれら (1 枚の白い紙や，砂糖または天花粉のいくらか) で覆い，そして，背面から照らしてみよう．覆ったものを通して印刷内容を見ることは難しくない．白い塗料の場合，亜鉛・チタン・鉛の酸化物といった無色透明な粒子を，たとえば亜麻仁油やアクリル樹脂というやはり透明な基剤に単に混ぜているだけである．粒子と基剤の屈折率が等しければ，明らかに粒子表面での反射はない．粒子は，ただ凝集しているだけで透明なままであり見えない．しかし，屈折率が大きく違うなら，すべての波長で十分な反射があり (問題 4.72)，塗料は白く不透明になる．[式 (4.67) をもう一度見てみよう.] 塗料に色を付けるには，望む範囲以外の周波数を吸収するように，粒子を染色するだけでよい．

反対の方向に話を進めてみよう．粒子あるいは繊維の表面での相対屈折率 n_{ti} を減少させると，反射は弱くなり，物体全体としての白さは乏しくなる．したがって，白色の薄絹が濡れると灰色がかるし，透明度も増す．濡れた白生地と同じく，濡れた天花粉はきらきら輝く白さを失い，鈍い灰色になる．同様にして，染色織物を透明液体 (たとえば水，ジン，ベンゼン) に漬けると，全体の白さが消えて暗くなり，まだ濡れている水彩画のように色は深く豊かになる．

全スペクトル領域で一様な吸収性を多少とも有する拡散反射面は，白色面より反射は少なく，つやのない灰色となる．反射が少なければ少ないほど，灰色は暗くなり，全光量をほとんど吸収すれば黒色となる．70% か 80% またはそれ以上の反射率で鏡面反射する表面は，典型的な金属の示す光沢のある灰色に見える．金属は，光を周波数に関係なく実に効率よく散乱する大量の自由電子をもっている．これら自由電子は原子の束縛を受けていないので，束縛に起因する共鳴がない．しかも，振動の振幅は束縛電子より 1 桁大きい．また，入射光が完全に打ち消されてしまう前に侵入できるのは，波長の何分の 1 程度にすぎない．したがって，屈折光はないかあってもごくわずかで，ほとんどのエネルギーは反射され，ほんの少しだけが吸収される．灰色の表面

244   4 光 の 伝 搬

と鏡のような表面の主な違いは，拡散反射か鏡面反射かの差に起因している．画家は研磨した銀やアルミニウムのような "白い" 金属の絵を描く際，灰色の表面に室内の事物が "映っている" ように描く．

加 法 着 色

　光ビームのエネルギーのスペクトル分布が実効的に一様でないと，光は色づいて見える．図 4.70 は，赤，緑，青と知覚される光の典型的な周波数分布である．これらの曲線には目立つ周波数領域があるが，分布には多くの変化があり，いずれも赤，緑，青の応答を刺激する．1800 年代の初期にヤングは，周波数が大きく離れた三つの光のビームを混ぜることで，さまざまな色をつくり出せることを示した．三つのビームが一緒になって白色となるとき，それらは原色 (primary color) とよばれる．これら原色の組合せは唯一でないし，原色は準単色である必要もない．広範囲な色が，赤 (R)，緑 (G)，青 (B) の混合でつくれるので，この 3 色が多くの場合原色として用いられる．そしてこの 3 色が，カラーテレビジョン上の全色彩を生成する 3 成分であり，3 種の蛍光体から放出されている．

　これら三原色のビームがいくつかの組合せで重ねられたときの結果を，図 4.71 にまとめて示す．赤と青の光を足すと，赤みがかった紫のマゼンタ (M) に見え，青と緑の光を足すと青みがかった緑またはトルコ石の色のシアン (C) に見え，そしてたぶん多くの人は驚くだろうが，赤と緑の光を足すと黄色 (Y) に見える．三原色すべての和は白である．

$$R + B + G = W$$
$$R + B = M \ である から, \ M + G = W$$
$$B + G = C \ である から, \ C + R = W$$
$$R + G = Y \ である から, \ Y + B = W$$

一緒になって白になる二つの色は補色 (complementary color) とよばれ，上式のうち最後の 3 式がその例である．すなわち，

$$R + B + G = W$$
$$R + B \qquad = W - G = M$$
$$B + G = W - R = C$$
$$R + \qquad G = W - B = Y$$

であり，たとえば，白色光から青を吸収するフィルターは黄色の光を透過させることを意味している．

　ほとんどの人たちは光ビームを混合したことがあまりないので，赤と緑のビームが黄色のように見えること，しかも多様な赤と緑でそうなることに驚く．色を感じる網膜上の錐体は，本質的に光子の周波数を平均化し，"脳" はどんな黄色い光も存在しないのに黄色を "見る"．たとえば，ある量の 540 nm の緑とそれより 3 倍多い 640 nm の

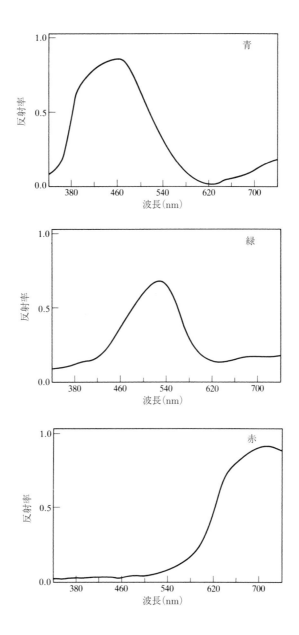

図 4.70 青, 緑, 赤の色素の反射曲線. これらの曲線は典型例であるが, 各色には多くの変形版がある.

赤の混合は, 580 nm の黄色と同じように見える. そして, 私たちは純粋な黄色と混合による黄色の違いはわからない. たとえば, 明るい黄色のバラの花は, 700 nm 強から約 540 nm の光を強く反射している. これは, 赤, 黄, 緑を思い浮かべさせる. しかしながら, 眺めている黄色いシャツがおおむね 577 nm から 597 nm の範囲の波長を反射しているだけなのかそうでないのかは, 分光器がないと知るすべがない. なお, "黄色い" 光子を見たいのならば, 現在では非常にありふれた明るい黄色のナトリウム蒸気

表 4.5 よく用いられる可視光，赤外線，紫外線の波長

λ (nm)	スペクトル線
333.1478	水銀線 (紫外)
365.0146	水銀線 (紫外)
404.6561	水銀線 (紫)
435.8343	水銀線 (青)
479.9914	カドミウム線 (青)
486.1327	水素線 (青)
546.0740	水銀線 (緑)
587.5618	ヘリウム線 (黄)
589.2938	ナトリウム線 (黄)
	(二重線の中央)
632.8	ヘリウム—ネオンレーザー
643.8469	カドミウム線 (赤)
656.2725	水素線 (赤)
676.4	クリプトンイオンレーザー
694.3	ルビーレーザー
706.5188	ヘリウム線 (赤)
768.2	カリウム線 (赤)
852.11	セシウム線 (赤外)
1013.98	水銀線 (赤外)
1054	Nd：ガラスレーザー
1064	Nd：YAG レーザー

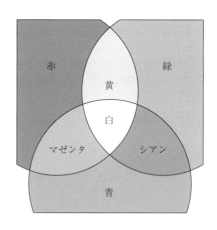

図 4.71 重なっている 3 本の色の付いたビーム．カラーテレビジョンの受像機は，これらと同じ三原色，赤，緑，青の光源を使っている．

街路灯が，589 nm の光に富んでいる (図 4.72 参照)．
マゼンタと黄色の光ビームを重ねたとすれば，

$$M + Y = (R + B) + (R + G) = W + R$$

である．この結果は赤と白の組合せ，すなわちピンクである．ところでこのことから，別の概念が出てくる．ある光が白色光を含まず，色が深くて強ければ，その色は**飽和**している (saturated) という．図 4.73 に示すように，ピンクは非飽和の赤で，バックグラウンドの白色に赤が重なったものである．

4.9 身近な光と物質の相互作用　247

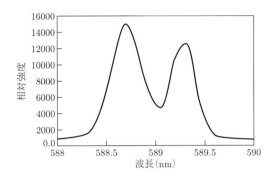

図 4.72　ナトリウムのスペクトルの一部．これは，明らかな理由があってナトリウムの二重線とよばれる．

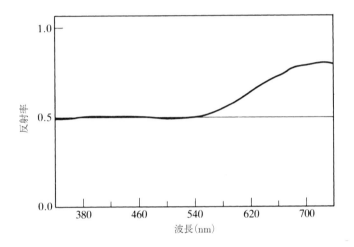

図 4.73　桃色の色素の反射スペクトル

減法着色

　金や銅が黄色がかった赤の色合いをもつのは，ある意味で空が青く見えるのに似ている．これを簡潔に考えてみる．空気中の分子は紫外線領域で共鳴するから，入射光の周波数が紫外線領域の方に増えると，より大きな振幅で振動する．これら分子はエネルギーを有効に吸収し，太陽光の青い成分をあらゆる方向に再放出するが，補色関係にある赤側のスペクトルはほとんど変化させずに透過させる．この機構は，金箔の表面で生じる黄色がかった赤い光の選択的な反射あるいは散乱，および青みがかった緑の光の透過と類似している．

　多くの媒質のもつ固有の色は，**選択的吸収** (selective absorption) あるいは**優先的吸収** (preferential absorption) という現象に由来している．たとえば，水は赤い光を吸収するので，きわめてかすかな緑がかった青い色合いをもっている．すなわち，H_2O 分子の共鳴は赤外線の広い領域にあり，いくらかは可視光領域にも広がっている．吸収

248   4 光 の 伝 搬

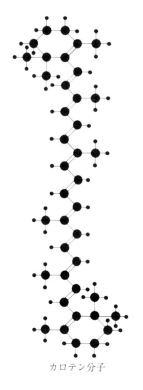

● 炭素
・ 水素

カロテン分子

図 4.74 カロテンの分子

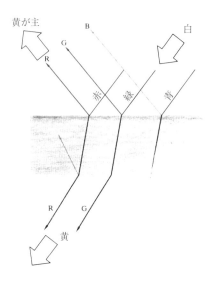

図 4.75 黄色のステンドグラス

はそんなに強くなく，したがって表面での赤い光の際立った反射はない．そのかわり，赤の光は海水でなら30 mほど透過し，その間にだんだん吸収され，太陽光から完全に除かれてしまう．選択的吸収という同じ過程が，褐色の目や蝶，鳥，蜂，キャベツそして果物の色を決めている．実際，自然界の多くの物体は，色素分子の優先的吸収の結果として，固有の色をもつと思われる．紫外線と赤外線で共鳴する多くの原子や分子に比べ，色素分子は明らかに可視光領域に共鳴をもっている．可視光領域の光子はおおよそ 1.6 eV から 3.2 eV のエネルギーをもっていて，期待するようにこれは通常の電子励起では低い方，分子振動を通じた励起では高い方に相当するエネルギーである．しかしながら，"束縛電子で電子殻が飽和していない原子があり"(たとえば金)，これら電子殻における電子配置の多様性が低エネルギーの励起モードをもたらす．さらに，明らかに可視光領域に共鳴をもつ多くの有機色素分子がある．このような物質のすべては，天然物でも合成物でも，共役系とよばれる一重結合と二重結合の規則的繰り返しで構成された，長い鎖状の分子構造をもっている．この構造は，カロテン分子 $C_{40}H_{56}$ (図 4.74) に代表される．カロテノイドは黄色から赤にわたり色をもち，ニンジン，トマト，スイセン，タンポポ，秋の木の葉そして人間にある．クロロフィルはなじみある天然色素の別のグループで，長い鎖の一部が輪のように丸くなっている．いずれにしろ，この種の共役系は π 電子として知られる特別な可動電子をいくつかもっている．これらは特定の原子位置に束縛されず，分子の鎖や輪の比較的広い領域に広がっている．量子力学の専門的表現法では，このことは長波長で低周波数の，したがって，低

エネルギーの電子状態があるという. π 電子を励起状態にもち上げるのに要するエネルギーは比較的小さく，可視光領域の光子に相当している. 実効的に，分子は可視光領域に共鳴周波数をもつ振動子と考えることができる.

個々の原子のエネルギー準位は精密に決まっており，つまり鋭い共鳴が存在する. しかし，固体や液体では原子が接近しているので，エネルギー準位は広い帯状に広がっており，共鳴は広い周波数範囲に広がる. その結果，染料は狭い領域のスペクトルだけを吸収するのではないと考えられる. 仮にそうであったら，染料はほとんどの周波数を反射し，白に近く見えるだろう.

青に共鳴があって強く吸収する一片のステンドグラスを考える. それを通して赤・緑・青からなる白色光源を見れば，ガラスは青を吸収し赤と緑を通過させ，そしてガラスは黄色になる (図 4.75). つまりガラスは黄色に見える. 黄色い布，紙，染料，塗料，そしてインクはすべて青を選択的に吸収している. 黄色のフィルターを通して真っ青な何かを見れば，フィルターは黄色を通し青を吸収するので，物体は黒に見える. ここでは，フィルターは青を除くことで光を黄色にしているので，光ビームの重ね合せで生じる**加法着色** (additive coloration) に対して，この過程を**減法着色** (subtractive coloration) といっている.

同じように，白い布や紙の試料の繊維は本質的に透明であるが，繊維は染色されると着色ガラスのかけらと同じ作用をする. 紙に入射した光は，染色された繊維中で何回も反射と屈折を繰り返した後，ほとんどは反射ビームとなって出てくる. 出てくる光は，染料で吸収された周波数成分を欠き，色づいている. これこそが，葉が緑に，バナナが黄色に見える理由である.

普通の青いインクのビンは，反射光で見ても透過光で見ても青い. しかし，インクをスライドガラスに塗り，溶剤を蒸発させると，少し面白いことが生じる. 濃縮された色素は効率よく光を吸収するので，共鳴周波数で優先的な反射を起こす. そして，強い吸収体 (大きい n_I) は強い反射体でもある. したがって，濃縮した青みがかった緑のインクは赤い光を反射し，赤みがかった青いインクは緑の光を反射する. このことをフェルトペンで試してみるとよい. (オーバーヘッドプロジェクターのペンが最適.) ただし，下からの余計な光を試料に当てないで，反射光を使わなければならない. この実験の最も簡便なやり方は，あまり光を吸収しない黒色面に，色インクを置くことである. たとえば，光沢のある印刷された用紙上の黒い領域 (もっと望ましいのは，黒いプラスチック片) に赤いインクを塗れば，そこからの反射光はきらきらした緑色になる. どこの薬局ででも買える塗り薬のゲンチアナバイオレットなら，実にうまく実験できる. 数滴をスライドガラスにたらし，乾かして厚い膜にする. そこからの反射光と透過光を見ると補色の関係になっている.

すべての色 (赤，緑，青を含む) は，マゼンタ，シアン，黄色のフィルターの種々の組合せに，白色光を通すことでつくり出せる (図 4.76). これらはしばしば，赤，青，黄と間違って称されるが，減法混色の三原色であり，絵の具の三原色である. これらは，写真をつくるのに使われる染料や，その写真を印刷するのに使われるインクの基本色である. 雑誌に載っている絵は，テレビ画面の場合とは異なり，色の付いた光源ではない. ランプや空からの白色光がページを照明し，場所によって異なる波長が吸収され，除去されなかった波長が反射して絵に対応する "色の" 光波場を形成す

る．事実，絵の具を混ぜるか3枚のフィルターを重ねるかで，減法着色の三原色を混合すれば，色も光も得られず，つまり黒を得る．各原色はスペクトルの対応する部分を取り去り，一緒になると全部を吸収する．

吸収される周波数帯が可視光領域に広がっていたら，物体は黒く見える．しかし，反射がまったくないというべきでなく，黒いエナメル革に反射像を見ることができるし，粗い黒色表面も拡散的に光を反射する．上の実験後でも，まだ赤と青のインクがあるなら，二つを混ぜ，そして緑をいくらか加えてみると，黒を得ることだろう．

色フィルターはインクや染料のように機能し，ある周波数帯を吸収して残りを透過

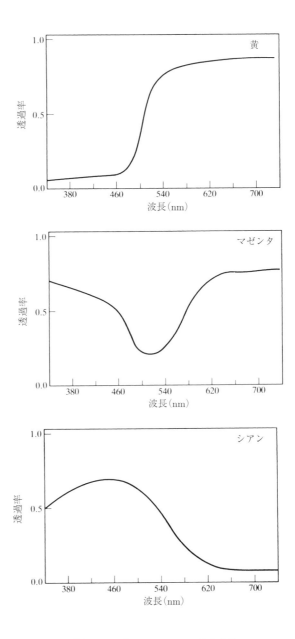

図 4.76 色フィルターの透過曲線

させる．すべてのフィルターは，除去すると想定される周波数帯をいくらか漏らすので，吸収が強い (このことを，フィルターが"厚い"という) ほど透過する色はより純粋になる．図 4.77 は，重なり合ったマゼンタ，シアン，黄色のフィルターと，白色光の照明下で透過される結果としての色を示している．これらの色は，重なるマゼンタ，シアン，黄色のインクで印刷された写真から反射される色と同じである．

白色光がシアンのフィルターに入射し，その次には黄色のフィルターがあると考えた場合，何が通過してくるだろう．白色光は赤，青，緑が組み合わさったものと考えられる．シアンのフィルターは赤を吸収し，青と緑を通過させる．黄色のフィルターは青を吸収するので，2 枚のフィルターは一緒になると緑を通過させる．これらフィルターの濃度 (厚さ) を変えると，青の塗料により多くの黄色を混ぜると緑が"明るくなる"のとまったく同じように，結果としての緑の色調が変化する．ふたたび白色光を考えた場合，(ほとんどの青を除去する) 厚い黄色のフィルターと (多くの赤と青，およびいくらかの黄色を通過させる) 薄いマゼンタのフィルターは組み合わさって，多くの赤と少しの黄色を含んでオレンジ色に見える光を通過させる．

反射・屈折・吸収が関与する上記の過程以外に，後で明らかにする別の発色機構がある．たとえば，コガネムシ科のカブトムシの背中は，それ自体が光り輝く色をしているが，この色は羽の部分にある回折格子でつくり出されている．また，波長に依存する干渉の効果によって，水面の油膜，貝殻の内側の真珠層，石けんの泡，ハチドリに見られる色模様ができる．

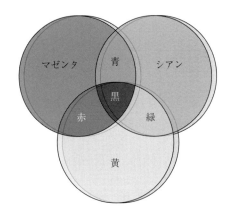

図 4.77 背部から白色光で照明される重なり合ったマゼンタ，シアン，黄色のフィルター

例題 4.7 立方体の五つの面のそれぞれが，単一の明るい色，すなわち，赤，青，マゼンタ，シアン，黄色で塗装され，最後の面は白である．マゼンタのステンドグラス片を通して眺めた場合，各面は何色に見えるかを答え，それを説明せよ．

解 マゼンタのフィルターは赤と青を通過させ，緑を吸収する．赤の面は赤のまま，青の面は青のまま，マゼンタの面はマゼンタのままである．シアンの面は青に見え，黄色の面は赤に見える．そして，白の面はマゼンタに見える．

4.10 反射と屈折のストークスの取り扱い

境界での反射と透過のもう少し優雅で斬新な見方が，英国の物理学者ストークス (Sir George Gabriel Stokes, 1819–1903) によって展開された．図 4.78a のように，二つの誘電体媒質を分ける平らな境界面に入射する，振幅 E_{0i} の波動を考えよう．この章ですでに見たように，r と t は反射および透過する振幅の割合であるから (ここでは $n_i = n_1, n_t = n_2$)，$E_{0r} = rE_{0i}$ と $E_{0t} = tE_{0i}$ である．また，フェルマーの原理が光線逆進の原理を導き出したように，光線の向きがすべて逆になっている図 4.78b に示された状況が，物理的にありうるはずである．つまり，エネルギーの散逸 (吸収) はないと条件を一つ付ければ，波動の進行 (直進とは限らない) は可逆的である．近代物理の言葉では**時間反転不変** (time-reversal invariance)，すなわち，一つの過程が起こるのなら逆の過程も起こりうると言い換えられる．したがって，境界での入射・反射・透過波の動きを映画に撮ったとすれば，フィルムを逆回転させたような，反対の動きも物理的には実現可能なはずである．そこで図 4.78c のように，振幅が $E_{0i}r$ と $E_{0i}t$ の二つの入射があると考えてみよう．振幅が $E_{0i}t$ の波動は境界で反射も透過もする．何の仮定もせずに，下から入射する波動に対する振幅反射係数を r'，振幅透過係数を t' とする (すなわち，$n_i = n_2, n_t = n_1$)．その結果，反射分は $E_{0i}tr'$ で透過分は $E_{0i}tt'$ である．同様に，もう一方の振幅 $E_{0i}r$ で入射する波動は，振幅が $E_{0i}rr$ と $E_{0i}rt$ の二つの部分に分かれる．図 4.78c が図 4.78b に等しいなら，明らかに，

$$E_{0i}tt' + E_{0i}rr = E_{0i} \tag{4.84}$$

$$E_{0i}rt + E_{0i}tr' = 0 \tag{4.85}$$

である．したがって，

$$tt' = 1 - r^2 \tag{4.86}$$

$$r' = -r \tag{4.87}$$

であり，この 2 式はストークスの関係式として知られている．この議論を成り立たせるには，少し注意が必要である．つまり，振幅に関する係数は入射角の関数であるか

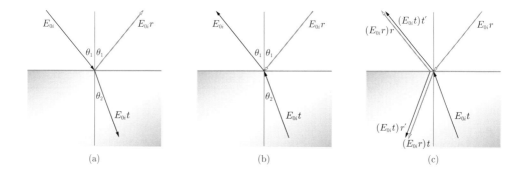

図 **4.78** ストークスの取扱いによる反射と屈折

ら，ストークスの関係式は次のように書く方が適切である．

$$t(\theta_1)t'(\theta_2) = 1 - r^2(\theta_1) \qquad (4.88)$$

$$r'(\theta_2) = -r(\theta_1) \qquad (4.89)$$

なお，$n_1 \sin\theta_1 = n_2 \sin\theta_2$ である．2番目の式は負号によって，内部で反射された波動と外部で反射された波動には，180°の位相差があることを示している．θ_1 と θ_2 はスネルの法則で関係づけられた一対の角度であることを認識することは，最も重要なことである．また，n_1 が n_2 より大きいとも小さいともいっていないので，式 (4.88) と (4.89) はどちらの場合にも適用できる．しばらくの間，フレネルの式の一つに立ち返ってみよう．

$$r_\perp = -\frac{\sin(\theta_i - \theta_t)}{\sin(\theta_i + \theta_t)} \qquad [4.42]$$

図 4.78a のように光線が上から入っていて，さらに $n_2 > n_1$ とすれば，$r_\perp$ は $\theta_i = \theta_1$，$\theta_t = \theta_2$ として計算でき (外部反射)，また θ_2 はスネルの法則から得られる．一方，仮に波動が下から同じ角度で入射していたら (この場合は内部反射)，$\theta_i = \theta_1$ を式 (4.42) に代入するが，先に述べたように θ_t は θ_2 でない．同じ入射角での内部および外部反射に対する $r_\perp$ の値は，明らかに異なる．$\theta_i = \theta_2$ の場合の内部反射を考えれば，$\theta_t = \theta_1$ であり，光線の向きは最初の場合の反対である．そして，式 (4.42) は，

$$r_\perp'(\theta_2) = -\frac{\sin(\theta_2 - \theta_1)}{\sin(\theta_2 + \theta_1)}$$

となる．この値は，$\theta_i = \theta_1$ として求めたものと符号が反対であること，また外部反射については，

$$r_\perp'(\theta_2) = -r_\perp(\theta_1) \qquad (4.90)$$

であることを，再度指摘しておく．振幅反射係数を示すのにプライム (') の付いたものと付いていないものを用いると，やはりスネルの法則で関係づけられている角度を扱っていると考えられて便利である．以上と同様に，式 (4.43) で θ_i と θ_t を入れ替えれば，

$$r_\parallel'(\theta_2) = -r_\parallel(\theta_1) \qquad (4.91)$$

となる．各成分で 180° の位相差のあることは，図 4.52 で明らかであるが，$\theta_i = \theta_p$ のとき $\theta_t = \theta_p'$ で，逆もまた同様であることを覚えておこう (問題 4.100)．θ_i が θ_c を超えると透過波はなくなり，式 (4.89) は適用できず，そしてすでに見たように位相差はもはや 180° でない．

　外部反射されたビームの平行および垂直成分はともに π ラジアンだけ位相を変えるが，内部反射されたビームは少しも位相変化しない，と一般に結論される．しかし，これはまったく正しくない (図 4.53a と 4.54a を比べること)．

4.11　光子，波動，確率

　光学の理論的な基礎の多くは，波動理論にもとづいている．そして，私たちは現象を理解していると，またその現象は "現実" であると当然のように思っている．考えつ

254 4 光 の 伝 搬

く多くの例の中の一つとして，散乱過程は干渉の考えからのみ理解可能と思われるが，古典的な粒子は単純には干渉しないものである．そして，ビームが密度の高い媒質中を伝搬するとき，進行方向での干渉は強め合うが，それ以外の方向ではほとんど完全に弱め合う．こうして，ほとんどすべてのエネルギーは前方方向に進む．しかしこの考え方は，干渉の基本的な性質と，現象のそれを用いた通常の説明に関し，興味ある疑問を引き起こす．しばしばある点 P での干渉について語られるが，**干渉は非局在の現象であり，空間中の一点でのみ生じる現象でない**．エネルギー保存則から，一点での強め合う干渉があるなら，他の場所からそこに余分なエネルギーがやってきていることは明らかである．したがって，どこか別の場所で弱め合う干渉があることになる．**干渉は空間中のある広がりをもった領域において，放射エネルギーの全量を変化させないような形で生じている**．

図 4.6 のように，光ビームが高密度媒質を横切っているとしよう．エネルギーを運ぶ現実には決して測定できない散乱電磁波が，ビームの外側では弱め合う干渉を行うためにのみ，横方向に伝搬してゆくのであろうか．もしそうなら，これら散乱波は打ち消し合い，結局横方向には散乱がないので，散乱波が外側に運んだエネルギーはなぜかビームにもどることになる．打ち消し合う干渉ではエネルギーがもとにもどるという考え方は，P がどんなに遠く離れていても正しく，さらにすべての干渉効果に当てはまる (9 章参照)．ところで，もし二つあるいはそれ以上の電磁波が点 P にずれた位相で到達して打ち消し合った場合，"それらのエネルギーに関して，このことは何を意味するのであろうか"．エネルギーは再分布できても，打ち消し合うことはない．私たちは量子力学から，干渉の根本は物理における最も基本的なミステリーの一つであることを知っている．

原子は球形の小波を放射しないという，アインシュタインの警告から判断すれば，たぶん私たちは古典的な波動場の解釈において想像力が貧困なのだろう．つまるところ厳密にいえば，エネルギーが連続的に分布している古典的な電磁波は，現実には存在しないのである．おそらく私たちは，光がどこで消滅するかを不思議さの中にも明白に語る理論的な道具として，"現実の" 波動場でなく，散乱波と散乱波がつくり出す全体の様子を考えるべきなのだろう．しかし，いずれにしろマクスウェルの方程式は，空間における電磁エネルギーの巨視的分布の計算法を与えてくれる．

半古典的な取扱いで議論を進めるために，考えている軸からの角度 θ の何らかの関数で与えられる光の分布を考えよう．たとえば，スリット状の開口から十分先に置かれたスクリーン上で，$I(\theta) = I(0) \operatorname{sinc}^2 \beta(\theta)$ と表される強度を考えよう．目で明暗のパターンを観察するのでなく，小孔をもつ光電子増倍管を用いるとする．このような装置はある点から他の点に移動でき，さらに，ある一定の時間間隔で各場所に到達する光子数 $N(\theta)$ を測れる．この測定を十分な回数行えば，光子の計測数の空間的分布が得られ，強度とまったく同じ形状，すなわち $N(\theta) = N(0) \operatorname{sinc}^2 \beta(\theta)$ であるのが明らかになる．つまり，検出される光子数は強度に比例しているのである．光子数のような数えられる量は，それ自体の統計的な解析が可能であり，スクリーン上の任意の点での光子を検出する確率を議論でき，前出の図 3.23 のような確率分布を構成できる．空間変数 (θ, x, y, z) は連続であるので，**確率密度 (probability density)** を導入する必要があり，それを $\wp(\theta)$ とする．したがって，$\wp(\theta)\, d\theta$ は θ から $\theta + d\theta$ の微小範囲で

光子が見つかる確率である. この場合, $\wp(\theta) = \wp(0)\operatorname{sinc}^2\beta(\theta)$ である.

空間のどの点においても, 電場の振幅の2乗は直接測定できる強度に対応しており, 任意の点で光子を見いだす確率と等価である. そこで, 試みに**確率振幅** (probability amplitude) をその絶対値の2乗が確率密度に等しくなる量として定義してみよう. 空間中のある点で光子を検出する確率はその場所の強度に比例し, かつ $I \propto E_0^2$ であるから, P での E_0 は "半古典的な" 確率振幅に比例していると解釈できる. そしてこれは, 光の場についてのアインシュタインの考えと一致し, この場を量子力学の統計的解釈を創始したボルンは, Gespensterfeld すなわち幻の場と記述した. 波動の振幅の絶対値の2乗が, やってくる光子の確率密度にともかくも関係しているということから, その場の波動が空間中の光子分布を明らかにする. 量子力学の形式的取扱いでは, "確率振幅は一般に複素量であり", その絶対値の2乗が確率密度に対応している. (たとえば, シュレーディンガーの波動関数は確率振幅である.) こうして, E_0 を半古典的な確率振幅に等価なものと考えるのは妥当であるが, そのままで量子力学にもち込むことはできない.

それでも以上の議論は, 確率の観点から考察した散乱過程を, 計算手順の基礎にしてもよいことを意味している. したがって, 一つ一つの散乱波は, 光が一点から他の点に至るある特定の経路をたどる確率振幅の指標であり, P での正味の電場は可能なすべての経路でやって来た全散乱場の和である. この考えに類似した量子力学的方法論を, ファインマン, シュウィンガー, 朝永, ダイソンが量子電磁力学を発展させる過程において考案した. 簡単にいえば, ある事象において最終的に観測される結果は, その事象の可能なすべての生じ方の一つ一つに関係した, 確率振幅のすべての重ね合せで決まる. 換言すれば, 事象がたどることのできる個々の "経路", あるいは事象が生じうる個々の生じ方は, 抽象的な数学表現つまり複素確率振幅で与えられる. そして複素量の加法と同じように, これらすべてが一つになり, つまり干渉し, その事象が生じる正味の確率振幅となる.

次に述べるのは, 以上の解析法をきわめて簡単化したものである.

4.11.1 量子電磁力学

光の性質に関するファインマンの立場はかなり明確であった.

> 光はこの粒子の形としてやってくると, 私は強調したい. 光が粒子のようにふるまうことを知るのは非常に重要で, 特に学校で光は波動のようにふるまうといった教育を受けた皆様には大切です. 私はいま皆様に, 光のふるまいはまぎれもなく粒子のようであると言います. (出典：R.P. Feynman, *QED*, Princeton University Press, Princeton, NJ, 1985)

彼にとっては, "(初めてニュートンが考えたように) 光は粒子でできていて", そのふるまいが集団として統計的に決定される, 光子の流れである. たとえば, 100個の光子が空気中のガラス片に垂直に入射したら, 最初の面から平均4個がはね返される. どの4個かは知ることができないし, その特別な4個はどのように選択されるのかは, 実際謎である. 結論できる, また実験的に確かめられるのは, 入射光の4%が反射されるということである.

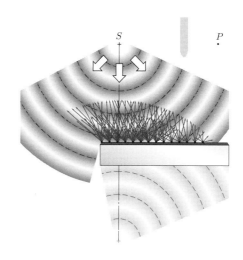

図 4.79 反射を表す概略図. S からの波動が下方に広がり, そして鏡の表面に至る. 境界面の各原子は上方のあらゆる方向に光を散乱して返す. 散乱波のあるものは P に至り, 結局 P には表面の全散乱粒子からの光が来る.

ファインマンの解析は, 以下の二三の総括的な計算規則から始まる. この解析法の最終的な正当性は, それが有効に働き, また正確な予言が可能であることにある. **(1) ある事象が生起する確率振幅は, その事象の可能なすべての生じ方の一つ一つに対応した要素的な確率振幅の "和" である. (2) その要素的な確率振幅のおのおのは, 一般に複素量で表現できる.** これらの要素的な確率振幅を解析的に結合するのでなく, 位相子表現を用いて総和を近似することで, 最終的な確率振幅が得られる. **(3) 全体としての事象の生起確率は, 最終的な確率振幅の絶対値の 2 乗に比例している.**

図 4.79 に描かれた反射を扱えば, これら三つの規則がどのように一緒になるかを確かめられる. 鏡が点光源 S で照明され, 次に鏡上のすべての点から光が上向きのあらゆる方向に散乱されている. 私たちは, P に置かれた検出器を用いて, そこに光子 1 個が到達する確率を決定する. ここでは, おなじみの散乱波モデルを伴う古典的な見方が, ファインマンの解析のアナロジーとして使え, 解析の概略を示してくれる. またこの見方は, 古典的電磁波を信じつづけている人には, たぶんわずかな知的な慰めになるだろう.

簡単のために, 鏡を細長い板状 (本質的に 1 次元である) とするが, この仮定は考察を進めるうえで何ら問題ない. その鏡を等しい長さのいくつかの部分に分ければ (図 4.80a), おのおのは P に至る可能な経路を確定する. (もちろん, 表面上の全原子が散乱体であるから多数の経路があるが, ここでは図に書かれたものだけとする.) 古典的には, S から鏡そして P に至るすべての経路は散乱波の経路に対応し, それら散乱波一つ一つの P での振幅 (E_{0j}) と位相が, 最終的な振幅 E_0 を決める. フェルマーの原理からわかるように, S から鏡そして P への光路長が, P に到達する個々の散乱波の位相を確定する. しかも, 経路の長さが長いほど, 光は逆 2 乗則で広がり, そして P に到達する散乱波の振幅は小さくなる.

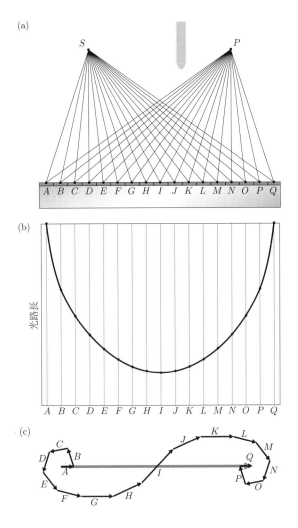

図 4.80 量子電磁力学による反射問題のファインマンの解析．(a) S から鏡そして P に至る多数の経路．(b) 図 (a) に示した経路に沿って S から P に進む光の光路長．(c) 各経路には確率振幅が伴う．それらを足し合わせると，全体としての振幅になる．

図 4.80b は光路長のプロットで，経路 (S–I–P) で最小になり，$\theta_i = \theta_r$ である．経路 (S–A–P) と (S–B–P) の間で生じるような光路長の大きな変化は，大きな位相差を伴い，それに応じて図 4.80c に描いた位相子は大きく回転する．A から B, C, そして I へ進むにつれ，光路長は短くなり，その減少の仕方も急激に小さくなって，それぞれの位相子は一つ前のものと，曲線の勾配で決まる小さな角度でつながる．I より左の位相子は A から I へ進むとき，実効的に半時計回りに回転する．光路長は I で最小であるから，その付近からの位相子は大きく，そして位相角はほとんど違わない．I から J, K, そして Q へ進むと，光路長はだんだんと急速に増加し，各位相子は前のものに大きな角度で遅れる．I から右側の位相子は I から Q に進むとき，実効的に時計回りに回転する．

258   4 光 の 伝 搬

図 4.80c において，最終的な振幅は最初の矢の尾部から最終の矢の先端部に引かれ，古典的には P での正味の電場振幅に対応する．強度 I は正味の電場振幅の 2 乗に比例し，そして，P に置かれた検出器が 1 個の光子を検出する確率の指標となる．

さて，散乱波と電場の考え方にやはり頼るのであるが，それらを超えて量子力学的な取扱いをしてみよう．光子は S から鏡そして P に，異なる無数の経路に沿って進むことができる．そのような経路の一つ一つが最終結果に独自の寄与をすると仮定するのは，理にかなっている．鏡のまさに端から P に至るきわめて長い経路は，もっと真中の経路に比べ異なる寄与をするはずである．ファインマンに習い，とりうる経路のおのおのに，要素となる量子力学的確率振幅である複素量 (まだ定まっていない) を想定する．そのような量子力学的確率振幅の要素一つ一つは，S から鏡そして P までの全飛行時間で決まる角度と，たどる経路長で決まる長さの位相子として表現できる．(もちろん，これらは正に図 4.80c の各位相子そのものである．しかし，古典的な電場 E が量子力学的確率振幅でありえないと確信する理由はある．) 全体としての量子力学的確率振幅は，可能なすべての経路に対応した位相子の合計であり，図 4.80c に描かれている最終結果の位相子に類似している．

次に，図 4.80c が量子力学的な考え方を表現しているととらえ直そう．明らかに，**最終的な量子力学的確率振幅の長さの大部分は，経路 S–I–P 付近の，長くしかも位相も一致している位相子からの寄与で決まっている**．光が反射によって S から P に進む全体確率のほとんどは，経路 S–I–P およびそれに隣接した経路で決まっている．鏡の端部の寄与は，位相子が密ならせんを形成しているので，きわめて小さい (図 4.80c)．鏡端部を覆っても，最終的な確率振幅の長さにはほとんど影響がないので，P に届く光の量もほとんど影響を受けない．なお，この図は大ざっぱであり，S から P に至るたった 17 本の経路でなく，可能な経路として何十億も考えれば，両端の位相子は数えられないほど何回もらせん状に回る．

量子電磁力学は，点光源 S から出た光が鏡の全領域で反射されて P に至ると予言するが，最もとりやすい経路は $\theta_i = \theta_r$ である S–I–P であるとも予言する．目を P において鏡をのぞき込むと，一つのくっきりした S の像を見ることができる．

4.11.2　光子と反射・屈折の法則

光を光子の流れであるとし，その量子 1 個が 2 種の誘電体媒質 (たとえば空気とガラス) の境界に，角度 θ_i で当たると考える．この光子は原子 (たとえばガラス中の原子) に吸収され，続いてうりふたつの光子が角度 θ_t で透過してゆく．考えている光子が，細いレーザービーム中の何百万もの量子のうちの一つなら，それはスネルの法則に従う．この光子のふるまいを探究するために，その流浪の旅に関する動力学をしらべてみよう．式 (3.54) から $p = h/\lambda$ であり，$\vec{k}$ を伝搬ベクトル，$\hbar \equiv h/2\pi$ として，運動量ベクトルは，

$$\vec{p} = \hbar\vec{k}$$

である．したがって，入射する運動量と透過する運動量は，それぞれ $\vec{p}_i = \hbar\vec{k}_i$ と $\vec{p}_t = \hbar\vec{k}_t$ である．明確な根拠には欠けるが，境界付近の媒質は，境界に垂直な運動量

成分には影響を与え，平行な成分には変化を与えないとする．実際，境界に垂直な運動量が光ビームから媒質に伝えられることが，実験的にわかっている (3.3.4 項参照)．一つの光子のもつ境界に平行な運動量成分が保存されることを式で書くと

$$p_i \sin \theta_i = p_t \sin \theta_t$$

である．

　ここで議論の重要な転換を行う．古典的には物質粒子の運動量は，速度に依存している．スネルの法則と上の式から，$n_t > n_i$ なら $p_t > p_i$ となり，光の粒子はおそらく速度を増さなければならない．事実，デカルトが 1637 年に初めて屈折の法則を発表したとき，光は光学的に密度の高い媒質に入ると，速度が増加する粒子の流れであると，誤ってとらえていた (問題 4.12)．これに対し，光が光学的に密度の高い媒質に入ると，波長が短くなるのを最初に観測したのはたぶんヤングであり，1802 年頃のことであった[16]．彼は，光ビームの速度が現実には減速される，つまり $v < c$ と正しく推論した．

　現代では量子力学によって，光子の速度はいつでも c であり，その運動量は速度でなく波長に依存していることがわかっている．したがって，

$$\frac{h}{\lambda_i} \sin \theta_i = \frac{h}{\lambda_t} \sin \theta_t$$

であり，両辺に c/ν を掛けるとスネルの法則が得られる．

　ただし，以上の解析は教育的にはわかりやすいが，少し単純化しすぎていることに注意してほしい．

問　　題[17]

4.1 次元解析を用いた議論で，レイリー散乱における散乱光の割合の λ^{-4} 依存性を自分なりに導いてみよ．なお，E_{0i} を入射波の振幅，E_{0s} を散乱粒子から r の距離にある散乱波の振幅とし，$E_{0s} \propto E_{0i}$ と $E_{0s} \propto 1/r$ を仮定する．さらに，散乱波の振幅は散乱粒子の体積 V に比例するものと仮定する．ただし，この仮定は適度に妥当と考えられる．最後に比例定数の単位を決めればよい．

*4.2 投光機からの白色ビームが，主として酸素と窒素の分子からなる希薄な混合ガスの広い領域を通過している．黄色 (580 nm) と紫色 (400 nm) の散乱光量を相対比較せよ．

*4.3 図 P.4.3 は，点光源から出てくる光を描いている．この図では，外側に流れ去る放射エネルギーを異なる三つの表現で示している．それぞれを明らかにし，また，互いの関係について述べよ．

4.4 次式は強制減衰振動の式である．

$$m_e \ddot{x} + m_e \gamma \dot{x} + m_e \omega_0{}^2 x = q_e E(t)$$

(a) 各項の意味を説明せよ．

(b) x_0 と E_0 を実の量とし，$E = E_0 e^{i\omega t}$, $x = x_0 e^{i(\omega t - \alpha)}$ を上式に代入し，

$$x_0 = \frac{q_e E_0}{m_e} \frac{1}{[(\omega_0{}^2 - \omega^2)^2 + \gamma^2 \omega^2]^{1/2}}$$

---

[16] この点を決定的に証明したのは 1850 年のフーコーの実験だった．

[17] *を付した問題以外は，解答を最後に示している．

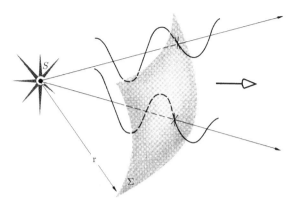

図 **P.4.3** 球面波の一部

となることを示せ.

(c) 位相遅れ α の式を導き, ω が $\omega \ll \omega_0$ から $\omega = \omega_0, \omega \gg \omega_0$ と変化するとき, α はどのように変化するか議論せよ.

4.5 光源 S と観測者 P の間に, 屈折率が n で厚みが Δy の非吸収性のガラス板があるとする.

(a) 何らの障害もないときの波動 (ガラス板がないときの波動) を $E_u = E_0 \exp i\omega(t - y/c)$ として, ガラス板があるとき, 観測者は次式で表される波動

$$E_p = E_0 \exp i\omega[t - (n-1)\Delta y/c - y/c]$$

を観測するのを示せ.

(b) $n \approx 1$ か Δy がきわめて小さい場合,

$$E_p = E_u + \frac{\omega(n-1)\Delta y}{c} E_u e^{-i\pi/2}$$

であることを示せ. 右辺第2項はガラス板の中の振動子から発生する場と考えられる.

*4.6 きわめて細いレーザービームが, 水平に置かれた鏡に 58° で入射する. ビームは反射され, 入射点から 5.0 m 離れてスポットとして壁に当たる. この入射点から壁までの水平距離はいくらか.

*4.7 ノドの英雄フレッドの墓に入ると, 真っ暗な閉じた部屋の一つの壁面に, 床から 3.0 m のところに小さな穴がある. 1年に1回, つまりフレッドの誕生日にだけ, 穴から入った太陽光のビームが, 穴のある壁から 4.0 m 離れた床上の小さな磨かれた金の円板に当たってはね返り, その壁から 20 m 離れた位置にあるフレッドの荘厳な像の額に埋め込まれた, 豪華なダイヤモンドを光らせる. 像の高さはおよそどれくらいか.

*4.8 図 P.4.8 はコーナーミラーとよばれるものを示している. ここで入射光に対する出射光の方向を求めよ.

*4.9 図 P.4.9 に示すように, 光ビームが反射鏡1に入射し, つづいて反射鏡2に入射する. 角度 θ_{r1} と θ_{r2} を求めよ.

*4.10 図 4.33 と屈折光線を作図するホイヘンスの方法に立ち返り, この方法がスネルの法則に至ることを証明せよ.

4.11 空気からクラウンガラス ($n_g = 1.52$) の塊に 30° で入射する光線の透過角を計算せよ.

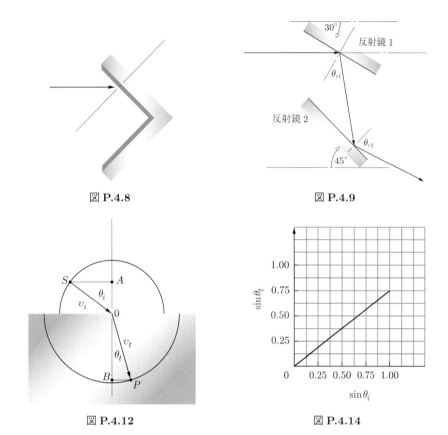

図 P.4.8　　　　　　　　図 P.4.9

図 P.4.12　　　　　　　図 P.4.14

*4.12 図 P.4.12 の構成は，デカルトによる屈折の法則の誤った導き方を表している．光は O から P に進むのと同じ時間に S から O に進む．また，境界を横切るときに，横方向の光の運動量は変化しない．以上からスネルの法則を導け．

*4.13 レーザービームが，空気中においてガラスシート ($n_g = 1.50$) の平坦な面に $30.0°$ の入射角で当たっている．ビームは，ガラス中を直進するのでなく，偏向角とよばれる角度 θ_d だけ法線のほうに曲がる．この角度を求めよ．

*4.14 図 P.4.14 は，光が空気から光学的密度の高い媒質に入るときに測った，入射角の正弦に対して透過角の正弦をプロットしたものである．線について議論しよう．線の勾配の意味は何か．密度の高い媒質が何であるか考えてみよう．

*4.15 ナトリウムの放電ランプからの黄色い光線が，空気中のダイヤモンド表面に $45°$ で入っている．黄色い光線の周波数で $n_d = 2.42$ として，透過による偏向角を計算せよ．

*4.16 水 ($n_w = 4/3$) とガラス ($n_g = 3/2$) の境界があるとする．水側から $45°$ で入射するビームの透過角を計算せよ．境界にもどるように透過ビームを反転させれば，$\theta_t = 45°$ であることを示せ．

 4.17 波長 $12\,\text{cm}$ のマイクロ波の平面波が $45°$ で誘電体の表面に当たっている．$n_{ti} = 4/3$ として，(a) 透過媒質中での波長，(b) 透過角 θ_t を計算せよ．

*4.18 真空中での波長 $600\,\text{nm}$ の光が，$n_g = 1.5$ のガラスブロックに入る．ガラス中での光の波長を計算せよ．また，ガラス中では何色に見えるか (表 3.4 参照)．

*4.19 レーザービームが空気–液体の境界に $55°$ の角度で当たり，屈折光線が $40°$ の角度で透過している．液体の屈折率はいくらか．

*4.20 水面下を泳いでいる人が，水面に向けて光ビームを出し，空気–水の境界面に $35°$

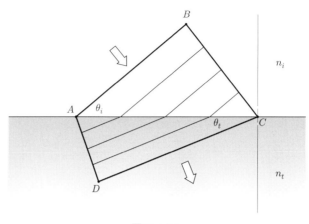

図 P.4.30

で当たった.どんな角度でビームは空気中に出てくるか.

4.21 相対屈折率が $n_{ga} = 1.5$ の空気-ガラス境界での入射角 θ_i を透過角 θ_t に対してプロットせよ.また,その線の形状について議論せよ.

*4.22 空気中で直径 D のレーザービームがガラス片 (n_g) に θ_i で当たっている.ガラス中でのビームの直径はいくらか.

*4.23 きわめて細い白色光のビームが,空気中にある厚さ 10.0 cm の板ガラスに 60.0°で入射している.赤い光に対する屈折率は 1.505 で,紫の光に対しては 1.545 とする.出てくるビームのおよその直径を求めよ.

*4.24 深さ 10.0 cm のボウルがオリーブオイルで満たされている.ボウルの底にある硬貨を上から直接眺める.硬貨はオイル表面からどれくらい下に現れるか.

*4.25 屈折率が 3/2 のガラスブロックが,平坦で水平な上面から下 3.0 cm のところに小さな欠陥をもっている.カメラレンズが,その上面から 8.0 cm 上の空気中にあり,まっすぐ下を見ている.この欠陥はレンズからどれくらい離れたところに現れるか.

*4.26 レーザービームが,厚さ 2.00 cm の平行平面ガラス $(n = 1.50)$ に 35° の角度で当たっている.ガラスを通過する際の,実際の経路長はいくらか.

*4.27 光が空気から空気-ガラスの境界面に入射する.ガラスの屈折率を 1.70 として,透過角が $(1/2)\theta_i$ となる入射角を求めよ.

*4.28 接写用付属品を付けたカメラを,このページに印刷された文字を真下に見ながら,文字上に焦点を合わせてあるとする.文字上に 1.00 mm 厚の顕微鏡スライドガラス $(n = 1.55)$ を置いた場合,文字に焦点を合わせるためにカメラはどれだけもち上げなければならないか.

*4.29 硬貨が水深 1.00 m の水 $(n_w = 1.33)$ のタンクの底にある.水の上にベンゼン $(n_b = 1.50)$ を 20.0 cm の厚さに浮かべ,ほぼ垂直に見下ろした.硬貨はベンゼンの表面からどれくらいの深さに見えるか.また,光線図を描け.

4.30 図 P.4.30 において,入射媒質側の波面は透過媒質側の波面と,境界面のどこででもつながっている.つまり,**波面の連続性** (wavefront continuity) として知られている概念を示している.境界面に沿った単位長さあたりの波動の数を θ_i と λ_i で表した式と,θ_t と λ_t で表した式を書け.また,これら 2 式を用いてスネルの法則を導け.さらに,スネルの法則は音波にも適用できると考えられるか否か,説明せよ.

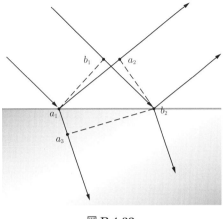

図 P.4.32

*4.31 前問を念頭において式 (4.19) に立ち返り，また座標系の原点を入射面内でかつ境界上にとる (図 4.47)．この場合，式 (4.19) は種々の伝搬ベクトルの x 成分が等しいといっていることと同じであるのを示せ．また，それは波面の連続性の概念と同じであることを示せ．

4.32 対応する点の間の移動時間は等しいことと，光線と波面の直交性の考えを用いて，反射の法則とスネルの法則を導け．なお，図 P.4.32 の光線図を参考にせよ．

4.33 スネルの法則から出発し，ベクトルを用いた屈折の式が次式になることを証明せよ．

$$n_t \hat{\mathbf{k}}_t - n_i \hat{\mathbf{k}}_i = (n_t \cos\theta_t - n_i \cos\theta_i)\hat{\mathbf{u}}_n \qquad [4.7]$$

4.34 反射の法則に等価なベクトルによる表現式を導け．大して重要なことではないが，とりあえず前問と同じように，入射媒質から透過媒質に向かう法線を考えること．

4.35 平面からの反射に関し，フェルマーの原理を使って，入射・反射光線が $\hat{\mathbf{u}}_n$ とともに共通の面，つまり入射面をもつことを証明せよ．

*4.36 フェルマーの原理の要請である移動時間を最小にするという計算法を用いて，反射の法則 $\theta_i = \theta_r$ を導け．

*4.37 数学者シュワルツ (Hermann Schwarz) によれば，鋭角三角形に内接する周辺長が最小の三角形が一つ存在する．2 枚の平面鏡と 1 本のレーザービームとフェルマーの原理を用いて，この内接三角形の頂点は，鋭角三角形の各頂点から対応する辺におろした垂線の足に一致することを，どのようにすれば示せるか，説明せよ．

4.38 図 P.4.38 のように，(屈折率が n_2 で厚さが d の) 透明な平面板に入射する (屈折率が n_1 の媒質中の) ビームは入射方向に平行に出ることを解析的に示せ．また，入射ビームに対する出射ビームの横への変位量 (a) を示す式を導け．なお付言すれば，異なる媒質の板を積み重ねたものでも，入射光線と出射光線は平行である．

*4.39 図 P.4.39 に示す構造体に，互いに平行に入射する二つの光線は出てくるときも平行であることを示せ．

4.40 問題 4.38 の結果をフェルマーの原理から考察せよ．すなわち，相対屈折率 n_{21} はどのように関係しているのだろうか．横方向への変位を確認するために，厚いガラス片 ($\approx 1/4$ インチ) か顕微鏡スライドガラスを重ねたもの (4 枚でよい) を適当な角度で置いて，これを通して広がりのある光源を見てみる．直接見た場合とガラスを通して見た場合では，明らかに光源の位置はずれている．

*4.41 図 P.4.41 の 3 枚の写真を調べよう．(a) は幅の広い一つのプレキシガラスのブロックを示している．(b) は幅の狭い二つのプレキシガラスのブロックを示し，どち

264   4 光の伝搬

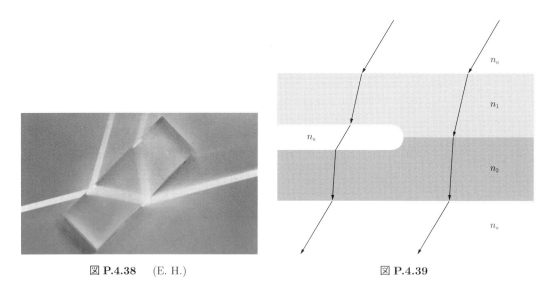

図 P.4.38 (E. H.)

図 P.4.39

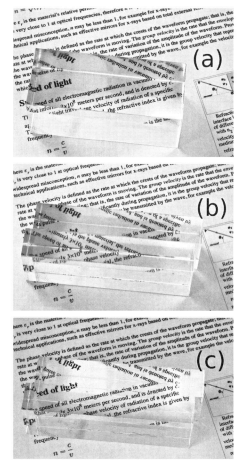

図 P.4.41 (G. Galzà, T. López-Arias, L. M. Gratton, and S. Oss, *The Physics Teacher* **48**, 270 (2010) から許可を得て掲載. Copyright 2010, American Association of Physics Teachers.)

らも幅は最初のブロックの半分で，互いに軽く押しつけられている．(c) は同じ二つのブロックを示し，この場合はひまし油の薄い層で分離されている．各写真について，プレキシガラスをのぞき込んだときに見えるものを詳細に述べよ．(a) と (c) を比較すれば，ひまし油とプレキシガラスに関して何がいえるか．

4.42 空気中に置かれたクラウンガラス ($n_g = 1.52$) の板に 30° で入る，入射面内に直線偏光した光波を考える．境界面における振幅反射係数および振幅透過係数を計算せよ．また，その結果と図 4.47 を比較せよ．

4.43 $r_\perp$, $r_\parallel$, $t_\perp$, $t_\parallel$ に対する式 (4.42)–(4.45) を導け．

*__4.44__ 屈折率 1.55 のプラスチック塊の滑らかな表面に，法線に対して 20° の角度で，光ビームが空気中から入射している．入射光の入射面に平行および垂直な電場 E の成分は，それぞれ 10.0 V/m と 20.0 V/m とする．対応する反射光の電場の振幅を求めよ．

*__4.45__ 空気から屈折率 n の誘電体にレーザービームが入射している．入射角 θ_i が小さい場合，透過角 $\theta_t = \theta_i/n$ であることを示せ．またこの関係と式 (4.42) を用いて，垂直入射に近い場合は，$[-r_\perp]_{\theta_i \approx 0} = (n-1)/(n+1)$ であることを示せ．

*__4.46__ 二つの誘電体の境界面への垂直入射では，

$$[t_\parallel]_{\theta_i=0} = [t_\perp]_{\theta_i=0} = \frac{2n_i}{n_i + n_t}$$

であることを証明せよ．

*__4.47__ 電場が入射面に垂直であるように偏光したほぼ単色のレーザービームが，空気中においてガラス ($n_t = 1.50$) に垂直に当たる．振幅透過係数を求めよ．ガラスから空気に垂直に進むビームについても計算せよ．前問を参照すること．

*__4.48__ 前問を考慮しながら，空気からガラスおよびガラスから空気への両方に対する光の垂直通過について，対応する振幅反射係数の値を計算せよ．式 (4.49) すなわち，$t_\perp + (-r_\perp) = 1$ が両方の場合に成り立つことを示せ．

*__4.49__ 光が空気から屈折率 1.522 のクラウンガラスの板に垂直に入射している．この場合の反射率と透過率を求めよ．

*__4.50__ 強度 500 W/m^2 の準単色光ビームが，空気中から水 ($n_w = 1.333$) のタンク表面に垂直に入射している．透過する強度を求めよ．

*__4.51__ フレネルの公式を用いて，

$$r_\perp = \frac{\cos\theta_i - \sqrt{n_{ti}^2 - \sin^2\theta_i}}{\cos\theta_i + \sqrt{n_{ti}^2 - \sin^2\theta_i}}$$

および

$$r_\parallel = \frac{n_{ti}^2 \cos\theta_i - \sqrt{n_{ti}^2 - \sin^2\theta_i}}{n_{ti}^2 \cos\theta_i + \sqrt{n_{ti}^2 - \sin^2\theta_i}}$$

であることを示せ．

*__4.52__ 非偏光が，空気中において屈折率が 1.60 のガラスのシートの平坦な面に，法線に対して 30.0° の角度で入射する．振動面が入射面に垂直と平行な両方の場合の振幅反射係数を求めよ．符号の意味は何か．前問と照らし合わせてみよ．

*__4.53__ 前問を考慮し，$R_\perp$, $R_\parallel$, $T_\perp$, $T_\parallel$ および全体の透過率 T と反射率 R を計算せよ．

*__4.54__ 1000 W/m^2 の非偏光が空気中において空気–ガラスの境界面に入射している．ここで，$n_{ti} = 3/2$ である．電場が入射面に垂直な光の透過率が 0.80 であれば，どれくらいの量の光が反射されるか．

*4.55 非偏光のビームが，空気–プラスチックの境界面に 2000 W/m² を運んでいる．境界で反射された光のうち，300 W/m² は入射面に垂直な方向の電場をもつように偏光し，200 W/m² は入射面に平行な方向の電場をもつように偏光している．境界面を横切る全体としての透過率を求めよ．

*4.56 前問において，エネルギーが保存されていることを示せ．

*4.57 強度 400 W/m² の準単色光が，肉眼の角膜 ($n_c = 1.376$) に垂直に入射している．水中 ($n_w = 1.33$) を泳いでいるとして，角膜に入る透過強度を求めよ．

*4.58 空気–水 ($n_w = 4/3$) の境界面と空気–クラウンガラス ($n_g = 3/2$) の境界面での，垂直入射に近い場合の振幅反射係数を比較せよ．対応する両者の入射強度に対する反射強度の比を求めよ．

*4.59 式 (4.42) と正弦関数のべき級数展開を用い，垂直に近い入射における問題 4.45 での近似，すなわち $[-r_\perp]_{\theta_i \approx 0} = (n-1)/(n+1)$ よりもよい次の近似を導け．

$$[-r_\perp]_{\theta_i \approx 0} = \left(\frac{n-1}{n+1}\right)\left(1 + \frac{\theta_i{}^2}{n}\right)$$

*4.60 垂直に近い入射に対し，次の式がよい近似であることを示せ．

$$[r_\parallel]_{\theta_i \approx 0} = \left(\frac{n-1}{n+1}\right)\left(1 - \frac{\theta_i{}^2}{n}\right)$$

[ヒント：前問の結果，式 (4.43)，正弦と余弦のべき級数展開を使う.]

*4.61 真空–誘電体の境界面での水平入射では，図 4.49 に示すように，$r_\perp \to -1$ であることを証明せよ．

*4.62 図 4.49 において，入射角が 90° に近づくと $r_\perp$ の曲線は −1 に近づく．曲線が $\theta_i = 90°$ の縦軸となす角を $\alpha_\perp$ として，

$$\tan \alpha_\perp = \frac{\sqrt{n^2 - 1}}{2}$$

であることを証明せよ．[ヒント：はじめに $\lim_{\theta_i \to \pi/2} \dfrac{d\theta_t}{d\theta_i} = 0$ を示す.]

4.63 すべての θ_i に対して，

$$t_\perp + (-r_\perp) = 1 \tag{4.49}$$

であることを，はじめに境界条件から，次にフレネルの式から証明せよ．

*4.64 クラウンガラスと空気の境界 ($n_{ti} = 1.52$) において，$\theta_i = 30°$ の場合について，

$$t_\perp + (-r_\perp) = 1 \tag{4.49}$$

であることを確かめよ．

*4.65 フレネルの公式を用い，光が $\theta_p = (1/2)\pi - \theta_t$ の角度で入射すると，反射ビームが偏光になることを証明せよ．

4.66 偏光角に関して $\tan \theta_p = n_t/n_i$ であることを示せ．また，空気中のクラウンガラス ($n_g = 1.52$) の板における外部入射での偏光角 θ_p を計算せよ．

*4.67 式 (4.38) を用いて，一般に二つの誘電体に対して，$\tan \theta_p = [\epsilon_t(\epsilon_t\mu_i - \epsilon_i\mu_t)/\epsilon_i(\epsilon_t\mu_t - \epsilon_i\mu_i)]^{1/2}$ であることを示せ．

4.68 ある境界面において，内部および外部反射における偏光角は相補的であること，つまり $\theta_p + \theta_p{}' = 90°$ であることを示せ (問題 4.66 参照)．

4.69 振動面と入射面のなす角である方位角 γ を用いると便利な場合がある．直線偏光した光に対しては，

$$\tan \gamma_i = [E_{0i}]_\perp / [E_{0i}]_\parallel \tag{4.92}$$

$$\tan\gamma_t = [E_{0t}]_\perp/[E_{0t}]_\parallel \tag{4.93}$$

$$\tan\gamma_r = [E_{0r}]_\perp/[E_{0r}]_\parallel \tag{4.94}$$

である．図 P.4.69 は，$\gamma_i = 45°$ のときの空気-ガラスの境界面 ($n_{ga} = 1.51$) での内部反射および外部反射における γ_r を θ_i に対してプロットしたものである．曲線上のいくつかの点について上式を確認し，また

$$\tan\gamma_r = -\frac{\cos(\theta_i - \theta_t)}{\cos(\theta_i + \theta_t)}\tan\gamma_i \tag{4.95}$$

となることを示せ．

*4.70 前問での方位角の定義を用い，

$$R = R_\parallel \cos^2\gamma_i + R_\perp \sin^2\gamma_i \tag{4.96}$$

$$T = T_\parallel \cos^2\gamma_i + T_\perp \sin^2\gamma_i \tag{4.97}$$

となることを示せ．

4.71 $n_i = 1.5, n_t = 1$ として（すなわち内部反射），$R_\perp$ と $R_\parallel$ を入射角に対してスケッチせよ．

4.72 次の 2 式を導け．

$$T_\parallel = \frac{\sin 2\theta_i \sin 2\theta_t}{\sin^2(\theta_i + \theta_t)\cos^2(\theta_i - \theta_t)} \tag{4.98}$$

$$T_\perp = \frac{\sin 2\theta_i \sin 2\theta_t}{\sin^2(\theta_i + \theta_t)} \tag{4.99}$$

*4.73 問題 4.72 の結果，つまり式 (4.98) と (4.99) を用いて，

$$R_\parallel + T_\parallel = 1 \tag{4.65a}$$

$$R_\perp + T_\perp = 1 \tag{4.65b}$$

であることを示せ．

4.74 N 枚の顕微鏡スライドガラスを重ねたものを通して，垂直に光源を見るとする．12 枚でも光源はかなり暗くなる．吸収は無視できるとして，重ねたもの全体での透過率は

$$T_t = (1-R)^{2N}$$

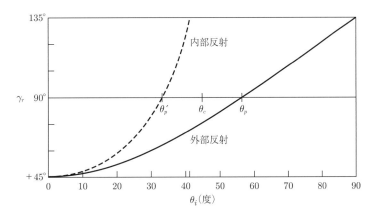

図 P.4.69

で与えられるのを示せ. また, 空気中の 3 枚のスライドガラスの透過率 T_t を評価せよ.

4.75 吸収性媒質に対する関係式

$$I(y) = I_0 e^{-\alpha y} \tag{4.78}$$

を使って, **単位透過率** (unit transmittance) とよばれる量 T_1 を定義しよう. 式 (4.55) から垂直入射では, $T = I_t/I_i$ であり, $y = 1$ のときに $T_1 \equiv I(1)/I_0$ である. 前問において, スライドガラス全体の厚さが d で, そして今度は単位長さあたり T_1 の透過率であるとすると,

$$T_t = (1 - R)^{2N}(T_1)^d$$

であることを示せ.

4.76 二つの誘電体の境界における垂直入射において, $n_{ti} \to 1$ なら $R \to 0$ で $T \to 1$ であることを示せ. また, $n_{ti} \to 1$ ならすべての θ_i に対して $R_\parallel \to 0$, $R_\perp \to 0$, $T_\parallel \to 1$, $T_\perp \to 1$ であることを証明せよ. このように, 二つの媒質の屈折率が近づいてくると, 反射波のエネルギーはどんどん小さくなる. $n_{ti} = 1$ で境界はなくなり反射もしなくなるのは明らかである.

*__4.77__ $r_\perp$ と $r_\parallel$ を与える式 (4.70) と (4.71) を導け.

4.78 誘電体の境界面で $\theta_i > \theta_c$ なら, $r_\parallel$ も $r_\perp$ も複素数で $r_\perp r_\perp^* = r_\parallel r_\parallel^* = 1$ であることを示せ.

*__4.79__ 空気–ガラス ($n_g = 1.5$) の境界面で内部全反射が生じる臨界角を計算せよ.

*__4.80__ 問題 4.21 を参照すると, θ_i が増加すると θ_t も増加する. θ_t の最大値が θ_c であることを証明せよ.

*__4.81__ 空気中のダイヤモンドにおける内部全反射の臨界角はいくらか. 臨界角は美しくカットされたダイヤモンドの光沢と何か関係があるか.

*__4.82__ 空気中にある物質の種類のわからない透明なブロックの内部で, 光ビームは 48° で内部全反射している. 屈折率はいくらか.

*__4.83__ プリズム ABC があり, 角 $BCA = 90°$, 角 $CBA = 45°$ である. 空気中にあって面 AC を横切るビームが内部全反射で面 BC から出てゆくとしたなら, プリズムの屈折率の最小値はいくらか.

*__4.84__ 魚が池の滑らかな水面をまっすぐ見上げると, 円錐状の光線が眼に入り, 空や鳥やその他そこにあるいろいろなものの像が光の円板の中にあるのが見える. この明るく丸い領域外は真っ暗である. どうしてそうなるかを説明せよ. また, 光の円錐の頂角を計算せよ.

*__4.85__ 屈折率 1.55 のガラスブロックが, 屈折率 1.33 の水で覆われている. ガラス中を進む光の境界面での臨界角はいくらか.

4.86 内部反射におけるエバネッセント波の速度の式を, c, n_i, θ_i を用いて導け.

4.87 ガラス ($n_g = 1.50$) ブロック内の光 (真空中での波長 600 nm) が, ガラス–空気の境界面に 45° で入射し, 内部全反射されている. エバネッセント波の振幅が境界面での最大値から $1/e$ に低下する, 境界面から空気中への距離はいくらか.

*__4.88__ ガラス ($n_g = 3/2$) ブロックの中を進むアルゴンレーザーからの光ビーム ($\lambda_0 = 500\,\mathrm{nm}$) が, 平坦な空気–ガラス境界面で内部全反射されている. このビームが法線に対して 60.0° の角度で境界面に当たる場合, この光は, その振幅が境界面での値の約 36.8% に低下するまでにどれだけ深く空気中に侵入するか.

*__4.89__ ダイヤモンドの大きなブロックが, その上面を水の層で覆われている. 細い光ビームがこの固体中を上方に進み, 固体–液体の境界面に当たる. 光を反射でダイヤモンド中に完全に返す最小の入射角を求めよ.

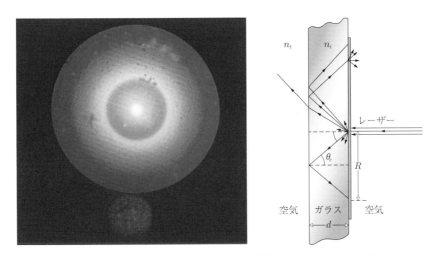

図 P.4.91 (イスラエルのワイズマン科学研究所の S. Reich 氏)

*4.90 ファブライトの大きな結晶が，四塩化炭素の層で覆われている．光ビームが結晶の中を上昇して固体–液体の境界面に入射する．光は何度の (最小) 入射角において結晶中に完全にはね返されるか．

4.91 図 P.4.91 では，屈折率を測定すべきガラス板の上に，濡れた紙フィルター置いてレーザービームを入射させている．そこで得られる光パターンを写真に示している．どんな現象が起こっているか説明せよ．また，n_i の式を R と d で書け．

4.92 熱い路面上での空気の不均一分布で生じる，おなじみの蜃気楼を考える．ここでは，光線の曲がりが内部全反射で起こると想定する．観察者の頭付近の空気の屈折率を $n_a = 1.00029$ とし，観察者は $\theta_i \geq 88.7°$ で道路を見たら濡れているように感じたとする．路面直上の空気の屈折率を求めよ．

4.93 図 P.4.93 は，四つのガラスプリズムで囲まれたガラスの立方体を示し，プリズムと立方体はきわめて接近している．図中の矢印の二つの光線のとる経路をスケッチせよ．また，このような配置のデバイスにはどのような応用があるか考えよ．

4.94 図 P.4.94 は，ベル電話研究所で開発されたプリズム結合器である．その機能は，

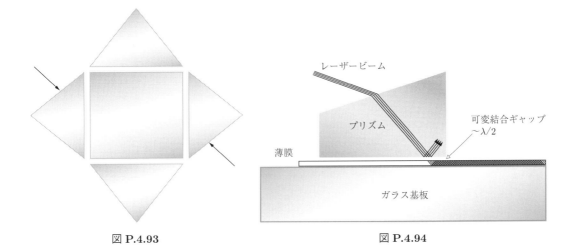

図 P.4.93 図 P.4.94

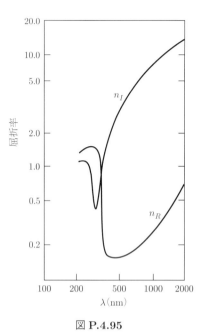

図 P.4.95

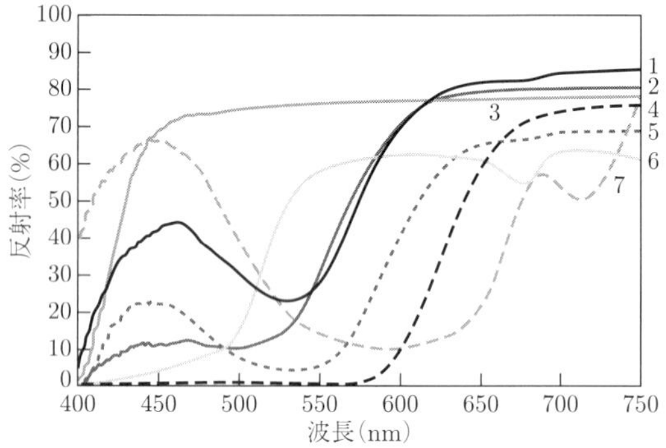

図 P.4.98(Dr. Gottipaty N. Rao and Brain Capozzi, Adelphi University.)

一種の導波路となる透明な薄い (0.00001 インチ) フィルムにレーザービームを入射させることである．その応用の一つは，薄膜レーザービーム回路，すなわち光集積回路である．このプリズム結合器はどのように動作するか考えよ．

4.95 図 P.4.95 は，ありふれた金属の n_I と n_R を λ に対してプロットしたものである．この特性と本章で考えた内容を比較して，金属の種類を見つけよ．また，金属の光学的な性質について議論せよ．

*__4.96__ 黄色のフィルターを通して旗を眺めるとする．この旗は水平方向に五つの色の帯をもち，上から順に青，シアン，マゼンタ，黄色，白色である．フィルターを通すとどのような色に見えるか．

*__4.97__ 壁が赤，シアン，白，黄，緑，マゼンタ色の縞模様に塗装されている．黄のサングラスをかけた人物が，シアンのステンドグラス片を通してこの壁を眺める．これらの縞模様はどのような色に見えるか．

*__4.98__ 図 P.4.98 のグラフは，白色光のもとで見たいくつかのバラの花の反射スペクトルである．これらの花は白，黄，明るいピンク，濃いピンク，青，オレンジ，赤色である．各グラフの色を特定せよ．

4.99 図 P.4.99 は透明な誘電体の板で多重反射している光線を示し，分かれてゆく光線の振幅も記入してある．反射と透過の角はスネルの法則で関係づけられているので，4.10 節同様，反射および透過係数には ′ を付けた係数の表記法を用いている．
(a) 図中の最後の 4 光線の振幅を記せ．
(b) フレネルの公式を用いて，次の 4 式の成り立つことを示せ．

$$t_\parallel t_\parallel' = T_\parallel \tag{4.100}$$

$$t_\perp t_\perp' = T_\perp \tag{4.101}$$

$$r_\parallel^2 = r_\parallel'^2 = R_\parallel \tag{4.102}$$

$$r_\perp^2 = r_\perp'^2 = R_\perp \tag{4.103}$$

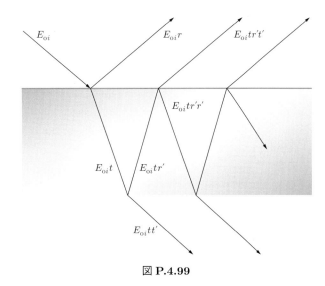

図 P.4.99

*4.100 入射面内に直線偏光した波動が二つの誘電体の境界面に入射する．$n_i > n_t$ で $\theta_i = \theta_p{'}$ なら反射波はなく，$r_\parallel{'}(\theta_p{'}) = 0$ である．ストークスの取扱い方の基本から，$t_\parallel(\theta_p) t_\parallel{'}(\theta_p{'}) = 1, r_\parallel(\theta_p) = 0, \theta_t = \theta_p$ を示せ（問題 4.68）．また，式 (4.100) と比較するとどうなるか．

4.101 前問同様に，フレネルの公式を使って $t_\parallel(\theta_p) t_\parallel{'}(\theta_p{'}) = 1$ を示せ．

5
幾 何 光 学 I

5.1 は じ め に

自ら発光しているか外部から照明されている物体の表面は，莫大な数の点光源からなっていると考えられる．おのおのの点光源は球面波を発していて，光線はエネルギーの流れる方向，つまり，ポインティング・ベクトルの方向に放射状に出ている．この場合，光線は所定の点光源 S から発散しているが，もし球面波が一点に向かって縮まっていたのなら，もちろん光線は収束していただろう．一般には，波面のわずかな部分だけが考察される．**球面波の一部分が広がるように出てゆく点や，球面波の一部分が収束してゆく点は，光線束の焦点として知られている**．

図 5.1 は，反射面や屈折面で構成される光学系が置かれている付近にある，点光源を示している．一般に，点 S から出ている無数の光線のうち，空間中の任意の 1 点を通るのはただ 1 本である．しかしながら，図 5.1 に示すように，無数の光線がある点 P に到達するようにはできる．S から出ている円錐状の光線に対し，P を通る対応する円錐状の光線があったら，光学系はこれら 2 点に対して**無収差** (stigmatic) とよばれる．反射・散乱・吸収によるちょっとした損失を別にすれば，円錐内のエネルギーは P に届き，P は S の**完全像** (perfect image) と称される．しかし実際には，波動は P の位置に有限な大きさの光の斑点，あるいは**ぼやけたスポット** (blur spot) を形成するように，おそらく到達するだろう．それはやはり S の像であるが，もはや完全な像ではない．少し言い方を変えると，S から P への何本もの光線を追跡できる場合，すなわち，かなりの量の放射エネルギーが S から P に直接続いて流れている場合，P にやってくるエネルギーが S の像に対応している．

光線逆進の原理から，P に置かれた点光源はまったく同じように S に像を結ぶので，二つの点は**共役点** (conjugate points) とよばれる．理想的な光学系では，ある 3 次元領域内のどの点も，別の領域に完全な (あるいは無収差で) 像を結ぶ場合，前者が**物空間または物界** (object space) で後者が**像空間または像界** (image space) とよばれる．

きわめて一般的にいえば，光学素子の機能は入射波面の一部を集め整形することであり，多くの場合，物体の像形成を最終目的としている．実際に実現されている光学系では，出てくる光を全部集められないという制約下にあり，一般に系は波面の一部だけしか受け入れられない．その結果，一様な媒質中であっても，直線的な伝搬からの明らかな偏りが必ずあり，つまり波動は回折する．現実の結像光学系には完全性に限界があり，**回折限界** (diffraction-limited) といわれ，点物体が点にならず，必ずぼやけたスポットになる．光学系の物理的な大きさに比べて，放射エネルギーの波長が短

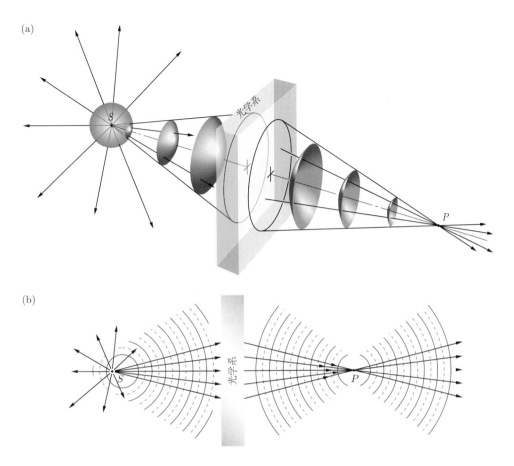

図 5.1 共役焦点．(a) 点光源 S は球面波を出す．円錐形状の光線が波面を点 P に収束するように変換する光学系に入る．(b) S から広がる光線群の断面のうち，一部が P に収束する．もし，P で光を遮るものがなければ，光はそのまま直進する．

くなると，回折の効果はあまり重要でなくなる．観念的な極限 $\lambda_0 \to 0$ では，一様媒質中で直線的な伝搬が生じ，**幾何光学** (geometrical optics) という理想化された分野となる[*1]．このような場合，干渉や回折といった光の波動としての性質に本質的に起因しているふるまいは，もはや見られない．多くの場合，幾何光学という近似で得られる素晴らしい簡潔さは，それがもつ不正確さを補って余りある．簡単にいえば，"回折効果を無視して，反射体や屈折体を用いて波面または光線を意図したように操作するのが，幾何光学である"．

5.2 レ ン ズ

レンズは間違いなく最も広く使われている光学素子であり，眼鏡のレンズを考察するだけで，事足りるわけでない．人間がつくったレンズは，少なくとも古代の採火レンズ

[*1] 物理光学は，光の波長がゼロでないことを考慮すべき状況を扱う．同じように，物体のド・ブロイ波長が無視できる場合には古典力学があり，そうでない場合には量子力学がある．

図 5.2 通常反射光で見ている他のすべての物と同様，人の顔も無数の原子散乱体で覆われている．

にまでさかのぼれ，これはその名が示すように，マッチが出現するまでの長い間，火をつけるのに使われていた．最も一般的な言い方では，**レンズは透過するエネルギー分布を変える屈折素子である．**(素子と周囲の媒質間に不連続性が生じる．) 紫外線，可視光，赤外線，マイクロ波，電波，さらには音波に対しても，この言い方はほとんど正しい．

レンズの形状は波面の整形に対する要求で決まり，それを満たすように設計される．点光源が基本であり，多くの場合発散する球面波を平面波のビームに変換することが求められる．カメラのフラッシュ，投影機，サーチライトはすべて，ビームが伝搬に連れて広がり弱まるのを防ぐように，平面波に変換している．またまったく逆に，採火レンズや望遠鏡のレンズがしているように，入射する平行光線を一点に集め，エネルギーを集中させることも，しばしば必要である．そして，誰かの顔で反射された光は何十億もの点光源からの散乱光であるから，発散する波面を収束させるレンズは顔の像を形成できる (図 5.2)．

5.2.1 非 球 面

レンズがどのように機能するかを知るために，波動の進行経路内に波動の速度が異なる透明物質を，置いてみよう．図 5.3a は屈折率 n_i の入射媒質中を進み，屈折率 n_t の透過媒質の曲面に当たる発散球面波の断面図である．n_t が n_i より大きいとき，波動は新しい媒質に入ると遅くなる．波面の中央部は，入射媒質中を速やかに移動しつづける外周部より，ゆっくりと進行する．外周部は中央部を追い越し，波面はつながったままで平らになる．境界面が適当な形状であれば，球面状の波面は平面波になるよう曲がる．波面とは別の，光線による表示を図 5.3b に示す．光線は密度の高い媒質に入ると，それぞれの入射点での法線の方向に単純に曲がり，もし面形状が適切であれば平行になる．

境界面に要求される形状を見いだすために，図 5.3c を参照しよう．ここでは，点 A は境界上のどこにあってもよい．エネルギーが伝搬する経路はすべて等しく，したがって，波面の位相は保たれるという条件のもとに，一つの波面は別の波面に変換される．S から出た位相一定の小さな球面は，$\overline{DD'}$ で位相一定の平面に変化する．光が S から $\overline{DD'}$ にどのような経路をとろうと，経路長を波長の倍数で表すとどの経路でも同

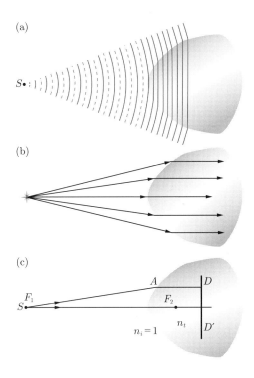

図 5.3 空気とガラスの双曲線状の境界面．(a) 波面は曲がってまっすぐになる．(b) 光線は平行になる．(c) 双曲線では A がどこにあっても，S から A を通って D に至る光路は同じである．

じなので，波動は同じ位相で始まりそして終わる．一つの波面として S を出た放射エネルギーは，どの光線が現実にいかなる経路をとろうと，同じ時間で $\overline{DD'}$ に至る．換言すれば，$\overline{F_1A}/\lambda_i$ (F_1 から A までの光線に沿って数えた波長の数) と $\overline{AD}/\lambda_t$ (A から D までの光線に沿って数えた波長の数) の和は，A が境界上のどこにあろうと一定である．さて，両者の和に λ_0 を掛ければ，次式となる．

$$n_i(\overline{F_1A}) + n_t(\overline{AD}) = \text{一定} \tag{5.1}$$

左辺の各項は，媒質中を進む長さにその媒質の屈折率を掛けたもので，もちろん光線がたどった光路長を表している．したがって，S から $\overline{DD'}$ に至る光路長はすべて等しい．式 (5.1) を c で割れば，第 1 項は S から A に移動する時間，第 2 項は A から D に移動する時間である．右辺は同じ定数ではないが定数のままである．式 (5.1) は，S から $\overline{DD'}$ に至るすべての経路は，たどるのに要する時間は等しいといっているのと同じである．

境界の形状を見いだす問題にもどろう．式 (5.1) を n_i で割ると，

$$\overline{F_1A} + \left(\frac{n_t}{n_i}\right)\overline{AD} = \text{一定} \tag{5.2}$$

となる．これは双曲線の方程式であり，曲線の曲がり具合を表す離心率 (e) は，$(n_t/n_i) > 1$ で与えられる．すなわち，$e = n_{ti} > 1$ である．離心率が大きいほど，双曲線は平た

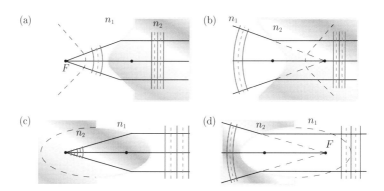

図 5.4 屈折面 $(n_2 > n_1)$ の断面で,(a) と (b) は双曲面,(c) と (d) は楕円面.

くなる.(屈折率の差が大きいほど,面の曲がりは小さくてよい.) 点光源が焦点 F_1 にあり,二つの媒質の境界が双曲線の場合,波動は平面波となって屈折率の高い方の物質を透過してゆく.$(n_t/n_i) < 1$ なら境界が楕円体でなければならないことを示すのは,問題 5.3 に残しておく.図 5.4 に示したいずれの場合も,光線は焦点 F から発散しているか F に収束しているかである.しかも光線はどちら向きにも進むように,反転させることができる.図 5.4c の境界に右側から平面波が入射したら,左に進んで楕円体の遠い方の焦点に収束するだろう.

レンズや鏡の面として円錐曲線の使用を最初に提案した人たちの一人はケプラーで,1611 年のことである.しかし彼は,スネルの法則が発見されていなかったので,考えを大きく発展させられなかった.スネルの法則が発見されるとすぐさま,デカルトは自分が創造した解析幾何学を用いて,非球面の光学の理論的な基礎を展開することができた (1637 年).ここで紹介した解析は,その本質においてデカルトの理論にもとづいている.

ここまでくると,物点と像点の両者あるいは入射光と出射光の両者が,レンズ媒質の外側にくるようにレンズを構成しなければならないことが容易にわかる.図 5.5a では,発散している入射球面波が,図 5.4a の機構で最初の境界面において平面波になっている.レンズ内のこれら平面波は後面に垂直に当たり,変化を受けずに出てくる.つまり $\theta_i = 0$,$\theta_t = 0$.光線は可逆的であるから,右から入ってくる平面波は,レンズの焦点として知られている点 F_1 に収束するだろう.その平らな方の面を太陽からの平行光線に向けると,私たちの洗練されたレンズは採火レンズとしてうまく使える.

図 5.5b では,レンズ内の平面波は第 2 の境界面で曲げられて軸に向かって収束している.先のレンズやこのレンズは,どちらも端より中央の点で厚く,それゆえに凸 (convex) とよばれる.この言葉はアーチ型を意味するラテン語の convexus に由来している.どちらのレンズも入ってくるビームをいくぶんか収束させる,あるいは中央の軸の方に少しは曲げるので,**収束レンズ** (converging lens) と称される.

以上に比べ,凹 (concave)(くぼんでいることを意味するラテン語の concavus に由来し,洞窟つまり cave を含んでいるからたいへん覚えやすい) レンズは,図 5.5c で明らかなように,端部より中央部で薄い.これは平行な束として入った光線を発散させる.

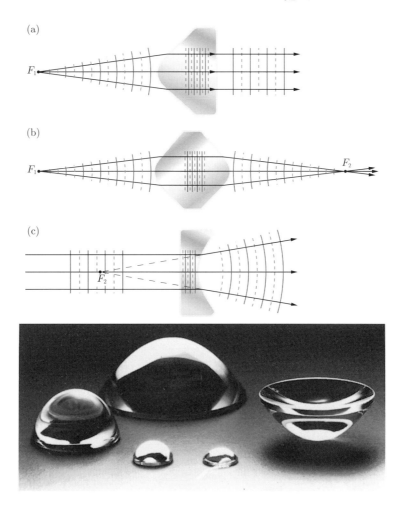

図 5.5 (a), (b) および (c) はいくつかの双曲面レンズの断面. (d) はいくつかの非球面レンズ. (Melles Griot)

光線を中央の軸から外側に引き離し,そしてビームに広がりを与えるようなレンズはすべて,**発散レンズ**(diverging lens)とよばれる.図 5.5c において,平行光線は左側から入り,そして出てゆくときには F_2 から発散しているように見える.この点も焦点とされている.**光線の平行な束が収束レンズを通過する際,それが収束してゆく点,あるいは発散レンズを通過する際の発散元と見なせる点が,レンズの焦点である.**

点光源が図 5.5b のレンズの前側で,中央軸あるいは光学軸の上の点 F_1 にあれば,光線は共役点 F_2 に収束する.F_2 に置いたスクリーン上に,光源の明るい像が現れ,この像が**実**(real)といわれる.一方,図 5.5c において点光源が無限遠にあれば,系から出てくる光線はこの場合発散する.光線は点 F_2 から来たように見えるが,そこに置いたスクリーン上には光る点は実際には現れない.平面鏡でつくられるおなじみの像に対応するものになり,この像は**虚**(virtual)とよばれる.

ここまで述べてきた,片面あるいは両面が平面でも球面でもない種類の光学素子(レ

ンズと鏡) は，**非球面素子**(aspherics) と称される．非球面には，円錐曲線状，多項式曲線状，一部が収束性で一部が発散性の形状など，種々の形態がある．それらの作用を理解するのは容易で，またそれらはある種の素晴らしい機能をもっているが，高精度に製作するのはいまでも難しい．それにもかかわらず，費用が妥当であったり，要求される精度が厳しくなかったり，生産量が十分な場合，非球面素子はすでに使われているし，この先きっとより重要になるだろう．最初に大量に (何千万個) つくられた品質のよいガラス非球面は，コダックの小型カメラ用レンズである (1982 年)．今日非球面レンズは複雑な光学系において，結像誤差を修正する素晴らしい手段として，よく用いられている．非球面の眼鏡レンズは，通常の球面レンズより平坦で軽い．それゆえに，強い度数の眼鏡が処方された場合には，非常に好適である．しかも非球面レンズは，眼鏡をかけている人の眼が大きく見えるのを，最小限に抑制してくれる．

　コンピュータ制御された新世代の機械である非球面製造機が，$0.5\,\mu m$ (0.000020 インチ) 以下の許容誤差 (望ましい面形状からのずれ) で，素子を生産している．しかし，高品質光学素子に一般に要求される許容誤差の $\lambda/4$ より約 10 倍で，まだ悪い．非球面は研削後に，磁気レオロジー技術を用いて研磨される．面の最終形状の決定と仕上げに使われるこの技術では，研磨中に研磨粒子が加工対象に与える力の方向と強さが，磁気的に制御されている．

　今日，プラスチックとガラスでつくられたいろいろな品質の非球面は，望遠鏡，投影機，カメラ，そして偵察装置を含むあらゆる種類の機器に見られる．

例題 5.1 次の図は空気中のガラスレンズの断面を描いている．このレンズがどのように機能するかを説明せよ．

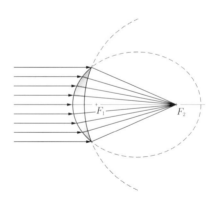

解 光が遭遇する最初の面は楕円 (実際は楕円面) の一部である．楕円の二つの焦点の位置は短い縦線で示されている．図 5.4c にあるように (ただし，右から左に見ること)，光線はガラスに入ると屈折して焦点 F_2 にまっすぐに向かう．第 2 の面は，中心を F_2 にもつ球面に対応している．したがって，すべての光線は第 2 の面に垂直であり，曲がることなくその面を通過する．

5.2.2 球面での屈折

二つの物質の塊を考え，一方は凹球面で他方は凸球面，しかもその半径は同じであるとしよう．相対的な方向関係によらず，二つの面をぴったりと合わせることができることが，球面独特の性質である．適切な曲率のおおむね球面状の二つの物体があり，一方が研磨装置で他方がガラス円板で，両者の間に研磨剤を入れて互いをランダムに動かしているとすれば，両物体の盛り上がった部分は磨耗する．そして，両者は磨耗するにつれ，どんどん球面に近づく（写真参照）．このような面は通常，自動の研削および研磨装置を用いてバッチ式でつくられる．

驚くことではないが，今日使用されている高品質レンズの大多数は，球体の一部である面をもっている．ここの目的は，周波数範囲の広い光で，莫大な数の物点を同時に結像させるために，この面の使用技術を確立することある．この結像において，**収差** (aberration) として知られている結像誤差が生じるが，この収差を十分制御して，像の忠実度が回折だけで決まるような，高品質レンズ系を構成することは現代の技術では可能である．

図 5.6 は，点光源 S から出て，C を中心とする半径 R の球面状の境界に入射する波動を描いている．点 V は境界面の**頂点** (vertex) とよばれる．長さ $s_o = \overline{SV}$ は**物体距離** (object distance) として知られている．光線 $\overline{SA}$ は境界面で屈折し，そこでの法線の方向に $(n_2 > n_1)$，したがって中心軸あるいは**光軸** (optical axis) の方向に向かう．この光線は，同じ角度 θ_i で入射する他のすべての光線ともども，ある点 P で光軸と交わると仮定する (図 5.7)．距離 $s_i = \overline{VP}$ は**像距離** (image distance) である．フェルマーの原理が光路長 (OPL) は停留であることを保証している，すなわち，位置変数で微分したものはゼロである．取り上げている光線については，

$$OPL = n_1 l_o + n_2 l_i \tag{5.3}$$

である．三角形 SAC と ACP に余弦定理を適用し，$\cos\varphi = -\cos(180° - \varphi)$ を用いると，

$$l_o = [R^2 + (s_o + R)^2 - 2R(s_o + R)\cos\varphi]^{1/2}$$

球面レンズの研磨 (Optical Society of America)

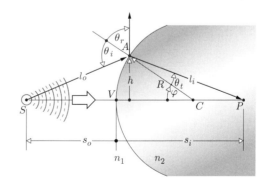

図 5.6 球面状の境界での屈折，共役焦点

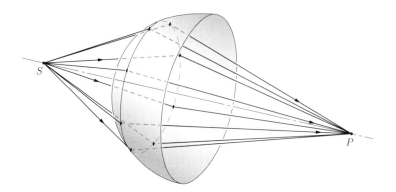

図 5.7　同じ角度で入射する光線

$$l_i = [R^2 + (s_i - R)^2 + 2R(s_i - R)\cos\varphi]^{1/2}$$

が得られる．そして，光路長 OPL は

$$OPL = n_1[R^2 + (s_o + R)^2 - 2R(s_o + R)\cos\varphi]^{1/2}$$
$$+ n_2[R^2 + (s_i - R)^2 + 2R(s_i - R)\cos\varphi]^{1/2}$$

と書き直せる．図中のすべての値 (s_i, s_o, R など) は正で，"符号規定"(表 5.1 参照) の基本となる．この規定の有用性は徐々に明らかになり，再々立ち返ることになる．点 A は一定半径の先端の上を移動するから (すなわち $R =$ 一定)，φ が位置変数であり，フェルマーの原理から $d(OPL)/d\varphi = 0$ とおくと，

$$\frac{n_1 R(s_o + R)\sin\varphi}{2l_o} - \frac{n_2 R(s_i - R)\sin\varphi}{2l_i} = 0 \tag{5.4}$$

を得，さらに，

$$\frac{n_1}{l_o} + \frac{n_2}{l_i} = \frac{1}{R}\left(\frac{n_2 s_i}{l_i} - \frac{n_1 s_o}{l_o}\right) \tag{5.5}$$

となる．これが，球面の境界で屈折して S から P に進む光線のパラメータ間に成り立つべき関係である．この式は正確であるが少し複雑である．φ を変えて A を新しい位置に移動させれば，そのときの光線は P で光軸を横切らないであろう．(φ に関係なくどんな光線も P に進ませる境界形状である直交座標系での卵形曲線に関する問題 5.1 を参照.) l_o と l_i を近似し，そして式 (5.5) を簡単にするのに使われる近似式は，後々もたいへん重要である．そこで次式を考える．

$$\cos\varphi = 1 - \frac{\varphi^2}{2!} + \frac{\varphi^4}{4!} - \frac{\varphi^6}{6!} + \cdots \tag{5.6}$$

$$\sin\varphi = \varphi - \frac{\varphi^3}{3!} + \frac{\varphi^5}{5!} - \frac{\varphi^7}{7!} + \cdots \tag{5.7}$$

φ の値が小さい (すなわち A が V に近い) と仮定すれば，$\cos\varphi \approx 1$ である．したがって，l_o および l_i の表現は $l_0 \approx s_o$ と $l_i \approx s_i$ となり，この近似では，

$$\frac{n_1}{s_o} + \frac{n_2}{s_i} = \frac{n_2 - n_1}{R} \tag{5.8}$$

表 5.1 球面状の屈折面および球面薄肉レンズにおける符号規定 (光は左から入射)*

s_o, f_o	V の左なら $+$
x_o	F_o の左なら $+$
s_i, f_i	V の右なら $+$
x_i	F_i の右なら $+$
R	C が V の右なら $+$
y_o, y_i	光軸の上側なら $+$

* この表にはまだ説明していない二三の記号が含まれている.

となる. 以上の導出はフェルマーの原理でなくスネルの法則から出発してもよく (問題 5.5), その場合は, 小さい φ に対して $\sin\varphi \approx \phi$ を用いれば, やはり式 (5.8) が得られる. この近似は**第 1 次理論** (first-order theory) とよばれる分野を形成している. 次章では**第 3 次理論** (third-order thoery)$(\sin\varphi \approx \varphi - \varphi^3/3!)$ を展開する. 光軸に対して浅い角度 (φ と h が適当に小さい) でやってくる光線は, **近軸光線** (paraxial ray) として知られている. これら近軸光線に対応する波面部分は本質的に球面であり, s_i の距離に位置する点 P を中心とする "完全な" 像を結ぶ. 対称軸まわりの小さな領域つまり**近軸領域** (paraxial region) では, 式 (5.8) は A の位置に無関係である. 1841 年にガウスがはじめて, 上記の近似下で像形成の体系的研究を行った. そしてその結果は, **第 1 次光学** (first-order optics), **近軸光学** (paraxial optics), あるいは**ガウス光学** (Gaussian optics) と, 種々の言い方で知られている. またほどなくして, ガウス光学はレンズを設計する基本的理論になり, 数十年にわたって使われた. もし光学系が十分補正されていたら, 入射球面波は球面にきわめてよく似た形状で出てゆく. 結局, 光学系は完全性が高くなると, 第 1 次理論にますます近づく. なお, 近軸解析の結果とのずれは, 実際の光学素子の品質評価の便利な指標になる.

もし, 図 5.8 中の点 F_0 が無限遠 $(s_i = \infty)$ に結像すれば,

$$\frac{n_1}{s_o} + \frac{n_2}{\infty} = \frac{n_2 - n_1}{R}$$

である. この特別な物体距離は**第 1 焦点距離** (first focal length) または**物焦点距離** (object focal length) と定義され, $s_o \equiv f_o$ であるから,

$$f_o = \frac{n_1}{n_2 - n_1} R \tag{5.9}$$

となる. 点 F_0 は**第 1 焦点** (first focus) または**物 (空間) 焦点** (object focus) として知られている. 同様に, **第 2 焦点** (second focus) あるいは**像 (空間) 焦点** (image focus) は軸上の点 F_i であり, そこには $s_o = \infty$ のときの像が形成される. つまり,

$$\frac{n_1}{\infty} + \frac{n_2}{s_i} = \frac{n_2 - n_1}{R}$$

である. **第 2 焦点距離** (second focal length) または**像焦点距離** (image focal length) f_i をこの場合の s_i と定義して (図 5.9),

$$f_i = \frac{n_2}{n_2 - n_1} R \tag{5.10}$$

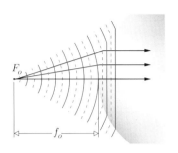
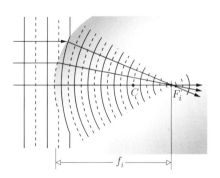

図 5.8　球面状の境界を横切って伝搬する平面波と物焦点

図 5.9　球面状の境界における平面波から球面波への形状変更と像焦点

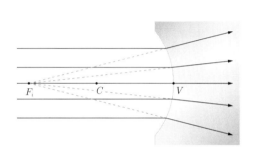
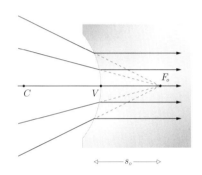

図 5.10　虚像点

図 5.11　虚物点

が得られる．

　光線が発散してきているかのような像は虚である (図 5.10)．同じように，**光線が収束してゆくかのような物体は虚である**(図 5.11)．この場合，虚の物体は頂点の右側にあり，s_o は負の値である．しかも f_o は負であるから，式 (5.9) が要求するように面の半径も負であり，凹面である．同様に，虚の像の距離は V の左側で，負である．

例題 5.2　長い水平方向のフリントガラス ($n_g = 1.800$) の円柱は，直径が 20.0 cm で左端に研削と研磨された凸の半球面をもっている．この素子がエチルアルコール ($n_a = 1.361$) に浸漬され，小さな LED が液体中において半球面の頂点から左へ 80.0 cm 離れた中心軸上に置かれている．LED の像の位置を示せ．アルコールが空気で置き換えられたら，どのようなことが生じるか．

　解　式 (5.8)，すなわち

$$\frac{n_1}{s_o} + \frac{n_2}{s_i} = \frac{n_2 - n_1}{R}$$

に立ちもどる．ここで，$n_1 = 1.361$，$n_2 = 1.800$，$s_o = +80.0$ cm，$R = +10.0$ cm である．問題をセンチメートル単位で解くと，この式から，

$$\frac{1.361}{80.0} + \frac{1.800}{s_i} = \frac{1.800 - 1.361}{10.0}$$

$$\frac{1.800}{s_i} = \frac{0.439}{10} - \frac{1.361}{80}$$

$$1.800 = (0.0439 - 0.01701)s_i$$

$$s_i = 66.9\,\text{cm}$$

となる．アルコールがある場合，像はガラスの中で，頂点の右 $66.9\,\text{cm}\,(s_i > 0)$ にある．液体を取り除くと，

$$\frac{1}{80.0} + \frac{1.800}{s_i} = \frac{0.800}{10.0}$$

であり，

$$s_i = 26.7\,\text{cm}$$

となる．境界での屈折は二つの屈折率の比 (n_2/n_1) に依存する．$(n_2 - n_1)$ が大きいほど，s_i は小さい．

5.2.3 薄肉レンズ

レンズはいろいろな形につくられている．たとえば，音響レンズやマイクロ波用レンズがあり，後者のあるものはガラスやワックスで容易にそれとわかる形につくられているが，それ以外は外見上まったく不思議な形をしている (写真参照)．ほとんどの場合，レンズには二つあるいはそれ以上の屈折面があり，少なくとも1面は曲面である．一般に，非平面の中心は共通の軸の上にあるように形成される．そして，これら

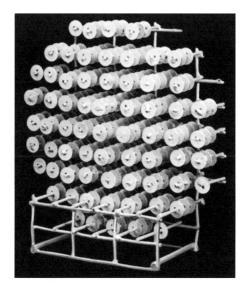

短波長電波のレンズ．光を屈折させる原子の配列と同様に円板が電波を屈折させる．(Optical Society of America)

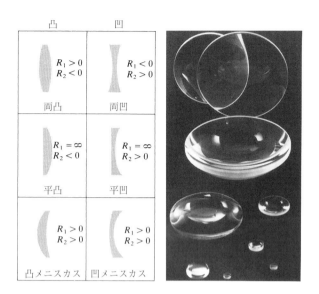

図 5.12 中心が同一線上にある種々の球面単レンズの断面．光は左から入るので，左の面が #1 で，その半径は R_1 (Melles Griot).

の面はほとんどの場合球面の一部で，しかも多くは透過特性を制御するために，誘電体の薄膜をコートされている (9.9 節参照).

一つの素子からなる (つまり，ただ二つの屈折面だけをもつ) レンズが，**単レンズ** (simple lens) である．二つ以上の素子があれば，それは**複合レンズ** (compound lens) である．また，レンズは薄いか厚いか，つまり厚みが実効的に無視できるか否かによっても分類できる．この本の多くは，すべての面が共通軸に関して回転対称な，球面の**共軸系** (centered system) に話を限定している．以上の制約の下で，単レンズは図 5.12 に示す形状をとる．

凸 (convex)，**収束** (converging)，あるいは**正** (positive) と種々によばれるレンズは，中央部で厚く，波面の曲率半径を減少させるのに役立つ．換言すれば，もちろんレンズの屈折率がそれを取り囲む媒質の屈折率より高いと仮定したうえであるが，入射波はレンズを横切るとより収束する．一方，**凹** (concave)，**発散** (diverging)，あるいは**負** (negative) レンズは中央部で薄く，入射前より広がるように入射波面を通過させるのに役立つ．

薄肉レンズの式

一つの球面状境界での屈折の議論から，共役な点 S と P の位置は，

$$\frac{n_1}{s_o} + \frac{n_2}{s_i} = \frac{n_2 - n_1}{R} \tag{5.8}$$

で与えられ，定まった $(n_2 - n_1)/R$ 値の場合，s_o が大きいと s_i は相対的に小さい．この場合，点 S からの光線がつくる円錐の中心角は小さく，光線はそんなに大きく広が

光ビームを収束するレンズ (L-3 Communications Tinsley Labs Inc.)

らず，境界での屈折はすべての光線を点 P に収束させることができる．s_o が小さくなると，光線の円錐の頂角と光線の広がりは大きくなり，s_i は頂点から遠ざかる．つまり最終的に $s_o = f_o, s_i = \infty$ になるまで θ_i と θ_t はともに増加する．その最終的な状況では，$n_1/s_o = (n_2 - n_1)/R$ であり，もし式 (5.8) が保持され，しかも s_o がさらに小さくなるなら，s_i は負でなければならないだろう．換言すれば，像は虚になる (図5.13)．

屈折率 n_m の媒質で囲まれた屈折率 n_l のレンズに関して，共役な 2 点を図 5.14 のように配置する．このレンズは，図 5.13c の断片の右側を単に削っただけである．いま考えているのは，きわめて一般的な状況設定とはいえないが，最もありふれた，そして何といっても，最も簡単な状況である[*2]．s_{o1} にある S から出ている近軸光線を逆に延長すれば，P' で一致する．式 (5.8) より，V_1 からの P' の距離を s_{i1} とすれば，それは次式で与えられる．

$$\frac{n_m}{s_{o1}} + \frac{n_l}{s_{i1}} = \frac{n_l - n_m}{R_1} \tag{5.11}$$

第 2 の面で考える限り，光線は P' から来ているように見え，P' は s_{o2} の距離にある物点として作用する．さらに，第 2 の面に到達する光線は屈折率 n_l の媒質中にある．したがって，第 2 の境界面にとって，P' を含む物体空間は屈折率 n_l をもつ．P' から第 2 の面に至る光線は実際に直線である．いま，

$$|s_{o2}| = |s_{i1}| + d$$

であることを考慮すれば，s_{o2} は左側にあって正，つまり $s_{o2} = |s_{o2}|$ であり，また，

[*2] 異なる三つの屈折率を含む場合の導出については，Jenkins and White, *Fundamentals of Optics*, p. 57 を参照のこと．

286   5 幾何光学 I

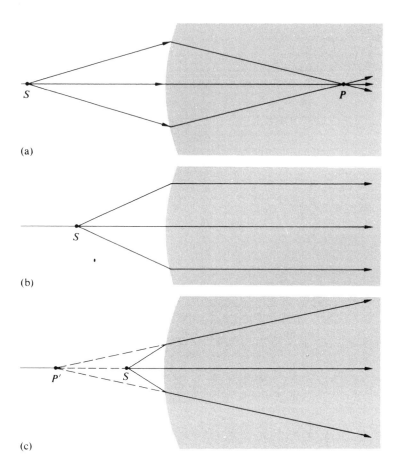

図 5.13 断面図で示した二つの透明媒質間の球面状境界における屈折

s_{i1} も左側にあるので負で，$-s_{i1} = |s_{i1}|$ であるから，

$$s_{o2} = -s_{i1} + d \tag{5.12}$$

が得られる．第 2 の面に式 (5.8) を適用すると，

$$\frac{n_l}{(-s_{i1}+d)} + \frac{n_m}{s_{i2}} = \frac{n_m - n_l}{R_2} \tag{5.13}$$

となる．ここで，$n_l > n_m$ で $R_2 < 0$ であるから，右辺は正である．式 (5.11) と (5.13) を足せば，

$$\frac{n_m}{s_{o1}} + \frac{n_m}{s_{i2}} = (n_l - n_m)\left(\frac{1}{R_1} - \frac{1}{R_2}\right) + \frac{n_l d}{(s_{i1}-d)s_{i1}} \tag{5.14}$$

が得られる．もし，レンズが十分薄ければ $(d \to 0)$，右辺の最後の項は実質的にゼロである．もっと簡単にするために，取り囲む媒質が空気であると仮定する（すなわち $n_m \approx 1$）．こうしてきわめて有用な，**レンズメーカーの式** (lensmaker's formula) とも

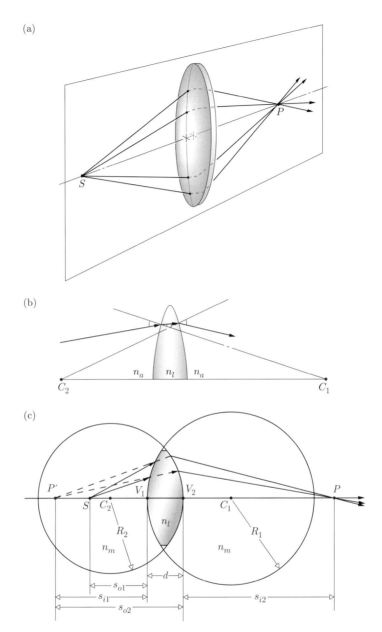

図 5.14 球面レンズ. (a) レンズを通過する鉛直面内の光線. 共役焦点. (b) 境界での屈折. ここではレンズは空気中にあり, $n_m = n_a$ である. C_1 から引いた半径は第 1 面に垂直であり, 光線がレンズに入るときは法線の方に曲がる. C_2 からの半径は第 2 の面に垂直で, $n_l > n_a$ であるから, 光線はレンズを出るときに法線から離れるように曲がる. (c) 球面レンズの幾何光学.

よく称される**薄肉レンズの式** (thin-lens equation),

$$\boxed{\frac{1}{s_o} + \frac{1}{s_i} = (n_l - 1)\left(\frac{1}{R_1} - \frac{1}{R_2}\right)} \tag{5.15}$$

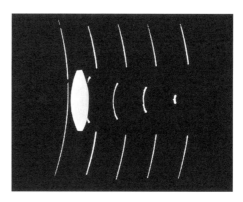

一部がレンズで収束されている発散光の実際の波面．時間幅 10ps の球面パルスが収束レンズとその周囲を通過するときに，約 100ps (つまり 100×10^{-12} s) の間隔で 5 回露光した写真．ホログラフィーの技術を使って撮影された (N. H. Abramson).

が得られる．ここで，$s_{o1} = s_o, s_{i2} = s_i$ とした．点 V_1 と V_2 は $d \to 0$ で合体するので，s_o と s_i はどちらかの頂点あるいはレンズ中心から測れる．

球面が一つの場合とまったく同様に，s_o が無限遠に遠ざかれば像距離は焦点距離 f_i になり，記号で書くと，

$$\lim_{s_o \to \infty} s_i = f_i$$

である．同じく，

$$\lim_{s_i \to \infty} s_o = f_o$$

となる．式 (5.15) から，薄肉レンズでは $f_i = f_o$ であるのは明らかである．そこで添字を省いて単に f とすると，

$$\boxed{\frac{1}{f} = (n_l - 1)\left(\frac{1}{R_1} - \frac{1}{R_2}\right)} \tag{5.16}$$

と

$$\boxed{\frac{1}{s_o} + \frac{1}{s_i} = \frac{1}{f}} \tag{5.17}$$

が得られ，これが有名な**ガウスのレンズ公式** (Gaussian lens formula) である (写真参照).

この式がどのように使われるかの例として，曲率半径 50 mm で屈折率 1.5 の平凸レンズの空気中での焦点距離を計算しよう．光が平面側から入るなら ($R_1 = \infty, R_2 = -50$)，

$$\frac{1}{f} = (1.5 - 1)\left(\frac{1}{\infty} - \frac{1}{-50}\right)$$

である．一方，光が曲面の方から入射するなら ($R_1 = +50, R_2 = \infty$)，

$$\frac{1}{f} = (1.5 - 1)\left(\frac{1}{+50} - \frac{1}{\infty}\right)$$

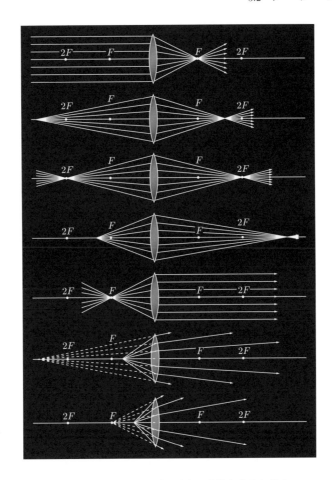

図 5.15　薄肉凸レンズに対する共役な物点と像点

で，どちらの場合も $f = 100\,\text{mm}$ である．物体がレンズのどちらかの面から順次 600 mm, 200 mm, 150 mm, 100 mm, そして 50 mm の距離にあれば，式 (5.17) から像距離を求められる．はじめに，$s_o = 600\,\text{mm}$ では，

$$s_i = \frac{s_o f}{s_o - f} = \frac{600 \times 100}{600 - 100}$$

より $s_i = 120\,\text{mm}$ である．同様に他の像距離はそれぞれ，200 mm, 300 mm, ∞, $-100\,\text{mm}$ である．

たいへん興味深いことに，$s_o = \infty$ で $s_i = f$ であり，s_o が減少すると $s_o = f$ まで s_i は正の方向に増加するが，s_o がさらに減少すると s_i は負になる．図 5.15 は，この状況を絵で示している．レンズは光線に一定量の収束性を付与できる．入射光の広がりが大きくなると，レンズは光線を収束しにくくなり，点 P は右方向に遠ざかってゆく．

1 枚の凸レンズと小さな電球でこれを定性的に確かめられる．なお，強度の強い電球の方が便利だろう．レンズと 1 枚の白い板紙をもって，電球からからできるだけ遠くに立ち，板紙に像を投影してみよう．まったくぼやけていない本当に鮮明な電球の

像が見られるはずである．その像の距離がおよそ f である．次に，鮮明な像ができるように s_i を調整しながら，レンズを S の方に移動させる．像はきっと大きくなる．$s_o \to f$ とすると，十分離したスクリーンでのみ電球の鮮明な像が結像される．$s_o < f$ では，発散する円錐状の光線を遠くの壁が切り取っただけの，ぼやけた明るい領域が見えるだけで，像は虚である．

焦点と焦平面

式 (5.16) によって解析的に述べた状況のいくつかを，図 5.16 にまとめている．屈折率 n_l のレンズが屈折率 n_m の媒質中に置かれていたら，

$$\frac{1}{f} = (n_{lm} - 1)\left(\frac{1}{R_1} - \frac{1}{R_2}\right) \tag{5.18}$$

であるのを見てみよう．図 5.16(a) と (b) において，レンズの両側は同じ媒質であるから，焦点距離は等しい．$n_l > n_m$ であるから $n_{lm} > 1$ である．また，(a) と (b) のいずれも $R_1 > 0, R_2 < 0$ であるから，どちらの焦点距離も正である．(a) では実の物体，(b) では実の像である．(c) では $n_l < n_m$ であり，f は負である．(d) と (e) では，$n_{lm} > 1$ であるが，$R_1 < 0, R_2 > 0$ で，f はやはり負であり，(d) の物体と (e) の像は虚である．(f) では $n_{lm} < 1$ であり，$f > 0$ となる．

どの場合でも，レンズの中心を通る光線を引くのは，特に有用である．その光線はレンズの両面に垂直であるから，方向は変わらない．一方，図 5.17 に示すような，入射方向と平行な方向にレンズから出てくる軸外の近軸光線を考えよう．そのような光線はすべて，レンズの**光学中心** (optical center) と定義される点 O を通ると，まずいっておく．これを確認するために，レンズ両面の任意の点の対 A と B で，レンズに接する平行な 2 平面を描く．半径 $\overline{AC_1}$ と $\overline{BC_2}$ が平行になるように A と B を選べば，容易に描ける．次に，$\overline{AB}$ を通る近軸光線が同じ方向で入射・出射することを示さなければならない．三角形 AOC_1 と BOC_2 は幾何学的に相似であるのは，図から明らかであり，したがって各辺の長さは比例している．よって，$|R_1|(\overline{OC_2}) = |R_2|(\overline{OC_1})$ であり，また両半径は一定であるから，O の位置は A と B に関係なく一定である．先に見たように (問題 4.38 と図 P.4.38)，平行平面を境界とする媒質を進む光線は，横方向に変位するが角度変化は受けない．この変位は厚みに比例し，薄肉レンズでは無視できる．したがって，O **を通る光線は直線**として描いてもよい．薄肉レンズに関しては通例，O を単純に 2 頂点の中間とする．

球面状の屈折面に入射する平行な近軸光線の束は，光軸上の点である焦点に集まる (図 5.9)．これは図 5.18 に示すように，広がりの小さい円錐で入射してくるいくつかのこのような束は，やはり C を中心とする球面の一部 σ 上に集まることを，意味している．入射面に垂直つまり C を通り偏向しない各光線は，σ 上にその焦点の位置を定める．円錐状光線の広がりは実際小さいはずだから，σ は対称軸に垂直で像焦点を通る平面として，十分表すことができる．この平面は**焦平面** (focal plane) として知られている．同じく近軸理論に話を限定すれば，レンズは図 5.19 に示すように，すべての平行な光線束を，**第 2 焦平面** (second focal plane) あるいは**後側焦平面** (back focal

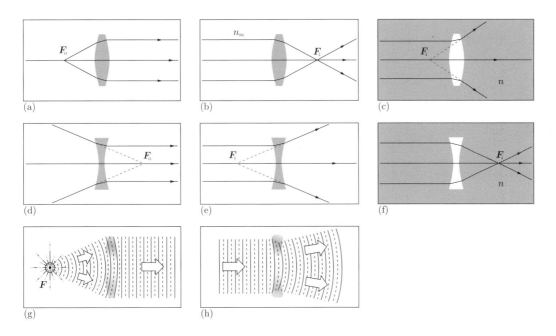

図 5.16　収束レンズおよび発散レンズの焦点距離

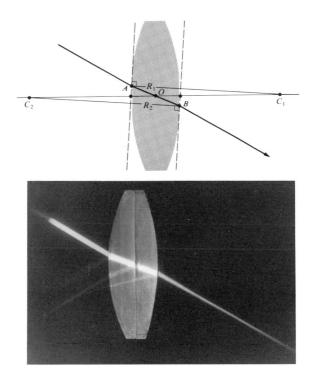

図 5.17　レンズの光学的中心 (E. H.)

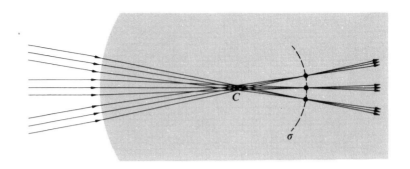

図 5.18　いくつかの光線束の収束

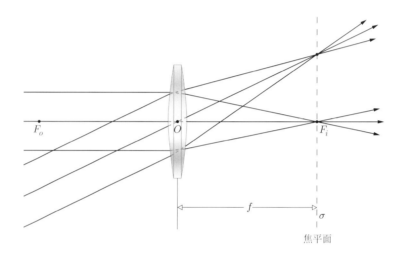

図 5.19　レンズの焦平面

plane) とよばれる平面に集める*3. ここで, σ 上の各点は O を通り方向を変えない光線で求められる. 同様に, **第 1 焦平面** (first focal plane) あるいは**前側焦平面** (front focal plane) は, 物焦点 F_o を含む.

　レンズについて, 次に進む前に紹介するだけの価値ある, 形状と焦点距離の間の関係性についての別の実用的に注目することがある. レンズの物理的特性を扱っている式 (5.16) に立ちもどり, また, 簡単のために $R_1 = -R_2 = R$ である同じ両面形状の凸レンズを考えよう. この場合, 式 (5.16) は $f = R/2(n_l - 1)$ となり, ここでただちにわかることは, レンズ球面の半径が小さいほど, すなわち, ふっくらしたレンズであるほど, 焦点距離は短いことである. ほぼ平坦なレンズは長い**焦点距離**をもつが, 一方で ("薄肉レンズ" とは見なしにくい) 半径の小さな球面は短い焦点距離をもつ. もちろん, 図 5.20 に示されているように, 各境界の曲率 $(1/R)$ が大きいほど光線の曲がりは大きい. また, あとで収差を扱うときに必要になる事実である, f が n_l の逆数に比

---

*3 たぶん, レンズの集光性にふれている最も古い文学作品は, 紀元前 423 年にまでさかのぼれるアリストファネスの劇『雲』であろう. その中でストレプシアデス (Strepsiades) は, 樹脂でできた文字板に太陽光を集めるために採火レンズを使い, 賭けの借金の記録をとかそうとした.

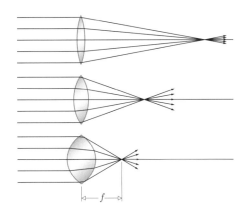

図 5.20 曲率 $(1/R)$ が大きいほど焦点距離は短い.

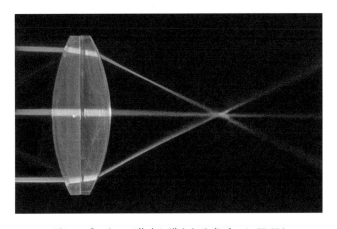

正レンズによって焦点に導かれる光ビーム (E.H.)

例することを覚えておこう．より平坦なレンズを用いることが望ましい場合，R を大きくする一方で屈折率を大きくするだけで，焦点距離を不変にできる．

有限物体の結像

ここまでは，数学的に抽象化した単一の点光源を取り扱ってきた．さて，莫大な数のそのような点が集まって，連続的で有限な大きさの物体を形成している場合を考えよう (図 5.2)．当面は図 5.21 に示すように，物体は C を中心とする球面の一部の σ_o とする．もし，σ_o が球面の境界に近ければ，点 S は虚の像 P をもつだろう．($s_i < 0$ であり V の左にくる．) S が離れれば，その像は実になる．($s_i > 0$ で右側．) どちらの場合も σ_o 上の各点は，C を通る直線と σ_i の交点に共役点をもつ．近軸理論の制限のもとでは，σ_o と σ_i は平面と考えられる．こうして，光軸に垂直な小さな平面物体は，やはり光軸に垂直な小さな平面領域に結像するだろう．もし，σ_o が無限遠にまで遠ざかれば，各点からの光線の円錐はコリメートされ (collimated, つまり平行になり)，像点は焦平面上にくる (図 5.19)．

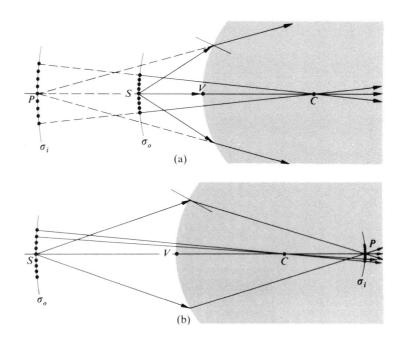

図 5.21 有限物体の結像

　図 5.21 の断片の右面を切り出して研磨することで，薄肉レンズをつくれる．やはりレンズの第 1 面で形成された像 (図 5.21 中の σ_i) は，第 2 面に対する物体として再び作用し，最終的な像を生成する．図 5.21a の σ_i を第 2 面の物体とするとき，その半径を負と仮定する．このときどうなるかは，すでに明らかである．光線の方向を反転させた図 5.21b と状況は同じである．"レンズによって形成された，光軸に垂直な小平面物体の最終的な像は，光軸に垂直な小平面である"．

　レンズでつくられる像の位置，大きさ，向きは，光線図を使えばとりわけ簡単に決められる．図 5.22 の物体の像を見つけるには，物体の各点に対応する像点を決めなければならない．もとの点から出て，近軸と見なせる程度の円錐内に収まる光線は，すべてその像点にくるから，像点を決定するには 2 本のそのような光線で十分である．焦点の位置はわかっているので，特に簡単に適用できる 3 本の光線がある．1 本目 (光線 1) は，レンズの中心 O を通り方向が変わらない．他の 2 本 (光線 2 と 3) は，焦点を通る光線は中心軸に平行に出てくること，あるいはその逆を利用している．慣習的に，光線図を描くときは，縦に広がるレンズ径を焦点距離にだいたい等しくする．そして，中央にある光軸上のレンズ前後の第 1 と第 2 焦点距離の位置に，2 点を打つ．通常は，物体の最も高いか低い点から，光線 1 と 2 を引いて，像の位置を決める．

　図 5.23 は，これら 3 本の内の 2 本がどのようにして物体上の点の像を決めるかを示している．付言すると，この技法は 1738 年もの昔の，スミス (Robert Smith) の業績である．以上の作図手順は，中心軸に垂直で薄肉レンズの中心を通る鉛直平面でそのレンズを置き換えると，もっと簡単にできる (図 5.24)．おそらく，レンズに入射する光線を少し前方に，レンズから出てくる光線を少し後方に延長すれば，これら一対の

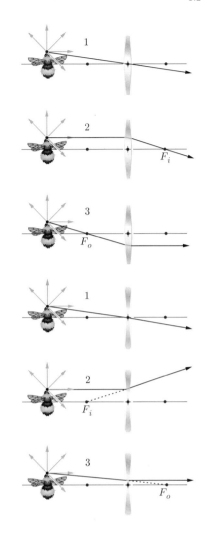

図 5.22　正および負のレンズを通るいくつかの重要な光線の追跡

光線は，レンズと置き換えたこの平面の上で一致するだろう．任意の光線の全偏向は，この平面上で一挙に起こると考えてよい．レンズの各面での2回に分かれた角変化である実際の過程と，この考え方は等価である．(後でわかるように，薄肉レンズの二つの主平面は一致しているというのと，同じである．)

先の符号規定に合わせて，光軸より上側の光軸からの距離を正の値，下側のそれを負の数値とする．したがって図 5.24 では，$y_o > 0, y_i < 0$ である．この場合，像は**倒立** (inverted) といわれるが，$y_o > 0$ に対して $y_i > 0$ であれば，**正立** (right-side-up または erect) である．三角形 AOF_i と $P_2P_1F_i$ は相似であり，その結果

$$\frac{y_o}{|y_i|} = \frac{f}{(s_i - f)} \tag{5.19}$$

である．同様に，三角形 S_2S_1O と P_2P_1O は相似で，

$$\frac{y_o}{|y_i|} = \frac{s_o}{s_i} \tag{5.20}$$

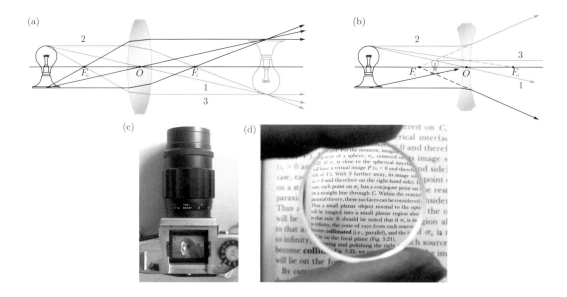

図 5.23 (a) 実の物体と正のレンズ．(b) 実の物体と負のレンズ．(c) 眼球が網膜に像を投影するのとほぼ同じように，35mm カメラの観察スクリーンに投影された実像．像を直接見られるようにプリズムは取り除かれている．(E. H.) (d) 負レンズで形成された正立縮小の虚像．(E. H.)

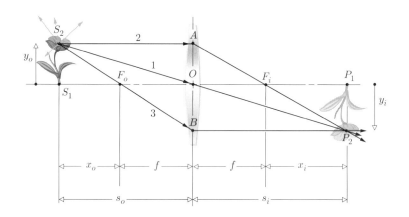

図 5.24 薄肉レンズにおける物体と像の位置

である．なお，y_i 以外の値はすべて正である．以上 2 式から，

$$\frac{s_o}{s_i} = \frac{f}{(s_i - f)} \tag{5.21}$$

であり，

$$\frac{1}{f} = \frac{1}{s_o} + \frac{1}{s_i}$$

である．もちろんこれはガウスのレンズ公式である [式 (5.17)]．さらに，三角形 $S_2 S_1 F_o$

表 5.2 薄肉レンズと球面状境界のパラメータの符号規定

記　号	符　号	
	+	−
s_o	実の物体	虚の物体
s_i	実の像	虚の像
f	収束レンズ	発散レンズ
y_o	正立物体	倒立物体
y_i	正立像	倒立像
M_T	正立像	倒立像

と BOF_o は相似であり,

$$\frac{f}{(s_o - f)} = \frac{|y_i|}{y_o} \tag{5.22}$$

である.焦点から測った距離を用い,この式と式 (5.19) を組み合わせると,

$$x_o x_i = f^2 \tag{5.23}$$

となる.これがニュートン形式のレンズ公式であり,1704 年に出版されたニュートンの『光学』(*Opticks*) で初めて述べられた.x_o と x_i の符号はそれぞれの焦点に関して決められている.便宜のために,x_o は F_o の左側で正,x_i は F_i の右側で正とする.x_o と x_i が等しい符号をもつことは,式 (5.23) から明らかであり,**物体と像はそれぞれの焦点に関して反対側でなければならないこと**を表している.初心者があわてて手書きの恥ずかしい物体と像の関係の光線図を描くとき,このことを覚えておけばたいへん有益である.

　光学系で形成された最終像の,光軸に垂直な方向の寸法の,物体の同方向の寸法に対する比を,**横倍率**(lateral または transverse magnification) M_T と定義し,

$$M_T \equiv \frac{y_i}{y_o} \tag{5.24}$$

である.あるいは式 (5.20) から,

$$M_T = -\frac{s_i}{s_o} \tag{5.25}$$

である.そして,正の M_T は正立像を表し,負の値は像が倒立している(表 5.2 参照).実の物体と実の像に対しては,s_i と s_o はともに正である.したがって明らかに,**1 枚の薄肉レンズで形成された実の像は,すべて倒立している**.式 (5.19) と (5.22) および図 5.24 から,ニュートンの倍率表現は,

$$M_T = -\frac{x_i}{f} = -\frac{f}{x_o} \tag{5.26}$$

と書ける.M_T の大きさが 1 以下,つまり像が物体より小さくなることがあるので,倍率という言葉はあまり適切でない.物体距離と像距離が正でかつ等しいとき,$M_T = -1$ であり,これは $s_o = s_i = 2f$ の場合でのみ実現される [式 (5.17)].これは,物体と像が可能な限り近づく配置である.(すなわち,$4f$ の距離だけ離れている.問題 5.15 参

298   5 幾何光学 I

表 5.3 薄肉レンズで形成される "実の物体" の像

凸				
物　体	像			
位　置	タイプ	位　置	向　き	物体に対する大きさ
$\infty > s_o > 2f$	実	$f < s_i < 2f$	倒　立	縮　小
$s_o = 2f$	実	$s_i = 2f$	倒　立	同　じ
$f < s_o < 2f$	実	$\infty > s_i > 2f$	倒　立	拡　大
$s_o = f$		$\pm\infty$		
$s_o < f$	虚	$|s_i| > s_o$	正　立	拡　大

凹				
物　体	像			
位　置	タイプ	位　置	向　き	物体に対する大きさ
任　意	虚	$|s_i| < |f|$ $s_o > |s_i|$	正　立	縮　小

照のこと.) 表 5.3 は，薄肉レンズと実の物体を並べた場合の，いくつかの像のあり方
をまとめている.

例題 5.3 薄肉両凸球面レンズが $100\,\mathrm{cm}$ と $20.0\,\mathrm{cm}$ の半径をもっている. このレンズは屈折率が
1.54 のガラスでつくられ，空気中に置かれている. (a) 物体が半径 $100\,\mathrm{cm}$ の面の前方
$70.0\,\mathrm{cm}$ に置かれている場合，生じる像の位置を定め，それを詳細に記述せよ. (b) 像
の横倍率を求めよ. (c) 光線図を描け.

解 (a) 焦点距離は不明であるがすべての物理パラメータはわかっているので，式 (5.16)

$$\frac{1}{f} = (n_l - 1)\left(\frac{1}{R_1} - \frac{1}{R_2}\right)$$

が思い浮かぶ. すべての単位をセンチメートルのままにすると，

$$\frac{1}{f} = (1.54 - 1)\left(\frac{1}{100} - \frac{1}{-20.0}\right)$$

$$\frac{1}{f} = (0.54)\left(\frac{1}{100} + \frac{1}{20.0}\right)$$

$$\frac{1}{f} = (0.54)\frac{6}{100}$$

$$f = 30.86\,\mathrm{cm} = 30.9\,\mathrm{cm}$$

となる. これで像を求めることができる. $s_o = 70.0\,\mathrm{cm}$ で，これは $2f$ より大き
い. したがって，s_i を計算する前から，像は実で倒立し，f と $2f$ の間に位置して
縮小された像であることがわかる. f がわかっているので，s_i を求めるためにガ
ウスのレンズ公式を用いる.

$$\frac{1}{s_i} + \frac{1}{s_o} = \frac{1}{f}$$

$$\frac{1}{s_i} + \frac{1}{70.0} = \frac{1}{30.86}$$

$$\frac{1}{s_i} = \frac{1}{30.86} - \frac{1}{70.0} = 0.01812$$

であるから,
$$s_i = 55.19 = 55.2\,\text{cm}$$
となる.確かに像は,レンズの右側の f と $2f$ の間にある.$s_i > 0$ であり,これは像が実であることを意味する.

(b) 倍率は
$$M_T = -\frac{s_i}{s_o} = -\frac{55.19}{70.0} = -0.788$$
と求められ,像は倒立し ($M_T < 0$) 縮小されている ($M_T < 1$).

(c) レンズを描き,両側に二つの焦点距離を指定する.レンズの左側で $2f$ より遠いところに物体を位置させる.像は f と $2f$ の間に生じる.

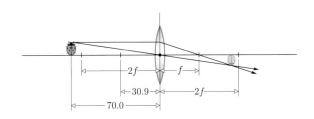

私たちはいまや,凸または凹の単レンズの作用のすべてを理解することができる.そこで,遠くの点光源が光の円錐を出し,それが正レンズで遮られていると考えてみよう (図 5.25).光源が無限遠,あるいは無限遠としてもよいほど遠いとすれば,そこから出てレンズに入る光線は本質的に平行で (図 5.25a),すべて焦点 F_i に集まるだろう.光源である点 S_1 が近づいたとしても (図 5.25b),まだ十分遠ければレンズに入射

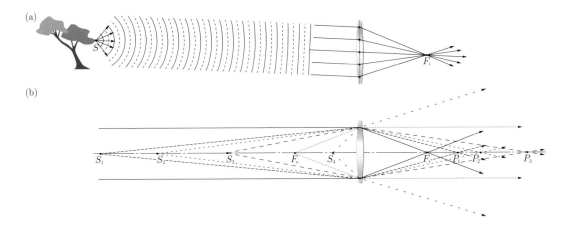

図 5.25 (a) 遠くの物体からの波動は,広がるときに平らになり,半径はどんどん大きくなる.十分遠くから眺めると,どの点からの光線も本質的には平行で,レンズはその光線を F_i に収束させる.(b) 点光源が近づくと光線はより広がり,像点はレンズから遠ざかる.物体が焦点まで来ると,レンズから出る光はもはや収束しない.焦点を越えれば近くなると発散する.

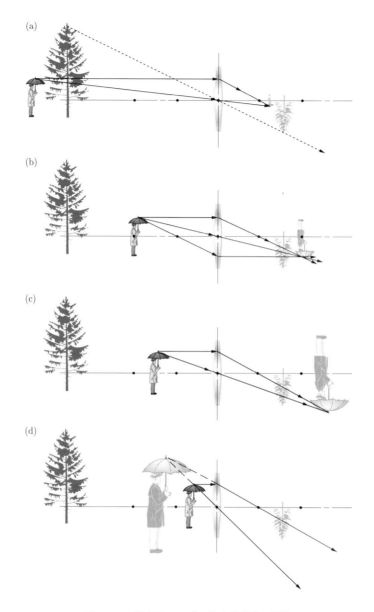

図 5.26 薄肉正レンズによる像形成の様子

する円錐状の光の広がり角は小さく,光線はレンズ表面に浅い角度で入射する.光線はそんなに広がっていないから,レンズはそれを収束するように曲げる.そして光線は点 P_1 に集まる.光源がもっと近づくと,入射する光線はより広がり,得られる像点は右の方に遠ざかる.いよいよ光源点が F_o に来ると,光線は大きく発散するのでレンズはもはや収束させられず,結局光線は中央軸に平行に出てゆく.光源点がさらに近づくと,光線はあまりにも大きく発散してレンズに入るので,出てゆくときでも発散している光線となる.この場合,像点は虚である."f かそこより近い物体の実像はない".

図 5.26 は以上の状況を絵で示している.**物体がレンズに近づくと,実像はレンズか**

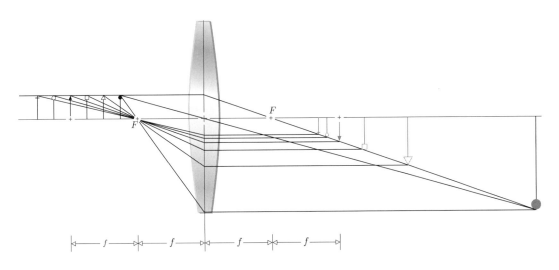

図 5.27 中心軸に平行にレンズに入射する光線が像の高さを制限する.

ら遠ざかる.物体が十分遠いとき,像(実,倒立,そして $M_T<1$ で縮小)は焦平面にごく近い右側にある.物体がレンズに近づくと,像(まだ実,倒立,そして $M_T<1$ で縮小)は焦平面から右の方に離れてゆき,どんどん大きくなる.物体が無限遠と $2f$ の間にあるのが,縮小された実像を必要とするカメラや眼球にふさわしい配置である.なお,正立していると感じるように像をひっくり返しているのは,脳である.

物体が焦点距離の2倍のところにあるとき,像(実で倒立)は実物大,すなわち $M_T=1$ である.これは複写機の通常の配置である.

物体がもっとレンズに近づくと($2f$ と f の間で),像(実,倒立,そして $M_T>1$ で拡大)は急速に右に移動し,大きくなりつづける.この配置は,像が拡大実像であるのが一大特徴の映写機に相当する.像が倒立しているのを補償するには,フィルムを単に逆さまに入れればよい.

物体がレンズからちょうど焦点距離の位置に来ると,実際上像は無限遠に行ってしまう.(レンズから出てくる光線は平行で,像はできない.)

物体が焦点距離以内に近づけば,像(虚,正立,$M_T>1$ で拡大)は再び現れる.これは拡大鏡の配置である."中央軸に平行にレンズに入射する光線は実像の高さを決める"ことを覚えておけば役に立つ(図 5.27).この光線は像焦点通過後中央軸から離れてゆくので,物体が F に近づくと像の大きさは急速に増加する.

例題 5.4 両面形状の等しい薄肉両凸レンズの両面は同じ曲率をもっている.レンズの前面から 100 cm の中心軸上に高さ 2.0 cm の虫がいる.壁面に形成されるこの虫の像は,高さが 4.0 cm である.レンズのガラスが 1.50 の屈折率をもつとして,レンズ面の曲率を求めよ.

解 各数値などは,$y_o=2.0\,\text{cm}$,$s_o=100\,\text{cm}$,$R_1=R_2$,$|y_i|=4.0\,\text{cm}$,$n_l=1.50$ である.また,像は実であることがわかっているので倒立していなければならず,したがって $y_i=-4.0\,\text{cm}$ であり,これはきわめて重要なことである.半径を求めるには,

式 (5.16) と焦点距離が必要である．はじめに s_i を決めれば f を計算できる．M_T がわかっているので，

$$M_T = \frac{y_i}{y_o} = -\frac{s_i}{s_o} = \frac{-4.0}{2.0} = -2.0$$

$$s_i = 2.0 s_o = 200 \,\text{cm}$$

である．ガウスのレンズ公式を用いて，

$$\frac{1}{f} = \frac{1}{s_o} + \frac{1}{s_i} = \frac{1}{100} + \frac{1}{200}$$

$$f = \frac{200}{3} = 66.67 \,\text{cm}$$

となる．レンズメーカーの式から R が与えられ，

$$\frac{1}{f} = (1.50 - 1)\left(\frac{1}{R} - \frac{1}{-R}\right) = \frac{1}{2}\frac{2}{R}$$

から

$$f = R = 67 \,\text{cm}$$

である．

　物体空間から像空間への変換は線形ではない．つまり，レンズの左側の $2f$ から無限遠までの全物体空間は，レンズの右側の f から $2f$ の像空間に圧縮されている．図 5.27 からわかることは，物体をレンズの方に一様に近づけると，像は中央軸に平行および垂直な方向で異なって変化することである．すなわち，図 5.27 は像空間のひずみを示している．軸上での像の間隔は像の高さの連続的な変化より，はるかに速く増加する．遠くの物体空間が比較的平らになるのは，望遠鏡 (つまり，焦点距離の長いレンズ) を使って容易に確かめられる．望遠レンズを通した何かの動作の写真撮影で，この効果を見たことがあるだろう．十分遠くに離れていたら，英雄がカメラに向かって長い距離を勢いよく走ってきても，カメラで見る彼の大きさはその努力にもかかわらず，あまり大きくならないので，心理的には彼は前進していないように見える．

　物体が，焦点距離一つ分より凸レンズに近い場合 (図 5.26d)，生じる像は虚で正立し，拡大されている．表 5.3 にまとめているように，像はレンズの左の方へ物体よりも離れている．その虚像に生じていることは，図 5.28 で理解することができる．この図では，すべて同じ大きさのいくつかの物体が，焦点 F_o と頂点 V の間に位置している．中心軸に平行な光線がすべての物体の頭を定めている．この光線は焦点 F_i を通るように屈折し，逆延長した線が各像の高さを決める．ここで注意することは，物体がレンズに近づくと，倍率は依然として 1 より大きいが，像は小さくなることである．物体がレンズに接触すると，像は実物大となる．

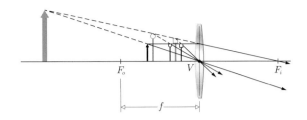

図 5.28 正レンズによる虚像の形成．物体がレンズに近くなるほど，虚像もレンズに近くなる．

縦倍率

おそらく，3次元物体の像は3次元の空間領域を占めるだろう．光学系は明らかに，像の横と縦の大きさに影響を与える．軸方向に関係する**縦倍率** (longitudinal magnification) は，

$$M_L \equiv \frac{dx_i}{dx_o} \tag{5.27}$$

と定義される．これは像領域における軸方向の微小長さの，物体領域の対応する長さに対する比である．単一媒質中の薄肉レンズ (図 5.29) に対しては式 (5.23) を微分することで，

$$M_L = -\frac{f^2}{x_o{}^2} = -M_T{}^2 \tag{5.28}$$

となる．明らかに $M_L < 0$ であり，dx_o が正であれば dx_i は負，あるいはその逆であることを表している．換言すれば，レンズに向いた指はレンズから遠ざかるように結像する (図 5.30)．

凸の単レンズを使って，紙の上に窓の像を形成してみよう．窓の外は美しい樹木の光景であるとし，スクリーンに遠くの木を結像させる．そして紙をレンズから離すと，紙は像空間の異なる領域を映し出す．木は窓枠の近くに目では見えるのに，紙の上からは消えるだろう．

虚物体

すぐあとでレンズの組合せについて学ぶことになるが，そうする前に，一列に並んだ数枚のレンズがある場合にしばしば生じる状況を考察すべきである．この場合，図

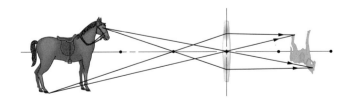

図 5.29 横倍率は縦倍率と異なる．

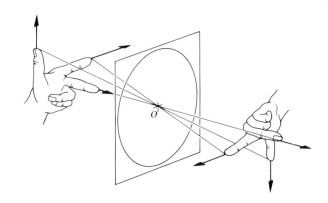

図 5.30　薄肉レンズにおける像の向き

5.31a にあるように，光線がレンズに向かって収束することは可能である．ここでは光線が中心軸に対して対称に分布し，それらすべては物焦点 F_o の方に向きを変えている．その結果，光線は中心軸に平行にレンズを出て，像は無限遠である．このことは，まさに像がないことを意味している．光線は点 F_o に向かって収束するので，この点は虚の点物体に対応すると一般にいわれている．図 5.31b の点 F_o についても同様で，この場合，レンズ中心を通る光線 1 は中心軸と小さな角をとっている．光線はすべて焦平面上の点 F_o に向かって収束し，やはり虚の点物体となる．すべての光線は光線 1 に平行にレンズを出る．これは記憶すべき重要な事実で，のちにこれを利用する．

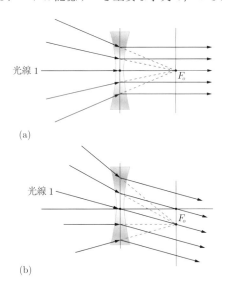

図 5.31　負のレンズに対する軸上 (a) と軸外 (b) にある虚の点物体．光線がこの物体に収束する場合，それは虚である．この状況は，複数レンズ光学系でよく生じる．

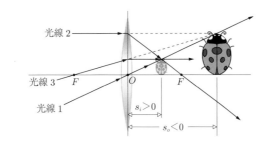

図 5.32 虚物体 (遠い右側) とその実で正立の像 (レンズのちょうど右側). この状況は, 複数レンズ光学系で生じうる.

図 5.32 に示すように, 広がりのある物体に対しては, 事態は少々複雑になる. 3 本の収束する光線が正レンズに入り, 仮想"物体"の上端に向かっている. もちろん, 仮想物体の上端位置には光線 1 以外は存在せず, 実際の虫はたぶん左側のどこか離れた場所に存在することになる. これらの光線は, レンズに入る前には物体 (遠い右側, $s_o < 0$) の虫の頭に向かっていたが, レンズによって屈折し, 虫の縮小された正立実像の頭に実際に収束している. ここで注意することは, 物体はレンズから焦点距離以上に離れていることである. レンズは光線に収束性を付与し, 光線はレンズに近いもののやはりその右側にある像に収束する. **物体は虚 ($s_o < 0$) で像は実 ($s_i > 0$) である**. s_i にスクリーンを置けば, 像はそこに現れる. ここで付言すると, "物体と像がともにレンズの同じ側に現れる場合, それらの一方は実で, 他方は虚でなければならない".

いくらか似た状況が図 5.33 に見られる. そこでは, やはり 3 本の光線が, この場合は負レンズに入る前は"物体"の上端に向いている. レンズの右側にある物体としての虫 ($s_o < 0$) は, 虚である. 光線はレンズを通過して発散し, レンズの左側にある倒立して縮小された虚像から来たかのように見える. すなわち, 右側にいてレンズを左方向に眺めている観察者は, 3 本の光線を視認して左の方に逆延長し, 虫の倒立像を見ることになる. **物体は虚 ($s_o < 0$) で像も虚 ($s_i < 0$) である**.

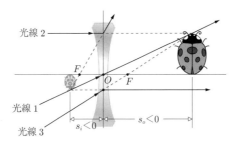

図 5.33 虚の物体 (右側) とその倒立した虚像 (左側). この種の状況は, 複数レンズ光学系で生じうる.

図 5.33 において, 虚の物体が焦点距離を超えてレンズから離れたところにあることに注意しよう. 3 本の光線がもっと大きい角度で近寄ってくる場合, それら光線はレンズにもっと近い物体に向かって収束することになる (図 5.34). どの光線も実際には物体に到達せず, 物体はやはり虚である ($s_o < 0$). なお, 光線がレンズによって屈折

する場合，それらは像に到達する．すなわち，光線は像に収束し，その像はレンズの右側にあるので実である $(s_i > 0)$．**物体は虚** $(s_o < 0)$ **で像は実** $(s_i > 0)$ **である**．

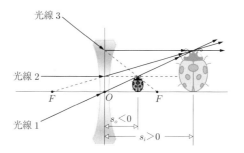

図 **5.34**　虚の物体 (レンズのちょうど右側) とその実で拡大された正立像 (遠く離れた右側)．この状況は，初めに光線を収束させる複数レンズ光学系で生じうる．

焦平面光線追跡

ここまでは，選んだ3本の光線を簡単に追跡することで目的をよく達成できたが，十分知っておく価値のある別の光線追跡法がある．この方法は，レンズの焦平面上の点は円柱状の平行光線に常に結びつけられるという事実に基礎がある．まず，正レンズに入射する任意の光線を考えよう (図5.35a)．この光線は "第1焦平面"(図5.19 で再確認) を点 A で横切るが，点 B で屈折したあとどこに向かうかを，図上で決定することはまだしていない．それでも，確認できることは，点 A からのすべての光線は，互いに平行にレンズから出ることである．さらに，すでに知っていることは，点 A からレンズ中心 O に向かう光線は直進することである．したがって，点 B を出発する

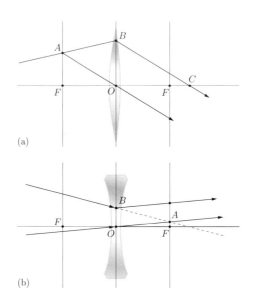

図 **5.35**　焦平面光線追跡．図 5.31b を再考察すること．

屈折光線は，点 A から点 O に向かう光線に平行でなければならないので光軸を点 C で横切る．

この方法を，図 5.35b の負レンズに対して試してみよう．任意の下方に進む光線が点 B でレンズに当たる．この光線は，負レンズの "第 2 焦平面" 上にあり，かつ点 F より少し上の点 A に向いている．ここで，点 O から点 A に線を引き，それをいくらか延長する．この線に沿う光線は点 A を通り，そのまま進む．しかも，はじめに点 A に向いていたすべての光線は，レンズで屈折して互いに平行に，また点 O から点 A の線に平行に出てくる (図 5.31 を再吟味すること)．このことは，注目した光線は点 B で屈折し，発散性を得て上方に向き，点 O から点 A の線に平行になることを意味している．

以上からわかるように，この方法は，任意の光線を一連のレンズ群を通して速やかに追跡することを可能にする．

薄肉レンズの組合せ

ここでの目的は，現代の複雑なレンズ設計に習熟することではなく，すでに市販されているレンズ系を利用したり改造するのに必要な，馴染みを得ることである．

新しい光学系をつくるとき，普通は近似計算を素早く行って，あらましの構成を図にすることから始める．次に，設計者が莫大な計算時間をかけて行う，より正確な光線追跡の段階で精密化が図られる．今日，これらの計算は計算機で実行される．しかしながら，いろいろな状況において，薄肉レンズの簡単な考え方は予備的計算に対して，きわめて有益な土台を与えてくれる．

ゼロと見なせる厚みしかもっていないという厳密な意味では，どんなレンズも実際には薄肉レンズでない．しかし，すべての実用的な目的に対し，単レンズの多くは薄肉レンズ (すなわち，口径に比べて薄いレンズ) と同等な作用をする．ほとんどすべての眼鏡レンズはこの部類に入る．(ところで，眼鏡レンズは 13 世紀から使われている.) 曲率半径が大きくてレンズ口径が小さいと，通常厚みは十分薄い．この種のレンズは一般に厚みはまったく薄いのに対して，長い焦点距離をもっている．初期の望遠鏡の対物レンズの多くは，薄肉レンズとしての記述に完全に合致する．

さて，薄肉レンズの組合せに関係するパラメータの表現を導こう．次章で述べる組合せ薄肉レンズの複雑で精緻な伝統的扱い方を別にすれば，この導出は比較的簡単である．

図 5.36 に示すように，距離 d だけ離れた 2 枚の薄肉の正レンズ L_1 と L_2 を考え，d はいずれの焦点距離よりも短いとする．形成される像は次のように，作図で求められる．しばらくの間 L_2 は無視しておいて，L_1 だけでつくられる像を，光線 2 と 3 を用いて描く．ふつう，レンズの物体側焦点 (物焦点)F_{o1} と像側焦点 (像焦点) F_{i1} を通る光線が用いられる．物体は垂直な面内にあるので，2 本の光線が像の頭を決め，底は光軸に垂線を引いて見つけられる．次に，P_1' から O_2 を通るように後ろに線を引いて光線 4 とする．L_2 を挿入しても光線 4 には影響はないが，光線 3 は L_2 の像焦点 F_{i2} を通るように屈折する．光線 4 と 3 の交点が像を決め，この場合，実・縮小・倒立像である．以上の例のように，2 枚のレンズが近接していると，L_2 の存在は図 5.37

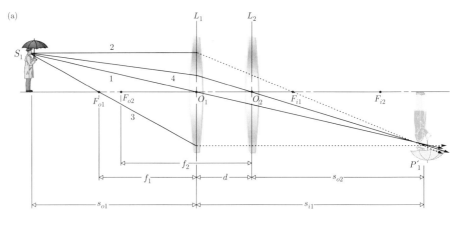

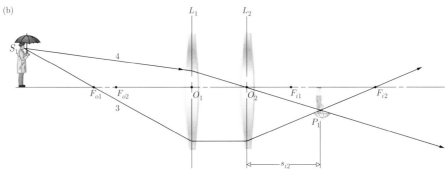

図 5.36 どちらの焦点距離よりも短い間隔で隔てられた2枚の薄肉レンズ

のように, L_1 から出てきた光線束に収束性 ($f_2 > 0$) か発散性 ($f_2 < 0$) を付加する.

同じような一対のレンズが図 5.38 に描かれているが, 間隔は大きくなっている. やはり F_{i1} と F_{o1} を通る光線 2 と 3 が L_1 単独でつくられる中間像の位置を決める. 先のように, 光線 4 は O_2 から P_1' と S_1 を通るように後ろ向きに引かれる. 光線 4 と, F_{i2} を通るように屈折させた光線 3 の交点が, 最終像の位置を決める. この場合の像は正立実像である. L_2 の焦点距離だけが増加し他は一定であれば, 像の大きさも同様に増加する.

解析的検討を行ってみる. 図 5.36 のレンズ L_1 だけに注目すると,

$$\frac{1}{s_{i1}} = \frac{1}{f_1} - \frac{1}{s_{o1}} \tag{5.29}$$

あるいは,

$$s_{i1} = \frac{s_{o1} f_1}{s_{o1} - f_1} \tag{5.30}$$

である. $s_{o1} > f_1$ で $f_1 > 0$ のとき, これは正であるから, (P_1' にある) 中間像は L_1 の右側にある. P_1' に物体をもつ第 2 のレンズ L_2 を考えると,

$$s_{o2} = d - s_{i1} \tag{5.31}$$

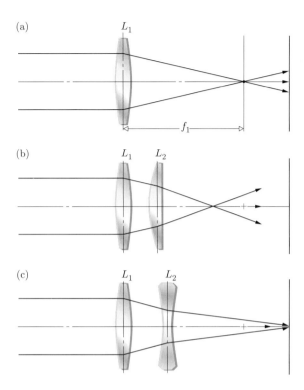

図 5.37 (a) 正レンズ L_1 の焦点距離内に配置された第 2 のレンズ L_2 の効果. (b) L_2 が正なら, その存在は光線束の収束を強める. (c) L_2 が負なら, 光線束に発散性を与える.

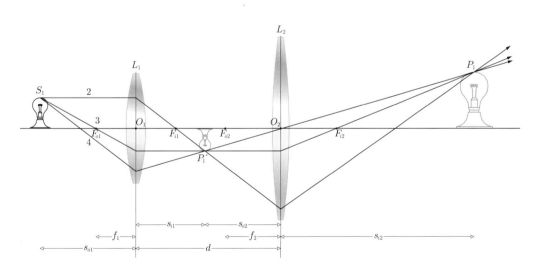

図 5.38 それぞれの焦点距離の和より長い間隔で隔てられた 2 枚の薄肉レンズ. 中間像は実であるから, 点 P_1' を L_2 に対する実の物点として扱える. したがって, P_1' を出て F_{o2} を通る光線は P_1 に至る.

であり, $d > s_{i1}$ なら L_2 に対する物体は実 (図 5.38), $d < s_{i1}$ ならそれは虚 (図 5.36 のように, $s_{o2} < 0$) である. 図 5.38 の例では, L_2 に向かう光線は P_1' から発散しているが, 図 5.36 の例では, L_2 に向かう光線は P_1' に向かって収束している. 図 5.36a に示すように, L_1 によって形成される中間像は L_2 に対する虚物体である. さらに, L_2 について

$$\frac{1}{s_{i2}} = \frac{1}{f_2} - \frac{1}{s_{o2}}$$

あるいは,

$$s_{i2} = \frac{s_{o2}f_2}{s_{o2} - f_2}$$

である. 式 (5.31) を用いて,

$$s_{i2} = \frac{(d - s_{i1})f_2}{(d - s_{i1} - f_2)} \tag{5.32}$$

が得られる. 同じようにして, どんな枚数の薄肉レンズでも, その働きを求められる. 少なくとも, ただ 2 枚のレンズを扱う限りは, 式は一つである方が普通は便利であるから, 上の s_{i2} の式に式 (5.30) を代入すると,

$$s_{i2} = \frac{f_2 d - f_2 s_{o1}f_1/(s_{o1} - f_1)}{d - f_2 - s_{o1}f_1/(s_{o1} - f_1)} \tag{5.33}$$

である. ここで, s_{o1} と s_{i2} は複合レンズの物体距離と像距離である. 例として, 2 枚の正レンズの第 1 レンズ前方 50.0 cm に置かれた物体の像距離を計算してみよう. これらのレンズの間隔は 20.0 cm で, それぞれの焦点距離が 30.0 cm と 50.0 cm とする. 直接代入して,

$$s_{i2} = \frac{50 \times 20 - 50 \times 50 \times 30/(50 - 30)}{20 - 50 - 50 \times 30/(50 - 30)} = 26.2 \, \text{cm}$$

であるから, 像は実である. L_2 は L_1 で形成された中間像を "拡大" するのであるから, 複合レンズ全体での横倍率は個々の倍率の積, すなわち,

$$M_T = M_{T1}M_{T2}$$

である. そして次式になるのを示すのは, 問題 5.45 に残しておく.

$$M_T = \frac{f_1 s_{i2}}{d(s_{o1} - f_1) - s_{o1}f_1} \tag{5.34}$$

いまの例では,

$$M_T = \frac{30 \times 26.2}{20 \times (50 - 30) - 50 \times 30} = -0.72$$

であり, 図 5.36 でまさに見たように, 像は縮小され倒立している.

例題 5.5 焦点距離 +40.0 cm をもつ薄肉両凸レンズが, 焦点距離が −40.0 cm の薄肉両凹レンズの前 (すなわち左側)30.0 cm に置かれている. 小物体が正レンズの左側 120 cm に置かれている場合について, (a) 各レンズの効果を計算して像の位置を求めよ. (b) 倍率を計算せよ. (c) 像の様子を記述せよ.

解 (a) 第1のレンズは s_{i1} に中間像を形成し，ここで

$$\frac{1}{f_1} = \frac{1}{s_{o1}} + \frac{1}{s_{i1}}$$

$$\frac{1}{40.0} = \frac{1}{120} + \frac{1}{s_{i1}}$$

$$\frac{1}{s_{i1}} = \frac{1}{40.0} - \frac{1}{120} = \frac{2}{120}$$

$$s_{i1} = 60.0\,\mathrm{cm}$$

である．中間像は負レンズの右側 30.0 cm にある．したがって，$s_{o2} = -30.0\,\mathrm{cm}$ であり，

$$\frac{1}{f_2} = \frac{1}{s_{o2}} + \frac{1}{s_{i2}}$$

$$\frac{1}{-40.0} = \frac{1}{-30.0} + \frac{1}{s_{i2}}$$

$$s_{i2} = +120\,\mathrm{cm}$$

である．像は負レンズの右側 120 cm に形成される．

(b) 倍率は，

$$M_T = M_{T1}M_{T2} = \left(-\frac{s_{i1}}{s_{o1}}\right)\left(-\frac{s_{i2}}{s_{o2}}\right)$$

$$M_T = \left(-\frac{60.0}{120}\right)\left(-\frac{120}{-30}\right) = -2.0$$

である．

(c) $s_{i2} > 0$ であるから像は実で，$M_T < 0$ であるから倒立し，また拡大されている．M_T は式 (5.34) を用いて検算でき，

$$M_T = \frac{40(120)}{30(120-40) - 120(40)} = \frac{40(120)}{-40(60)}$$

$$M_T = -2.0$$

である．また，s_{i2} も式 (5.33) を用いて検算でき，

$$s_{i2} = \frac{(-40.0)(30.0) - (-40.0)(120)(40.0)/(120-40.0)}{30.0 - (-40.0) - 120(40.0)/(120-40.0)}$$

$$s_{i2} = \frac{-1200 + 40.0(60.0)}{70.0 - 60.0} = \frac{1200}{10} = 120\,\mathrm{cm}$$

である．

図 5.39 の 2 枚の正レンズ L_1 と L_2 は長い焦点距離と短い焦点距離をもち，それらの和よりも長い距離で隔てられている．実で倒立し縮小された中間像が，光線 1，2 および 3 の交点に位置し，これら光線は直進して第 2 のレンズの第 1 焦平面と点 A_1，A_2，A_3 で交差し，そして L_2 を B_1，B_2，B_3 で横切る．ここでの疑問は，これら光線が L_2 によってどのように屈折するかである．換言すれば，どのように点 P の位置を定めれ

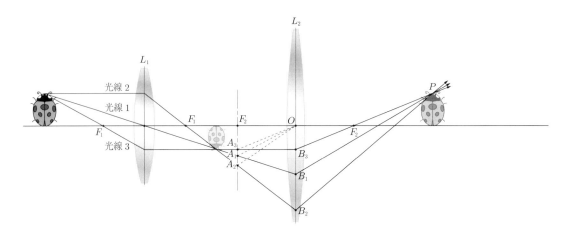

図 5.39 焦平面光線追跡技法の適用

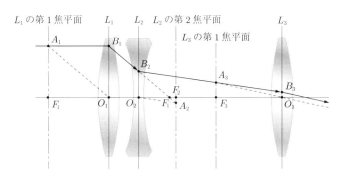

図 5.40 焦平面の技法を用いた 3 枚レンズ系での光線追跡

ばよいのだろうか.中間像は実であるので,2 本の有用な新しい光線を導入することはもちろんできるが,そのかわりに,焦平面光線追跡の方法を用いることにする.

A_2 から O に線を引く.B_2 を出る屈折光線はこの線に平行でなければならないので,平行線を引く.次に,A_1 から O に線を引く.B_1 を出る屈折光線はこの線に平行でなければならないので,同様に平行線を引く.これら二つの線が交差するところに点 P および最終像の位置を定めれば,最終像は実で正立している.

この方法の別の例として,図 5.40 の中心軸に平行な状態で正レンズ L_1 に入射する光線を考え,系を通してそれを追跡する.この光線は L_1 の第 1 焦平面を A_1 で横切る.そして,光線は屈折して焦点 F_1 に向くが,やはり A_1 から O_1 の線に平行である.したがって,この光線は折れ曲がって B_1 から B_2 に進む.これが負レンズ L_2 の第 2 焦平面を A_2 で横切るまで破線で延長する.A_2 から O_2 に向かって破線を後方に引けば,B_2 から B_3 に向かう光線はこの破線に平行である.この光線は L_3 の第 1 焦平面と A_3 で交差し,L_3 には B_3 で入る.この光線が L_3 を出るときの最終屈折を定めるために,O_3 から後方の A_3 に線を引く.最終光線は O_3 から A_3 への線に平行に出る.

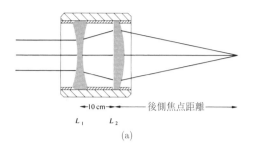
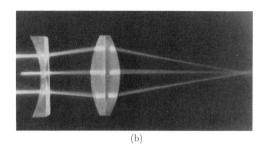

図 5.41 (a) 薄肉の正と負のレンズの組合せ. (b) その写真. (E. H.)

後側および前側焦点距離

 光学系の最後の面から系全体の第 2 の焦点までの距離は**後側焦点距離**(back focal length) あるいは b.f.l. として知られている. 同様に，最初の面の頂点から第 1 焦点あるいは物体側焦点までの距離が，**前側焦点距離**(front focal length) または f.f.l. である. ところで，$s_{i2} \to \infty$ とすると s_{o2} は f_2 に接近し，式 (5.31) から $s_{i1} \to d - f_2$ である. したがって，式 (5.29) から，

$$\left.\frac{1}{s_{o1}}\right|_{s_{i2}=\infty} = \frac{1}{f_1} - \frac{1}{(d-f_2)} = \frac{d-(f_1+f_2)}{f_1(d-f_2)}$$

である. そして，この特別な値の s_{o1} が前側焦点距離であるから，

$$\text{前側焦点距離} = \frac{f_1(d-f_2)}{d-(f_1+f_2)} \tag{5.35}$$

である. 同様にして $s_{o1} \to \infty$ とおけば $(s_{o1} - f_1) \to s_{o1}$ となり，このときの s_{i2} が後側焦点距離であるから，式 (5.33) より

$$\text{後側焦点距離} = \frac{f_2(d-f_1)}{d-(f_1+f_2)} \tag{5.36}$$

である. これらの式がどのような数値になるかを，図 5.41a の薄肉レンズ系において，$f_1 = -30\,\text{cm}, f_2 = +20\,\text{cm}$ として，後側焦点距離と前側焦点距離を求めてみると，

$$\text{後側焦点距離} = \frac{20 \times [10-(-30)]}{10-(-30+20)} = 40\,\text{cm}$$

であり，同様に 前側焦点距離 = 15 cm である. なお，$d = f_1 + f_2$ であれば，平面波が複合レンズのどちらの面から入射しても，望遠鏡系のように平面波として出てゆく (問題 5.49).

 もし $d \to 0$，すなわちある種のアクロマティック・ダブレットのように，2 枚のレンズが接触していたら，

$$\text{後側焦点距離} = \text{前側焦点距離} = \frac{f_2 f_1}{f_2 + f_1} \tag{5.37}$$

であることを知っておこう. "接触した 2 枚の薄肉レンズ"を 1 枚の薄肉レンズと考えると，

$$\boxed{\frac{1}{f} = \frac{1}{f_1} + \frac{1}{f_2}} \tag{5.38}$$

である実効的焦点距離 f をもつ. この式から, N 枚のレンズが接触していたら,

$$\frac{1}{f} = \frac{1}{f_1} + \frac{1}{f_2} + \cdots + \frac{1}{f_N} \tag{5.39}$$

であるのがわかる.

以上の結果の多くは, 2–3 枚の単レンズを用いて, 少なくとも定性的には確かめられる. 図 5.36 を再現するのは容易で, その手順も自明であるが, 図 5.38 は少し注意を要する. はじめに, 遠くの光源を結像させて 2 枚のレンズそれぞれの焦点距離を決める. 次に, 2 枚のうち 1 枚のレンズ (L_2) をその焦点距離より少し長い距離だけ, もう 1 枚のレンズ (L_1) の結像面 (つまり紙の位置) から離して設置する. もし光学ベンチがなければ, いくらか工夫が必要になる. まずはじめに L_1 の中心を適切に保持しながら, 光源に近づける. L_2 に直接入射する光を遮らなくても, L_1 を保持している手のぼやけた像が見られるだろう. スクリーン上の L_1 に対応する領域ができるだけ明るくなるように, 両レンズの位置を決める. L_1 上に広がった景色 (像の中にある景色の像) は鮮明になり, また図 5.38 のように正立しているだろう.

量子電磁力学とレンズ

この章の基本的な方程式をフェルマーの原理から導くことには, 素晴らしい理由がある. それは, 光路長の観点で考えるから, 量子電磁力学のファインマンの取扱い方に, 自然につながるからである. 多くの物理学者は, 自分たちの理論が観察結果を計算するための観念的な道具以上のものではないと考えている. また, いかに洗練された理論であっても, 複雑な現象だけでなく, きわめて "ありふれた" 観察とも一致するはずである. そこで, レンズの働きが量子電磁力学のものの見方とどのように合致するかを理解するために, 図 4.80 にもどり, 鏡について簡単に考えてみよう.

光が S から鏡そして P に行く可能な経路は莫大な数である. 古典的には, 各光路長は異なり, したがって通過時間も異なると考える. 量子電磁力学においては, 各経路には通過時間に比例した位相角を有する固有の確率振幅がある. 全確率振幅が足し合わされるとき, P に至る光の全体確率に最も大きく寄与するのは, 最小光路長の経路に隣接した経路である.

図 5.42 のレンズでは状況は大きく異なる. しかしここでも, レンズを取扱い可能な数の部分に分けて, 現象を近似することができる. そして各部分には, 可能な経路と小さな確率振幅が対応している. もちろん 17 経路以上あるが, 各経路は隣り合う何十億もの経路集団の代表であると考える. このように, 論理の進め方は鏡の場合と同じである. 各経路はわずかな確率振幅としての位相子をもっている. レンズはすべての光路長が等しくなるように設計されたのであるから, レンズの口径方向の距離に対してプロットした光路長 (あるいは通過時間と等価) は直線である. したがって, 光子はどの経路を通っても同じ時間を要し, すべての位相子は等しい位相角をもっている. 長さも等しいと仮定すれば, P に到達する光子の確率に等しく寄与する. 位相子の先端部と尾部をつなげれば, 全体としての振幅はきわめて長くなり, 2 乗すれば, レンズを通って P に至る光のきわめて高い確率を与える. 量子電磁力学の言葉でいえば, **レンズはすべての確率振幅に等しい位相角をもたせるようにすることで, 光を集める**.

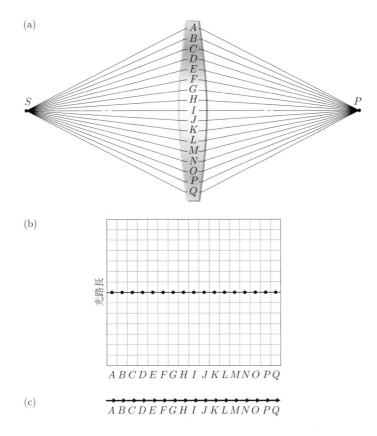

図 5.42 量子電磁力学による薄肉レンズのファインマンの解析．(a) 考えうる S から P に至る多数の経路．(b) 各経路をたどる光の光路長．(c) 各経路に対応した確率振幅を表す位相子は，すべて同位相で加算される．

P を含む平面内にあって光軸に近い点に対しては，各経路の位相角は光軸からの距離に比例して異なるだろう．各経路の位相子の先端部と尾部をつないでゆくと，だんだんとらせんを描く．点が光軸から離れるにつれ，正味の確率振幅ははじめのうちは速やかに消えるだろう．ただし，不連続的にではない．確率分布は無限に狭い1本のスパイクではなく，つまり光は1点に集まらない．このように，軸外の点の位相子は足し合わされて突然ゼロになるのではなく，変化は徐々に連続的に起こる．結果として得られる同心円状の対称な確率分布 $I(r)$ は，エアリーの像として知られている (10.2.5 項)．

5.3 絞　　り

5.3.1 開口絞りと視野絞り

すべてのレンズは大きさが有限であるから，点光源が発するエネルギーの一部しか集めない．したがって，単レンズの周辺部による形態的な制約で，どの光線が像形成のために系に入るかが決まる．この意味で，レンズの無遮蔽部または透明部の直径は，

エネルギーが流入する開口として作用する．レンズの縁やレンズから離れたところにあるダイヤフラムといった，像に到達する光量を決定する素子は，**開口絞り** (aperture stop)(A.S. と略記) として知られている．光学系の開口絞りは，軸上の物点から来る光ビームが光学系を通過するときに，その広がりを制限する特定の物理的実体である．通常，複合カメラレンズの前から数枚目の素子の後ろにある，薄板片で構成した可変式ダイヤフラムが，まさにこのような開口絞りである．明らかに，これがレンズ全体としての集光能力を決めている．図 5.43 に示すように，かなり斜めの光線もこの種の系には入れる．しかし一般には，それらは像の品質を制御する目的で，故意に制限される．

系が結像しうる物体の大きさや角度範囲を決める素子は，**視野絞り** (field stop) または F.S. とよばれ，光学器械の視界を決める．カメラでは，フィルムや CCD センサーのエッジが像面の境界となり，視野絞りとして働く．このように，物体の 1 点から像上の共役な点に至る光線の数を決めるのは開口絞りであるが (図 5.43)，ある物点から出る光線全体を遮ったり遮らなかったりするのは，視野絞りである．図 5.43 中の物体の先端部より上の領域も，底部より下の領域も視野絞りを通過しない．円形の開口絞りを広げると，系は頂角のより広い円錐に含まれるエネルギーを受け入れ，各像点における強度は増加する．これに比べ，視野絞りを広げると，遮られていた物体端部より外側の領域が，結像されるようになる．

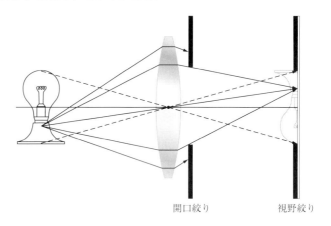

開口絞り　　　視野絞り

図 **5.43**　開口絞りと視野絞り

5.3.2 入射瞳と射出瞳

所定の光線が光学系全体を通過するかしないかを決定するのに有効な別の概念が，**瞳**(ひとみ) (pupil) である．これは，単に"開口絞りの像"である．系の**入射瞳** (entrance pupil) は，"軸上の物点から開口絞りの前にある素子を通して見たときの開口絞りの像"である．物体と開口絞りの間にレンズがなければ，開口絞り自体が入射瞳になる．要点を図示した，**後側開口絞り** (rear aperture stop) をもつレンズである図 5.44 をしらべよう．レンズの左側で物空間の軸上に眼を置き，レンズを通して右側の開口絞りを眺め

5.3 絞り　317

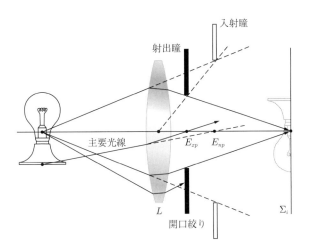

図 5.44　入射瞳と射出瞳

ると考えよう．見える像が，実でも虚でも，入射瞳である．この図では，開口絞りは焦点距離分よりもレンズに近いので，開口絞りの L による像は虚 (表 5.3 参照) で拡大されている．その位置は通常のやり方で，開口絞りのエッジから 2–3 本の光線を引いて見つけられる．以上に比べ，"軸上の像点から開口絞りの後ろにあるレンズを通して見たときに開口絞りの像" があれば，それが**射出瞳** (exit pupil) である．図 5.44 では，そのようなレンズがないので，開口絞り自身が射出瞳である．図 5.45 を考え，像空間の軸上に眼を置き，レンズを通して左の方に開口絞りを眺めるとする．このとき見える像が射出瞳である．

　以上から，実際に光学系に入射する円錐状の光は入射瞳で決められ，光学系から出てくる円錐状の光は射出瞳で決められることがわかる．物点からの光線のうち両円錐の外側を進むものは，像面に到達できない．これら瞳と開口絞りは共役である．口径食 (後ろに説明あり) がない場合，入射瞳に入る任意の円錐状の発散光線は開口絞りを通過し，射出瞳を通過する収束円錐状となって出てくる．"軸上に位置する異なる物体

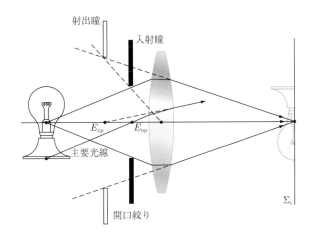

図 5.45　前側開口絞り

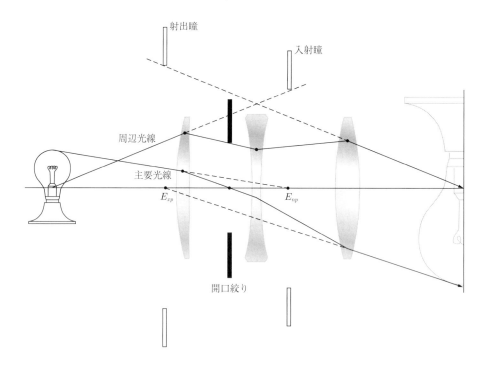

図 5.46　トリプレット系に対する瞳と絞り

に対しては異なる開口絞りと瞳が対応する"ことを認識し，このことに注意深くあるべきである．

　カメラレンズとしての単眼レンズや望遠鏡の使用に際して，露光のために入射光量を調節する**前側開口絞り**(front aperture stop)を，外部に設置することがある．図 5.45 はそれに似た配置を示していて，入射瞳と射出瞳の位置はおのずと定まる．レンズの焦点距離がもっと短く，物体がレンズ近くにあった場合，光線はダイヤフラム絞りの上端の下を通過できる．この場合，レンズ上端が円錐状の光線を制限し，レンズ自体が開口絞りになる．一方，物体を左に移動させると，開口絞りと二つの瞳は不変である．

　図 5.44 と 5.45 には**主要光線**(chief ray)と名づけた光線がある．これは，"軸外の物点から出て開口絞りの中心を通る光線"と定義される．主要光線は，入射瞳の中心 E_{np} に向かう方向の線に沿って光学系に入り，射出瞳の中心 E_{xp} を通る線に沿って系を出る．主要光線は，物体上の点から出る円錐状の光線束の中心の光線であり，円錐を代表している．レンズ設計において収差を補正する際，主要光線は特に重要である．

　図 5.46 はもう少し複雑な配列を描いている．その中に示されている 2 本の光線が，一般に光学系を通して追跡される光線である．一つは，系が結像すべき物体の縁の点から出る主要光線である．他方は，軸上の物点から出て入射瞳あるいは開口絞りのエッジに進むので，**周辺光線**あるいは**マージナル光線**(marginal ray)とよばれる．

　どの要素が実際の開口絞りかはっきりしないときには，各要素をそれより左側にある要素で結像させてみるとよい．"軸上物点から張った角度の最も小さい像が，入射瞳である"．そして，入射瞳を像とする物体が，軸上物点に対する系の開口絞りである．問題 5.46 でこの種の計算を行う．

例題 5.6 直径が 140 mm で焦点距離が 0.10 m の正レンズが，中心に直径 40 mm の孔をもつ不透明スクリーンの前方 8.0 cm にある．軸上物点 S がレンズの前方 20 cm にある．各要素をそれより左側にある要素を通じて結像させ，S に最小角度を張る要素を求めよ．その要素が "入射瞳" である．位置と大きさを求めよ．入射瞳に共役な物体が "開口瞳" である．その物体を見いだせ．

解 レンズ L の左側には要素がないので，レンズが本質的にそれ自体の像である．像空間から L を眺めて見える直径 40 mm の孔の像を見つけるために，軸上で孔の中心にあって光をレンズに向けて左に送り出す点光源を想像しなければならない．このことは，式

$$\frac{1}{f} = \frac{1}{s_o} + \frac{1}{s_i}$$

のすべてを適切な符号に修正することを意味している．ここで，$f = +10\,\text{cm}$ で $s_o = +8.0\,\text{cm}$ であるから，

$$\frac{1}{10} = \frac{1}{8.0} + \frac{1}{s_i}$$

となり，$s_i = -40\,\text{cm}$ である．これは，像が物体と L の同じ側，すなわち右側にあることを示している．開口の像は，$s_o < f$ であるから虚である．孔の像の大きさは，

$$M_T = -\frac{s_i}{s_o} = -\frac{-40}{8.0} = 5$$

から求められ，$5 \times 40\,\text{mm} = 200\,\text{mm}$ である．次に，S の像を P とし，その位置を求める．

$$\frac{1}{10} = \frac{1}{20} + \frac{1}{s_i}$$

$$s_i = +20\,\text{cm}$$

から，P は L の右側 20 cm にある．P に到達する円錐状の光線を制限する要素は，レンズでなくスクリーンの孔である．$\beta < \alpha$ であるからこの孔が開口絞りで，その像が入射瞳である．

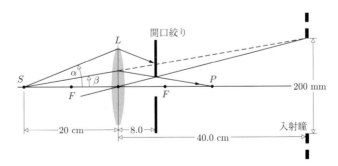

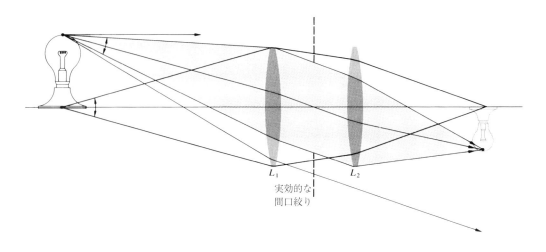

図 5.47 口径食

　図 5.47 において，物点が光軸から離れるにつれ，像面に至る円錐状の光はどのように狭くなるかを見てみよう．実効的な開口絞りは，中心が光軸に平行な円錐光線に対しては L_1 の縁であるが，斜めの円錐光線に対しては著しく小さくなる．その結果，像の縁に近い点では，像自体がだんだん消えてゆき，これは**口径食** (vignetting) として知られる現象である．

　光学系の瞳の位置と大きさは，実用上非常に重要である．物を見る器械では，射出瞳の中心に観察者の目がくる．目の瞳は一般的な照明下では明るさに応じて，2 mm から 8 mm の間で変化する．主に夕暮れ時の使用を前提に設計された望遠鏡や双眼鏡は，少なくとも 8 mm の射出瞳をもっている．[第二次世界大戦のときに屋根の上でよく使われた，夜間双眼鏡 (night glasses) という言葉を聞いたことがあるであろう．] これに比べ，昼間用のものは 3～4 mm の射出瞳で十分であろう．射出瞳が大きいほど，よく見える位置に目をもってくるのは容易である．肉眼でのぞき込むほとんどの光学装置では，射出瞳は実で，最後の面からおおむね 12 mm 後ろに位置している．強力ライフルの照準器の射出瞳は，反動による怪我を防ぐために，照準器の十分後ろに位置し，大きくなければならないことは，明白である．

例題 5.7　下図に示された薄肉レンズ系を考える．ここでは，物体は焦点 F_1 にあり，内部にダイヤフラムがある．開口絞り，入射瞳および射出瞳の位置を求めよ．周辺光線を明らかにせよ．

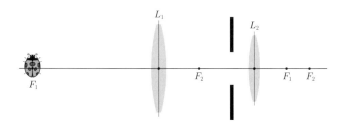

解 F_1 から出て系を通過する円錐状の光線を描く．

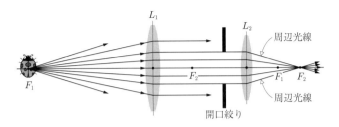

ダイヤフラムがビームを制限するので，それが開口絞りである．次に，入射瞳の位置を定めるために，物体の位置から右を眺める観察者が見る開口絞りの像を求める．

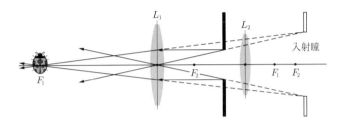

入射瞳は右側にあり，虚である．射出瞳は，像空間にいる観察者が見る開口絞りの像である．射出瞳は開口絞りの左側にあり，やはり虚である．

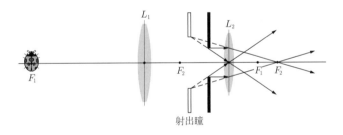

5.3.3 口径比と f ナンバー

レンズ (または鏡) を用いて，広がりのある光源からの光を集め，そしてその像をつくるとしよう．遠くの光源のある小さな領域からやってきて，レンズ (または鏡) で集められるエネルギー量は，レンズの面積，あるいはもっと一般的には入射瞳の面積に直接比例している．大きく透明な開口は，光線を頂角の大きい円錐に切り取る．もっとも，光源がきわめて細いビームのレーザーなら，必ずしもそうではない．反射や吸収などによる損失を無視すれば，やってきたエネルギーは対応する像の全体領域に広がる (図 5.48)．単位時間単位面積あたりのエネルギー (つまり放射束密度あるいは強度) は，像の面積に逆比例するだろう．

入射瞳の面積は，円形であれば半径の 2 乗とともに変わり，したがって，直径 D の 2 乗に比例している．しかも，像の面積は横方向の寸法の 2 乗で変わり，結局焦点距

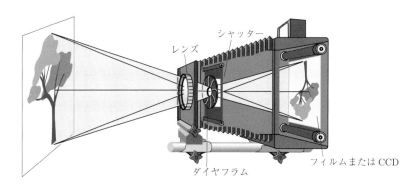

図 **5.48** 大判カメラはふつう，レンズ，続いて可変ダイヤフラム，迅速に開閉できるシャッター，像が形成されるフィルムのシートでできている．

離 f の 2 乗に比例している [式 (5.24) と (5.26)]．(ここでは点光源ではなく，広がりのある物体を問題にしており，もし点光源なら焦点距離 f に関係なく像はきわめて小さい領域に限られる．) こうして，像面での放射束密度は $(D/f)^2$ で変わる．比 D/f は**口径比** (relative aperture) として知られ，その逆数は focal ratio あるいは f **ナンバー** (f-number) で，しばしば $f/\#$ と書かれる．すなわち，

$$f/\# \equiv \frac{f}{D} \tag{5.40}$$

である．ここで，$f/\#$ はこれで一つの記号である．たとえば，口径 25 mm で焦点距離が 50 mm のレンズの f ナンバーは 2 で，ふつう $f/2$ と指定される．図 5.49 は，$f/2$ と $f/4$ の可変虹彩絞りの後ろにある薄肉レンズを示すことで，要点を図示している．明らかに，f ナンバーが小さいほど像面には多量の光が届く．

カメラのレンズはふつう，焦点距離と最大口径で規定される．たとえば，レンズの筒には "50 mm, $f/1.4$" などと書かれている．写真の露光時間は f ナンバーの 2 乗に比例しているので，f ナンバーは**レンズの速度** (speed of the lens) とよばれることもある．$f/1.4$ のレンズは $f/2$ のレンズより 2 倍速いといわれる．レンズの虹彩絞りは通常，1，1.4，2，2.8，4，5.6，8，11，16，22 などと記された f ナンバーをもっている．この場合，最大の口径比は $f/1$ のときであり，速いレンズである．典型的には $f/2$ である．一連の虹彩絞りは，f ナンバーが係数 $\sqrt{2}$ (実際の数値は丸めてある) の掛算で増えるように，設定されている．これは口径比が $1/\sqrt{2}$ 倍ずつ減っていることに対応し，したがって放射束密度は 1/2 ずつになっている．こうして，カメラが $f/1.4$ で 1/500 秒，$f/2$ で 1/250 秒，$f/2.8$ で 1/125 秒のいずれに設定されていても，フィルムには等しい光量が届く．

世界で最も大きい屈折望遠鏡は，シカゴ大学のヨーク天文台にあり，直径 40 インチで焦点距離 63 フィート (1 フィートは 0.3048 メートル) のレンズをもち，したがって f ナンバーは 18.9 である．まったく同じようにして，鏡の入射瞳と焦点距離が鏡の f ナンバーを決める．パロマ山にある望遠鏡は直径 200 インチの鏡をもち，焦点距離は 666 インチで，3.33 の f ナンバーをもっている．

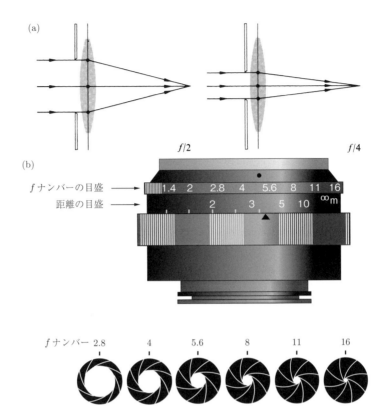

図 5.49 (a) f ナンバーを変えるためにレンズを絞ったところ．(b) 通常レンズ内部に位置する可変ダイヤフラムの種々の設定を表示するカメラレンズ．

例題 5.8 直径 5.0 cm の正の薄肉レンズが 50.0 mm の焦点距離をもっている．開口絞りとして作用する直径 4.0 mm の孔をもつ不透明スクリーンが，レンズの右側 5.0 mm の距離に位置し，レンズの軸上に孔の中心がある．この構成の f ナンバーを求めよ．

解 はじめに，入射瞳の直径 D を必要とする．それは，開口絞りの像の大きさである．右側からレンズに入る光に関しては，

$$\frac{1}{f} = \frac{1}{s_o} + \frac{1}{s_i}$$

である．ここで，$f = +50.0\,\mathrm{mm}$，$s_o = +5.0\,\mathrm{mm}$ から $s_o < f$ である．

$$\frac{1}{50.0} - \frac{1}{5.0} = \frac{1}{s_i}$$

より $s_i = -5.56\,\mathrm{mm}$ となる．したがって，

$$M_T = -\frac{-5.56}{5.0} = 1.11$$

であり，

$$D = M_T(4.0\,\mathrm{mm}) = 4.44\,\mathrm{mm}$$

となる．これより，

$$f/\# = \frac{f}{D} = \frac{50.0}{4.44} = 11.3$$

である．

5.4 鏡

　鏡で構成した光学系は，ますます盛んに用いられるようになっている．特に，スペクトルの X 線，紫外線，そして赤外線領域で多用されている．広い周波数範囲で良好に機能する反射光学装置を構成するのは比較的簡単であるが，これは屈折系には当てはまらない．たとえば，シリコンやゲルマニウムの赤外線用レンズは，可視光領域では完全に不透明である (p. 138 の写真参照)．後で述べるように，鏡には鏡特有の有用性がある．

　鏡とは単に光を通さないガラスや精密研磨された金属面であるといえるだろう．かつて鏡は，紫外線と赤外線領域での高効率性ゆえに選択された銀を，ガラスに塗ってつくられていた (図 4.69 参照)．そして現在では，高精度に研磨した基板に真空蒸着したアルミニウムの膜が，品質のよい鏡の標準とされるようになった．SiO や MgF_2 の保護膜が，しばしばアルミニウムの上に形成される．レーザーのような特殊な光に用いるには，金属表面によるわずかな損失も許容できないので，誘電体多層膜 (9.9 節参照) でつくった鏡が欠かせない．

　宇宙軌道の望遠鏡に使うために，新しい世代の軽量で高精度な大口径鏡の開発が続けられている．技術は決してとどまらない．

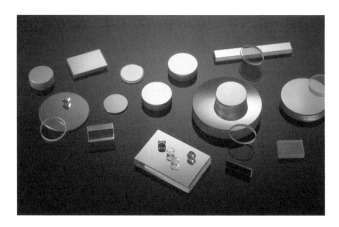

種々の種類の鏡の例 (Perkins Precision Developments of Longmont, Colorado)

5.4.1 平　面　鏡

すべての形状の鏡に共通することであるが，平面鏡にも表面鏡と裏面鏡がある．裏面鏡では，金属の反射層がガラスの背面にあって完全に保護されるため，日常用途で普通に見られる．これに比べ，もっと先端的な技術用途に設計される鏡の大多数は，表面鏡である（図 5.50）．

4.3.1 項から，平面鏡の結像特性を求めるのは容易である．図 5.50 の点光源と鏡の配置を見れば，ただちに $|s_o| = |s_i|$ であるのがわかる．つまり，像 P と物点 S は表面から等距離にある．これを確かめてみよう．反射の法則から，$\theta_i = \theta_r$ である．また，$\theta_i + \theta_r$ は三角形 SPA の外角で，内角の和 $\angle VSA + \angle VPA$ に等しい．さらに，$\angle VSA = \theta_i$ であるから，$\angle VSA = \angle VPA$ となる．したがって，三角形 VAS と VPA は合同であり，$|s_o| = |s_i|$ である．

さて，鏡に対する符号規定の問題がある．どのように選ぼうと，それに忠実に従えばよい．レンズにおける規定と明らかに矛盾するのが，いまの場合虚像が境界面の右側にできる点である．観測者が鏡の後ろに P を見るのは，眼（あるいはカメラ）が実際の反射を知覚するのでなく，単に光線をまっすぐ後ろの方に伸ばしているだけだからである．図 5.51 中の P からの光線は発散していて，P の位置のスクリーンに像をつくれる光線はない．つまり，像は確かに虚である．この場合，s_i を正と定義するべきか負と定義するべきかは，明らかに好みの問題である．普通は，虚の物体と像の距離は負と考えるのが好まれるから，"s_o も s_i も頂点 V の右側にあるときを負と定義する"．こうするとガウスのレンズ公式 [式 (5.17)] と同じ鏡の式が得られるという付加的な利点もある．明らかに，横倍率について同じ定義 [式 (5.24)] が使え，レンズの場合と同様，$M_T = +1$ は実物大で虚の正立像を表す．

図 5.51 中の広がりのある物体の各点は，鏡からの垂直距離 s_i にあり，鏡の後ろの等しい距離に結像する．このようにして，全体の像は 1 点ずつ形成される．これはレンズによる像形成のあり方と，ずいぶん異なる．図 5.30 の物体は左手で，レンズで形

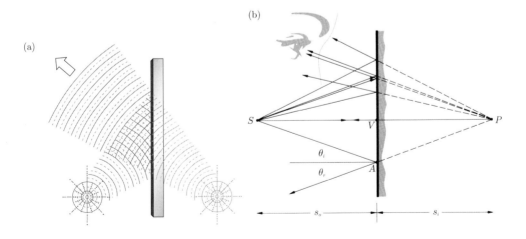

図 **5.50**　平面鏡．(a) 波動の反射．(b) 光線の反射．

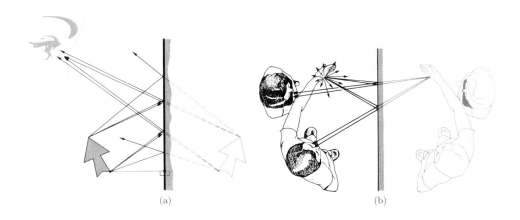

図 5.51　(a) 平面鏡にできる広がりのある物体の像．(b) 平面鏡の中の像．

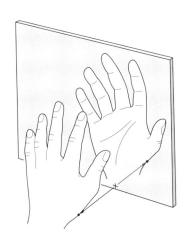

図 5.52　鏡像 (逆転している)

成された像もやはり左手である．確かに像は変形しているが ($M_L \neq M_T$)，それでも左手である．唯一の明らかな差は，光軸まわりの 180° の回転で，"反転"(reversion) として知られている効果である．これに対して，各点から垂線を下ろして決定した左手の鏡による像は，右手である (図 5.52)．このような像は "倒錯している"(perverted) と称されることもあるが，一般的にこの言葉のもつ俗な意味を考慮して，光学の世界では幸いにも使われなくなってきている．物空間における右手系の座標を像空間における左手系の座標に変換する過程は，"逆転"(inversion) として知られている．奇数回あるいは偶数回の逆転を得るには，1 枚以上の鏡をもつ系を使えばよい．後者では右手系 (r–h) の物体は右手系の像をつくり (図 5.53)，前者では像は左手系 (l–h) である．

5.4 鏡　　327

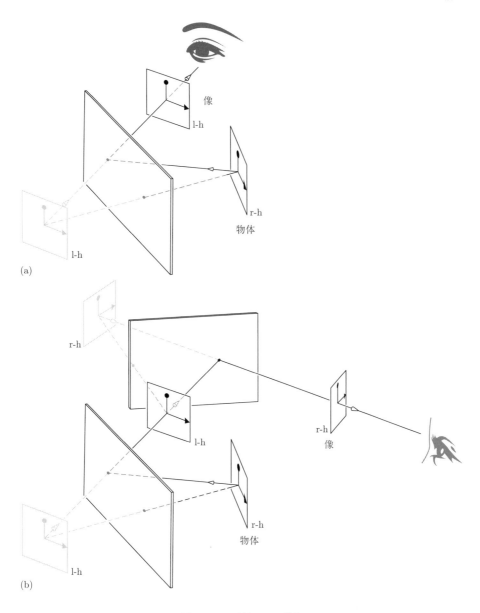

図 5.53　反射による逆転

例題 5.9　下図に示すように，高さ 40 cm で幅 20 cm の視力検査表が，患者頭部の上に置かれている．検査表全体を見ることができる最小の鏡の大きさを求めよ．

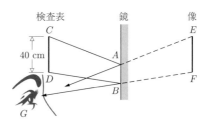

解 距離 $\overline{DB} = \overline{GB} = \overline{BF}$ であるので，$\overline{GF} = 2\overline{GB}$ である．三角形 GBA と GFE は相似であるから $40\,\text{cm} = 2\overline{AB}$ となる．鏡は少なくとも高さが $20\,\text{cm}$ で幅は $10\,\text{cm}$ であるべきである．

可 動 鏡

いくつかの実用的な器械，たとえば，チョッパー，ビーム偏向器，像回転器そして光走査器は，回転する平面鏡でできた系を利用している．ある種の研究用装置 (検流計，ねじり振り子，電流平衡計など) のわずかな回転を拡大して測定するのに，しばしば鏡が用いられる．図 5.54 に示すように，鏡が角 α 回転すると，反射されたビー

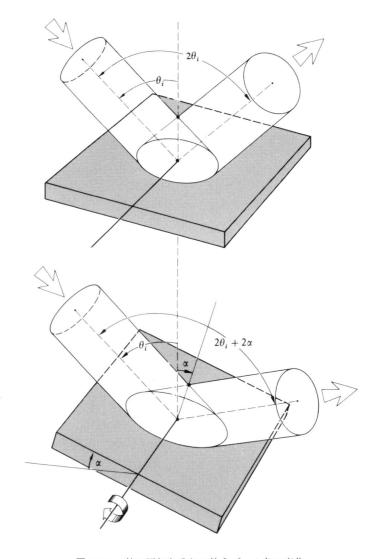

図 **5.54** 鏡の回転とそれに伴うビーム角の変化

ムあるいは像は角 2α 動く.

光ビームの方向を迅速に変えられるのは平面鏡特有の長所で，何世紀も前から利用されてきた．すぐに思い浮かぶ応用は従来の一眼レフカメラである (写真参照)．針の穴でも通れる小ささの微小鏡 (写真参照) は今日盛んになっている微小光電機械系—**MOEMS** (Micro-OptoElectroMechanical System) あるいは**光学 MEMS** 技術の一部になっている．電話，ファクシミリ，インターネットサービスを世界中に伝える通信網では，電子素子を追い払い全部光学的に処理する，微小光学の革命が起こっている．電子素子は高価でかさばり，光から見ると動作が遅すぎる．したがって，この技術革新で要求される重要な部品は光スイッチである．ミリ秒で左右にそして表と裏に傾く微小鏡は，現在最も有望な候補の一つである (図 5.87 の写真参照)．

平面鏡は虚像だけを形成できるとよく主張されるが，それはまったく正しいわけではない．そのような鏡を考え，そこに小さな円形の穴を開けると，鏡はピンホールをもつことになる．このピンホールは，あたかもピンホールカメラのように，開口部の後ろの遠いスクリーンに "実" の像を形成する．次に，小さな鏡面状の円板を考えると，それは反射面の前に "実" の像を形成することになる．$\theta_i = \theta_r$ であるから，この小さな鏡は，ピンホールがその後ろにつくるのと同じ光線構成を前方につくる．小さな鏡は，像が投影されうるという意味で "実" の像を形成するが，それら像は，狭い光線束が収束していないという意味では実際は "実" でなく，あいまいな意味の利用問題になる．

5.4.2　非　球　面　鏡

レンズや湾曲した屈折面と非常によく似た像を形成する曲面鏡は，古代ギリシャの時代から知られている．ユークリッドは彼が書いたとされている『反射光学』(*Catoptrics*) という題名の本の中で，凹面鏡と凸面鏡の両者について議論している[*4]．幸いなことにそのような鏡を設計するための概念的な基礎は，屈折光学系での像に適用されるフェルマーの原理が研究されるより前に，発達していた．では，入射した平面波が反射によって収束する球面波に変形されるには (図 5.55)，鏡はどんな形状をもつべきかを求めよう．平面波は最終的には点 F に集まるはずだから，すべての光線の光路長は等しくなければならない．したがって，任意の 2 点 A_1 と A_2 に対して，

$$光路長 = \overline{W_1 A_1} + \overline{A_1 F} = \overline{W_2 A_2} + \overline{A_2 F} \tag{5.41}$$

である．平面 Σ は入射波面に平行であるから，

$$\overline{W_1 A_1} + \overline{A_1 D_1} = \overline{W_2 A_2} + \overline{A_2 D_2} \tag{5.42}$$

である．$\overline{A_1 F} = \overline{A_1 D_1}$ でかつ $\overline{A_2 F} = \overline{A_2 D_2}$ である面，あるいはもっと一般的には，鏡上の任意の点 A に対して $\overline{AF} = \overline{AD}$ となる面で，式 (5.41) は成り立つ．e を **2 次曲線** (conic section) の離心率として，一般には $\overline{AF} = e(\overline{AD})$ である．先にしらべた形状 (5.2.1 項) は，$e = n_{ti} > 1$ の双曲線であった．問題 5.3 では形状は楕円で，$e = n_{ti} < 1$

[*4] *Dioptrics* は屈折素子の光学を意味し，*Catoptrics* は反射面の光学を意味する．

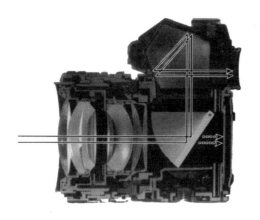
旧式の一眼レフフィルムカメラ．レンズからの光は鏡に当たり，上方のプリズムに進み，そして目の方に出てゆく．シャッターが開くと，鏡ははね上がり，光はフィルムに直進する．その後，鏡はもとにはじきもどされる．(E. H.)

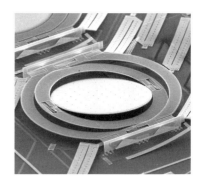
傾斜可能な小さな鏡 (針の孔を通過できるほど小さい) は，今日の最も重要な通信デバイスの一つにおいて，光ビームを振るのに使われている．(Alcatel-Lucent USA Inc. の許可を得て掲載)

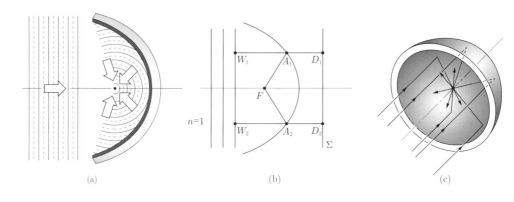

図 5.55 放物面鏡

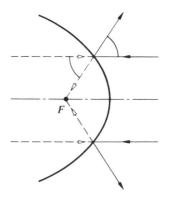

図 5.56 放物面鏡の実像と虚像

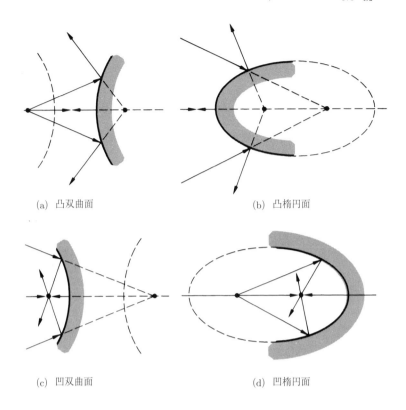

図 5.57 双曲鏡と楕円鏡

である．いまの場合，第2の媒質は第1の媒質と同じで，$n_t = n_i$ であり，$e = n_{ti} = 1$ である．換言すれば，面は F が焦点で Σ が準線の放物面である．光線はまったく同じ光路を逆進できる．(すなわち，放物面の焦点にある点光源は系から平面波の放出をもたらす.)

カメラのフラッシュや自動車のヘッドライトから巨大な電波望遠鏡のアンテナ (p.332 の写真参照) まで，マイクロ波の発信機や蓄音機から光学望遠鏡の鏡や月の通信基地のアンテナまで，放物面はたいへん幅広く応用されている．凸放物面鏡もつくれるが，ほとんど使われていない．既存の知識を応用すれば，入射する平行光線束は，鏡が凸であれば F に虚の像を結び，凹であれば実像を結ぶのは，図 5.56 から明らかである．

他にも興味深い非球面鏡があり，それは楕円面 ($e<1$) と双曲面 ($e>1$) である．いずれも，二つの焦点である軸上の共役な1対の点の間では，完全な像を形成する (図 5.57)．すぐ後で見るように，カセグレン式とグレゴリ式望遠鏡の配置では，それぞれ双曲面と楕円面の凸型副鏡を利用している．また，多くの新しい器械と同様，ハッブル宇宙望遠鏡の主鏡は双曲面である (写真参照).

いろいろな非球面鏡がすでに，商業的に入手できる．実際，一般的な軸対称の系に加え，"軸外部品"(off-axis element) も購入できる．図 5.58 のようにこの部品では，鏡に遮られることなく，集光したビームをさらに処理することができる．なおこの配置は，大きな角笛型のマイクロ波アンテナでも見られる．

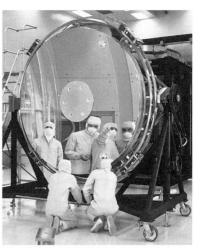

ゴールドストーン太陽系外宇宙通信複合施設にある放物面の大きな無線アンテナ (NASA)

ハッブル宇宙望遠鏡に搭載されている直径 2.4 m の双曲面の主鏡 (NASA)

5.4.3 球　面　鏡

　　精度の高い非球面を製作するのは球面の場合よりかなり難しく，当然，非球面は球面よりも高価である．そこで，球面形状に立ち返り，それが適切に機能する状況を求めてみよう．

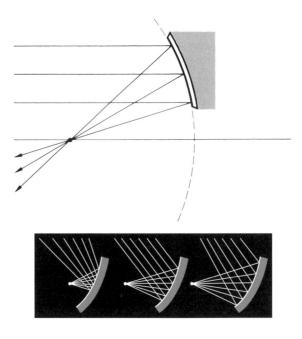

図 5.58　軸 外 反 射 鏡

近軸領域

球の断面である円 (図 5.59a) のよく知られた方程式は，

$$y^2 + (x-R)^2 = R^2 \tag{5.43}$$

である．ただし，中心 C は原点 O から半径 R だけ移動させている．この式を，

$$y^2 - 2Rx + x^2 = 0$$

と書き直し，x について解くと，

$$x = R \pm (R^2 - y^2)^{1/2} \tag{5.44}$$

である．ここで，R より小さい x の値に注目する，つまり式 (5.44) の負号に対応する，右側が開いた半球をしらべる．2 項級数に展開すると x は，

$$x = \frac{y^2}{2R} + \frac{1 \times y^4}{2^2 \times 2! R^3} + \frac{1 \times 3 y^6}{2^3 \times 3! R^5} + \cdots \tag{5.45}$$

の形になる．ここで，原点を頂点とし右方向 f の距離に焦点がある放物線の標準形 (図 5.59b) は，単に，

$$y^2 = 4fx \tag{5.46}$$

であることを考えると，式 (5.45) はたいへん意味のあるものになる．両式を比較して，$4f = 2R$ (すなわち，$f = R/2$) であれば，級数の第 1 項は放物線として寄与し，他の項は偏差を表すのがわかる．その偏差を Δx とすれば，

$$\Delta x = \frac{y^4}{8R^3} + \frac{y^6}{16R^5} + \cdots$$

である．明らかに，この偏差は y が R に比べて大きいときのみ問題になる (図 5.59c)．近軸領域，つまり中心軸の近傍では，これら二つの形状は区別できない．

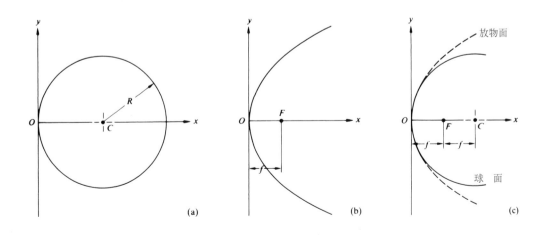

図 **5.59** 球面鏡と放物面鏡の比較

図 5.122b のニュートン式望遠鏡の反射鏡のような，愛好家の望遠鏡の反射鏡を考えることで，Δx に対する数量感覚を得ることができる．焦点距離が 56 インチ前後のときに，使いやすい鏡筒長となる．適当な大きさの望遠鏡は直径 8 インチの反射鏡をもつことが多く，この場合，f ナンバーは $f/D = 7$ である．このような反射鏡のエッジでは $(y = 4$ インチ$)$，放物面と球面の間の水平方向の差 (Δx) はほんの 100 万分の 23 インチで，放物面の方が球面より平である（図 5.59）．中心により近くなると $(y = 2$ インチ$)$，Δx はさらに低下する．

第 1 次近似としての球面鏡の近軸理論の範囲では，放物面の無収差像の研究から引き出した結論をここでも適用できる．しかし実際には，y はそんなに制限されていないので収差が現れる．さらに，非球面でも軸上の 1 対の点でのみ完全像を形成するだけで，やはり収差の問題はある．

鏡 の 公 式

共役な物点と像点を，球面鏡の物理的パラメータに関係づける近軸での方程式は，図 5.60 の助けを借りて導ける．はじめに，$\theta_i = \theta_r$ であるから $\angle SAP$ は $\overline{CA}$ によって二分されていて，$\overline{CA}$ は三角形 SAP の辺 $\overline{SP}$ を他の 2 辺に比例するように分割することになる．つまり，

$$\frac{\overline{SC}}{\overline{SA}} = \frac{\overline{CP}}{\overline{PA}} \tag{5.47}$$

である．さらに，

$$\overline{SC} = s_o - |R|, \qquad \overline{CP} = |R| - s_i$$

である．ここで，s_o と s_i は左にあるから正である．屈折の場合と同じ符号規定を使うと，C が V の左であるから（つまり凹面），R は負である．したがって，$|R| = -R$ であり，

$$\overline{SC} = s_o + R, \qquad \overline{CP} = -(s_i + R)$$

となる．近軸領域では $\overline{SA} \approx s_o, \overline{PA} \approx s_i$ だから，式 (5.47) は，

$$\frac{s_o + R}{s_o} = -\frac{s_i + R}{s_i}$$

あるいは，

$$\boxed{\frac{1}{s_o} + \frac{1}{s_i} = -\frac{2}{R}} \tag{5.48}$$

となり，これが**鏡の公式** (mirror formula) である．この式は凹 $(R < 0)$ および凸 $(R > 0)$ の鏡に同じように適用できる．**第 1 焦点** (primary focus) あるいは**物焦点**はやはり，

$$\lim_{s_i \to \infty} s_o = f_o$$

と定義でき，また，**第 2 焦点** (secondary focus) または**像焦点**は，

$$\lim_{s_o \to \infty} s_i = f_i$$

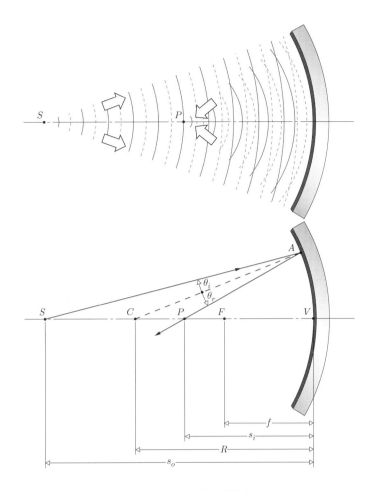

図 5.60　凹の球面鏡．共役焦点．

正立縮小の虚像を形成している凸の球面鏡．この写真を撮影したカメラをもつ著者を探してみよう．(E. H.)

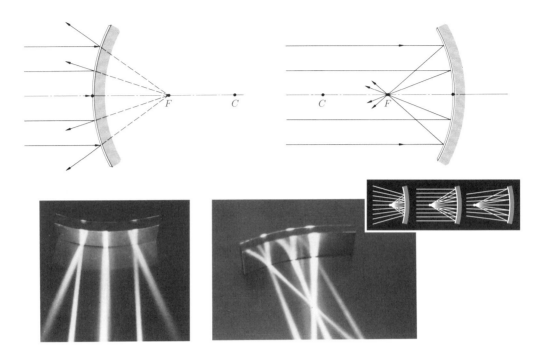

図 5.61 球面鏡による光線の収束 (E. H.)

である．したがって式 (5.48) から，

$$\frac{1}{f_o} + \frac{1}{\infty} = \frac{1}{\infty} + \frac{1}{f_i} = -\frac{2}{R}$$

すなわち，図 5.59c に見られるように，

$$\boxed{f_o = f_i = -\frac{R}{2}} \tag{5.49}$$

である．焦点距離の添字をとれば，

$$\boxed{\frac{1}{s_o} + \frac{1}{s_i} = \frac{1}{f}} \tag{5.50}$$

となる．f は凹面鏡 ($R < 0$) では正，凸面鏡 ($R > 0$) では負である．後者の場合，像は鏡の後ろに形成され，虚である (図 5.61).

有限物体の結像

鏡の他の特性は，レンズや球面状の屈折面の特性ときわめて似ているので，各特性ごとのすべての論理展開を繰り返さず，簡単に述べるだけでよい．近軸理論の範囲内では，光軸に斜めの平行光線束は，F を通る光軸に垂直な焦平面の上の点に集まる．同様に，有限な大きさで光軸に垂直な平面物体は，光軸に垂直な平面内に (第 1 次近似として) 結像する．各物点はその平面内に対応する像点をもっている．これは，平面鏡に対しては確かに正しいが，他の形状の場合は，近似にすぎない．

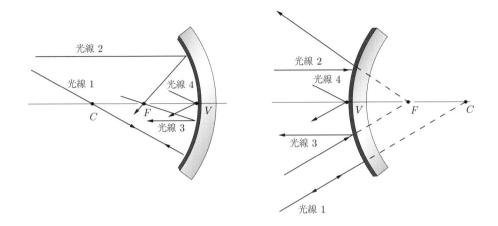

図 5.62 容易に引ける 4 本の光線. 光線 1 は C に向かい, もとの光路に反射される. 光線 2 は中心軸に平行に入り, F に向かうように (あるいは F から出たように) 反射される. 光線 3 は F を通り (あるいは F に向かい), 軸に平行に反射される. 光線 4 は点 V に当たり, $\theta_i = \theta_r$ で反射される.

　球面鏡を制限して使えば, 各物点から出て反射された波動はおおむね球面波である. このような条件下では広がりのある物体の, 品質のよい有限な広がりの像を形成できる.

　薄肉レンズで形成された各像点が, 光学中心 O を通る直線上にあるのとまったく同様に, 球面鏡による各像点も, 曲面の中心 C と物点を通る光線の上にある (図 5.62). 薄肉レンズの場合と同じく (図 5.23), 図的に像の位置を決めるのは簡単である (図 5.63). 像の頭は 2 本の光線の交点にあり, 1 本は初め光軸に平行で反射後 F を通り, もう 1 本は C を通るまっすぐな光線である (図 5.64). 任意の軸外物点から頂点に至る光線は, 中心軸に対し等しい角度で反射するから, 像位置決定には特に便利である. また, 焦点を通り反射で光軸に平行になる光線も便利である.

　図 5.63a において, 三角形 S_1S_2V と P_1P_2V は相似であり, 対応する辺の長さは比例していることに気づこう. 光軸の下にあるからという先の場合と同じ理由で, y_i を負にとると, $y_i/y_o = -s_i/s_o$ であり, これは M_T に等しい. レンズの場合と同様 [式 (5.25)], これは "横倍率" である.

表 5.4 球面鏡における符号規定

記 号	＋	－
s_o	V の左側, 実の物体	V の右側, 虚の物体
s_i	V の左側, 実の像	V の右側, 虚の像
f	凹面鏡	凸面鏡
R	C が V の右側, 凸	C が V の左側, 凹
y_o	光軸の上側, 正立物体	光軸の下側, 倒立物体
y_i	光軸の上側, 正立像	光軸の下側, 倒立像

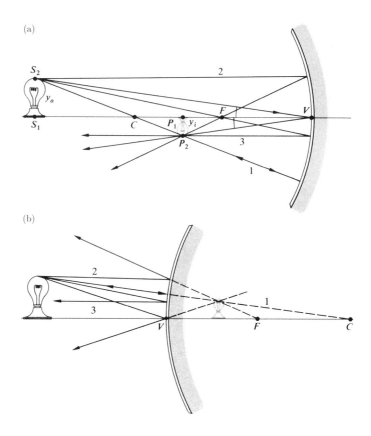

図 5.63 球面鏡による有限物体の結像

　光学素子の構造に関する情報 (n, R など) を含む唯一の式は，f の式であり，薄肉レンズ [式 (5.16)] と球面鏡 [式 (5.49)] では明らかに違う．しかし，s_o, s_i と f あるいは y_o, y_i と M_T に関係する式表現は，まったく同じである．符号規定に関する唯一の変更点は表 5.4 にあり，いまの場合，s_i は V の左側で正とする．凹面鏡と凸レンズ，あるいは凸面鏡と凹レンズの間にある著しい類似性は，表 5.3 と 5.5 を比較すると一目瞭然であり，すべての項目で一致している．

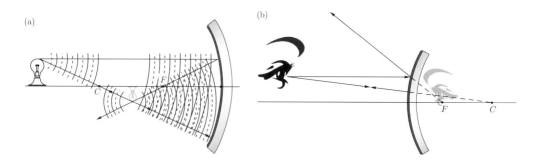

図 5.64　(a) 凹面鏡からの反射．(b) 凸面鏡からの反射．

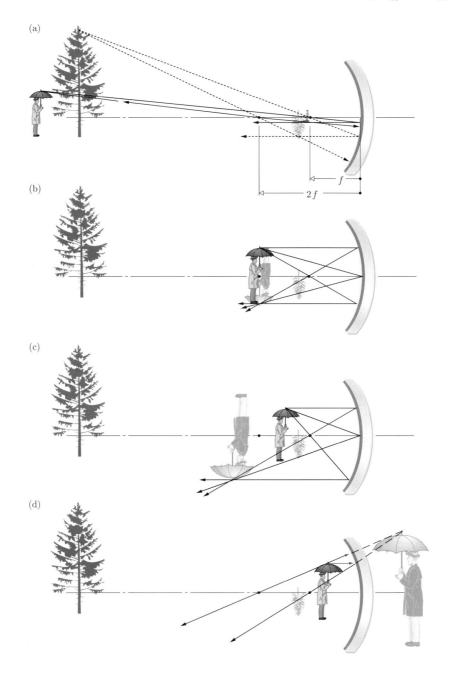

図 5.65　凹の球面鏡による像形成の様子

　表 5.5 にまとめ図 5.65 に描いた特性を，実際に確かめるのは簡単である．球面鏡がなければ，電球の端のような球面の上でアルミニウム箔を慎重に整形することで，お粗末であるがそこそこ機能する球面鏡をつくれる．電球を使うと R そして f は小さいが，短い焦点距離の凹面鏡で形成された小さな物体の像を定性的に評価する実験には，好適である．物体を $2f = R$ より離れたところから鏡に近づけると，像はだんだ

340　5　幾 何 光 学 I

表 5.5　球面鏡で形成される "実の物体" の像

凹				
物　体	像			
位　置	タイプ	位　置	向　き	物体に対する大きさ
$\infty > s_o > 2f$	実	$f < s_i < 2f$	倒　立	縮　小
$s_o = 2f$	実	$s_i = 2f$	倒　立	同　じ
$f < s_o < 2f$	実	$\infty > s_i > 2f$	倒　立	拡　大
$s_o = f$		$\pm\infty$		
$s_o < f$	虚	$|s_i| > s_o$	正　立	拡　大

凸				
物　体	像			
位　置	タイプ	位　置	向　き	物体に対する大きさ
任　意	虚	$|s_i| < |f|$ $s_o > |s_i|$	正　立	縮　小

ん大きくなり，$s_0 = 2f$ で実物大の倒立像になる．物体をさらに近づけると，像は認識できないぼやけたものとなって鏡全体に広がるまで，大きくなりつづける．s_0 がもっと小さくなると，像は拡大正立になり，物体が鏡に接触するまで小さくなりつづけ，最後は再び実物大になる．電球に飛び上がって鏡をつくらないのなら，ぴかぴかのスプーンで形成される像をしらべればよい．スプーンは両面とも興味深いものである．

例題 5.10　小さなカエルが 20.0 cm の焦点距離をもつ凹の球面鏡の前 35.0 cm の中心軸上にいる．像の位置を求め，像を完全に記述せよ．像の横倍率はいくらか．

解　式 (5.50) から

$$\frac{1}{s_o} + \frac{1}{s_i} = \frac{1}{f}$$

$$\frac{1}{35.0} + \frac{1}{s_i} = \frac{1}{20.0}$$

$$\frac{1}{s_i} = \frac{1}{20.0} - \frac{1}{35.0} = 0.02143$$

$$s_i = 46.67 \,\text{cm} \,\text{または}\, 46.7 \,\text{cm}$$

像は実で倒立し，拡大されている．s_i は正であり，これは像が実であることを意味することに注意しよう．

$$M_T = -\frac{s_i}{s_o} = -\frac{46.67 \,\text{cm}}{35.0 \,\text{cm}} = -1.3$$

負号は像が倒立していることを意味する．かわりに

$$M_T = -\frac{f}{x_o} = -\frac{20}{15} = -\frac{4}{3} = -1.3$$

と求めることもできる．

アリゾナ州ツーソンにある多数の素子からなる望遠鏡の反射鏡から，その焦点距離より近くに立っている撮影者の大きな虚像．撮影者は帽子をかぶって右手を上げている．(Joseph Shaw)

5.5 プ リ ズ ム

　プリズムは光学でいろいろな役割を果たしていて，種々に組み合わされてビームスプリッター，偏光素子(8.4.3項参照)，干渉計として役立っている．広い用途に係わらずほとんどの場合，プリズムのもつ主な二つの機能のうち，一つを利用するだけである．二つの機能の一つは，いろいろなスペクトル分析器で使われているように，分散素子としての機能である(図5.66)．プリズムは周波数成分を，ある広がりをもった多色ビームに分けることができる．**分散** (dispersion) という言葉は，誘電体の屈折率の周波数依存性 $n(\omega)$ に関連づけて，先に導入したことを思い出そう．実際プリズムは，気体や液体を含む種々の物質の広い周波数範囲での $n(\omega)$ の，たいへん有効な測定手

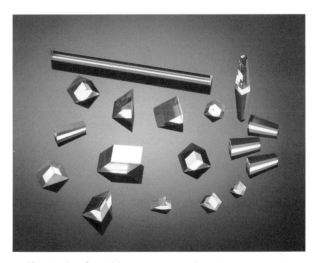

種々のプリズムの例 (Perkins Precision Developments)

段を与えてくれる．

　第2のよく知られた機能は，像の向きやビームの伝搬方向を変えることである．単に光学系を限られた体積に納めるだけのために，プリズムは多くの光学器械にしばしば組み込まれる．反転プリズム，逆転プリズム，反転も逆転もさせずにビームを偏向するプリズムといろいろあるが，すべて分散機能は利用していない．

5.5.1 分散プリズム

　プリズムにはいろいろな大きさと形状があり，その機能も幅広い(写真参照)．はじめに**分散プリズム** (dispersing prism) として知られているグループを考察する．典型的には，図 5.66 のように分散プリズムに入射した光線は，**偏向角** (angular deviation) として知られる角 δ だけ，はじめの方向から偏向して出てくる．1回目の屈折で，光線は角 $(\theta_{i1} - \theta_{t1})$ だけ偏向し，2回目の屈折で $(\theta_{t2} - \theta_{i2})$ だけさらに偏向する．したがって，全偏向角は，

$$\delta = (\theta_{i1} - \theta_{t1}) + (\theta_{t2} - \theta_{i2})$$

である．多角形 $ABCD$ は二つの直角を含むので，$\angle BCD$ は**頂角** (apex angle) α の補角である．三角形 BCD の外角としての α は，二つの内角の和でもあり，

$$\alpha = \theta_{t1} + \theta_{i2} \tag{5.51}$$

であり，

$$\delta = \theta_{i1} + \theta_{t2} - \alpha \tag{5.52}$$

である．光線の入射角 (すなわち，θ_{i1}) とプリズム角 α は，通常は既知であるので，これらの角の関数として δ を書くと都合がよい．プリズムの屈折率が n で空気中

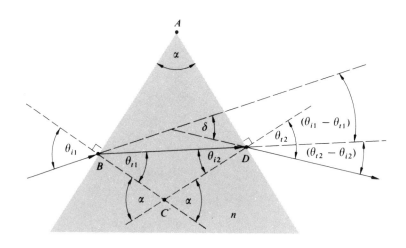

図 **5.66** 分散プリズムの幾何光学

$(n_a \approx 1)$ に置かれているなら，スネルの法則から，

$$\theta_{t2} = \sin^{-1}(n \sin \theta_{i2}) = \sin^{-1}[n \sin(\alpha - \theta_{t1})]$$

である．加法定理で展開し，$\cos \theta_{t1}$ を $(1 - \sin^2 \theta_{t1})^{1/2}$ で置き換え，さらにスネルの法則を使うと，

$$\theta_{t2} = \sin^{-1}[(\sin \alpha)(n^2 - \sin^2 \theta_{i1})^{1/2} - \sin \theta_{i1} \cos \alpha]$$

が得られる．したがって，偏向角は，

$$\delta = \theta_{i1} + \sin^{-1}[(\sin \alpha)(n^2 - \sin^2 \theta_{i1})^{1/2} - \sin \theta_{i1} \cos \alpha] - \alpha \qquad (5.53)$$

である．明らかに δ は n とともに大きくなり，そして n 自体が周波数の関数であるから，$\delta(\nu)$ あるいは $\delta(\lambda)$ と書く．実用的に興味のある大多数の透明誘電体は可視光領域において，波長が長くなると $n(\lambda)$ は減少する．[種々のガラスについて，λ に対して $n(\lambda)$ をプロットした図 3.41 を見直そう.] したがって，$\delta(\lambda)$ は明らかに青より赤で小さい．

　1600 年代初期のアジアからの使節の報告は，中国ではプリズムはよく知られ，また色を生成する能力からたいへんな貴重品であったことを示している．その頃の何人かの科学者，特にマルキ (Marci)，グリマルディ，そしてボイル (Boyle) はプリズムを用いていくつかの観察を行ったが，分散に関する決定的な最初の研究は，偉大なアイザック・ニュートン卿に残された．1672 年 2 月 6 日，ニュートンは "光と色に関する新しい理論" と題した古典的な論文を王立科学協会に提出した．そこで彼は，白色光は種々の色の混合からなり，屈折の過程は色に依存していると結論していた．

　式 (5.53) にもどれば，与えられたプリズム (つまり，n と α が定まっている) を通過する単色ビームが受ける偏向角は，第 1 面への入射角 θ_{i1} だけの関数であるのは，明らかである．典型的なガラスプリズムへの式 (5.53) の適用結果を図 5.67 に示す．δ の最小値は**最小偏角** (minimum deviation) δ_m として知られ，実用的な理由から特別な興味がある．δ_m の値は式 (5.53) を微分し，$d\delta/d\theta_{i1} = 0$ とおけば解析的に決定できるが，それより間接的であるものの簡単な方法がある．式 (5.52) を微分し，0 とおくと，

$$\frac{d\delta}{d\theta_{i1}} = 1 + \frac{d\theta_{t2}}{d\theta_{i1}} = 0$$

あるいは，$d\theta_{t2}/d\theta_{i1} = -1$ となる．各境界面でのスネルの法則を微分すると，

$$\cos \theta_{i1} d\theta_{i1} = n \cos \theta_{t1} d\theta_{t1}$$

$$\cos \theta_{t2} d\theta_{t2} = n \cos \theta_{i2} d\theta_{i2}$$

が得られる．また，式 (5.51) を微分すると，$d\alpha = 0$ であるから $d\theta_{t1} = -d\theta_{i2}$ である．上の二つの式を割算し，いまの角度微分の関係式を代入すると，

$$\frac{\cos \theta_{i1}}{\cos \theta_{t2}} = \frac{\cos \theta_{t1}}{\cos \theta_{i2}}$$

となる．スネルの法則をもう一度利用し，この式を書き直すと，

$$\frac{1 - \sin^2 \theta_{i1}}{1 - \sin^2 \theta_{t2}} = \frac{n^2 - \sin^2 \theta_{i1}}{n^2 - \sin^2 \theta_{t2}}$$

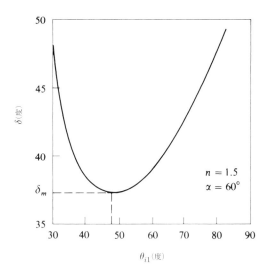

図 5.67 入射角に対する偏角

である.この式が成り立つ θ_{i1} の値は,$d\delta/d\theta_{i1} = 0$ を成立させる値でもある.このことから $n \neq 1$ である限り,

$$\theta_{i1} = \theta_{t2}$$

であり,したがって

$$\theta_{t1} = \theta_{i2}$$

である.これは,偏角が最小になる光線はプリズムを対称に,すなわち底辺に平行に進むことを意味する.付言しておけば,θ_{i1} と θ_{t2} がなぜ等しくなければならないのかということに関し愉快な議論があるが,それはここでしてきた議論ほど数学的でもなければ,退屈なものでもない.簡単にふれておくため,最小偏角を経験する光線を想像し,しかも $\theta_{i1} \neq \theta_{t2}$ とする.光線を逆進させると同じ経路をたどるから,δ は変わらないはずである (すなわち,$\delta = \delta_m$).しかし,そうすれば偏角が最小になる二つの異なる入射角があることになるが,これは正しくないのだから,つまり $\theta_{i1} = \theta_{t2}$ である.

$\delta = \delta_m$ の場合,式 (5.51) と (5.52) から,$\theta_{i1} = (\delta_m + \alpha)/2$ と $\theta_{t1} = \alpha/2$ が得られ,最初の境界面でのスネルの法則は,

$$n = \frac{\sin[(\delta_m + \alpha)/2]}{\sin \alpha/2} \tag{5.54}$$

となる.この方程式は,透明物質の屈折率を決定する最も精度のよい方法の一つの基礎となる.実際,対象物質でプリズムをつくり,α と $\delta_m(\lambda)$ を測定し,式 (5.54) を用いて関心のある波長での $n(\lambda)$ が計算されている.側壁が平行平板ガラスでできた空洞のプリズムに,液体や高圧ガスを満たすことができる.そして,ガラス板自体による偏向は何ら生じないので,これらの n も測定できる.

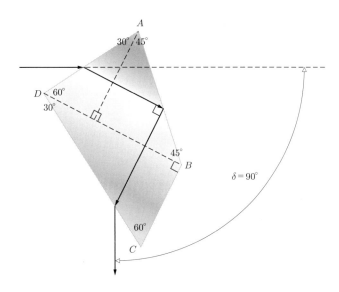

図 5.68　ペラン–ブロッカ・プリズム

図 5.68 と 5.69 は，主として分光学で重要な**偏角一定分散プリズム** (constant-deviation dispersing prism) の，二つの例を示している．この種のプリズムではたぶん**ペラン–ブロッカ・プリズム** (Pellin–Broca prism) が最も多用される．ガラスの一体物であるが，2 個の 30° – 60° – 90° プリズムと 1 個の 45° – 45° – 90° プリズムからできていると見られる．図に示された位置で，波長 λ の単色光線 1 本が要素プリズム DAE を対称に通過し，面 AB で 45° に反射されるとする．光線はその後プリズム CDB を対称に進み，全体で 90° の偏向を受ける．光線は通常の 60° プリズム (CDB と結合した DAE) を最小偏角で通過したと，考えられる．ビーム中に存在する他の波長のすべては，別の角度で出射する．紙面に垂直な軸に対して，プリズムがわずかに回転してい

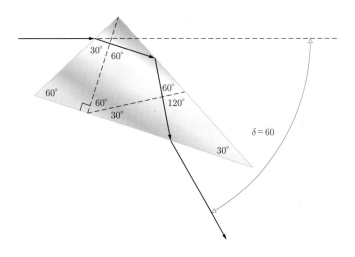

図 5.69　アッペ・プリズム

346   5 幾何光学 I

たら，入射ビームは新しい入射角をもつ．別の波長成分が，たとえば λ_2 としよう，最小偏角となり，やはり偏向角は 90° である．"偏角一定"の名はこのことに由来している．この種のプリズムを用いて，光源と観察器を一定角度 (ここでは 90°) に都合よく組み立てられ，そして，特定波長が見えるようにプリズムを単に回せばよい．さらに，プリズムを回すダイヤルで波長を直接読めるように，装置を較正することができる．

5.5.2 反射プリズム

次は，反射プリズム (reflecting prism) についてしらべる．このプリズムでは分散機能があると望ましくない．この場合ビームは，その伝搬方向か像の向き，あるいはそれら両方を変更する目的のために，少なくとも内部で 1 回は反射をするように入れられる．

はじめに，分散のないそのような内部反射が可能であることを示す．換言すると，δ は λ に依存していないかという問題になる．図 5.70 のプリズムは，よく使われる形状の二等辺三角形であるとする．最初の境界面で屈折した光線は，その後，面 FG で反射される．先に見たように (4.7 節)，内部での入射角が，次式で定義された臨界角 θ_c より大きいときに，この反射が起こる．

$$\sin\theta_c = n_{ti} \qquad [4.69]$$

ガラス–空気の境界面では，θ_i は約 42° より大きくなければならない．これより小さい入射角で議論が複雑になるのを避けるために，想定しているプリズムの底面には銀が着けられているとする．実際ある種のプリズムは銀被着面を必要とする．入射光線と出射光線の間の偏向角は，

$$\delta = 180° - \angle BED \qquad (5.55)$$

である．多角形 $ABED$ から，

$$\alpha + \angle ADE + \angle BED + \angle ABE = 360°$$

である．さらに，二つの屈折面において，

$$\angle ABE = 90° + \theta_{i1}$$
$$\angle ADE = 90° + \theta_{t2}$$

が成り立つ．式 (5.55) の $\angle BED$ に以上を代入すると，

$$\delta = \theta_{i1} + \theta_{t2} + \alpha \qquad (5.56)$$

となる．点 C で光線は等しい入射角と出射角をもつから，$\angle BCF = \angle DCG$ である．また，プリズムは二等辺三角形であるから，$\angle BFC = \angle DGC$ であり，結局，三角形 FBC と DGC は相似である．これから，$\angle FBC = \angle CDG$ となり，したがって，$\theta_{t1} = \theta_{i2}$ である．この等式はスネルの法則から，$\theta_{i1} = \theta_{t2}$ と等価であるから，結局偏角は，

$$\delta = 2\theta_{i1} + \alpha \qquad (5.57)$$

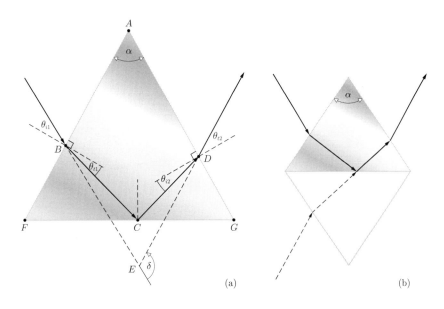

図 5.70 反射プリズムの幾何光学

となり,確かに λ にも n にも依存していない.反射はどの色も優先することなく生じ,プリズムは**アクロマティック** (achromatic) であるといわれる.プリズムを広げる,すなわち,図5.70bのように反射面 FG による像を描くと,ある意味で,これは平行六面体あるいは厚い平面板に等しい.したがって,入射光線の像は,自身の入射方向に平行に,しかも波長に無関係に出射する.

広く使われている反射プリズムのいくつかを,次の何枚かの図に示す.これらは多くの場合,BSC–2 ガラスか C–1 ガラス (表 6.2 参照) でつくられている.ほとんどの図は,それ自体が説明になっているので,文による説明は簡単にすませる.

直角プリズム (right-angle prism)(図5.71) は光線を入射した面に垂直に,つまり 90° 偏向する.像の頭と底が入れ替わることに注意しよう.すなわち,矢印はひっくり返るが,左右は変わらない.したがって,これは入射面が平面鏡のように作用する逆転系である.(これを確認するために,矢印と棒付きキャンディをベクトルと考え,そのベクトル積をとる.矢印 × 棒付きキャンディは最初伝搬方向であったのが,プリズムによって反転している.)

ポロ・プリズム (Porro prism)(図5.72) は,直角プリズムと同じ形状であるが,使う向きが異なる.2 回の反射でビームは 180° 偏向する.こうして,右手系で入ったビームは右手系で出てゆく.

ドーブ・プリズム (Dove prism)(図5.73) は,大きさと重さを減らすために,直角プリズムから一部を切り取ったもので,もっぱら平行光に使われる.プリズムが長手方向のまわりに回転すると,像は 2 倍の速度で回転するという,興味深い特徴がある (問題 5.92).

アミチ・プリズム (Amici prism)(図5.74) は,基本的には直角プリズムを切り取り,屋根部を斜面に付けたものである.このプリズムの普通の使い方では,像は分割され

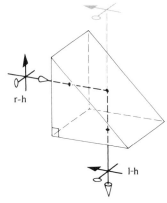

図 5.71 直角プリズム

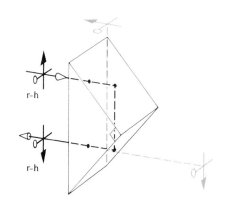

図 5.72 ポロ・プリズム

中央部がへこみ,そして左右の部分が入れ替わる[*5].このプリズムは高価である.それは,90°の屋根の角をおよそ3–4秒の誤差内に保つ必要があるからで,さもなければ厄介な二重像ができる.レンズで生じる反転を補正するために,簡単な望遠鏡の光学系でよく使われる.

長斜方形プリズム (rhomboid prism)(図 5.75) は視線を変位させるが,偏向あるいは像の向きの変化はもたらさない.

ペンタプリズム (penta prism)(図 5.76) は,像の向きを変えずにビームを 90° 偏向する.このプリズムの 2 面には銀を着けておく必要がある.狭視野ファインダーにお

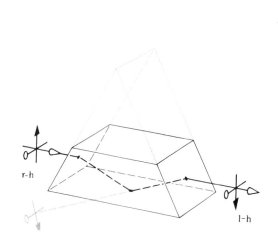

図 5.73 ドーブ・プリズム

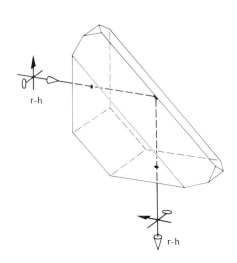

図 5.74 アミチ・プリズム

[*5] 2枚の平面鏡を直角に置き,直接それをのぞき込めば,アミチ・プリズムが実際にどのように機能するかがわかる.右目でまばたきすれば像も右目をまばたく.ついでに言っておくと,両眼の視力が同じなら,それぞれの目の真ん中を縦に通る 2 本の継目 (2 枚の鏡が接触している線の像) が見え,鼻はたぶんその中間にあるだろう.一方の目の方がよければ,その目の真ん中を通る 1 本の継目が見えるだけである.そのよい方の目を閉じれば,継目は他方の目の方に移る.これはぜひ試して確かめるべきである.

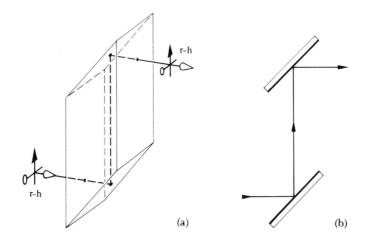

図 5.75　長斜方形プリズムとそれに等価な鏡

ける最後段の反射部品としてしばしば使われる．

レーマン–シュプリンガー・プリズム (Leman–Springer prism)(図 5.77) も 90° の屋根をもっている．偏向なしで視線が変位する (のは先と同じである) が，出てくる像は右手系で 180° 回転している．それゆえに，銃の照準器やその類の望遠鏡系で，像を正立させるのに使われる．

その他多くの反射プリズムが独特の機能を実現している．たとえば，立方体の隅から切り取った互いに垂直な 3 面をもつ部分は，**コーナーキューブプリズム** (corner-cube prism) になる．これは方向を反転させる特性をもっている，つまり，入ってくる全光

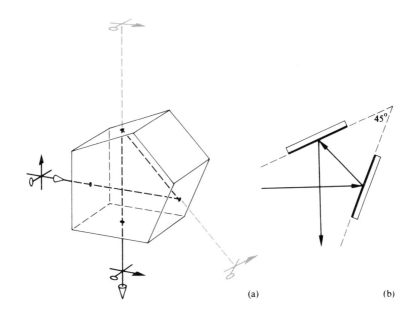

図 5.76　ペンタプリズムとそれに等価な鏡

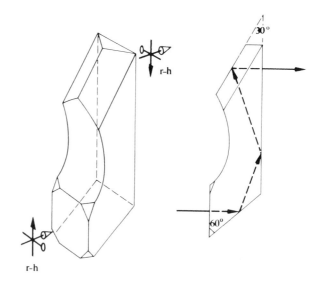

図 5.77 レーマン–シュプリンガー・プリズム

線をもとの方向にはね返す．100 個のこのプリズムが，ここから 240 000 マイル離れたところにあり，1 辺が 18 インチの正方形内に配列されている．これはアポロ 11 号によって月面上に置かれたものである[*6]．

最もありふれた正立系は，図 5.78 に示すように，二つのポロ・プリズムでできてい

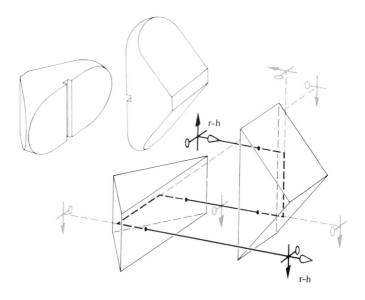

図 5.78 二重ポロ・プリズム

[*6] J. E. Foller and E. J. Wampler, "The Lunar Laser Reflector." *Sci. Am.*, March 1970, p. 38 を参照のこと．

る．これらは比較的簡単に製作でき，ここには重さと大きさを減らす目的で角を丸くしたものを示している．4回の反射があるので，出てくる像は右手系である．浅い角度で内部反射する光線を遮断する目的で，斜面にしばしば切込みが設けられる．家庭用の双眼鏡の外ケースを取り除き，これら切込みを見つけると，えもいわれぬ驚きを覚える．

5.6　ファイバー光学

　細くて長い誘電体中を (内部全反射によって) 通り抜ける光という概念は，ごく最近出てきただけである．1870 年にチンダルは，光が細い水の流れの中に閉じ込められ，そして，その中を伝わってゆくことを示した．その後まもなく，ガラス製の "光パイプ" が，少し遅れて溶融石英の糸が，この効果を実証するのに用いられた．しかし，短いガラス繊維の束で像を伝送するという重要な研究は，1950 年代初めまで待たなければならなかった．

　レーザーの出現 (1960 年) 後，電流やマイクロ波に対抗して，光で情報をある場所から他の場所に送ることには，潜在的な有用性があると，ただちに認められた．光の高い周波数 (10^{15} Hz の桁) では，マイクロ波に比べ 10 万倍以上の情報を運べる．計算上この伝送量は，1 本の光ビームで何千万ものテレビ番組を一度に送ることに相当する．レーザーとファイバーを結合した長距離通信の可能性が指摘されるのに (1966 年)，そんなに長くかからなかった．こうして，今日でも止むことのない，途方もない技術革新が始まった．

　1970 年に，ガラスメーカーであるコーニング (Corning) 社の研究者が，当時の銅を用いた電気系に劣らない，1 km の距離で 1% 以上の信号パワーを伝送する (すなわち，減衰は 20 dB/km)，石英のファイバーをつくった．つづく 20 年の間に，伝送効率は1 km で約 96% (つまり，減衰はわずか 0.16 dB/km) まで向上した．

　その低損失伝送，高い情報搬送能力，体積の小さいことと軽量性，電磁干渉との無縁性，無比の信号安全性，必要な原材料 (すなわち普通の砂) の豊富な供給量により，高純度ガラスファイバーは通信線の主役になった．

　ファイバーの直径が放射エネルギーの波長に比べて大きい限り，伝搬における波動特有の性質は重要でなく，伝搬過程はおなじみの幾何光学の法則に従う．一方，直径が λ 程度であると，伝搬過程はマイクロ波が導波管を進む状況に非常によく似てくる．伝搬モードのいくつかは，図 5.79 に示したファイバー端の顕微鏡写真で明らかである．ここでは，光の波動としての性質は物理光学で考えられるべきであるし，そのふるまいも物理光学に帰すことができる．光導波路，とりわけ薄膜形状のものは，興味を集め出しているが，ここでの議論は，人間の髪の毛ぐらいの比較的大きな直径のファイバーに限定する．

　図 5.80 のまっすぐなガラス棒を考え，屈折率が n_i である周囲の媒質は空気，すなわち $n_i = n_a$ とする．内部から側壁に当たる光は，入射角がいつも $\theta_c = \sin^{-1} n_a/n_f$ より大きいとすれば，内部全反射されるだろう．ここで，n_f はガラス棒あるいはファイバーの屈折率である．後で見るように，**子午的光線** (meridional ray)(中心軸あるい

図 5.79 直径の小さなファイバーの端面に見える光導波モードのパターン (AMP フェローの Narinder S. Kapany)

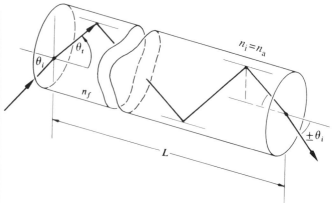

図 5.80 誘電体の円筒の内部で反射される光線

は光軸を含む面内の光線) は，ジグザグにはね返りながらファイバーに沿って進むとき，1 フィートあたり数千回もの反射を経験し，そして遠方の端部から出る (p.353 の写真参照)．ファイバーの直径が D，長さが L なら，光線が通過する経路の長さ l は，

$$l = L/\cos\theta_t$$

あるいは，スネルの法則から，

$$l = n_f L(n_f{}^2 - \sin^2\theta_i)^{-1/2}$$

である．そして反射回数 N_r は，

$$N_r = \frac{l}{D/\sin\theta_t} \pm 1$$

または，

$$N_r = \frac{L\sin\theta_i}{D(n_f{}^2 - \sin^2\theta_i)^{1/2}} \pm 1 \tag{5.58}$$

を，最も近い整数に丸めて得られる．±1 は光線が端面のどこに当たるかに依存していて，現実のように N_r が大きいと重要な意味はない．D が 50μm(人間の髪の毛もだいたい 50μm) つまり 2×10^{-3} インチ $(1\mu\mathrm{m} = 10^{-6}\mathrm{m} = 39.37 \times 10^{-6}$ インチ$)$ で，$n_f = 1.6, \theta_i = 30°$ とすれば，N_r は 1 フィートあたり 2000 回となる．直径 2μm 程度の細いファイバーも入手できるが，10μm 以下のものはあまり用いられない．きわめて細いガラスあるいはプラスチックの線は柔軟性に富んでいて，織物に織ることさえできる．

"余分な内部全反射" を通じて光が漏れ出さないように，1 本のファイバーの滑らかな表面は，湿気やほこりや油などを付けずに，清浄に保たなければならない．また，多

ゆるく束ねたガラスファイバーの端面から出てくる光 (E. H.)

数のファイバーをきわめて接近させて束ねると，光は 1 本のファイバーから他のファイバーに漏れてゆく．これはクロストーク (cross-talk) として知られている．そこで，個々のファイバーを**クラッド** (cladding)(被覆の意) とよばれる屈折率の低い透明の鞘で包むのが普通である．この層は望む分離が得られるだけの厚ささえあればよいが，別の理由から断面積の約 10 分の 1 を通常占めている．単純な光パイプは 100 年前にさかのぼれると文献には書かれているが，近代的なファイバー光学の時代は，1953 年にクラッド付きファイバーが導入されて始まった．

　ファイバーのコアとクラッドの屈折率は，種々の値のものが入手できるが，典型的にはコアでは $n_f = 1.62$，クラッドでは $n_c = 1.52$ である．クラッド型ファイバーを図 5.81 に示す．θ_i には最大値 $\theta_{\max}$ があり，このときコア内部の光線は，臨界角 θ_c で内壁に当たることに気づいてほしい．$\theta_{\max}$ より大きい角度で入射する光線は，θ_c より小さい角度で内壁に当たる．この光線はコアとクラッドの境界に当たるたびに，一部しか反射されず，たちまちファイバーから漏れ出てゆく．したがって，$\theta_{\max}$ は入射可能な光線のつくる円錐の頂角の半分である．これを決めるために，

$$\sin \theta_c = n_c/n_f = \sin(90° - \theta_t)$$

から出発しよう．この式から，

$$n_c/n_f = \cos \theta_t$$

あるいは，

$$n_c/n_f = (1 - \sin^2 \theta_t)^{1/2}$$

である．スネルの法則を利用して書き換えると，

$$\sin \theta_{\max} = \frac{1}{n_i}(n_f{}^2 - n_c{}^2)^{1/2} \tag{5.59}$$

が得られる．ここで，値 $n_i \sin \theta_{\max}$ は**開口数** (numerical aperture) あるいは NA と定義される．その 2 乗は系の集光パワーの指標になる．この用語は顕微鏡の研究に由来

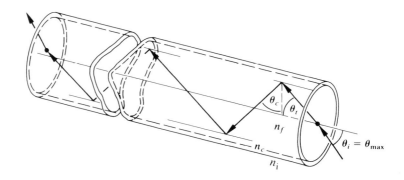

図 5.81 クラッド型光ファイバー内の光線

し,同じように定義された値が対物レンズの集光能力を記述する.**受光角** (acceptance angle)$(2\theta_{\max})$ は,ファイバーのコアに入ることのできる最大の円錐状光線の頂角に対応する.これは明らかに系のスピードに関係し,実際,

$$f/\# = \frac{1}{2(\text{NA})} \tag{5.60}$$

である.そして,ファイバーでは

$$\text{NA} = (n_f{}^2 - n_c{}^2)^{1/2} \tag{5.61}$$

となる.式 (5.59) の左辺は 1 を超えられず,空気中 ($n_a = 1.00028 \approx 1$) での開口数の最大値は 1 であることを意味している.この場合,半角 $\theta_{\max}$ は 90° に等しく,ファイバーは端面から入った全部の光を内部全反射させる (問題 5.93).約 0.2 から 1.0 までの種々の開口数のファイバーが商業的に入手できる.

例題 5.11 あるファイバーはコアの屈折率 1.499,クラッドの屈折率 1.479 をもっている.空気に取り囲まれている場合,ファイバーの (a) 受光角,(b) 開口数,(c) コアとクラッドの界面での臨界角はいくらか.

解 (b) 式 (5.61) から,

$$\text{NA} = (n_f^2 - n_c^2)^{1/2} = (1.499^2 - 1.479^2)^{1/2}$$
$$\text{NA} = 0.244$$

となり,これは標準的な値である.

(a)
$$\sin\theta_{\max} = \frac{1}{n_i}\text{NA} = \text{NA}$$

であるから,

$$\theta_{\max} = \sin^{-1}(0.244) = 14.1°$$

となる.したがって,

$$2\theta_{\max} = 28.2°$$

(c) 臨界角は，

$$\sin\theta_c = \frac{n_t}{n_i} = \frac{n_c}{n_f} = \frac{1.479}{1.499}$$

から求められる．ここで，$\sin\theta_c$ は 1 に等しいかそれより小さくなければならないことに注意しよう．

$$\theta_c = \sin^{-1} 0.9866$$
$$\theta_c = 80.6°$$

両端部のみが固められ (エポキシ樹脂などで)，研削・研磨されたファイバーの束は，柔軟な光導波路になる．規則的な配列になるよう個々のファイバーの位置決めをしていなければ，**インコヒーレント束** (incoherent bundle) である．あまり適切な使い方でないインコヒーレントという語 (コヒーレンス理論での使い方と混同してはいけない) は，たとえば，入射面でいちばん隅に配置されているファイバーでも，出射面ではどこにあるかわからないことを意味している．このような**可撓的光伝送器** (flexible light carrier) は上記理由から，製作が容易であるし安価でもある．その主たる機能は単に光をある領域から他の領域に導くだけである．逆に，個々のファイバーを，束の両端面で同じ位置関係になるように，注意深く配列してある場合は，**コヒーレント** (coherent) といわれる．そのように配列してあれば像を通すことができ，**可撓的像伝送器** (flexible image carrier) として知られている．

コヒーレント束はしばしばドラムに巻きつけてリボン状にし，そのリボン状になったものを注意深く重ねてつくられる．照明されている面にコヒーレント束の一端を当てると，1 点 1 点の像が他端に現れる (写真参照)．この束の一端を，小さなレンズになるように研磨することができ，その結果，被検物体に束を接触させる必要がなくなる．今日では，ファイバー光学機器は核反応炉の中心部やジェットエンジンから胃や生殖器といった，通常はのぞけないあらゆる場所に差し込まれて，普通に使われている．身

10 μm のガラスファイバーのコヒーレントな束．結ばれまた鋭く曲げられているが，像を伝送している．(American Hospital Supply Corp. の American ACMI Div.)

輪ゴムでまとめたカバーガラスはコヒーレント光導波路として働く．(E. H.)

体内部の空洞部分の検査に用いられるとき，このような装置は**内視鏡** (endoscope) とよばれる．気管支鏡，大腸内視鏡，胃内視鏡などがあり，すべてその長さは 200 cm 以下である．産業で用いる同様な機器は 2–3 倍の長さがあり，要求される像の解像性と使用可能な全径に応じて，通常 5000–50000 本のファイバーでできている．また，これらの装置に付加されるインコヒーレント束は，照明光の供給に用いられている．

ファイバー束はすべてが柔軟なものとは限らない．たとえば，短いファイバーを平板状に並べて溶融した硬いコヒーレント束は，**モザイク** (mosaic) とよばれ，陰極線管，ビディコン，像増強器，その他の装置の上の，均質な低分解能板ガラスのかわりに用いられている．文字通り何百万本のファイバーからなるモザイクは，そのクラッドが溶融固化して一体になっていて，機械的な特性は均一なガラスとほとんど同じである．同様に，溶融してテーパーをもたせたファイバーを薄板状に並べたものは，光が小さい方の端部から入るか大きい方から入るかによって，像を拡大縮小することができる．ハエなどの昆虫の複眼は実効的に，テーパーをもつファイバー状の光学繊維の束である．ヒトの網膜をつくっている桿体と錐体も，内部全反射によって光を通す．ところで，結像を伴うモザイクの他のよく知られた用途は，**像面平坦器** (field flattener) である．レンズ系で形成された像が湾曲面上にあれば，多くの場合それを平面，たとえば

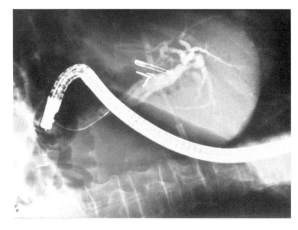

大腸がん患者の検査に使われている大腸内視鏡を示す X 線写真 (Pearson Education, Inc.)

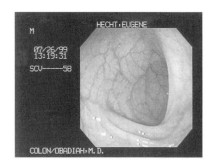

ファイバー光学を利用した大腸内視鏡によるきわめて鮮明な画像 (E. H.)

フィルム板に適合するように，整形するのが望ましい．モザイクは一方の端面が像の輪郭に一致するように，また他の端面は検出器に適合するように，研削・研磨される．付言しておくと，曹灰硼石 (ulexite) として知られている，天然に算出する繊維状結晶は，研磨されるとファイバー光学素子のモザイクに驚くほどよく似た応答をする．(趣味の店で装身用の宝石類をつくるのによく売られている．)

ここまで説明してきたような種類の光の伝達を見たことがないなら，重ねた顕微鏡用スライドガラスの端を見下ろせばよい．もっと薄いカバーガラス (0.18 mm) ならさらによい (写真参照).

今日ファイバー光学は大きく異なる三つの応用をもつ．像や照明光を直接短い距離だけ伝達するのに用いられ，また，通信用の種々の素晴らしい導波路を提供し，さらに，新しい種類のセンサーの心臓部となっている．コヒーレント束で数メートルの距離を像伝送する技術は，その像は美しくたいへん有益であるが，ファイバー光学のもつ高い潜在能力の利用から始まったのではなく，そんなに洗練されたものでない．一方，ファイバーは導波路として通信へ応用され，主たる情報線路としての銅線および電気に，急速に取って代ってきている．

1970 年以降の 20–30 年で，1 億キロメートルを優に越えるファイバーが，世界中に張りめぐらされた．今日では，地球を十分数周できるファイバーケーブルが毎日張られていると推定できる．さらに異なる流れとして，ファイバー光学センサーつまり，圧力，音，温度，電圧，電流，液面高さ，電場と磁場，回転などなどを測る装置が，ファイバーのもつ多面的な能力を示す，最も新しい応用になっている．

5.6.1　ファイバー通信技術

光の高い周波数が莫大なデータ処理容量を可能にしている．たとえば，一対の銅の電話線は最新の伝送技術をもってしても，同時に 24 回線程度の通話を運べるだけである．これを現在の簡単な 1 本のテレビ伝送と比べるべきである．1 本のテレビ伝送は約 1300 の電話通話を同時に運ぶのに匹敵し，1 秒間に 2500 枚のタイプされたページを送るのにほぼ等しい．明らかに現状技術では，テレビ映像を銅の電話線で送るのは実用的でない．1980 年代の半ばには一対のファイバーで，9 チャンネル以上のテレビ映像に相当する 12000 以上の通話を，同時に伝送するのは可能になっていた．このようなファイバー 1 本は，1 秒間に 4 億ビットの情報伝送速度 (400 Mbit/s) をもち，電話なら 6000 回線分に当たる．この種のファイバーは約 40 km ごとの中継を経て，世界に広がる都市間長距離通信網を構成した．1990 年代の初期，約 4 Gbit/s の伝送速度を得るために研究者たちは，波形変化せずに伝わるように注意深く整形したパルスであるソリトン (soliton)(孤立波) を使用した．これは，70 チャンネルのカラーテレビ映像を同時に 100 万キロメートル以上送るのに等しい．

最初の大陸間ファイバーケーブルである TAT–8 は，いくつかの巧妙なデータ処理技術を用い，たった二対のガラスファイバーで 40000 通話を同時に運べるように設計された．1956 年に敷設された銅ケーブルの TAT–1 は，単に 51 通話を運べただけだし，もう少し太かった最後の銅の TAT–7 (1983 年) でも，たったの 8000 通話であった．1988 年に運用開始された TAT–8 は，波長 1.3 μm の単一モードファイバーを用い，

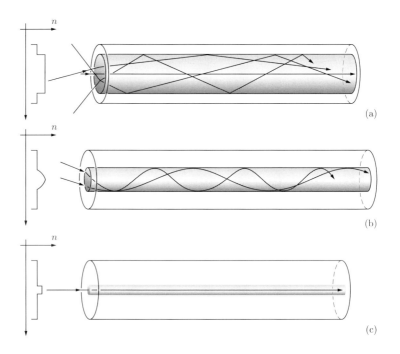

図 **5.82** 三つの主要なファイバーの形状と屈折率分布．(a) 多モード階段型屈折率ファイバー．(b) 多モード分布型屈折率ファイバー．(c) 単一モード階段型屈折率ファイバー．

296 Mbit/s の性能である (図 5.82c 参照)．これは 50 km (30 マイル) かもう少し長い距離ごとに，信号強度を強めるために再生器か中継器をもっている．中継器などの配置は，長距離通信ではたいへん重要なことである．普通の有線システムでは 1 km ごとに中継器が必要で，同軸通信網なら 2–6 km に延びる．大気中の無線伝送でも 30–50 km ごとに再生器が必要である．1990 年代半ばまで使われていた再生器は，電気と光を融合させたもので，弱まった光信号を電気信号に変換し，そして増幅した後に，半導体レーザーを使って再びファイバーにもどしていた．

中継器間隔を決める主たる要因は，信号が通信線路を伝搬する際の，減衰によるパワー損失である．二つのパワーの強さの比を指定するのに，習慣的にデシベル (dB) が単位として用いられ，入力パワー (P_i) に対して出力パワー (P_o) を都合よく示す．dB 値 $= -10 \log_{10}(P_o/P_i)$ であるので，1:10 の比なら 10 dB，1:100 なら 20 dB，1:1000 なら 30 dB といった具合である．減衰 (α) は通常ファイバー長 (L) に対して，1 km あたりのデシベル値 (dB/km) で与えられる．したがって，$-\alpha L/10 = \log_{10}(P_o/P_i)$ であり，

$$P_o/P_i = 10^{-\alpha L/10} \tag{5.62}$$

である．一般に，パワーが $1/10^5$ に低下すると，信号の再増幅が必要である．1960 年代半ばでは，ファイバー用に入手可能な市販のガラスの減衰は，約 1000 dB/km であった．光はこの材料を 1 km 伝送されると，$1/10^{100}$ にパワーが落ち，50 m ごとに再生器

が必要であった．(二つのブリキ缶と糸での通信と変わらない.) 1970 年に溶融シリカ (石英，SiO_2) の α は 20 dB/km に低下し，1982 年には 0.16 dB/km の低さになった．減衰のこの大幅な減少は，主に不純物 (特に鉄，ニッケル，銅のイオン) の除去と，ガラス中のわずかな水分を細心の注意で除いて達成された OH 基汚染の低減によって成し遂げられた．今日，最も高純度のファイバーは，信号を再増幅なしで 80 km 以上送れる．

　21 世紀が始まる前に，二つの素晴らしい進歩が長距離光ファイバーのデータ処理能力を，劇的に増加させ始めていた．第 1 の革新技術は，**エルビウム添加ファイバー増幅器**—EDFA (erbium-doped fiber amplifier) の導入である．これは，希土類元素であるエルビウムの原子が，コア部に 100 から 1 000 ppm の濃度に溶かし込まれた，単一モードファイバーである．出力がおよそ 200 mW のダイオードレーザーに助けられ，このファイバーはたいへん高い光変換効率を示す．高効率に反転分布を得るのは 980 nm，最高の量子効率を得るのは 1 480 nm が典型的な波長である．こうして励起されたエルビウム原子は，減衰した光信号の光子による誘導放出で光を出し，データの流れを強める．この現象は増幅器の全長で生じ，広い周波数範囲の信号の強度を同時に高める (通常は mW 程度に)．ファイバー増幅器は，一世代前の電気–光学的再生器に起因していた弱点を取り除いてくれた．

　第 2 の革新技術は，**高密度波長分割多重**—DWDM (dense wavelength division multiplexing) とよばれる，新しいデータ処理技術の応用である．"多重" という語は，1 本の線路で数信号をそれぞれの独自性を保ったまま，同時に伝送することを意味している．現在では，別々の信号を運ぶ 160 以上の光チャンネルを，同時に同じファイバー中に異なる周波数で伝送するのは難しくない．1 本のファイバーで 1 000 チャンネルになるのも遠くないだろう．各チャンネルは 50 GHz から 100 GHz ずつ離れていて，そして 1 チャンネルのデータ転送速度は典型的には 10 Gbit/s かそれ以上である．主要な通信事業会社はすでに DWDM を使っている．最新の大陸間ケーブルには 4 対のファイバーがある．各ファイバーは 48DWDM チャンネルをもち，1 チャンネルは 10 Gbit/s でデータを流す．したがって，正味の容量は $4 \times 48 \times 10$ Gbit/s つまり 1.9 Tbit/s である．1 チャンネルあたり 40 Gbit/s で動作する商業通信網もすでにサービスに供されている．

　図 5.82 に，現在通信で使われている主な三つのファイバー形態を示す．(a) ではコアは比較的太く，また，コアとクラッドの屈折率はどちらもそれぞれの領域で一定である．これがいわゆる**階段型屈折率ファイバー** (stepped-index fiber) であり，コア径は 50–200 μm で，クラッドの厚さは 20 μm が代表的である．階段型屈折率ファイバーは 3 タイプの中で最も歴史があり，第 1 世代のシステムで広く広く使われた (1975–1980)．コアが他に比べて太いために洗練されてはいないが，端部を処理して接続するのが容易であるし，光の入射も容易である．このファイバーは最も安価であるが，全体としての効率は最も低く，そして長距離の応用には次の重大な欠点がある．

　ファイバーへの入射角によって，何百あるいは何千もの光線の経路，あるいはコア中をエネルギーが伝搬するモードがある (図 5.83)．これが**多モードファイバー** (multimode fiber) であり，各モードはごくわずかずつ異なる通過時間をもつ．ファイバーは光導波路であり，"光" がこの種のチャンネルに沿って伝搬する正確な様子は，非常に複雑であ

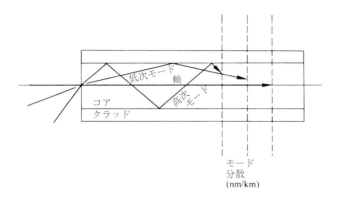

図 5.83 多モード階段型屈折率ファイバーにおけるモード分散

る (図 5.79). 種々の伝搬パターンあるいは "モード" は, マクスウェル方程式を用いて理論的に調べることができる. そのような解析に出てくるきわめて有効なパラメータが **V ナンバー** (V-number) で,

$$V\text{ナンバー} = \frac{\pi D \text{NA}}{\lambda_0} \tag{5.63}$$

であり, ここで D はコアの直径, λ_0 は伝送される放射エネルギーの真空中での波長である. 階段型屈折率ファイバーに対する詳細な理論解析により, V ナンバーが値 2.405 より大きくなると **モード数** (number of modes)(N_m) は急激に増加することが示され, 数モードが存在する場合には

$$N_m \approx \frac{1}{2}(V\text{ナンバー})^2 \tag{5.64}$$

の関係がある. ファイバーのコアの直径や屈折率を大きくすると, モード数は増加する. これとは対照的に, クラッドの屈折率や波長を大きくすると, ファイバーが維持するモード数は減少する. 階段型屈折率ファイバーでは, ほとんどのエネルギーはコアに閉じ込められるが, クラッドに侵入する場合もあり, そこではエバネッセント波が進行する.

よく取り上げられる別のパラメータが **比屈折率差** または **相対屈折率差** (fractional refractive index difference) $(n_f - n_c)/n_f$ である. この量は, その平方根が開口数に比例し, コア (あるいはファイバー) の屈折率 (n_f) がクラッドの屈折率 (n_c) に近い場合は 1 よりはるかに小さい. この条件は **弱導波近似** (weakly guiding approximation) として知られ, そこでは導波路解析がかなり簡単になる. この近似下では, 中心軸に対して対称な一組の直線偏光 (LP) モードがファイバー内に存在できる. 最も簡単なモードが LP_{01} で, ここで添字は, ビーム内における節 (強度がゼロの領域) の数に関係している. 添字 "0" は, ビーム断面において方位方向または角度方向に節がないことを意味する. 添字 "1" は, 半径方向にたった一つの節があり, ビームの外側の境界を決めていることを示す. 最も単純な強度分布は中心軸にピークをもつベル形である.

Vナンバーが円柱状の導波路に対するゼロ次ベッセル関数解が最初にゼロになる 2.405 を超えると，次のモードである LP_{11} が LP_{01} モードとともに存在することができる．V ナンバーが 1 次ベッセル関数解が最初にゼロになる 3.832 を超えると，さらに二つのモード，すなわち LP_{02} と LP_{21} が維持されるなどと，続いてゆく．近距離の多モード通信ファイバーは，$D = 100\mu m$ で $NA = 0.30$ 程度であり，633 nm で動作すれば V ナンバーは 148 で，ファイバーが維持するモード数は $N_m = 11 \times 10^3$ である．

各モードで運ばれるエネルギー量は，入射条件に依存する．入力ビームの角度広がり (あるいは NA) は，ファイバーによって受け入れられる角度広がりよりも大きく (すなわち，ファイバーの NA より大きく) なりうる．さらに，入力ビームの直径も，コアの直径より大きくなりうる．その場合，信号光のいくらかはファイバーに入ることができず，これは**オーバーフィル** (overfill) と称される．反対の条件が当てはまり，ファイバーが実際に受け入れているよりも多くの光を受容できる場合は，**アンダーフィル** (underfill) と称される．通常この言葉は，頂角の狭い円錐状の光線がファイバーに入り，低次モードだけが維持されることを意味する．一方オーバーフィルでは，もっと急角度で入る光線がコアとクラッドの境界でより頻繁に反射し，クラッドに広がるエバネッセント波を介して大きな損失を受けるので，結果として減衰が強まる．

多モードファイバーでは大きい角度で入射する光線は，長い経路をたどる．つまり，ファイバー出口に到達するのに，光軸に沿って進む光線より側壁で反射を多く繰り返し，長い距離をたどる．屈折率の周波数依存性と何の関係もないが，これを**モード間分散** (intermodal dispersion) あるいは**モード分散** (modal dispersion) とあいまいにいう．伝送すべき情報は通常，何らかの符号化法でディジタル化されて，1 秒間あたり何百万ものパルスあるいはビットの流れとしてファイバー中に送り込まれる．異なる通過時間は，信号である光パルスの形を変えるという望ましくない効果がある．鋭い方形波パルスとして出発しても，ファイバー中を数キロメートル進むと鈍ってしまい，パルスと認識できない不鮮明なものになる (図 5.84)．

光軸上の光線と最も長い距離を進んで最も遅く到着する光線の到着時間差は，$\Delta t = t_{max} - t_{min}$ である．ここで，図 5.81 を参照すると，最小の移動時間は光軸長さ L を

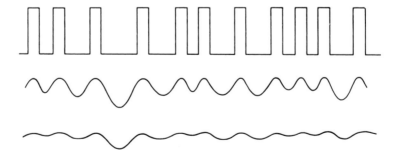

図 5.84 分散が大きくなって不明瞭になる光の方形波パルス．接近したパルスの方が速く劣化することに注目すること．

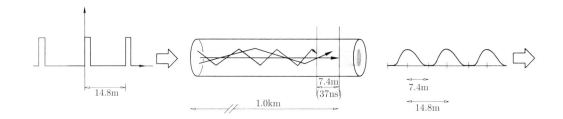

図 5.85　モード分散による入力信号の広がり

ファイバー中での光速で割ったものであるから，

$$t_{\min} = \frac{L}{v_f} = \frac{L}{c/n_f} = \frac{Ln_f}{c} \tag{5.65}$$

である．$l = L/\cos\theta_t$ で与えられる軸に平行でない経路長 (l) は，光線が臨界角で入射するときに最大になり，$n_c/n_f = \cos\theta_t$ が成り立つ．二つの式を組み合わせると，$l = Ln_f/n_c$ であり，

$$t_{\max} = \frac{l}{v_f} = \frac{Ln_f/n_c}{c/n_f} = \frac{Ln_f{}^2}{cn_c} \tag{5.66}$$

となる．式 (5.66) から (5.65) を引くと，

$$\Delta t = \frac{Ln_f}{c}\left(\frac{n_f}{n_c} - 1\right) \tag{5.67}$$

が得られる．例として，$n_f = 1.500$ で $n_c = 1.489$ とする．遅延 $\Delta t/L$ は 37 ns/km となる．換言すれば，鋭い光パルスがファイバーを 1 km 進むたびに，時間にして 37 ns 広がる．そして，進む速度は $v_f = c/n_f = 2.0 \times 10^8$ m/s であるから，空間的には 1 km 進むたびに 7.4 m 広がる．伝送信号が容易に読み出せるのを保証するには，空間的な (あるいは時間的な) パルス間隔は広がりの少なくとも 2 倍は必要である (図 5.85)．いま，全長は 1 km であるとする．この場合，ファイバー端から出る出力パルスは 7.4 m の幅があり，隣のパルスとは 14.8 m 離れていなければならない．これは入力パルスが 14.8 m 離れていなければならないことを意味している．時間では 74 ns 離れているべきであり，74 ns に 1 パルス以上の速度では入射できないことになる．すなわち，13.5×10^6 パルス/s のパルス速度である．このように，モード分散 (典型的には 15 から 30 ns/km) が入力信号の周波数を制限し，システムに送る情報の速度を決める．したがって，階段型屈折率の多モードファイバーは，低速度で短距離の用途に使われている．

　このような太いコアのファイバーは，主として像伝送や束にして照明に使われている．また，広い空間領域にエネルギーが分布している高出力レーザーのビームを伝えるのにも，ファイバーが損傷を受けないので，有用である．

例題 5.12　ある多モード階段型屈折率ファイバーのコアの半径は $40\,\mu$m で開口数は 0.19 である．このファイバーが真空中での波長が 1300 nm の光に対して作動すると仮定し，それが維持するモードの数を求めよ．

解 定義から

$$V\text{ナンバー} = \frac{\pi D\text{NA}}{\lambda_0}$$

であり，モード数は

$$N_m = \left(\frac{1}{2}\right)(V\text{ナンバー})^2$$

である．したがって，

$$V\text{ナンバー} = \frac{\pi 2(40 \times 10^{-6}\,\text{m})0.19}{1300 \times 10^{-9}\,\text{m}}$$
$$V\text{ナンバー} = 36.73$$

および

$$N_m \approx \frac{1}{2} \times 36.73^2 \approx 674.6$$

となる．約 674 のモードが存在する．

　遅延の問題は，コアの屈折率をクラッドに向かって放射状に減るように徐々に変化させることで (図 5.82b)，1/100 に低減できる．鋭いジグザグの経路でなく，光線は中心軸のまわりになめらかならせんを描く．中心に沿った部分の屈折率は高いので，短い経路をとる光線は屈折率の高さに比例してかなり遅くなり，クラッド近くでらせんを描く光線は，その長い経路を速やかに進む．その結果すべての光線は，この多モードの**分布型屈折率ファイバー** (graded-index fiber) 中に，ほぼ同じ時間だけ滞在する．典型的には，分布型屈折率ファイバーは 20～90 μm のコア径をもち，モード分散はわずか 2 ns/km 程度である．価格は中程度で，中距離の都市間の通信媒体として広く使われている．

　コア径が 50 μm かそれ以上の多モードファイバーには，発光ダイオード—LED (light-emitting diode) の光がよく用いられる．LED は比較的安価で，通常は比較的距離の短い低伝送速度の用途に用いられる．LED の問題点は，かなり広い周波数範囲の光を出すことである．その結果，ファイバーの屈折率が周波数の関数であるという事実，つまり物質分散あるいはスペクトル分散が制限要因になる．この問題はスペクトルが純粋なレーザービームを用いれば本質的に避けられる．別の避け方としては，シリカガラスの分散の小さい 1.3 μm 近辺の波長で，ファイバーを用いてもよい (図 3.40 と 3.41 参照)．

　モード分散の問題の最新かつ最良の解決法は，光線が中心軸に沿って進む 1 モードだけを与えるように，コアをきわめて細く (10 μm 以下) することである (図 5.82c)．超高純度ガラスでつくられたこのような**単一モードファイバー** (single-mode fiber) は最高の性能を与える．なお，階段型屈折率ファイバーも最近の分布型屈折率ファイバーも，超高純度ガラスでつくられているのは同じである．

　単一モードファイバーは，コアに沿って伝搬する特定の波長での基本モードのみが存在しうるように設計される．階段型屈折率ファイバーの場合，このモード制限は V ナ

ンバーを 2.405 以下に調節することで達成される．(放物線状の分布型屈折率ファイバー
に関して対応する V ナンバーは 3.40 で，三角形状に近い屈折率分布については 4.17.)
V ナンバーの抑制は，ファーバーの直径をきわめて小さく (一般に 9 μm に) するととも
に，コアとクラッドの屈折率差を低減して開口数を小さくすることで実現される．次
に，基本モードだけを維持できる最小の波長があり，それより短い波長を用いれば V
ナンバーを増加させて多モード伝搬になる．これがいわゆる**遮断波長**または**カットオ
フ波長** (cut-off wavelength)λ_c で，式 (5.63) から階段型屈折率ファイバーについては，

$$\lambda_c = \frac{\pi D \text{NA}}{2.405} \tag{5.68}$$

となる．

　すでに学んだように，単一モードファイバーの断面上の強度分布はベル形で，ピー
クは中心軸にあり，実際にはコアを越えてクラッドにまで広がっている．換言すると，
モード場 (mode field) の直径 (中心軸から強度が $1/e^2 = 0.135$ に低下するところまで
の距離の 2 倍) は，コアの直径より 10% から 15% 程度大きい．したがって，出てくる光
スポットはコアより大きい．クラッドが一部の放射エネルギーを運ぶので，クラッド
自体の境界を越えて広がる光は，すべて失われる．それゆえに，階段型屈折率の単一
ファイバーのクラッドは，通常コアの直径よりも 10 倍厚い．このようなファイバーは，
波長 1310 nm において 8.2 μm のコアと直径が 9.2 μm のモード場をもち，これは波長
1550 nm ではたぶん 10.4 μm に増加する．単一モードファイバーでは，典型的なコア
径は 2 μm から 9 μm(ほぼ 10 波長相当) であるから，モード分散は本質的に除かれる．
これら単一モードファイバーは比較的高価でレーザー光源を必要とするが，1.55 μm の
波長で使われていて，今日の主たる長距離光導波路である．なお，1.55 μm の波長で
の減衰は約 0.2 dB/km であるが，石英の理想値 0.1dB/km とそんなに違わない．一対
のこのファイバーはいつの日か，あなたの家庭を巨大な通信網とコンピュータ設備に
接続し，銅の通信線が初歩的でなつかしく見える時代がくるだろう．

例題 5.13 階段型屈折率の単一モードファイバーが 1.446 と 1.467 の屈折率をもっている．この
ファイバーは 1.300 μm の波長で用いられる．コア径の最大値を求めよ．この直径と波
長を比較せよ．

解 単一モード伝搬の条件は，

$$V \text{ナンバー} = \frac{\pi D}{\lambda_0}(n_f^2 - n_c^2)^{1/2} \leq 2.405$$

$$\frac{\pi D}{1.3 \, \mu\text{m}}(1.467^2 - 1.446^2)^{1/2} \leq 2.405$$

$$\pi D (0.06117)^{1/2} \leq 3.1265$$

$$\pi D \leq 12.64$$

であるから

$$D \leq 4.02 \, \mu\text{m}$$

となる．最大直径は 4.0 μm で波長は 1.3 μm であり，まったく同程度である．

純粋な溶融シリカ (二酸化ケイ素, SiO_2) は，高品質で超低損失な通信ファイバーの主原料である．今日では，必要な特性に改変するためにシリカに不純物が添加される．少量の二酸化ゲルマニウム (GeO_2) は，五酸化リン (P_2O_5) と同様に屈折率を高める．一方，フッ素 (F) は，三酸化ホウ素 (B_2O_3) と同様に屈折率を下げる．今日では，図 5.82c に示す単一モードの階段型屈折率ファイバーは**マッチド型クラッドファイバー** (matched cladding fiber) とよばれ，屈折率を高めるために二酸化ゲルマニウムを 1%の何分の 1 か (通常は <0.5%) だけ添加されたシリカのコアを取り囲む純シリカのクラッドを用いて製作される．図 5.86 は，同じような構造をもち，**デプレスト型クラッドファイバー** (depressed cladding fiber) として知られる．これは，二酸化ゲルマニウムをわずかに添加した溶融シリカのコアをもち，フッ素を添加して屈折率を低下させたシリカのクラッドで囲まれている．屈折率を低下させた領域は，それ自体が第 2 の境界をつくる純シリカの鞘で囲まれている．

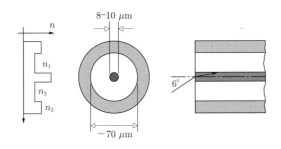

図 5.86 デプレスト型クラッドファイバー

ホーリーファイバー/微細構造ファイバー

1990 年代に，非常に将来有望なファイバーの型が出現し，すぐさま (はじめは冗談めかして) **ホーリーファイバー** (holey fiber) として，あるいはもっと包括的に**微細構造ファイバー** (microstructured fiber) として知られた．今日では，これらの素子は動作と応用の面で違いのある二つの異なる構造になっており，中空コアのフォトニック結晶バンドギャップファイバーとソリッドコアのフォトニック結晶ファイバーである．これら二つの分類は，光を運ぶファイバーコアが中空か固体かで基本的に区別される．

結晶は原子の規則的な配列であり，その周期性から量子力学的な電子波であれ従来の電磁波であれ波動を散乱し，興味深くきわめて有用な効果を引き起こす．このような理解のもとに物事を大きくとらえ，長波長の電磁波を制御された状態で同じように散乱する，異なる誘電体の巨視的な周期配列を導出することができるはずである．この考えの多くはすでに達成され，研究者たちは現在も，可視光領域のスペクトルで作動する (天然の結晶とはまるで似ていない) 人工構造体の"結晶"をつくり出す努力をしている．そのような不均一でおおむね周期的な誘電体の構造体は**フォトニック結晶** (photonic crystal) として知られている．

レイリー卿は，"周期構造を付与された媒質における波動の伝搬"と題する 1887 年の論文で，積層状態の媒質では適当な波長の波動が来たところに向かって完全に後方

に反射されることを示した．それは，あたかもそれら波動が，通過できない一種の禁制帯に遭遇したかのようである．現在わかっていることは，電子波が半導体結晶の周期構造中を移動するときに出会う各原子層で部分的に散乱されることである．電子波のド・ブロイ波長が規則的な原子層間隔と同程度である場合，後方に反射された要素波が強め合うように結合し，電子波の完全な反射と透過ビームの消失が生じる．このような概念上の障害は**エネルギーバンドギャップ** (energy bandgap) として知られている．換言すれば，結晶中の電子波は，伝搬が禁止されたギャップでエネルギー帯に分離されていると考えることができる．低温の固体中では，電子は低いエネルギーしかもたず，いわゆる**価電子帯** (valence band) を占有する．半導体と絶縁体では，バンドギャップは価電子帯をそれより高いエネルギーにある**伝導帯** (conduction band) から分離している．バンドギャップを跳び越えるのに十分なエネルギーを得た電子のみが，伝導帯に入って自由に動き回ることができる．

似たようなバンドギャップは，巨視的な周期的誘電体の合成物 (すなわちフォトニック結晶) を伝搬する電磁波にも存在しうる．**フォトニックバンドギャップ** (photonic bandgap) として知られる，ある周波数範囲の電磁波の透過を抑制する誘電体の構造物をつくることができる．この章では主として，ファイバーとその長さ方向に沿った光の伝搬に注目する．そこで，小径の円筒型空孔の規則的な配列をもつシリカファイバーを考える (写真参照)．この円筒型空孔は中心軸に平行にファイバー全長に沿って走り，伸長した2次元バンドギャップ構造を形成する．これら小径の空孔は，通常は他の空孔よりいくぶん大きな中央の空孔のまわりに集まっている．これは，中空コアをもちフォトニックバンドギャップを有するファイバーである．

中空コアのフォトニックバンドギャップファイバー (Tim Birks, University of Bath)

ファイバーの軸を見下ろすと，交互になったガラス–空気–ガラス–空気の周期的な誘電体配列である周囲のクラッドは，放射エネルギーを散乱し，特定の周波数範囲の前方への伝搬を妨害するバンドギャップをつくり出す．この知識は，クラッドに対して関心ある周波数範囲でバンドギャップをもたせ，ファイバー内に"光"を捕獲させることを可能にする．クラッドは，狭帯域の波長以外のすべての波長を遮断し，空気で満たされた直径がわずか $15\,\mu m$ 前後の中空のコアに本質的にビームを制限する．コアはフォトニック結晶格子の一種の"欠陥"であり，99.5%もの多くの"光"をその中に集

めることができる．換言すれば，フォトニックバンドギャップが可視光領域のスペクトルにつくられている場合，明らかにその結晶は光を運ぶ役には立たない．"欠陥"を導入すると，コア(充填物があっても中空であっても)は対称性を破る．そしてコアは，クラッドから排除されたそれら周波数に対する導波路としてはたらく．中空のコアに入った他のすべての波長は，クラッドがたとえ空孔ばかりであっても空気より大きい平均屈折率をもつので，すみやかに漏れ出てゆく．このようなファイバーを構成し，1550 nm あたりでほぼ 200 nm の帯域幅をもつビームを中空のコアに沿って導くことができる．

フォトニック結晶ファイバーは，中空すなわち空気で満たされた中央チャンネルをもっているので，従来の固体ガラスの通信ファイバーよりも多くのエネルギーを運ぶことができる．そしてこのことは，潜在的にはるかに大きい情報伝送容量を意味し，たぶん 100 倍もの大きさであろう．高純度ガラスでできた通常の階段型屈折率ファイバーでは，光がある程度吸収・散乱され，長距離伝送の信号が減衰する．さらに，ガラスにおける分散により，伝搬する信号パルスが広がり，互いにぼけて重なるので，高密度データが順調に伝送される速度が制限される．これとは対照的に，空気コアのフォトニック結晶ファイバーでは，吸収も分散も本質的に無視できる．別の問題ある効果は，光がわずかに非線形性のあるガラスのような媒質中をきわめて長距離を進むときに生じる．そのような問題は，"光"が中空コアの空気中を伝搬する場合には生じない．

次に，小さなソリッドコアをもつフォトニック結晶ファイバーを考えよう．すなわち，ファイバーの全長にわたって軸に平行で，密な間隔で規則正しく配列された小径の空孔が貫通している細いガラス円筒からなるものである．しかし，この場合は中心のコアがガラスである(写真参照)．この種の満足できる最初のファイバーは，早くも 1996 年に出現し，すべての波長に対して基本単一モードだけを維持するという注目すべき特性をもっていた．ミツバチの巣箱のようなクラッドでは，すべての高次モードが漏れ出る．換言すれば，ソリッドコアのフォトニック結晶ファイバーは，カットオフ波長 λ_c[式 (5.68)] を欠いているので，"果てしなく"単一モードにすることができる．す

あらゆる波長で単一モードであるソリッドコアのフォトニック結晶ファイバー (Tim Birks, University of Bath)

なわち，このファイバーでは最小波長が存在しないので，より短波長の波動が 2 次やもっと高次モードで伝送されうる．このようなことが生じるのは，"光" の周波数が増加するとクラッドの平均屈折率が大きくなるからである．つまり，果てしのない単一モードでの作動は，コアとクラッドの屈折率段差が波長の減少とともに小さくなるから起こる．この段差減少は開口数を減少させ，したがって，それに比例するように遮断周波数を低減させる．

ソリッドコアのフォトニック結晶ファイバーにおける誘電率の周期的微細構造状の変動は，光を内部で複雑に散乱するが，全体的な動作はもっと簡単に，少し修正した内部全反射の過程として考えられる．ここで，クラッドは，空孔の 2 次元格子の存在により，シリカ媒質，したがってコアの屈折率より実効的に小さい平均屈折率をもっている．

ソリッドコアのホーリーファイバーの最も重要な特徴の一つは，これらファイバーを構成している透明な固体物質の分散特性と大きく異なる，有用な分散特性の創出が可能なことから生じている．今日，種々の (対称および非対称の) 配列パターンをとっている異なる大きさと形状の複雑な空孔構造が，特殊なフォトニック結晶ファイバーの作製に利用されている．ソリッドコアのホーリーファイバーは，全波長において単一モードを維持できること，大きな直径のモード場の形成，低いベンディング損失，容易な分散調整ができることを考えると，広帯域伝送にたいへん明るい見通しを与えている．

通常ホーリーファイバーは，はじめに数百本のシリカの棒と薄い肉厚の中空の管を集め，"母材" とよばれる長さが 1 m で直径が 2 cm から 4 cm 程度の束を形成することで製造される．母材は約 180°C に熱して 2 mm から 4 mm の直径になるように引き伸ばされる．こうして得られたガラスの細い棒はシリカの筒である保護管に入れられ，その全集合体は再び熱して約 125μm の直径になるまで引き伸ばされる．典型的な最終の長さは数キロメートルである．

光 ス イ ッ チ

インターネットを動き回るには，1 本のファイバーから他のファイバーに，莫大な量のデータを迅速に移し変える必要がある．これは 20 世紀の終り頃，光パルスを電気信号に変え，電子的に切り替えるネットワーク用ハブで行われていた．そして，分割されて一塊になったデータが光パルスにもどされ，流れていった．しかし電子式スイッチは体積が大きく高価で，さらに相対的に遅く，将来の要求を満たせない．ごく最近，いわゆるこの電子技術の弱点が間もなく解決されるだろうと期待できる，わずかな希望が見えてきた．新しい千年紀を迎える時点で，光学式スイッチシステムの導入という劇的転換が起こっている．

図 5.87 は，**MOEMS** (Micro-OptoElectroMechanical System) 技術を利用した全光学式スイッチを示している．何百本もの入出射用ファイバーの端面では，ファイバーごとに小さなレンズが設けられている．下向きパルスとして出てくる光子は，電子的に方向制御された微小鏡 (直径わずか 0.5 mm) に当たり，次に大きな反射器ではね返されて，別の微小鏡にもどり，そしてそこから，指定されたファイバーに入ってゆく．

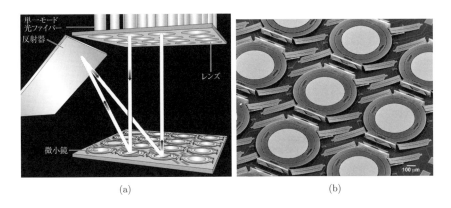

図 5.87　(a) 光パルスの方向を変えるために傾斜角可変の小さな鏡を使った光スイッチ. (Alcatel-Lucent USA Inc. の許可を得て掲載) (b) 傾斜角可変の鏡の配列. (Alcatel-Lucent USA Inc. の許可を得て掲載)

この一連の動作はミリ秒程度で行われる．MOEMS スイッチはすでに，データの流れを制御するためにネットワークで広く使われている．結局光スイッチは，毎秒ペタビット，(Pbit/s, 米国の位取りで 10^{15}) の近い将来の通信システムを支えるであろう．想像もできない速度でデータが世界を飛び交う，全光学式の電話–テレビジョン–インターネット網が待っているだろう．

導波管の光学

ファイバー光学は，比較的低周波数の，つまり光か赤外線領域の放射エネルギーを，細くて中身の詰まった導波路内の高/低屈折率の境界面で内部全反射させることで成り立っている．同じように，周波数の高い電磁放射 (特に X 線) も，ガラス–空気境界面というよりもむしろ，空気–ガラス境界面で内部全反射する．面から測った臨界角は，典型的には 10 keV (≈ 0.12 nm) の X 線に対して，わずか 0.2° 程度である．図 5.88 は，曲がった中空の毛細管の中を内部の空気–ガラス境界面で浅い入射角の反射を繰り返して，ビームが伝わってゆく様子を示している．X 線の光路を曲げるのは，どちらかというとたいへんな仕事である．

全体の直径 300 μm から 600 μm で，その中に 3 μm から 50 μm 径の何千本もの細管をもつ，全体として 1 本のガラス細線をつくることができる (写真参照)．このような何千もの多重チャンネルをもつ細線 (図 5.89) は，かつては不可能であった X 線を集

図 5.88　中空のガラスファイバー内における水平入射角での X 線の多重反射

何百本もの中空の導波管がまとまって1本になった多重チャンネル細線の走査型電子顕微鏡写真 (写真は X-ray Optical Systems, Inc., Albany, NY, USA)

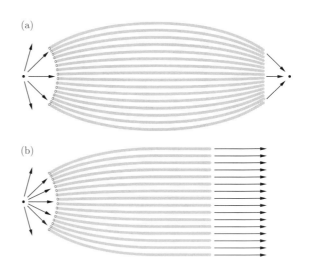

図 5.89　点源からの X 線を (a) 集光あるいは (b) 平行にするのに用いる多束導波管

つめたり平行にするのに重宝されている．

5.7　光学機器

　　多くの実用的光学機器の基礎になっている諸原理を正しく評価できるところまで，近軸理論を展開してきた．確かに，精密に収差を制御するのはたいへん重要であるが，まだ議論していない．しかし，第1次近似の理論から導き出した結論を使って，たとえば望遠鏡を組み立てることができる．(なるほど大して優れたものではないだろうが，それでも望遠鏡である．)

　　話を始めるのは，最もよく使われている光学機器でないとすれば，何がよいだろうか，眼だろうか．

5.7.1　眼

　　ここでの議論の目的から，眼は主に三つのグループに分類できる．真中にある1枚のレンズで，放射エネルギーを集め像を形成する眼，光ファイバーに似た管に光を入れる多数の小レンズの多面配置を利用した眼，レンズのない小さな穴で単純な機能しかない最も未発達な眼である．光を感じる眼以外に，ガラガラヘビはピットとよばれる赤外線を感じるピンホールの"眼"をもっていて，これは最後の分類に含まれる．

　　はじめのタイプの眼のレンズ系は，少なくとも三つの違う種類の生物で，独立にかつ著しくよく似た発達をした．何種類かのかなり進化した軟体動物 (たとえばタコ)，ある種のクモ (たとえばアビキュラリア属)，私たちも含めた脊椎動物は，二つの眼をもち，一つ一つの眼は光を感じるスクリーンすなわち網膜の上に連続的な実像を結ぶ．

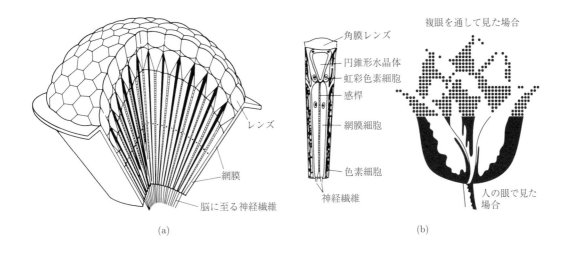

図 5.90 (a) 多数の個眼からなる複眼．(b) 個眼．特定方向の狭い領域を"見る"小さな目である．角膜レンズと円錐形の水晶体が，光を感じる透明で棒状の感桿に光を導く．各感桿は神経繊維で脳につながっている網膜細胞で囲まれている．ヒトの眼と複眼の両者で見た花．(出典：Ackerman & Ellis, *Biophysical Science*, 2nd Ed., ⓒ1979, p.31, Pearson Education.)

これに比べ，多面形状の**複眼** (compound eye)(図 5.90) は，節足動物，つまり関節でつながった体節や足をもつ生物 (たとえば，昆虫やザリガニ) の間で独立に発達してきた．複眼は，一つ一つの小部分の狭い視界で得た点像を寄せ集めて，一つの像をつくる．つまりきわめて細い管をしっかり束ねたもので世界を見ているようなものである．異なる明るさの点からなるテレビ画像のように，複眼は見ている光景を分割しデジタル化する．網膜には光景通りの像は形成されず，神経系で電気的に合成される．アブの複眼には 7000 の小部分があり，肉食のトンボ，特に速く飛ぶものでは 30000 もあり良好な視界をもっている．これに引き換え，ある種のアリでは 50 しかない．複眼の面数が多いと，点状の像の数も多く，分解能はよくなり，合成された光景もくっきりしている．複眼は最も古いタイプの眼であろう．5 億年前の海中小生物の三葉虫は，十分発達した複眼をもっていた．なお，像をつくる光学は著しく異なるものの，地球上の全生物の像を感じる化学機構は，まったくよく似ている．

肉眼の構造

人の眼は，感光面に実像を形成するように配置された 2 枚の正レンズと考えてよい．この大まかな考えを提案したのはケプラーである (1604 年)．彼は "外界の像が凹の網膜に映るときに視覚が生じると私は断言する" と書いている．この洞察は，1625 年にドイツのイエズス会修道士のシャイナー (Christopher Scheiner) が素晴らしい実験を行った後に，初めて広く受け入れられた．なお，デカルトも 5 年後に独立に同じ実験を行った．シャイナーは動物の眼球後部の膜を除き，後ろ側から透明に近い網膜を通して向こうを見透かしたとき，眼球の前の光景の縮小倒立像を見ることができた．眼は簡単なカメラに似ているが，視覚系 (眼，視神経，脳の視覚野) は計算機制御された

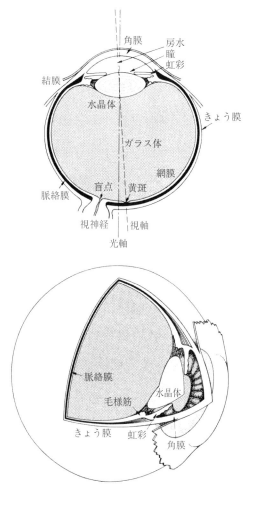

図 5.91 肉　　眼

閉回路のテレビ装置に非常によく似た働きをする．

　眼は強靭で柔軟な外皮である**きょう膜** (sclera) 内に保持されている，ほぼ球形 (長さ 24 mm で横 22 mm) のゼリー状の塊である (図 5.91)．透明な前部あるいは**角膜** (cornea) を除いて，きょう膜は白くて不透明である．角膜は球体から盛り上がっていて，その曲面 (わずかに平らになっているので，球面収差を抑制する) はレンズ系における第 1 番目の強い凸レンズとして作用する．実際，光線束の屈折の多くは空気と角膜の境界で起こる．付け加えておくと，水中でものがよく見えない理由の一つは，水の屈折率 ($n_W \approx 1.33$) が角膜のそれ ($n_C \approx 1.376$) にあまりにも近く，適切な屈折が起こらないからである．

　角膜を出た光は，**房水** (aqueous humor)($n_{ah} \approx 1.336$) とよばれる水のような透明液体で満たされた領域を通過する．房水は眼の前部に栄養を運んでいる．空気と角膜の境界面で光軸の方に強く屈折した光線は，角膜と房水の境界面では，両者の屈折率

5.7 光学機器　373

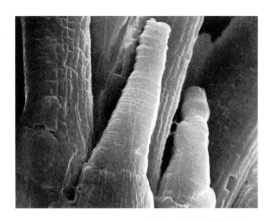

サンショウウオ (*Necturus Maculosus*) の網膜の電子顕微鏡写真．2本の錐体が前面に見え，その後ろに数本の桿体がある．[E. R. Lewis, Y. Y. Zeevi, and F. S. Werblin, *Brain Research*, **15**, 559 (1969)]

が似ているため，わずかに方向を変えられるだけである．房水の中に浸かっているのは**虹彩** (iris)(虹の意のギリシャ語からきている) として知られているダイヤフラム (絞り) で，孔あるいは**瞳** (pupil) を通って眼に入る光の量を制御する開口絞りとして働く．眼に青，褐色，灰色，緑，薄茶色といった特有の色を与えているのは，虹彩である．虹彩は円形で放射状の筋肉でできていて，瞳を明るいときの約 2 mm から暗いときの約 8 mm まで伸縮できる．さらに集光性能にも関係していて，縮まると像の鮮明さが増す．

　虹彩の直後にあるのが**水晶体** (crystalline lens) とよばれるレンズである．多少誤解を招く名前は，西暦 1000 年の Abu Ali al-Hasan ibn al-Haytham，別名カイロのアルハーゼンの業績にさかのぼる．彼は眼を，水，水晶，ガラスのような三つの部分に分けられると記述した．大きさも形も小さな豆のような (直径 9 mm で厚さ 4 mm) レンズは，弾力のある膜で囲まれた，多層構造の繊維質である．構造としては，約 22 000 層のごく薄い層からなり，透明なタマネギと形容することができる．水晶体は成長を続けて大きくなるという以外にも，人間がつくるレンズと区別される著しい特徴がある．その層状構造のため，水晶体を横切る光線は，少しずつ折れ曲がった経路をたどる．このレンズは全体として，年とともに硬くなるが，柔軟である．しかも屈折率は中央の層の約 1.406 から密度の低い外皮部での約 1.386 と幅があり，分布形屈折率あるいは GRIN 系である．水晶体はその形状を変化させて，要求される精密な集光機構をもたらす，つまり，焦点距離が可変である．これに関しては，すぐにもう一度ふれる．

　眼の屈折要素である角膜と水晶体は，実効的にダブレットを形成していると考えられ，物焦点距離は角膜の外表面の前の 15.6 mm で，像焦点距離は角膜の後ろ約 24.3 mm で網膜の上である．少し簡単にいえば，組合せレンズは光学中心を網膜の前 17.1 mm にもち，ちょうど水晶体の後ろの面である．

　レンズの後ろは，コラーゲン (タンパク質の高分子) とヒアルロン酸 (タンパク質の濃縮液) からなる透明なゼラチン状物質で満たされた別の部屋である．この濃厚なゲルが**ガラス体** (vitreous humor)($n_{vh} \approx 1.337$) として知られ，眼球を維持している．また，このガラス体は自由に浮遊する細胞破片の微小粒子を含んでいる．光源を横目で

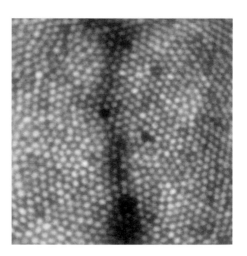

生きている人の網膜の高分解能写真．明るいスポットの各々は一つの錐体光受容細胞で，直径は約 4.9μm である．(Austin Roorda and David R. Williams, University of Rochester, NY)

見るかピンホールを通して空を見ると，回折縞で縁どられた微小粒子の影が自身の眼の中に容易に見える．奇妙なアメーバー状の物体—飛蚊 (muscae volitantes) が視野の中を漂うだろう．付言しておくと，このような飛蚊の知覚が著しく強くなるのは，網膜剝離の徴候である．まだ飛蚊が見えているうちに，再び光源を横目で見よう (広く広がる蛍光灯の光が好適)．そしてほぼ完全にまぶたを閉じると，実際に円に近い瞳の周囲が見え，その向こうで明るい光が暗闇の中に消えてゆくだろう．信じないのなら，何かの光に眼を閉じたり開いたりしてみるとよい．円形の明るい輝きがはっきりと大きくなったり小さくなったりするのが見える．虹彩のつくる影を眼の中に見ているのである．このように眼球内部の物体を見ることは，**眼内知覚** (entoptic perception) として知られている．

丈夫なきょう膜の内壁は**脈絡膜** (choroid) である．これは黒い層で，たくさんの血管があり，メラニンで濃く着色されている．カメラ内側の黒色塗料の被膜のように，脈絡膜は迷光を吸収する．脈絡膜の内表面の広い部分を，光受容細胞の薄い層 (約 0.5 mm から 0.1 mm 厚) が覆っていて，これが**網膜** (retina)(網を意味するラテン語の rete に由来) である．集光された光ビームは，この桃色がかった多層構造 (の膜) で，電気化学反応によって吸収される．

人間の眼は 2 種類の光受容細胞，**桿体**(かんたい) (rod) と**錐体** (cone) をもっている (写真参照)．両者合わせて約 1 億 2500 万個の細胞が，網膜上のほとんどのところで不均一に混じっている．桿体 (1 個の直径は約 0.002 mm) の集団はある面で，(Tri-X のような) 高速白黒フィルムの特性をもっている．きわめて感度が高く，錐体が反応するには暗すぎる光にも反応する．しかし，色を識別することはできないし，伝える像は鮮明でない．これに比べ，600 万から 700 万の錐体 (1 個の直径は約 0.006 mm) の集団は，低速カラーフィルム片を一部分が重なるように並べたものと考えられる．これは明るい光で機能し，色の着いた精細な眺めをもたらすが，低い光量に対してはあまり感度がない．

$$\times \qquad\qquad 1 \qquad\qquad 2$$

図 5.92 盲点の存在を確かめるため，片目を閉じ，約 10 インチ離れて × をまっす
ぐに見ると 2 が消える．近づくと 2 が見えるかわりに 1 が消える．

人間の視覚の通常の波長範囲は，おおむね 390 nm から 780 nm である (表 3.4)．し
かし訓練すれば，下限は紫外線領域の約 310 nm にまで下がり，上限は赤外線領域の
約 1050 nm にまで上がる．実際，X 線放射を "見た" という報告がある．眼の紫外線
の透過限界は，紫外線を吸収する水晶体で決められている．手術で水晶体をとった人
は，紫外線に対する感度が大幅に向上する．

視神経が眼から出てゆく領域には受容体はなく，光に感度がない．そして，そこは
盲点 (blind spot) として知られている (図 5.92)．視神経は網膜となって眼の内部の後
背面に広がっている．

網膜のちょうど中心付近は，直径で 2.5 から 3 mm の小さな陥没になっていて，黄
点または**黄斑** (macula) として知られている．そこには桿体の 2 倍以上の錐体がある．
そして，黄斑の中心に**中心窩** (fovea centralis) とよばれる直系約 0.3mm の桿体のない
小さな領域がある．(網膜上の満月の像の直径が 0.2 mm であるのと比べよう—問題
5.101．) ここの錐体は細く (直径 0.0030 mm から 0.0015 mm)，また網膜の他のどの
部分よりも密度が高い．中心窩は最も鮮明で緻密な像を与えるので，興味のある主な
物体の近辺からの光が中心窩に来るように，眼球は絶えず動いている．眼球のこのよ
うな正常な運動により，像は異なる受容細胞の上を移動しつづけている．もしこのよ
うな運動がなければ，像は決まった光受容体上に停止したままであり，消えてしまい
やすい．中心窩がなければ，眼はその能力の 90–95% を失い，眺めの輪郭が残るだけ
である．

知覚系の複雑さを示す他の事実は，桿体と神経線維は重複して結合していて，1 本の
神経線維は約 100 個の桿体のどれか一つで活性化されうることである．対照的に，中
心窩の錐体はべつべつに神経線維に結合している．光景の実際の知覚は，眼と脳の系
で，時間的に変化する網膜上の像を連続的に解析することで，実現されている．片目
を閉じていても，盲点はほとんど問題を起こさないことを，よく考えてみよう．

網膜の神経線維層とガラス体の間には，網目構造になった太い網膜血管があり，ま
さに眼の中で観察できる．一つの方法は，眼を閉じまぶたの前に明るくて小さい光源
を置くことである．光を感じる網膜層の上に，血管がつくる影の図形が "見える" だろ
う．[これを**プルキンエ図形** (Purkinje figure) という．]

視 力 調 節

人間の眼の精密な集光あるいは**視力調節** (accommodation) は，水晶体で行われる．
毛様筋 (ciliary muscle) からなる円形のヨークに結合した靭帯によって，水晶体は虹彩
の後ろの位置に保持されている．通常，毛様筋は弛緩していて，その状態では水晶体の

外周を保持している細い繊維質のネットワークを，外側放射状に引っ張る．柔軟な水晶体は相当平らな形状になり，半径が増し，結果的に焦点距離が長くなる [式 (5.16)]．毛様筋が完全に弛緩すると，無限遠の物体から来た光が網膜上に集光される (図 5.93)．物体が眼に近づくと，毛様筋は収縮し，水晶体周囲の外部応力を解放し，そして水晶体自身の弾性力のもとに，それを少し膨らませる．こうして，焦点距離は減少し，s_i は一定に保たれる．物体がさらに近づくと，毛様筋のヨークはますます強く収縮し，それらが囲んでいる円形領域はさらに小さくなり，水晶体表面の半径もますます小さくなる．眼が結像できる最も近い点は，**近点** (near point) として知られている．正常な眼なら，10 代で 7 cm，青年で 12 cm 程度，中年でおおむね 28–40 cm，60 歳では 100 cm である．物を見る器械はこの事実をわきまえて設計されているので，眼は不必要に緊張しなくてもよい．明らかに，眼は異なる距離にある二つの物体を，同時に結像できない．一かけらのガラスを通して物を見ているときに，ガラスとその向こうの景色を同時に見ようとすると，これは明白になるだろう．

哺乳動物は通常水晶体の曲率を変えることで視力調節しているが，別の方法もある．ちょうどカメラレンズが焦点合せのために動かされるように，魚はレンズを網膜に近づけたり遠ざけたりしているだけである．ある軟体動物は眼全体を伸縮させて，レンズと網膜間の相対距離を変え，同じことをしている．餌食にされる鳥は生き残り策として，素早く動く物体を広い距離範囲にわたっていつも結像しておかなければならず，視力調節機構はまったく別である．これらは角膜の曲率を大きく変えることで，視力調節している．

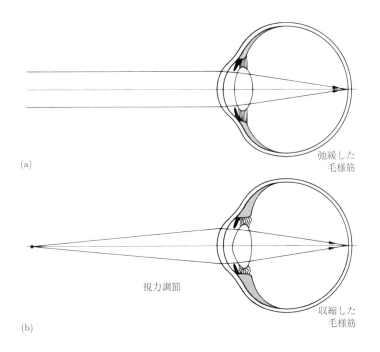

図 5.93 視力調節．レンズ形状を変化させている．

5.7.2 眼　　鏡

　眼鏡はたぶん13世紀の終り頃におそらくイタリアで発明された．現存していないが，その時代(1299)のフィレンツェの手書き本に，"視力が衰え始めた老人の便宜のために，最近眼鏡が発明された"とある．それらは，手にもつ拡大鏡や読書鏡とほとんど変わらない両凸レンズだったし，それ以前からずっと，柄付き眼鏡として研磨した貴石が使われていたのは疑いもない．それよりもやや早い頃，ロジャー・ベーコン(1267年頃)が負レンズについて書き残しているが，クーサ(Nicholas Cusa)が負レンズの眼鏡への使用を議論したのより200年は早く，そして負レンズの眼鏡が珍しくなくなる1500年代終りより300年早い．面白いことに，18世紀になっても公衆の前で眼鏡をかけることは下品と考えられていて，その頃までに描かれた絵画の中に，使用者はあまり見られない．以前からの眼鏡(かなり平らな両凸や両凹レンズ)では，中心部でしかよい視覚の得られないことに気づいていたウォラストンは，1804年に曲率の大きい新しいレンズの特許をとった．これは現代の**メニスカスレンズ**(ギリシャ語の*meniskos*に由来し，月の欠け，すなわち三日月の意)の先駆けで，中心部だけでなく周囲に視線を通しても，大きなひずみは伴わない．

　生理光学では，単に焦点距離の逆数であるレンズの**屈折力**(dioptric power) $\mathcal{D}$ で語るのが，習慣であるし，またたいへん便利でもある．f がメートル単位なら，屈折力の単位はメートルの逆数で，**ジオプトリー**(diopter) とよばれ，記号 D が使われて

眼鏡を装着した人の最古のものと考えられる絵(1352年頃)．これは，1262年に亡くなったプロヴァンスの枢機卿ウーゴの肖像画で，モデナのトマソが描いた．[Cardinal Ugo of Provenza(1351), Tomaso da Modena. Fresco in the Capitol Room in the Church of San Nicolò, Treviso. 著者のコレクションからの写真]

正常なら透明な眼のレンズが濁った状態は，白内障といわれる．その結果，眼がかすみ，視覚に悪影響を与える．通常，重症の場合は手術で水晶体が除かれる．そして小さな凸のプラスチックレンズが，眼の収束性を高めるために眼内に入れられる(眼内レンズ装着)．(写真は収束性球面レンズの拡大像で，実際は直径約 6 mm である.) これを使うと，かつて手術後に必要であった分厚い"白内障用眼鏡"が，ほとんどの場合必要なくなる．(E. H.)

$1 m^{-1} = 1D$ である．たとえば，収束レンズが $+1 m$ の焦点距離をもっていたら，その屈折力は $+1D$ であり，$-2 m$ の焦点距離(発散レンズ)では，$\mathcal{D} = -(1/2)D$, $f = +10 cm$ なら $\mathcal{D} = 10D$ である．空気中の屈折率 n_l の薄肉レンズは，

$$\frac{1}{f} = (n_l - 1)\left(\frac{1}{R_1} - \frac{1}{R_2}\right) \qquad [5.16]$$

で与えられる焦点距離をもつから，その屈折力は，

$$\mathcal{D} = (n_l - 1)\left(\frac{1}{R_1} - \frac{1}{R_2}\right) \qquad (5.69)$$

である．少しあいまいな言葉であるが，レンズの各面は入射光線を曲げ，大きく曲がるならその面は強いと考えれば，取り上げるべき話題がわかるはずである．両面で光線を大きく曲げる凸レンズは，短い焦点距離そして大きな屈折力をもっている．私たちはすでに，接触している2枚の薄肉レンズの焦点距離は，

$$\frac{1}{f} = \frac{1}{f_1} + \frac{1}{f_2} \qquad [5.38]$$

で与えられるのを知っている．これは，全体としての屈折力は個々の屈折力の和であることを意味し，

$$\mathcal{D} = \mathcal{D}_1 + \mathcal{D}_2$$

である．したがって，$\mathcal{D}_1 = +10 D$ の凸レンズが $\mathcal{D}_2 = -10 D$ の負レンズに接触していたら，$\mathcal{D} = 0$ であり，組み合わせたレンズは平行な板ガラスのように作用する．さらに，たとえば両凸レンズは，2枚の平凸レンズを背中合せにぴったりくっつけたものと考えられる．それぞれの平凸レンズの屈折力は式 (5.69) で得られ，最初の平凸レンズ ($R_2 = \infty$) では，

$$\mathcal{D}_1 = \frac{n_l - 1}{R_1} \qquad (5.70)$$

で，2番目は

$$\mathcal{D}_2 = \frac{n_l - 1}{-R_2} \tag{5.71}$$

である．これら2式は最初の両凸レンズの各面の屈折力を与えるように正しく定義されている．換言すれば，"任意の薄肉レンズの屈折力は，各面の屈折力の和に等しい"．凸レンズの R_2 は負の数であるから，$\mathcal{D}_1$ と $\mathcal{D}_2$ は両方とも正である．ただし，このように定義した面の屈折力は，空気中に置かれていても，一般には焦点距離の逆数ではない．肉眼に対する普通の模型にこの用語を適用すれば，空気で囲まれた水晶体の屈折力は約 +19 D であるとわかる．角膜は，遠くの物体を見ているときの眼 (弛緩した状態の眼) の，全体としての +58.6 D のうち +43 D を受けもっている．

　正常な眼というものは，言葉の意味にもかかわらず思うほどありふれたものでない．私たちは，**正常視**あるいは類義語の**正視** (emmetropic) という言葉で，弛緩した状態で平行光線を網膜に集光できる眼，つまり第2焦点が網膜上にある眼を表している．視力調節していない眼において，その像が網膜上にある物点を，**遠点** (far point) と定義する．したがって，正常な眼では，網膜に結像される最も離れた点，つまり遠点は無限遠にある (実際問題としては 5 m 以上向こう)．これに比べ，焦点が網膜上にない場合，眼は**屈折異常** (ametropic) である (たとえば，遠視，近視，乱視)．これらの原因は，屈折機構 (角膜，レンズなど) の異常な変化と，レンズと網膜の距離を決める眼球の長さの異常のどちらかにある．後者の方がはるかに多い．正常な視覚を得るのに，青年の 25% は ±0.5 D 弱の眼鏡での矯正が必要で，65% もの多くの人を取り上げると，±1.0 D 弱の眼鏡が必要になる．

近視と負レンズ

　近視 (myopia) とは，平行光線が網膜の前に集光する状態である．眼のレンズ系の屈折力が，眼の前後間の軸長のわりに強すぎるのである．遠くの物体の像は網膜の前にでき，遠点は無限遠ではなく眼に近く，遠点より遠くの点はすべてほやける．これが近視をしばしば "近くが見えること" (nearsightedness) とよぶ理由であり，この欠点をもつ眼は近くのものは鮮明に見える (図 5.94)．この状態あるいは少なくともこの徴候を矯正するには，眼のレンズと組み合わせれば焦点が網膜上にくるような，付加的なレンズを眼の前に置く．近視の眼は遠点より近くにある物体は鮮明に見えるのだから，眼鏡のレンズは遠くの物体の像を相対的に近くにつくるものでなければならない．それゆえに，光線を少し発散させる負レンズを導入する．単に系の屈折力を下げているだけと思いたい誘惑に負けてはならない．事実，眼鏡レンズと眼を組み合わせた系の屈折力は，ほとんどの場合裸眼の屈折力と同じである．もしあなたが近視の矯正に眼鏡をかけているなら，眼鏡をとってみよう．景色はほやけるけれど大きさは変らない．また，眼鏡で紙の上に実像をつくろうとしても，それはできない．

例題 5.14　2 m のところに遠点をもつ眼を考えよう．眼鏡レンズが，そこよりも遠くにある物体を 2 m より近くに移動させたと思われるなら，首尾は上々である．凹レンズで無限遠

の物体の虚像が 2 m のところにできるなら，眼は水晶体を調節しなくても，物体を鮮明に見るだろう．必要な焦点距離を求めよ．

解 薄肉レンズ近似を採用し (眼鏡レンズは重さと体積を減らすために一般に薄い)，

$$\frac{1}{f} = \frac{1}{s_o} + \frac{1}{s_i} = \frac{1}{\infty} + \frac{1}{-2} \qquad [5.17]$$

から，$f = -2\,\mathrm{m}$ で $\mathcal{D} = -(1/2)\mathrm{D}$ が得られる．

上記の例題において，矯正レンズから測った遠点の距離が，矯正レンズの焦点距離に等しいことに気づこう (図 5.95)．矯正レンズで形成される正立の虚像を眼は見るのであり，これらの像は遠点と近点の間に形成されている．付け加えると，近点は少し遠ざかり，それゆえに，近視の人は針に糸を通したり，小さな印刷文字を読むとき，眼鏡をはずすのを好む．はずすと物体が眼に近づき，そして倍率も大きくなる．

いま行った計算では，矯正レンズと眼の距離を考慮しておらず，上式は実効的に眼

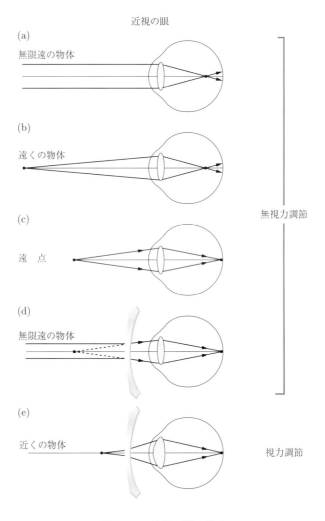

図 5.94 近視の眼の矯正

5.7 光学機器   381

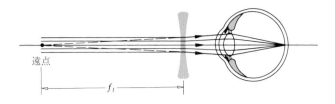

図 5.95　遠点の距離と矯正レンズの焦点距離は等しい.

鏡ではなくコンタクトレンズに,より適している.通常この距離は,角膜から眼の第 1 焦点までの距離 ($\approx 16\,\mathrm{mm}$) に等しくつくられ,裸眼がつくる像より大きな像が形成されるのでない.多くの人では,左右の眼は同じでないが,倍率は等しい.片方の眼の M_T は変化して,他方が不変なら,問題である.矯正レンズを眼の第 1 焦点に置くことで,矯正レンズの屈折力に関係なく,この問題を完全に回避できる [式 (6.8) を見ておこう].これを確かめるため,物体の先端を出て眼の第 1 焦点を通る光線を引いてみる.この光線は眼に入った後,光軸に平行に進み,像の高さを決定する.この光線は,眼の第 1 焦点に中心がある矯正レンズに影響されないので,像の位置は変わるが,像の高さそして M_T は変わらない [式 (5.24) 参照].

さて,眼から距離 d にある矯正レンズの屈折力と,遠点までの距離と等しい焦点距離 f_c をもつコンタクトレンズの屈折力は,どんな関係にあるのだろうか.そこで,眼を単レンズと見なし,その単レンズから眼鏡までの距離 d は,約 16 mm の角膜–眼鏡間距離にほぼ等しいとする.すると,矯正レンズと眼の焦点距離がそれぞれ f_l と f_e なら,組み合わせた系の焦点距離は式 (5.36) で与えられ,すなわち

$$\text{後側焦点距離} = \frac{f_e(d - f_l)}{d - (f_l + f_e)} \tag{5.72}$$

である.そして,これが眼の近似としての単レンズから網膜までの距離である.同じように,その単レンズとコンタクトレンズを組み合わせると,式 (5.38) で与えられる,

$$\frac{1}{f} = \frac{1}{f_c} + \frac{1}{f_e} \tag{5.73}$$

の焦点距離をもつ.ここで,$f =$ 後側焦点距離 である.式 (5.72) の逆数をとり,式 (5.73) と等しいとおいて簡単にすると,$1/f_c = 1/(f_l - d)$ を得,眼自体は関係しない.屈折力で書くと,

$$\mathcal{D}_c = \frac{\mathcal{D}_l}{1 - \mathcal{D}_l d} \tag{5.74}$$

である.眼としての単レンズから距離 d にある屈折力が $\mathcal{D}_l$ の眼鏡レンズと,屈折力 $\mathcal{D}_c$ のコンタクトレンズは,実効的な屈折力は同じである.d はメートル単位で測られ,たいへん小さい値であるから,通常の場合のように $\mathcal{D}_l$ が大きくない限り,$\mathcal{D}_c \approx \mathcal{D}_l$ である.普通は眼鏡を鼻のどのあたりにのせても,あまり変りはないが,いつも必ずそうとは限らない.不適切な d の値は頭痛をもたらす.

一般的ではないが,視覚を $-6\mathrm{D}$ の屈折力をもつコンタクトレンズで矯正される人を 6D の近視の人というのはよくあることである.

例題 5.15 6D の近視の人の視覚を矯正する眼鏡レンズについて述べよ．この人はそれぞれの眼から 12 mm のところにレンズを保持したがっている．

解 6D の近視の人は過剰な収束力をもち，$-6D$ のコンタクトレンズを必要とする．眼鏡レンズの屈折力は，式 (5.74)，すなわち

$$\mathcal{D}_c = \frac{\mathcal{D}_l}{1 - \mathcal{D}_l d}$$

を用いて計算できる．これより，

$$\mathcal{D}_c - \mathcal{D}_c \mathcal{D}_l d = \mathcal{D}_l$$
$$\mathcal{D}_c = \mathcal{D}_l (1 + \mathcal{D}_c d)$$
$$\mathcal{D}_l = \frac{\mathcal{D}_c}{1 + \mathcal{D}_c d} = \frac{-6}{1 + (-6)(0.012)}$$

したがって

$$\mathcal{D}_l = -6.47D$$

遠視と正レンズ

遠視 (hyperopia あるいは hypermetropia) は，視力調節状態にない眼の第 2 焦点が網膜の後ろに来る屈折異常である (図 5.96)．そして "遠くが見えること"(farsightedness) とよばれるのは，想像する通り，眼の前部と後部間での光軸長が短くなっている，つまり，レンズが網膜に近すぎるからである．光線の曲がりを強くするために，正の眼鏡レンズが眼の前に置かれる．遠視の眼は遠くの物体を鮮明に見るようには視力調節できるが，それも近点が限界である．そして遠視の眼の近点は，正常な眼の近点 (254 mm あるいは 25 cm ちょうどとしておく) より，はるかに遠い．その結果，近くの物体を鮮明に見ることができない．正の屈折力をもつ収束性の矯正レンズは，近くの物体を，眼が何とか鮮明に見ることができる近点の外側に，実効的に移動させる．すなわち，矯正レンズは遠くに虚像を形成し，眼はそれを鮮明に見ることができる．

例題 5.16 125 cm のところに近点をもつ遠視の眼を考える．必要な矯正レンズを求めよ．

解 $+25$ cm にある物体を，あたかも正常な眼で見ているかのようにするには，その像は $s_i = -125$ cm にできるべきで，焦点距離は，

$$\frac{1}{f} = \frac{1}{(-1.25)} + \frac{1}{0.25} = \frac{1}{0.31}$$

でなければならない．あるいは，$f = 0.31$ m で $\mathcal{D} = +3.2D$ である．これは表 5.3 の $s_o < f$ の場合にあたる．このような眼鏡は実像を形成できる．あなたが遠視なら，はずして試してみるとよい．

図 5.97 に示すように，矯正レンズは肉眼で無限遠の物体を見られるようにする．実効的に，矯正レンズはその F を通る焦平面に像をつくり，眼にはこれが虚の物体となる．その像が網膜上にできる点は，やはり遠点であり，レンズの後方 f_l の距離にある．遠視の人は遠点を快適に見ることができ，また，適当な焦点距離をもつレンズな

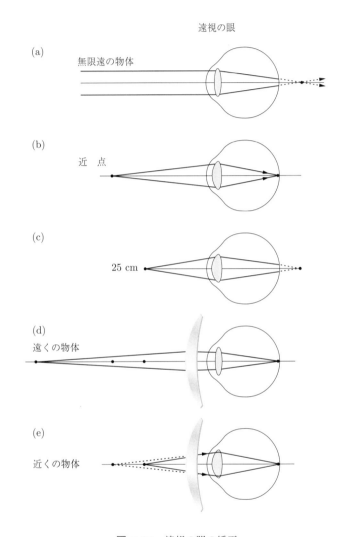

図 **5.96** 遠視の眼の矯正

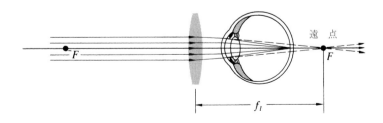

図 **5.97** 遠点の距離と矯正レンズの焦点距離は等しい．

ら，眼の前のどこにあっても，快適に見える．

瞼の上から角膜を上下に指でそっとこすると，角膜は一時的に変形し，視覚がぼやけた状態から鮮明な状態に，あるいは逆に変化する．

乱視とアナモルフィックレンズ

おそらく最もありふれた眼の異常は**乱視** (astigmatism) であろう．これは角膜の曲率のむらに起因している．換言すれば，角膜が非対称である．いま眼の中の二つの子午平面 (光軸を含む面) を考え，一方で曲率または屈折力が最大で，他方では最小とする．二つの面が垂直なら乱視は正常で矯正可能であり，そうでなければ異常で矯正は簡単でない．正常乱視あるいは正乱視には，異なる形態がある．二つの垂直な子午平面の組合せと屈折力の程度に応じて，正視性，近視性，遠視性がある．簡単な例として，近視か遠視があれば，市松模様の縦の列はよく見えるのに横の列がぼやける．なおもちろん，二つの子午平面は水平と鉛直である必要はない (図 5.98)．

偉大な天文学者のエアリーは，自分の近視性乱視を矯正するために，1825 年に凹の球面–円筒面レンズを使った．これがたぶん乱視矯正の最初であろう．しかし，眼科医が大々的にその矯正法を採用し始めるのは，オランダ人のドンドル (Franciscus Cornelius Donders, 1818–1889) が円筒レンズと乱視に関する学術論文を出版した 1862 年からである．

二つの**主経線** (principal meridian) で M_T あるいは $\mathcal{D}$ が異なる光学系は，**アナモルフィック** (anamorphic) とよばれる．たとえば，図 5.41 に描かれた系を構築するとき，円筒レンズ (図 5.99) を使うと，像は 1 平面でのみ拡大され，ひずんでいる．これこそ屈折異常が一つの子午平面内のみにある乱視について，矯正が必要なひずみである．正でも負でも，適切な平–円筒の眼鏡レンズが正常な視力を回復する．直交する両子午平面が矯正を必要とすれば，レンズは球面–円筒面あるいは図 5.100 に示す**トーリック** (toric) である．

また，アナモルフィックレンズは他の分野でも使われており，たとえば，ワイドス

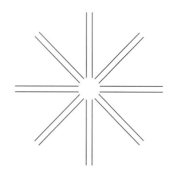

図 5.98 乱視のテスト．肉眼でこの図を見る．どれか一対の線が他の対の線より太く見えれば，乱視がある．手で図を眼の近くに保持し，ゆっくりと眼から遠ざけるとき，最初にどの対の線が明瞭に見えるかしらべる．二つの対が同じ明瞭さに思えたら，一対だけが明瞭になるまで図を回転する．すべての対が明瞭なら，乱視でない．

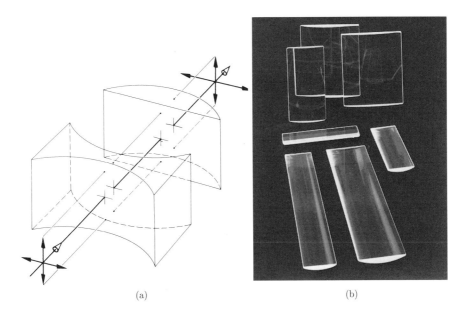

図 5.99　(a) アナモルフィック系. (b) 円筒レンズ. (Melles Griot)

クリーンの映画を撮影するとき，きわめて横に広い視野を普通の形状のフィルムに圧縮するのに使われている．この圧縮された画像は，特別なレンズを通して映すと，再び広がる．ときどき，テレビ放送局はそのような特別なレンズを用いずに，ワイドスクリーン映画の一部を短時間放送することがあり，そこで奇妙な引き伸ばされた映像を見たことがあるはずである．

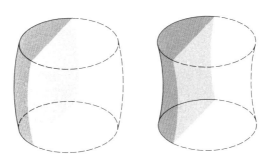

図 5.100　トーリック面

5.7.3　拡　大　鏡

　観測者は単に眼を物体に近づけるだけで大きく見ることができ，そしてそれを詳細にしらべることができる．水晶体が適切に視力調節できる限り，物体が近づけば近づくほど網膜の像は鮮明なまま大きくなる．物体がこの近点より近くにくれば，像はぼやける (図 5.101)．鮮明さを保ったまま物体をもっと近づけられるよう，眼に屈折力を付加するのに，1 枚の正レンズが用いられる．このレンズは**拡大鏡** (magnifying glass) や簡易拡大器，あるいは簡易顕微鏡とよばれる．いずれにしろその機能は，"近くの物体の

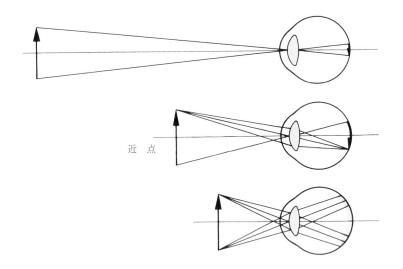

図 5.101 　像と近点の関係

像を肉眼の場合より大きくすること"である (図 5.102)．この種の器具はずっと昔からあった．実際 1885 年に，アッシリアのセンナケリブ王 (Sennacherib) (紀元前 705–681 年) の宮殿跡から，拡大器に用いられたと考えられる石英の凸レンズ ($f \approx 10\,\mathrm{cm}$) が発掘された．

　明らかに，レンズは拡大正立像を形成するのが望ましい．さらに正常な眼に入る光線は収束すべきでない．したがって，表 5.3 からただちに物体を焦点距離以内に置けばよいのがわかる (すなわち $s_o < f$)．その結果は図 5.102 に示されている．眼の瞳は比較的小さいので，ほとんどの場合開口絞りであり，また図 5.44 のように射出瞳でもある．

　物を見る器械の**拡大能** (magnifying power) MP，あるいは同じことであるが**角倍率** (angular magnification) M_A は，所定の距離で見たときの，肉眼の網膜像の大きさに対する，器械を用いた場合の網膜像の大きさの比と定義されている．一般に肉眼の

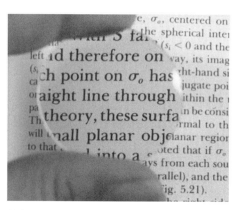

拡大鏡として用いられている正レンズ (E. H.)

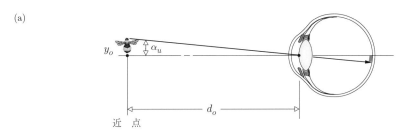

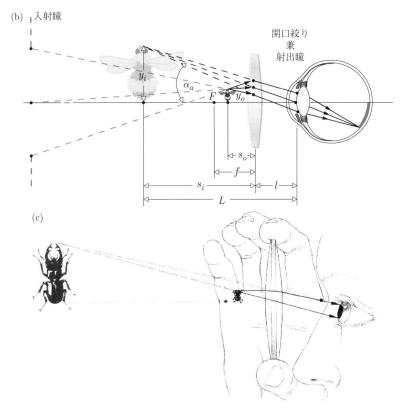

図 5.102 (a) 肉眼による物体の眺め．(b) 拡大鏡を着けた眼を通して見る眺め．(c) 拡大鏡として用いられる正レンズ．物体はレンズから，焦点距離より短い距離しか離れていない．

場合，その所定の距離は近点 d_o とする．器械を使った場合と肉眼の場合のそれぞれで，物体の先端からの主要光線がつくる角 α_a と α_u の比は，拡大能 MP に等しく，

$$\mathrm{MP} = \frac{\alpha_a}{\alpha_u} \tag{5.75}$$

である．近軸領域に限って考えているから，$\tan\alpha_a = y_i/L \approx \alpha_a$, $\tan\alpha_u = y_o/d_o \approx \alpha_u$ であり，

$$\mathrm{MP} = \frac{y_i d_o}{y_o L}$$

である．ここで，y_i と y_o は光軸の上側にあり，正である．したがって，d_o と L を正

の値とすれば，拡大能 MP は正となり，妥当である．ガウスのレンズ公式とともに横倍率 M_T に対する式 (5.24) と (5.25) を使うと，上式は，

$$\mathrm{MP} = -\frac{s_i d_o}{s_o L} = \left(1 - \frac{s_i}{f}\right) \frac{d_o}{L}$$

となる．像距離は負であるから，$s_i = -(L - l)$ であり，

$$\mathrm{MP} = \frac{d_o}{L}[1 + \mathcal{D}(L - l)] \tag{5.76}$$

である．もちろん $\mathcal{D}$ は拡大器の屈折力で $1/f$ である．特に興味があるのは，以下の三つの場合である．(1) $l = f$ の場合．拡大能 MP は $d_o \mathcal{D}$ に等しい．(2) l が実効的にゼロの場合．このとき，

$$[\mathrm{MP}]_{l=0} = d_o \left(\frac{1}{L} + \mathcal{D}\right)$$

で，最大の拡大能 MP は最小の L 値で得られ，鮮明に見るなら L を d_o にすべきである．したがって，

$$[\mathrm{MP}]_{l=0, L=d_o} = d_o \mathcal{D} + 1 \tag{5.77}$$

である．平均的な観測者なら $d_o = 0.25\,\mathrm{m}$ だから，

$$[\mathrm{MP}]_{l=0, L=d_o} = 0.25\mathcal{D} + 1 \tag{5.78}$$

となる．L が大きくなると拡大能 MP は減少し，同じく l が大きくなっても MP は減少する．実際，眼がレンズから十分離れていると，網膜像は小さい．(3) 物体が焦点にある場合 ($s_o = f$)．これがたぶん最も普通の状況で，虚像が無限遠にでき ($L = \infty$)，式 (5.76) から現実的なすべての l 値に対して，

$$[\mathrm{MP}]_{L=\infty} = d_o \mathcal{D} \tag{5.79}$$

である．光線は平行であるから，眼は視力調節機能を使わず弛緩した状態で光景を眺め，きわめて望ましい状況である．ここで，横倍率 $M_T = -s_i/s_o$ は $s_o \to f$ で無限大になるが，角倍率 M_A は著しく異なり，単に 1 減るだけである．

屈折力 10 D の拡大器は焦点距離 ($1/\mathcal{D}$) が 0.1 m であり，$L = \infty$ の場合，拡大能は 2.5 に等しい．これを慣習的に 2.5× と書き，レンズの焦点距離にある物体の網膜像は，近点にある物体を肉眼で見たとき (最も大きな鮮明像が得られる) の網膜像より，2.5 倍大きいことを意味している．いちばん簡単なレンズ 1 枚の拡大器は，収差のためにおおむね 2× か 3× に制限される．通常大きな視野は大きなレンズを必要とする．このようなレンズは実用上の理由で曲率は小さく，つまり半径は大きく f も長いので，拡大能は小さい．シャーロック・ホームズが有名にした類の拡大鏡が典型的な例である．時計職人が眼につけるルーペはたいてい 1 枚レンズであり，やはり 2× か 3× である．図 5.103 はおよそ 10× から 20× で使うように設計された少し複雑な拡大器を示している．ダブレットは種々の構成法の中でもよく使われる．特に優れているわけではないが，たとえば高倍率ルーペでは満足できる性能を発揮する．コディントン

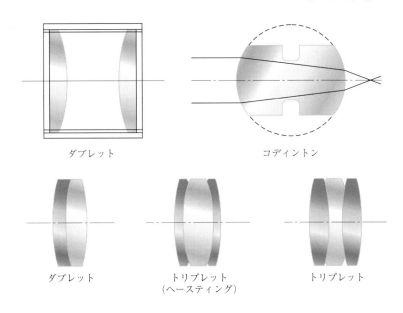

図 5.103 拡 大 器

(Coddington) は本質的に切り欠きをもった球で,切り欠きが開口を眼の瞳より小さくしている.透明のビー玉 (ガラスの小球) も大きく拡大するが,大きなひずみを伴う.

周囲の媒質に対するレンズの相対屈折率 n_{lm} は波長依存性がある.そして,単レンズの焦点距離 f は $n_{lm}(\lambda)$ で変わるから,f は波長の関数であり,白色光を構成する各色は,空間の異なる点に集光する.それで生じる不都合が**色収差** (chromatic aberration) である.これによって像が着色するのを避けるには,違うガラスでつくった正と負のレンズを組み合わせて,**色消しレンズ** (achromat) を構成する (6.3.2 項参照).接着ダブレットあるいはトリプレット色消しレンズは比較的高価で,通常は高度に補正した高倍率の小型拡大器に用いられている.

5.7.4 接眼レンズ

接眼レンズ (eyepiece または ocular) はものを見るための光学器械である.基本的には拡大鏡であるが,物体そのものを見るのでなく,先行するレンズ系で形成された中間像を見る.実際,眼は接眼レンズをのぞき,接眼レンズは照準器,顕微鏡,望遠鏡そして双眼鏡といった光学系をのぞき込む.1 枚のレンズででも目的は達成できるが,十分でない.もっと満足ゆく網膜像を得るには,接眼レンズに大きな収差があってはならない.しかし,それぞれの器械の接眼レンズは,系の全レンズが釣り合って収差補正するように,全体の一部として設計されている.もっともそうはいっても,標準的な接眼レンズは多くの望遠鏡や顕微鏡で,互換性はある.しかも,接眼レンズの設計はたいへん難しく,通常のそして最も実り多い設計法は,すでにある設計を土台にするかわずかに修正することである.

接眼レンズは中間像の虚像を,無限遠または無限遠と見なせる遠方に形成すべきで,

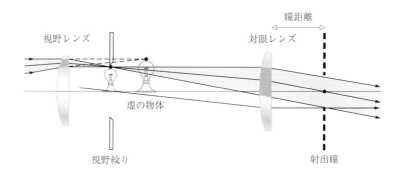

図 5.104 ホイヘンスの接眼レンズ

その結果，正常な肉眼で快適にのぞき込めるようになる．しかも接眼レンズは，射出瞳の中心つまり**眼点**(eye point) を定めるはずである．眼点とは観察者の眼に都合のよい位置で，望ましくは光学系の最終面から 10 mm 程度のところである．先に述べた通り，接眼レンズの倍率は積 $d_o\mathcal{D}$ で，多くの場合，"MP = (250 mm)/f" と書かれている．

250 年以上前からある**ホイヘンスの接眼レンズ**(Huygens oclular) は今日でも広く，特に顕微鏡でよく使われている (図 5.104)．接眼レンズのうち，眼に近い方のレンズが**対眼レンズ**(eye-lens)，前の方のレンズが**視野レンズ**(field-lens) である．対眼レンズと眼点の距離は**射出瞳距離** または単に**瞳距離**(eye relief) として知られ，ホイヘンスの接眼レンズではわずか 3 mm 程度で，あまり快適でない．この接眼レンズでは，対眼レンズに対して虚の物体をつくるように，入射する光線は収束的である必要がある．したがって，明らかにホイヘンスの接眼レンズは通常の拡大鏡としては使えない．今日でも魅力があるのは，購入価格が安いからである (6.3.2 項参照)．他に古くからあるのは**ラムスデンの接眼レンズ**(Ramsden eyepiece) である (図 5.105)．第 1 焦点が視野レンズの前にあるので，そこに中間像を位置させるのは容易である．またそこは，交差させた髪の毛や精密な物差し，あるいは同心円とその中心を通る何本かの線を重ねたパターンの**レチクル** (reticle または reticule)(十字線) を置く場所でもある．[これらの目印が透明な板の上に形成されているとき，それをしばしば**計数線**(graticule) とよぶ．] レチクルも中間像も同じ面にあるから，両者は同時に結像される．瞳距離が約

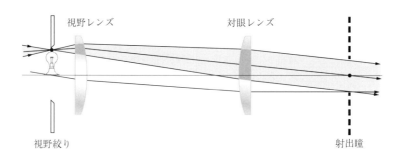

図 5.105 ラムスデンの接眼レンズ

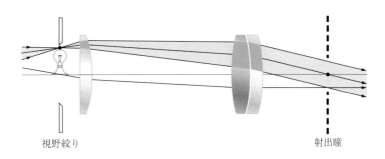

図 5.106　ケルナーの接眼レンズ

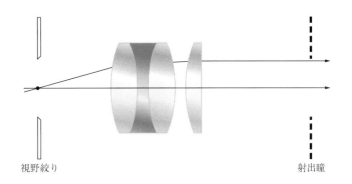

図 5.107　正視接眼レンズ

12 mm あり，先のタイプより有利な点である．この接眼レンズは比較的よく使われていて，かなり安価である (問題 6.2 参照)．**ケルナーの接眼レンズ** (Kellner eyepiece) は像の品質を著しく向上させるが，瞳距離は先の二つのタイプの接眼レンズの中間である．ケルナータイプは本質的にラムスデンの接眼レンズに色消しを行ったものである (図 5.106)．中程度の広さの視野をもつ望遠鏡系の器械では，最もよく使われる．**正視接眼レンズ** (orthoscopic eyepiece) (図 5.107) は視野が広く，高倍率で瞳距離も長い ($\approx$ 20 mm)．**対称接眼レンズ** (symmetrical eyepiece) あるいは**プレッスルの接眼レン**

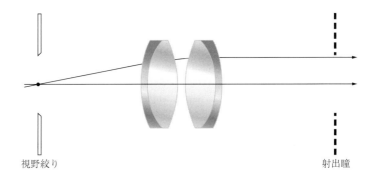

図 5.108　対称接眼レンズ (プレッスルの接眼レンズ)

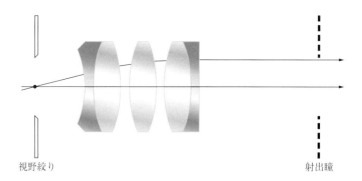

視野絞り　　　　　　　　　　　　　　　　　　　　射出瞳

図 5.109　エルフレの接眼レンズ

ズ (Plössl eyepiece)(図 5.108) は，正視接眼レンズとよく似た特性をもっているが，一般にはもう少し優れている．**エルフレの接眼レンズ** (Erfle eyepiece)(図 5.109) は，おそらく最もよく使われている広視野 (ほぼ ±30°) 接眼レンズである．すべての収差がよく補正されているが，比較的高価である[*7]．

　屈折力可変の**ズーム** (zoom) 式や非球面で構成されたものなど，他にも多くの接眼レンズがあるが，ここで取り上げたものが代表的である．望遠鏡や顕微鏡そして商用カタログ中の豊富な品ぞろえの表で普通に見られる．

5.7.5　顕　微　鏡

　顕微鏡は近くの物体の大きな角倍率 (約 30× 以上) 像をもたらすもので，単純な拡大鏡から 1 段階進歩している．その発明は 1590 年という昔のようで，オランダのミッデルブルグの眼鏡士であったヤンセンによるとされている．ガリレオも 1610 年に顕微鏡を発明したと報告していて，1 番手に肉薄した 2 番手である．図 5.110 に簡単な構造のものを示す．これは現在の研究用顕微鏡より，いま述べたごく初期のものに近い．
　物体にいちばん近いレンズ系は**対物レンズ** (objective) とよばれる．この例では 1 枚構成である．対物レンズは物体の倒立拡大実像をつくる．その像は接眼レンズの視野絞りに相当する空中位置にでき，器械の筒の内部に十分収まる大きさである．この像の各点から発散してくる光線は，前節で述べたように，対眼レンズ (いまの簡単な例では接眼レンズそのもの) から平行になって出てくる．こうして，接眼レンズが中間像をさらに拡大する．系全体としての拡大能 MP は，対物レンズの横倍率 M_{To} と接眼レンズの角倍率 M_{Ae} の積で，

$$\mathrm{MP} = M_{To} M_{Ae} \tag{5.80}$$

である．対物レンズは物体を拡大し，実像の形で上方にもち上げている．そしてこの実像が，拡大鏡を通したかのようにして，観察される．

　ここで，式 (5.26) の $M_T = -x_i/f$ を思い出そう．全員とはいわないが多くの製作者はこれを心にとどめ，対物レンズの第 2 焦点と接眼レンズの第 1 焦点の距離 (x_i に相

[*7] これらの接眼レンズや他のものの詳細な設計は，*Military Standardization Handbook—Optical Design*, MIL–HDBK–141 に見られる．

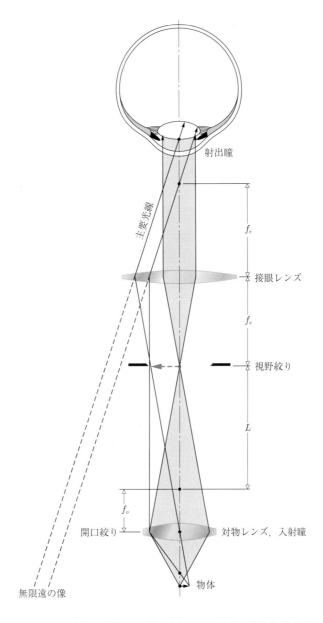

図 5.110 基本的な顕微鏡．対物レンズは近くにある物体の実像を形成する．拡大鏡によく似た働きをする接眼レンズが，この中間像を大きくする．最後の虚像は鏡筒内部に納まる必要がないので，鏡筒より大きくなる．眼は，平行光が入るので楽に弛緩した状態でいられる．

当) を 160 mm に標準化して，顕微鏡を設計している．この距離は**鏡筒長** (tube length) として知られ，図の中では L と記されている．(鏡筒長を対物レンズの像距離と定義する人もいる.) したがって最終像を無限遠，近点を標準の 254 mm (10 インチ) とすれ

ば [式 (5.79)],

$$\mathrm{MP} = \left(-\frac{160}{f_o}\right)\left(\frac{254}{f_e}\right) \tag{5.81}$$

である．ただし，焦点距離は mm 単位である．また，像は倒立している ($\mathrm{MP} < 0$)．そして焦点距離 f_o，たとえば 32 mm の対物レンズの胴には，5× (または ×5) と刻まれ，拡大能が 5 であることを示している．10× の接眼レンズ ($f_e = 1$ インチ) と組み合わせると，顕微鏡の拡大能は 50× である．

対物レンズと視野絞りそして接眼レンズの距離関係を保持して，物体の中間像を接眼レンズの第 1 焦平面にもってくるには，これら 3 要素を一つのものとして動かす．

対物レンズ自体が開口絞りおよび入射瞳として機能している．その接眼レンズによる像が射出瞳で，眼はそこに位置させる．物体の観察可能な最大面積を規定する視野絞りは，接眼レンズの一部分として製作される．視野絞りより後ろにある光学素子がつくる視野絞りの像が，**射出窓** (exit window) で，視野絞りより前の光学素子がつくるその像が，**入射窓** (entrance window) である．頂点が射出瞳の中心で，底面が射出窓の外周で定められた円錐の頂角を，"像界における角視野" (angular field of view in image space) とよぶ．

現代の顕微鏡対物レンズは，異なる 3 タイプのどれかに大まかに分類できる．3 種の物体，つまりカバーガラスの下の物体，カバーガラスのない物体 (金属顕微鏡)，あるいは対物レンズの先端部とともに液体に浸漬されている物体のいずれかに対して，最も性能がよくなるように設計されている．ただし，この区別は決定的ではなく，場合

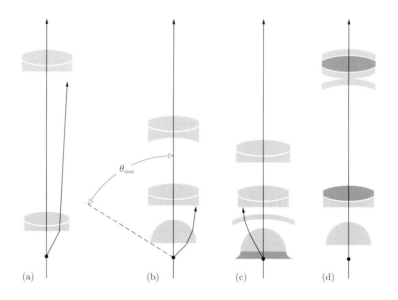

図 **5.111** 顕微鏡対物レンズ．(a) リスター (Lister) の対物レンズ．10×，NA = 0.25，$f = 16$ mm (2 個の接着アクロマートで構成)．(b) アミチの対物レンズ．20×，NA = 0.5，$f = 8$ mm から 40×，NA=0.8，$f = 4$ mm まである．(c) 油浸対物レンズ．100×，NA = 1.3，$f = 1.6$ mm (図 6.18 参照)．(d) アポクロマート対物レンズ．55×，NA = 0.95，$f = 3.2$ (2 枚のフッ化物レンズを含んでいる)．

によってはカバーガラスの有無に関係なく，対物レンズを使うこともある．四つの代表的な対物レンズを図5.111に示す (6.3.1 項参照)．これらに加え，拡大能の低い (約5×) 接着色消しダブレットが広く使われている．比較的安価な中拡大能 (10× か 20×) の色消し対物レンズは，その短い焦点距離から，レーザービームを拡大したり空間フィルタリングするのに重宝されている．

簡単にではあるが，ここで述べておくべき別の重要な特性量がある．像の明るさに影響するものの一つに，対物レンズが集める光量がある．f ナンバーはそれを示すのに有用なパラメータである．物体が離れている場合は特に有用である (5.3.3 項参照)．しかし有限共役 (s_i と s_o がともに有限) で機能する器械では，**開口数** (numerical aperture) NA がより適切である (5.6 節参照)．いまの場合，

$$\mathrm{NA} = n_i \sin\theta_{\max} \tag{5.82}$$

で，n_i は対物レンズと接し，そして物体を囲んでいる媒質 (空気，油，水など) の屈折率である．$\theta_{\max}$ は対物レンズが取り込む光線の最大円錐の頂角の半分である (図5.111b)．別の言い方では，$\theta_{\max}$ は周辺光線と光軸のなす角である．開口数は通常，対物レンズの胴に2番目の数字として刻まれていて，低拡大率対物レンズの0.07あたりから，高拡大率 (100×) 対物レンズの1.4かそれ以上までの範囲がある．もちろん対物レンズが空気中にあれば，開口数は1.0より大きくなれない．ついでにいっておけば，アッベ (Ernst Abbe, 1840–1905) がカール・ツァイス (Carl Zeiss) の顕微鏡工場で働いていたときに，開口数の概念を導入した．像面で分離できる物体上の2点の最小距離，すなわち**解像力** (resolving power) が λ に比例し，開口数 NA に反比例しているの知った最初の人がアッベである．

まとめると，顕微鏡は近くにある小さな物体の像を拡大する装置である．物体の近くに保持される短い焦点距離の対物レンズ (したがって，倍率は高い) を使って，物体からの光をできるだけたくさん集めることで，この機能を達成する．対物レンズは実像をつくり，この実像は拡大鏡として作用する接眼レンズで，さらに拡大される．

5.7.6　カ　メ　ラ

現代の写真カメラ[8]の原型は，**カメラ暗箱** (camera obscura) として知られる装置で，その最も古いものは，一つの壁面に孔のある単なる暗い部屋であった．孔に入った光は，部屋の中のスクリーンに，太陽に照らされた外の景色の倒立像をつくった．アリストテレスは原理を知っていた．そして彼の観察結果は，ヨーロッパの長い暗黒時代の間，アラブの学者によって守り伝えられた．800年以上も前に，アルハーゼンはこの原理を利用して，日食を間接的にしらべた．レオナルド・ダ・ヴィンチのノートには，暗室に関するいくつかの記述があるが，ポルタがその著書『自然魔術』(*Magia Naturalis*)で，初めて詳しく取り扱った．彼は絵を描く補助として暗室を推奨し，そしてその機能はたちまち広く知られるようになった．有名な天文学者であったケプラーは，もち運びできるテント式の暗室をもっていて，オーストリアでの観測時に使っていた．1600

---

[8]　W. H. Price, "The Photographic Lens," *Sci. Am.* **72** (August 1976) を参照のこと.

年代後半には，手にもてる小さなカメラ暗箱が普及していた．オウムガイ属やイカの眼は，文字通り周囲の海水で満たされた単なるピンホールのある暗箱である．

　像を見るためのスクリーンのかわりに，フィルム板のような感光面を置けば，カメラ暗箱は現代の言葉の意味でカメラになる．長期間保存できる最初の写真は，1826 年にニープス (Joseph Nicéphore Niépce, 1765–1833) によってつくられ，彼は小さな凸レンズの付いた箱型のカメラと増感したはんだの板を用い，およそ 8 時間の露光を要した．

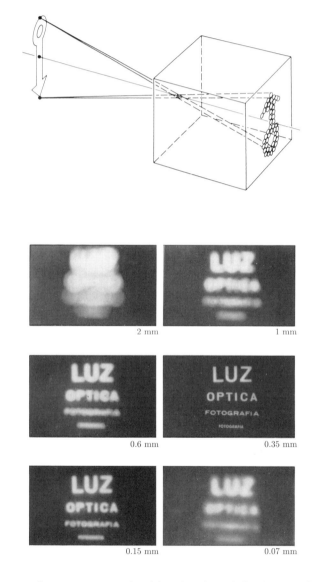

図 **5.112**　ピンホールカメラ．孔の直径が小さくなると像の鮮明さが変わることに注意．(UNESCO の N. Joel 博士)

5.7 光学機器

レンズのないピンホールカメラ (図 5.112) は，写真撮影の装置としては最も簡単であるが，実際にはたいへん魅力的で際立った長所がある．このカメラは実用的にはひずみのない物体像をくっきりと形成できる．深い焦点深度ゆえに物体は広い視野角にわたっていてもよいし，深い視野ゆえに大きな奥行きのある物体でもよい．入射瞳が大きすぎれば像はできない．孔の直径が小さくなると像ができ，どんどん鮮明になる．ある値を越すと，孔の直径のさらなる減少は像のぼけを再び引き起こし，最大の鮮明度の得られる開口の大きさは，像面までの距離に比例している．(フィルムまでの距離が 0.25 m なら 0.5 mm 径のホールが都合よく，またうまく機能する．) 光線の収束がまったくないので，鮮明度の低下をもたらす結像機構上の弱点はない．実際上の問題点は，後で述べるように (10.2.5 項)，回折の問題である．実用的な面でピンホールカメラのもつ最大の欠点は，耐えられないほど遅いことである (ほぼ $f/500$)．これは最高感度のフィルムを用いても，露光時間がきわめて長くなる事を意味している．ただし，建物のような静物は明らかに例外で，この対象にはピンホールカメラは優れた性能を発揮する (写真参照)．

図 5.113 は普通の代表的な現代のカメラである**一眼レフ**—SLR (the single-lens reflex) の基本的な部品を，描いている．レンズ中のはじめの 2–3 枚の要素レンズを通った光は，ダイヤフラム式の虹彩を通過する．これは露光時間，あるいは等価的に f ナン

ピンホールカメラで撮った写真 (アデルフィ大学科学棟)．孔の直径は 0.5 mm でフィルムとの距離は 24 cm．フィルム感度は ASA3000 でシャッター速度は 0.25 秒．焦点深度の深さに注意．(E. H.)

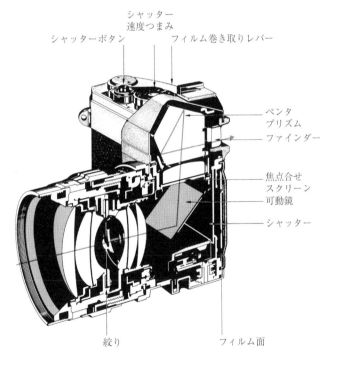

図 **5.113** 従来からの一眼レフカメラ

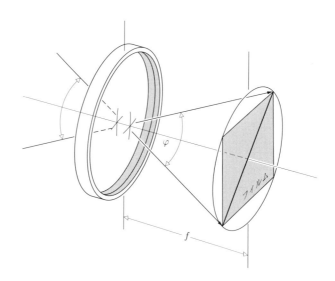

図 5.114 無限遠に焦点を合わせたときの角視野

バーを制御する一要素として使われ，実効的には可変開口絞りである．光はレンズを出た後，45°に傾いた可動鏡に当たり，上にけり上げられて，焦点合せ板とペンタプリズムを通って，ファインダーの接眼レンズに抜ける．シャッターボタンを押すと，ダイヤフラムは設定されていた大きさに縮み，可動鏡ははね上がって光路外に出，焦平面にあるシャッターが開いてフィルムが露光される．その後シャッターは閉じ，ダイヤフラムは全開し，そして可動鏡がもとにもどる．今日一眼レフは，ダイヤフラムとシャッターが連動した何種類かの組込み式光量計の，どれか一つをもっている．しかしこの図では，簡単のために光量計は省いてある．

カメラの焦点合せのために，レンズ全体をフィルム面や電子センサーに近づけたり引き離したりする．つまり，焦点距離は固定であるから，s_o が変れば s_i も変わらざるをえない．**角視野** (angular field of view) は，写真に写っている光景のどこかの部分と関係していると，大ざっぱに考えることができる．一方，写真の全面は満足な品質の像領域に一致していることも必要である．もっと正確にいえば，角視野 φ はフィルムや CCD センサーを取り囲む円が，レンズ面に張る角度である (図 5.114)．フィルムとレンズの普通の配置に対して大ざっぱであるものの，妥当な近似としてフィルムの対角線長と焦点距離が等しいとする．そうすると，$\varphi/2 \approx \tan^{-1}(1/2)$，つまり $\varphi \approx 53°$ である．物体が無限遠から近づいてくると，s_i は大きくなる．したがって，像の鮮明さを保つためにはレンズをフィルムや CCD から離す必要があり，その周囲自体が視野絞りになっているフィルムに記録される視野は減少する．標準的一眼レフの焦点距離はおよそ 50–58 mm で，角視野は 40–50° である．フィルムの大きさを一定にして f (焦点距離) を小さくすると，視野角は大きくなる．したがって，**広角** (wide-angle) 一眼レフレンズの焦点距離は約 40–6 mm で，φ は 50° から 220° に及ぶこともある．(ただし 220° もの広角は特殊用途レンズで，ひずみは避けられない．) **望遠レンズ** (telephoto) は焦点距離が長く，およそ 80 mm 以上である．したがって，角視野は急激に減少し，1 000 mm ではわずか数度である．

5.7 光学機器　399

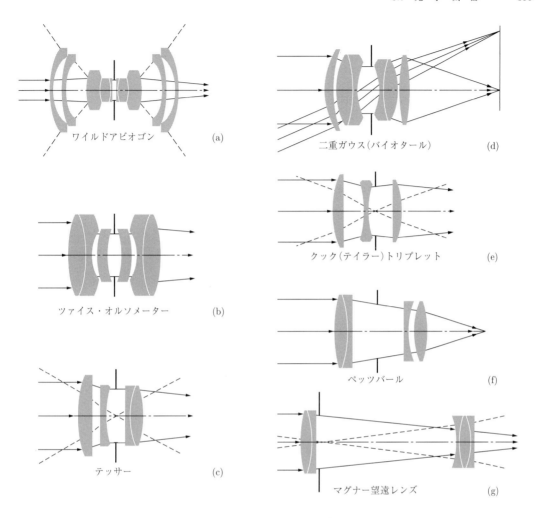

図 5.115　カメラレンズ

　標準的な写真レンズは露光時間を短く保つために，相対的に大きな開口，$1/(f/\#)$，でなければならない．しかも，平坦でひずみのない像が求められるので，角視野も大きくなければならない．現代のカメラレンズは，有望な新形式につながる創造的発想のもとに，新たな発展を始めている．かつてのレンズ開発は，直観と経験そして試行錯誤にたよって，既存レンズを改良するという，骨の折れる方法で行われていた．今日では，それらの多くはコンピュータが代行し，また，試作品をたくさんつくる必要もない．

　現在使用されているカメラレンズの多くは，周知の優れた形式の変形版である．図5.115 は，重要な 7 種のレンズ形式の一般的な構成を，おおむね広角から望遠への順で示している．変形版はたくさんあるので，詳細にはふれない．ただし，アビオゴン (Aviogon) とツァイスのオルソメーター (Zeiss Orthometer) は広角レンズで，テッサー (Tessar) とバイオタール (Biotar) は標準レンズである．1893 年にクック社 (Cooke and Sons) のテイラー (H. Dennis Taylor) が設計したクック・トリプレットは，いまでも

400   5 幾 何 光 学 I

製造されている (テッサーとの類似性に注意). これは構成レンズ数が最も少なく, ま
た, すべての 3 次収差が取り除かれている. それより先の 1840 年頃に, ペッツバール
(Josef Max Petzval) はフォークトレンダー社 (Voightländer and Sons) のために肖像
用の速いレンズを設計した. このレンズの現代版は実に多種多様である.

5.7.7 望　遠　鏡

　望遠鏡の発明者は不明であるが, 誰かがあるときに発明し, そしていくつもの異な
る形式のものが発明された. ヨーロッパでは 17 世紀までに, 約 300 年間も眼鏡レンズ
が使われていた. この長い期間に, 望遠鏡をつくるには, 2 枚の適当なレンズを思い
がけないように並置することが, ほとんど不可欠に見えた. しかし少なくとも, オラ
ンダの眼鏡士—たぶんよく登場する顕微鏡で有名なヤンセンであろう—望遠鏡をつ
くり, そして自分がのぞき込んでいるもののもつ価値を若干は理解していたと考えら
れる. 確実な証拠の残っている最も古い発明の事実は, リッペルスハイがオランダ国
会に遠くを見る装置 (ギリシャ語で *teleskopos*) として, 1608 年 10 月 2 日に申請した
特許である. すぐさまその軍事的有用性が認められたことは想像にかたくない. その
ために彼の特許は認められなかったが, その見返りに政府は器械の権利を買い入れ,
彼は研究の継続を委託された. ガリレオはこの発明を聞き, 2 枚のレンズと筒がわり
のオルガンパイプを用いて, 1609 年に彼独自の望遠鏡をつくった. その後時を経ず,
彼は何回も改良を重ね, そして天文学上の発見で世界を驚かせるとともに, その発見
で彼自身も有名になった.

屈 折 望 遠 鏡

　図 5.116 に簡単な**天体望遠鏡** (astronomical telescope) を示す. 顕微鏡に似てはいる
が機能は異なり, 遠くの物体の網膜像を拡大するものである. 図において, 物体は対
物レンズから有限な遠方にあるので, 対物レンズの第 2 焦点の少し先に実の中間像が
できる. この中間像が次のレンズ, すなわち接眼レンズにとっての物体となる. 表 5.3
から, 眼の通常の視力調節範囲内で, 接眼レンズが拡大された虚の最終像をつくるの
なら, 中間像の位置は接眼レンズの焦点距離 f_e 以内であるか等しくなければならな
い. 実際は, 中間像の位置は固定されていて, 器械全体としての焦点合せのために接
眼レンズが動かされる. 最終像は倒立していることに注意しよう. しかし天文観察に
用いられる限り, これは重大な問題でない. 特に観察には写真を使うから, なおさら
である.

　物体が遠くにあれば, 入射する光線は実効的に平行であり, 中間像は対物レンズの
第 2 焦点にある. 一般に, 接眼レンズはその第 1 焦点が対物レンズの第 2 焦点に重なる
ように配置され, 中間像の 1 点から出る発散光線は, 平行になって接眼レンズを出る.
正常な眼なら弛緩した状態で, 光線を収束させられる. もし近視か遠視であれば, 接
眼レンズを出し入れして, 少し発散または収束させて補償できる. (乱視なら, 物を見
る通常の器械を使うとき, 眼鏡をかけていなければならない.) 先に見たように (5.2.3
項), 2 枚の薄肉レンズがそれぞれの焦点距離の和に等しい距離 d だけ隔たっている組

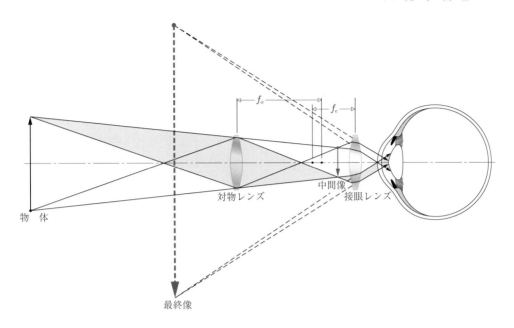

図 5.116 ケプラー式の天体望遠鏡. (眼は視力調節状態にある.) 最終像は, 拡大された倒立虚像である.

合せレンズでは, 前側および後側の両焦点距離は, 無限遠になる (図 5.117). この**無限遠共役** (infinite conjugate) の配置の天体望遠鏡は, **アフォーカル** (afocal) とよばれ, 焦点距離がない. コリメートされた (つまり平行光線で平面波) 細いレーザービームを, 無限遠に焦点が合わされた望遠鏡の後側から入れると, やはり平行ではあるが断面積が拡大された状態で出てくる. 広い断面積の準単色平面波ビームを得る必要はしばしばあり, そのための装置が今日では市販されている.

対物レンズの外周が開口絞りであり, その左側にはレンズがないので入射瞳でもある. 望遠鏡が遠い銀河を向いていると, 視軸は望遠鏡の中心軸と同一線上にあるだろう. そして, 眼の入射瞳と望遠鏡の射出瞳は同じ位置にくるべきである. しかし, 眼は不動ではなく, 興味ある箇所がたくさんある視野の全体を走査するように動いている. 実際, 眼は動いて視野のいろいろな領域をしらべ, 視野内のある領域からの光線が中心窩にくるようになる. 入射瞳の中心を通り中心窩に至る主要光線の決める方向

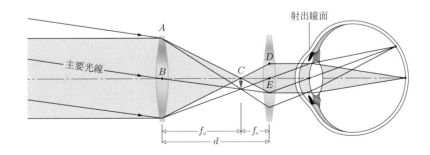

図 5.117 天体望遠鏡 (無限遠共役). 観察者の眼は弛緩している.

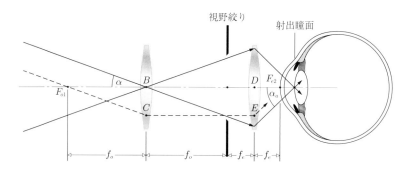

図 5.118 望遠鏡における光線角

が**主視線** (primary line-of-sight) である．頭部を参照にして固定され，眼球の向きに関係なく主視線が必ず通る軸上の点は，**照準 (交差) 点** (sighting intersect) とよばれる．視野全体を見渡したいとき，照準交差は望遠鏡の射出瞳の中心に位置しているべきである．この場合，眼が動いても主視線は射出瞳の中心を通る主要光線といつも一致している．

対物レンズ位置での半角 α は，見ている物体の周辺で決まるとする (図 5.118)．これは，肉眼に対して張られている角 α_u と基本的に等しい．以前に述べたように角倍率は，拡大能 MP と等しく，

$$\mathrm{MP} = \frac{\alpha_a}{\alpha_u} \qquad [5.75]$$

であり，α_u と α_a はそれぞれ，物空間と像空間の視野の広さを表す量である．α_u は実際に集められる光線がつくる円錐の頂角の半分であり，α_a は見かけ上の光線円錐のそれに関係している．対物レンズに負の勾配で入る光線は眼には正の勾配で入り，また逆に対物レンズに正の勾配で入れば眼には負の勾配で入る．正立像で拡大能 MP を正になるようにして，先の場合 (図 5.102) と一致させるには，α_u か α_a のいずれかを負にしなければならない．ここでは光線の勾配が負であることから，α_u を負とする．対物レンズの第 1 焦点を通過する光線は，接眼レンズの第 2 焦点を通る．つまり F_{o1} と F_{e2} は共役な点である．近軸近似では，$\alpha \approx \alpha_u \approx \tan\alpha_u$, $\alpha_a \approx \tan\alpha_a$ である．像は視野絞りを満たし，その広がりの半分は $\overline{BC}$ および $\overline{DE}$ と等しい ($\overline{BC} = \overline{DE}$)．そこで，三角形 $F_{o1}BC$ と $F_{e2}DE$ に着目し，正接の比をとれば，

$$\mathrm{MP} = -\frac{f_o}{f_e} \qquad (5.83)$$

となる．過去において，初期の屈折望遠鏡がかなり平坦な (長い焦点距離の) 対物レンズを，したがってきわめて長い筒をもっていたことは驚くことではない．ヘヴェリウス (Johannes Hevelius, 1611–1687) の有名な望遠鏡は 50 m の長さであった．長い焦点距離の対物レンズをもっていることには付加的な利点があり，レンズが平らであるほど，問題となる球面収差と色収差が少なくなる．

別の拡大能 MP の有用な表現は，接眼レンズの横倍率の考察から得られる．射出瞳

は対物レンズの像であるから (図 5.118),

$$M_{Te} = -\frac{f_e}{x_o} = -\frac{f_e}{f_o}$$

であり，さらに D_o が対物レンズの直径，D_{ep} がその像つまり射出瞳の直径なら，$M_{Te} = D_{ep}/D_o$ となる．M_{Te} を表す二つの式と式 (5.83) を比較すると，

$$\mathrm{MP} = \frac{D_o}{D_{ep}} \tag{5.84}$$

である．"光が望遠鏡に入る円筒部の直径は，光が接眼レンズを出てゆく円筒部の直径まで縮小され，その比率はこの器械の倍率に等しい." これは，図 5.117 の二つのレンズ間の領域の構成図からほぼ明らかである．

　ここで，対物レンズの像は倒立しているから，D_{ep} は負の値である．焦点距離の長いレンズを短いレンズの前に保持し，$d = f_o + f_e$ とすれば，簡単な屈折望遠鏡を容易に構成できる．また，よく補正された望遠鏡は，通常 2 枚から 3 枚のレンズからなる多群対物レンズをもっていることに注意すべきである．

例題 5.17 無限遠共役で使用する小さなケプラー式望遠鏡が，間隔 105 cm で隔たった 2 枚の薄肉正レンズで構成されている．その配置で，この望遠鏡は 20 の角倍率をもつ．そこで，観察者は弛緩した眼で近くの物体を鮮明に見るために接眼レンズを 5.0 cm だけ引き出した．この物体はどれだけの距離にあるか．

解 無限遠共役であるから

$$d = f_o + f_e = 1.05\,m$$

であり，また，像は倒立するから

$$-20 = -\frac{f_o}{f_e}$$

である．したがって，

$$20f_e + f_e = 1.05$$

$$f_e = 0.05\,\mathrm{m}, \qquad f_o = 1.00\,\mathrm{m}$$

となる．眼は弛緩しているので，$s_i = \infty$ で中間像は接眼レンズの焦点に形成される．接眼レンズの焦点位置は対物レンズの 105 cm 後ろである．対物レンズに対しては $s_i = 1.05\,\mathrm{m}$ で $f_o = 1.00\,\mathrm{m}$ であるので，

$$\frac{1}{s_o} + \frac{1}{s_i} = \frac{1}{f}$$

$$\frac{1}{s_o} + \frac{1}{1.05} = \frac{1}{1.00}$$

である．物体は対物レンズの前方の $s_o = 21\,\mathrm{m}$ に位置している．

　物体の向きが重要な場合にも使えるようにするには，望遠鏡に**正立光学系** (erecting system) を付加する必要がある．それをもっているものは**地上望遠鏡** (terrestrial telescope) として知られている．通常，正立用の 1 枚のレンズもしくはレンズ系が，接眼

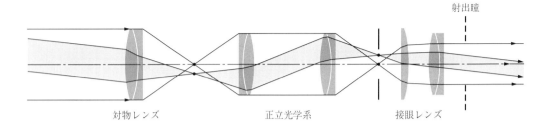

図 5.119　地上望遠鏡．像は正立で，観察者の眼は弛緩していることができる．

レンズと対物レンズの間に置かれ，像は本来の方向になる．図5.119は，接着ダブレットの対物レンズとケルナー型接眼レンズをもつ地上望遠鏡を示している．当然これは長い筒を必要とするが，木造船や砲弾を連想させるなかなか面白い筒がある．

正立像を得るために，**双眼鏡** (binoculars) または双眼望遠鏡では，一般にプリズムを利用している．プリズムを用いた場合，狭いスペースで正立作用を確保でき，また，二つの対物レンズ間距離が大きくなるので，立体視の効果も高い．多くの場合，図 5.120 に示すように二重ポロプリズムが用いられる．（エルフレ型を改良した接眼レンズであり，視野絞りが広く，また，色消しダブレットの対物レンズを使っている．）双眼鏡には慣習的に数個の数字が書かれている．たとえば，$6 \times 30, 7 \times 50, 20 \times 50$ のように．最初の数字は倍率を示し，いまの例では 6×, 7×, 20× である．2番目の数は入射瞳の直径，つまり対物レンズの枠で押さえられていない領域の直径を表し，mm 単位である．式 (5.84) から，射出瞳は 2 番目の数を最初の数で割れば求まり，この場合 5, 7.1, 2.5 で，すべて mm 単位である．双眼鏡を眼から遠くに離すと，周囲を黒で囲まれた円形の明るい射出瞳を見ることができる．直径を測るには，無限遠に焦点を合わせて空に向け，紙片をスクリーンにして鮮明な光の円板を観察すればよい．そしてそのままの状態で，瞳距離も求めてみよう．

ところで，接眼レンズが負 ($f_e < 0$) であっても $d = f_o + f_e$ である限り，物を見る

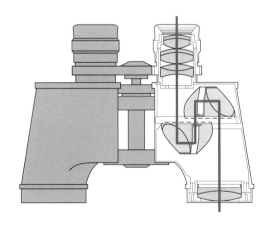

図 5.120　双眼鏡

器械はアフォーカルである．ガリレオがつくった望遠鏡 (図 5.121) がまさしく接眼レンズに負レンズを用いていて，したがって，正立像が形成される [式 (5.83) において $f_e < 0$ であり拡大能 MP > 0]．遠い物体からの平行な光線束は対物レンズ (L_1) に入り，出るときには距離 f_o だけ離れたその焦平面上の一点に向かって収束する．その点 (P) は，レンズ L_1 の中心を通り他の光線束に平行に引いた光線 1 によって位置が定まる．二つのレンズは右側の遠いところで焦点を共有しているので，点 P があるのはレンズ L_2 の焦平面でもある．そこで，レンズ L_2 の中心を通り点 P に至る光線 2 を引く．光線 1, 2, 3, 4 はすべてレンズ L_2 に収束するように入って点 P に向かい，点 P がレンズ L_2 に対する虚の物点である．すでに図 5.31b で見たように，レンズ L_2 の中心を通る光線 2 が，レンズ L_2 を出てゆく残りの光線の方向を決定し，それらはすべて互いに平行に出る．これら出てゆく光線のように，望遠鏡に入る光線は下に向かってくる．出射する光を眺める人は，本質的に無限遠に位置する拡大された正立虚像を見る．同じ長さの焦点距離をもつガリレイ式望遠鏡は，天体望遠鏡として同じ拡大能 (MP $= -f_o/f_e$) をもつが，f_e が負であるから，この場合 MP は正である (像は正立)．

図 5.121a に示すレンズ配置は，また正立した虚像と倒立した実像を形成できる．これを確かめるために，レンズ L_1 の前側焦点を通り，中心軸に平行にそのレンズを出てゆく光線 5 を調べる．この光線は，レンズ L_2 の前側焦点から来たかのように見えるが，レンズ L_2 を出る他の光線と平行にこのレンズを出る．ここで注意することは，レンズ L_2 を中心軸に沿わせて位置変更しても，レンズ L_1 によってつくられる倒立した中間像は変化しないことである．結局，負レンズが左に少し移動すると (図 5.121c)，後方に逆延長した光線 2 と 5 が交差し，レンズ L_2 の左側に拡大された正立虚像が形成される．そして，倒立した中間像の最終像は再び倒立し，結果的に正立する．観察者の眼は，このように配置されたガリレイ式望遠鏡の接眼レンズを含めて，視力調節しなければならない．以上と反対に，レンズ L_2 が，静止したままの中間像に近づくように右に少し移動すれば，光線 5 はレンズ L_2 を出るときにその方向を変えないが，点 P を通る光線 2 は大きな角度で出るので，二つの光線は収束して，レンズ L_2 の右側に倒立した実像を形成する．

ガリレイ式双眼鏡として，2 本が横に並んだものはいまでも購入できるが，望遠鏡としては視野が狭く歴史的興味と教育的な意味しかない．ただし，レーザービームの拡大器 (図 9.13) としては高出力ビームの集光点がなく，空気のイオン化が起こらないので，たいへん有用である．

反 射 望 遠 鏡

単純にいえば望遠鏡とは，遠くの，そして多くの場合明るくない対象を鮮明に見るためのものである．私たちには微細な構造を識別する，つまり連星系になっている二つの星のように，小さくかつ接近しているものを，別々に見分ける必要がある．歩き回っている人々を見分けるスパイ衛星は素晴らしいが，制服の徽章から軍務内容を明らかにするスパイ衛星はもっと素晴らしい．このような識別能力の尺度が**分解能** (resolution) で，光を光学系に取り入れる開口の直径 (D) とともに高くなる．理想的な観察条件にあって，他の要因がすべて等しいなら，口径の大きい望遠鏡は小さいものより高い分解

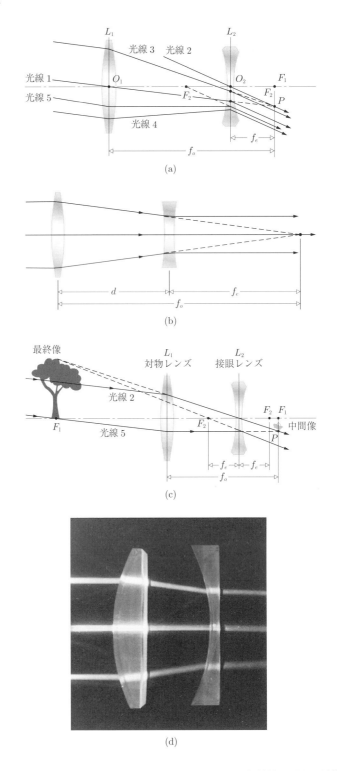

図 5.121 ガリレイ式望遠鏡．ガリレオが最初につくった望遠鏡は平凸の対物レンズ（直径 5.6 cm, $f = 1.7$ m, $R = 93.5$ cm）と，平凹の接眼レンズからなり，両レンズは彼自身が研磨した．彼の最後の望遠鏡が 32× であったのに比べ，最初のは 3× であった．(E. H.)

5.7 光 学 機 器　　407

能をもっている．また，口径の拡大にはやむにやまれない別の理由があり，それは，**集光力** (light-gathering power) を高めることである．大口径の望遠鏡は，より多くの光を集められ，単に小さいだけでなく，遠くにあってほの暗い物体も見ることができる．

　大きなレンズを製作するうえでの特有の難しさは，屈折系の装置ではウィスコンシン州のウィリアムズ湾にあるヨーク天文台の 40 インチが最大であるのに，カリフォルニア州南西部のパロマ山の反射鏡は 200 インチもあるという事実から明らかである．問題のありかははっきりしている．レンズは透明でなければならないし，内部に泡のような欠陥があってもいけない．表面鏡にはその類の欠陥があっても構わないし，透明である必要もない．レンズはその周囲でしか保持できず，自重でたわむこともあるが，鏡は周囲だけでなく裏面からも保持できる．また鏡には屈折がないので，屈折率の波長依存性による焦点距離の波長依存性がなく，色収差の問題もない．これらの理由と，たとえば周波数応答などの点から，大きな望遠鏡では反射鏡の方が優れている．

　反射望遠鏡は，スコットランド人のグレゴリー (James Gregory, 1638–1675) が 1661 年に発明し，ニュートンによって 1668 年に初めて満足できるものがつくられた．そして，1 世紀後のハーシェルの研究に使える唯一の重要な道具になった．図 5.122 にいくつかの反射鏡配置を示している．いずれも凹の放物面主鏡をもっている．由緒正しいパロマ山ヘイル天文台の 200 インチの望遠鏡はたいへん大きく，観測者が座れる小さな囲いが主鏡焦点に置かれている (図 5.122a)．ニュートン式 (図 5.122b) では，平面鏡かプリズムがビームを望遠鏡の光軸に直角に曲げ，曲がった先で写真撮影，肉眼観察，スペクトル分析あるいは光電的な処理が実施される．あまり一般的でない古典的なグレゴリー式 (図 5.122c) では，凹楕円面の副鏡が像を再度逆転させ，ビームを主鏡の孔から出す．やはり古典的なカセグレン式 (図 5.122d) は，凸双曲面の副鏡を利用し，実効的な焦点距離を長くしている (図 5.57 をもう一度参照のこと)．この副鏡は，主鏡の口径は変わらないのに，焦点距離あるいは曲率半径が増加するかのように働く．

　放物面鏡が 1 枚だけの簡単な望遠鏡 (図 5.122a) は，光軸に平行に入る光線によって機能するように設計された．しかし，見たい物体は中心にあるのでなく，視野内のどこかにあるものである．光軸と角度をなす平行光束が放物面で反射されると，一点に集まらない．遠くの軸外点 (たとえば星) の像は，コマと非点収差によって，軸外で非対称にぼけている．このぼけは，物体が軸外を動くとき，よりいっそう受け入れがたくなる．特にコマの影響が問題で，使える視野を極端に狭くしている．遅い $f/10$ の装置でも許容できる視野角はわずか 9 分で，$f/4$ では 1.4 分にまで低下する．古典的な 2 枚鏡式の望遠鏡 (図 5.122b, c, d) も，コマによって同じように視野は厳しく制限される．

　ついでにいっておくと，水平に置かれた浅い水盤に水銀のような液体を入れ，鉛直軸のまわりに一定速度 ω で連続回転させると，平衡時の表面形状は放物面である．中心から水平方向に r の位置での液面高さを最低部から測って z とすれば，z は次式で与えられる．

$$z = \frac{\omega^2 r^2}{2g} \tag{5.85}$$

大きくて (直径 3 m 以上)，回折限界の液体鏡が頑丈な架台につくられた．ガラスにくらべ液体鏡が優れている主な点は安価なことである．主な欠点は直上方向しか見ら

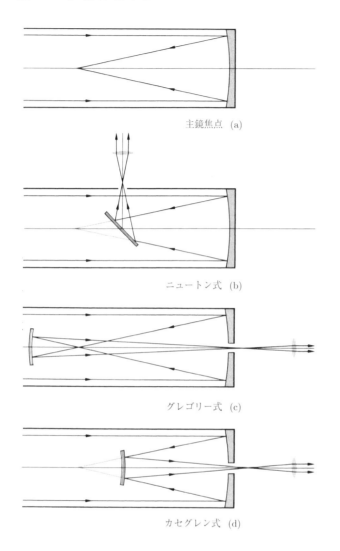

図 5.122 反射望遠鏡

(a) 主鏡焦点
(b) ニュートン式
(c) グレゴリー式
(d) カセグレン式

ニューメキシコにある直径 3 m の回転式液体鏡の望遠鏡で，低軌道にある 5 cm もの小さい宇宙屑片を見つけるのに NASA が使用している．

れないことである (上の写真参照).

アプラナティック反射鏡

　　球面収差とコマの両者が無視できるほど小さい光学系を，**アプラナート** (aplanat) とよび，カセグレン式とグレゴリー式の望遠鏡には，アプラナティックにしたものがある．リッチェイ–シュリチェン (Ritchey-Chrétien) 式望遠鏡がアプラナティックなカセグレン望遠鏡で，主鏡と副鏡がともに双曲面である．最近，2 m あるいはそれ以上の開口の装置に対しては，この型式が第 1 選択になってきている．この種の中で最もよく知られている例は，たぶん図 5.123 に描いた 2.4 m のハッブル宇宙望遠鏡―HST (Hubble Space Telescope) だろう．宇宙にある (すなわち，吸収性の大気の上にある) 望遠鏡だ

5.7 光学機器　409

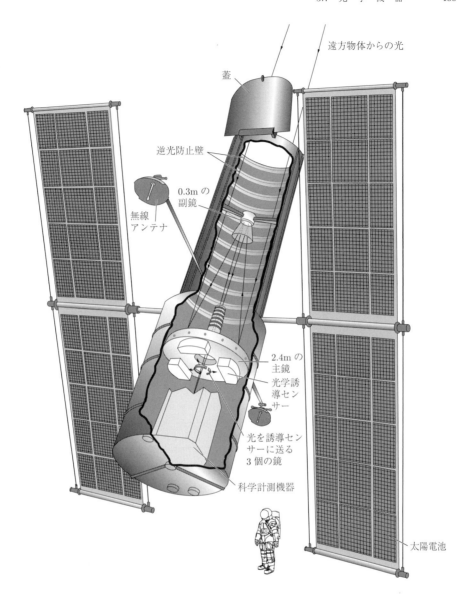

図 5.123　ハッブル宇宙望遠鏡．全長 13 m (43 フィート) で質量は 11.600 kg (主鏡から副鏡までは約 16 フィート)．それは 599 km から 591 km の軌道にあり，公転周期は 96 分．主鏡は p.332 の写真に示されている．

けが，紫外線域で効率よく機能する．そして紫外線域こそ，たとえばできたての若い星の観測で必要なスペクトル域である．最新の電荷結合素子 (CCD) アレイとともに，ハッブル宇宙望遠鏡は赤外線域の約 1 μm から紫外線域の 121.6 nm の範囲で "見る"ことができる．10 μm 以上の波長域で回折限界の結像性能を提供する地上の望遠鏡を，ハッブル宇宙望遠鏡が補完している．(ついでながら，CCD には写真フィルムと比較して約 50 倍の感度があり，スパイ衛星からフィルムの包みを落とす時代はとうに過ぎ去った．)

コマがほとんどないかあるいはまったくないので，リッチェイ–シュリチェン式の視野を制限するのは非点収差である．$f/10$ の装置の許容できる角視野は約 18 分で，同じ f ナンバーの放物面鏡式のものに比べ 2 倍ある．アプラナティックなグレゴリー式に比べ，リッチェイ–シュリチェン式の副鏡は小さく，したがって遮る光は少ない．また本質的に長さも短い．この両特長ゆえにたいへん魅力的である．

望遠鏡は像に再構成されるべき入射波面の一部分しか集められないので，回折現象がいつも付きまとう．すなわち，光は直線的な伝搬方向からそれ，像面でいくらか広がる．円形開口の光学系が平面波を受け取った場合，"点" (この言葉の意味が何であろうと) の像ができないで，実際には光は，わずかな明るさの輪で囲まれた小さな円形スポット (エアリー像とよばれ，84% のエネルギーがある) に広がる．エアリー像の半径が，隣り合う像との重なり具合，したがって分解能を決定する．これが，可能な限り完全な結像系を**回折限界** (diffraction limited) と称する理由である．

完全な装置の理想的な理論角分解能は，式 (10.59) つまりエアリー像の半径の式で与えられ，$1.22\lambda/D$ ラジアンである．ここで，D は装置の直径で，λ と同じ単位である．秒で示せば，$2.52 \times 10^5 \lambda/D$ である．しかし，大気によるひずみのために口径に関係なく，地上の望遠鏡が 1 秒以下の分解能をもつことはまずない．すなわち，1 秒以下の分離角の二つの星の像は重なってしまい，見分けられない不鮮明なものになる．これに比べ，大気より上にあるハッブル宇宙望遠鏡は $D = 2.4\,\mathrm{m}$ であり，$\lambda = 500 \times 10^{-9}\,\mathrm{m}$ で 0.05 秒という回折限界の分解能をもっている．

世界で最も大きい望遠鏡の中に，ケック天文台のカセグレン式の双子の望遠鏡がある．これら 2 本の巨大望遠鏡は，ハワイの休火山マウナケアの標高 13600 フィートもある頂上に 85 m 離して設置されている．いずれも 36 枚の六角形部分鏡からなる口径 10 m の双曲面主鏡をもっている．大きく曲がっていて，$f/1.75$ で焦点距離はわずか 17.5 m である．これは新世代の大型望遠鏡の方向性を暗示していて，比較的焦点距離が短く，速い ($f/2$ 以下) 鏡になる傾向がある．短い望遠鏡は製作費も収容建物も経済的であるし，安定で正確に向きも制御できる．

世界で最も大きい単一の望遠鏡の一つが，カナリア諸島にあるカナリア大望遠鏡—GTC(Gran Telescopio Canarias) である．その双曲面主鏡は，ケックのそれぞれの望遠鏡に似ているが，それよりやや大きい，独立した 36 枚の可動六角形部分鏡からなる．それは $75.7\,\mathrm{m}^2$ の総面積をもち，口径 10.4 m の円形鏡と等価である．GTC は最初の観測を 2007 年に開始したが，"最大" という称号をそう長くは保持しなかった．新しい世代の地上巨大望遠鏡，まさに巨人のような望遠鏡が稼働している．最大のそれらの中に，口径 25 m の巨大マゼラン望遠鏡—GMT(Giant Magellan Telescope)，30 メートル望遠鏡 (Thirty Meter Telescope) および口径 42 m のヨーロッパ超大型望遠鏡 (European Extremely Large Telescope) がある．これら巨大望遠鏡には，NASA が地球から約 100 万マイルの宇宙軌道で周回させる (2018) 口径 6.5 m の主鏡 (主として赤外線領域で作動する) をもつジェームズ・ウェブ宇宙望遠鏡を加えなければならない．

宇宙に対するこれら強力な新しい眼の代表として，GMT を取り上げよう．2017 年頃の完成を目指していた巨大マゼラン望遠鏡は，口径 8.4 m(28 フィート) のハニカム構造で一体型のホウケイ酸ガラス鏡を 7 枚用いて構成されている (図 5.124)．7 枚の反射鏡 (一つは中央にあり，6 枚は軸外) はすべて，一つの連続したほぼ楕円の光学面を

形成するように研磨されている．この光学面は直径 21.9 m の開口に等しい集光面積をもつ．光学面の 7 枚の主鏡は一つの滑らかな面を形成するので，この光学面の分解能は，ハッブル宇宙望遠鏡より 10 倍鮮明な像を結ぶことができる 24.5 m (80 フィート) の開口と同じである．全体としての主鏡の f ナンバーは，18 m の焦点距離をもつので $f/0.7$ である．アプラナティックなグレゴリー式望遠鏡は，7 枚の薄い適応凹面部分鏡からなる 2 次の反射鏡系を必要としている．組み合わせた主鏡と 2 次反射鏡の実効的な焦点距離は $f/8.0$ となる 203 m である．

図 5.124　巨大マゼラン望遠鏡の絵図．土台の左に立っている人物の大きさに着目すること．(全米科学アカデミー)

べつべつの光学望遠鏡の像を干渉しているように合成する技術がいまや存在し，したがって，全体としての実効的な開口は非常に大きくなっている．地上に並べた光学望遠鏡群は，私たちの宇宙観測手段に多大な貢献をするだろう．

反射屈折望遠鏡

　反射 (catoptric) 光学素子と屈折 (dioptric) 光学素子を組み合わせたものは，**反射屈折系 (catadioptric)** とよばれる．初めてのものではないが，よく知られているのは古典的シュミット (Schmidt) 光学系である．これは，大きな開口と広い視野の反射系の設計に，重要な指針を与えてくれるので，簡単にでもここで述べなければならない．図 5.125 に見られるように，球面鏡で反射した平行光線束は，球面状の像面に像 (たとえば星空としよう) を結ぶ．実際には湾曲したフィルムが像面にある．この系の唯一の問題は，非点収差およびコマ (6.3.1 項参照) はないものの，球面鏡の端の方で反射された光線は，近軸光線のつくる焦点に来ないことである．換言すると，鏡は放物面でなく球面であり，**球面収差 (spherical aberration)** の問題がある (図 5.125b)．もし球面収差を補正できるなら，少なくとも理論上は，この系で広い視野にわたる完全な像をつくることができる．中心軸はただ 1 本でないので，実効的には軸外点というものは

ない．また，放物面は軸上物点についてのみ完全像をつくり，軸をはずれると像は急速に劣化する．

1929年のある夕刻，天体食の調査からフィリピンにもどるためにインド洋を航海していたとき，シュミット (Bernhard Voldemar Schmidt, 1879–1935) は同僚に，球面鏡の球面収差に対処するように設計した光学系のスケッチを見せた．それは，表面をきわめて浅いトロイダル面に研削してある，ガラスの薄い補正板であった (図5.125c)．周辺部の光線は，球面状の像面に鋭い焦点を結ぶのに必要な分だけ，進路が曲げられている．補正板は他の収差を大きくせずに，狙っている収差だけを克服する必要がある．最初のこの光学系は1930年に建造され，そして1949年にパロマ天文台の有名な

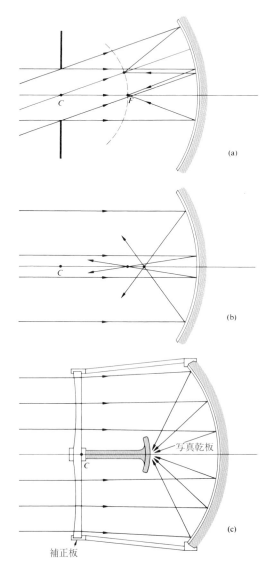

図 5.125　シュミット光学系

48 インチ径のシュミット望遠鏡が完成した．これは速くて ($f/2.5$) 視野の広い装置であり，夜空の観測には理想的である．1 枚の写真で北斗七星全体を写せ，これは 200 インチ反射鏡でのほぼ 400 枚の写真に相当する．

　反射屈折式の光学器械の設計は，独創的なシュミット光学系を導入して以来，大きく進歩した．今日，反射屈折式の衛星およびミサイル追尾装置，大気現象カメラ，小型の市販望遠鏡，望遠カメラレンズ，そしてミサイル誘導装置がある．また，反射屈折光学系には数限りない変形版がある．あるものでは補正板としてメニスカスレンズが用いられ [バウアー–マクストフ (Bouwers–Maksutov)]，他のものでは固体の分厚い鏡が使われている．また，非球面のトリプレットを利用して好結果が得られている [ベーカー (Baker)]．

5.8　波　面　形　成

　この章では，何らかの方法による波面の再形成について述べてきた．通常のレンズや鏡による波面の変形は全体的で，処理している全波面にほぼ同じように影響が及ぶ．しかし，今日になって初めて，波面を取り込み，そして各部分に特定の要求を満たすようなべつべつの変形を与えられるようになった．

　屈折率 $n(\vec{r})$ が不均質な媒質か，厚さが一様でない媒質 (シャワールームの戸のガラスがそうである) を通過する波面を考える (図 5.126a)．波面は光路長に比例して進行が遅れ，したがってひずむ．このようなひずんだ波が通常の平面鏡で反射される場合，反対方向に進むが形状は変わらない (図 5.126b)．波面の先行している部分は先行したまま，引きずられている部分は引きずられたままで，伝搬方向だけが反転し，ひずんだままである．シャワールームの厚みむらのあるガラス戸の向こうの景色は，直接見ても鏡に映して見ても，同じようにぼやけている．

　もし，反射された波面を再形成できる巧妙な鏡があれば，いろいろな状況で不可避的に生じる不要なひずみを取り除けるだろう．本節では，それを達成する二つの異なる現代技術を調査する．

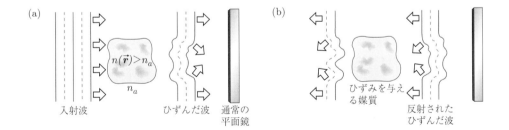

図 5.126　(a) 平面波は不均一媒質を通過するとひずむ．(b) そのようなひずんだ波が通常の鏡で反射されると方向を変える．反射前に進んでいるあるいは遅れている部分はそのまま，つまりひずんだまま新しい方向に向かう．不均一媒質の 2 回目の通過で，ひずみは大きくなる．

5.8.1 適 応 光 学

　望遠鏡技術における最近の最も重要な進歩の一つが，**適応光学** (adaptive optics) と
よばれるもので，大気によるひずみの問題の解決法を提供している．"望遠鏡の製作
理論が，やっと完全に実現できるようになっても，超えることのできない限界がある．
私たちは空気を通して星を見上げているが，高い塔の影のゆれや，一定状態にあるは
ずの星のきらめきからわかるように，その空気は永遠にゆれ動いている"と，ニュー
トンは言った．適応光学とは，この"永遠のゆれ動き"を制御するための方法論であ
る．まずはじめに，空気の乱れによる入射光のひずみを測定し，次にその情報を用い
て，あたかも大気の渦巻く乱れを通っていないかのように，光波をもとの状態にもど
す (図 5.127).

　太陽からの熱エネルギーで駆動されて，地球の大気は乱れた空気のゆれ動く海であ
る．密度の変化は屈折率の変化を伴い，そして光路長が変化する．遠くの星の上の 1
点から降りそそいでくる波面は，ほぼ完全な平面として大気に到達する．(波長は可視
光領域の真中の $0.5\,\mu$m である.) この波面がゆれ動く大気中を 100 マイル強進むと，数
μm の経路長ばらつきが出て，凹凸だらけの面になる．小さくて丈夫なゴキブリがラ
ンダムに散らばっている床に，10cm 角のタイルを何枚も放り出したときに得られる形
状，つまり隣り合うタイルがいろいろな向きに少しずつ傾いているような形状にそっ
くりな，波打った波面が地上に届く．空気の乱れはミリ秒のスケールで予測のできな
い変化をしていて，そこを通過した波面は，空間的に連続した曲がり方でかつ時間的
にその曲がり方が変化している．まるでタイルの下のゴキブリがあてもなく動き回っ
て，タイルをもち上げ，横方向に移動させているかのようである．

　1966 年にフリード (David L. Fried) が，大気の乱れの光学的な影響をかなり簡単な
方法でモデル化できるのを示したこともあり，タイルのたとえは気味悪いけれど，有
効である．光の速度はあまりにも速いので，ある瞬間の大気は，小さなくさび型の屈
折部品を，水平方向にぎゅうぎゅうに並べたものと，実効的に仮定できる．地上のあ
る地点で考えて，星からの波面の局部領域は，ランダムに傾いたほぼ平坦とみなせる
小さな平板 (1 枚のタイルに相当している) が，多数集まったものである．誰かのお気
に入りでは，1 枚 1 枚の大きさは典型的には 10 cm 四方である．最良の条件 (たとえば，
天文観測に適した山の頂上) で "視界が良好なとき" は，20 cm か場合によっては 30 cm
にまで広がることもある．このような**アイソプラナティック領域** (isoplanatic region)
では，波面はかなり滑らかで曲率も小さく，先行している部分と遅れている部分の差
は約 $\lambda/17$ である．経験的に波面のひずみが $\lambda/10$ 以下なら，像品質は非常によい．大
気の乱れが大きくなれば，仮定したくさび型部品はより小さく，またそれに対応する
波面のアイソプラナティックな領域も小さくなる．

　星に向けた望遠鏡が形成する像に対する大気の乱れの影響は，その開口の大きさに
強く依存している．望遠鏡がわずか数 cm ぐらいの開口しかもっていなければ，受け
入れる波面は狭く，くさび型屈折部品の一部しか通過していないので，ほとんど平坦
である．大気の乱れは主として入射波面の平坦領域の傾きを変える．このことは，平
坦領域のエアリー像が任意の瞬間においては鋭く形成されるものの，大気が変化して
平坦領域が時々刻々別の角度で入ると，動き回ることを意味している．(私たちのゴキ

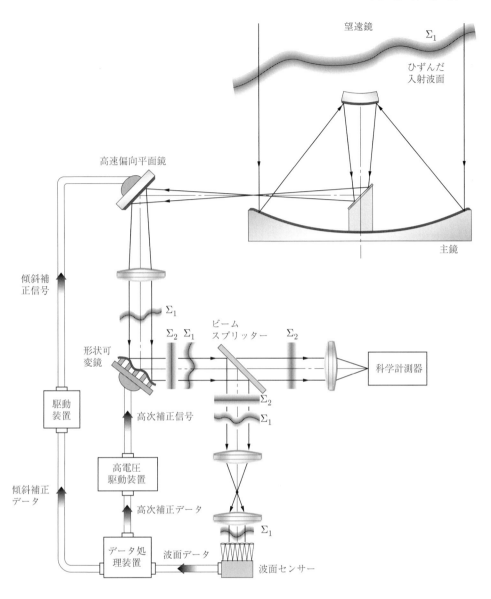

図 5.127 適応光学系．ひずんだ波面 Σ_1 を解析し，再形成する．修整された平面状波面が科学計測器に送られる．

ブリは動きつづけている.）以上に比べ，数メートルにわたる大口径望遠鏡では，受け入れられる波面は広く，互いに傾いた多数の平坦領域の寄せ集めである．したがって像は，あちこちにできた莫大な数のエアリースポットを瞬時に重ねたもので，結局ぼけているし，ぼけ方も時々刻々変化する．確かに口径を大きくすると多くの光を集められるが，それに比例して分解能が向上するわけでない．

ぼけが見逃せなくなる開口の大きさの限界は，大気の乱れの尺度である．これは**フリード・パラメータ**(Fried parameter) とよばれ，ほとんど例外なく r_0 と書かれる．しかし，この記号選択は半径と紛らわしいので感心できない．"r ノート (naught)" と読み，入射波面が本質的に平坦と考えられる領域の大きさである．r_0 が 30cm を超え

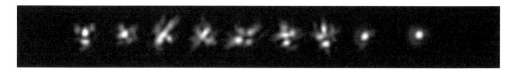

大気を通した望遠鏡による観察では，時々刻々変化する視界が瞬間的に鮮明な視界になる確率は，開口径の増加に対し指数関数的に減少する．通常の観察条件で適度な大きさの開口 ($\approx$ 12 インチ) の対物を用いる場合，確率は 1/100 である．1/60 秒間隔で撮られた一連の星の写真は，像がどのように"きらめく"かを示している．いちばん右の像はきわめて良好な状態のときに撮られた．回折限界の光学系では，中央の明るいスポットが同心の弱い明るさのリングで囲まれたエアリーディスクパターン (10.2.5 項の写真) に似た像になる．(写真はボストン科学博物館の Ron Dantowitz 氏)

 るまれな場合には，十分遠方の星はエアリー像として"完全に"結像される．大気の乱れが大きくなると r_0 は減少し，波長に対しては $r_0 \propto \lambda^{1.2}$ で大きくなる．また，地上の大きな望遠鏡の角分解能は実質的に $1.22\lambda/r_0$ であり，r_0 が 20 cm より大きくなることはまれであるから，最高性能の望遠鏡でも，お粗末な 6 インチ望遠鏡より少しだけ優れた分解能をもっているだけである！

 望遠鏡の上に風があれば，それは実効的にアプラナティック領域を開口から吹き払ってしまう．5 m/s のそよ風でも，$r_0 = 10$ cm のアプラナティック領域を 20 ms で持ち去る．このような大気の変化を監視しそして対応するには，電気–光–機械制御系は 10 倍から 20 倍の速度で動作すべきで，データの標本化は 1 秒間に 1 000 回を超える．

 図 5.127 は，天体用の代表的な適応光学系を図解したものである．この簡単な構成では，望遠鏡はある星に向いていて，その星が観測対象物体であると同時に，ひずみ補正のための基準波面の発生源 (ビーコン) でもある．補正処理前に，主鏡からの太いビームは扱いやすいように直径数 cm に縮小される．その過程で，主鏡面上での各アプラナティック領域も，縮小ビーム中の対応する領域に縮小される．

 第一段階は，望遠鏡を通り縮小ビーム中で小型模型になっている波面 Σ_1 の，ひずみをしらべることである．これは**波面センサー**(wavefront sensor) を用いて行われる．波面センサーにはいくつかの種類がある．ここで考えるのは**ハルトマン・センサー** (Hartmann sensor) で (図 5.128)，互いに独立な何千もの検出器 (CCD) が，一平面内で密に並べられて一つのものになっている．センサーに入る光は，焦平面が CCD アレイに一致している小さな同一レンズを，薄い板のように束ねたものに，まず当たる (図 5.128a)．各小レンズの大きさは一つのアプラナティック領域におよそ等しい．そして個々の小レンズは，その光軸の周囲にある四つの CCD 画素集団の上に，星の小さな像を形成する．もし全波面が完全に平坦なら，すなわち，すべてのアプラナティック領域に傾きがなく平行であれば，個々のレンズは四つの画素集団の中央にエアリー像を形成する (図 5.128b)．しかし，どれかのアプラナティック領域が傾いている場合は，対応するスポット像に位置ずれが生じ，四つの CCD 画素は均衡の破れた信号を記録し，この信号から正確な変位量がわかる (図 5.128c)．全 CCD 画素からの出力はコンピュータで解析され，理論的に Σ_1 が再構成されるとともに，波面の平坦化に必要な補正量が算出される．

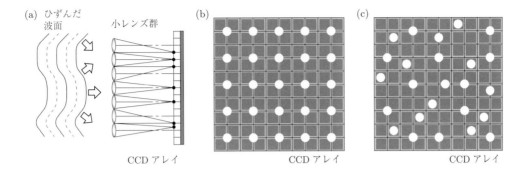

図 5.128　ハルトマン波面センサー．(a) 各小レンズが CCD アレイに光を集光する．四つの CCD 素子からなる正方形部分が 1 検出器を構成する．(b) 入射波が平面なら，エアリー像のスポットは 4 素子構成の検出器の中心に形成される．(c) 波面がひずんでいると，エアリー像のスポットは検出器の中心からずれる．

　波面全体に傾きがあった場合は，主鏡からの光を最初に受け取る高速偏向平面鏡に信号が送られ，傾きが除かれる．こうして全体としての傾きはないものの，依然としてひずんでいる波面が "ゴムのような鏡" に向かう．この鏡は迅速かつ正確に変形できる柔軟な鏡である．たとえば，所望の形状にするために，素早く押したり引いたりする何百ものアクチュエータの上にのせられた薄い表面鏡である．この鏡はコンピュータからの信号で駆動されていて，波面と反対の形状になるように曲げられる．波面の出っ張った部分は，この整合鏡の実効的にくぼんだ部分に当たり，またその逆である．その結果，大気に入る前の星の光に対応する，ひずみのない波面 Σ_2 をもつビームが，反射されてくる．放射エネルギーのごく一部が，補正過程を連続的に維持するように，センサー–コンピュータ–鏡からなる制御ループにもどってゆくが，残りのエネルギーは科学計測器に入ってゆく．

　天文学者が興味をもつ，惑星，銀河そして星雲などの多くの対象が，広がりのある物体として結像されるので，これらを適応光学用のビーコンとして用いることは避けられる．それでも，銀河を観察したいのなら，その傍の星をビーコンとして用いることは可能である．しかし，目的に合致する十分な明るさの星が近くにないことは，不幸にしてしばしばある．この制約を回避する一つの方法は，レーザーを使って案内役になる星を，人工的につくり出すことである (写真参照)．二つの異なるやり方で，これは成功裏に実施されている．一つは，高度 10 km から 40 km に焦点を結ばせたレーザーパルスを，望遠鏡で映し出す．このレーザー光の一部は空気分子によるレイリー散乱で，地上の方にもどってくる．もう一つは，大気の乱れのほとんどない高度 92 km にある，(たぶん大気現象で蓄積された) ナトリウム原子の層を利用する．波長 589 nm に調整したレーザーはナトリウムを励起でき，そして，空の任意の場所に明るく黄色いビーコンをつくり出す．

　得られた結果 (写真参照) は，非常に勇気づけられるものであり[*9]，現存する世界の

[*9] L. A. Thompson, "Adaptive Optics in Astronomy," *Phys. Today* **47**, 24(1994); J. W. Hardy, "Adaptive Optics," *Sci. Am.* **60** (June 1994); R. Q. Fugate and W. J. Wild, "Untwinkling the Stars—Part I," *Sky and Telescope* **24** (May 1994); W. J. Wild and R. Q. Fugate, "Untwinkling the Stars—Part II," *Sky and Telescope* **20** (June 1994) を参照のこと．

ニューメキシコ州のカートランド空軍基地のフィリップス研究所でのレーザーによる誘導星の生成 (米国空軍 Phillips Laboratory)

主要な望遠鏡は適応光学を用いており, すべての新しい地上天文台は, 将来間違いなく適応光学を利用するだろう.

5.8.2 位相共役

波面を再形成する別の重要な新技術は, **位相共役**(phase conjugation) として知られている. この技術では, 波動が特別な反射によって裏返される.

z 方向の右向きを正とし, 正の向きに進む平面波の流れが, 普通の平面鏡に垂直に当たるとする. 入射波は $E_i = E_0 \cos(kz - \omega t)$ あるいは複素形式で $\tilde{E}_i = E_0 e^{i(kz-\omega t)} = E_0 e^{ikz} e^{-i\omega t} = \tilde{E}(z) e^{-i\omega t}$ と表現でき, 最後の二つの表現では, 空間部分と時間部分が分離されている. いま考えている簡単な配置では, 反射波は入射波の上に正反対の向きでかぶさっている. すなわち, 二つの波動は伝搬方向以外は同等である. したがって, 反射波は $E_r = E_0 \cos(-kz - \omega t)$ または $\tilde{E}_r = E_0 e^{-ikz} e^{-i\omega t} = \tilde{E}^*(z) e^{-i\omega t}$ で与えられる. 位相の空間部分の符号を変えることは, 波動の方向を変えることであり, 指数関数の形式では複素共役をとるのと同じことになる. このことから, 反射波は**位相共役波**(phase-conjugated wave) あるいは単に**共役波**(conjugate wave) とも

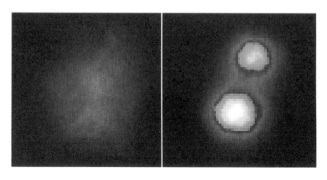

大熊座 53ξ を, フィリップス研究所の 1.5 m 望遠鏡を用いて 1 秒間露光した写真. (a) 補償のない通常の像は解読不能である. (b) 適応光学系を用いると, 像は劇的に改善される. (米国空軍 Phillips Laboratory)

よばれる．このような状況は，映画に撮ることはできても，見せられたときに順送りか逆戻しか，原理的に区別できないことで特徴づけられる．したがって，位相共役波は**時間反転** (time reversed) であるといわれる．単色波では，時間部分の符号を変えること (すなわち時間反転) は，伝搬方向を反転させることと同じである．つまり，$\cos[kz - \omega(-t)] = \cos(kz + \omega t) = \cos(-kz - \omega t)$ である．

きわめて簡単な位相共役反射は，凹の球面鏡の曲率中心に点光源があるときに起こる．波動は鏡の方に広がりながら進み，反射によって光源のある点に縮まりながらもどる．またたぶん，普通の反射面を特定の波面に適合するように正確につくり，そして，その特定の入射波に共役な波動を反射させることは可能だろう (図 5.129)．しかし，これは非現実的な方法というべきである．波面形状を予想できない場合や，それが時々刻々と変化する場合は，特に非現実的である．

しかし幸いにも，1972 年にロシアの科学者チームが，ブリユアン散乱を用いてどんな入射波に対しても，位相共役波を発生させる方法を発見した．彼らは強力なレーザー光のビームを，高圧メタンガスを詰めた筒に向けた．およそ 100 万ワットのパワーのときに圧力と密度が変化し，そして媒質はまったく珍しい類の鏡となって，ほとんどすべての入射光をはね返した．研究者たちが驚いたのは，ガスから散乱によってもどってきたビームが，位相共役波であったことである．媒質 (この場合はメタン) が，まさに裏返しの後方散乱波をもどすように，電磁場の存在に対して自らを調節している．したがって，先行して入ってきた部分が遅れて出ていった．今日では，同じ目的に対して数種の方法があるが，すべて非線形光学効果をもたらす媒質を利用している．衛星の追跡からレーザービームの品質改善まで，無数の応用可能性がある[*10]．

位相共役波でできることの一つとして，次のことを考えよう．不均質な媒質を通ってひずんだビーム (図 5.126) が，普通の鏡で反射され，同じ媒質を再び通過するとすれば，ビームはさらにひずむだろう．これに比べ，同じことを位相共役鏡を用いて行えば，ひずみの原因である媒質を反対方向に 2 回目の通過をするときに，ビームはもとの状態に回復するだろう．図 5.130 はその技術の図解で，図 5.131 は実際の実験の結

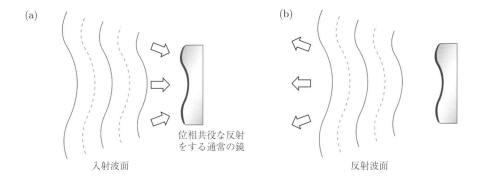

図 5.129 機能が強く制限された位相共役鏡．(a) に示された入射波面だけに有効である．

[*10] D. M. Pepper, "Applications of Optical Phase Conjugation," *Sci. Am.* **74** (January 1986) および V. V. Shkunov and B. Ya. Zel'dovich, "Optical Phase Conjugation," *Sci. Am.* **54** (December 1985) を参照のこと．

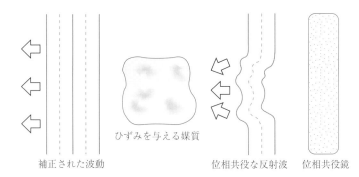

図 5.130 図 5.126 のひずんだ波動が位相共役鏡で反射されると，反転して折り返す，あるいは共役な位相になって折り返す．図 5.126b の通常の反射波と比べてみよう．不均一媒質を 2 回目に通過するとき，先行している部分は遅れ，また遅れている部分は先行する．一往復して出てくる波動は，はじめに入ってきた波 (図 5.126a) と同一である．

果である．平行なアルゴンイオンビーム ($\lambda = 514.5\,\mathrm{nm}$) を猫のスライドに単に通すだけで，猫の像をビームに載せた．比較対象を得るために，像を運んでいる波動をビームスプリッターを介して通常の鏡に送り，そこで反射されたビームをビームスプリッターに再度通して，写真を撮るためにすりガラスに当てた (図 5.131a)．次にシャワールームの戸のガラスのような，位相を乱すものをビームスプリッターと鏡の間に置いた．波はそこを 2 回通る．鏡から返ってきた像は判別不能であった (図 5.131b)．最後に，通常の鏡と位相共役素子を入れ替えた．やはり波動は位相を乱すものを 2 回通るが，像はもとの鮮明さにもどっていた (図 5.131c)．

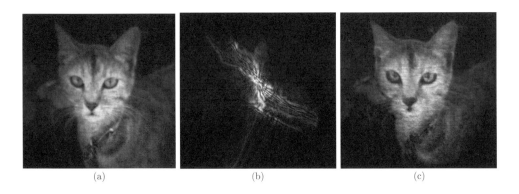

図 5.131 ひずみを除去するための位相共役の使用．(a) 鏡から反射した猫の像．ひずみは与えられていない．(b) 不均一媒質を 2 回通過した後の同じ猫の像．(c) 波動は不均一媒質を通過した後，位相共役になって媒質を再度通ってもどってきた．像のひずみのほとんどが消えている．(南カリフォルニア大学医学部 Jack Feinberg 氏)

5.9 重力レンズ効果

　20 世紀の最も注目すべきいくつかの発見の中に，アインシュタインの一般相対性理論 (1915 年) から直接導き出せるもので，"物質は時空の曲がりをもたらす"，より正しくは "物質と時空の曲がりは対応している" という発見がある．どちらの見方にしろ質量密度の高いところでは，局所的な時空に検出可能な曲がりがある．相対性理論は概念的に時間と空間を結合させ，そして重力は両方に影響を与える．これは，そのように曲がった領域を通過する光ビームは，質量中心に近づくか離れるように，曲がった経路をたどることを意味している．別の言い方をすれば，重力は光の速度，つまり方向と速度を変える．重力自体が時間の進行を遅らせるので，このことはとりたてて驚くべきものでない．

　いままでは，光は空間中を一定速度 c で直進すると仮定してきた．これは特殊相対性理論に合致しているし，私たちが行う地上の実験では十分正しい．しかし，星や銀河やブラックホールを含む大規模な領域では正しくない．莫大な質量の影響で，その周囲の重力ポテンシャル (Φ_G) は大きい．このような領域を伝搬する光は，位置に依存した 1 より大きい屈折率 $n_G(\vec{r})$ をもつ不均質媒質中を，あたかも通過したかのようにふるまう．このことと，結果として得られる効果が非球面レンズで簡単に得られるものと似ているので，上記現象は**重力レンズ効果** (gravitational lensing) とよばれる．より基本的には，光の直線的伝搬からの偏向は回折現象であり，**重力回折** (gravitational diffraction) とよぶ方が正しい．

　以上の状況を図示するのは簡単である．図の 3 要素は，観測者 (たとえば，望遠鏡をもっている地上の人)，観測対象の物体である遠くの電磁放射源 (たとえば，クェーサーや銀河)，放射源と観測者を結ぶ線上のどこかにあるレンズ効果をもたらす質量 (たとえば，クェーサー，銀河，銀河団あるいはブラックホール) である．

　中心軸から離れると屈折率が低下する簡単な構造の GRIN レンズ (図 6.42) と，Φ_G が同じように低下する曲がった時空領域は，たいへんよく似た働きをする．初歩的なモデルでは，屈折率の分布は非球面の厚み分布と同じことである．したがって，図 5.132 のレンズは美しい対称性のある銀河に対応しているのだろうし，中心部がもっと鋭くなっていたら，ブラックホールに対応するだろう．軸外の銀河が，その十分後方の物体にレンズ効果を与えると，像はひずんで数本の円弧になる (図 5.133)．この現象は，ひずんだ媒質 (図 5.126a のようなもの) を通過する波動にホイヘンスの原理を適用して，より正確に表現できる．後で回折を学ぶとわかるように (図 10.7d)，回折現象の立場で考えると，中央にできる回折によらない像と幻影像を合わせると，必ず奇数の像のできることは明らかである．図 5.134 は，レンズ効果をもたらす銀河団が，どのようにして遠くにある一つの銀河を，銀河団の質量中心まわりにほぼ同心の，多数の円弧に結像させるのかを示している．

　1912 年という早い時期に，重力レンズ効果について考え始めていたアインシュタインは，電磁放射源，レンズ効果をもたらす質量，観測者がほぼ一直線に並ぶという，あまり起こりそうもない配置では，リング状にぼやけた像が出現することを示唆していた (図 5.133c)．1998 年にハッブル宇宙望遠鏡は完全なアインシュタイン・リングを初めて写真に撮った (写真参照)．

図 5.132 銀河のような巨大質量物体による重力レンズ効果を模擬するのに用いる非球面レンズ

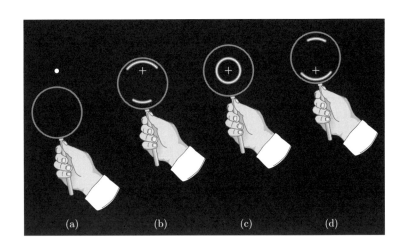

図 5.133 図 5.132 のような，銀河による重力レンズ効果を模擬するのに用いた非球面

図 5.134 銀河団による重力レンズ効果

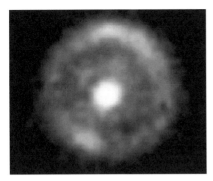

1998年にハッブル宇宙望遠鏡によって初めて観測された完全なアインシュタイン・リングの写真．これは，一方が他方の後ろに隠れている二つの銀河と地球がほぼ一直線に並んだ状態で得られた(図5.133c参照)．(NASA)

銀河団アベル2218は空間的広がりは狭いのに大きな質量をもっているので，そこを通る光はきわめて強い重力場で偏向される．そのため，この銀河団のずっと後方にある銀河の像は拡大され，輝きを強められ，そしてひずまされる．写真中のたくさんの円弧は，レンズ効果をもたらす銀河団より5倍から10倍遠く離れたいくつかの銀河の，ねじ曲げられた像である．(NASA)

問　　題*11

5.1 図P.5.1に示した境界の形状は1600年代初期のデカルトの研究以降，直交座標系における卵形曲線として知られていて，Sからの任意の光線を境界通過後Pに至らせる完全な形状である．この形状を規定する方程式が，

$$l_o n_1 + l_i n_2 = 一定$$

であることを示せ．また，これが，

$$n_1(x^2+y^2)^{1/2} + n_2[y^2+(s_o+s_i-x)^2]^{1/2} = 一定$$

と等価であることを示せ．なお，xとyは点Aの座標である．

5.2 直交座標系における卵形曲線の頂点から5 cmの位置にある物体と，その共役な点

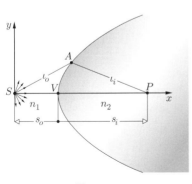

図P.5.1

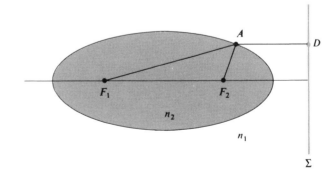

図P.5.3

---

*11 *を付した問題以外は，解答を最後に示している．

の間隔が 11 cm になるよう，この曲線を構成する．$n_1 = 1$, $n_2 = 3/2$ として境界上のいくつかの点を求めよ．

*5.3 図 P.5.3 において，点光源が楕円の焦点 F_1 にあれば，遠い方の側面からは平面波が出てくることを示せ．楕円を規定する条件は，一つの焦点から曲線に至りもう一つの焦点にもどってくる距離が一定であることに注意すること．

5.4 楕円面–球面の負レンズを，そこを通過する光線や波面とともに図に描け．卵形面–球面の正レンズについても同様な図を描け．

*5.5 図 P.5.5 とスネルの法則，および近軸領域では $\alpha = h/s_o$, $\varphi \approx h/R$, $\beta \approx h/s_i$ であることを使って式 (5.8) を導け．

*5.6 図 P.5.6 のような，二つの連続媒質の球面状の境界による拡大倍率は，近軸領域では，

$$M_T = -\frac{n_1 s_i}{n_2 s_o}$$

で与えられることを示せ．なお，角度は小さいとしてスネルの法則を近似し，また，角度を正接で近似する．

*5.7 空気と水をそれぞれ左と右に隔てる，曲率半径 5.00 cm の半球面の境界を考える．高さ 3.00 cm のヒキガエルが空気側において，中心軸上で頂点から 30.0 cm に位置し，凸の境界に向いているとする．水中のどこに像ができるか．水中の魚にはどれくらい大きく見えるか．カエルの大きさは近軸近似をはみ出すかもしれない

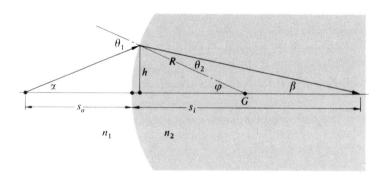

図 P.5.5

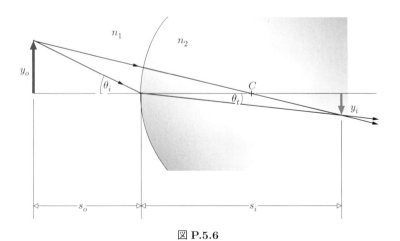

図 P.5.6

が，前問の結果を利用せよ．

5.8 直径 20 cm のジプシーの水晶玉 ($n = 1.5$) の頂点から 1.2 m のところにある物体の像の位置を求めよ．また，光線をスケッチせよ．

*****5.9** 問題 5.7 において右側の媒質を切断し，水の両凸厚肉レンズをつくるとする．両面の曲率半径を 5.00 cm，レンズ厚を 10.0 cm として倍率を求めよ．また，ヒキガエルの像についてわかることを述べよ．

*****5.10** 両凸の薄肉ガラス ($n_l = 1.5$) レンズの焦点距離を +10.0 cm とする．両面の曲率半径が等しいとすればいくらか．レンズから 1.0 cm の位置の蜘蛛が，−1.1 cm に結像することを示せ．像についてわかることを述べるとともに光線図を描け．

*****5.11** 5.2.3 項にもどり，屈折率 n_m の媒質中にある薄肉レンズでは，

$$\frac{1}{f} = \frac{n_l - n_m}{n_m}\left(\frac{1}{R_1} - \frac{1}{R_2}\right)$$

であることを証明せよ．また，水で囲まれた空気の両凹レンズは収束系か発散系か答えよ．

*****5.12** 凹の薄肉ガラス ($n_l = 1.5$) のメニスカスレンズ (図 5.12 参照) を考え，曲率半径が +20.0 cm と +10.0 cm とする．このレンズの前 20.0 cm にある物体の像距離は −13.3 cm であることを示せ．また，像についてわかることを述べるとともに光線図を描け．

5.13 両凹のレンズ ($n_l = 1.5$) を考え，曲率半径が 20 cm と 10 cm で軸上厚さが 5 cm であるとする．第 1 の頂点から 8 cm のところにある高さ 1 インチの物体の像について，わかることを述べよ．薄肉レンズ公式を適用して，最終像の位置を決定すること．像はレンズからどれほど離れて生じるか．

*****5.14** 焦点距離 50.0 mm の薄肉レンズをもつ旧式の 35 mm フィルムカメラがあり，身長 1.7 m の女性がカメラの前 10.0 m のところに立っている．(a) レンズとフィルムの距離が 50.3 mm でなければならないことを示せ．(b) フィルム上での女性の像の高さはいくらか．

5.15 正のレンズにおいて，共役な実の物点と像点の距離の最小値は $4f$ であることを証明せよ．

5.16 焦点距離 10 cm の薄肉正レンズの右側 5 cm のところに高さ 2 cm の物体がある．ガウスの式とニュートンの式の両者を用いて形成される像の詳細を述べよ．

5.17 ガウスのレンズ公式のおよそのグラフを描け．すなわち，s_o に対して s_i をプロットせよ．ただし，s_o と s_i の両軸は f を単位間隔として目盛り，2 本の曲線を描くこと．

*****5.18** 十分遠方の点光源からの平行光線束が，焦点距離 −50.0 cm の薄肉負レンズの光軸に対して 6.0° で入射している．光源の像の位置を求めよ．

*****5.19** LED が薄肉レンズの前方 30.0 cm の中心軸上にある．生じる像は虚で，レンズから 10.0 cm のところである．このレンズの焦点距離を求めよ．表 5.3 を用い，正レンズも虚像を形成できるが，このレンズは負でなければならない理由を説明せよ．

5.20 薄肉負レンズから 100 cm 離れたところにいるアリの虚像をレンズから 50 cm のところにつくるには，レンズの焦点距離はいくらであるべきか．アリは視点を変えてレンズの右側にいるとして，像の位置と性質について述べよ．

*****5.21** ロウソクの炎が薄肉正レンズの前方 18.0 cm にある．ロウソクの像はレンズから，同じロウソクが非常に遠い山の上にある場合より，3 倍遠くに離れたところに生じる．レンズの焦点距離を求めよ．

*****5.22** 面の曲率半径が 20 と 40 cm の薄肉両凸レンズ ($n_l = 1.5$) が空気中にあるときの焦点距離を計算せよ．レンズから 40 cm のところにある物体の像の位置と性質に

ついて述べよ.

5.23 曲率半径 10 cm の平凹レンズ ($n_l = 1.5$) の焦点距離を求めよ. 屈折力は何ジオプトリーか.

*__5.24__ 空気中の平凸薄肉レンズの焦点距離は 250.0 cm である. その材料のガラスの屈折率は 1.530 である. 二つの面の曲率半径を求めよ. n が 1.500 まで減少すると, 曲率半径はどのようになるか.

*__5.25__ 本質的に無限遠にある物体が, 薄肉正レンズの前方 90 cm の距離まで移動する. 像距離はこの移動過程で 3 倍になる. レンズの焦点距離を求めよ.

*__5.26__ 曲率半径が 50.0 mm で屈折率 1.50 の薄肉の球面平凸レンズは空気中ではいくらの焦点距離になるか. このレンズを水のタンクに漬けると, 焦点距離はどうなるか.

*__5.27__ 点光源 S が薄肉正レンズの中心軸上にある. それはレンズの前 l_1 の距離にあり, S の実像はレンズから l_2 の距離の点 P に現れる. レンズを中心軸に沿って新しい位置まで動かし, かつ, S と P の位置を最終的には変化させないことは可能か. 可能ならば, レンズはどこに位置させるべきか. 図を描け.

*__5.28__ 物体が薄肉正レンズの前方 40 cm の中心軸上にある. その像がレンズの向こう側 80 cm のところにあるスクリーンに現れている. 像がスクリーン上にある状態で, レンズを新しい位置まで軸上で動かす. レンズ移動の結果として, 像の大きさと向きに何か生じるのなら, どんなことか.

*__5.29__ 二つの前問を心にとどめ, 薄肉正レンズの中心軸上にある自発光物体を想起しよう. この物体は, 像が現れるスクリーンから距離 d にある. レンズが物体に向かって新しい位置まで移動すると考える. このとき, スクリーン上の像はもとの N 倍に大きくなる. レンズが,

$$f = \frac{\sqrt{N}d}{(1 + \sqrt{N})^2}$$

で与えられる焦点距離をもつことを示せ.

*__5.30__ レンズの前 45 cm に物体を置き, レンズ後方 90cm のスクリーンにその像をつくりたい. 正レンズの焦点距離はいくらであるべきか.

5.31 図 5.29 の馬の高さは 2.25 m で, 焦点距離 3.00 m の薄肉レンズの面から馬の顔までは 15.0 m とする.
(a) 馬の鼻の像位置を求めよ.
(b) 像について詳細に, つまり, タイプ, 向き, 倍率について述べよ.
(c) 像の高さはいくらか.
(d) 馬の尾がレンズから 17.5 m 離れているとすれば, 像での馬の鼻と尾の距離はいくらか.

*__5.32__ 焦点距離 -30 cm の薄肉凹レンズから 10 cm のところに高さ 6.00 cm のローソクが立っている. 像の位置を求め, その詳細を述べよ. さらに適当な光線図を描け.

*__5.33__ スクリーンから 0.60 m のところにいる 5.0 cm の高さのカエルが, 両面が等しい両凸レンズ ($n = 1.50$) で, 高さ 25 cm の像としてそのスクリーンに投影されている. レンズの曲率半径を計算せよ.

*__5.34__ スクリーンから 127 cm のところに位置する両凸薄肉レンズが, 発光物体の大きさの 5.80 倍の像をそのスクリーンに投影する. このレンズの焦点距離を求めよ.

*__5.35__ カエルの像をスクリーンに投影したい. 像は実物の 2 倍でなければならない. 薄肉平凸レンズが 100 cm の曲率半径をもち, ガラス ($n_g = 1.50$) でつくられ, 像の生成に用いられるとすると, カエルはスクリーンからどれくらい離れたところに位置させるべきか. 光線図を描け.

*__5.36__ ガラス ($n_g = 1.50$) でつくられた両面の等しい両凸薄肉レンズが, 空気中にあると

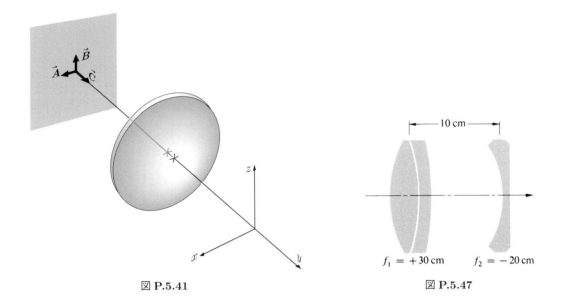

図 P.5.41 　　　　　　　　　　　図 P.5.47

考える．きわめて遠くにある発光物体が，レンズの前 180.0 cm に置き直される．その結果としての像距離は，はじめの値のちょうど 3 倍まで増加する．レンズの曲率半径を求めよ．

5.37 長さ 4.00 mm のまっすぐで細い針金が，薄肉レンズの前から 60.0 cm 離れた位置の光軸に垂直な平面内にある．スクリーン上にできた針金の鮮明な像の長さは 2.00 mm である．レンズの焦点距離はいくらか．スクリーンをレンズから 10.0 mm 遠ざけたら，像はぼけて幅が 0.80 mm になる．レンズの直径はいくらか．[ヒント：光軸上の点光源を考えよ．]

5.38 薄肉両凸ガラスレンズ (屈折率 1.56) があり，空気中での焦点距離は 10 cm とする．このレンズが水 (屈折率 1.33) に漬けられ，100 cm 離れたところに小さな魚 (種類はグッピー) がいたら，どこにグッピーの像ができるか．

5.39 テレビジョン画面の像を壁に投影するための大きな正レンズをもつ手づくりの投影機を考える．像は 3 倍に拡大され，暗いけれどひずみもなく鮮明である．レンズの焦点距離が 60 cm なら，テレビジョン画面と壁の距離はいくらか．また，なぜ大きなレンズを用いるのか．さらに，レンズに対してテレビジョン受像機をどのように置くべきか．

5.40 空気中にある薄肉レンズの焦点距離 (f_a) を用いて，このレンズが水 ($n_w = 4/3$) の中に置かれたときの焦点距離 (f_w) を表す式を書け．

5.41 図 P.5.41 の三つのベクトル $\vec{A}, \vec{B}, \vec{C}$ を見よう．薄肉正レンズの焦点距離を f として，各ベクトルの長さは $0.01f$ である．$\vec{A}$ と $\vec{B}$ のつくる面はレンズから $1.10f$ の距離にある．各ベクトルの像について述べよ．

5.42 正レンズの焦点距離の便利な測定法は次の事実を利用している．1 対の共役な物点 (S) と (実の) 像点 (P) の距離 L が $L > 4f$ であれば，同じ共役関係を得るのにレンズには d だけ離れた二つの位置がある．関係

$$f = \frac{L^2 - d^2}{4L}$$

があることを示せ．この方法によれば，一般には難しい，とりわけ頂点からの測定を避けられることに注目しよう．

*5.43 焦点距離が 0.30 m と 0.50 m の 2 枚の正レンズが 0.20 m の間隔で置かれている. 小さなチョウが 1 番目のレンズの前方 0.50 m の光軸上にいる. その像の 2 番目のレンズからの距離を求めよ.

5.44 ダブレットをつくるとき, 両面が等しい両凸薄肉レンズ L_1 を薄肉負レンズ L_2 に密着させたら, 組合せの焦点距離は空気中で 50 cm であった. それぞれの屈折率が 1.50 と 1.55 で, L_2 の焦点距離が −50 cm であったとして, 全レンズ面の曲率半径を求めよ.

5.45 式 (5.34) が 2 枚の薄肉レンズの組合せの横倍率 M_T を与えることを確かめよ.

*5.46 焦点距離 100 mm の薄肉正レンズの前方 150 mm に高さ 10.0 mm の草の葉がある. また, 正レンズの後方 250 mm に焦点距離 −75.0 mm の薄肉負レンズがある. (a) 第 1 のレンズは後方 300 mm の位置に像をつくることを示せ. (b) その像について詳細を述べよ. (c) またその像は何倍になっているか. (d) 2 枚のレンズで最終的に形成される像は, 負レンズの後方 150 mm に位置することを示せ. (e) 組合せレンズの倍率はいくらか.

5.47 図 P.5.47 の薄肉レンズの組合せにおいて, 前にあるダブレットから前方 30 cm にある物体の像の位置と倍率を計算せよ. なお, 個々のレンズの効果をべつべつに計算すること. また, 適当な光線をスケッチすること.

*5.48 焦点距離が +15.0 cm と −15.0 cm の 2 枚の薄肉レンズが 60.0 cm 離れて置かれている. 正レンズの前 25.0 cm に印刷されたページがあるとして, 近軸領域に限定してその像の詳細をしらべよ.

*5.49 それぞれの焦点距離の和に等しい間隔で置かれた 2 枚の正レンズの組合せに対して光線図を描け. 一方のレンズが負の場合についても描け.

*5.50 2 枚の正レンズがレーザービームの拡大器として使われている. 1 枚目のレンズは 2 枚目のレンズより焦点距離が短い. 直径 1.0 mm のレーザービームが光軸に沿って 1 枚目のレンズに入射し, 2 枚目のレンズから直径 8.0 mm になって出ている. 1 枚目のレンズの焦点距離を 50.0 mm として, 2 枚目のレンズの焦点距離およびレンズ間隔を求めよ. また光線図を描け.

5.51 顕微鏡の光線図 (図 5.110) を, 中間像があたかも実の物体であるかのように扱って書き換えよ. この方法が, 光線図を考える上で少しだけ簡単である.

*5.52 薄肉凸レンズ L_1 を考え, L_1 の焦点に第 2 のレンズ L_2 を置いても倍率の変わらないことを光線図を用いて示せ. これが, 眼から適正な距離にあれば, 左右が異なるレンズの眼鏡でも装着できる理由である.

*5.53 図 P.5.53a と P.5.53b は, 物理学の入門書にあった図である. それぞれの図の誤りはどこか.

*5.54 ガリレオの最高性能の望遠鏡は, 直径が約 30 mm の両凸対物レンズとともに焦点距離が −40 mm の接眼レンズをもっていた. その対物レンズは星の実の中間像を, おおむね 120 cm 下がった筒内に形成した. 望遠鏡の倍率と対物レンズの f ナンバー ($f/\#$) を求めよ.

5.55 2 枚の薄肉凸レンズ L_1 と L_2 があり, 間隔は 5 cm である. それぞれの直径を 6 cm と 4 cm, 焦点距離を $f_1 = 9$ cm, $f_2 = 3$ cm とする. 直径 1 cm の孔をもつダイヤフラムが両者の間の L_2 から 2 cm のところにあるとして, (a) 開口絞りはどこか. また, (b) L_1 の前 (つまり左側)12 cm にある軸上の点 S に対する入射瞳と射出瞳の位置と大きさを求めよ.

*5.56 薄い凸レンズ L が二つのダイヤフラムの中間に置かれ, ダイヤフラム D_1 はレンズから左に 4.0 cm, D_2 は右に 4.0 cm のところにある. このレンズの直径は 12 cm で焦点距離も 12 cm である. D_1 と D_2 の孔は, それぞれ 12 cm と 8.0 cm である.

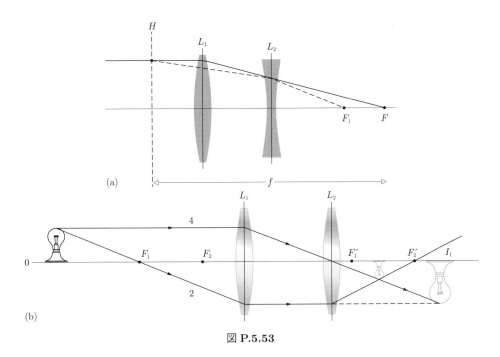

図 P.5.53

軸上の物点は D_1 の左側 20 cm にある．(a)D_1 の物空間における (すなわち，どのようなレンズであっても，左に進む光によってそのレンズの左に結像される) 像はどのようなものか．(b)L の物空間における像はどのようなものか．(c)D_2 の物空間における像はどのようなものか．その開口の像の大きさと位置を定めよ．(d) 入射瞳と開口絞りの位置を求めよ．

5.57 図 P.5.57 のレンズにおける開口絞り，入射瞳，射出瞳の位置を大まかにスケッチせよ．

5.58 図 P.5.58 のレンズにおける開口絞り，入射瞳，射出瞳の位置を，物点が F_{o1} の外側 (左側) にあるとして，大まかにスケッチせよ．

*__5.59__ 直径 50 mm の対物レンズをもつ天体屈折望遠鏡がある．この器械は 10 倍の倍率をもつとして，アイビーム (眼に入る光の円筒) の直径を求めよ．暗闇に順応した人の眼は約 8 mm の瞳径をもつ．

5.60 図 P.5.60 はレンズ系，物体，二つの瞳を示している．像の位置を作図で求めよ．

5.61 90° の角をなす 1 対の鏡 (図 P.5.61a) で形成される点光源の像の位置を示す光線図を描け．また，図 P.5.61b に示した矢の像の位置を示す光線図を描け．

5.62 ベラスケス (Velasquez) の絵画 "ヴィーナスとキューピッド" (図 P.5.62) で，ヴィー

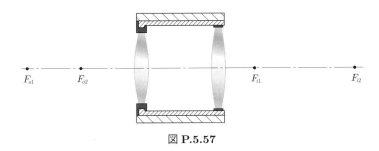

図 P.5.57

430   5 幾何光学 I

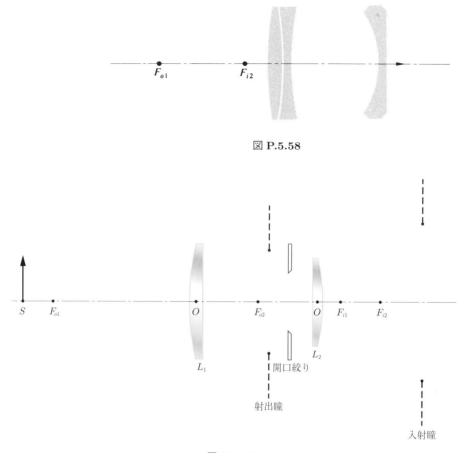

図 P.5.58

図 P.5.60

ナスは鏡の中の自分自身を眺めているのだろうか．考えて説明せよ．

5.63 マネ (Manet) の絵画 "フォリー・ベルジェールの酒場" (図 P.5.63) は，大きな平面鏡の前に立っている少女を描いている．鏡に写っているのは少女の背中と，少女が話しかけていると考えられる夜会服を着た男性である．マネは，絵を見る人にその男性の位置にいるように感じさせたかったものと思われる．幾何光学の法則から考えて，何がおかしいか．

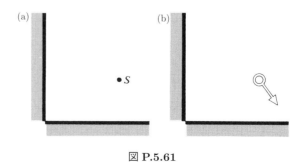

図 P.5.61

図 **P.5.62** ベラスケスの "鏡を見るヴィーナス"（ロンドンの National Gallery の厚意による）

図 **P.5.63** マネの "フォリー・ベルジェールの酒場" [フォリー・ベルジェールの酒場 (1882). エドゥアール・マネ. キャンバス油絵. Courtauld Institute Galleries/Lutz Braun/Art Resource, New York.]

5.64 球面に対する式 (5.48) が平面鏡にも同様に適用できることを示せ.

*5.65 大きく平坦な鉛直鏡の前 600 cm に女性が立っている. 彼女は, 木の像を自分の顔から 1200 cm のところに見ている. 実際の木はどこにあるか. 像について詳細に述べよ.

*5.66 図 P.5.66 は, パーキンソン (S. Parkinson) が 1884 年に出版した光学の教科書から引用した. この図は 2 枚の平行な平面鏡を示し, それらの間の点 Q に "発光点" がある. 何が生じているかを詳細に説明せよ. Q_1 と Q_2 はどのような関係にあるか. Q_2 と Q_3 はどのような関係にあるか.

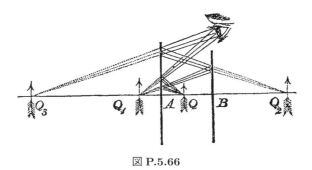

図 **P.5.66**

*5.67 前問の 2 枚の鏡 (A と B) を考え, それらは 20 cm 離れており, 小さなロウソクが A から 8 cm の点 Q に置かれているとする. Q_1, Q_2 および Q_3 にある像の位置を A に対して求めよ.

*5.68 直径 D_C のコインが, 直径 D_M の平坦な円形鏡のかかった壁の前 300 cm にあり, コインと壁は平行である. 人が壁から 900 cm のところに立っている. $D_M = (3/4)D_C$ が, 観察者がちょうどコインの像の周辺を見る (すなわち, コインの像がちょうど鏡を満たす) ことができる鏡の最小径であることを示せ.

*5.69 p.327 の例題 5.9 を考え, 患者の眼は鏡から 2 m とする. 鏡の下端と眼の軸の高さは, それぞれ床から 1.45 m と 1.25 m である. 視力検査表の下端の高さを求めよ.

図 **P.5.75** ヤン・ファン・アイクの "アルノルフィニ夫妻の像 (1434)" の一部拡大. [ジョバンニ・アルノルフィニと彼の妻の肖像画 (1434) の一部拡大. ヤン・ファン・アイク. オーク板油絵, 82.2 × 60 cm. The National Gallery, London/Art Resource, New York.]

*5.70 細い鉛直の針金に小さな平面鏡が, 1.0 m 離れた壁に平行になるように取りつけられている. 水平方向の物差しが, 鏡に対向する壁の上に平らに設置され, 鏡の中心は物差しのゼロの印と正しく向き合っている. 水平方向のレーザービームが鏡で反射し, 物差しにゼロより左の 5.0 cm のところで当たる. 次に, 鏡を角度 α だけ回転させると, レーザービームによる物差し上の光スポットは左にさらに 15.0 cm 移動する. 角度 α を求めよ.

5.71 曲率半径 80 cm の凸球面鏡から 100 cm 離れている紙クリップの像の位置を求めよ.

*5.72 質屋の前にかかっている直径 1 フィートの真ちゅうのボールを 5 フィート離れたところからまっすぐ見ているとする. ボール表面に見える像について述べよ.

*5.73 焦点距離 +50.0 cm の薄肉レンズが平面鏡の前方 (左側) 250 cm のところにあり, さらにそのレンズの前方 (左側) 250 cm の光軸上にアリがいる. アリの三つの像の位置を求めよ.

5.74 赤いバラの像が凹球面鏡で 100 cm 離れたスクリーン上に形成されている. バラは鏡から 25 cm の距離にあるとして, 球面鏡の曲率半径を求めよ.

5.75 ファン・アイク (van Eyck) の絵画 "アルノルフィニ夫妻の像"(図 P.5.75) 中の, 後の壁に掛かっている鏡の形状を映っている像から求めよ.

*5.76 高さ 1.00 cm の画鋲が, 焦点距離が 30.0 cm である凹球面鏡の前方 35.0 cm にある. (a) 像の位置を求めよ. (b) 像は実か虚か. (c) 倍率を求めよ. (d) 像は正立しているか. (e) 像はどれぐらい大きいか. (f) 鏡の曲率半径 R を求めよ.

*5.77 商業的に入手できる後方反射体にはいくつかの種類がある. 一つのタイプは, 後背面を銀めっきした透明な球体である. 光は前面で屈折して後背面に集光し, そこでもとの方向に反射される. 入射光は平行であるとして, 球がもつべき屈折率を決定せよ.

*5.78 凹球面鏡と光検出器からなるロボットの眼を, 10 m 先の高さ 1.0 m の物体の像が 1.0 cm 四方の開口をもつ光検出器を満たすように設計したい. 光検出器は焦点合せのために可動である. 鏡に対して検出器はどの位置にあるべきか. 鏡の焦点距離はいくらであるべきか. また, 光線図も描け.

*5.79 高さ 0.60 cm の LED が, 凸球面鏡の前方 30.0 cm の中心軸上にある. 鏡の曲率半径を 12.0 cm として, 像の位置を求めるとともにその詳細を述べ, そして光線図を描け. 像はどれぐらい大きいか.

5.80 棒の先端に固定して, 患者の口の中で使う歯科医用の小さな鏡を設計せよ. 要求条件は, (1) 像は歯科医が見て正立していること, (2) 歯から 1.5 cm の距離で実

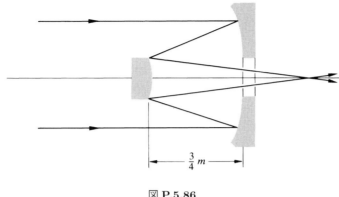

図 P.5.86

物の2倍の大きさの像をつくること, の2点とする.

5.81 半径 R の球面鏡から s_o の距離に物体がある. 形成される像は,

$$M_T = \frac{R}{2s_o + R}$$

だけ拡大されることを示せ.

*5.82 眼の角膜の曲率半径の測定に用いる装置は角膜計とよばれ, コンタクトレンズを合わせるときに有益な情報が得られる. この装置は, 照明した物体を眼から所定の位置に置き, 角膜で反射された像を測定するもので, 操作者は虚像の大きさを測定する. 物体が眼から 100 mm のときに, 倍率が 0.037× であれば, 曲率半径はいくらか.

*5.83 球面鏡の機能を考え, 球面鏡からの物体と像の位置が,

$$s_o = f(M_T - 1)/M_T, \qquad s_i = -f(M_T - 1)$$

で与えられることを証明せよ.

5.84 25 cm 離れてスープスプーンをのぞき込んでいる男性が, 倍率 −0.064 の自分の反射像を見た. スプーンの曲率半径を求めよ.

*5.85 ある遊園地で, 凸球面鏡を平面鏡から 10.0 m 離して対向させてある. 二つの鏡の中間にいる身長 1.0 m の少女は, 球面鏡の場合と同じく平面鏡でも 2 倍の高さの自分自身を見た. 換言すると, 平面鏡の像が観測者の位置に張る角度は, 球面鏡の像の張る角度の 2 倍である. 球面鏡の焦点距離はいくらか.

*5.86 2枚の球面鏡からなる手づくりの望遠"レンズ" (図 P.5.86) がある. 主鏡 (大きい鏡) および副鏡 (小さい鏡) の曲率半径はそれぞれ 2.0 m と 60 cm である. 物体が星の場合, フィルムを小さい方の鏡からどれくらい離した位置に置くべきか. この系の実効的な焦点距離はいくらか.

*5.87 薄肉正レンズの中心軸上にある点光源 S はレンズから焦点距離 f と $2f$ 離れた位置の間 (左側) にある. 凹の球面鏡をそのレンズの右側に, 最終的な実像が S の位置にできるように設置する. 鏡はどの位置に置くべきか. また, 凸球面鏡で同じことを行うにはどこに置くべきか.

*5.88 焦点距離 10 cm の凹球面鏡があるとする. 1.5 倍の正立像を得るには, 物体はどの距離にあるべきか. 鏡の曲率半径はいくらか. 表 5.5 と照合せよ.

5.89 曲率半径 −60 cm の凹球面鏡から 20 cm のところにある高さ 3 インチの物体の像について述べよ.

*5.90 焦点距離 f_L の薄肉正レンズが，前面を銀めっきされた半径 R_M の凹球面鏡の前のきわめて接近した位置にある．これら二つの組合せの実効的焦点距離を近似する式を，f_L と R_M を用いて記せ．

*5.91 平行光線が中心軸に沿って，曲率半径の等しい両凹レンズに入射する．光の一部が第 1 面で反射され，残りがレンズを通過してゆく．空気中にあるそのレンズの屈折率を 2.00 として，反射像とレンズで形成される像が同じ点にあることを示せ．

5.92 図 5.73 のドーブ・プリズムを考え，光線方向を軸として 90° 回転させる．新しい配置図を描き，像の回転角を求めよ．

5.93 単一クラッド型光ファイバーのコアとクラッドの屈折率をそれぞれ 1.62 と 1.52 として，ファイバーの開口数を求めよ．空気中にあるとき，受光角はいくらか．また，45° で入射する光線はどうなるか．

*5.94 多モード階段型屈折率ガラスファイバーが 1.481 と 1.461 の屈折率をもっている．コア径は $100\,\mu m$ である．空気中にあるときのファイバーの受光角を求めよ．

5.95 減衰が $0.2\,dB/km$ の溶融石英ファイバーがあるとすると，信号はどれぐらい進むと強度が半分になるか．

*5.96 階段型屈折率ファイバーが 1.451 と 1.457 の屈折率をもっている．コアの半径を $3.5\,\mu m$ として，それ以上ではファイバーが基本モードしか維持しない波長，すなわち，遮断波長を求めよ．

*5.97 単一モード階段型屈折率ファイバーが $8.0\,\mu m$ の直径と 0.13 の開口数をもっている．それ以下ではファイバーが単一モードで動作する周波数，すなわち，遮断周波数を求めよ．

5.98 コアの直径が $50\,\mu m$，$n_c = 1.482$，$n_f = 1.500$ のファイバーを考え，$0.85\,\mu m$ を中心波長にして放射する LED で照射されたときにこのファイバーが維持するモード数を求めよ．

*5.99 多モード階段型屈折率ガラスファイバーが，1.50 のコア屈折率と 1.48 のクラッド屈折率をもっている．コアは $50.0\,\mu m$ の半径をもち，真空での波長が $1300\,nm$ で働くとして，ファイバーが維持するモード数を求めよ．

*5.100 クラッドとコアの屈折率が 1.485 と 1.500 の階段型屈折率ファイバーのモード間遅延 (ns/km) を求めよ．

5.101 5.7.1 項の眼に関する情報を利用し，網膜上にできる月の像のおよその大きさを求めよ (mm 単位で)．月の直径はほぼ $2\,160$ マイル，地球からの距離はもちろん変化するが，$230\,000$ マイルとする．

*5.102 図 P.5.102 は，平面鏡のなす角 β の 2 倍に等しい一定角 σ だけ，光線を入射角に無関係に偏向させる装置である．実際にそうなることを証明せよ．

5.103 天体望遠鏡の対物レンズ ($f_o = 4\,m$) の前 $20\,m$ にある物体が，接眼レンズ ($f_o = 60\,cm$) から $30\,cm$ のところに結像している．望遠鏡全体での倍率を求めよ．

*5.104 正立レンズ系であるという図 P.5.104 は，いまでは絶版になっている古い光学の教科書からとった図である．どこが間違っているか．

*5.105 図 P.5.105 はある実用的な目的で使われる不透明スクリーンにあるピンホールを示している．どのような現象が起こり，また，なぜピンホールは機能するか説明せよ．さらに実際に試してみよう．

*5.106 動いている回転木馬の写真は，1/30 秒と $f/11$ で適正に感光するがぼやけてしまう．動きを"止める"ためシャッター速度を 1/120 秒に上げるには，ダイヤフラム (絞り) をどの値に設定すべきか．

5.107 2 素子からなる簡単な天体望遠鏡の視野が，接眼レンズの大きさで制限されている．接眼レンズによる口径食を示す光線図をスケッチせよ．

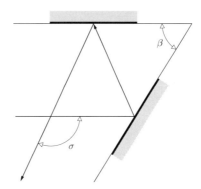

図 P.5.102

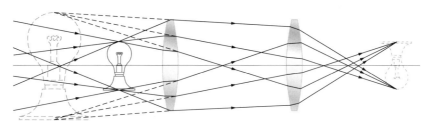

図 P.5.104

5.108 一般に視野レンズは正で，中間像面かその近くに置かれる．その目的は，もしなければ系の次段のレンズに入射しそこねる光線を集めることである．実効的に視野レンズは，系の屈折力を変えることなく視野を広くする．視野レンズも含めて前問の光線図を書き直せ．また，結果として射出瞳距離がいくらか短くなることを示せ．

*5.109 薄肉正レンズの頂点上にいる虫の像について，詳細に述べよ．また，この像は視野レンズの作用と直接的にどのように関係しているか (問題 5.108 参照のこと)．

*5.110 ある患者の近点は 50 cm である．眼の奥行きをおよそ 2.0 cm として，
(a) 無限遠の物体を結像するとき屈折系の屈折力はどれくらいか．また，50 cm 離れた物体を結像するときはどれくらいか．
(b) 50 cm 離れた物体を見るとき，どれくらいの視力調節を要するか．
(c) 標準的な近点である 25 cm だけ離れた物体を鮮明に見るには，眼はどれくらいの屈折力を要するか．
(d) 補正レンズによって患者の視覚系にどれくらいの屈折力を付加すべきか．

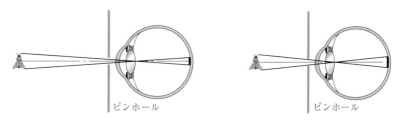

図 P.5.105

*5.111 検眼士が，ある遠視の人の近点が125 cmであるとした．コンタクトレンズを使って本を快適に読むことができるような25 cmの有効距離に近点を近づけるには，コンタクトレンズにはどの程度の屈折力が必要か．物体の像が近点にできれば鮮明に見えるという事実を用いて解くこと．

*5.112 両眼の視力が同じである近視の人が，角膜から測って100 cmに遠点を，18 cmに近点をもっている．(a) 矯正に必要なコンタクレンズの焦点距離を求めよ．(b) 新しい近点を求めよ．ここで，コンタクトレンズの前にある結像すべき物体の位置を，コンタクトレンズの前方18 cmに見いだしたい．

*5.113 両眼がともに7Dの近視の人の視力を，眼から15 mmのところにかける眼鏡で矯正したい．適切な屈折力を求めよ．

*5.114 遠視の人の視力が，角膜から12 mmのところにかける+9Dの眼鏡レンズで矯正されている．眼鏡のかわりに装着するコンタクトレンズの適切な屈折力を求めよ．

*5.115 6Dの近視の人が眼から16.67 cmに遠点をもっている．眼から12 mmのところにかけてこの人の視力を矯正する眼鏡レンズを処方せよ．

*5.116 遠視の人が100 cmに近点を，正常な位置に遠点をもっている．問題を解決するコンタクトレンズの処方箋を決めよ．新しい遠点の位置を求めよ．

5.117 +3.2 Dのコンタクトレンズを装着すると十分遠方の山を，弛緩した状態の眼で見られる遠視の人がいる．角膜の前17 mmのところにかけて同じように作用する眼鏡レンズを処方せよ．両者における遠点の位置を定め，比較せよ．

*5.118 宝石商が焦点距離25.4 mmのルーペを使って，直径5.0 mmのダイヤモンドをしらべている．
(a) ルーペの最大角倍率を求めよ．
(b) ルーペを使うとダイヤモンドはどれくらい大きく見えるか．
(c) 近点に保持したダイヤモンドが，ルーペを使用していない眼に張る角度はどれくらいか．
(d) そのダイヤモンドがルーペを使用している眼に張る角度はどれくらいか．

5.119 焦点距離がともに25 mmの2枚の正レンズを用い，弛緩した状態の眼で見ることのできる顕微鏡をつくりたいとする．対物レンズから27 mmのところに物体を置くとして，(a) 2枚のレンズはどれくらい離すべきか，また，(b) どれくらいの倍率が期待できるか．

*5.120 図P.5.120は1952年にウォルター (Hans Wolter) が設計した，水平入射のX線集光システムである．各光線の省略された部分を書き足せ．各光線は何回の反射を経験するか．この装置はどのように機能するか．この形式の顕微鏡はレーザー核融合において，標的の核燃料ペレットの爆縮をX線で写真に撮るのに使われている．同じようなX線光学系が天体望遠鏡にも使われている (p.149の写真参照のこと)．

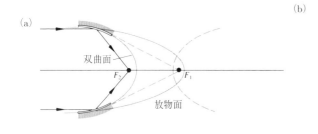

図 P.5.120 (E. H.)

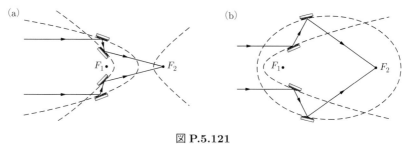

図 P.5.121

*5.121 図 P.5.121 に示した二つの水平入射非球面鏡系が，X 線集光用に設計されている．それぞれどのように機能するか．つまり鏡の形状を確認し，焦点の位置などについて論ぜよ．

*5.122 地球周回軌道にあるハッブル宇宙望遠鏡は，回折限界と仮定し得る 2.4 m の主鏡をもっている．遠くにあるロシアの衛星の側面に書かれた文字を読むのに，これを使うことにする．衛星の位置で 1.0 cm の解像力があるとするすれば，衛星はどれくらいハッブル宇宙望遠鏡から離れているか．

6

幾 何 光 学 II

前章の大部分では，薄肉球面レンズ系に適用される近軸理論について述べた．薄肉レンズが存在し，その解析には第1次理論で十分である，の2点を重要な仮定としていた．どちらの仮定も，精密な光学系の設計では成り立たないが，二つは一緒になって第一段階の大ざっぱな解答の基礎にはなる．この章ではほんのさわりだけであるが，厚肉レンズと収差をしらべることで，理論をもう少し進展させてみる．コンピュータを用いるレンズ設計技術が出現したため，取り上げるべき話題は少し変わってきている．すなわち，コンピュータが上手にしてくれることを，詳述する必要はない．

6.1 厚肉レンズとレンズ系

図6.1は厚肉レンズ，すなわち厚みがもはや無視できないレンズを示している．後で述べるようにもっと一般的には，厚肉レンズは単に1枚のレンズでなく，いくつかの単レンズからなる光学系であるとも考えられる．第1および第2焦点，あるいは物焦点と像焦点 F_o と F_i は，二つの頂点 (最も外側にある) から測るのが便利である．この場合，それぞれ f.f.l. および b.f.l. と記されるおなじみの前側焦点距離と後側焦点距離になる．入射光線と出射光線は，延長するとある点で交わり，この点が集まってレンズ内部もしくは外部に曲面を形成する．この面は近軸領域では平面と近似され，**主平面 (principal plane)** と名づけられている (6.3.1項参照)．図6.1に示している第1および第2の主平面が光軸と交差する点は，それぞれ**第1主点 (first principal point)** H_1 と**第2主点 (second principal point)** H_2 として知られている．この2点は，系のいくつかのパラメータを測るのに有用な，1対の基準点になる．レンズの光学中心を通る光線は，入射方向に平行に出てくることを先に見た (図5.17)．この光線の入射部分と出射部分を光軸と交わるまで延長すると，図6.2のように**節点 (nodal point)** とよばれる点 N_1 と N_2 の位置が決まる．**レンズ両面が同じ媒質 (通常は空気) で囲まれていたら，節点と主点は一致する．** 6個の点，つまり二つの焦点，二つの主点，二つの節点が，系の**主要点 (cardinal point)** を構成する．

六つの主要点とともに物体の位置がわかっている場合，光線が経験する実際の曲率，間隔そして屈折率に関係なく，共通軸の屈折球面で構成される任意の光学系に対し，最終像を決めることができる．結局，どのような解析においても，主要点の位置を早期に計算するのが一般的である．

図6.3に示すように，主平面は完全にレンズ系の外側にあることもある．この図では

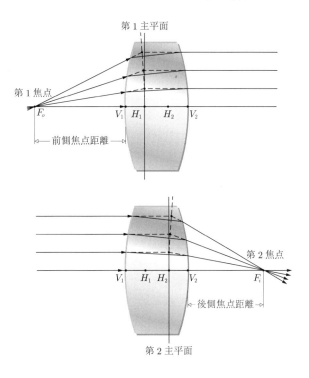

図 6.1 厚肉レンズ

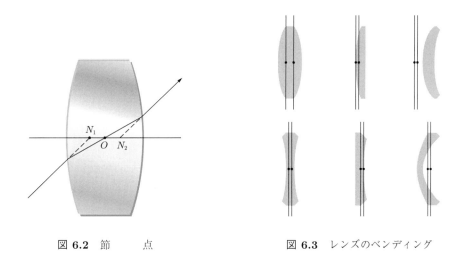

図 6.2 節　　点　　　　図 6.3 レンズのベンディング

形状は皆違うが，上下各グループのレンズの屈折力は等しい．対称なレンズでは，まったく妥当なことであるが，主平面が対称に位置していることを，観察しよう．平凹および平凸レンズでは，一つの主平面は曲面に接していて，近軸領域で定義通りに考えれば，予想できることである．以上に比べメニスカスレンズでは，主点は二つとも外に出ている．屈折力が等しいこの一連の形状は，しばしば**レンズのベンディング** (lens bending) の実例とされる．経験的に空気中のガラスレンズでは，間隔 $\overline{H_1H_2}$ はレンズ厚 $\overline{V_1V_2}$ のほぼ 1/3 である．

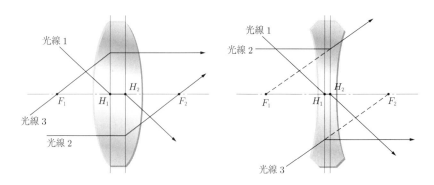

図 6.4 厚肉レンズの光線追跡

　薄肉レンズを通して光線を追跡する迅速な方法は，(光軸に垂直に) レンズの中間で平面を線で描き，入射するすべての光線を，レンズの二つの境界面ではなく，その面すなわちレンズの主平面で屈折させることであり，すなわちレンズのベンディングを実際に実行することになる．実効的には，薄肉レンズに対して，図 6.1 の二つの主平面は合体して一つの平面になっている．同様の方法を，はじめに二三の規則を設定することで，厚肉レンズを通して光線を迅速に追跡できるように工夫することができる．これから探求する手法は，実際の入射光線を取り扱い，実際の出射光線を構成できるようにすることである．しかし，レンズ内に構成される経路は光線がたどる実際の内部経路とは一般に一致しないが，薄肉レンズにおいても同様に一致しない．

　第 1 のレンズ面に入射するどのような光線も，H_1 にある第 1 主平面と交差するまで延長されなければならない．この"ゴースト"光線は，H_1 と H_2 の間の間隙を光軸に平行に横切る．これは H_2 にある第 2 主平面に当たって屈折し，まだ決定されていない方向にレンズからまっすぐに出てゆく．薄肉レンズの場合とまったく同様に，計算することなく予想できる，厚肉レンズに入射し，横切り，出射する 3 本の特別な光線がある．

　図 6.4 に示す光線 1 は，ちょうど図 5.22 において薄肉レンズの中心に向いている光線のように，主点 H_1 に向いている．この光線は H_1 に当たると，中心軸に平行に進んで H_2 に移動する．薄肉レンズの場合とほぼ同様に，この光線は H_2 で屈折して入射光線と平行に出射する．次に，図 6.4 において，中心軸に平行に進む光線 2 を考えよう．この光線は，第 1 主平面に当たり，方向を変えずに第 2 主平面に進み，そこで屈折する．レンズが正であれば，光線 2 は後側焦点 F_2 に収束し，レンズが負であれば，光線 2 は前側焦点 F_1 から来たかのように発散し，図 5.22 の薄肉レンズの場合とほぼ同じである．正レンズに対して，光線 3 は前側焦点 F_1 を通る光線で，第 1 主平面に当たって中心軸に平行になるように屈折し，その後方向を変えずに進みつづける．負レンズにおける光線 3 は，後側焦点 F_2 に向いており，第 1 主平面に当たって中心軸に平行になるように屈折し，その後方向を変えずに進みつづける．

　正の厚肉レンズに入射する任意の平行光線束は，その焦平面上の点に向かう収束円錐としてレンズを出ることになる．そして，負の厚肉レンズに入射するどのような平行光線束も，焦平面上の点から発散している円錐としてレンズを出ることになる．

薄肉レンズ公式を導いた 5.2.3 項と同様，厚肉レンズも球面状の二つの屈折面が，頂点間距離 d_l だけ隔たったものと考えられる．d_l が無視できないとして，たくさんの代数的操作[*1]を経ると，空気中の厚肉レンズに関するたいへん興味深い結論が得られる．共役な 2 点に関して，やはりガウスの形の式が成り立ち，

$$\frac{1}{s_o} + \frac{1}{s_i} = \frac{1}{f} \tag{6.1}$$

である．ただし，物体と像の距離はそれぞれ第 1 主平面と第 2 主平面から測る．そして，実効的焦点距離あるいは単に焦点距離 f も主平面から測り，

$$\boxed{\frac{1}{f} = (n_l - 1)\left[\frac{1}{R_1} - \frac{1}{R_2} + \frac{(n_l - 1)d_l}{n_l R_1 R_2}\right]} \tag{6.2}$$

で与えられる．二つの主平面は $\overline{V_1 H_1} = h_1$ と $\overline{V_2 H_2} = h_2$ の位置にあり，"それぞれの基点となる頂点の右側にあるときが正である"．図 6.5 に諸量の配置を示す．h_1 と h_2 の値は，

$$\boxed{h_1 = -\frac{f(n_l - 1)d_l}{R_2 n_l}} \tag{6.3}$$

$$\boxed{h_2 = -\frac{f(n_l - 1)d_l}{R_1 n_l}} \tag{6.4}$$

で与えられる (問題 6.22)．薄肉レンズの場合と同様，図 6.5 中に相似の三角形を考えれば明らかなように，ニュートン形式のレンズ公式が成り立つ．そして，いま述べたように f を決めれば，

$$x_o x_i = f^2 \tag{6.5}$$

である．また，その三角形から

$$M_T = \frac{y_i}{y_o} = -\frac{x_i}{f} = -\frac{f}{x_o} \tag{6.6}$$

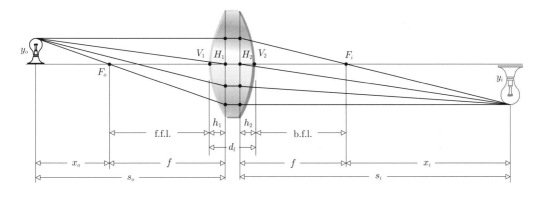

図 **6.5** 厚肉レンズの幾何光学

[*1] 完全な導出については，Morgan, *Introduction to Geometrical and Physical Optics*, p. 57 を参照のこと．また，本書の 6.2.1 項ではこの操作の大部分をマトリックスを用いて行っている．

である．そして，確かに $d_l \to 0$ で，式 (6.1), (6.2), および (6.5) は，薄肉レンズの式 (5.17), (5.16), および (5.23) に変換される．

例題 6.1 半径が $20\,\mathrm{cm}$ と $40\,\mathrm{cm}$ で，厚み $1.0\,\mathrm{cm}$，屈折率 1.5 の両凸レンズの頂点から $30\,\mathrm{cm}$ の位置にある物体の像距離を求めよ．

解 式 (6.2) から，焦点距離 (cm 単位) は

$$\frac{1}{f} = (1.5-1)\left[\frac{1}{20} - \frac{1}{-40} + \frac{(1.5-1)1.0}{1.5(20)(-40)}\right]$$

で，$f = 26.8\,\mathrm{cm}$ となる．そして，

$$h_1 = -\frac{26.8(0.50)1.0}{-40(1.5)} = +0.22\,\mathrm{cm}$$

$$h_2 = -\frac{26.8(0.5)1.0}{20(1.5)} = -0.44\,\mathrm{cm}$$

となり，H_1 は V_1 の右側，H_2 は V_2 の左側であることを表している．最後に，$s_o = 30 + 0.22$ であるから，

$$\frac{1}{30.2} + \frac{1}{s_i} = \frac{1}{26.8}$$

であり，H_2 から測って $s_i = 238\,\mathrm{cm}$ となる．

主点は互いに共役である．つまり，$f = s_o s_i/(s_o + s_i)$ であり，また f は有限値であるから，$s_o = 0$ なら $s_i = 0$ でなければならず，H_1 は H_2 に結像することになる．さらに，第 1 主平面上にある物体 ($x_o = -f$) は，第 2 主平面上に結像し ($x_i = -f$)，倍率は 1 である ($M_T = 1$)．このため，二つの主平面は**単位面** (unit plane) とよばれることがある．第 1 主平面上のある点に向かって入る光線は，あたかも第 2 主平面上の対応する (光軸から上か下の等しい距離にある) 点に起源があるかのようにして，レンズから出てくる．

次に，図 6.6 に示す 2 枚の厚肉レンズ L_1 と L_2 からなる複合レンズを考えよう．s_{o1}, s_{i1}, f_1, および s_{o2}, s_{i2}, f_2 を 2 枚のレンズに対する物体距離，像距離，焦点距離とし，それぞれの主平面から測るとする．横倍率は各レンズの倍率の積，

$$M_T = \left(-\frac{s_{i1}}{s_{o1}}\right)\left(-\frac{s_{i2}}{s_{o2}}\right) = -\frac{s_i}{s_o} \tag{6.7}$$

であり，s_o と s_i は組合せレンズ全体としての物体距離と像距離である．s_o が無限遠の場合，$s_o = s_{o1}$, $s_{i1} = f_1$, $s_{o2} = -(s_{i1} - d)$, そして $s_i = f$ である．さらに，

$$\frac{1}{s_{o2}} + \frac{1}{s_{i2}} = \frac{1}{f_2}$$

であるから，これらを式 (6.7) に代入すると，

$$-\frac{f_1 s_{i2}}{s_{o2}} = f$$

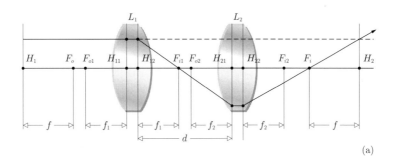

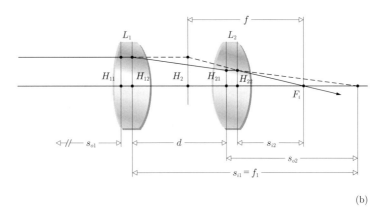

図 6.6　二つの異なる複合厚肉レンズ系

あるいは，

$$f = -\frac{f_1}{s_{o2}}\left(\frac{s_{o2}f_2}{s_{o2}-f_2}\right) = \frac{f_1 f_2}{s_{i1}-d+f_2}$$

であり，結局，

$$\boxed{\frac{1}{f} = \frac{1}{f_1} + \frac{1}{f_2} - \frac{d}{f_1 f_2}} \tag{6.8}$$

である (問題 6.1)．これが，すべての距離を主平面から測ったときの 2 枚の厚肉レンズの組合せに対する実効的焦点距離である．ここでは導出しないが (6.2.1 項参照)，系全体としての主平面は，

$$\boxed{\overline{H_{11}H_1} = \frac{fd}{f_2}} \tag{6.9}$$

$$\boxed{\overline{H_{22}H_2} = -\frac{fd}{f_1}} \tag{6.10}$$

でその位置が決まる．こうして，複合レンズを等価的に 1 枚の厚肉レンズとして表現できるようになった．構成レンズが薄肉なら，H_{11} と H_{12} の対，および H_{21} と H_{22} の対はそれぞれ同じ点になり，5.2.3 項のように d はレンズの中心間隔になる．

例題 6.2　図 5.41 の 2 枚の薄肉レンズを再び取り上げ，$f_1 = -30\,\mathrm{cm}$，$f_2 = 20\,\mathrm{cm}$，$d = 10\,\mathrm{cm}$ の場合について，系の主平面の位置を求めよ．

解 図 6.7 に示すように，式 (6.8) を用いて系の焦点距離を求めると，

$$\frac{1}{f} = \frac{1}{-30} + \frac{1}{20} - \frac{10}{(-30)(20)}$$

となり，$f = 30\,\text{cm}$ である．また，後側焦点距離 b.f.l. $= 40\,\text{cm}$，前側焦点距離 f.f.l. $= 15\,\text{cm}$ であるのは先に求めた．そして，これらは薄肉レンズであるから，式 (6.9) と (6.10) は，

$$\overline{O_1 H_1} = \frac{30(10)}{20} = +15\,\text{cm}$$

$$\overline{O_2 H_2} = -\frac{30(10)}{-30} = +10\,\text{cm}$$

と書ける．両方とも正であるから，二つの主平面はそれぞれ O_1 と O_2 の右側にある．また，これら二つの計算値はいずれも図に示されている結果と一致している．光が右から入るなら，この系はフィルム面または CCD 面から $15\,\text{cm}$ のところに設置すべき望遠レンズになり，実効的焦点距離は $30\,\text{cm}$ である．

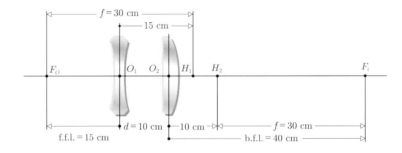

図 **6.7** 複合レンズ

上と同じ操作は 3 枚，4 枚あるいはそれ以上のレンズにも拡張でき，

$$f = f_1 \left(-\frac{s_{i2}}{s_{o2}}\right)\left(-\frac{s_{i3}}{s_{o3}}\right)\cdots \tag{6.11}$$

である．はじめの 2 枚のレンズは，その主平面と焦点距離が計算で求まる 1 枚の厚肉レンズにまとめられる．そして，その厚肉レンズは 3 枚目のレンズとまとめられる．こうして，一連のレンズを順次まとめてゆける．

6.2 解析的光線追跡

光線追跡が設計者の主要設計技術の一つであることは，まぎれもない事実である．紙の上に光学系を式で表現し，その性能を評価するために，数学的に仮想光線を通す．近軸であろうとなかろうと，全系を通して正確に任意の光線を追跡できる．屈折の方程式，

$$n_i(\hat{\mathbf{k}}_i \times \hat{\mathbf{u}}_n) = n_t(\hat{\mathbf{k}}_t \times \hat{\mathbf{u}}_n) \qquad [4.6]$$

を第 1 面に適用し，透過光線が第 2 面に当たる位置を決め，屈折の方程式を再度適用し，という手順を思考の上で全経路に対して繰り返すことは容易である．しかしかつては，光軸を含む面内にある**子午的光線** (meridional ray) だけがもっぱら追跡された．それは，光軸と交差しない非子午的光線あるいは**スキュー光線** (skew ray) とよばれる光線は，数学的に扱うのがかなり複雑なためである．ところが，追跡にあたり単純な計算を延々と続けるだけのコンピュータには，両光線の区別はたいした意味がない．熟練した人でも計算尺を用い，1 本のスキュー光線の軌跡をただの 1 面で評価するのに，10 分から 15 分を要するのに比べ，コンピュータは同じことを 1000 分の 1 秒以下で実行し，おまけに次の計算にも，まったく疲れを知らずに取りかかれる．

以下では，(1) 水平方向の距離は頂点 V_1 および V_2 から測り，頂点の右を正，左を負とする．(2) 光線の角度は，(中心軸に関して) 上方に進む光線について測っている場合を正とする．このような角度は反時計方向に増加する．

光線追跡の過程を最も簡単に図示できるのは，厚肉球面レンズを横切る近軸の子午的光線である．図 6.8 の点 P_1 にスネルの法則を適用すると，

$$n_{i1}\theta_{i1} = n_{t1}\theta_{t1}$$

あるいは

$$n_{i1}(\alpha_{i1} + \alpha_1) = n_{t1}(\alpha_{t1} + \alpha_1)$$

である．"これらの角度はすべてラジアン単位であることを確認しよう．" そして $\alpha_1 = y_1/R_1$ であるから，

$$n_{i1}(\alpha_{i1} + y_1/R_1) = n_{t1}(\alpha_{t1} + y_1/R_1)$$

となる．項を並べ替えると，

$$n_{t1}\alpha_{t1} = n_{i1}\alpha_{i1} - \left(\frac{n_{t1} - n_{i1}}{R_1}\right)y_1$$

で，さらに 5.7.2 項で見たように，一つの屈折面の屈折力は

$$\mathcal{D}_1 = \frac{(n_{t1} - n_{i1})}{R_1}$$

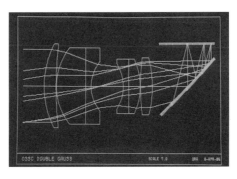

計算機による光線追跡 (写真はカリフォルニア州パサディナの Optical Research Associates の厚意による)

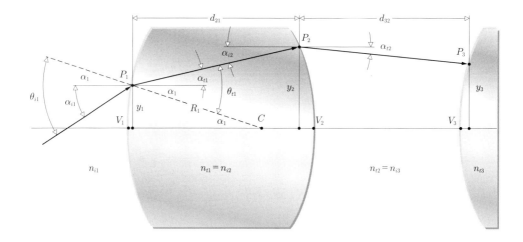

図 6.8　光線に関する幾何光学

であるから,

$$n_{t1}\alpha_{t1} = n_{i1}\alpha_{i1} - \mathcal{D}_1 y_1 \tag{6.12}$$

となる．これはしばしば第1面に関する**屈折の式**(refraction equation)とよばれる．光線は P_1 で屈折した後，レンズという均質な媒質中を進んで第2面の点 P_2 に至る．P_2 の高さは $\tan\alpha_{t1} \approx \alpha_{t1}$ として，

$$y_2 = y_1 + d_{21}\alpha_{t1} \tag{6.13}$$

と表せる．この式は光線を P_1 から P_2 に移動させるので，**伝達の式**(transfer equation)として知られている．前述のように光線の勾配が正であれば，角を正とする．いま近軸領域を考えているので，$d_{21} \approx \overline{V_2 V_1}$ であり，y_2 は簡単に計算できる．式(6.12)と(6.13)は，光線を追跡するのに全系で順次使用される．もちろん扱っているのは子午的光線であり，また，レンズは光軸に対して対称であるから，全系を通じて同一の子午平面内にある．したがってこの過程は2次元であり，二つの方程式と二つの未知量 α_{t1} と y_2 がある．これに比べ，スキュー光線は3次元で扱わなければならない．

6.2.1　マトリックス法

1930年代のはじめに，スミス(T. Smith)が光線追跡の式の興味深い取扱い法を定式化した．式の線形性と反復適用から，マトリックスの使用が思い浮かぶ．そして，屈折と伝達の過程は，マトリックス演算子を用いて数学的に表現される．これらの考え方は30年間ほど，あまり評価されなかった．しかし1960年代初期に，この方法の興味深い点が再び脚光を浴びだした[2]．詳細は参考文献に譲り，本方法の著しく特徴的な面だけを概観する．

---

[2] もっと詳しく知りたい場合は，K. Hallbach, "Matrix Representation of Gaussian Optics," *Am. J. Phys.* **32**, 90 (1964) や，W. Brouwer, *Matrix Methods in Optical Instrument Design*; E. L. O'Neill, *Introduction to Statistical Optics* あるいは，A. Nussbaum, *Geometric Optics* を参照のこと．

6.2 解析的光線追跡 447

レンズのマトリックス解析

まずはじめに，次の2式

$$n_{t1}\alpha_{t1} = n_{i1}\alpha_{i1} - \mathcal{D}_1 y_{i1} \tag{6.14}$$

$$y_{t1} = 0 + y_{i1} \tag{6.15}$$

を書く．これらは式 (6.12) の y_1 を y_{i1} と置き換え，また，$y_{t1} = y_{i1}$ としているだけだから，大した意味はない．特に式 (6.15) はすぐにわかるように，表面的な形式を整えることだけが目的である．実際，参照点 P_1 の入射側媒質での軸からの高さ (y_{i1}) と透過側での高さ (y_{t1}) は等しいといっているだけで，まったく自明なことである．さて，これら2式はマトリックス形式で，

$$\begin{bmatrix} n_{t1}\alpha_{t1} \\ y_{t1} \end{bmatrix} = \begin{bmatrix} 1 & -\mathcal{D}_1 \\ 0 & 1 \end{bmatrix} \begin{bmatrix} n_{i1}\alpha_{i1} \\ y_{i1} \end{bmatrix} \tag{6.16}$$

と書ける．また，

$$\begin{bmatrix} \alpha_{t1} \\ y_{t1} \end{bmatrix} = \begin{bmatrix} n_{i1}/n_{t1} & -\mathcal{D}_1/n_{t1} \\ 0 & 1 \end{bmatrix} \begin{bmatrix} \alpha_{i1} \\ y_{i1} \end{bmatrix} \tag{6.17}$$

とも書け，2×1 の縦マトリックスの正確な形は好みの問題である．いずれにしろ二つの 2×1 縦マトリックスは，P_1 の両側での光線を表すと考えられ，一方は屈折前，他方は屈折後である．そこで，式 (6.16) の二つの光線に対して r_{t1} と r_{i1} の記号を用い，

$$\mathsf{r}_{t1} \equiv \begin{bmatrix} n_{t1}\alpha_{t1} \\ y_{t1} \end{bmatrix}, \qquad \mathsf{r}_{i1} \equiv \begin{bmatrix} n_{i1}\alpha_{i1} \\ y_{i1} \end{bmatrix} \tag{6.18}$$

と書ける．2×2 のマトリックスは**屈折マトリックス** (refraction matrix) で，

$$\mathcal{R}_1 \equiv \begin{bmatrix} 1 & -\mathcal{D}_1 \\ 0 & 1 \end{bmatrix} = \begin{bmatrix} 1 & \dfrac{-(n_{t1}-n_{i1})}{R_1} \\ 0 & 1 \end{bmatrix} \tag{6.19}$$

と書けば，式 (6.16) は，

$$\mathsf{r}_{t1} = \mathcal{R}_1 \mathsf{r}_{i1} \tag{6.20}$$

と簡潔に表現でき，第1面での屈折において，$\mathcal{R}_1$ がまさに光線 r_{i1} を光線 r_{t1} に変換することを意味している．ここで，式 (6.14) と (6.15) の項の並べ方が，屈折マトリックスの形を決める．したがって，文献には数種の等価なマトリックス形がある．

図 6.8 において，$n_{i2} = n_{t1}$ で $\alpha_{i2} = \alpha_{t1}$ であるから，

$$n_{i2}\alpha_{i2} = n_{t1}\alpha_{t1} + 0 \tag{6.21}$$

である．また式 (6.13) の y_2 を形を整えるために y_{i2} と書き直せば，

$$y_{i2} = d_{21}\alpha_{t1} + y_{t1} \tag{6.22}$$

448　6　幾何光学 II

である．この 2 式から，

$$\begin{bmatrix} n_{i2}\alpha_{i2} \\ y_{i2} \end{bmatrix} = \begin{bmatrix} 1 & 0 \\ d_{21}/n_{t1} & 1 \end{bmatrix} \begin{bmatrix} n_{t1}\alpha_{t1} \\ y_{t1} \end{bmatrix} \tag{6.23}$$

が得られる．図 6.8 に示すように，量 d_{21} は光線が P_1 から P_2 に行くときに横切る水平方向の距離である．小さな角度でやってくる光線に対しては，d_{21} は頂点間の距離 $\overline{V_1 V_2}$ に近づき，これはレンズの軸での厚さで d_l とする．

　そして**伝達マトリックス** (transfer matrix) を，

$$\boldsymbol{T}_{21} \equiv \begin{bmatrix} 1 & 0 \\ d_{21}/n_{t1} & 1 \end{bmatrix} \tag{6.24}$$

とすれば，このレンズについては $d_{21} = d_l$, $n_{t1} = n_l$ とでき，

$$\boldsymbol{T}_{21} = \begin{bmatrix} 1 & 0 \\ d_l/n_l & 1 \end{bmatrix}$$

である．このマトリックスは P_1 での透過光線 r_{t1} に作用して，P_2 での入射光線である，

$$\mathsf{r}_{i2} \equiv \begin{bmatrix} n_{i2}\alpha_{i2} \\ y_{i2} \end{bmatrix}$$

に変換する．こうして式 (6.21), (6.22) は簡単に，

$$\mathsf{r}_{i2} = \boldsymbol{T}_{21}\mathsf{r}_{t1} \tag{6.25}$$

となる．

例題 6.3　空気中に置かれた屈折率 1.50 の平凹レンズを考える．このレンズは中心軸に沿って 1.00 cm の厚さをもつ．(a) レンズの伝達マトリックスを求めよ．(b) 取り囲む媒質の種類は問題になるか．

　解　(a) 一般的な伝達マトリックスは式 (6.24) で与えられ，

$$\boldsymbol{T}_{21} = \begin{bmatrix} 1 & 0 \\ d_{21}/n_{t1} & 1 \end{bmatrix}$$

である．ここで，n_{t1} はレンズの屈折率で d_{21} は光軸での厚さである．したがって，

$$\boldsymbol{T}_{21} = \begin{bmatrix} 1 & 0 \\ 1/1.50 & 1 \end{bmatrix} = \begin{bmatrix} 1 & 0 \\ 0.667 & 1 \end{bmatrix}$$

である．

(b) 伝達マトリックスは光線が横切る媒質だけに依存する．

　式 (6.20) を用いれば，式 (6.25) は

$$\mathsf{r}_{i2} = \boldsymbol{T}_{21}\boldsymbol{R}_1\mathsf{r}_{i1} \tag{6.26}$$

となる．伝達マトリックスと屈折マトリックスの積である 2×2 マトリックスの $\boldsymbol{\mathcal{T}}_{21} \boldsymbol{\mathcal{R}}_1$ は，P_1 の入射光線を P_2 の入射光線に移す．ここで，$|\boldsymbol{\mathcal{T}}_{21}|$ と表記される $\boldsymbol{\mathcal{T}}_{21}$ の行列式は，$(1)(1) - (0)(d_{21}/n_{t1}) = 1$ であることに注意しよう．同様に $|\boldsymbol{\mathcal{R}}_1| = 1$ であり，さらにマトリックスの積の行列式は，個々の行列の積に等しいから，$|\boldsymbol{\mathcal{T}}_{21} \boldsymbol{\mathcal{R}}_1| = 1$ である．これは計算結果を手短に検算するのに使える．屈折マトリックス $\boldsymbol{\mathcal{R}}_2$ をもつレンズの第 2 面 (図 6.8) に，以上の手順を用いれば，

$$\mathsf{r}_{t2} = \boldsymbol{\mathcal{R}}_2 \mathsf{r}_{i2} \tag{6.27}$$

である．ここで，

$$\boldsymbol{\mathcal{R}}_2 \equiv \begin{bmatrix} 1 & -\mathcal{D}_2 \\ 0 & 1 \end{bmatrix}$$

であり，第 2 面の屈折力は

$$\mathcal{D}_2 = \frac{(n_{t2} - n_{i2})}{R_2}$$

である．

例題 6.4 平凹レンズが半径 $20.0\,\mathrm{cm}$ の第 1 面をもっている．このレンズは空気中にあり，また屈折率は 1.50 である．各面に対する屈折マトリックスを求めよ．

解 第 1 面である凹の面に対しては，半径は負であり，式 (5.70) を用いれば

$$\mathcal{D}_1 = \frac{n_l - 1}{R_1} = \frac{1.5 - 1}{-20.0}$$

となり，結局 $\mathcal{D}_1 = -0.025\,\mathrm{cm}^{-1}$ である．屈折力はとうぜん負である．そして，曲面に対する屈折マトリックスは，

$$\boldsymbol{\mathcal{R}}_1 = \begin{bmatrix} 1 & -\mathcal{D}_1 \\ 0 & 1 \end{bmatrix} = \begin{bmatrix} 1 & 0.025 \\ 0 & 1 \end{bmatrix}$$

である．平面に対しては $R_2 = \infty$ であるから，式 (5.71) から

$$\mathcal{D}_2 = \frac{n_l - 1}{-R_2} = 0$$

である．したがって，

$$\boldsymbol{\mathcal{R}}_2 = \begin{bmatrix} 1 & -\mathcal{D}_2 \\ 0 & 1 \end{bmatrix} = \begin{bmatrix} 1 & 0 \\ 0 & 1 \end{bmatrix}$$

となる．

式 (6.26) を式 (6.27) に代入すれば，

$$\mathsf{r}_{t2} = \boldsymbol{\mathcal{R}}_2 \boldsymbol{\mathcal{T}}_{21} \boldsymbol{\mathcal{R}}_1 \mathsf{r}_{i1} \tag{6.28}$$

となる．

450   6 幾何光学 II

次に，システムマトリックス (system matrix) $\boldsymbol{\mathcal{A}}$ を，

$$\boldsymbol{\mathcal{A}} \equiv \boldsymbol{\mathcal{R}}_2 \boldsymbol{\mathcal{T}}_{21} \boldsymbol{\mathcal{R}}_1 \tag{6.29}$$

と定義する．これは P_1 に入射した光線を P_2 で第 2 の境界面を透過する光線に移す．システムマトリックスは

$$\boldsymbol{\mathcal{A}} = \begin{bmatrix} a_{11} & a_{12} \\ a_{21} & a_{22} \end{bmatrix} \tag{6.30}$$

の形をもつ．すなわち，

$$\boldsymbol{\mathcal{A}} = \begin{bmatrix} 1 & -\mathcal{D}_2 \\ 0 & 1 \end{bmatrix} \begin{bmatrix} 1 & 0 \\ d_{21}/n_{t1} & 1 \end{bmatrix} \begin{bmatrix} 1 & -\mathcal{D}_1 \\ 0 & 1 \end{bmatrix}$$

あるいは

$$\boldsymbol{\mathcal{A}} = \begin{bmatrix} 1 & -\mathcal{D}_2 \\ 0 & 1 \end{bmatrix} \begin{bmatrix} 1 & -\mathcal{D}_1 \\ \dfrac{d_{21}}{n_{t1}} & 1 - \dfrac{\mathcal{D}_1 d_{21}}{n_{t1}} \end{bmatrix}$$

であるから，

$$\boldsymbol{\mathcal{A}} = \begin{bmatrix} 1 - \dfrac{\mathcal{D}_2 d_{21}}{n_{t1}} & -\mathcal{D}_1 - \mathcal{D}_2 + \dfrac{\mathcal{D}_2 \mathcal{D}_1 d_{21}}{n_{t1}} \\ \dfrac{d_{21}}{n_{t1}} & 1 - \dfrac{\mathcal{D}_1 d_{21}}{n_{t1}} \end{bmatrix}$$

であり，やはり $|\boldsymbol{\mathcal{A}}| = 1$ である (問題 6.21)．いまはただ 1 枚のレンズを考えているだけだから，ここでも $d_{21} = d_l$, $n_{t1} = n_l$ (レンズの屈折率) とおいて記号を少し簡略化すると，

$$\begin{bmatrix} a_{11} & a_{12} \\ a_{21} & a_{22} \end{bmatrix} = \begin{bmatrix} 1 - \dfrac{\mathcal{D}_2 d_l}{n_l} & -\mathcal{D}_1 - \mathcal{D}_2 + \dfrac{\mathcal{D}_1 \mathcal{D}_2 d_l}{n_l} \\ \dfrac{d_l}{n_l} & 1 - \dfrac{\mathcal{D}_1 d_l}{n_l} \end{bmatrix} \tag{6.31}$$

である．$\boldsymbol{\mathcal{A}}$ の各成分は，厚み・屈折率・半径 ($\mathcal{D}$ を通じて) といった，レンズパラメータで表現されている．したがって，レンズの構造だけで決まる特性である主要点は，$\boldsymbol{\mathcal{A}}$ から導き出せる．式 (6.31) のシステムマトリックスは，第 1 面の入射光線を第 2 面の出射光線に変換している．そこでわかりやすいように $\boldsymbol{\mathcal{A}}_{21}$ と書くことにする．

例題 6.5 平凹レンズが空気中にあり，屈折率 1.50 と軸での厚さ 1.00 cm をもち，前側の面の曲率半径は 20.0 cm である．中心軸の上側の 5.73° の角度でレンズに向かってくる光線が，軸より上の 2.00 cm の高さで前側の面に当たる．この光線がレンズを出射する高さと角度を求めよ．システムマトリックスが前の二つの例題と一致することを示せ．

解 式 (6.28) を思い出すと，必要なものは $\mathbf{r}_{t2}$，すなわち出射光線マトリックスである．これは

$$\mathbf{r}_{t2} = \boldsymbol{\mathcal{A}} \mathbf{r}_{i1}$$

とも書ける．レンズは空気中にあるので，第2の境界面を透過する光線は

$$\begin{bmatrix} \alpha_{t2} \\ y_{t2} \end{bmatrix} = \begin{bmatrix} a_{11} & a_{12} \\ a_{21} & a_{22} \end{bmatrix} \begin{bmatrix} \alpha_{i1} \\ y_{i1} \end{bmatrix}$$

で与えられる．ここで，$\mathcal{D}_2 = 0$ であるから式 (6.31) より

$$\mathcal{A} = \begin{bmatrix} 1 & -\mathcal{D}_1 \\ \dfrac{d_l}{n_l} & 1 - \dfrac{\mathcal{D}_1 d_l}{n_l} \end{bmatrix}$$

となる．第1面の半径 R_1 は負であるので，

$$\mathcal{D}_1 = \frac{(n_l - 1)}{R_1} = \frac{0.50}{-20.0} = -0.025\,\mathrm{cm}^{-1}$$

である．したがって，

$$\mathcal{A} = \begin{bmatrix} 1 & 0.025 \\ 0.667 & 1 - (-0.025)0.667 \end{bmatrix} = \begin{bmatrix} 1 & 0.025 \\ 0.667 & 1.0167 \end{bmatrix}$$

そして，$11.46° = 0.100$ ラジアンであるから

$$\begin{bmatrix} \alpha_{t2} \\ y_{t2} \end{bmatrix} = \begin{bmatrix} 1 & 0.025 \\ 0.667 & 1.0167 \end{bmatrix} \begin{bmatrix} 0.100 \\ 2.00 \end{bmatrix}$$

すなわち

$$\begin{bmatrix} \alpha_{t2} \\ y_{t2} \end{bmatrix} = \begin{bmatrix} 0.100 + 0.025(2) \\ 0.667(0.100) + 1.0167(2) \end{bmatrix}$$

である．したがって，光線は角度 $\alpha_{t2} = 0.150$ ラジアンと中心軸の上の高さ $y_{t2} = 2.10\,\mathrm{cm}$ で出射する．一方

$$\mathcal{A} = \mathcal{R}_2 \mathcal{T}_{21} \mathcal{R}_1$$

であるから，前の二つの例題から

$$\mathcal{A} = \begin{bmatrix} 1 & 0 \\ 0 & 1 \end{bmatrix} \begin{bmatrix} 1 & 0 \\ 0.667 & 1 \end{bmatrix} \begin{bmatrix} 1 & 0.025 \\ 0 & 1 \end{bmatrix}$$

$$\mathcal{A} = \begin{bmatrix} 1 & 0 \\ 0 & 1 \end{bmatrix} \begin{bmatrix} 1 & 0.025 \\ 0.667 & 1.0167 \end{bmatrix}$$

$$\mathcal{A} = \begin{bmatrix} 1 & 0.025 \\ 0.667 & 1.0167 \end{bmatrix}$$

となり，本問で求めたシステムマトリックスと一致する．

───────────────────

　像形成との関係をわかりやすくするために，適当な物面と像面を先に決める (図 6.9)．そして，第1の演算子 $\mathcal{T}_{1O}$ は参照点を物体からレンズに移動させ (つまり P_O から P_1 に)，第2の演算子 $\mathcal{A}_{21}$ は光線にレンズを通過させ，最後の伝達マトリックス $\mathcal{T}_{I2}$ が光線を像面に (つまり P_I に) 運ぶと考える．こうして，像点における光線 (r_I) は，

$$r_I = \mathcal{T}_{I2} \mathcal{A}_{21} \mathcal{T}_{1O} r_O \tag{6.32}$$

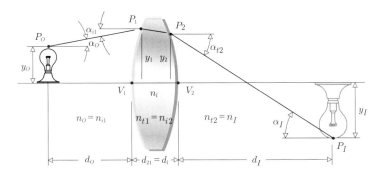

図 6.9 結像に関する幾何光学. ここでは d_O が負で d_I が正であることに注意.

で与えられる. ここで, $\mathbf{r}_O$ は P_O での光線である. 成分で書けば,

$$\begin{bmatrix} n_I \alpha_I \\ y_I \end{bmatrix} = \begin{bmatrix} 1 & 0 \\ d_I/n_I & 1 \end{bmatrix} \begin{bmatrix} a_{11} & a_{12} \\ a_{21} & a_{22} \end{bmatrix} \begin{bmatrix} 1 & 0 \\ -d_O/n_O & 1 \end{bmatrix} \begin{bmatrix} n_O \alpha_O \\ y_O \end{bmatrix} \tag{6.33}$$

である. ここでは距離 d_O が負の量とされているので, 頂点 V_1 から物体までの距離に負号がついている.

なお $\mathcal{T}_{1O}\mathbf{r}_O = \mathbf{r}_{i1}, \mathcal{A}_{21}\mathbf{r}_{i1} = \mathbf{r}_{t2}$ であるから, $\mathcal{T}_{I2}\mathbf{r}_{t2} = \mathbf{r}_I$ である. 添字 $O, 1, 2, \cdots, I$ は参照点 P_O, P_1, P_2 などに対応し, 添字 i と t は参照点のどちら側であるか (つまり入射側か透過側か) を示している. 屈折マトリックスによる演算は i を t に変えるが, 参照点を示す添字は変えない. 一方, 伝達マトリックスによる演算では参照点を示す添字が変わる.

レンズは空気中にあるととらえて, 式 (6.33) を簡単にしてみる. この場合, $n_I = n_O = 1$ である. ここで,

$$\begin{aligned} y_I &= \alpha_O[a_{21} - a_{22}d_O + (a_{11} - a_{12}d_O)d_I] \\ &\quad + y_O(a_{22} + a_{12}d_I) \end{aligned} \tag{6.34}$$

であることを示すのは問題 6.18 に残す. しかしこの式は, 任意の光線が物点から出るときの角度 α_O に依存しないはずである. また, 高さ y_O の点を出る近軸光線は, α_O には関係なく高さ y_I にある点に到達するはずである. したがって,

$$a_{21} - a_{22}d_O + (a_{11} - a_{12}d_O)d_I = 0 \tag{6.35}$$

である. これから, 右側にある最後の頂点から測った像距離 d_I は, 左側の最初の頂点から測った物距離 d_O に,

$$d_I = \frac{-a_{21} + a_{22}d_O}{a_{11} - a_{12}d_O} \tag{6.36}$$

によって関係づけられる.

例題 6.6 物体が, 空気中に置かれた複合テッサー・レンズの最初の頂点の前方 20.0 cm に位置している. このレンズ系のシステムマトリックスは

$$\begin{bmatrix} 0.848 & -0.198 \\ 1.338 & 0.867 \end{bmatrix}$$

である．レンズの背面に対する像の位置を求めよ．

解 式 (6.35) から，

$$d_I = \frac{-a_{21} + a_{22}d_O}{a_{11} - a_{12}d_O}$$

であり，

$$d_I = \frac{-1.338 + 0.867(-20.0)}{0.848 - (-0.198)(-20.0)}$$

である．ここで，d_O はどのような単位であっても負の数である．これより

$$d_I = \frac{-18.678}{-3.112} = +6.00\,\mathrm{cm}$$

となり，像は最も右の頂点から右へ 6.00 cm の位置にある．

式 (6.34) の第 1 項はゼロで，

$$y_I = y_O(a_{22} + a_{12}d_I)$$

だけが残るので，倍率 (M_T) の式を得ることができ，

$$M_T = a_{22} + a_{12}d_I \tag{6.37}$$

である．頂点と物体の距離を用いれば，この式が

$$M_T = \frac{1}{a_{11} - a_{12}d_O} \tag{6.38}$$

と書けることを示すのは問題 6.26 に残す．

例題 6.7 前の例題のテッサー・レンズは，レンズ前方 20.0 cm に位置する物体をレンズ後方 6.00 cm の距離に結像させた．式 (6.37) と (6.38) を用いてそれぞれ倍率を求め，両者を比較せよ．

解 式 (6.37) を用いると，

$$M_T = a_{22} + a_{12}d_I$$
$$M_T = 0.867 + (-0.198)6.00$$

から $M_T = -0.321$ となり，像は倒立し縮小されている．次に，比較のために

$$M_T = \frac{1}{a_{11} - a_{12}d_O}$$

用い，また，ここでは d_O が左側で負であることを思い出せば，

$$M_T = [0.848 - (-0.198)(-20.0)]^{-1}$$

である．したがって $M_T = -0.321$ で，同じ結果となる．

式 (6.31) にもどり，いくつかの成分の意味だけをしらべる．たとえば，

$$-a_{12} = \mathcal{D}_1 + \mathcal{D}_2 - \mathcal{D}_1\mathcal{D}_2 d_l/n_l$$

である．簡単のためにレンズは空気中にあるとすれば，式 (5.70) と (5.71) から，

$$\mathcal{D}_1 = \frac{n_l - 1}{R_1}, \qquad \mathcal{D}_2 = \frac{n_l - 1}{-R_2}$$

であり，

$$-a_{12} = (n_l - 1)\left[\frac{1}{R_1} - \frac{1}{R_2} + \frac{(n_l - 1)d_l}{R_1 R_2 n_l}\right]$$

である．この式は空気中にある厚肉レンズの**実効的焦点距離**の式 (6.2) であるから，

$$-a_{12} = -1/f_o = +1/f_i \tag{6.39}$$

である．ここで，最初の頂点の左の方に H_1 から測った f_o は負で，最後の頂点の右の方に H_2 から測った f_i は正である．したがって，レンズ全体としての屈折力が，

$$-a_{12} = \mathcal{D}_l = \mathcal{D}_1 + \mathcal{D}_2 - \frac{\mathcal{D}_1 \mathcal{D}_2 d_l}{n_l}$$

で与えられている．人の眼のように，もしレンズ両側の媒質が異なっていたら（図 6.10），

$$-a_{12} = -\frac{n_{i1}}{f_o} = +\frac{n_{t2}}{f_i} \tag{6.40}$$

となる．また，主点の位置を定める式が以下であるのを確かめるのは，問題に残しておく．一般に，

$$\overline{V_1 H_1} = \frac{n_{i1}(1 - a_{11})}{-a_{12}} \tag{6.41a}$$

で，レンズが空気中にあれば

$$\overline{V_1 H_1} = \frac{(1 - a_{11})}{-a_{12}} \tag{6.41b}$$

である．同じく一般に

$$\overline{V_2 H_2} = \frac{n_{t2}(a_{22} - 1)}{-a_{12}} \tag{6.42a}$$

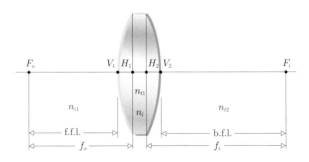

図 **6.10** 主平面と焦点距離

6.2 解析的光線追跡 455

で，レンズが空気中にあれば

$$\overline{V_2 H_2} = \frac{(a_{22} - 1)}{-a_{12}} \tag{6.42b}$$

である．これらは主点の位置を定める．式 (6.31) をもう一度参照すれば，前側焦平面と後側焦平面も同様に距離 $\overline{V_1 F_o}$ と $\overline{V_2 F_i}$ に位置し，ここで，

$$\overline{V_1 F_o} = \text{f.f.l.} = a_{11} f_o \tag{6.43a}$$

$$\overline{V_2 F_i} = \text{b.f.l.} = a_{22} f_i \tag{6.43b}$$

である．

例題 6.8 小さな両凸球面レンズが，中心線での厚さ 0.500 cm と屈折率 1.50 をもち，空気で取り囲まれている．第 1 の面の半径を 2.00 cm，第 2 の面のそれを 1.00 cm として，(a) 各面の屈折力を求めよ；(b) 主平面の位置を定めよ；(c) このレンズの焦点距離を計算せよ；(d) 前側および後側焦点距離を求めよ．

解 (a) 前側と後側の面の屈折力は，

$$\mathcal{D}_1 = \frac{n_l - 1}{R_1}, \qquad \mathcal{D}_2 = \frac{n_l - 1}{-R_2}$$

で与えられるので，$\mathcal{D}_1 = (1.50 - 1)/2.00 = 0.250 \, \text{cm}^{-1}$ であり，一方 $\mathcal{D}_2 = (1.50 - 1)/1.00 = 0.500 \, \text{cm}^{-1}$ である．当然のことながら，両者とも正である．

(b) 主平面は

$$\overline{V_1 H_1} = \frac{1 - a_{11}}{-a_{12}}, \qquad \overline{V_2 H_2} = \frac{a_{22} - 1}{-a_{12}}$$

で位置が決まるので，まず式 (6.31) から a_{11}, a_{12}, a_{22} を計算するとよい．したがって，

$$a_{11} = 1 - \frac{\mathcal{D}_2 d_l}{n_l} = 1 - \frac{0.50(0.50)}{1.50}$$

$$a_{11} = 0.833$$

次に，

$$a_{12} = -\mathcal{D}_1 - \mathcal{D}_2 + \frac{\mathcal{D}_1 \mathcal{D}_2 d_l}{n_l}$$

$$a_{12} = -0.25 - 0.50 + \frac{(0.25)(0.50)(0.50)}{1.50}$$

$$a_{12} = -0.708$$

そして，

$$a_{22} = 1 - \frac{\mathcal{D}_1 d_l}{n_l} = 1 - \frac{0.25(0.50)}{1.50}$$

$$a_{22} = 0.917$$

これより主平面は，

$$\overline{V_1 H_1} = \frac{1 - 0.833}{+0.708} = +0.236 \, \text{cm} \qquad (\text{すなわち } H_1 \text{は } V_1 \text{の右側})$$

$$\overline{V_2H_2} = \frac{0.917-1}{+0.708} = -0.117\,\mathrm{cm} \qquad (\text{すなわち } H_2\text{は}V_2\text{の左側})$$

に位置している.

(c) レンズの焦点距離 (f_i) は式 (6.39) で与えられ,

$$-a_{12} = +\frac{1}{f_i} = +0.708$$

である.その結果,$f_i = +1.41\,\mathrm{cm}$ および $f_o = -1.41\,\mathrm{cm}$ となる.いずれも主点から測った距離 (右側が正,左側が負) である.

(d) 前側焦点距離は V_1 から左に測り

$$\mathrm{f.f.l.} = a_{11}f_o = 0.833(-1.412) = -1.18\,\mathrm{cm}$$

後側焦点距離は V_2 から右に測り

$$\mathrm{b.f.l.} = a_{22}f_i = 0.917(+1.412) = +1.29\,\mathrm{cm}$$

となる.

以上の技法がどのように使えるかをもっと詳しく説明するために,図 6.11 に示したテッサー・レンズ[*3]に,原理だけでも適用してみよう.システムマトリックスは,

$$\mathcal{A}_{71} = \mathcal{R}_7\mathcal{T}_{76}\mathcal{R}_6\mathcal{T}_{65}\mathcal{R}_5\mathcal{T}_{54}\mathcal{R}_4\mathcal{T}_{43}\mathcal{R}_3\mathcal{T}_{32}\mathcal{R}_2\mathcal{T}_{21}\mathcal{R}_1$$

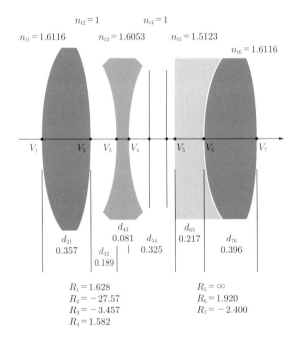

図 **6.11** テッサー・レンズ

[*3] この特別な例を選んだ理由は,Nussbaum, *Geometric Optics* にテッサー・レンズについての簡単な計算プログラムがフォートランで書かれているからである.システムマトリックスを手で計算するのはばかげている.

と書ける．ここで，

$$\boldsymbol{T}_{21} = \begin{bmatrix} 1 & 0 \\ \dfrac{0.357}{1.6116} & 1 \end{bmatrix}, \qquad \boldsymbol{T}_{32} = \begin{bmatrix} 1 & 0 \\ \dfrac{0.189}{1} & 1 \end{bmatrix}, \qquad \boldsymbol{T}_{43} = \begin{bmatrix} 1 & 0 \\ \dfrac{0.081}{1.6053} & 1 \end{bmatrix}$$

などであり，また，

$$\boldsymbol{R}_1 = \begin{bmatrix} 1 & -\dfrac{1.6116-1}{1.628} \\ 0 & 1 \end{bmatrix}, \quad \boldsymbol{R}_2 = \begin{bmatrix} 1 & -\dfrac{1-1.6116}{-27.57} \\ 0 & 1 \end{bmatrix}, \quad \boldsymbol{R}_3 = \begin{bmatrix} 1 & -\dfrac{1.6053-1}{-3.457} \\ 0 & 1 \end{bmatrix}$$

などである．各マトリックスを掛けるのは難しくないが，計算量は多い．しかし，

$$\boldsymbol{A}_{71} = \begin{bmatrix} 0.848 & -0.198 \\ 1.338 & 0.867 \end{bmatrix}$$

となり，$f = 5.06, \overline{V_1 H_1} = 0.77, \overline{V_7 H_2} = -0.67$ が得られる．

薄肉レンズ

マトリックス表現を用いて薄肉レンズ系を考察することは，多くの場合便利であるのを，式 (6.31) にもどって確かめてみる．この式は 1 枚のレンズのシステムマトリックスであり，$d_l \to 0$ とすれば薄肉レンズの式になる．これは $\boldsymbol{T}_{21}$ を単位マトリックスにすることと同じであるから，

$$\boldsymbol{A} = \boldsymbol{R}_2 \boldsymbol{R}_1 = \begin{bmatrix} 1 & -(\mathcal{D}_1 + \mathcal{D}_2) \\ 0 & 1 \end{bmatrix}$$

となる．そして 5.7.2 項で見たように，薄肉レンズの屈折力 $\mathcal{D}$ は各面の屈折力の和であるから，

$$\boldsymbol{A} = \begin{bmatrix} 1 & -\mathcal{D} \\ 0 & 1 \end{bmatrix} = \begin{bmatrix} 1 & -1/f \\ 0 & 1 \end{bmatrix}$$

である．また，空気中に間隔 d で置かれた 2 枚の薄肉レンズ (図 5.36) のシステムマトリックスは，

$$\boldsymbol{A} = \begin{bmatrix} 1 & -1/f_2 \\ 0 & 1 \end{bmatrix} \begin{bmatrix} 1 & 0 \\ d & 1 \end{bmatrix} \begin{bmatrix} 1 & -1/f_1 \\ 0 & 1 \end{bmatrix}$$

つまり，

$$\boldsymbol{A} = \begin{bmatrix} 1 - d/f_2 & -1/f_1 + d/f_1 f_2 - 1/f_2 \\ d & -d/f_1 + 1 \end{bmatrix}$$

である．これからわかるように，

$$-a_{12} = \frac{1}{f} = \frac{1}{f_1} + \frac{1}{f_2} - \frac{d}{f_1 f_2}$$

で，さらに式 (6.41) と (6.42) から，

$$\overline{O_1H_1} = fd/f_2, \qquad \overline{O_2H_2} = -fd/f_1$$

と，すでによく知っている結果が得られる．3枚，4枚そしてそれ以上の薄肉レンズからなる複合レンズの，焦点距離および主点をここでの方法で求めれば，いかに容易であるかがわかる．

鏡のマトリックス解析

反射に適したマトリックスを導出するために，凹球面鏡を描いた図 6.12 を見ながら，入射光線と反射光線を記述する二つの式を書き出そう．やはりマトリックスの最終的な形は，二つの式の項の並べ方と，種々の値の符号の付け方で決まる．必要なものは，光線の角度および光線が鏡と交わる点の高さに関する式である．

はじめに光線の角度を考えよう．反射の法則から $\theta_i = \theta_r$ である．また，図より $\tan(\alpha_i - \theta_i) = y_i/R$ であるから，

$$(\alpha_i - \theta_i) \approx y_i/R \tag{6.44}$$

とできる．これらの角を正とすれば，y_i は正であるものの R は正でなく，負の半径を入れたこの式は成立しないことになる．そこで，$(\alpha_i - \theta_i) = -y_i/R$ と書き直す．次に図中の角 α_r を式に取り込むために，$\alpha_i = \alpha_r + 2\theta_i$ あるいは $\theta_i = (\alpha_i - \alpha_r)/2$ と表す．これを式 (6.44) に代入すると $\alpha_r = -\alpha_i - 2y_i/R$ となり，両辺に媒質の屈折率

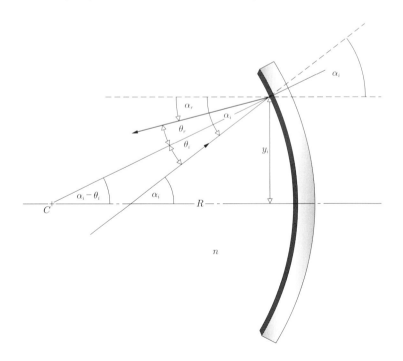

図 6.12 鏡による反射の幾何光学．光線の角 α_i と α_r は光軸から測る．

n (通常は $n=1$) を掛けると,

$$n\alpha_r = -n\alpha_i - 2ny_i/R$$

となる．その次に必要な式は単に $y_r = y_i$ であり，結局

$$\begin{bmatrix} n\alpha_r \\ y_r \end{bmatrix} = \begin{bmatrix} -1 & -2n/R \\ 0 & 1 \end{bmatrix} \begin{bmatrix} n\alpha_i \\ y_i \end{bmatrix}$$

となる．したがって，球面形状の場合の鏡マトリックス $\mathcal{M}$ は,

$$\mathcal{M}_0 = \begin{bmatrix} -1 & -2n/R \\ 0 & 1 \end{bmatrix} \tag{6.45}$$

で与えられ，式 (5.49) である $f = -2/R$ が得られる．

平面鏡と平面光共振器

空気中 $(n=1)$ の平面鏡 $(R \to \infty)$ に対するマトリックスは，

$$\mathcal{M}_| = \begin{bmatrix} -1 & 0 \\ 0 & 1 \end{bmatrix}$$

で，最初の成分の負号は，反射によって光線が逆進するのを表している．ところで，図 6.13 は**光共振器** (optical cavity) を構成する，向かい合った 2 枚の平面鏡である．光は点 O を出発し，間隙を正の方向に横切り，鏡 1 で反射され，間隙を負の方向に逆進し，そして鏡 2 で反射される．したがって，システムマトリックスは，

$$\mathcal{A} = \mathcal{M}_{|2} \mathcal{T}_{21} \mathcal{M}_{|1} \mathcal{T}_{12}$$
$$\mathcal{A} = \begin{bmatrix} -1 & 0 \\ 0 & 1 \end{bmatrix} \begin{bmatrix} 1 & 0 \\ -d & 1 \end{bmatrix} \begin{bmatrix} -1 & 0 \\ 0 & 1 \end{bmatrix} \begin{bmatrix} 1 & 0 \\ d & 1 \end{bmatrix}$$

であり，結局

$$\mathcal{A} = \begin{bmatrix} 1 & 0 \\ 2d & 1 \end{bmatrix}$$

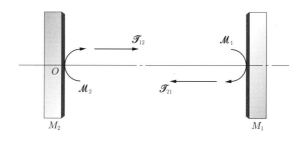

図 6.13 鏡 M_1 と M_2 で構成された平面共振器の概略図

となる．システムマトリックスの行列式は $|\mathcal{A}| = 1$ である．おそらく，はじめの光線が軸に平行 ($\alpha = 0$) なら，システムマトリックスはその光線を出発点にもどし，最後の光線 $\mathbf{r}_f$ がはじめの光線 $\mathbf{r}_i$ に等しくなるようにするはずである．つまり，

$$\mathcal{A}\mathbf{r}_i = \mathbf{r}_f = \mathbf{r}_i$$

である．これは**固有値方程式** (eigenvalue equation) として知られる特殊な数学的関係で，もう少し一般的には，a を定数として，

$$\mathcal{A}\mathbf{r}_i = a\mathbf{r}_i$$

である．書き換えると，

$$\begin{bmatrix} 1 & 0 \\ 2d & 1 \end{bmatrix} \begin{bmatrix} \alpha_i \\ y_i \end{bmatrix} = a \begin{bmatrix} \alpha_i \\ y_i \end{bmatrix}$$

である．$\alpha_i = 0$ つまりはじめの光線が軸に平行に発射されるなら，$y_i = ay_i$ から $a = 1$ となる．システムマトリックスは単位マトリックスのように作用し，2 回の反射によって $\mathbf{r}_i$ を $\mathbf{r}_i$ にもどしている．光軸に平行な光線は，いわゆる**共振器** (resonant cavity) から逃げ出すことなく，そこを行ったり来たりする．

　共振器はいろいろな鏡を用いて，いくつかの形態に構成できる (図 13.16)．共振器内を何回か往復して，光線が最初の位置と方向にもどるなら，ビームは捕獲されているのであり，その共振器は安定と称される．また，それゆえに固有値の議論が重要になる．向かい合った二つの凹球面鏡からなる**共焦点共振器** (confocal cavity) の解析は，問題 6.28 を見ること．

6.3　収　　差

　第 1 次理論は近似にすぎないことはわかっているが，正確な光線追跡や試作した光学系の測定を行うと，確かに近軸理論で記述される内容と一致しない．ガウス光学という理想化した状況との，そのような不一致は**収差** (aberration) として知られている．収差は大きく二つに分類できる．一つは，n が周波数あるいは色の関数であることに起因する**色収差** (chromatic aberration) で，もう一つは**単色収差** (monochromatic aberration) である．後者は光が準単色光でも発生し，そしてさらに二つのグループに分かれる．まず，**球面収差** (spherical aberration)，**コマ** (coma)，**非点収差** (astigmatism) という，像を不鮮明にして劣化させる単色収差がある．次に，像を変形させる収差，たとえば，**ペッツバールの像面湾曲** (Petzval field curvature) と**歪曲** (distortion) がある．

　球面は一般に近軸領域でしか完全な像をもたらさないことは，すでにわかっている．いまここでは，有限な大きさの開口のもとで球面を使用すると，どの種類の収差がどの程度発生するかを決定するべきである．実際，開口の位置以外にも，屈折力，形状，厚み，ガラスの種類，レンズ間隔といった，光学系の物理的パラメータをうまく操作すると，これら収差を最小にできる．要するに，ちょうど小さな可変容量やコイルを付加したり接地をとることで，電気回路の調整をするように，レンズの形状をわずかに変えたり開口の位置を少しずらせることで，ほとんどの望ましくない収差を打ち消

すことができる．パラメータの操作が終了すると，ある面を通ったときに発生する不要な波面の変形は，後段のどれかの面を通るときに除去されると，期待できる．

　1950年代初期に，新しいディジタルコンピュータ用の光線追跡プログラムが開発され，1954年にはレンズを設計するソフトウェアがつくられ始めていた．そして1960年代初めには，コンピュータによるレンズ設計技術が販売されていて，世界中の光学メーカーが使用していた．今日では，あらゆる種類の複雑な光学系を"自動的に"設計し，その性能を評価する精巧なコンピュータプログラムがある．

6.3.1　単　色　収　差

　近軸での取扱いは図5.6に示すように，$\sin\varphi$ が φ だけで十分表現できるという仮定にもとづいている．つまり，系は光学軸まわりのごく狭い領域でのみ使うように，制限されている．明らかに，レンズ周辺を通る光線が像形成に関与すると，$\sin\varphi \approx \varphi$ とするのは多少問題である．しばしばスネルの法則を $n_i\theta_i = n_t\theta_t$ と書いたが，やはりこれは不適切である．展開式

$$\sin\varphi = \varphi - \frac{\varphi^3}{3!} + \frac{\varphi^5}{5!} - \frac{\varphi^7}{7!} + \cdots \qquad [5.7]$$

の少なくともはじめの2項を，近似をよくするために残せば，いわゆる**第3次理論** (third-order theory) が得られる．第1次理論との差がもたらすものは，五つの主要収差 (球面収差，コマ，非点収差，像面湾曲，歪曲) となって現れる．これらは1850年代にザイデル (Ludwig von Seidel, 1821–1896) によって初めて詳細に研究された．したがってよく**ザイデル収差** (Seidel aberration) と称される．展開した級数にははじめの2項以外にも，寄与は小さいものの計算に取り入れられるべき項が数多くある．つまり，**高次収差** (higher-order aberration) がある．正確な光線追跡の結果と計算した主要収差との差は，高次の収差の和と考えられる．しかし，ここでの議論はもっぱら主要収差に限定して進める．

球　面　収　差

　はじめに，一つの球面状屈折面における共役点を求めた，5.2.2項の復習をする．近軸領域では，

$$\frac{n_1}{s_o} + \frac{n_2}{s_i} = \frac{n_2 - n_1}{R} \qquad [5.8]$$

であった．そして，l_o と l_i の近似を少しよくすると3次での式

$$\frac{n_1}{s_o} + \frac{n_2}{s_i} = \frac{n_2 - n_1}{R} + h^2\left[\frac{n_1}{2s_o}\left(\frac{1}{s_o} + \frac{1}{R}\right)^2 + \frac{n_2}{2s_i}\left(\frac{1}{R} - \frac{1}{s_i}\right)^2\right] \qquad (6.46)$$

が得られる (問題6.31)．明らかに，おおむね h^2 で変わる付加項が，第1次理論からのずれの指標である．図6.14に示すように，光軸から大きく離れたところ (h) で面に入射する光線は，頂点に近い方に集光する．簡潔にいえば，球面収差あるいはSAは，非近軸光線の焦点の開口に対する依存性である．同様に，図6.15に示す収束レン

ズでは，周辺光線は実質的に大きく曲がり，近軸光線より前で収束する．ここで，球面収差は光軸上にある物点のみに関係することを覚えておこう．中心軸に平行に入射する周辺光線が光軸を横切る点と近軸の焦点 F_i の距離は，**縦球面収差** (longitudinal spherical aberration) または L・SA として知られている．いまの場合，球面収差は正である．これに比べ，発散レンズの周辺光線は一般に，近軸の焦点の後で光軸を横切り，したがってその球面収差は負である．

波面に対する効果の点から収差をよりよく理解するために，点光源から出て光学系を横切る光を考えよう．射出瞳における波面が理想的にガウス像点 (P) を中心とする球面であれば，像は完全であり，そうでない場合は収差の影響を受けている (図 6.16)．**波面収差** (wave aberration または wavefront aberration) は，実際の波面と理想的な波面の光路長の差であり，通常はその最大値で規定され，マイクロメートルかナノメートルか波長を単位とする．図 6.16 において，P に収束する理想球面と波面の差のピークからピークの値は，波長の何分の 1 (λ/N) かである．この表現法のもとに，レイリー卿の名での方がよく知られているストラット (J. W. Strutt) は，光学的な質に対する実用的な判断基準を提案した．それによると 550 nm の波長 (黄緑色) において，波面収差が $\lambda/4$ を超えると，光学器械の結像性能は大きく低下する．

点像を形成する光学系という考え方は，強度が無限大になること，そして自然は無限を嫌うという理由から，もちろん物理的には非現実的である．最良の条件でも，レンズは点光源 (たとえば星) を，ほとんど知覚できないほどの明るさの何本かの輪で囲まれた小さな明るい円板，つまりエアリー像 (図 10.36 参照) として結像する．図 6.16 ではその像の断面が，いくつかの低い山で囲まれた強度の高い中央のピークとして，P に表されている．

基本的に球面収差は，光を中央の円板から周囲の輪に移し，それらの輪は明るくなる．たとえば，$\lambda/4$ の球面収差は像の中央円板の強度を 20% 低下させることを，レイリーは明らかにした．一般にこのようなことがどのようにして生じるかは，ひずんだ波面に直交する光線が，中央部から周囲の輪に向きを変えている図 6.16 を見ると理解

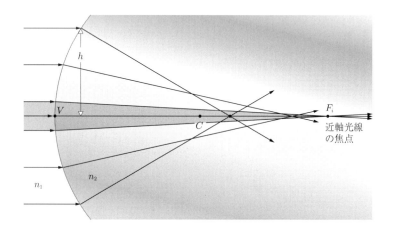

図 **6.14** 単一境界面の屈折で生じる球面収差

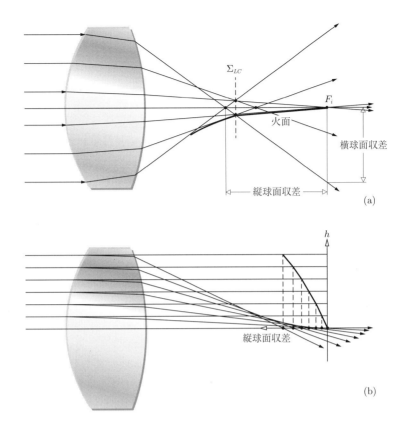

図 6.15 レンズの球面収差．屈折光線の包絡面は火面とよばれる．周辺光線と火面の交差するところで Σ_{LC} が決まる．

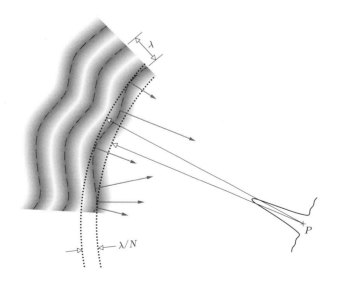

図 6.16 波面はガウス像点に収束する球面からずれているので，収差があると称される．ピークから逆のピークにかけて測った変形量は，像が完全像とどれくらい異なるかを示す指標である．

できる．さらに，波面全体のひずみが λ/4 でも，その波面に細かくしわがよっていたら，たくさんの光が周囲の輪に行き，像は不鮮明になる．これは光学素子の表面が滑らかでない場合に起こる．

図 6.15 をもう一度見て，もし F_i にスクリーンがあれば，周辺光線の円錐がつくる軸対称なぼんやりした光の円で囲まれた，軸上の明るいスポットとして，星の像はできる．拡大像の場合，球面収差はコントラストを低下させて詳細な構造を不明瞭にする．

考えている光線がこのスクリーンに当たる点の，光軸からの高さを**横球面収差** [traverse (lateral) spherical aberration]，あるいは短く T・SA とよぶ．明らかに，球面収差は開口を絞ると小さくなる．しかし，系に入る光量も少なくなる．Σ_{LC} と記した位置にスクリーンを移動させると，像のぼやけの直径は最小になる．これは**最小錯乱円** (circle of least confusion) として知られ，一般に Σ_{LC} が像観察に最も適した位置である．開口が小さくなると Σ_{LC} の位置が F_i に近づくから，レンズに相当な球面収差がある場合，絞って使った後では再度焦点合せする必要がある．

開口と焦点距離が固定されているとき，球面収差量は物体距離とレンズ形状の両者によって変化する．収束レンズの場合，非近軸光線は非常に大きく曲がる．つまり，レンズを二つのプリズムが底面で結合したものと大まかに考えれば，"入射光線は最小偏角の光路をたどり，入射光線と出射光線はほぼ等しい角をなす"(5.5.1 項) のは明らかである．次に，たいへん興味深い例が図 6.17 に示されていて，レンズを裏返すと球面収差は大きく低下する．物体が "無限遠" にある場合，後面が完全に平坦でなくともそれに近い凹または凸の単レンズは，球面収差が最も小さい．同じように，物体距離と像距離が等しい場合 ($s_o = s_i = 2f$)，球面収差が最小になるのは，両面の等しい凸レンズである．また，色消しダブレットで見られる収束レンズと発散レンズの組合せは，球面収差を消すのにも使える．

5.2.1 項で述べた非球面レンズは，特定の共役な対に関して球面収差がまったくないことを思い出そう．そして，球面についてもそのような 2 点が軸上にあり，これを最初に発見したのはホイヘンスと考えられる．その 2 点が図 6.18a に示されている．この図では，P からの光線はあたかも P' からのように，表面から出ている．P と P' の位置が図中の式で表されるのを示すことは，問題に残しておく．非球面レンズとまったく同様に，球面レンズも P と P' の対に関してゼロ球面収差になるように構成できる．単に P を中心とする半径 $\overline{PA}$ のもう一つの球面を研磨でつくり，正または負のメニスカスレンズとするのである．油浸の顕微鏡対物レンズは，この原理を最大限に

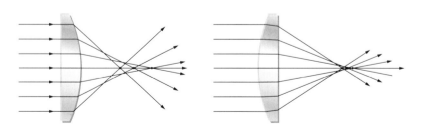

図 **6.17** 平凸レンズの球面収差

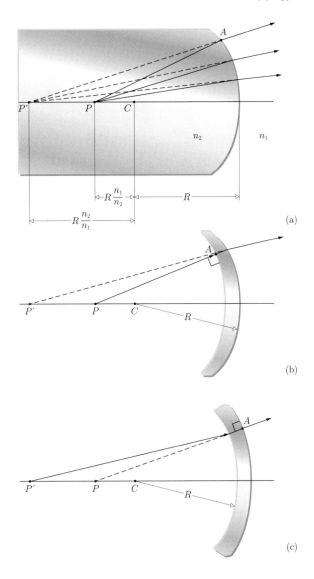

図 6.18 球面収差がゼロとなる軸上の対応点

利用している.図 6.19 に示すように,観察する物体は P の位置で屈折率 n_2 の油に囲まれている.そして,P と P' が最初の素子に対するゼロ球面収差の共役点で,P' と P'' がメニスカスレンズに対するゼロ球面収差の共役点である.

1990 年 4 月にハッブル宇宙望遠鏡 (HST) が周回軌道に打ち上げられたその直後に,とんでもない間違いのあることが判明した.副鏡の向きと位置を調節すべく行ったあらゆる努力の甲斐もなく,ハッブル宇宙望遠鏡が送ってくる画像はぼやけたままであった.本質的に点光源である遠方の星に対し,円形の像の大きさは期待された回折限界値 (直径 0.1 秒) に近かったが,その部分の放射エネルギーは予想値の 70% でなく,わずか 12% 程度であった.(理想的には約 84%.) 円形像は直径約 1.5 秒のぼやけた円板に囲まれ,そこに光の 70% が含まれていた.残りの放射エネルギーは,鏡の微細な表

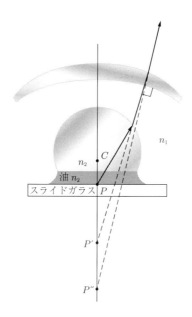

図 6.19　油浸の顕微鏡対物レンズ

面荒れと副鏡の支持棒による回折の両者による，ぼやけた円板の外側に延びる放射状パターンに含まれていた (図 6.20b)．ただし，これは避けようのない分である．この状況は典型的な球面収差の例である．

　科学者たちがその後に明らかにしたように，主鏡が正しく研磨されていなかった．周辺部が約 $\lambda/2$ だけ平坦すぎた．中央部からの光線は周辺部からの光線より，光軸上において前の位置に集光していた．2.4 m の双曲面をつくった会社であるパーキンエルマー (Perkin–Elmer) 社の人々は，主鏡をていねいに研磨したが，形状あるいは曲率を誤っていた．形状テスト機における部品取付け位置の 1.3 mm の誤差に始まる一連の失敗によって，最終的に上記状況に至った．16 億ドルの望遠鏡は，性能を大きく低下させる 38 mm の縦球面収差に終わった (図 6.20a)．

　1993 年にスペースシャトル"エンデバー号"の乗組員たちが，劇的な修理任務を成功裏に成し遂げた．彼らは，周辺部に $\lambda/2$ の補正を加える光学系をもった，新しい広視野惑星カメラを取りつける一方，光軸変更式宇宙望遠鏡補正光学系—COSTAR (Corrective Optics Space Telescope Axial Replacement) という一体化部品も組み込んだ．COSTAR の役目は，三つの科学計測機器に入射する，収差のある波面を整形することであった．一対の小さな鏡 (10 mm と 30 mm) からなり，各計測器の開口に向かうビーム中に置かれる．一方の鏡は単に光を，複雑な非対称非球面のもう一方の鏡に向けるだけであった．後者の軸外補正鏡は，主鏡の球面収差を反転させる形状をもち，波面はそこで反射され，完全な波面に整形されて所定の開口に向かった．それ以来，エネルギーの 70% 以上が，中央の円形像内にあり，天体は以前より約 6.5 倍明るく見えた．NASA の人たちはこの結果を，以前より鮮明な画像 (写真参照) と，いまや地球半周に相当する距離だけ離れたところの蛍を，ハッブル宇宙望遠鏡が見つけられるという集光能力の向上，の 2 点から指摘するのを好んだ．(もちろん，蛍は最高の光

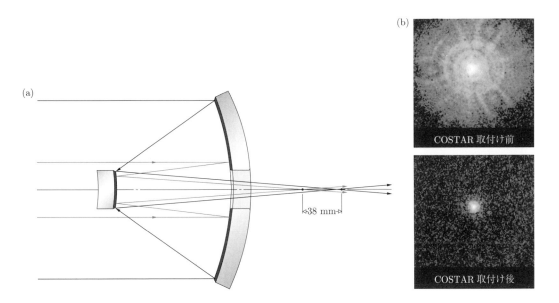

図 6.20 (a) 主鏡の曲率が不足しているので，外周部からの光線は内側の光線が収束する点より，38 mm 後方で交わる．(b) ハッブル宇宙望遠鏡で撮った遠方の星の像．(NASA)

を出しつづけながら 90 分間止まっていなければならない．) そして，ハッブル宇宙望遠鏡は我慢強い 2 匹の蛍がじっとして動かずに 3 m 以上離れていたら，区別して見ることができる．

プエルトリコのアレシボ天文台には，単体としては世界最大の電波望遠鏡がある．その対物は直径 1 000 フィートの丸い皿状の球面固定アンテナで，波長 3 cm から 6 m で機能する．これに比べ，向きを変えられる電波望遠鏡では，前方の光源からの放射を軸上の小さなスポットに集められるという理由から，一般に放物面である．しかし，1 000 フィートのこの皿を動かすのは不可能なので，設計者たちは妥協した．主鏡は球面につくられているので，広範囲な方向からの放射を集められ，皿と光源を結ぶ軸上の"点"に収束する．主鏡上方の高いところに，設計者たちは可動式の電波受信機を保持した．その位置は望遠鏡で空のどの領域を見るかで決められる．しかし，球面鏡は全方位性であるが，全方位にわたって等しい不完全さもある．凸レンズと同様に球面収差がつきまとう (図 6.15)．単一の焦点があるのでなく，無数の焦点が軸上に，焦点線とでも称すべき線状に並んでいる．そのため，軸上の数点からの信号を検出し，いわゆるラインフィード (line feed) によって結合することで，最も有効に対処できる．しかし，その手法は効率が悪く，この望遠鏡がその最大能力を発揮することはまずなかった．

ハッブル宇宙望遠鏡に付加された補正鏡とほとんど同じように，球面収差を補償する 1 組の軸外非球面鏡 (図 6.21) を組み込むという大掛かりな改良が，1997 年にアレシボの望遠鏡になされた．1661 年に凹面の副鏡を有する反射望遠鏡を提案したグレゴリーの名にちなむ，重量が 90 トンもあるグレゴリー式の受信ドームが，主鏡の上方

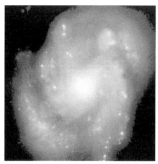 

ハッブル宇宙望遠鏡による，球面収差のある状態(修理前)およびない状態(修理後)での銀河 M–100 の像 (NASA)

450 フィートに保持されている．このドームはアルミニウムの骨組で構成され，その中に，まず直径 72 フィートの第 2 の鏡があり，主鏡から上方に反射されている電磁放射を受け取る．次にこの放射は，下にある直径 26 フィートの第 3 の鏡の方に反射され，その鏡で上方にある受信機に集められてスポットとなる．それぞれの面は，各光線のたどる光路長が等しくなるように，その形状が決められていて，すべての光線は直径 1 インチから 8 インチの円内に，同位相で集まる．

この望遠鏡は逆に，1 メガワットのレーダー発信機としての動作も可能で，惑星研究に用いられている．電磁放射を送出し，返ってくるレーダー信号を受信することで，金星表面の構造を半マイルの分解能で採取できる．また，月の上のゴルフボール大の導体も検出できる．

コ　マ

コマ (coma) または**コマ収差**(comatic aberration) は，光軸からそんなに離れていなくても，軸外の点の像の劣化をもたらす，主要な単色収差である．その起源は，主"平面"を実際上平面として扱えるのは近軸領域でのみである，という事実に根ざしている．現実には主平面は曲面である(図 6.1)．したがって，球面収差がないとすれば，光軸に平行な光線束は，後側の頂点から後側焦点距離の位置にある軸上の F_i に収束するので，レンズの軸外領域を通過する光線については，軸からの高さに応じて実効的な焦点距離が変わり，横倍率も変化する．像点が光軸上にあるとき，この状況は大して問題にならないが，光線束が斜めで像点が軸外の場合，コマは顕著になる．

レンズ位置での光線の高さ h に対する M_T の依存性を図 6.22a に示す．レンズ周辺部を通過する子午的光線は，**主光線**(principal ray)(すなわち主点を通る光線)の近傍にある光線より，像面において軸に近いところに集まる．この場合，最小倍率は最も小さい像を形成する周辺光線で決まり，コマは負である．これに比べ図 6.22b と c では，周辺光線の方が軸から離れたところに集まっていて，コマは正である．

コマを含んだ幾何学的点像の形成を図で説明するために，図 6.23 では軸外の物点 S から引いた数本の非子午的光線あるいはスキュー光線を示している．その底部 (1–2–

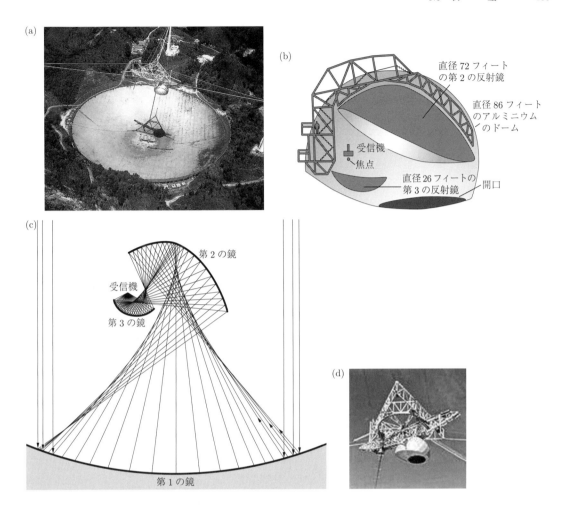

図 6.21 (a) 1997 年に改良されたアレシボ天文台の電波望遠鏡．(Arecibo Observatory/NSF) (b) 二つの新しい補正鏡と受信器を収容しているグレゴリー式ドーム．(c) 直径 1000 フィートの球面鏡から受信器に至るすべての経路長が等しくなる様子を示す光線図．(d) 受信機と第 3 の鏡．(U.S. General Services Administration Office of Citizen Services and Innovative Technologies.) Per-Simon Kidal の論文，"Synthesis of Multireflector Antennas by Kinematic and Dynamic Ray Tracing," *IEEE Trans. Antennas Propagat.* **38**(10), 1587–1599(Oct. 1990) を参照のこと．

3–4–1–2–3–4) がレンズ上に輪をつくる光線の円錐は，テイラーが**コマ収差円** (comatic circle) と名づけた円周形状の像を Σ_i 上に形成する．この図では正のコマであり，レンズ上での輪が大きいほど，コマ収差円は軸から遠い．レンズ面における外側の輪が周辺光線のものであれば，Σ_i 上での 0 から 1 の距離が**子午的コマ収差** (tangential coma) で，0 から 3 の距離が**球欠的コマ収差** (sagittal coma) である．像のエネルギーの半分強は，0 から 3 のほぼ三角形と見なせる領域にある．彗星の尾にその名の由来があるコマによるにじみは，非対称な形状であることを主たる理由に，すべての収差の中で最悪の収差であるとよくいわれる．

干渉と関連づけるのは，幾何光学の範囲外であるが，図 6.23 のスクリーンに光が達

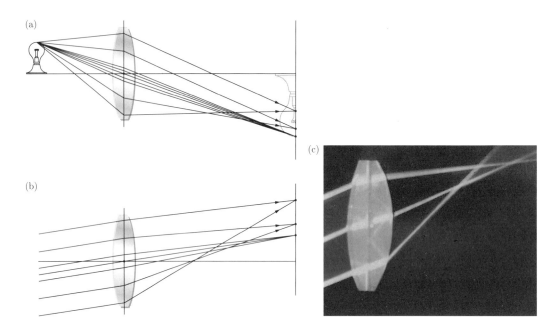

図 6.22 (a) は負のコマ, (b) と (c) は正のコマを示す. (E. H.)

するとき, 確かに干渉は起こっている. ガウス像点とまったく同様, コマのある像点を図 6.23 中のコマ図形で表現するのは簡単化しすぎている. ガウス像点は実際には円板と輪帯からなり, そしてコマのある像点も実際には, 複雑で非対称な回折像である. コマが大きいと, 像点はエアリー像と大きく異なってきて, 斑点と円弧からなる一方向に伸張した図形になる. そして, おぼろげには円板と輪帯からなるように見える (図 6.24).

球面収差と同じで, コマはレンズ形状に依存している. 強い凹面をもつ正のメニスカスレンズ) は, 無限遠物体を結像するとき, 大きな負のコマを示す. ベンディングによって平凸), 等凸 ●, 凸平 (, そして凸メニスカス (と変わると, コマは負からゼロそして正へと変化する. ある物体距離について, 単レンズのコマを正確にゼロにできるという事実は, きわめて重要である. $s_o = \infty$ の場合, そのための形状はおおむね凸平であり, またこれは球面収差が最小になる形状と近い.

"共役な点の一方が無限遠にある場合 ($s_o = \infty$) に対して, 十分補正されているレンズでは, 物体が近くにあると満足な性能が得られない" ことを知っておくのは大切である. そこで有限距離の共役点に用いる光学系を, 規格品のレンズで構成するには, 無限遠の共役点に対して補正してある 2 枚のレンズを, 図 6.25 に示すように組み合わせて対処している. 換言すれば, 有限距離にある特定の一対の共役点に対して補正がほどこされ, かつ所望の焦点距離をもつレンズが, 既製品にあることはほとんどないので, この背中合せのレンズ構成が, 有効な代替になる.

1812 年にウォラストンが見いだした通り, コマは適当な位置に絞りを設置することで打ち消せる. 主要な収差を並べる順番 (球面収差, コマ, 非点収差, ペッツバールの像面湾曲, 歪曲) は重要である. それは球面収差とペッツバールの像面湾曲は別にし

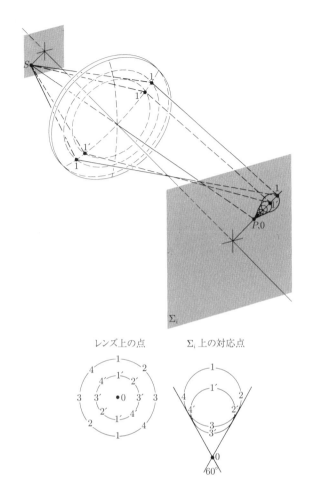

図 6.23 単色点光源の幾何光学的コマ収差像．レンズ中心部がつくる点像はコマ図形の頂点にくる．

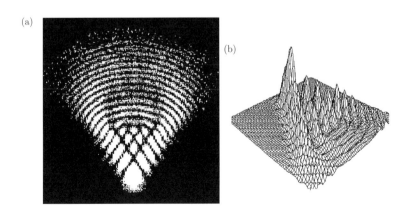

図 6.24 3次コマ収差．(a) 大きな非点収差をもつ光学系による点光源の像を示す計算機生成図形．(ロシアのサンクトペテルブルグの OPAL グループ) (b) 対応する強度分布のプロット図．(ロシアのサンクトペテルブルグの OPAL グループ)

て，先行する収差が光学系にあるときのみ，どの収差も絞りの位置に影響されるからである．したがって，球面収差は絞りが軸上のどの位置にあっても影響を受けないが，球面収差がある限り，コマは絞りの位置に影響されることになる．これは図 6.26 を見ると理解できる．絞りが Σ_1 にあると，光線 3 が主要光線であり，球面収差はあるがコマはない．つまり光線 2 と 4，1 と 5 の交点は光線 3 の上にある．絞りが Σ_2 に移動すると，対称性が破れて光線 4 が主要光線になり，両側の光線 3 と 5 の交点は主要光線上になく，正のコマとなる．絞りが Σ_3 にあると，光線 1 と 3 は主要光線 2 の下で交わり，負のコマとなる．このように，量の調節をしながら他の収差を複合レンズに導入し，系全体としてのコマを打ち消すことができる．

　紙面の都合で正式な証明は示せないが，**光学的正弦定理** (optical sine theorem) は，ここで述べておくべき重要な関係式である．これは，1873 年にアッベとヘルムホルツによって独立に発見されたものであるが，別の形式ではその 10 年前に，熱力学で有名なクラウジウス (R. Clausius) によって与えられている．いずれにしろその内容は，

$$n_o y_o \sin \alpha_o = n_i y_i \sin \alpha_i \tag{6.47}$$

である．ここで，n_o, y_o, α_o および n_i, y_i, α_i はそれぞれ，物空間と像空間の屈折率，

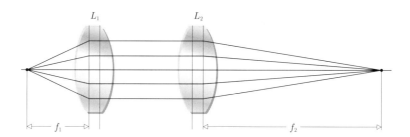

図 6.25　無限遠共役の 2 枚のレンズを組み合わせると，有限距離で共役な系になる．

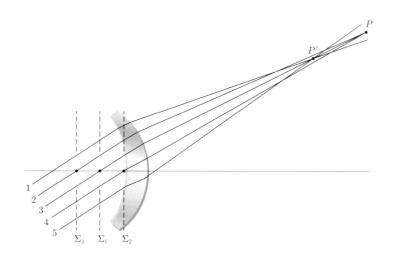

図 6.26　絞りの位置がコマに及ぼす効果

高さ，光線の傾き角であり，開口の大きさは任意である (図 6.9)[*4]. コマがゼロであるには，

$$M_T = \frac{y_i}{y_o} \qquad [5.24]$$

がすべての光線に対して等しくなければならない．そこで，光学系に周辺光線および近軸光線を入射させるとする．前者は式 (6.47) に，後者はそれの近軸近似 ($\sin \alpha_o = \alpha_{op}$, $\sin \alpha_i = \alpha_{ip}$ としたもの) に従う．M_T はレンズの全領域において一定であるべきだから，周辺と近軸の両光線に対して倍率が等しいとおくと，**正弦条件** (sine condition) として知られる，

$$\frac{\sin \alpha_o}{\sin \alpha_i} = \frac{\alpha_{op}}{\alpha_{ip}} = 一定 \qquad (6.48)$$

が得られる．コマがないと判断するのに必要な条件は，系が正弦条件を満たしていることである．もし球面収差がなければ，正弦条件に従うことがコマがないための必要十分条件になる．

　コマを観察するのは簡単である．実際，正の単レンズで太陽光を集めれば，疑いようもなくこの収差を見ることになる．太陽からのほぼ平行な光線が光軸と角をなすように，レンズをわずかに傾けると，集光スポットは特徴的な彗星の形のぼやけた広がりになる．

非 点 収 差

　物点が光軸からかなりの距離だけ離れていたら，入射してくる光線のつくる円錐はレンズに非対称に当たり，主要収差の 3 番目にくる**非点収差** (astigmatism) をもたらす．この言葉は，ギリシャ語の非を表す *a-* とスポットや点を表す *stigma* からつくられている．その説明をしやすくするために，主要光線 (すなわち開口の中心を通る光線) と光軸の両方を含む**メリジオナル面** (meridional plane) を考える．この面は**子午平面** (tangential plane) ともよばれる．次に，主要光線を含み子午平面に垂直な面を，**球欠平面** (sagittal plane) と定義する (図 6.27)．複雑なレンズ系の入口から出口にわたって変化しない子午平面と異なり，球欠平面は一般に，主要光線がいろいろな光学要素で偏向するのに応じて，その傾きを変える．したがって正確には，光学系内の各領域ごとに対応した複数の球欠平面があると称すべきである．しかしそうではあるが，物点からのスキュー光線のうち，球欠平面内にあるものはすべて，**球欠的光線** (sagittal ray) とよばれている．

　軸上物点の場合，光線の円錐はレンズの球面に対して対称であり，子午平面と球欠平面を区別する必要はない．光軸を含むすべての面で，光線の配列は同じである．球面収差がなければ，全光線に対する焦点距離は等しく，一つの焦点に集まる．これにひきかえ斜めの場合，平行光線束は子午平面と球欠平面では異なり，焦点距離も面によって異なる．子午的光線はレンズに対し，球欠的光線より現実には大きく傾いてい

[*4] 正確にいえば，光学的正弦定理が α_o のすべての値に対して成り立つのは，球欠平面 (矢を意味するラテン語の *sagitta* に由来した名称) においてだけであり，これについては次節で取り上げる．

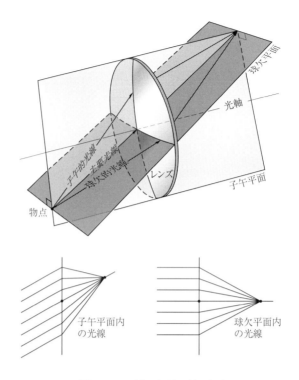

図 6.27 球欠平面と子午平面

て，焦点距離は短い．フェルマーの原理を用いて，焦点距離の差は実効的に，レンズの屈折力 (形状や屈折率でなく) と光線の傾き角に依存していることを示せる[*5]．この焦点距離の差はしばしば**非点隔差** (astigmatic difference) とよばれ，光線がより大きく傾く，つまり物点が軸からより離れるにつれ，急速に増大する．もちろん軸上ではゼロである．

二つの異なる焦点距離があるので，入射する円錐状の光線束は，屈折によって大きく形が変化する (図 6.28)．ビームの断面はレンズを出た時点では円形であるが，すぐに長軸が球欠平面にある楕円となり，徐々に細長い楕円に変化して，**子午的焦点**あるいはメリジオナル焦点 F_T では "線" になってしまう (少なくとも第 3 次理論では)．これは実際には一方向に伸張した複雑な回折像であり，非点収差が大きいほど線らしくなる．物点からのすべての光線は，**第 1 の像** (primary image) として知られるこの "線" を通る．ここを越えると，ビーム断面は急激に広がりだして再び円形になる．そこでの像はぼやけた円形であり，**最小錯乱円** (circle of least confusion) として知られている．レンズからさらに遠ざかると，ビーム断面は**第 2 の像** (secondary image) と称される "線" に再び変わる．このときの位置が**球欠的焦点** F_S で，像は子午平面にある．

わずかな非点収差 ($\lesssim 0.2\lambda$) のある光学系で，最小錯乱円付近に形成された点光源の像は，エアリーの円板と輪帯像に非常によく似ているが，少しだけ非対称である．非点収差が大きくなると (ほぼ 0.5λ 以上)，2 軸的な非対称性はより顕著になる．このときの像は，明暗の複雑な分布 (矩形開口のフレネル回折像に似ている) になり，円形開

[*5] A. W. Barton, *A Text Book on Light*, p. 124 参照のこと．

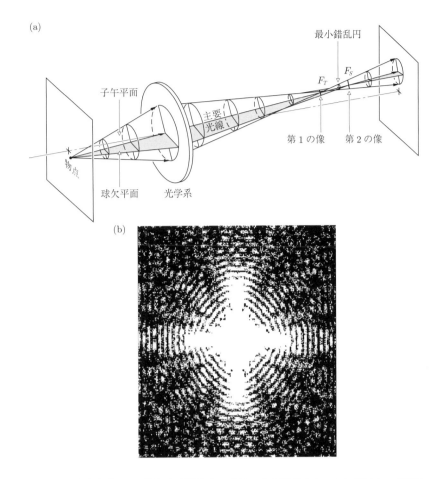

図 **6.28** 非点収差．(a) 単色点光源からの光は，非点収差をもつレンズによって細長くなる．(b) 最小錯乱円近くでの，0.8λ の非点収差をもつレンズによる回折像の計算機生成強度分布．(ロシアのサンクトペテルブルグの OPAL グループ)

口のなごりである湾曲した構造はごくわずかに残っているだけである．なお，以上では球面収差とコマはないものとしている．

　非点隔差が大きくなると (すなわち，物体が光軸からより遠く離れると)，最小錯乱円の直径も大きくなるので，像は周囲の境界が不鮮明になって劣化する．物体の位置が変化すると，"線状"の第2の像の方向も変わるが，たえず光軸に向いている，つまり，光軸に対して放射状であることを，この図から見よう．同様に，"線状"の第1の像も方向は変わるが，第2の像にいつも垂直である．この関係があるので，物体が放射状の部分とその接線方向の部分でできているとき，図 6.29 に示す興味深い効果が生じる．第1および第2の像は実質的に，横方向と放射方向の短い線分からなり，この線分は光軸から離れているほど長くて太い．第2の像の場合，線分は矢のように像中心に向いていて，それゆえにサジッタ (sagitta) の名がある．

　球欠的および子午的焦点の存在は，かなり簡単な光学配置で直接確かめられる．焦点距離の短い (10 または 20 mm 程度) 正のレンズを He–Ne レーザービームの中に置

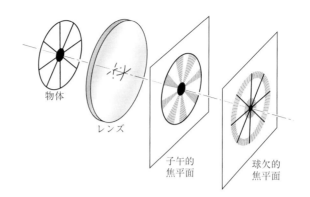

図 **6.29** 子午的焦平面と球欠的焦平面での像

く．それよりいくらか長い焦点距離を有する正のテストレンズを，先のレンズによって発散しているビームで全面が照らされるように，十分離れた位置に置く．2枚のレンズの間に設置する物体として都合のよいのは，針金の網(または透明板に格子模様を描いたもの)である．まず，針金が水平方向(x)と鉛直方向(y)になるように向きを調整する．そしてx軸，y軸，z軸をテストレンズに固定しておいて，そのテストレンズを鉛直方向のまわりに約45°傾けると，非点収差が観察できる．子午平面はxz面(zがレンズの軸で，いまはレーザー軸に対して約45°になっている)で，球欠平面はyとレーザー軸を含む面である．針金の網がテストレンズに近づくと，レンズの向こうのスクリーンでは，水平方向の針金の焦点は合っているのに，鉛直方向の針金は合っていない，という位置にくる．このときのスクリーン位置が球欠的焦点の位置にあたる．物体上の各点は子午平面(水平面)内で，短い線分として結像している．これが，水平方向の針金だけに焦点が合う理由である．針金の網をもう少し近づけると，鉛直方向の線が鮮明になって，水平方向の線がぼやける．このときのスクリーン位置が子午的焦点にあたる．それぞれの焦点で，針金の網を中央のレーザー軸まわりに回転して観察してみよう．

眼の乱視も，ここで取り上げている3次収差も，ともに英語ではastigmatismであるが，前者は光学系の面形状に実在する非対称性に起因しているのに比べ，後者は対称な球面レンズで見られる．

平面鏡という特別な例外はあるが，レンズと同様に，鏡にもほとんど同じ単色収差の問題がある．したがって，放物面鏡は十分遠い軸上物点について球面収差はないが，非点収差とコマのために軸外像はまったくお粗末である．そのために，放物面鏡の用途はサーチライトや天体望遠鏡などの，視野の狭い器械に限定されてしまう．凹の球面鏡には球面収差，コマ，非点収差があり，図6.28のレンズを斜め照明された球面鏡と置き換えて，まったく同じ図を描くことができる．付言しておけば，球面鏡は同じ焦点距離の凸単レンズに比べ，球面収差はかなり小さい．

像面湾曲

ここまで考えてきた三つの収差のない光学系があるとすると，物面と像面上の点の間には，1対1の対応がある (つまり無収差結像). ところで，光軸に垂直な平面物体は，近軸領域のみがほぼ平面として結像されると，先に述べた (5.2.3 項). 広がりのある開口で得られる湾曲した無収差像面は，ハンガリーの数学者ペッツバール (Josef Max Petzval, 1807–1891) の名にちなみ，**ペッツバールの像面湾曲** (Petzval field curvature) として知られる一つの主要収差の現れである. その様子は，図 5.21 と図 6.30 を見ればすぐに理解できる. 球面物体の一部 σ_o が，レンズによってやはり球面の一部 σ_i として結像している. σ_o と σ_i の中心はいずれも O である. σ_o を平面 σ_o' に平坦化すると，各像点はそれぞれの主要光線に沿ってレンズの方に移動し，放物面である**ペッツバール面** (Petzval surface) Σ_P が形成される. 正のレンズの場合，ペッツバール面は物体面に向って内向きに曲がっているが，負のレンズでは物体面から遠ざかるように外向きに曲がっている. したがって，正と負のレンズを適当に組み合わせると，像面湾曲を打ち消せることは，明らかである. 実際，高さ y_i のペッツバール面上の像点の，近軸像の平面からの変位量 Δx は，光学系を構成する m 枚のレンズの屈折率と

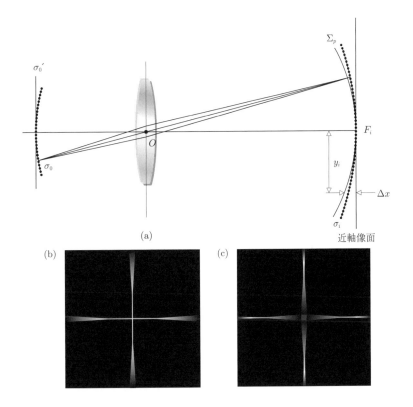

図 6.30 像面湾曲. (a) 物体が σ_o' 上にあれば，像は Σ_p 上にある. (b) 近軸像面に近い平坦なスクリーン上に形成された像は，中心部でだけ焦点が合っている. (E. H.) (c) スクリーンをレンズに近づけると周辺部で焦点が合う. (E. H.)

焦点距離を n_j および f_j として，

$$\Delta x = \frac{y_i{}^2}{2} \sum_{j=1}^{m} \frac{1}{n_j f_j} \tag{6.49}$$

で与えられる．そしてこの式から，n_j と f_j が決まっていたら，レンズの位置や形状あるいは絞りの位置が変わっても，ペッツバール面は不変であるのがわかる．次に，任意の間隔にある2枚の薄肉レンズという簡単な場合 $(m = 2)$，

$$\frac{1}{n_1 f_1} + \frac{1}{n_2 f_2} = 0$$

あるいは同じことであるが，

$$n_1 f_1 + n_2 f_2 = 0 \tag{6.50}$$

なら，Δx を0にできることに注目しよう．これがいわゆる**ペッツバール条件** (Petzval condition) である．この条件を使った例として，正負2枚の薄肉レンズの組合せを考え，$f_1 = -f_2$ で $n_1 = n_2$ とする．

$$\frac{1}{f} = \frac{1}{f_1} + \frac{1}{f_2} - \frac{d}{f_1 f_2} \tag{6.8}$$

$$f = \frac{f_1{}^2}{d}$$

であるから，光学系はペッツバール条件を満たして平坦な像面をもち，かつ有限な正の焦点距離を有している．

　物を見る機器では，ある程度の湾曲量は許容される．それは眼に適応力があるからである．しかし写真レンズの場合，フィル面が F_i にあるとして，像面湾曲は像が軸から離れると急激にぼけをもたらすので，最も大きな障害である．正レンズのもつ内側への湾曲を解消する有効な方法は，焦平面近くに負の像面平坦器となるレンズを設けることである．この手法は，映写機や写真レンズなどでペッツバール条件を実際上満たすのが難しい場合，よく採用される (図 6.31)．焦平面近くの平坦器は，他の収差にほとんど影響しない．

　非点収差は像面湾曲と密接に関係している．非点収差があると図 6.32 に示すように，子午平面 Σ_T と球欠平面 Σ_S での，二つの放物面状の像面がある．これらはそれぞれ，物点が物体平面上を動き回ると考えたときの，第1および第2の像点全体が形成される場所である．Σ_T 上の任意の高さ (y_i) の点と Σ_S 上の対応点は，ペッツバール面に関して同じ側にあるが，Σ_T 上の点の方が Σ_P から3倍遠く離れている (図 6.32)．非点収差がなければ，Σ_S と Σ_T は Σ_P に重なる．レンズをベンディングしたり位置を変えたり，あるいは絞りを移動させて，Σ_S と Σ_T の形状を変化させるのは可能である．図 6.32b に示した形状は，人為的に平坦化した像面として知られている．箱型カメラ用の安価なメニスカスレンズの前には，まさにこの効果を得るために，通常は絞りが置かれる．最小錯乱円 Σ_{LC} の形状は平面で，そこでの像は非点収差のために周辺がぼけるもののかなりよい．つまり，周辺部の明確さが Σ_{LC} の形状を決めるが，軸から離れると最小錯乱円の直径は大きくなる．現代の高品質な写真レンズはふつう**アナスティグマート** (anastigmat)，すなわち，Σ_S と Σ_T が交差し，非点収差がゼロに

6.3 収 差　479

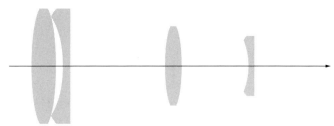

(a) 像面平坦器を有するペッツバール・レンズ

(b) 16 mm 投影レンズ

図 **6.31**　像面平坦器

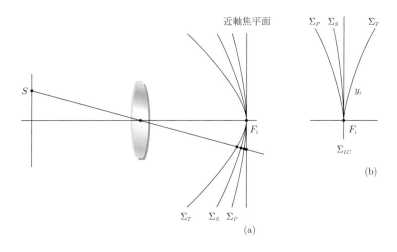

図 **6.32**　子午的像面，球欠的像面，およびペッツバール像面

なる軸外光線の傾き角が一つ得られるように設計されている．クック・トリプレット，テッサー，オルソメーター，バイオタール (図 5.115) はすべてアナスティグマートである．比較的速いレンズであるツァイスのゾナーもそうであり，最終的に残っている非点収差を図 6.33 に示してある．像面は比較的平坦で，また，フィルムのほぼ全面で非点収差も比較的小さいこと注意しよう．

いまや，図 5.125 に示したシュミット・カメラがどのように機能するか，よく理解できるところまできたので，簡単に見直してみよう．球面鏡の曲率中心 C に絞りがあり，C を通る光線と定義される主要光線は，すべて鏡に垂直に入射している．しかも遠方の物点からの鉛筆状の光線は，主要光線に関して対称である．したがって，各主

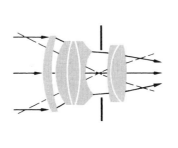
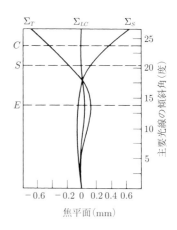

図 6.33 代表的なゾナー．C, S および E は 35 mm フィルムの形状 (視野絞りの形状) の端部を示し，C はかど，S は両脇，E は上下のエッジである．ゾナー・タイプのレンズは二重ガウス・タイプとトリプレットタイプの中間である．

要光線が光軸であり，軸外物点はないのと同じで，事実上コマや非点収差はない．設計者は像面を平坦にするのでなく，像面に合わせてフィルムを曲げるだけで，像面湾曲に対処できる．

歪 曲

　主要な五つの単色収差の最後は**歪曲** (distortion) である．その起源は，像の各部分の横倍率 M_T が軸からの距離 y_i の関数であるという事実にある．したがってこの距離は，M_T が一定であるとする近軸理論で定まる距離とは異なっている．換言すると，レンズ各部で焦点距離と倍率が異なるから，歪曲が発生する．他の収差がなければ各像点は鮮明であるにもかかわらず，像全体が変形しているのが歪曲である．**正の歪曲** (positive distortion) あるいは**糸巻型歪曲** (pincushion distortion) のある光学系では，方眼図形が図 6.34b のように変形する．この場合，各像点は中心から外向き放射方向に変位していて，最も遠い像点が最も大きく変位している．(つまり M_T は y_i とともに大きくなっている．) また**負の歪曲** (negative distortion) あるいは**樽型歪曲** (barrel distortion) では，M_T が軸からの距離とともに減少し，各像点は中心に向かって変位する (図 6.34c).

　歪曲は低品質なレンズを通して，縦横に線を引いた紙かグラフ用紙を見れば，簡単に観察できる．相当薄いレンズなら本質的に歪曲はないが，通常の厚肉単レンズでは，正レンズには正の，負レンズには負の歪曲が一般に存在する．薄肉レンズからなる系に絞りを設置すると，図 6.35 に示すように必ず歪曲が発生する．一つの例外は，開口絞りがレンズ位置にある場合で，事実上主要光線と主光線 (つまり主点を通る光線で，ここでは主点と O は同一である) が一致している．絞りが図 6.35b のように正レンズの前にあれば，主要光線に沿って測った物体距離は，絞りがレンズ位置にあるときよ

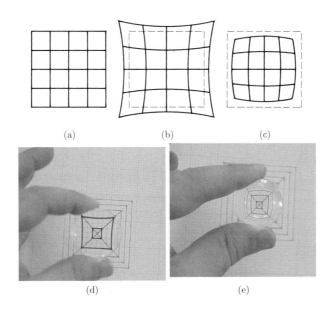

図 **6.34** (a) ひずみのない物体. (b) 光軸上の倍率が軸外の倍率より小さければ, 糸巻型歪曲が発生する. (c) 軸外より光軸上で倍率が高ければ, 樽型歪曲になる. (d) 薄肉単レンズによる糸巻型歪曲. (e) 薄肉単レンズによる樽型歪曲. (E. H.)

り長い $(S_2A > S_2O)$. したがって, x_o が大きく M_T は小さいので [式 (5.26)], 樽型歪曲である. 換言すれば, 軸外点に対する M_T はレンズの前に絞りがあるときの方が, ないときより小さい. M_T の差が歪曲収差の尺度になる. なお, 歪曲収差は開口の大きさに関係なく存在する. 同様にして, 後部にある絞りは (図 6.35c), 主要光線に沿って測った x_o を小さくする (つまり, $S_2O > S_2B$) ので, M_T は大きくなり糸巻型歪曲となる. 所定のレンズと絞りにおいて, "物体と像を入れ替えると歪曲収差の符号が変わる". また, いま述べた絞りの位置の効果は, 負レンズでは反対になる.

以上から, 同一の 2 枚のレンズの中間にある絞りを使えばよいことがわかる. 1 番目のレンズの歪曲が 2 番目のレンズのそれを正確に打ち消す. この方法は, 多くの写真レンズ (図 5.115) の設計において重宝されている. レンズが完全に対称で, 図 6.35d のように使われていたら, 物体距離と像距離は等しく, $M_T = 1$ である. (なお, コマも横方向の着色もない.) このレンズ系は, たとえば画像データの記録に用いられる (有限共役な) コピーレンズに適用されている. しかし, M_T が 1 でなくても, 絞りに関して系をおよそ対称にすることは, 述べてきたいくつかの収差が減るので, 実用上よく用いられている.

歪曲は複合レンズ系でも生じ, 例としては図 6.36 の望遠レンズ配置がある. 遠くの物点に対して, 正の色消しレンズの周囲部が開口絞りとしてはたらく. 実際, この配置は前側に絞りをもつ負レンズと考えられ, 正のあるいは糸巻型歪曲を示す.

図 6.35d のように, 主要光線の方向は光学系に入るときと出るときで同じとする. 主要光線が光軸を横切る点は系としての光学中心であり, しかも主要光線であるということから, 開口絞りの中心でもある. この状態は, 絞りが薄肉レンズに前面で接して

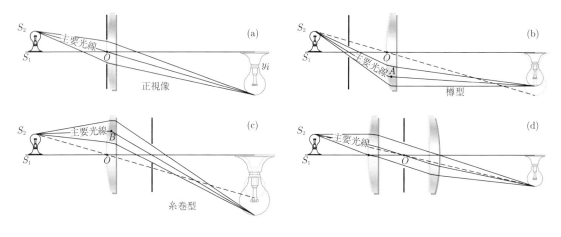

図 6.35 絞りの位置が歪曲に与える影響

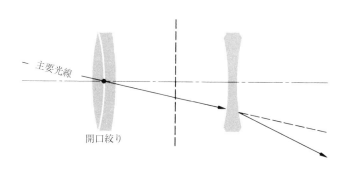

図 6.36 複合レンズの歪曲

いる図 6.35a の状況と，同じである．どちらの場合も，主要光線の入射側部分と出射側部分は平行で，歪曲はない，すなわち，系は**整像的** (orthoscopic) である．また，主要光線のこの状態は，入射瞳と射出瞳が主平面に一致していることをも意味している．(ただし，系を取り囲む媒質が単一である場合に限られる―図 6.2 参照.) このとき，主要光線が主光線であることを忘れてはならない．"薄肉レンズ系では，その光学中心が開口絞りの中心と一致していたら歪曲はない"．ところで，ピンホールカメラでは，共役な物点と像点を結ぶ光線はまっすぐで，開口絞りの中心を通っている．しかも，明らかに入射光線と出射光線は平行 (どころか，まったく同じ 1 本の光線) であるから，歪曲はない．

6.3.2 色 収 差

五つの主要収差あるいはザイデル収差を，単色光について考えてきた．光源が広いスペクトル幅をもっていたら，これらの収差に確かに影響するが，光学系が十分補正されている限り，その程度はきわめてわずかである．しかし多色光においてのみ出現する**色収差** (chromatic aberration) があり，この方が重大である．光線追跡の式 [式 (6.12)] は

屈折率の関数であるから，波長によって変化する．違う "色" の光線は異なる光路に沿って光学系を進み，そしてこれが色収差の本質的な様相である．

薄肉レンズの公式

$$\frac{1}{f} = (n_l - 1)\left(\frac{1}{R_1} - \frac{1}{R_2}\right) \qquad [5.16]$$

は $n_l(\lambda)$ を通じて波長依存性をもつから，焦点距離も λ によって変化する．一般に可視光領域では $n_l(\lambda)$ は波長に対して減少するから (図 3.40)，$f(\lambda)$ は λ に対して長くなる．その結果を図 6.37 に示してあり，白色光の平行ビーム中の各色は，光軸上の異なる点に収束している．ある与えられた周波数範囲の両端 (たとえば，青と赤) での，軸に沿った収束点間の距離は，**軸上色収差** (axial chromatic aberration) と名づけられ，A・CA と略記される．

凸の厚肉単レンズを用いて色収差あるいは CA を観察するのは簡単である．多色の点光源 (ロウソクの炎がその役をする) で照らされると，レンズはぼんやりした光で囲まれた実像を形成する．観察面をレンズに近づけると，ぼやけた像のエッジは橙色か赤に色づく．観察面をレンズから離し，最もよい像の得られる位置を越えると，エッジは青か紫に色づく．最小錯乱円 (つまり面 Σ_{LC}) の位置は，最もよい像の得られる位置である．レンズを通して光源を直接見てみよう．色づき方がもっとはっきりわかるだろう．

軸外の点の像は，周波数ごとに軸から異なる高さに形成される (図 6.38)．本質的に，f の周波数依存性は横倍率にも周波数依存性をもたらす．二つのこのような像点 (ほとんどの場合，青と赤での像点) 間の鉛直方向の距離は，**横色収差** (lateral chromatic aberration)，L・CA あるいは**横着色** (lateral color) の尺度である．色収差のあるレンズが白色光で照明されると，大きさと色の違う像が連続的に重なって現れる．眼はスペクトル中の黄緑色の部分で最も感度が高いので，その領域に対して眼のレンズの焦点合わせを行う傾向にある．したがって，他の色の像を，少し焦点はずれの状態で重ねて見ることになり，青白色がかるか，もやがかかったようになる．

図 6.37 のように，青の焦点 F_B が赤の焦点 F_R より左にあれば，軸上色収差は正とされる．逆に負レンズは，青の光をより強く偏向させ，赤の焦点の右側から出てきたようにするので，負の軸上色収差を発生させる．こういう現象が生じる物理的原因は，凸であれ凹であれ，レンズ断面は二つのプリズムで近似できる，つまり軸から離れる

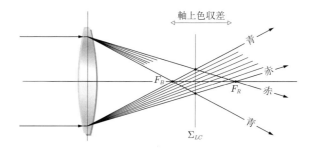

図 6.37 軸 上 色 収 差

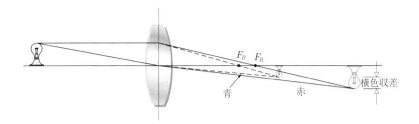

図 6.38 横 色 収 差

ほど薄くなるか厚くなっているからである．よく知っているように，このために光線は軸の方にか，軸から離れる方に曲がる．どちらの場合も光線は，レンズ断面をプリズムと見なしたとき，より厚い底辺の方に曲がる．そして偏向角は n の増加関数であるから，λ の増加に対しては減少する．したがって，青い光が最も大きく偏向し，レンズに最も近く収束する．言い方を換えれば，凸レンズでは赤の焦点が右側の最も遠いところにあり，凹レンズでは左側の最も遠いところにある．

肉眼には相当な色収差があるが，いくつかの精神物理的な機構で補償されている．しかし，眼の色収差は小さな紫の円形図形で確かめられる．眼の近くにあれば中心部は青く周辺部は赤く見え，離れていたら中心部は赤く周辺部は青く見える．

薄肉の色消しダブレット

以上より，正負 2 枚の薄肉レンズを組み合わせれば，F_R と F_B はきっちり重なると考えられる (図 6.39)．そのような配置を，特定の 2 波長に対して**色消し**されているという．ここで注意すべきことは，私たちが望んでいるのは，全体としての分散 (すなわち，色が違うと偏向量も違うこと) を実効的に除くことであり，偏向そのものをなくそうとしているのではない．d だけ離れた 2 枚のレンズでは，

$$\frac{1}{f} = \frac{1}{f_1} + \frac{1}{f_2} - \frac{d}{f_1 f_2} \qquad [6.8]$$

である．右辺を薄肉レンズ公式 [式 (5.16)] で書き出すかわりに，各レンズについて $1/f_1 = (n_1 - 1)\rho_1$, $1/f_2 = (n_2 - 1)\rho_2$ と簡単に表現しておくと，

$$\frac{1}{f} = (n_1 - 1)\rho_1 + (n_2 - 1)\rho_2 - d(n_1 - 1)\rho_1(n_2 - 1)\rho_2 \qquad (6.51)$$

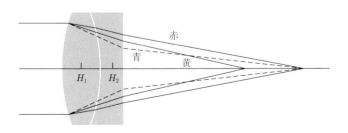

図 6.39 色消しダブレット．各光線の経路は誇張して描いてある．

となる．赤と青に対して適宜屈折率を，つまり，$n_{1R}, n_{2R}, n_{1B}, n_{2B}$ を代入すれば，ダブレットのその色での焦点距離 (f_R と f_B) が求まる．そして f_R と f_B が等しければ，

$$\frac{1}{f_R} = \frac{1}{f_B}$$

であるから，式 (6.51) より

$$(n_{1R}-1)\rho_1 + (n_{2R}-1)\rho_2 - d(n_{1R}-1)\rho_1(n_{2R}-1)\rho_2$$
$$=(n_{1B}-1)\rho_1 + (n_{2B}-1)\rho_2 - d(n_{1B}-1)\rho_1(n_{2B}-1)\rho_2 \tag{6.52}$$

である．特に重要なケースは，$d=0$ つまり 2 枚のレンズが接触している場合である．式 (6.52) を $d=0$ として変形すると，

$$\frac{\rho_1}{\rho_2} = -\frac{n_{2B}-n_{2R}}{n_{1B}-n_{1R}} \tag{6.53}$$

である．黄色の光で使用するときの複合レンズの焦点距離 (f_Y) は，青と赤という両端での値のおよそ中間であると考えられる．ところで，各構成レンズは黄色の光に対して，$1/f_{1Y} = (n_{1Y}-1)\rho_1$ および $1/f_{2Y} = (n_{2Y}-1)\rho_1$ であるから，

$$\frac{\rho_1}{\rho_2} = \frac{(n_{2Y}-1)}{(n_{1Y}-1)}\frac{f_{2Y}}{f_{1Y}} \tag{6.54}$$

である．式 (6.53) と (6.54) を等しいとおけば，

$$\frac{f_{2Y}}{f_{1Y}} = -\frac{(n_{2B}-n_{2R})/(n_{2Y}-1)}{(n_{1B}-n_{1R})/(n_{1Y}-1)} \tag{6.55}$$

となる．さて，次の二つの量

$$\frac{n_{2B}-n_{2R}}{n_{2Y}-1} \qquad \text{と} \qquad \frac{n_{1B}-n_{1R}}{n_{1Y}-1}$$

は，2 種のレンズ材の**分散能** (dispersive power) として知られている．その逆数である V_2 および V_1 は，**分散率** (dispersive index)，V ナンバー (V-number) あるいは**アッベ数** (Abbe number) などとよばれている．アッベ数が小さいほど分散能は大きい．そして，

$$\frac{f_{2Y}}{f_{1Y}} = -\frac{V_1}{V_2}$$

または，

$$f_{1Y}V_1 + f_{2Y}V_2 = 0 \tag{6.56}$$

である．分散能は正の数値であるから，V ナンバーも正である．このことから想像する通り，式 (6.56) が成り立つ，つまり $f_R = f_B$ であれば，2 枚の構成レンズのうち一方は正で，他方は負に違いない．

これで**色消しダブレット** (achromatic doublet) をたぶん設計できるはずで，またこの後で実際に設計するが，その前に少し付け加えておくべきことがある．波長を赤，

黄, 青などと指定するのは, 実用上あまりにも不正確すぎる. 実際には, 高精度に波長がわかっている特性線を用いるのが, 普通である. **フラウンホーファー線** (Fraunhofer lines) とよばれるこれらの特性線は, 必要となる基準波長をスペクトル全域にわたって提供する. 可視光領域での基準線のいくつかを, 表 6.1 にまとめる. F 線, C 線, そして d 線 (つまり D_3 線) がそれぞれ青, 赤, 黄として最もよく採用される. また通常は, d 線で近軸光線の追跡が実行される. 一般にガラスメーカーは, 製品をアッベ数によってまとめ, 図 6.40 に示すように,

$$V_d = \frac{n_d - 1}{n_F - n_C} \tag{6.57}$$

に対して屈折率をプロットしている (表 6.2 も参照すること). したがって式 (6.56) は,

$$f_{1d}V_{1d} + f_{2d}V_{2d} = 0 \tag{6.58}$$

と書く方がより適切である. 添字のうち数字の方は, ダブレットで使われている 2 種のガラスに関係し, アルファベットの方は d 線を対象にしていることを表している.

ついでにいえば, ニュートンは当時入手できる限られた範囲の材料を使った実験にもとづき, 分散能はすべてのガラスについて一定であると誤った結論を得ていた. これは, 色消しのためには $f_{1d} = -f_{2d}$ であるべき, というのと同じであり [式 (6.58)], ダブレットの屈折力はゼロになってしまう. そしてニュートンは関心を屈折望遠鏡から反射望遠鏡に移し, 結果的にこの転向は長期間にわたって恩恵をもたらすことになった. 色消しレンズは 1733 年頃に, 弁護士のホールによって発明されたが忘れられてしまい, 1758 年にロンドンの眼鏡士であったドロンドが発明したことになっていて, 特許も申請した.

色消しダブレットのいくつかの形式を図 6.41 に示す. その形状は, 選択したガラスの種類と, 他の収差のどれを制御するかによって決まる. ところで, 得体の知れない市販のダブレットを注文する際には, その原型になった系の不具合を補償するために, わざとある程度の収差を残すように設計されているレンズは, 買わないように気を付けるべきである. さて, たぶん最もよく見かけるダブレットは, 接着タイプのフラウン

表 6.1 代表的な強いフラウンホーファー線

記号	波長 (Å)*	発生源
C	6562.816 赤	H
D_1	5895.923 黄	Na
D	5892.9 二重線の中央	Na
D_2	5889.953 黄	Na
D_3, d	5875.618 黄	He
b_1	5183.618 緑	Mg
b_2	5172.699 緑	Mg
c	4957.609 緑	Fe
F	4861.372 青	H
f	4340.465 紫	H
g	4226.728 紫	Ca
K	3933.666 紫	Ca

* 1Å = 0.1nm

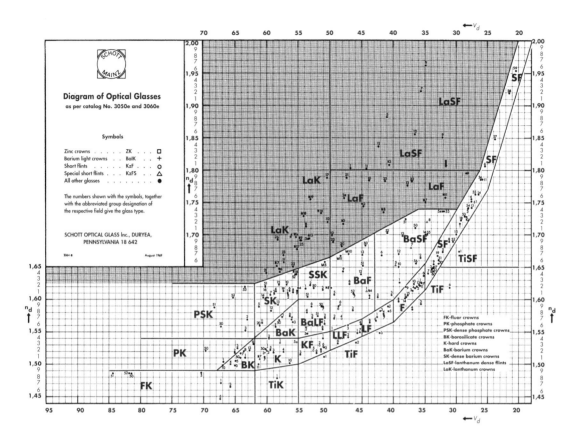

図 6.40 種々のガラスの屈折率とアッベ数．上部の網掛け領域の試料は希土類ガラスで，屈折率は大きく分散は小さい．(出典：Diagram of Optical Glasses as per catalog No. 3050e and 3060e, August 1969, Schott Optical Glass Inc. Duryea, PA 18542.)

ホーファー色消しレンズだろう．これはクラウンガラス[*6]の両凸レンズと，フリントガラスの凹平 (あるいはおおむね平) レンズが全面で接触している．クラウンガラスは傷つきにくいので，前側に使うのが一般的である．また，全体としての形状はおよそ凸平であるから，適当なガラスを選べば，球面収差とコマもともに補正できる．さて，焦点距離 50 cm のフラウンホーファー色消しレンズを設計するとしよう．式 (6.58) と複合レンズの式

$$\frac{1}{f_{1d}} + \frac{1}{f_{2d}} = \frac{1}{f_d}$$

を解くと，

$$\frac{1}{f_{1d}} = \frac{V_{1d}}{f_d(V_{1d} - V_{2d})} \tag{6.59}$$

$$\frac{1}{f_{2d}} = \frac{V_{2d}}{f_d(V_{2d} - V_{1d})} \tag{6.60}$$

[*6] 慣習的に，おおむね $n_d > 1.60$ で $V_d > 50$ の範囲，および $n_d < 1.60$ で $V_d > 55$ の範囲にあるガラスは "クラウン" として知られ，その範囲以外のガラスは "フリント" である．図 6.40 中の指定文字を注意して見ること．

488　　6 幾 何 光 学 II

表 **6.2** 光 学 ガ ラ ス

型番号	名　　　　称	n_D	V_D
511:635	ホウケイ酸クラウン BSC–1	1.5110	63.5
517:645	ホウケイ酸クラウン BSC–2	1.5170	64.5
513:605	クラウン C	1.5125	60.5
518:596	クラウン	1.5180	59.6
523:586	クラウン C–1	1.5230	58.6
529:516	クラウン・フリント CF–1	1.5286	51.6
541:599	低屈折率バリウム・クラウン LBC–1	1.5411	59.9
573:574	バリウム・クラウン LBC–2	1.5725	57.4
574:577	バリウム・クラウン	1.5744	57.7
611:588	高屈折率バリウム・クラウン DBC–1	1.6110	58.8
617:550	高屈折率バリウム・クラウン DBC–2	1.6170	55.0
611:572	高屈折率バリウム・クラウン DBC–3	1.6109	57.2
562:510	低屈折率バリウム・フリント LBF–2	1.5616	51.0
588:534	低屈折率バリウム・フリント LBF–1	1.5880	53.4
584:460	バリウム・フリント BF–1	1.5838	46.0
605:436	バリウム・フリント BF–2	1.6053	43.6
559:452	超低屈折率フリント ELF–1	1.5585	45.2
573:425	低屈折率フリント LF–1	1.5725	42.5
580:410	低屈折率フリント LF–2	1.5795	41.0
605:380	高屈折率フリント DF–1	1.6050	38.0
617:366	高屈折率フリント DF–2	1.6170	36.6
621:362	高屈折率フリント DF–3	1.6210	36.2
649:338	超高屈折率フリント EDF–1	1.6490	33.8
666:324	超高屈折率フリント EDF–5	1.6660	32.4
673:322	超高屈折率フリント EDF–2	1.6725	32.2
689:309	超高屈折率フリント EDF	1.6890	30.9
720:293	超高屈折率フリント EDF–3	1.7200	29.3

出典：T. Calvert, "Optical Components," *Electromechanical Design*, May 1971 から引用. さらに詳しいデータについては, Smith, W. J., *Modern Optical Engineering*, McGraw-Hill, New York (2nd ed), 1990 を参照のこと. 型番号は $(n_D - 1)$：$(10V_D)$ で与えられている.

となり, いくつかのガラス選択法が得られる. 要素レンズに強く曲がった面を必要とする短い f_{1d} と f_{2d} を避けるには, $V_{1d} - V_{2d}$ を大きくすべきである (およそ 20 かそれ以上が便利). 図 6.40(あるいは同じような資料) から, たとえば BK1 と F2 を選んでみる. これらのカタログ上の屈折率はそれぞれ, $n_C = 1.50763$, $n_d = 1.51009$, $n_F = 1.51566$ と $n_C = 1.61503$, $n_d = 1.62004$, $n_F = 1.63208$ である. これらのガラスの V ナンバーもかなり精度よく与えられていて, 計算する必要はない. 今の場合, $V_{1d} = 63.46$ と $V_{2d} = 36.37$ である. 二つのレンズの焦点距離または屈折力は, 式 (6.59) と (6.60) で与えられ,

$$\mathcal{D}_{1d} = \frac{1}{f_{1d}} = \frac{63.46}{0.50 \times 27.09}$$
$$\mathcal{D}_{2d} = \frac{1}{f_{2d}} = \frac{36.37}{0.50 \times (-27.09)}$$

である. これより $\mathcal{D}_{1d} = 4.685\mathrm{D}$, $\mathcal{D}_{2d} = -2.685\mathrm{D}$ で, その和は 2D であり, 狙い通り 1/0.5 になっている. 製作を簡単にするために, はじめの正レンズを両面が同じ曲面の凸レンズとしよう. すると半径 R_{11} と R_{12} の絶対値は等しいので,

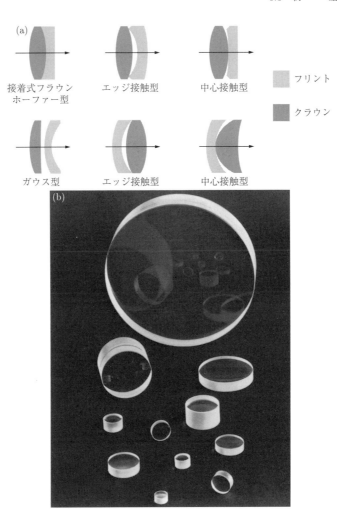

図 **6.41** (a) 色消しダブレット. (b) ダブレットおよびトリプレット. (Melles Griot)

$$\rho_1 = \frac{1}{R_{11}} - \frac{1}{R_{12}} = \frac{2}{R_{11}}$$

あるいは同じことであるが,

$$\frac{2}{R_{11}} = \frac{\mathcal{D}_{1d}}{n_{1d}-1} = \frac{4.685}{0.51009} = 9.185$$

である. したがって $R_{11} = -R_{12} = 0.2177\,\mathrm{m}$ となる. さらに 2 枚のレンズはぴったり接触することから $R_{12} = R_{21}$, つまり 1 枚目のレンズの第 2 面は 2 枚目のレンズの第 1 面に一致している. したがって 2 枚目のレンズについては,

$$\rho_2 = \frac{1}{R_{21}} - \frac{1}{R_{22}} = \frac{\mathcal{D}_{2d}}{n_{2d}-1}$$

あるいは,

$$\frac{1}{-0.2177} - \frac{1}{R_{22}} = \frac{-2.685}{0.62004}$$

より，$R_{22} = -3.819\,\text{m}$ となる．まとめると，クラウンガラスのレンズの半径は $R_{11} = 21.8\,\text{cm}$ と $R_{12} = -21.8\,\text{cm}$ で，フリントガラスのレンズの半径は $R_{21} = -21.8\,\text{cm}$ と $R_{22} = -381.9\,\text{cm}$ である．

　薄肉レンズの組合せでは，各レンズの主平面は一致して一つであるので，焦点距離に関して色消しを行えば，軸上色収差と横色収差の両者を補正したことになる．しかし，厚肉レンズを用いたダブレットでは，赤と青に対する焦点距離が同じにしてあっても，波長が違うと主平面の位置も異なる．したがって，全波に対して倍率は同じであるが，集光点は一致しない．換言すれば，横色収差が補正されても軸上色収差は補正されない．

　以上の解析では，C 線と F 線の焦点だけを同一にし，ダブレット全体としての焦点距離を決めるのに d 線を導入した．色消しダブレットを通過するすべての波長の光が，一つの共通焦点をもつことはありえない．結果的に残存する色収差は**2 次スペクトル** (secondary spectrum) として知られている．設計が現在入手可能なガラスに限られていると，2 次スペクトルの除去はたいへん難しい．しかしフッ化物 (CaF_2 など) レンズを適当なガラスレンズと組み合わせると，3 波長で色消ししたダブレットが構成でき，また 2 次スペクトルもきわめて小さい．3 波長あるいは 4 波長に対する色補正には，ほとんどの場合トリプレットが採用される．双眼鏡の 2 次スペクトルは，遠くにある白い物体を見れば簡単に観察できる．境界はマゼンタと緑に色づいて少し不鮮明になっている．焦点を前後にずらせて試してみよう．

分離型色消しダブレット

　同じガラスのレンズが広い間隔で置かれたダブレットの焦点距離について，色消しすることは可能である．式 (6.52) に立ち返り，$n_{1R} = n_{2R} = n_R, n_{1B} = n_{2B} = n_B$ とおく．簡単な代数操作を少し行うと，

$$(n_R - n_B)[(\rho_1 + \rho_2) - \rho_1\rho_2 d(n_B + n_R - 2)] = 0$$

あるいは

$$d = \frac{1}{(n_B + n_R - 2)}\left(\frac{1}{\rho_1} + \frac{1}{\rho_2}\right)$$

となる．先と同様に，黄色を参照周波数にすると，$1/f_{1Y} = (n_{1Y} - 1)\rho_1$ と $1/f_{2Y} = (n_{2Y} - 1)\rho_2$ であり，ρ_1 と ρ_2 を置き換えられる．さらに，$n_{1Y} = n_{2Y} = n_Y$ であるから，

$$d = \frac{(f_{1Y} + f_{2Y})(n_Y - 1)}{n_B + n_R - 2}$$

となる．いま，$n_Y = (n_B + n_R)/2$ と仮定すると，

$$d = \frac{f_{1Y} + f_{2Y}}{2}$$

であり，d 線についてなら，

$$d = \frac{f_{1d} + f_{2d}}{2} \tag{6.61}$$

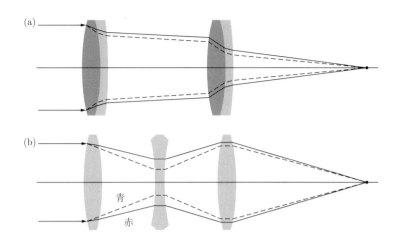

図 6.42 色消しレンズ

となる．これはまさにホイヘンスの接眼レンズ (5.7.4 項参照) で使われている形式である．赤と青での焦点距離は等しいが，それぞれの色に対するダブレットの主平面は一致していないので，一般に二つの光線の焦点は同じでない．したがって，この接眼レンズの横色収差はよく補正されているが，軸上色収差はそうでない．

光学系に 2 種の色収差がないためには，赤と青の光線が互いに平行に系から出て (横色収差がないように)，かつ同じ点で光軸と交差 (軸上色収差がないように) しなければならない．つまり，二つの光線は重なっていなければならない．いま述べたのは実際には薄肉レンズからなる色消しレンズの場合であるから，多数の要素レンズからなる系では，赤と青の光線の分離を防ぐためには，一般に色消しされた要素レンズで構成されなければならない (図 6.42)．しかし例外はある．テイラーのトリプレット (5.7.7 項) がそれである．色消しの対象になっている二つの色の光線は，レンズ系内部では分かれているが，最後は一つになって出てきている．

6.4 GRIN レンズ

普通の均質なレンズには，波面の変形のさせ方に関係する二つの物理的特性がある．一つはレンズ材と周囲の媒質の屈折率差，もう一つはその境界面の曲率である．しかしすでに学んだように，光が不均質な媒質中を進むと，波面の進行速度は本質的に，光学的に密度の高い領域では遅く，低い領域では速くなり，やはり変形が生じる．したがって原理的には，何らかの不均質な物質を用いてレンズをつくることは可能である．その一つとして，屈折率に勾配のある (GRadient in the INdex of refraction) レンズがあり，**GRIN レンズ** (GRIN lens) として知られている．このレンズは収差の制御に役立つ新たな一連のパラメータを光学設計者に追加してくれるので，開発が強力に進められている．

GRIN レンズがどのように機能するかをおよそ理解するために，図 6.43 に描いた素子を考えよう．この図では，簡単のために $f > r$ としてある．これは平らなガラス円板で，屈折率 $n(r)$ が光軸上での最大値 $n_{\max}$ から，半径方向に低下するように処理されている．

低下の仕方はここではまだ定めていない．このレンズは**放射状 GRIN** (radial-GRIN) 素子とよばれている．光軸上の光線が円板を通過すると，光路長 $(OPL)_0 = n_{\max}d$ を進むことになる．一方，光軸から r の高さで通過する光線では，経路のわずかな曲がりを無視すると，光路長 $(OPL)_r \approx n(r)d$ である．一点に収束するなら，平らな波面が球面状に曲がるはずであるし，また，どの経路であろうと，入射波面から出射波面に至る光路長 OPL は等しくなければならないから，

$$(OPL)_r + \overline{AB} = (OPL)_0$$
$$n(r)d + \overline{AB} = n_{\max}d$$

である．そして，$\overline{AF} \approx \sqrt{r^2 + f^2}$ で，しかも $\overline{AB} = \overline{AF} - f$ であるから，

$$n(r) = n_{\max} - \frac{\sqrt{r^2 + f^2} - f}{d}$$

となる．平方根部分を2項定理で展開し，高次項を無視すると，

$$n(r) = n_{\max} - \frac{r^2}{2fd}$$

となる．これは，屈折率が光軸での最大値から放物線的に低下していたら，GRIN 円板は平行ビームを F に収束し，正レンズとして作用することを意味している．以上簡単に解析したが，放物線的な屈折率分布があれば，平行光は収束されるのがわかった．

今日，いろいろな種類の放射状 GRIN レンズが市販されているし，すでに何千万個もの GRIN レンズが，レーザープリンター，複写機，ファクシミリで使われている．しかし最も一般的なのは，図 5.82b の光ファイバーに似た，直径が数ミリメートルの GRIN ロッドである．これは単色光に対して，光軸では回折限界に近い性能を示す．多色光に対しても，本質的に非球面より優れている．

このような細い GRIN ロッドは，通常イオンの拡散によってつくられる．均質なガラス母材を溶融塩の浴に何時間も浸漬しておくと，その間にイオンの拡散や交換がゆっくり進行する．ガラスからある種のイオンが出て，浴からの別のイオンがその位置を

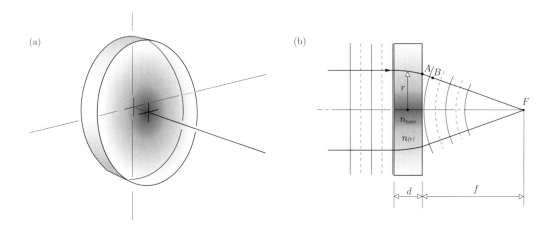

図 6.43 (a) 屈折率が中心軸部分から放射状に低下している透明ガラス円板．(b) GRIN レンズによる平行光線の収束を表す図．

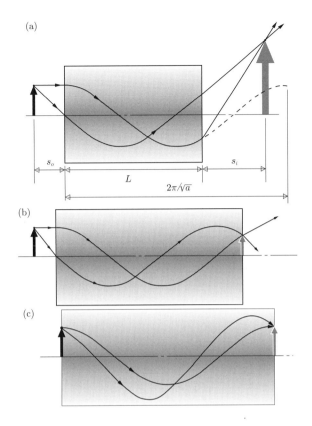

図 6.44 (a) 正立拡大の実像をつくる放射状 GRIN ロッド．(b) 像がロッドの端面に形成されている．(c) 複写機に用いるのに便利な構成．

占め，そして屈折率を変化させる．この過程は光軸に向かって放射状に進行し，要する時間はロッドの直径の 2 乗におおむね比例している．放物的な分布の場合，開口の大きさは実際上この時間で制限される．焦点距離は屈折率の変化量 Δn で決まり，速いレンズであるためには Δn が大きくなければならない．しかし，通常 Δn は製造上の理由で，約 0.10 以下にしかならない．ほとんどの GRIN ロッドの屈折率分布は放物的で，典型的には次式で表現される．

$$n(r) = n_{\max}(1 - ar^2/2)$$

図 6.44 は，単色光で照明されている，長さ L のそのような放射状 GRIN ロッドを示している．子午的光線は，外周面に垂直な入射面内を，正弦波状の経路に沿って進む．これらの正弦波の空間的周期は $2\pi/\sqrt{a}$ で，**勾配定数** (gradient constant) $\sqrt{a}$ は λ の関数であるし，GRIN になっている物質の種類にも依存している．図 6.44a に示した断面を見ると，どのようにして放射状 GRIN レンズが，正立の拡大実像を形成するかがわかる．物体距離かレンズ長 L を変えると，像を種々に変化させられる．さらに，ロッドの端面に物体と像をもってくることさえできる (図 6.44b, c)．

　放射状 GRIN レンズは，その長さあるいは同じことであるが**ピッチ** (pitch) (図 6.45) で，よく規定される．ピッチが 1.0 の放射状 GRIN ロッドは，正弦波一つ分の長さで，

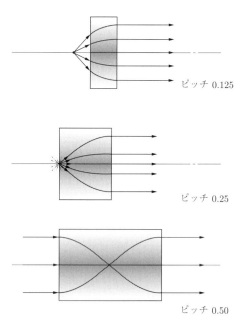

図 6.45　よく用いられるピッチの放射状 GRIN レンズ

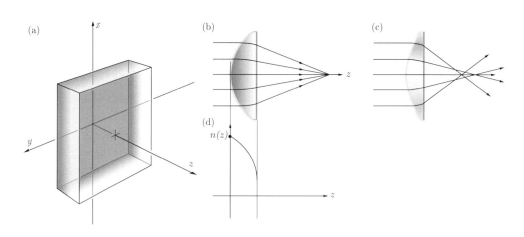

図 6.46　(a) 屈折率が $n(z)$ である軸上 GRIN の板材．(b) 球面収差のない軸上 GRIN レンズ．(c) 球面収差のある普通のレンズ．(d) 屈折率の分布形状．

$L = 2\pi/\sqrt{a}$ である．ピッチ 0.25 のロッドは 1 正弦波の 4 分の 1 ($\pi/2\sqrt{a}$) の長さである．

　端面が平坦な放射状 GRIN ロッドにかわるものとしては，**軸上 GRIN レンズ** (axial-GRIN lens) がある．これは一般に球面に研磨されているので，両面が非球面のレンズとその作用は似ているが，複雑な面形状の形成という困難を伴わない．通常，適当な屈折率をもつガラス板を積み重ね，溶かしてつくられる．つまり，高温で溶融したガラスは互いに拡散し合い，連続的な屈折率分布をもつガラスブロックになる．その外形は細長い板状，正方形の板状，あるいは立方体にさえもできる (図 6.46a)．このようなブロックがレンズに加工されるとき，ガラス表面が研磨されて，ある範囲にわたる屈折率が表面に出てくる．レンズ表面のどの輪帯 (光軸に対して同心) をとっても，

屈折率は徐々に変わっている．光軸上の高さが異なる光線が入射すると，異なる屈折率のガラスに出会うことになり，それぞれ適宜曲がる．図 6.46c では，球面レンズの周辺部が光線をあまりにも強く屈折させているから，明らかな球面収差が発生している．軸上 GRIN レンズでは，周辺部に向かって屈折率が徐々に低下しているので，球面収差は補正されている．

一般に，複合レンズの設計に GRIN 素子を採用すると，全体としての性能を保持したまま素子数を 1/3 にまで減らせられ，光学系はたいへん簡単になる．

(a) 高度 12 500 m (41 000 フィート) から撮ったニューオーリンズの街とミシシッピ川．用いたカメラは Itek 社の Metritek-21($f = 21$ cm) で，地上での分解能は 1 m．この写真の縮尺は 1：59492．(b) 縮尺は 1：10000．(c) 縮尺は 1：2500．(Litton/Itek Optical Systems 社)

496   6 幾 何 光 学 II

6.5 　結　　　　言

　　製造を簡単にするという実用的な理由で，光学系の大部分は球面レンズに限定されている．確かに，トーリックレンズや円筒レンズが，他の非球面レンズとともに存在している．そして実際，高い高度にある偵察カメラや追尾システムのような，精度が要求されかつ一般に高価な機器では，いくつかの非球面素子が使われている．しかしながら，球面レンズは今後も使われるので，特有の収差にうまく対処しなければならない．したがってすでに述べたように，設計者 (とその忠実な電子的話し相手) は，やっかいな諸収差間のバランスをとりながら収差量を減らすように，系の変数 (屈折率，形状，間隔，絞りなど) を調節しなければならない．この作業が実行されるのは，収差量と諸収差間の大小関係が，狙いとする光学系に適するようになるまでである．それゆえに，写真レンズよりはるかに大きな歪曲や湾曲が，普通の望遠鏡には残っている．同じように，おおむね単一周波数のレーザー光をもっぱら使うなら，色収差を問題にする必要はほとんどない．

　　いずれにしろこの章では，いろいろな問題にふれただけである．(解決するより全容を理解することに主眼を置いた.) これらの問題の重要性を理解する手短な方法は，それらが解決された後の結果を見ることである．たとえば，p.495 に示した空中写真は，問題が解決されたときの素晴らしさを，雄弁に物語っている．そして，高性能なスパイ衛星はこの空中写真より 10 倍鮮明な写真をもたらすことを思えば，問題の重要性はより明白になる．

問　　　題 [*7]

- [*]**6.1** 式 (6.8) を導出せよ．
- **6.2** 軍用便覧 MIL–HDBK–141(23.3.5.3) によれば，ラムスデンの接眼レンズ (図 5.105) はともに焦点距離 f' の 2 枚の平凸レンズを，$2f'/3$ の間隔に保持してつくられる．この薄肉レンズの組合せ全体の焦点距離 f を求めよ．また，主平面と視野絞りの位置を求めよ．
- **6.3** 両凸レンズの焦点距離が無限大となるレンズ厚 d_l の式を求めよ．
- [*]**6.4** 曲率半径が $+10.0\,\mathrm{cm}$ と $+9.0\,\mathrm{cm}$ の厚肉レンズがあり，光軸でのレンズ厚さは $1.0\,\mathrm{cm}$，屈折率は 1.50 で，空気中に置かれている．このレンズの焦点距離を求め，その負号の意味を説明せよ．
- **6.5** 正のメニスカスレンズがあり，半径は 6 と 10 で厚みが 3(単位は統一されていたら何でもよい)，屈折率は 1.5 とする．焦点距離と主点の位置を求めよ．(また，図 6.3 と比べてみよ.)
- [*]**6.6** 厚さ d_l の両凸レンズの二つの主点が，頂点の中間で重なっているなら，そのレンズは球であることを証明せよ．レンズは空気中にあるとする．
- **6.7** 式 (6.2) を用いて，均質で透明な半径 R の球の焦点距離を表す式を導け．また，その二つの主点の位置を求めよ．
- [*]**6.8** 肉厚が無視できるほど薄い直径 20 cm の球状ガラスびんが水で満たされ，天気のよい日に乗用車の後のシートに置かれている．このガラスびんの焦点距離を求めよ．
- [*]**6.9** 前の 2 問を心に留めて，直径 0.20 m で屈折率 1.4 の透明なプラスチック球の中心

[*7] *を付した問題以外は，解答を最後に示している．

から 4.0 m 離れている花の像が，近くの壁にできているときの倍率を計算せよ．また，像について詳しく述べよ．

*6.10 屈折率 1.50 のガラスでできた厚肉レンズの半径が +23 cm と +20 cm で，各頂点はそれぞれの曲面の中心の左側にある．厚みを 9.0 cm としてレンズの焦点距離を求めよ．また，このようなアフォーカルレンズの屈折力がゼロになるのは，$R_1 - R_2 = d/3$ であることを示せ．光軸に平行な光線束がこの系を通過しているときの図を描け．

6.11 主点 H_1 を +0.2 cm，H_2 を −0.4 cm にもつ厚肉レンズの，後面から 29.6 cm のところに太陽光が集光されるとする．このレンズの前方 49.8 cm に置かれたロウソクの像の位置を求めよ．

*6.12 厚肉レンズの主平面間隔は厚みのおよそ 1/3 であることを示せ．この場合，最も簡単な構図は物焦点からの光線が平凸レンズを通っている場合である．また，この形のレンズについて，焦点距離と厚みの関係を述べよ．

6.13 クラウンガラスでできた厚み 4.0 cm の両凸レンズがあり，900 nm の波長での屈折率は 3/2 である．半径を 4.0 cm と 15 cm として主点の位置を求め，さらに焦点距離を計算せよ．テレビジョン画面がレンズの前面から 1.0 m のところにあれば，映像の実像はどこにできるか答えよ．

*6.14 2 枚の同じ両凸厚肉レンズが，向かい合う頂点の間隔を 20 cm として置かれている．曲率半径はすべて 50 cm で，屈折率は 1.5，レンズ厚は 5.0 cm とする．組合せレンズとしての焦点距離を計算せよ．

*6.15 10cm の間隔で置かれた 2 枚の薄肉レンズからなる複合レンズがある．焦点距離は，最初のレンズが +20 cm，2 番目のレンズが −20 cm である．組合せレンズとしての焦点距離と主点の位置を求めよ．またこの系の図を描け．

*6.16 屈折率が 3/2 で厚さが 1.2 cm の凸平レンズがあり，曲率半径は 2.5 cm である．光が曲面側から入射するときのシステムマトリックスを求めよ．

*6.17 空気中にある厚肉の両凸レンズが，屈折率 1.810 と厚さ 3.00 cm をもっている．第 1 および第 2 の曲率半径は 11.0 cm と 120 cm である．システムマトリックス $\mathcal{A}$ を求めよ．

*6.18 式 (6.33) から，物体も像も空気中にある場合の式 (6.34) を導け．

*6.19 レンズのそれぞれの頂点から測った物距離と像距離を関係づける式 (6.36) が，薄肉レンズに対するガウスの公式 [式 (5.17)] に帰着することを示せ．$s_o > 0$ の場合 $d_O < 0$，$s_i > 0$ の場合 $d_I > 0$ であることに注意すること．

*6.20 屈折率 2.4 の正のメニスカスレンズが，屈折率 1.9 の媒質中に置かれている．光軸部の厚みが 9.6 mm で，曲率半径は 50.0 mm と 100 mm とする．光が凸面から入射するときのシステムマトリックスを求め，その行列式が 1 であることを示せ．

*6.21 式 (6.31) 中のシステムマトリックスの行列式が 1 であることを証明せよ．

6.22 式 (6.41) は式 (6.3) と，式 (6.42) は式 (6.4) と等しいことを示せ．

6.23 凹平レンズあるいは凸平レンズの平面は，システムマトリックスに関与しないことを示せ．

6.24 屈折率が 1.5 で半径が 0.5 と 0.25，さらに厚みが 0.3 の両凸レンズのシステムマトリックスを計算せよ．(単位は自由に選んでよい.) また $|\mathcal{A}| = 1$ を確かめよ．

*6.25 空気中の厚肉両凸レンズのシステムマトリックスが，

$$\begin{bmatrix} 0.6 & -2.6 \\ 0.2 & 0.8 \end{bmatrix}$$

と与えられている．最初の面の半径を 0.5 cm，厚みを 0.3 cm，レンズの屈折率を

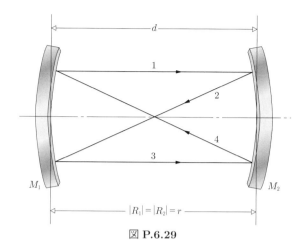

図 P.6.29

1.5 として，もう一つの面の半径を求めよ．

6.26 式 (6.35) と (6.37) を用い，式 (6.33) の三つの 2×2 マトリックスの積の結果としての 2×2 マトリックスが，

$$\begin{bmatrix} (a_{11} - a_{12}d_O) & a_{12} \\ 0 & M_T \end{bmatrix}$$

の形をとることを示せ．このマトリックスは，それぞれの行列式が 1 であるマトリックスの積であるから，その行列式は 1 である．したがって，

$$M_T = \frac{1}{a_{11} - a_{12}d_O} \qquad [6.38]$$

であることを示せ．

6.27 ガラス ($n = 1.50$) の凹平レンズが空気中にあり，曲面の半径は 10.0 cm で厚みは 1.00 cm とする．システムマトリックスを求め，またその行列式が 1 であることを確かめよ．光線が高さ 2.0 cm で入射し，同じ高さでかつ光軸に平行に出射するには，どのような正の角度 (光軸からラジアン単位で測る) で入射するべきか答えよ．

6.28 問題 6.24 のレンズについて，その焦点距離と各焦点の頂点 V_1 と V_2 からの距離を求めよ．

6.29 図 P.6.29 は，いわゆる共焦点共振器を構成する，二つの同じ凹球面鏡を示している．はじめに d の値を特に規定せず，共振器を 2 回横切ったときのシステムマトリックスが，

$$\begin{bmatrix} \left(\dfrac{2d}{r} - 1\right)^2 - \dfrac{2d}{r} & \dfrac{4}{r}\left(\dfrac{d}{r} - 1\right) \\ 2d\left(1 - \dfrac{d}{r}\right) & 1 - 2\dfrac{d}{r} \end{bmatrix}$$

であることを示せ．次に $d = r$ の場合，4 回の反射で系ははじめの状態にもどり，光は最初の経路を再びたどることを示せ．

6.30 図 6.18a をもう一度見て，$\overline{P'C} = Rn_2/n_1$，$\overline{PC} = Rn_1/n_2$ であれば，P から出ているすべての光線は，P' から出ているように見えることを示せ．

6.31 正確な式である式 (5.5) をもとにして，l_0 と l_1 の近似を少しよくすると，式 (5.8) でなく式 (6.46) になることを示せ．

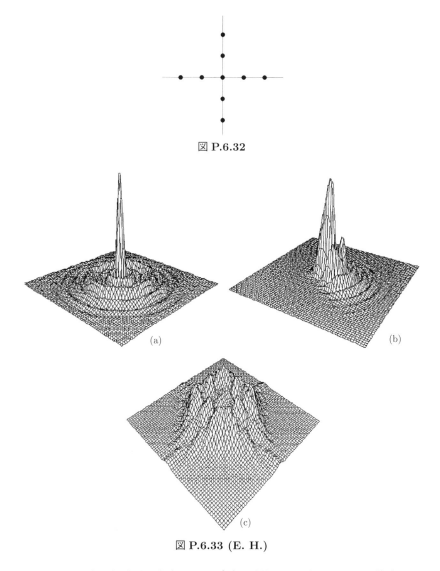

図 P.6.32

図 P.6.33 (E. H.)

6.32 図 P.6.32 が球面収差だけをもつレンズ系で結像されるとして，その像をスケッチせよ．

*__6.33__ 図 P.6.33 は，それぞれ単色点光源で三つの異なる単一収差をもつ光学系を照明したときに生じた像面強度分布である．図から，その収差の種類を理由を述べて決定せよ．

*__6.34__ 図 P.6.34 は，単色点光源で二つの異なる単一収差をもつ光学系を照明したときに生じた像強度分布である．図から，その収差の種類を理由を述べて決定せよ．

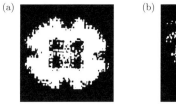
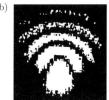

図 P.6.34

精選問題の解答

2 章

2.6 $0.003 \times (2.54 \times 10^{-2})/580 \times 10^{-9} =$ 波の数 $= 131$; $c = \nu\lambda$, $\lambda = c/\nu = 3 \times 10^8/10^{10}$, $\lambda = 3$ cm. 波の広がりは 3.9 m.

2.11 $v = \nu\lambda = 1\,498$ m/s $= (440 \text{ Hz})\lambda$; $\lambda = 3.4$ m.

2.21 $\psi = A\sin 2\pi(\kappa x - \nu t)$, $\psi_1 = 4\sin 2\pi(0.2x - 3t)$
(a) $\nu = 3$, (b) $\lambda = 1/0.2$, (c) $\tau = 1/3$, (d) $A = 4$, (e) $v = 15$, (f) 正方向 x.
$\psi = A\sin(kx + \omega t)$, $\psi_2 = (1/2.5)\sin(7x + 3.5t)$
(a) $\nu = 3.5/2\pi$, (b) $\lambda = 2\pi/7$, (c) $\tau = 2\pi/3.5$, (d) $A = 1/2.5$, (e) $v = 1/2$, (f) 負方向 x.

2.27 $v_y = -\omega A\cos(kx - \omega t + \varepsilon)$, $a_y = -\omega^2 y$. $a_y \propto y$ であるから単純調和運動.

2.28 $\tau = 2.2 \times 10^{-15}$s; したがって $\nu = 1/\tau = 4.5 \times 10^{14}$Hz, $v = \nu\lambda$, 3×10^8m/s $= (4.5 \times 10^{14}\text{Hz})\lambda$; $\lambda = 6.6 \times 10^{-7}$m であるから $k = 2\pi/\lambda = 9.5 \times 10^6$m^{-1}. $\psi(x,t) = (10^3\text{V/m})\cos[9.5 \times 10^6\text{m}^{-1} \times (x + 3 \times 10^8\text{m/s }t)]$. $t = 0, x = 0$ で波動関数が 0 でないためには, 余弦関数でなければならない ($\cos 0 = 1$).

2.29 図 1. $y(x,t) = C/[2 + (x + vt)^2]$.

2.31 表していない. 2 階微分が不可能で (自明ではない), 微分波動方程式の解でもない.

2.34 $\dfrac{d\psi}{dt} = \dfrac{\partial\psi}{\partial x}\dfrac{dx}{dt} + \dfrac{\partial\psi}{\partial y}\dfrac{dy}{dt}$ において $y = t$ とおくと, $\dfrac{d\psi}{dt} = \dfrac{\partial\psi}{\partial x}(\pm v) + \dfrac{\partial\psi}{\partial t} = 0$ であり, 求める式がただちに得られる.

2.35 $\dfrac{d\varphi}{dt} = \dfrac{\partial\varphi}{\partial x}\dfrac{dx}{dt} + \dfrac{\partial\varphi}{\partial t} = 0 = k\dfrac{dx}{dt} - kv$ より, $\dfrac{dx}{dt} = \pm v$ となる. 問題 2.32 の波動に適用すれば, $\dfrac{d\varphi}{dt} = \dfrac{\partial\varphi}{\partial y}(\pm v) + \dfrac{\partial\varphi}{\partial t} = \pi^3 \times 10^6(\pm v) + \pi^9 \times 10^{14} = 0$ であるから, 速度は -3×10^8m/s.

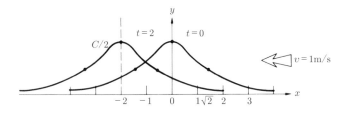

図 1

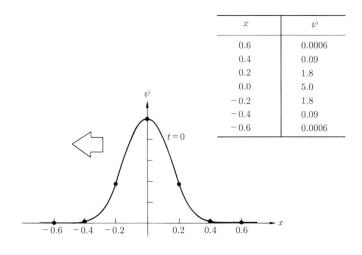

x	ψ
0.6	0.0006
0.4	0.09
0.2	1.8
0.0	5.0
-0.2	1.8
-0.4	0.09
-0.6	0.0006

図 2

2.37 $\psi(z,0) = A\sin(kz+\varepsilon)$; $\psi(-\lambda/12,0) = A\sin(-\pi/6+\varepsilon) = 0.866$, $\psi(\lambda/6,0) = A\sin(\pi/3+\varepsilon) = 1/2$, $\psi(\lambda/4,0) = A\sin(\pi/2+\varepsilon) = 0$, $A\sin(\pi/2+\varepsilon) = A(\sin\pi/2\cos\varepsilon + \cos\pi/2\sin\varepsilon) = A\cos\varepsilon = 0, \varepsilon = \pi/2$, $A\sin(\pi/3+\pi/2) = A\sin(5\pi/6) = 1/2$ これより $A = 1$ であるから, $\psi(z,0) = \sin(kz+\pi/2)$.

2.38 (a) と (b) は，それぞれ $(z-vt)$ と $(x+vt)$ の関数で 2 回微分可能であるから，波動である．(a) は $\psi = a^2(z-bt/a)^2$ と書き換えられ，z の正方向に速度 b/a で進む．(b) は $\psi = a^2(x+bt/a+c/a)^2$ であるから，x の負方向に速度 b/a で進む．

2.40 $\psi(x,t) = 5.0\exp[-a(x+\sqrt{b/a}t)^2]$，伝搬方向は x の負方向；$v = \sqrt{b/a} = 0.6$m/s. $\psi(x,0) = 5.0\exp(-25x^2)$; 図 2.

2.42 30° は $\frac{1}{12}\lambda$ または $(1/12)\times 3\times 10^8/6\times 10^{14} = 42$nm に対応.

2.43 $\psi = A\sin 2\pi\left(\dfrac{z}{\lambda}\pm\dfrac{t}{\tau}\right)$, $\psi = 60\sin 2\pi\left(\dfrac{z}{400\times 10^{-9}} - \dfrac{t}{1.33\times 10^{-15}}\right)$,
$\lambda = 400$nm, $v = 400\times 10^{-9}/1.33\times 10^{-15} = 3\times 10^8$m/s,
$\nu = (1/1.33)\times 10^{+15}$Hz, $\tau = 1.33\times 10^{-15}$s.

2.48
$$\psi = A\exp i(k_x x + k_y y + k_z z)$$
$$k_x = k\alpha, \quad k_y = k\beta, \quad k_z = k\gamma$$
$$|\vec{k}| = [(k\alpha)^2 + (k\beta)^2 + (k\gamma)^2]^{1/2} = k(\alpha^2+\beta^2+\gamma^2)^{1/2}$$

2.52 $\lambda = h/mv = 6.6\times 10^{-34}/6(1) = 1.1\times 10^{-34}$m.

2.53 $\vec{k}$ を求めるには，指定された方向の単位ベクトルを決め，k を掛ければよい．単位ベクトルは，
$$[(4-0)\hat{\mathbf{i}} + (2-0)\hat{\mathbf{j}} + (1-0)\hat{\mathbf{k}}]/\sqrt{4^2+2^2+1^2} = (4\hat{\mathbf{i}} + 2\hat{\mathbf{j}} + \hat{\mathbf{k}})/\sqrt{21}$$
したがって，$\vec{k} = k(4\hat{\mathbf{i}} + 2\hat{\mathbf{j}} + \hat{\mathbf{k}})/\sqrt{21}$. $\vec{r} = x\hat{\mathbf{i}} + y\hat{\mathbf{j}} + z\hat{\mathbf{k}}$ であるから，
$$\psi = (x,y,z,t) = A\sin[(4k/\sqrt{21})x + (2k/\sqrt{21})y + (k/\sqrt{21})z - \omega t].$$

502   精選問題の解答

2.55

$$\psi(\vec{r}_1, t) = \psi[\vec{r}_2 - (\vec{r}_2 - \vec{r}_1), t] = \psi(\vec{k} \cdot \vec{r}_1, t)$$
$$= \psi[\vec{k} \cdot \vec{r}_2 - \vec{k} \cdot (\vec{r}_2 - \vec{r}_1), t] = \psi(\vec{k} \cdot \vec{r}_2, t) = \psi(\vec{r}_2, t)$$

なお，$\vec{k} \cdot (\vec{r}_2 - \vec{r}_1) = 0$ を用いた．

3 章

3.1 $E_y = 2\cos[2\pi \times 10^{14}(t - x/c) + \pi/2]$. 式 (2.28) から，

$$E_y = A\cos[2\pi\nu(t - x/v) + \pi/2]$$

(a) $\nu = 10^{14}$Hz, $v = c$ から $\lambda = c/\nu = 3 \times 10^8/10^{14} = 3 \times 10^{-6}$m, x の正方向に伝搬，$A = 2$V/m, $\varepsilon = \pi/2$, y 方向の直線偏光．
(b) $B_x = 0$, $B_y = 0$, $B_z = \dfrac{2}{c}\cos[2\pi \times 10^{14}(t - x/c) + \pi/2]$.

3.2 $E_z = 0$, $E_y = E_x = E_0 \sin(kz - \omega t)$ あるいは $\cos$ で表現；$B_z = 0$, $B_y = -B_x = E_y/c$ または

$$\vec{E} = \frac{E_0}{\sqrt{2}}(\hat{\mathbf{i}} + \hat{\mathbf{j}})\sin(kz - \omega t), \qquad \vec{B} = \frac{E_0}{c\sqrt{2}}(\hat{\mathbf{j}} - \hat{\mathbf{i}})\sin(kz - \omega t)$$

3.6 場は y 方向の直線に偏光し，正弦波的に変化していて，$z = 0$ と z_0 で 0 である．波動方程式

$$\frac{\partial^2 E_y}{\partial x^2} + \frac{\partial^2 E_y}{\partial y^2} + \frac{\partial^2 E_y}{\partial z^2} - \frac{1}{c^2}\frac{\partial^2 E_y}{\partial t^2} = 0$$

から

$$\left(-k^2 - \frac{\pi^2}{z_0{}^2} + \frac{\omega^2}{c^2}\right)E_0 \sin\frac{\pi z}{z_0}\cos(kx - \omega t) = 0$$

であり，x, z, t に対して恒等的に成立することから，

$$k = \frac{\omega}{c}\sqrt{1 - \left(\frac{c\pi}{\omega z_0}\right)^2} \quad \text{また} \quad v = \frac{\omega}{k} = \frac{c}{\sqrt{1 - \left(\dfrac{c\pi}{\omega z_0}\right)^2}}.$$

3.15 $\langle\cos^2(\vec{k} \cdot \vec{r} - \omega t)\rangle = \dfrac{1}{T}\displaystyle\int_t^{t+T}\cos^2(\vec{k} \cdot \vec{r} - \omega t')dt'$. $\vec{k} \cdot \vec{r} - \omega t' = x$ とおくと，

$$\langle\cos^2(\vec{k} \cdot \vec{r} - \omega t)\rangle = \frac{1}{-\omega T}\int \cos^2 x\, dx = \frac{1}{-\omega T}\int \frac{1 + \cos 2x}{2}dx$$
$$= -\frac{1}{\omega T}\left[\frac{x}{2} + \frac{\sin 2x}{4}\right]_{\vec{k}\cdot\vec{r} - \omega t}^{\vec{k}\cdot\vec{r} - \omega(t+T)}$$

3.25 $\vec{E}_0 = (-E_0/\sqrt{2})\hat{\mathbf{i}} + (E_0/\sqrt{2})\hat{\mathbf{j}}$; $\vec{k} = (2\pi/\lambda)(\hat{\mathbf{i}}/\sqrt{2} + \hat{\mathbf{j}}\sqrt{2})$. したがって $\vec{E} = (1/\sqrt{2})(-10\hat{\mathbf{i}} + 10\hat{\mathbf{j}})\cos[(\sqrt{2}\pi/\lambda)(x + y) - \omega t]$. また，$I = \frac{1}{2}c\epsilon_0 E_0{}^2 = 0.13$W/m^2.

3.26 (a) $l = c\Delta t = (3.00 \times 10^8 \text{m/s})(2.00 \times 10^{-9}\text{s}) = 0.600$m.
(b) 1 パルスが占める体積は $(0.600\text{m})(\pi R^2) = 2.945 \times 10^{-6}\text{m}^3$; したがって $(6.0\text{J})/(2.945 \times 10^{-6}\text{m}^3) = 2.0 \times 10^6$J/m^3.

3.28
$$u = \frac{(\text{パワー})(t)}{\text{体積}} = \frac{(10^{-3}\text{W})(t)}{(\pi r^2)(ct)} = \frac{10^{-3}\text{W}}{\pi(10^{-3})^2(3\times10^8)}$$
$$u = \frac{10^{-5}}{3\pi}\text{J/m}^3 = 1.06\times10^{-6}\text{J/m}^3$$

3.30 $h = 6.63\times10^{-34}$, $E = h\nu$,
$$\frac{I}{h\nu} = \frac{19.88\times10^{-2}}{(6.63\times10^{-34})(100\times10^6)} = 3\times10^{24}\text{光子/m}^2\cdot\text{s}$$

体積 V 中にある全光子が単位面積を 1 秒間で通過し, $V = (ct)(1\text{m}^2) = 3\times10^8\text{m}^3$. $3\times10^{24} = V(\text{密度})$ より 密度 $= 10^{16}\text{光子/m}^3$.

3.32 $P_e = iV = 0.25\times3.0 = 0.75\text{W}$. これは消費電力であり, 光に転化するパワーは $P_l = 0.01P_e = 75\times10^{-4}\text{W}$.
(a) 光子束 $= P_l/h\nu = 75\times10^{-4}\lambda/hc = 75\times10^{-4}(550\times10^{-9})/(6.63\times10^{-34})3\times10^8 = 2.08\times10^{16}\text{光子/s}$.
(b) 体積 $(3\times10^8)(1\text{s})(10^{-3}\text{m}^2)$ 中に 2.08×10^{16} ある.
$$\therefore \frac{2.08\times10^{16}}{3\times10^5} = \text{光子/m}^3 = 0.69\times10^{11}$$
(c) $I = 75\times10^{-4}\text{W}/10\times10^{-4}\text{m}^2 = 7.5\text{W/m}^2$.

3.34 円筒波中に半径 r_1 と r_2 の同心円筒を考える. 1 秒間に第 1 の円筒を通過するエネルギーは第 2 の円筒も通過する. すなわち, $\langle s_1\rangle 2\pi r_1 = \langle s_2\rangle 2\pi r_2$ である. したがって $\langle s\rangle 2\pi r = $ 一定 であるから, $\langle s\rangle$ は r に逆比例している. $\langle s\rangle \propto E_0{}^2$ より, E_0 は $\sqrt{1/r}$ に比例している.

3.36 $\left\langle\dfrac{dp}{dt}\right\rangle = \dfrac{1}{c}\left\langle\dfrac{dW}{dt}\right\rangle$. A を面積として, $\langle\mathcal{P}\rangle = \dfrac{1}{A}\left\langle\dfrac{dp}{dt}\right\rangle = \dfrac{1}{Ac}\left\langle\dfrac{dW}{dt}\right\rangle = \dfrac{I}{c}$.

3.39
$$\mathcal{E} = 300\text{W}(100\text{s}) = 3\times10^4\text{J}$$
$$p = \mathcal{E}/c = 3\times10^4/3\times10^8 = 10^{-4}\text{kg}\cdot\text{m/s}$$

3.40 (a) $\langle\mathcal{P}\rangle = 2\langle S\rangle/c = 2(1.4\times10^3\text{W/m}^2)/(3\times10^8\text{m/s}) = 9\times10^{-6}\text{N/m}^2$
(b) S そして $\mathcal{P}$ は距離の 2 乗に逆比例して低下する. したがって, $\langle S\rangle = [(0.7\times10^9\text{m})^{-2}/(1.5\times10^{11}\text{m})^{-2}]\times(1.4\times10^3\text{W/m}^2) = 6.4\times10^7\text{W/m}^2$, そして $\langle\mathcal{P}\rangle = 0.21\text{N/m}^2$.

3.43
$$\langle S\rangle = 1400\text{W/m}^2$$
$$\langle\mathcal{P}\rangle = 2(1400\text{W/m}^2/3\times10^8\text{m/s}) = 9.3\times10^{-6}\text{N/m}^2$$
$$\langle F\rangle = A\langle\mathcal{P}\rangle = 2000\text{m}^2(9.3\times10^{-6}\text{N/m}^2) = 1.9\times10^{-2}\text{N}$$

3.44 $\langle S\rangle = (200\times10^3\text{W})(500\times2\times10^{-6}\text{s})/A(1s)$
$$\langle F\rangle = A\langle\mathcal{P}\rangle = A\langle S\rangle/c = 6.7\times10^{-7}\text{N}.$$

3.45
$$\langle F\rangle = A\langle\mathcal{P}\rangle = A\langle S\rangle/c = \frac{10\text{W}}{3\times10^8} = 3.3\times10^{-8}\text{N}$$
$$a = 3.3\times10^{-8}/100\text{kg} = 3.3\times10^{-10}\text{m/s}^2$$
$$v = at = \frac{1}{3}\times10^{-9}(t) = 10\text{m/s}, \qquad t = 3\times10^{10}\text{s}, \qquad 1\text{ 年} = 3.2\times10^7\text{s}$$

3.46 $\vec{B}$ は $\vec{v}$ を取り囲む円周上にあり, $\vec{E}$ は放射状である. したがって, $\vec{E}\times\vec{B}$ は球表面の接線方向であり, エネルギーは球の外側に出てゆかない.

3.51 $n = c/v = (2.998\times10^8\text{m/s})/(1.245\times10^8\text{m/s}) = 2.41$.

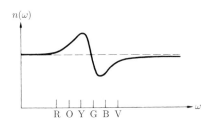

図 3

3.56 分子双極子の熱擾乱は K_E を著しく低下させるが, n にはほとんど影響しない. 光の周波数では, n は主として電子分極に依存していて, 分子双極子の回転の効果は, はるかに低周波数でなくなっている.

3.57 式 (3.70) から単一の共鳴周波数の場合,

$$n = \left[1 + \frac{Nq_e^2}{\epsilon_0 m_e}\left(\frac{1}{\omega_0^2 - \omega^2}\right)\right]^{1/2}$$

である. 低密度物質では $n \approx 1$ であるから, 上式の第 2 項 $\ll 1$ であり, n の 2 項展開では最初の 2 項を残せば十分である. つまり, $\sqrt{1+x} \approx 1 + x/2$ から,

$$n = 1 + \frac{1}{2}\frac{Nq_e^2}{\epsilon_0 m_e}\left(\frac{1}{\omega_0^2 - \omega^2}\right).$$

3.59 ガラスプリズムによるスペクトルの普通の順序は, R, O, Y, G, B, V であり, 偏角は赤 (R) で最小, 紫 (V) で最大である. フクシンの入ったプリズムでは, 緑に吸収帯があり, その両側の黄と青の屈折率 (n_Y と n_B) は図 3.41 のように極値になる. つまり n_Y が最大, n_B が最小で, $n_Y > n_O > n_R > n_V > n_B$ である. したがってスペクトルは B, V, 黒帯, R, O, Y の順で偏角が大きい. 図 3.

3.61 ω が可視域の場合, $(\omega_0^2 - \omega^2)$ は鉛ガラスで小さく, 溶融石英で大きい. したがって, $n(\omega)$ は鉛ガラスで大きく, 溶融ガラスで小さい.

3.63 C_1 は λ の増加に対して n が近接する値である.

3.64 吸収帯に挟まれた各領域で, $n(\omega)$ が水平になっている部分の値は, ω が小さいほど大きい.

4 章

4.1 $E_{os} \propto VE_{0i}/r = KVE_{0i}/r$; したがって VK/r は無次元であり, K の単位は (長さ)$^{-2}$. 取り上げていない量は λ だけであるから, $K = \lambda^{-2}$ と考えられる. したがって, $I_i/I_s \propto K^2 \propto \lambda^{-4}$.

4.4 $x_0(-\omega^2+\omega_0^2+i\gamma\omega) = (q_eE_0/m_e)e^{i\alpha} = (q_eE_0/m_e)(\cos\alpha+i\sin\alpha)$; 両辺の絶対値の 2 乗をとると, $x_0^2[(\omega_0^2-\omega^2)^2+\gamma^2\omega^2] = (q_eE_0/m_e)^2(\cos^2\alpha+\sin^2\alpha)$, これよりただちに x_0 を表す式が得られる. α を求めるために, 上のはじめの式の両辺の虚部 $x_0\gamma\omega = (q_eE_0/m_e)\sin\alpha$ を実部 $x_0(\omega_0^2-\omega^2) = (q_eE_0/m_e)\cos\alpha$ で割ることになる. これら 2 式から $\alpha = \tan^{-1}[\gamma\omega/(\omega_0^2-\omega^2)]$. α は 0 から $\pi/2$ そして π へと連続的に変化する.

4.5 遅延する位相角は $(n\Delta y\, 2\pi/\lambda) - \Delta y\, 2\pi/\lambda$ あるいは $(n-1)\Delta y\,\omega/c$. したがって
$$E_p = E_0 \exp i\omega[t - (n-1)\Delta y/c - y/c]$$
あるいは
$$E_p = E_0 \exp[-i\omega(n-1)\Delta y/c] \exp i\omega(t-y/c)$$
もし, $n \approx 1$ か $\Delta y \ll 1$ であれば, 小さい x に対して $e^x \approx 1+x$ であるから
$$\exp[-i\omega(n-1)\Delta y/c] \approx 1 - i\omega(n-1)\Delta y/c$$
また, $\exp(-i\pi/2) = -i$ であるから
$$E_p = E_u + \frac{\omega(n-1)\Delta y}{c} E_u e^{-i\pi/2}$$

4.11 $n_i \sin\theta_i = n_t \sin\theta_t$ だから, $\sin 30° = 1.52 \sin\theta_t$. これより $\theta_t = \sin^{-1}(1/3.04)$.
∴ $\theta_t = 19°13'$

4.17 $n_{ti} = \dfrac{n_t}{n_i} = \dfrac{c/v_t}{c/v_i} = \dfrac{v_i}{v_t} = \dfrac{\nu\lambda_i}{\nu\lambda_t} = \dfrac{\lambda_i}{\lambda_t}$. したがって $\lambda_t = \lambda_i 3/4 = 9\,\text{cm}$
$$\sin\theta_i = n_{ti} \sin\theta_t, \qquad \sin^{-1}\left[\frac{3}{4}(0.707)\right] = \theta_t = 32°$$

4.21 図 4.

4.30 境界面の $\overline{AC}$ に沿った単位長さあたりの波動の数は
$$(\overline{BC}/\lambda_i)/(\overline{BC}/\sin\theta_i) = (\overline{AD}/\lambda_t)(\overline{AD}/\sin\theta_t)$$
両面に c/ν を掛けるとスネルの法則が得られる.

4.32 光線に沿って波動が b_1 から b_2, a_1 から a_2, a_1 から a_3 に移動する時間を τ とする. $\overline{a_1 a_2} = \overline{b_1 b_2} = v_i \tau$ かつ $\overline{a_1 a_3} = v_t \tau$.
$$\sin\theta_i = \overline{b_1 b_2}/\overline{a_1 b_2} = v_i/\overline{a_1 b_2}$$
$$\sin\theta_t = \overline{a_1 a_3}/\overline{a_1 b_2} = v_t/\overline{a_1 b_2}$$
$$\sin\theta_r = \overline{a_1 a_2}/\overline{a_1 b_2} = v_i/\overline{a_1 b_2}$$
$$\frac{\sin\theta_i}{\sin\theta_t} = \frac{v_i}{v_t} = \frac{n_t}{n_i} = n_{ti} \quad \text{また} \quad \theta_i = \theta_r$$

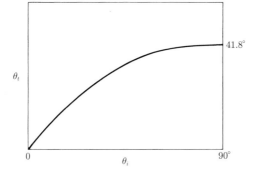

図 4

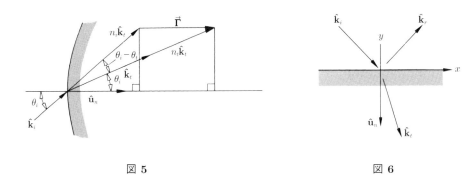

図 5　　　　　　　　　　図 6

4.33 図 5 で
$$n_i \sin\theta_i = n_t \sin\theta_t, \qquad n_i(\hat{\mathbf{k}}_i \times \hat{\mathbf{u}}_n) = n_t(\hat{\mathbf{k}}_t \times \hat{\mathbf{u}}_n)$$
ここで $\hat{\mathbf{k}}_i$ と $\hat{\mathbf{k}}_t$ は単位伝搬ベクトルである．この式から，
$$n_t(\hat{\mathbf{k}}_t \times \hat{\mathbf{u}}_n) - n_i(\hat{\mathbf{k}}_i \times \hat{\mathbf{u}}_n) = 0, \qquad (n_t\hat{\mathbf{k}}_t - n_i\hat{\mathbf{k}}_i) \times \hat{\mathbf{u}}_n = 0$$
ここで，$n_t\hat{\mathbf{k}}_t - n_i\hat{\mathbf{k}}_i = \vec{\Gamma} = \Gamma\hat{\mathbf{u}}_n$ とおく．Γ はよく**非点定数** (astigmatic constant) とよばれ，$\vec{\Gamma}$ は $\hat{\mathbf{u}}_n$ に投影した $n_t\hat{\mathbf{k}}_t$ と $n_i\hat{\mathbf{k}}_i$ の差である．つまり内積 $\vec{\Gamma}\cdot\hat{\mathbf{u}}_n$ をとれば，
$$\Gamma = n_t\cos\theta_t - n_i\cos\theta_i$$

4.34 図 6 で $\theta_i = \theta_r$ より，$\hat{\mathbf{k}}_{ix} = \hat{\mathbf{k}}_{rx}$ と $\hat{\mathbf{k}}_{iy} = -\hat{\mathbf{k}}_{ry}$．また，$(\hat{\mathbf{k}}_i\cdot\hat{\mathbf{u}}_n)\hat{\mathbf{u}}_n = \hat{\mathbf{k}}_{iy}$ であるから，$\hat{\mathbf{k}}_i - \hat{\mathbf{k}}_r = 2(\hat{\mathbf{k}}_i\cdot\hat{\mathbf{u}}_n)\hat{\mathbf{u}}_n$．

4.35 図 7 (a) において $\overline{SB'} > \overline{SB}$ で $\overline{B'P} > \overline{BP}$ であるから，入射面内の B に B' が一致すると最短経路になる．

4.38 図 7 (b) において，
$$n_1\sin\theta_i = n_2\sin\theta_t, \quad \theta_t = \theta_i{'}$$
$$n_2\sin\theta_i{'} = n_1\sin\theta_t{'}$$
$$n_1\sin\theta_i = n_1\sin\theta_t{'} \quad \text{したがって} \quad \theta_i = \theta_t{'}$$
$$\cos\theta_t = d/\overline{AB}$$
$$\sin(\theta_i - \theta_t) = a/\overline{AB}$$
$$\sin(\theta_i - \theta_t) = \frac{a}{d}\cos\theta_t$$
$$\frac{d\sin(\theta_i - \theta_t)}{\cos\theta_t} = a$$

4.40 光線は $\vec{B}$ の点 S から点 P に直線経路を伝搬するのでなく，平面板ともっと鋭く交差する経路をたどる．そうすると，空気中の経路長はわずかに長くなるが，平面板を通過する時間はそれを補って余りあるほど短くなる．また実際にそうであるが，n_{21} が大きくなると，横変位量 a も大きくなると考えられる．ある θ_i において n_{21} が大きくなると，θ_t は小さくなって $(\theta_i - \theta_t)$ は大きくなり，問題 4.34 の結果から a は明らかに大きくなる．

4.42 式 (4.40) から
$$r_\parallel = \frac{1.52\cos 30° - \cos 19°13'}{\cos 19°13' + 1.52\cos 30°}$$

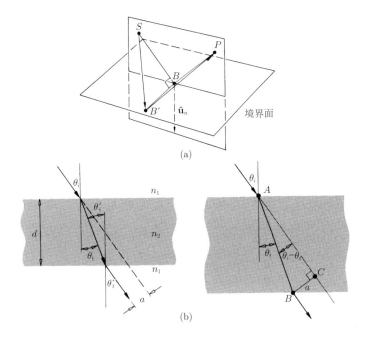

図 7

ただし，問題 4.9 から $\theta_t = 19°13'$. 同様に，

$$t_\| = \frac{2\cos 30°}{\cos 19°13' + 1.52\cos 30°}$$

$$r_\| = \frac{1.32 - 0.944}{0.944 + 1.32} = 0.165$$

$$t_\| = \frac{1.732}{0.944 + 1.32} = 0.766$$

4.43 式 (4.34) において，分母・分子を n_i で割り，そして n_{ti} を $\sin\theta_i/\sin\theta_t$ で置き換えれば，次式を得る．

$$r_\perp = \frac{\sin\theta_t\cos\theta_i - \sin\theta_i\cos\theta_t}{\sin\theta_t\cos\theta_i + \sin\theta_i\cos\theta_t}$$

この式は式 (4.42) と同じである．式 (4.44) はまったく同じやり方で得られる．$r_\|$ を求めるには式 (4.40) に同じことを行い，次式を得る．

$$r_\| = \frac{\sin\theta_i\cos\theta_i - \cos\theta_t\sin\theta_t}{\cos\theta_t\sin\theta_t + \sin\theta_i\cos\theta_i}$$

ここからは何通りかの方法があり，その一つは

$$r_\| = \frac{(\sin\theta_i\cos\theta_t - \sin\theta_t\cos\theta_i)(\cos\theta_i\cos\theta_t - \sin\theta_i\sin\theta_t)}{(\sin\theta_i\cos\theta_t + \sin\theta_t\cos\theta_i)(\cos\theta_i\cos\theta_t + \sin\theta_i\sin\theta_t)}$$

と書き直し，そして

$$r_\| = \frac{\sin(\theta_i - \theta_t)\cos(\theta_i + \theta_t)}{\sin(\theta_i + \theta_t)\cos(\theta_i - \theta_t)} = \frac{\tan(\theta_i - \theta_t)}{\tan(\theta_i + \theta_t)}$$

を得る．上式と共通の分母をもつ $t_\|$ は，同じようにして求められる．

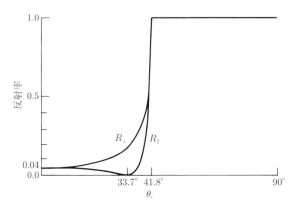

図 8

4.63 $[E_{0r}]_\perp + [E_{0i}]_\perp = [E_{0t}]_\perp$, すなわち入射面に垂直な電場は, 入射媒質中と透過媒質中で等しいから,

$$[E_{0t}/E_{0i}]_\perp - [E_{0r}/E_{0i}]_\perp = 1, \qquad t_\perp - r_\perp = 1$$

一方, 式 (4.42) と (4.44) から,

$$\frac{+\sin(\theta_i - \theta_t) + 2\sin\theta_t \cos\theta_i}{\sin(\theta_i + \theta_t)} = 1$$

$$\frac{\sin\theta_i \cos\theta_t - \cos\theta_i \sin\theta_t + 2\sin\theta_t \cos\theta_i}{\sin\theta_i \cos\theta_t + \cos\theta_i \sin\theta_t} = 1$$

4.66 $\theta_i = \theta_p$ のとき, $\theta_i + \theta_t = 90°$

$$n_i \sin\theta_p = n_t \sin\theta_t = n_t \cos\theta_p$$
$$\tan\theta_p = n_t/n_i = 1.52, \qquad \theta_p = 56°40' \qquad [8.25]$$

4.68 $\tan\theta_p = n_t/n_i = n_2/n_1$

$$\tan\theta_p{}' = n_1/n_2, \qquad \tan\theta_p = 1/\tan\theta_p{}'$$
$$\frac{\sin\theta_p}{\cos\theta_p} = \frac{\cos\theta_p{}'}{\sin\theta_p{}'}$$
$$\therefore \sin\theta_p \sin\theta_p{}' - \cos\theta_p \cos\theta_p{}' = 0$$
$$\cos(\theta_p + \theta_p{}') = 0, \qquad \theta_p + \theta_p{}' = 90°$$

4.69 式 (4.92) から

$$\tan\gamma_r = r_\perp [E_{0i}]_\perp / r_\| [E_{0i}]_\| = \frac{r_\perp}{r_\|} \tan\gamma_i$$

さらに式 (4.42) と (4.43) から

$$\tan\gamma_r = -\frac{\cos(\theta_i - \theta_t)}{\cos(\theta_i + \theta_t)} \tan\gamma_i$$

4.71 図 8.

4.72　$T_\perp = \left(\dfrac{n_t \cos \theta_t}{n_i \cos \theta_i}\right) t_\perp{}^2.$　式 (4.44) とスネルの法則から

$$T_\perp = \left(\frac{\sin \theta_i \cos \theta_t}{\sin \theta_t \cos \theta_i}\right)\left(\frac{4 \sin^2 \theta_t \cos^2 \theta_i}{\sin^2(\theta_i + \theta_t)}\right) = \frac{\sin 2\theta_i \sin 2\theta_t}{\sin^2(\theta_i + \theta_t)}$$

$T_\parallel$ についても同様.

4.74　Φ_i を入射する放射束あるいはパワー，T を最初の空気–ガラス境界面における透過率とすると，透過する放射束は $T\Phi_i$. 式 (4.68) から垂直入射においては，ガラスから空気への透過率も T である．したがって，はじめのスライドガラスからは $T\Phi_i T$ の放射束が出てきて，最後のスライドガラスからは $\Phi_i T^{2N}$ である．$T = 1 - R$ であるから，$T_t = (1 - R)^{2N}$. 式 (4.67) から，

$$R = (0.5/2.5)^2 = 4\%, \qquad T = 96\%, \qquad T_t = (0.96)^6 \approx 78.3\%$$

4.75　$T = \dfrac{I(y)}{I_0} = e^{-\alpha y}, T_1 = e^{-\alpha}, T = (T_1)^y, T_t = (1 - R)^{2N}(T_1)^d$

4.76　$\theta_i = 0$ では

$$R = R_\parallel = R_\perp = \left(\frac{n_t - n_i}{n_t + n_i}\right)^2 \tag{4.67}$$

$n_{ti} \to 1$ のとき，$n_t \to n_i$ であり，明らかに $R \to 0$. また，$\theta_i = 0$ で

$$T = T_\parallel = T_\perp \frac{4 n_t n_i}{(n_t + n_i)^2}$$

$n_t \to n_i$ であるから，$\displaystyle\lim_{n_{ti} \to 1} T = 4 n_i{}^2/(2 n_i)^2 = 1$. 問題 4.61 と，$n_t \to n_i$ のときスネルの法則により $\theta_t \to \theta_i$ であるから，

$$\lim_{n_{ti} \to 1} T_\parallel = \frac{\sin^2 2\theta_i}{\sin^2 2\theta_i} = 1, \qquad \lim_{n_{ti} \to 1} T_\perp = 1$$

式 (4.43) と，$\theta_t \to \theta_i$ のとき $R_\parallel = r_\parallel{}^2$ であるから，$\displaystyle\lim_{n_{ti} \to 1} R_\parallel = 0$. 同様に，式 (4.42) から $\displaystyle\lim_{n_{ti} \to 1} R_\perp = 0$.

4.78　$\theta_i > \theta_c$ の場合，式 (4.70) を書き換えて，

$$r_\perp = \frac{\cos \theta_i - i(\sin^2 \theta_i - n_{ti}{}^2)^{1/2}}{\cos \theta_i + i(\sin^2 \theta_i - n_{ti}{}^2)^{1/2}}, \qquad r_\perp r_\perp^* = \frac{\cos^2 \theta_i + \sin^2 \theta_i - n_{ti}{}^2}{\cos^2 \theta_i + \sin^2 \theta_i - n_{ti}{}^2} = 1$$

同様に，$r_\parallel r_\parallel^* = 1$.

4.86　式 (4.73) から，因子 $k_t \sin \theta_i / n_{ti}$ を前に出して，$v_t t$ に等しい第 2 項を $\omega n_{ti} t / k_t \sin \theta_i$ とすれば，指数関数は $k(x - vt)$ の形である．したがって，$\omega n_t / (2\pi/\lambda_t) n_i \sin \theta_i = v_t$ であり，$v_t = c/n_i \sin \theta_i = v_i / \sin \theta_i$.

4.87　定義式から，$\beta = k_t [(\sin^2 \theta_i / n_{ti}{}^2) - 1]^{1/2} = 3.702 \times 10^6 \mathrm{m}^{-1}$，また $y\beta = 1$ であるから，$y = 2.7 \times 10^{-7} \mathrm{m}$.

4.91　ビームは濡れた紙で散乱されるが，多くは臨界角以下であり，透過してゆく．臨界角で光は光源の方に反射してもどる．$\tan \theta_c = (R/2)/d$，そして，$n_{ti} = 1/n_i = \sin[\tan^{-1}(R/2d)]$.

4.92　$1.00029 \sin 88.7° = n \sin 90°$

$$1.00029 \times 0.99974 = n, \qquad \therefore n = 1.00003$$

4.93 図 9. 間隙を調節すれば，二つの入射波を種々の比率で混ぜて取り出せる．[詳細については，H. A. Daw and J. R. Izatt, *J. Opt. Soc. Am.* **55**, 201 (1965) を参照のこと．]

4.94 光はエバネッセント波としてプリズム底部を横切り，可変結合ギャップに沿って伝搬する．エバネッセント波がある条件を満たすと，エネルギーは誘電体膜に移動する．誘電体膜は導波路として作用し，特性振動モードを維持する．各モードには所定の速度と偏光が伴う．エバネッセント波がどれか一つのモードと一致するとき，それは誘電体膜と結合する．

4.95 図 4.59 から銀と考えられる．300nm 近辺では $n_I \approx n_R \approx 0.6$ であり，式 (4.83) から $R \approx 0.18$ となる．300nm を少し超えると n_I は急激に増加するが，一方 n_R は大きく減少するので，可視光領域からもう少し先まで，$R \approx 1$ である．

4.99 図 10.

$$t_\parallel = \frac{2\sin\theta_2\cos\theta_1}{\sin(\theta_1+\theta_2)\cos(\theta_1-\theta_2)}, \qquad t'_\parallel = \frac{2\sin\theta_1\cos\theta_2}{\sin(\theta_1+\theta_2)\cos(\theta_2-\theta_1)}$$

$$t_\parallel t'_\parallel = \frac{\sin 2\theta_1 \sin 2\theta_2}{\sin^2(\theta_1+\theta_2)\cos^2(\theta_1-\theta_2)} = T_\parallel \qquad [\text{式 (4.98) から}]$$

同様に $t_\perp t'_\perp = T_\perp$

$$r_\parallel^2 = \left[\frac{\tan(\theta_1-\theta_2)}{\tan(\theta_1+\theta_2)}\right]^2 = \left[\frac{-\tan(\theta_2-\theta_1)}{\tan(\theta_1+\theta_2)}\right]^2, \qquad r'^2_\parallel = \left[\frac{\tan(\theta_2-\theta_1)}{\tan(\theta_1+\theta_2)}\right]^2 = r_\parallel^2 = R_\parallel$$

4.101 式 (4.45) から

$$t'_\parallel(\theta'_p)t_\parallel(\theta_p) = \left[\frac{2\sin\theta_p\cos\theta'_p}{\sin(\theta_p+\theta'_p)\cos(\theta'_p-\theta_p)}\right]\left[\frac{2\sin\theta'_p\cos\theta_p}{\sin(\theta_p+\theta'_p)\cos(\theta_p-\theta'_p)}\right]$$

$$= \frac{\sin 2\theta'_p \sin 2\theta_p}{\cos^2(\theta_p-\theta'_p)} \quad (\because \theta_p+\theta'_p = 90°)$$

$$= \frac{\sin^2 2\theta_p}{\cos^2(\theta_p-\theta'_p)} \quad (\because \sin 2\theta'_p = \sin 2\theta_p)$$

$$= \frac{\sin^2 2\theta_p}{\cos^2(2\theta_p-90°)} = 1$$

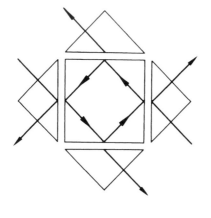

図 9   図 10

5 章

5.1 S から P に至るすべての光路長が等しいことから，$l_o n_1 + l_i n_2 = s_o n_1 + s_i n_2 =$ 一定である．A から光軸に垂線を下し，その足を B とすると，$\overline{BP} = s_o + s_i - x$．ピタゴラスの定理を用いると第 2 式が得られる．

5.2 $l_o n_1 + l_i n_2 =$ 一定 を用いれば，$l_o + l_i 3/2 =$ 一定，$5 + (6) 3/2 = 14$．したがって，$l_o = 6$, $l_i = 5.33$, $l_o = 7$, $l_i = 4.66$ なら，$2l_o + 3l_i = 28$ となる．S および P を中心とする円弧は，物理的に意味のある l_o と l_i の値で交わっている (図 11)．

5.4 図 5.4 から，凹の楕円面に入射する平面波は球面になる．第 2 面の球面が同じ曲率であれば，すべての光線は第 2 面に垂直であり，変化なしでそこを出る (図 12)．

5.8 第 1 面 $\dfrac{n_1}{s_o} + \dfrac{n_2}{s_i} = \dfrac{n_2 - n_1}{R}$

$$\frac{1}{1.2} + \frac{1.5}{s_i} = \frac{0.5}{0.1}$$

$s_i = 0.36\,\text{m}$ (第 1 の頂点の右側 $0.36\,\text{m}$ に実像)．第 2 面 $s_o = 0.20 - 0.36 = -0.16\,\text{m}$ (虚の物体距離)．

$$\frac{1.5}{-0.16} + \frac{1}{s_i} = \frac{-0.5}{-0.1}, \qquad s_i = 0.069$$

最終像は第 2 の頂点の右側 $6.9\,\text{cm}$ のところで，実 $(s_i > 0)$ で倒立 $(M_T < 0)$．

5.13 式 (5.8) から，$1/8 + 1.5/s_i = 0.5/(-20)$．第 1 面で，$s_i = -10\,\text{cm}$．第 1 の頂点の左側 $10\,\text{cm}$ に虚像．第 2 の面に関しては，第 2 の頂点から $15\,\text{cm}$ のところに物体があることになるので，

$$1.5/15 + 1/s_i = -0.5/10, \qquad s_i = -20/3 = -6.66\,\text{cm}$$

第 2 の頂点の左側に虚像．

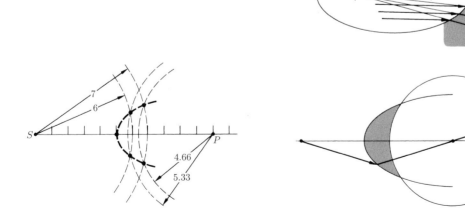

図 11　　　　　　　　　　　図 12

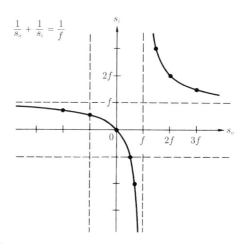

図 13

5.15 $s_o + s_i$ を最小にするために，$s_o + s_i = s_o s_i/f$ を s_o で微分する．

$$\frac{d}{ds_o}(s_o + s_i) = 0 = 1 + \frac{ds_i}{ds_o}$$

また

$$\frac{d}{ds_o}\left(\frac{s_o s_i}{f}\right) = \frac{s_i}{f} + \frac{s_o}{f}\frac{ds_i}{ds_o} = 0$$

したがって

$$\frac{ds_i}{ds_o} = -1 \quad \text{さらに} \quad \frac{ds_i}{ds_o} = -\frac{s_i}{s_o}, \quad \therefore s_i = s_o$$

いずれかが ∞ のときに間隔は最大になるが，両方が同時に ∞ になることはない．したがって，$s_i = s_o$ は最小であるための条件である．ガウスの式から，$s_o = s_i = 2f$．

5.16 $1/5 + 1/s_i = 1/10$, $s_i = -10\,\text{cm}$ だから虚像．$M_T = -s_i/s_o = 10/5 = 2$ だから像は正立で高さ $4\,\text{cm}$．また，$-5(x_i) = 100$, $x_i = -20$, $M_T = -x_i/f = 20/10 = 2$．

5.17 $1/s_o + 1/s_i = 1/f$．図 13．

5.20 像は虚像であるから $s_i < 0$．$1/100 + 1/(-50) = 1/f$ より $f = -100\,\text{cm}$．その上，像も右側に $50\,\text{cm}$．$M_T = -s_i/s_o = 50/100 = 0.5$．蟻の像は半分の大きさで正立 ($M_T > 0$)．

5.23 $1/f = (n_l - 1)[(1/R_1) - (1/R_2)] = 0.5[(1/\infty) - (1/10)] = -0.5/10$

$$f = -20\,\text{cm}, \qquad \mathcal{D} = 1/f = -1/0.2 = -5\,\text{D}$$

5.31 (a) ガウスのレンズ公式から

$$\frac{1}{15.0\,\text{m}} + \frac{1}{s_i} = \frac{1}{3.00\,\text{m}}$$

したがって $s_i = +3.75\,\text{m}$．

(b) 倍率を計算すると，

$$M_T = -\frac{s_i}{s_o} = -\frac{3.75\,\mathrm{m}}{15.0\,\mathrm{m}} = -0.25$$

像距離が正であるから，像は実像．倍率が負であるから像は倒立．また，倍率の絶対値は 1 より小であるから，像は縮小される．

(c) 倍率の定義から

$$y_i = M_T y_o = (-0.25)(2.25\,\mathrm{m}) = -0.563\,\mathrm{m}$$

負号は像が反転していることを表している．

(d) 再びガウスの式から

$$\frac{1}{17.5\,\mathrm{m}} + \frac{1}{s_i} = \frac{1}{3.00\,\mathrm{m}}$$

したがって，$s_i = +3.62\,\mathrm{m}$．馬の像の全長はわずか $0.13\,\mathrm{m}$．

5.38　まず求めることは，レンズメーカーの式を使って水中での焦点距離である．比を計算して，$f_w/f_a = f_w/(10\,\mathrm{cm}) = (n_g - 1)/[(n_g/n_w) - 1] = 0.56/0.17 = 3.24$; $f_w = 32\,\mathrm{cm}$．像距離はガウスのレンズ公式から，$1/s_i + 1/100\,\mathrm{cm} = 1/32.4\,\mathrm{cm}$; $s_i = 48\,\mathrm{cm}$

5.39　像は実であれば倒立するので，受像機を逆さまにするか，像を上下反転させる機構が必要．$M_T = -3 = -s_i/s_o$; $1/s_o + 1/3s_o = 1/0.60\,\mathrm{m}$; $s_o = 0.80\,\mathrm{m}$．したがって，$0.80\,\mathrm{m} + 3(0.80\,\mathrm{m}) = 3.2\,\mathrm{m}$．

5.40

$$\frac{1}{f} = (n_{lm} - 1)\left(\frac{1}{R_1} - \frac{1}{R_2}\right)$$

$$\frac{1}{f_w} = \frac{n_{lm} - 1}{n_l - 1}\frac{1}{f_a} = \frac{1.5/1.33 - 1}{1.5 - 1}\frac{1}{f_a} = \frac{0.125}{0.5}\frac{1}{f_a}$$

$$f_w = 4f_a$$

5.44　$1/f = 1/f_1 + 1/f_2$, $1/50 = 1/f_1 - 1/50$, $f_1 = 25\,\mathrm{cm}$．R_{11} と R_{12} を第 1 のレンズの半径，R_{21} と R_{22} を第 2 のレンズの半径とすれば，

$$1/f_1 = (n_l - 1)(1/R_{11} - R_{12}), \quad 1/25 = 0.5(2/R_{11})$$

$$R_{11} = -R_{12} = -R_{21} = 25\,\mathrm{cm}$$

$$1/f_2 = (n_l - 1)(1/R_{21} - 1/R_{22})$$

$$-1/50 = 0.55[1/(-25) - 1/R_{22}]$$

$$R_{22} = -275\,\mathrm{cm}$$

5.45

$$M_{T_1} = -s_{i1}/s_{o1} = -f_1/(s_{o1} - f_1)$$

$$M_{T_2} = -s_{i2}/s_{o2} = -s_{i2}/(d - s_{i1})$$

$$M_T = f_1 s_{i2}/(s_{o1} - f_1)(d - s_{i1})$$

s_{i1} を代入した上で，式 (5.30) から，

$$M_T = \frac{f_1 s_{i2}}{(s_{01} - f_1)d - s_{o1}f_1}$$

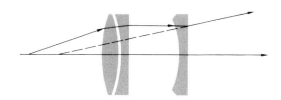

図 14

5.47 図 14 を参照．第 1 のレンズ $1/s_{i1} = 1/30 - 1/30 = 0$. $s_{i1} = \infty$．第 2 のレンズ $1/s_{i2} = 1/(-20) - 1/(-\infty)$, 第 2 のレンズにとって物体は右側の ∞, つまり $s_{o2} = -\infty$. $s_{i2} = -20$ cm, 第 1 レンズの左側 10 cm で虚．

$$M_T = (-\infty/30)(+20/-\infty) = 2/3$$

あるいは，式 (5.34) から

$$M_T = \frac{30(-20)}{10(30-30) - 30(30)} = \frac{2}{3}$$

5.51 図 15．

5.55 図 16 において L_1 が S に対して張る角は $\tan^{-1} 3/12 = 14°$. L_1 によるダイヤフラムの像を求めるために，式 (5.23) を使って，$x_o x_i = f^2$, $(-6)(x_i) = 81$, $x_i = -13.5$ cm. した

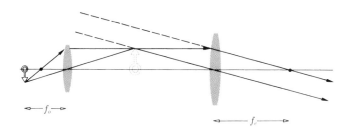

図 15

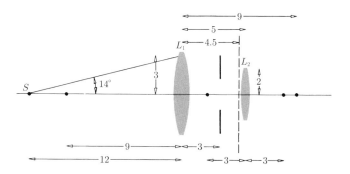

図 16

がって，像は L_1 の後方 $4.5\,\mathrm{cm}$ に生じる．倍率は $-x_i/f = 13.5/9 = 1.5$ であるから，孔の像のエッジの直径は，$(0.5)(1.5) = 0.75\,\mathrm{cm}$. したがって，$S$ に張る角は $\tan^{-1} 0.75/16.5 = 2.6°$. 一方，$L_1$ による L_2 の像は $(-4)(x_i) = 81$ より $x_i = -20.2\,\mathrm{cm}$，つまり像は L_1 の右側 $11.2\,\mathrm{cm}$ のところ．$M_T = 20.2/9 = 2.2$ から L_2 のエッジは光軸から $4.4\,\mathrm{cm}$ に結像される．この像が S に張る角は $\tan^{-1} 4.4/(12+11.2) = 9.8°$. したがって，ダイヤフラムが開口絞りで，$L_1$ での像である入射瞳は，直径は $1.5\,\mathrm{cm}$ で，L_1 の後方 $4.5\,\mathrm{cm}$ にある．L_2 でのダイヤフラムの像が射出瞳である．$1/2 + 1/s_i = 1/3$ より $s_i = -6$，つまり L_2 の前方 $6\,\mathrm{cm}$ にある．$M_T = 6/2 = 3$ から射出瞳の直径は $3\,\mathrm{cm}$.

5.57 図 17 を参照．L_1 か L_2 のどちらかの外周が開口絞りである．したがって，L_1 の左側にはレンズがないから，L_1 の外周または P_1 が入射瞳．点 A より左側に対しては L_1 の張る角の方が小さいので，L_1 が入射瞳．A の右側に対しては P_1 が入射瞳のエッジになる．前者では P_2 が射出瞳．後者では，L_2 の右側にレンズがないので，L_2 のエッジが射出瞳．

5.58 図 18 を参照．開口絞りは L_1 か L_2 のいずれかのエッジ．したがって入射瞳は P_1 か P_2 で示される．F_{01} の外側の物点に対しては，P_1 の張る角の方が小さいので，Σ_1 が開口絞りである．開口絞りの右側にあるレンズ，つまり L_2 における開口絞りの像が射出瞳で，P_3 にある．

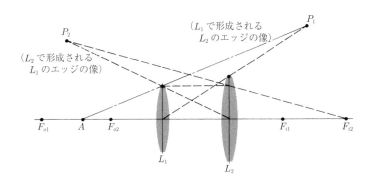

図 17

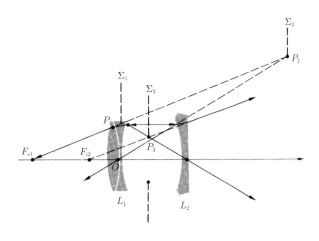

図 18

5.60 図 19 を参照．S の先端から L_1 に向かって，延長すれば入射瞳の中心を通ることになる主要光線を引く．主要光線はそこから開口絞りの中心に向かって進み，L_2 では射出瞳の中心から来たかのように曲がる．S からの周辺光線は入射瞳のエッジに向かうように進み，L_1 で開口絞りのエッジをかすめるように曲がり，L_2 で射出瞳のエッジから来たかのように曲がる．

5.61 図 20．

5.62 ヴィーナスはあなたを見ているが，自分は見ていない．

5.63 鏡は絵に平行であるから，少女の像は真後ろにあるべきで，右に寄ることはない．

5.64 $1/s_o + 1/s_i = -2/R$. $R \to \infty$ とすると，$1/s_o + 1/s_i = 0$, $s_o = -s_i$, また $M_T = +1$. 像は虚，同じ大きさ，正立．

5.71 式 (5.48) から，$1/100 + 1/s_i = -2/80$，したがって $s_i = -28.5\,\text{cm}$. 虚 ($s_i < 0$), 正立 ($M_T > 0$), 縮小. (表 5.5 によって確認すること.)

5.74 スクリーン上の像は実である．ゆえに s_i はプラス．
$$\frac{1}{25} + \frac{1}{100} = -\frac{2}{R}, \quad \frac{5}{100} = -\frac{2}{R}, \quad R = -40\,\text{cm}$$

5.75 像は正立縮小であり，凸球面鏡 (表 5.5).

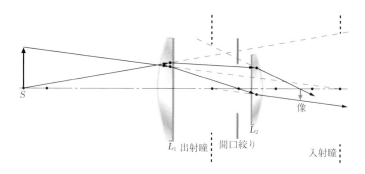

図 19

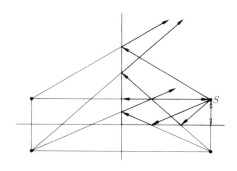

図 20

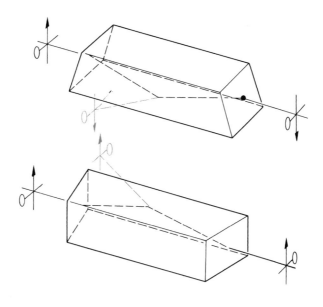

図 21

5.80 拡大正立像を得るには，鏡は凸であるべき．像は虚．$M_T = 2.0 = s_i/(0.015\,\text{m})$, $s_i = -0.03\,\text{m}$, したがって，$1/f = 1/(0.015\,\text{m}) + 1/(-0.03\,\text{m})$; $f = 0.03\,\text{m}$ から $f = -R/2$; $R = -0.06\,\text{m}$.

5.81 $M_T = y_i/y_o = -s_i/s_o$, 式 (5.50) から，$s_i = fs_o/(s_o - f)$, また $f = -R/2$ から $M_T = -f/(s_o - f) = -(-R/2)/(s_o + R/2) = R/(2s_o + R)$.

5.84 $M_T = -s_i/25\,\text{cm} = -0.064$; $s_i = 1.6\,\text{cm}$. $1/25\,\text{cm} + 1/1.6\,\text{cm} = -2/R$, $R = -3.0\,\text{cm}$.

5.89 $f = -R/2 = 30\,\text{cm}$, $1/20 + 1/s_i = 1/30$, $1/s_i = 1/30 - 1/20$.

$$s_i = -60\,\text{cm}, \qquad M_T = -s_i/s_o = 60/20 = 3$$

像は虚 ($s_i < 0$)，正立 ($M_T > 0$)，鏡の後方 60 cm で高さは 9 インチ．

5.92 図 21. 180° の像回転．

5.93 式 (5.61) から

$$\text{NA} = (2.624 - 2.310)^{1/2} = 0.550, \qquad \theta_{\max} = \sin^{-1} 0.550 = 33°22'$$

最大受光角は $2\theta_{\max} = 66°44'$. 45° の光線はただちにファイバーから出てゆく．つまり，1 回目の反射でかなりのエネルギーが漏れ出てしまう．

5.95 式 (5.62) より，$\log 0.5 = -0.30 = -\alpha L/10$, したがって，$L = 15\,\text{km}$.

5.98 式 (5.61) より，$NA = 0.232$, $N_m = 9.2 \times 10^2$.

5.101 $M_T = -f/x_o = -1/x_o\mathcal{D}$. 肉眼では $\mathcal{D} \approx 58.6$ ジオプトリー.

$$x_o = 230\,000 \times 1.61 = 371 \times 10^3 \text{ km}$$
$$M_T = -1/3.71 \times 10^6 (58.6) = 4.6 \times 10^{-11}$$
$$y_i = 2160 \times 1.61 \times 10^3 \times 4.6 \times 10^{-11} = 0.16 \text{ mm}$$

5.103

$$1/20 + 1/s_{io} = 1/4, \qquad s_{io} = 5 \text{ m}$$
$$1/0.3 + 1/s_{ie} = 1/0.6, \qquad s_{ie} = -0.6 \text{ m}$$

$$M_{To} = -5/10 = -0.5$$
$$M_{Te} = -(-0.6)/0.5 = +1.2$$
$$M_{To}M_{Te} = -0.6$$

5.107 図 22 中の光線 1 は接眼レンズをはずれ，本来この光線が到達すべき像点のエネルギーが低下する．これが口径食である．

5.108 図 23 を参照．前問では接眼レンズをはずれていた光線が，視野レンズによって対眼レンズを通過するようになる．視野レンズが主要光線を少し曲げることによって，主要光線が対眼レンズにやや近い光軸を横切り，その結果射出瞳を動かし，射出瞳距離を短くすることができる．(詳細は Smith, *Modern Optical Engineering* を参照のこと.)

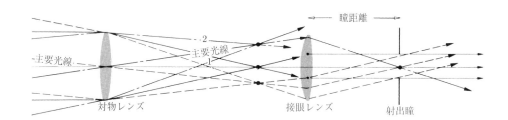

図 22

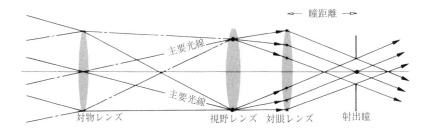

図 23

5.117 $$\mathcal{D}_l = \frac{\mathcal{D}_c}{1+\mathcal{D}_c d} = \frac{3.2\,\mathrm{D}}{1+(3.2\,\mathrm{D})(0.017\,\mathrm{m})} = +3.03\,\mathrm{D}$$

あるいは 2 桁に丸めて，+3.0D. $f_l = 0.330\,\mathrm{m}$. したがって遠点は肉眼のレンズの後方 $0.330\,\mathrm{m} - 0.017\,\mathrm{m} = 0.313\,\mathrm{m}$. コンタクトレンズでは $f_c = 1/3.2 = 0.313\,\mathrm{m}$. よって遠点が 0.31 m であるのはいずれも同じで，当然のことである．

5.119 (a) 中間像の位置は対物レンズにレンズ公式を適用して，
$$\frac{1}{27\,\mathrm{mm}} + \frac{1}{s_i} = \frac{1}{25\,\mathrm{mm}}$$

から $s_i = 3.38 \times 10^2\,\mathrm{mm}$. これは対物レンズから中間像までの距離であり，レンズ間距離を求めるには，これに接眼レンズの焦点距離を加える．$3.38 \times 10^2\,\mathrm{mm} + 25\,\mathrm{mm} = 3.6 \times 10^2\,\mathrm{mm}$.
(b) $M_{To} = -s_i/s_o = -3.38 \times 10^2\,\mathrm{mm}/27\,\mathrm{mm} = -12.5\times$ で，接眼レンズの倍率は $d_o\mathcal{D} = (254\,\mathrm{mm})(1/25\,\mathrm{mm}) = 10.2\times$. 全体の倍率は MP $= (-12.5)(10.2) = -1.3 \times 10^2$. 負号は倒立像であることを示す．

6 章

6.2 式 (6.8) から，
$$1/f = 1/f' + 1/f' - d/f'f' = 2/f' - 2/3f', \qquad f = 3f'/4$$

式 (6.9) から，$\overline{H_{11}H_1} = (3f'/4)(2f'/3)/f' = f'/2$
式 (6.10) から，$\overline{H_{22}H_2} = -(3f'/4)(2f'/3)/f' = -f'/2$. 図 24.

6.3 式 (6.2) から，$-(1/R_1 - 1/R_2) = (n_l - 1)d/n_l R_1 R_2$ のときに $1/f = 0$. したがって，$d = n_l(R_1 - R_2)/(n_l - 1)$.

6.5
$$1/f = 0.5[1/6 - 1/10 + 0.5(3)/1.5(6)10]$$
$$= 0.5(10/60 - 6/60 + 1/60); \quad f = +24$$
$$h_1 = -24(0.5)(3)/10(1.5) = -2.4$$
$$h_2 = -24(0.5)(3)/6(1.5) = -4$$

6.7 $f = \frac{1}{2}nR/(n-1);\ h_1 = +R,\ h_2 = -R$.

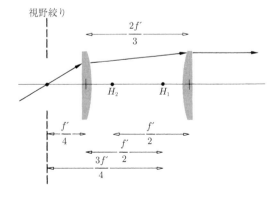

図 24

6.11 $f = 29.6 + 0.4 = 30\,\mathrm{cm}$; $s_o = 49.8 + 0.2 = 50\,\mathrm{cm}$; $1/50 + 1/s_i = 1/30\,\mathrm{cm}$. H_2 からの距離は $s_i = 75\,\mathrm{cm}$, レンズ後面からは $74.6\,\mathrm{cm}$.

6.13 式 (6.2) から

$$1/f = \frac{1}{2}[(1/4.0) - (1/-15) + \frac{1}{2}(4.0)/(3/2)(4.0)(-15)]$$
$$= 0.147 \quad \text{したがって} \quad f = 6.8\,\mathrm{cm}$$

$h_1 = -(6.8)\frac{1}{2}(4.0)/(-15)(3/2) = +0.60\,\mathrm{cm}$. 同様に, $h_2 = -2.3$. 像の位置は, $1/(100.6) + 1/s_i = 1/(6.8)$ より $s_i = 7.3\,\mathrm{cm}$, あるいはレンズ後面から $5\,\mathrm{cm}$.

6.22

$$h_1 = n_{i1}(1 - a_{11})/(-a_{12}) = (\mathcal{D}_2 d_{21}/n_{t1})f = -(n_{t1} - 1)d_{21}f/R_2 n_{t1}$$

なお, 式 (5.71) を用いた. また $n_{t1} = n_l$ である.

$$h_2 = n_{t2}(a_{22} - 1)/(-a_{12})$$
$$= -(\mathcal{D}_1 d_{21}/n_{t1})f$$
$$= -(n_{i1} - 1)d_{21}f/R_1 n_{t1} \qquad [\text{式 (5.70) を用いた}]$$

6.23 $\mathcal{A} = \mathcal{R}_2 \mathcal{T}_{21} \mathcal{R}_1$. 平面については

$$\mathcal{R}_2 = \begin{bmatrix} 1 & -\mathcal{D}_2 \\ 0 & 1 \end{bmatrix}$$

また, $\mathcal{D}_2 = (n_{t1} - 1)/(-R_2)$ において $R_2 = \infty$

$$\mathcal{R}_2 = \begin{bmatrix} 1 & 0 \\ 0 & 1 \end{bmatrix}$$

これは単位マトリックスであるから, $\mathcal{A} = \mathcal{T}_{21} \mathcal{R}_1$.

6.24 $\mathcal{D}_1 = (1.5 - 1)/0.5 = 1$, また $\mathcal{D}_2 = (1.5 - 1)/-(-0.25) = 2$

$$\mathcal{A} = \begin{bmatrix} 1 - 2(0.3)/1.5 & -1 + 2(1)(0.3)/(1.5 - 2) \\ 0.3/1.5 & -1(0.3)/1.5 + 1 \end{bmatrix} = \begin{bmatrix} 0.6 & -2.6 \\ 0.2 & 0.8 \end{bmatrix}$$
$$|\mathcal{A}| = 0.6(0.8) - (0.2)(-2.6) = 0.48 + 0.52 = 1$$

6.30 E. Slayter, *Optical Methods in Biology* を参照のこと. $\overline{PC}/\overline{CA} = (n_1/n_2)R/R = n_1/n_2$. また, $\overline{CA}/\overline{P'C} = n_1/n_2$. したがって三角形 ACP と三角形 ACP' は相似であり, 正弦定理から

$$\frac{\sin \angle PAC}{\overline{PC}} = \frac{\sin \angle APC}{\overline{CA}}$$

あるいは

$$n_2 \sin \angle PAC = n_1 \sin \angle APC$$

ここで, $\theta_i = \angle PAC$, また $\theta_t = \angle APC = \angle P'AC$. したがって, 屈折して出てくる光線は, P' からのもののように見える.

6.31 式 (5.6) において，$\cos\varphi = 1 - \varphi^2/2$ とすると，
$$l_o = [R^2 + (s_o + R)^2 - 2R(s_o + R) + R(s_o + R)\varphi^2]^{1/2}$$
$$l_o^{-1} = [s_o{}^2 + R(s_o + R)\varphi^2]^{-1/2}$$
$$l_i^{-1} = [s_i{}^2 - R(s_i - R)\varphi^2]^{-1/2}$$

2 項展開した級数の最初の 2 項をとると，
$$l_o^{-1} \approx s_o^{-1} - (s_o + R)h^2/2s_o{}^3 R, \quad \text{ここで} \quad \varphi \approx h/R$$
$$l_i^{-1} \approx s_i^{-1} + (s_i - R)h^2/2s_i{}^3 R$$

これを式 (5.5) に代入すると，式 (6.40) となる．

6.32 図 25．

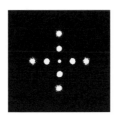

図 **25**

索　引

あ 行

アイソプラナティック領域　414
相対屈折率差　360
アインシュタイン　11, 86, 98, 150, 161
アインシュタイン・リング　421
アクロマティック　347
厚肉レンズ　438
アッベ　395, 472
アッベ数　485
アナスティグマート　478
アナモルフィック　384
アビオゴン　399
アフォーカル　401
アプラナート　408
アプラナティック反射鏡　408
アプラナティック領域　416
アポクロマート対物レンズ　394
アミチの対物レンズ　394
アミチ・プリズム　347
アラゴ　7
アリストテレス　1, 395
アリストファネス　1
アルハーゼン　2, 373, 395
アレシボ天文台　467
アンダーフィル　361
アンチバンチング　107
アンドロメダ星雲　84
アンペール　75
アンペールの回路定理　75
アンペールの法則　77, 82

イオン分極　128
異常分散　134
位相　24, 30, 41
位相共役　418
位相共役波　418
位相子　40, 41, 203, 257
　　　——の位相角　41
位相ずれ　37
位相整合レーダーシステム　177
位相速度　30, 33
位相定数　206
位相特異点　58
位相面　43
一眼レフ　330, 397

1次元の波動　16
糸巻型歪曲　480
イブン・サール　2
色消しダブレット　484, 485
色消しレンズ　389
色収差　389, 460, 482
インコヒーレント束　355

ヴァヴィロフ　99
ヴィテロ　2
ウェーバー　85
ヴェセラゴ　136
ウォラストン　13
後側開口絞り　316
後側焦点距離　313, 438
後側焦平面　290, 455
薄肉レンズ　283, 457
薄肉レンズの式　287

エアリー卿　9
エアリー像　315, 410, 462
エヴァルト–オセーンの消衰理論　172
エーテル　5, 8, 9, 194
X線　147
X線回折格子　148
X線顕微鏡　148
X線ストリークカメラ　148
X線望遠鏡　148
X線ホログラフィー　148
エッジ接触型色消しダブレット　489
エネルギーバンドギャップ　366
エバネッセント波　232
fナンバー　321, 322
エルビウム添加ファイバー増幅器　359
エルフレの接眼レンズ　392
円形波　34
遠視　382
遠赤外線　142
遠点　379
円筒波　55
エンペドクレス　1

オイラー　6
オイラーの公式　38
凹　276, 284
黄斑　375

オーバーフィル　361
オルソメーター　399, 479

か　行

開口絞り　316
開口数　353, 395
外積　40
解析的光線追跡　444
回折　272
回折限界　272, 410
解像力　395
階段型屈折率ファイバー　359
回転　81
回転式液体鏡　408
外部反射　173, 174, 216
回路定理　75
ガウス　72
ガウス型色消しダブレット　489
ガウス関数　17
ガウス光学　281
ガウス像点　463
ガウスの法則　74
ガウスのレンズ公式　288
カオス的光　104
鏡の公式　334
鏡マトリックス　459
核　121
拡散反射　179
角視野　398
拡大鏡　385
拡大能　386
角倍率　386
角膜　372
確率振幅　255
確率密度　254
重ね合せの原理　34
カセグレン式反射望遠鏡　407, 408
火線　189
仮想光子　151
カットオフ波長　364
荷電雲　121
価電子　121
価電子帯　366
可動鏡　328
可撓的像伝送器　355
可撓的光伝送器　355
カナリア大望遠鏡　410
かに星雲　117, 148
加法着色　244, 249
カメラ　395
カメラ暗箱　395
火面　463
ガラス体　373

ガリレイ　3, 405
ガリレイ式双眼鏡　405
ガリレイ式望遠鏡　405, 406
ガリレオ　3, 405
簡易拡大器　385
簡易顕微鏡　385
干渉　37, 161
完全像　272, 463
桿体　374
眼点　390
眼内知覚　374
ガンマ線　149

幾何学的散乱　168
幾何光学　66, 273
気体膨張検出器　143
基底状態　121
逆進の原理　204
逆転　326
逆2乗則　97
球欠的光線　473
球欠的コマ収差　469
球欠的焦点　474
球欠半面　473
吸収　126, 127
吸収係数　237
吸収帯　134
球面鏡　332
球面座標系　51
球面収差　411, 460, 461
球面波　51
虚　277
境界条件　206
境界波　233
共軸系　284
共焦点共振器　460
共振器　460
強制振動子　131
矯正レンズ　380, 383
強度　94, 96
鏡筒長　393
きょう膜　372
共鳴周波数　122, 130
鏡面反射　178
共役系　248
共役点　188, 272
共役波　418
極座標　37
極性分子　128
極端赤外線　142
巨大マゼラン望遠鏡　410
虚部　37
虚物体　303
キルヒホッフ　13

均一　45
近視　379
近軸光学　281
近軸光線　281
近軸領域　281, 333
近赤外線　142
金属顕微鏡　394
近点　376

空間周期　29
空間周波数　25, 29
クーサ　377
グース　234
グース−ヘンヒュン偏移　234
クォーク　98
クック・トリプレット　399, 479
屈折　180
屈折異常　379
屈折の式　446
屈折の法則　181, 182
屈折マトリックス　447
屈折率　129, 132, 169, 182
屈折力　377, 445
クラウジウス　472
グラウバー状態　107
クラウンガラス　487
クラッド　353
グラドストーン　200
クリスチャンセン　157
グリマルディ　4, 343
クリンゲンスティルナ　6
GRIN レンズ　491
クレオメデス　1
グレゴリー　407
グレゴリー式反射望遠鏡　408
グロスティステ　2
クロストーク　353

形状　17
計数線　390
ケプラー　3, 371, 395
ケプラー式の天体望遠鏡　401
ケルナーの接眼レンズ　391
原子分極　128
原色　244
減衰係数　237
顕微鏡　392
減法着色　247, 249

コア　353
広角一眼レフレンズ　398
光学距離　199
光学経路長　199
光学中心　290
光学的正弦定理　472

光学的密度　165
光学濃度　184
光学密度　184
光学 MEMS 技術　329
口径食　320
口径比　321, 322
光源強度　54
虹彩　373
交差点　402
光子　12, 66, 97
光軸　279
光軸変更式宇宙望遠鏡補正光学系　466
高次収差　461
光子束密度　102
光子バンチング　106, 107
光線　178, 196
光線束　196
光束密度　96
光電効果　98
光度　154
勾配定数　493
光波場　95
高密度波長分割多重　359
光量子　66
光路長　199
コーシー　157
コーナーキューブプリズム　349
コールラウシュ　85
ゴーレイ・セル　143
黒体　145
黒体輻射　98
コディントン　388, 389
コヒーレント光　104, 105
コマ　460, 468
コマ収差　468
コマ収差円　469
固有値方程式　460
コリメート　293
コンプトン　230
コンプトン効果　99

さ　行

サーモグラフ　143
最小錯乱円　464, 474
最小作用の原理　205
最小時間原理　197
最小偏角　343
再生器　358
ザイデル　461
ザイデル収差　461
サヴィリアン　9
サブポアソン分布　107
作用量子　107
散逸的吸収　127

三原色　249
3 次元微分波動方程式　51
30 メートル望遠鏡　410
散乱　126, 158

ジェームズ・ウェブ宇宙望遠鏡　410
ジオプトリー　377
磁荷　76
紫外線　146
時間角周波数　25
時間周波数　25
時間的周期　24
時間反転　419
時間反転不変　252
磁気単極子　76
磁気に関するガウスの法則　75, 82
磁気誘導　67
軸外部品　331
軸上色収差　483
軸上 GRIN レンズ　494
子午的光線　351, 445
子午的コマ収差　469
子午的焦点　474
仕事の原理　77
子午平面　473
システムマトリックス　450
自然周波数　130
磁束　70
磁束密度　87
実　277
実効的焦点距離　454
実部　37
磁場　67, 206
磁場に関するガウスの法則　75, 82
シャイナー　371
弱導波近似　360
視野絞り　316
射出瞳　317
射出瞳距離　390
射出窓　394
遮断波長　364
視野レンズ　390
シュウィンガー　255
周期　24
自由空間の透磁率　77
自由空間の誘電率　74
集群　106, 107
集光力　407
収差　279, 460
収束　284
収束レンズ　276
周辺光線　318
重力回折　421
重力レンズ効果　421

主鏡焦点反射望遠鏡　408
主経線　384
受光角　354
主光線　468
主視線　402
主入射角　242
主平面　438
シュミット　412
シュミット・カメラ　479
シュミット光学系　411
主要光線　318
主要点　438
シュレーディンガー　12, 66, 151
シュワルツ　263
循環　72
準単色　27
照準点　402
焦電効果検出器　143
焦平面　290
焦平面光線追跡　306
障壁侵入　234
情報伝送速度　357
初期位相　30
ショット雑音　107
視力調節　375
真空中での波長　191
sinc 関数　93
シンクロトロン放射　115
振動子の強さ　133
侵透深度　232, 237
振動数　25
振幅　23, 41
振幅係数　214
振幅スクイーズド光　107
振幅透過係数　211
振幅反射係数　211

水晶体　373
錐体　374
垂直入射　177
水平入射　177
ズーム　392
スキュー光線　445
ストークス　252
ストラット　462
スネル　3, 182
スネルの法則　182
スピン　101
スミス　294, 446
スモルコフスキー　161

正弦条件　473
正視　379
正視接眼レンズ　391

正常視　379
正常分散　134
整像的　482
静的誘電率　125
制動放射　147
正の歪曲　480
正立　295
正立光学系　403
赤外線　142
接眼レンズ　389
絶対屈折率　124
接着色消しダブレット　395
接着式フラウンホーファー型色消しダブ
　　レット　489
節点　438
Zボソン　98
セネカ　1
セルメイヤー　157
遷移確率　133
選択的吸収　128, 247

像界　272
像界における角視野　394
双眼鏡　404
双極子モーメント　118, 131
双極子モーメント密度　131
双曲線　275
双曲面　331
像距離　188, 279
像空間　272
像空間焦点　281
像焦点　281, 334
像焦点距離　281
相対屈折率　185
像面平坦器　356
像面湾曲　461, 477
束縛された電荷　121
ゾナー　479
ソリトン　357
ゾンマーフェルト　192

た　行

第1次光学　281
第1主点　438
第1焦点　281, 334
第1焦点距離　281
第1焦平面　292
第1次理論　281
第1の像　474
対応点　196
対眼レンズ　390
第3次理論　281, 461
対称接眼レンズ　391
体積流束　72

ダイソン　255
第2主点　438
第2焦点　281, 334
第2焦点距離　281
第2焦平面　290
第2の像　474
対物レンズ　392
太陽風　111
楕円面　331
縦球面収差　462
縦波　16
縦倍率　303
Wボソン　98
ダブレット　373, 389
多モードファイバー　359
ダランベール　19
樽型歪曲　480
タルボット　157
単位基本ベクトル　43, 44
単一エネルギー　27
単一モード　367
単一モードファイバー　363
単位伝搬ベクトル　49
単位透過率　268
単位面　442
単色　27
単色収差　460
弾性散乱　127
単レンズ　284

地上望遠鏡　403
地表波　121
中間赤外線　142
中継器　358
中心窩　375
中心接触型色消しダブレット　489
頂角　342
長斜方形プリズム　348
頂点　279
調和球面波　54
調和波　23
調和平面波　46
直角プリズム　347
チンダル　166

ツァイス・オルソメーター　399
ツイスト光　57, 59
強め合う干渉　161

定在波　232
テイラー　399
テイラー・トリプレット　399
ディラック　12, 151
停留値経路　204
デール　200

デカルト　4, 371
適応光学　414
テッサー　399, 479
デプレスト型クラッドファイバー　365
デモクリトス　1
デュピン　196
デル　80
デル・クロス　81
電荷　67
電気双極子放射　118
電気に関するガウスの法則　72, 82
電気分極　128, 131
電気力線　84
電子雲　121
電子シンクロトロン　117
電子分極　128
電磁放射　112
電磁誘導　68
電束　72
天体望遠鏡　400
伝達の式　446
伝達マトリックス　448
伝導帯　366
電場　67, 206
電波周波数　139
電場に関するガウスの法則　72, 82
伝搬定数　23
伝搬ベクトル　46

等位相　43
同位相　37
透過波　168
透過率　221
等極性分子　128
同軸通信網　358
透磁率　77
導波管　369
等方性媒質　131
等方的　51
倒立　295
ドーブ・プリズム　347
トーリック　384
特性放射　147
凸　276, 284
トッド　9
ドップラー効果　124
ドップラー偏移　123
ド・ブロイ　12, 98, 151
トムソン　98
朝永　255
ドランド　6
トリプレット　389
ドルーデ　238
トレミー　1

トロイダル　119
ドロンド　486
ドンドル　384
トンネリング　234

な　行

内視鏡　356
内積　40
内部全反射　227, 234
内部反射　173, 174, 216

ニープス　396
ニコルス　111
2次曲線　329
2次スペクトル　490
二重ガウス　399
二重性　12
入射角　175
入射瞳　316
入射窓　394
入射面　178
ニュートン　4, 144, 343, 486
ニュートン形式のレンズ公式　297, 441
ニュートン式反射望遠鏡　407, 408

熱的光　144
熱波　143

は　行

ハーシェル　142
バイオタール　399, 479
媒介ボース粒子　151
配向分極　128
ハイゼンベルク　12, 151
π電子　248
パウリ　12, 151
白色光　144
波数　25
波長　24, 29
発光ダイオード　363
発散　80, 284
発散度　96
発散レンズ　277
ハッブル宇宙望遠鏡　332, 408, 465
波動関数　18, 40
波動方程式　17, 19, 22
波動粒子　12
波動領域　118
場の量子論　149, 151
ハミルトン　205
波面　43, 47
波面形成　413
波面収差　462

波面センサー　416
波面の連続性　192, 262
ハリオット　182
ハル　112
ハルトマン・センサー　416
波連　122
反射　173
反射屈折系　411
反射屈折望遠鏡　411
反射の法則　174, 177
反射プリズム　346
反射望遠鏡　405
反射率　221
反転　326

ビーコン　416
ビームスプリッター　235
光渦　59
光共振器　459
光パワー　96, 102
光冷却　123
非球面鏡　329
非球面素子　278
非共鳴散乱　127
比屈折率差　360
非減衰系の波動方程式　22
微細構造ファイバー　365
ピタゴラス　1
左手系物質　138
ピッチ　493
非点隔差　474
非点収差　460, 473
非点定数　506
比透磁率　77
瞳　316, 373
瞳距離　390
飛蚊　374
微分波動方程式　19, 21
微分ベクトル演算子　79
ヒューズ　139
比誘電率　74
表層深度　237
表面波　229
ピンホールカメラ　397

ファインマン　151, 205, 255
ファラデー　8, 68, 149
ファラデーの法則　82
ファラデーの誘導法則　68
フィゾー　8, 85
Vナンバー　360, 485
フーコー　8
フェルマー　2, 4
フェルマーの原理　197

フェルミ–ディラック統計　101
フェルミ粒子　101
フォトニック結晶　138, 365
フォトニック結晶ファイバー　367
フォトニックバンドギャップ　366
フォトン　66, 97
フォンタナ　3
不均一　47
不均一な波動　232
複眼　371
複合レンズ　284
複素共役　38
複素屈折率　237
複素指数関数　37
複素数　37
　　　—の位相角　38
　　　—の大きさ　38
　　　—の絶対値　38, 39
複素表示　37
複素平面　37
負屈折物質　138
物界　272
フック　4
物空間　272
物空間焦点　281
物焦点　281, 334
物焦点距離　281
物体距離　188, 279
物理光学　66
プトレマイオス　1
負の屈折率　136
負の歪曲　480
フラウンホーファー　13
フラウンホーファー線　486
プラズマ周波数　240
ブラッドリー　9
プラトン　1
プランク　11, 98
プランク定数　98
フリード　414
フリード・パラメータ　415
プリズム　341
プリニウス　1
プリンキピア　25
フリントガラス　487
ブルームバーグ　99
プルキンエ図形　375
プレッスルの接眼レンズ　391
フレネル　7
フレネルの公式　209, 211
ブローハム　6
分解能　405
分散　125, 128, 341
分散能　485

分散プリズム　342
分散方程式　132, 238
分散率　485
ブンゼン　13
分布型屈折率ファイバー　363
分離型色消しダブレット　490

閉殻　121
平均光子束密度　102
平均放射圧　109
平面鏡　325
平面調和電磁波　87
平面波　43, 45
平面光共振器　459
ヘヴェリウス　402
ベーコン　2, 377
ベクトル場　79
ベッセルの方程式　56
ペッツバール　399, 400
ペッツバール条件　478
ペッツバールの像面湾曲　460, 477
ペッツバール面　477
ヘビサイド　80
ヘルツ　8, 139
ヘルムホルツ　472
変位電流密度　79
偏角一定分散プリズム　345
偏光　86
偏光角　214
偏向角　342
ペンタプリズム　348
ベンディング　440
ヘンヒュン　234
変分原理　197

ポアソン分布　105
ポアンカレ　11
ホイヘンス　5, 193
ホイヘンスの原理　192, 193
ホイヘンスの光線作図　195
ホイヘンスの接眼レンズ　390
ホイヘンス–フレネルの原理　195
ボイル　343
ポインティング　91
ポインティング・ベクトル　89, 91, 192
方位角位相依存性　57
望遠レンズ　398
放射圧　108
放射状 GRIN 素子　492
放射束　96
放射束密度　96
放射領域　118
放出光　115
房水　372

放物面　331
飽和している　246
ボーア　12, 13
ボース　99
ボース–アインシュタイン統計　101
ボース–アインシュタイン分布　99
ボース粒子　101
ホーリーファイバー　365
ホール　6
補色　244
ぼやけたスポット　272
ポルタ　3, 395
ボルツマン　98
ボルン　12, 255
ポロ・プリズム　347
ボロメーター検出器　143

ま　行

マージナル光線　318
マイクロ波　140
マイケルソン　9
前側開口絞り　318
前側焦点距離　313, 438
前側焦平面　292, 455
マクスウェル　8, 79, 85, 98
マクスウェルの関係　125
マクスウェルの方程式　79
マクスウェル–ボルツマン統計　101
マグナー望遠レンズ　399
マッチド型クラッドファイバー　365
マトリックス解析　447
マトリックス法　446
マリュス　7, 196
マリュスとデュピンの定理　196
マルキ　343

ミー　167
ミー散乱　167
密度ゆらぎ　161
脈絡膜　374

無限遠共役　401
無収差　272
無収差結像　477
無線伝送　358

メタマテリアル　138
メニスカスレンズ　377
メリジオナル焦点　474
メリジオナル面　473

網膜　374
毛様筋　375
モード間分散　361

モード数 360
モード場 364
モード分散 361
モーペルテュイ 204
モーレー 10
モザイク 356

や 行

ヤング 6
ヤンセン 3, 392, 400

ユークリッド 1, 197
優先的吸収 247
誘電率 74
誘導起電力 68
誘導磁場 70
誘導電流 70
油浸対物レンズ 394

ヨーロッパ超大型望遠鏡 410
横色収差 483
横球面収差 464
横着色 483
横波 16, 86
横倍率 297
余分な内部全反射 234
ヨルダン 151
弱め合う干渉 162

ら 行

ラインフィード 467
ラグランジュ 205
ラプラス演算子 51, 84
ラムスデンの接眼レンズ 390
乱視 384

離心率 329
リスターの対物レンズ 394
リッチェイ–シュリチェン式望遠鏡 408
リッペルスハイ 3, 400
量子雑音 107
量子電磁力学 151, 255, 314
量子飛躍 122
量子粒子 98
臨界角 216, 227

ルロー 157

励起状態 121
レイリー 160, 365
レイリー散乱 158, 160
レーザー冷却 123
レーマー 5
レーマン–シュプリンガー・プリズム 349
レオナルド・ダ・ヴィンチ 3, 395
レプトン 98
レベデフ 111
レベル 121
レンズ 273
レンズの速度 322
レンズのベンディング 439
レンズメーカーの式 286
レンツの法則 70
レントゲン 147

ローレンツ 9, 238

わ 行

歪曲 460, 480
ワイルドアビオゴン 399

略 号

ADP 191
b.f.l. 313, 438, 455
COSTAR 466
DWDM 359
emf 68
f.f.l. 313, 438, 455
FTIR 234, 238
GMT 410
GTC 410
HST 332, 408, 465
KDP 191
LED 363
L・CA 483
L・SA 462
MOEMS 329, 368
NA 353, 395
OPL 199
QED 151
QFT 151
SLR 397
T・SA 464

原著5版　ヘクト　光学Ⅰ　　基礎と幾何光学

平成 30 年 10 月 30 日　発　　　行
令和 7 年 2 月 25 日　第 4 刷発行

訳　者　　尾　崎　義　治
　　　　　朝　倉　利　光

発行者　　池　田　和　博

発行所　　丸善出版株式会社

〒101-0051 東京都千代田区神田神保町二丁目17番
編集：電話 (03) 3512-3267／FAX (03) 3512-3272
営業：電話 (03) 3512-3256／FAX (03) 3512-3270
https://www.maruzen-publishing.co.jp

Ⓒ Yoshiharu Ozaki, Toshimitsu Asakura, 2018

組版印刷・製本／三美印刷株式会社

ISBN 978-4-621-31096-0　C 3342　　　　　　Printed in Japan

本書の無断複写は著作権法上での例外を除き禁じられています．

『原著5版　ヘクト 光学』目 次

I 巻　基礎と幾何光学

1. 簡 単 な 歴 史
2. 波 　　　 動
3. 電磁波, 光子, 光
4. 光 　の　 伝 　搬
5. 幾 何 光 学 I
6. 幾 何 光 学 II

II 巻　波 動 光 学

7. 波動の重ね合せ
8. 偏 　　　 光
9. 干 　　　 渉
10. 回 　　　 折

III 巻　現 代 光 学

11. フ ー リ エ 光 学
12. コヒーレンス理論の基礎
13. レーザーとその応用
付録　電磁理論/キルヒホッフ回折理論
表1　sinc 関数
　　　参 　考 　図 　書